Gunter Erhard

Konstruieren mit Kunststoffen

Gunter Erhard

Konstruieren mit Kunststoffen

4. Auflage

HANSER

Der Autor:
Prof. Dr.-Ing. Gunter Erhard

Bibliografische Information Der Deutschen Bibliothek:
Die Deutsche Bibliothek verzeichnet diese Publikation in der Deutschen Nationalbibliografie; detaillierte bibliografische Daten sind im Internet über <http://dnb.d-nb.de> abrufbar.

ISBN: 978-3-446-41646-8

Herstellung: Steffen Jörg
Satz: Manuela Treindl, Laaber
Coverconcept: Marc Müller-Bremer, www.rebranding.de, München
Umschlaggestaltung: MCP • Susanne Kraus GbR, Holzkirchen
Druck und Bindung: Kösel GmbH, Altusried-Krugzell
Printed in Germany

Vorwort zur vierten Auflage

Das vorliegende Buch entstand ursprünglich aus dem Skriptum meiner Vorlesung „Konstruieren mit Polymerwerkstoffen“ für Studenten des Maschinenbaus an der Universität (TH) Karlsruhe. Inzwischen hat das Buch einen weitaus breiteren Leserkreis gefunden. Es ist so konzipiert, dass es neben den Studierenden, die heute zumindest ein Grundwissen über Polymere in die Industrie mitbringen müssen, vor allem Konstrukteure in der industriellen Praxis anspricht und bei der praktischen Arbeit wertvolle Hilfe leistet.

Deshalb habe ich auch in der jetzigen Auflage auf komplizierte mathematische und thermodynamische Ableitungen verzichtet zugunsten von noch mehr praktischen Ausführungsbeispielen. Diese Gestaltungsbeispiele sind bewusst einfach gewählt, um das jeweilige Gestaltungsprinzip deutlich erkennbar herauszustellen.

In dieser vierten Auflage wurden die wichtigen Neuerungen, die sich in der Zwischenzeit auf dem Gebiet des Gestaltens und Konstruierens ergeben haben, aufgenommen. Darüber hinaus wurden viele Ergänzungen vorgenommen.

Besonders möchte ich nochmals hervorheben, dass die BASF Aktiengesellschaft, Ludwigshafen, eine CD bereitgestellt hat, die das Berechnen von Schnappverbindungen, von allgemeinen Biegeelementen sowie von gewindeprägenden Schrauben enorm vereinfacht. Diese CD liegt auch dieser Auflage bei. Für dieses Entgegenkommen bedanke ich mich bei der BASF.

Dem Verlag gilt mein Dank für die wiederum sorgfältige und solide Ausführung dieses Buches.

Auch diese vierte Auflage widme ich meiner lieben Frau Ruth, die mich wieder mit viel Verständnis und Geduld in meinem Heimbüro arbeiten ließ.

Gunter Erhard

Inhalt

Zur Geschichte der Polymerwerkstoffe

Seit jeher sucht der Mensch nach Werkstoffen einerseits zur Herstellung von Waffen und Gebrauchsgegenständen, andererseits aber auch zum Anfertigen von Schmuck oder Kunstgegenständen. Im Falle der Waffen sollte der Werkstoff möglichst hart sein, für das andere sollten die Materialien in erster Linie leicht formbar sein und außerdem ein ästhetisches Aussehen aufweisen. Polymere Materialien kommen diesem Wunsch entgegen.

Einige Anmerkungen zur Geschichte der polymeren Materialien und zumindest die Namen von einigen Protagonisten sollen deshalb dem technischen Inhalt dieses Buches vorangestellt werden:*

Es mag überraschen, dass nach heutigem Kenntnisstand die erste schriftliche Überlieferung eines Rezeptes für ein polymeres Material aus dem 16. Jahrhundert stammt. Dieses Rezept hat *Georg Schnitzlein* im Rahmen seiner Dissertation bei dem Benediktinerpater *Wolfgang Seidel* (1492 bis 1562) gefunden, der es wiederum von *Bartholomäus Schobinger* (1500 bis 1585) übernommen hat. Schobingers Bildnis ist auf eine Medaille geprägt, die im Historischen Museum, St. Gallen, aufbewahrt ist (Bild 0.1). *Schobinger* hat ein farbloses, durchsichtiges Kasein-Kunstharz aus Ziegenkäse und Wasser durch Sieden, Rühren, Abkühlen, wiederum Sieden und einige weitere Behandlungen gewonnen.** Ob allerdings *Schobinger* tatsächlich der Erfinder dieses Kunstharzes ist, oder ob das Rezept noch viel älter ist, ist nicht belegt. Ebensowenig ist bekannt, ob und wo dieses Kunstharz zur Anwendung kam.

Bild 0.1 Bartholomäus Schobinger, nach der zu seinen Ehren geprägten Bronzeguss-Medaille aus der Sammlung Historisches Museum St. Gallen

* Für ein tiefergehendes Studium wird auf: Glenz, W.: Kunststoffe – ein Werkstoff macht Karriere, Carl Hanser Verlag, München, Wien, 1985 verwiesen.

** Kaiser, W., Hrsg. Katz, CH-Aarau: Schweizer Kunststoff-Pioniere, Faltblatt zum 500. Geburtstag von Bartholomäus Schobinger, 2000.

Bild 0.2 Hermann Staudinger, anlässlich eines Besuches bei der BASF, Ludwigshafen ca. 1962

Vier Jahrhunderte lang verharrte die weitere Forschung auf dem Stand der bloßen Empirie durch Kochen, Kneten, Mischen etc., bis 1926 der Freiburger Professor *Hermann Staudinger* (1881 bis 1965) (Bild 0.2), den strukturellen Aufbau der Polymeren erkannte, nämlich dass diese aus, wie er sie nannte, Makromolekülen aufgebaut sind. 1953 erhielt er für diese Leistung den Nobelpreis.

Mit diesem Wissen ausgestattet konnten nun gezielt Monomere zu Polymeren polymerisiert, polykondensiert und polyaddiert werden. Die folgende Tabelle 0.1 zeigt auf, wann in der Folge die wesentlichen polymeren Werkstoffe entwickelt wurden:

Tabelle 0.1 Die Entwicklung bedeutender Polymerwerkstoffe

1500 bis 1585	**Bartholomäus Schobinger**	**Kasein-Kunstharz**	
1896	John W. Hyatt	Zelluloid	
1906	Leo H. Baekeland	Bakelit	
1926	**Hermann Staudinger erkennt den strukturellen Aufbau der Polymeren**		
1930		Polystyrol	PS
1931		Polymethylmetacrylat	PMMA
1935		Polyamid	PA
1937		Polyvinylchlorid	PVC
		Polyethylen	PE
1941		Polyurethane	PUR
1952		Schlagfestes Polystyrol	SB
1953		Polypropylen	PP
1960		Polycarbonat	PC
1970		Polysulfon	PSU
1971		Polyphenylensulfid	PPS
1978		Polyaryletherketon	PEK (PEEK)
1985		Liquid-Crystalline Polymer	LCP

1 Marktüberblick

Heute stellen die synthetischen Polymerwerkstoffe einen wesentlichen Produktionszweig der chemischen Industrie dar. Diese Werkstoffe, die gewöhnlich auch als Kunststoffe* bezeichnet werden, erlebten in den Jahren 1950 bis 1973 einen Aufstieg, wie er kaum in einem anderen Industriezweig verzeichnet werden konnte. Gründe hierfür waren die Rohstoffverbilligung während dieser Zeit, die Senkung der Produktionskosten durch optimale Anlagengrößen, die Entwicklung neuer leistungsfähiger Technologien zur Herstellung und Verarbeitung dieser Stoffe und nicht zuletzt die Werkstoffeigenschaften, deren Variierbarkeit in weiten Grenzen und die vielfältigen Gestaltungsmöglichkeiten.

1973 stieg der Rohölpreis – die Rohstoffbasis der Polymerwerkstoffe – als Folge des 1. Golfkrieges erstmalig drastisch, was zunächst unmittelbare Folgen auf die Weiterentwicklung dieser Werkstoffgruppe hatte (Bild 1.1), obwohl nur ein geringer Anteil von ca. 6 % des Ölverbrauchs auf die Produktion von Polymerwerkstoffen entfällt [1.1].

Wie aus dieser Darstellung hervorgeht, führte diese sogenannte Ölkrise, die nahezu alle Industriebereiche betraf, auch in der Stahlproduktion zu einem Einbruch, der seither nicht signifikant überwunden werden konnte. Demgegenüber kann bei der Polymerproduktion verhältnismäßig schnell ein weiterer Anstieg, und für das Jahr 1978 sogar ein Schnittpunkt der beiden volumenbezogenen Produktionskurven verzeichnet werden.

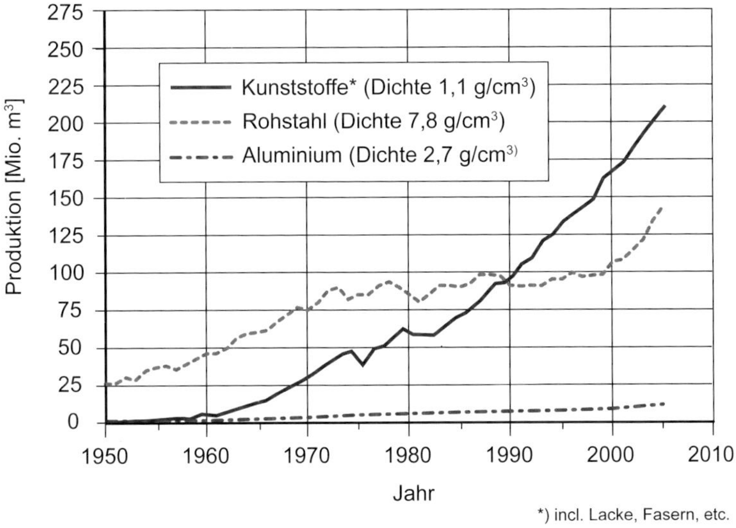

Bild 1.1 Produktion von Rohstahl und synthetischen Polymeren in der westlichen Welt, ab 1991 Welt. Es wird mit einem weiteren Wachstum von ca. 5,3 % p. a. gerechnet.

* Im Folgenden wird für die Kunststoffe die Bezeichnung „Polymerwerkstoffe" verwendet, die im technisch wissenschaftlichen Bereich für die polymeren Konstruktionswerkstoffe üblich ist.

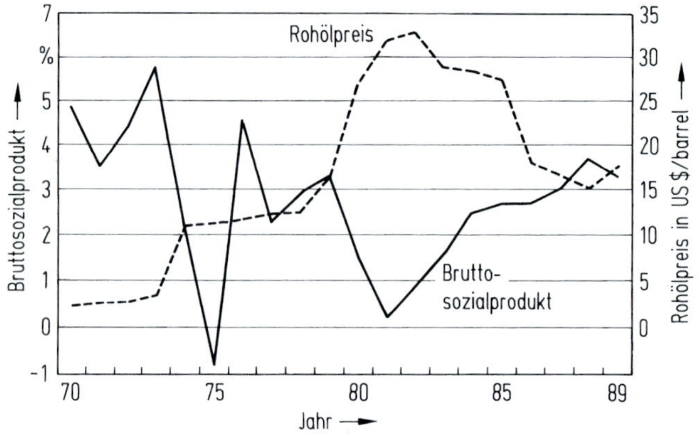

Bild 1.2 Beispiel für die Entwicklung von Bruttoinlandsprodukt und Rohölpreis in den Jahren 1970 bis 1989 (nach ECKELL)

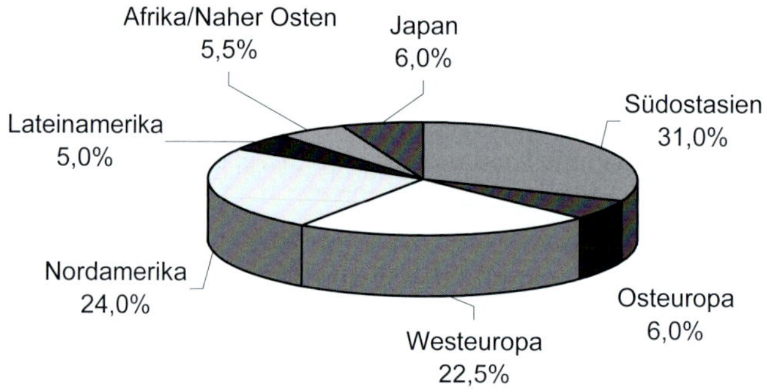

Bild 1.3 Weltproduktion von Polymeren (incl. Dispersionen, Lacken, Klebstoffen u. a.) im Jahr 2008, aufgegliedert nach Regionen

Aufschlussreich ist im Zusammenhang mit der Entwicklung des Rohölpreises auch eine Gegenüberstellung von Rohölpreis und Bruttoinlandsprodukt für Westeuropa (Bild 1.2). Der Preis des Rohöls bestimmt ganz wesentlich das gesamte Wirtschaftswachstum.

Der anhaltende Anstieg des Bedarfs und Verbrauchs von Polymerwerkstoffen wird durch eine leistungsfähige Industrie unterstützt. Zu ihr zählen Kunststofferzeuger, Verarbeitungsbetriebe und Hersteller von Verarbeitungsmaschinen. In der Bundesrepublik Deutschland z. B. tragen zum Produktionswert die Kunststofferzeuger mit ca. 30 %, die Verarbeitung mit ca. 63 % und der Kunststoff-Maschinenbau mit ca. 7 % bei.

Auf welche Regionen sich die Produktion von Polymeren in der Welt verteilt, geht aus Bild 1.3 hervor.

In den nächsten Jahren erfolgt mit dem Argument der Globalisierung allerdings eine deutliche Verschiebung der Produktionsstätten und der Arbeitsplätze insbesondere nach Asien, wie aus dem Bild 1.4 zu ersehen ist.

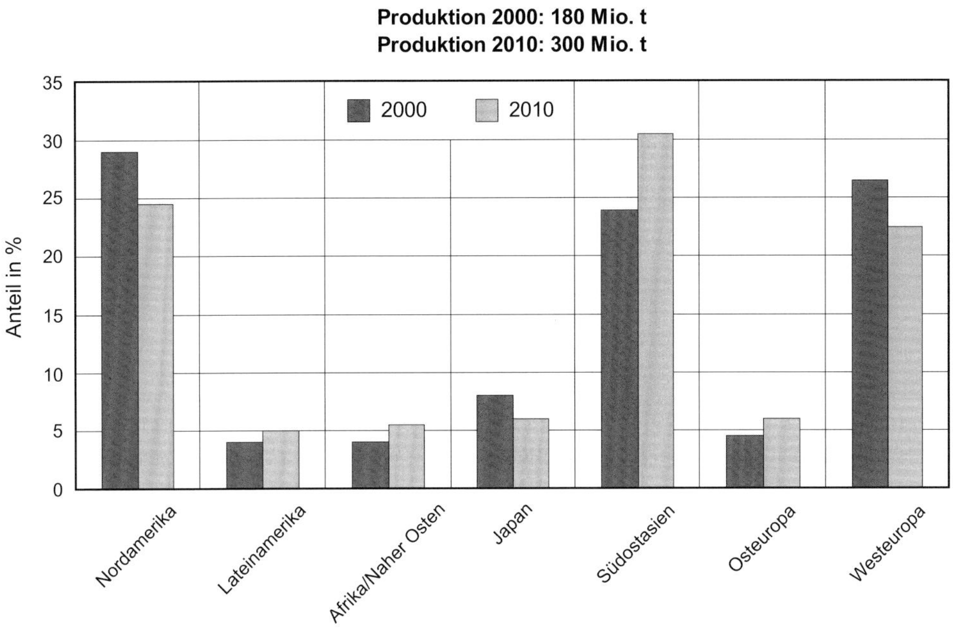

Bild 1.4 Verschiebung der Produktionsstandorte für Polymere in den nächsten Jahren

Polymerwerkstoffe haben in hohem Maße und auf vielen Gebieten technischen Fortschritt gebracht. Sie haben ganz wesentlich dazu beigetragen, breiten Bevölkerungsschichten eine Lebensqualität zu bieten, auf die niemand verzichten möchte. Die damit verbundenen Fragen der stofflichen oder energetischen Wiederverwertung gebrauchter Artikel lassen sich technisch lösen, wirtschaftlich ist jedoch besonders das stoffliche Recycling nach wie vor unrentabel.

Das Recycling thermoplastischer Polymerwerkstoffe ist sinnvoll, wenn:

- die Werkstoffe hochwertig sind und
- die Werkstoffe sortenrein erfasst werden können.

Beim Hausmüll liegt eine völlig andere Situation vor. In Deutschland fallen etwa 100 Mio. t Siedlungsabfälle im Jahr an, wovon der Anteil an Polymerwerkstoffen nur etwa 8 % ausmacht. Der überwiegende Anteil besteht aus kompostierbaren, organischen Abfällen. Die Trennung dieser Teilmenge ist vorrangig und wird regional schon praktiziert. Die Kompostierung von 1 t Hausmüll kostet zwischen 100,– und 400,– €. Zum Vergleich kostet das werkstoffliche oder rohstoffliche Recycling der gleichen Menge ca. 1 000,– bis 1 500,– €. Biologisch abbaubare Polymerwerkstoffe (s. Abschnitt 3.1.2) könnten für manche Verpackungszwecke hier einen Lösungsansatz bieten [1.38].

Hinsichtlich der Beurteilung der Anwendungsbereiche von Polymerwerkstoffen geben die Statistiken über den branchenbezogenen Verbrauch Hinweise. Danach entfällt in Westeuropa der größte Anteil des Verbrauchs an Polymerwerkstoffen auf die Verpackungsbranche (Bild 1.5).

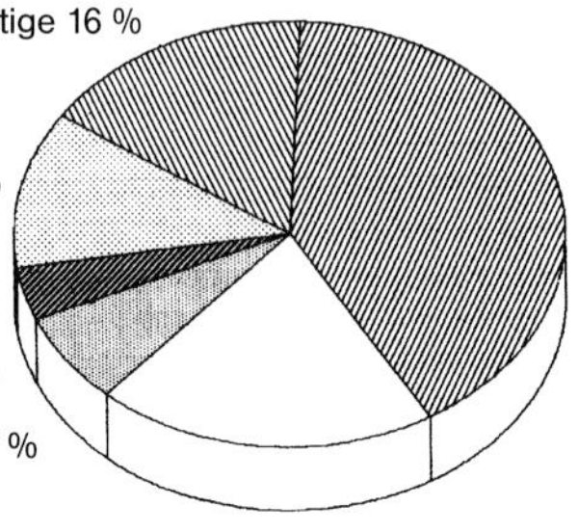

Bild 1.5 Verbrauch von Polymerwerkstoffen in Westeuropa, aufgeschlüsselt nach Branchen

Der in Bild 1.1 gezogene Vergleich zur Stahlproduktion darf jedoch nicht zu dem Trugschluss führen, dass auch die Anwendungsmöglichkeiten der beiden Werkstoffgruppen die gleichen seien. Tatsächlich wird nur ein sehr geringer Anteil der Polymerwerkstoffproduktion für Funktionselemente und tragende Strukturen verwendet. Solche konstruktiv anspruchsvollen Anwendungen finden sich im Fahrzeugbau incl. der Luftfahrt, im Bauwesen, der Elektrotechnik und natürlich im Maschinenbau, der statistisch schwer erfassbar in der Grafik mit 4 bis 8 % in Sonstiges enthalten ist.

1.1 Anwendungsbeispiele aus verschiedenen Branchen

Aus der Vielzahl der technisch erprobten und bewährten Konstruktionen wird im Folgenden eine Auswahl von Beispielen getroffen, die den heute erreichten Stand der Konstruktionstechnik charakterisieren.

1.1.1 Luft- und Raumfahrt

Die ersten Hinweise auf die Nutzbarkeit einer gezielten Anisotropie von Werkstoffen für den Leichtbau gehen im Zusammenhang mit Sperrholz auf Hertel zurück. Bei Polymerwerkstoffen ergaben sich erste praktische Nutzungen mit der Einführung der Faserverstärkung, z. B. der Glasfaserverstärkung von Polyesterharzen nach dem 2. Weltkrieg im militärischen Bereich.

Entscheidend war die Erkenntnis, dass die angestrebten Verstärkungseffekte in Faserlängsrichtung gleichzeitig zu einer Schwächung senkrecht zur Faserlängsorientierung führten, und dass ferner die Festigkeit von Faser-Harz-Verbunden berechenbar gemacht wurde. Die Techniken zur Herstellung definiert anisotroper Körper sind allerdings nach wie vor verhältnismäßig aufwendig [1.4]. Deshalb blieb die konsequente Nutzung dieser Konstruktionsvorteile bisher auch im Wesentlichen auf Branchen wie die der Luft- und Raumfahrt beschränkt. Erste Ansätze sind im Zuge des Leichtbaus beim Automobilbau zu erkennen. Auch im Bauwesen finden diese Verbundwerkstoffe hochinteressante Anwendungen, z. B. beim Brückenbau oder bei

Bild 1.6 Airbus-Seitenleitwerk aus Kohlefaserverbundwerkstoff

der Brückensanierung [1.39, 1.40]. Einen weiteren Fortschritt hat der Faserverbundgedanke erfahren, seit neben Glasfasern auch hochfeste und hochsteife Verstärkungsmaterialien wie C-Fasern, oder Aramid-Fasern zur Verfügung stehen. Man spricht dann von Hochleistungsverbundwerkstoffen, einer Kombination von höchster Festigkeit und geringstem Gewicht.

Die Flugzeuge vom Typ Airbus stehen als eindrucksvolles Beispiel für die Anwendung von Kohlefaserverbundwerkstoffen [1.3]. Bereits 1985 wurde das Seitenleitwerk des Airbusses A310 (Bild 1.6) aus CFK gefertigt. Gegenüber der konventionellen Aluminiumbauweise konnte das Leitwerk um ca. 25 % leichter gebaut werden. Die Betriebskosten eines Flugzeugs reduzieren sich über zwei Jahrzehnte hinweg um 1 000 Dollar für jedes an der Struktur eingesparte Kilogramm! Auch fertigungstechnisch ergaben sich Vorteile, da das 8,3 Meter hohe und 5 Meter breite Seitenleitwerk nur noch aus 96 Einzelteilen hergestellt werden konnte, wogegen bei der früheren Aluminiumversion 2 072 Einzelteile benötigt wurden. Heute haben die Airbus Flugzeuge sowohl Seiten- als auch Höhenleitwerke aus CFK, und auch die Landeklappen an den Flügeln werden aus diesem Werkstoff hergestellt. Am Airbus A340 sind 7 Tonnen Faserverbundwerkstoffe eingebaut [1.4].

Auch im Automobilbau kann natürlich der Kraftstoffverbrauch durch Gewichtseinsparungen gesenkt werden, wenngleich dies heute nicht mehr die erste Priorität für den Einsatz von Polymerwerkstoffen einnimmt (Tabelle 1.1).

Das Beispiel für ein Bauteil mit anisotropem Festigkeitsverhalten soll die Brennkammer in GFK-Bauweise einer von Dynamit Nobel AG entwickelten leichten Wetterrakete dienen. Es

Tabelle 1.1 Prioritäten für die Verwendung von Polymerwerkstoffen im PKW-Bau (nach Walter)

	1980er Jahre	1990er Jahre bis heute
Priorität 1	Gewichtsersparnis	Bauteilkosten
Priorität 2	Bauteilkosten	Betriebskosten
Priorität 3	Betriebskosten	Gewichtsersparnis

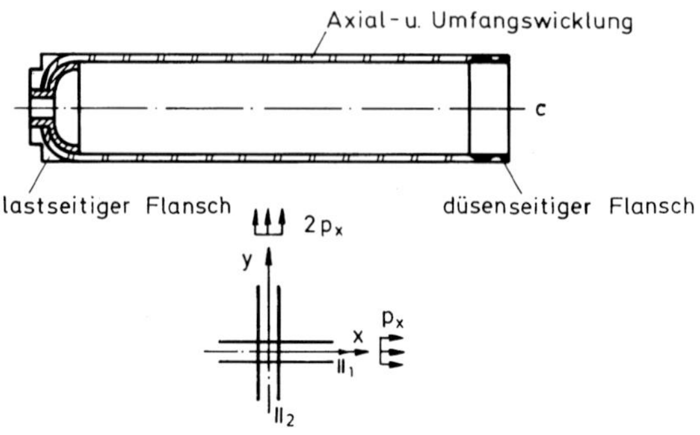

Bild 1.7 GFK-Brennkammer als kreiszylindrischer Wickelkörper mit 90°/0°/90°-Laminataufbau [1.5]

handelt sich im Prinzip um einen zylindrischen Druckbehälter, der als Wickelkörper aus Polyesterharz mit E-Glas-Faserverstärkung (UP-GF) gefertigt wird. Den Hauptbelastungsfällen

- Innendruck durch Treibsatz-Abbrand
- Biegemomente im Flug

entsprechend ist die Brennkammer als Drei-Schichten-Laminat mit einer Ringwicklung 90°, einer Axiallage 0° und einer zweiten Ringwicklung 90° aufgebaut (Bild 1.7). Auf diese Weise kann die Festigkeit des Bauteils ideal der richtungsabhängigen Beanspruchung als Rohr unter Innendruck mit $\sigma_t : \sigma_a = 2 : 1$ angepasst werden.

An die voll geöffnete Polseite wird der Düsenflansch, am anderen Ende der Nutzlastflansch angeschlossen, und zwar derart, dass die axial verlegten Glasfasern um Nocken am Düsenflansch herumgeführt und am Nutzlastflansch in Schlitze verlegt werden.

Als Beispiel für die konstruktive Gestaltung von Krafteinleitungen steht folgende Anwendung:

In Großraumpassagierflugzeugen wird der Innenraum des Rumpfes durch einen Zwischenboden in Passagierraum und Frachtraum geteilt. Dieser Zwischenboden wird von Streben gestützt, die bei möglichst niedrigem Gewicht als mechanische Beanspruchung hohe Zug- und Druckkräfte aufzunehmen haben.

Die Streben bestehen aus einer hochfesten Al-Legierung und wiegen ca. 1 400 g. Eine Strebe aus kohlenstofffaserverstärktem Epoxidharz (EP-CF) wiegt bei gleicher Belastbarkeit etwa die Hälfte [1.6]. Die Hauptproblematik derartiger Verbundstrukturen liegt allerdings weniger in der Auslegung und Herstellung des Verbundes, sondern im Bereich der Krafteinleitung. In Bild 1.8 sind drei Krafteinleitungsvarianten gegenübergestellt.

Typ a:

Bei Verklebung von zylindrischen Rohr- und Flanschkörpern (Typ a, rechts) liegt bei Zug- und Druckbelastung lediglich ein Kraftschluss vor, während bei konischer Fügung (Typ a, links) zumindest bei Druckbelastung geringer Formschluss vorhanden ist. Der Vorteil dieser Version ist in der einfachen Herstellung des Flansches als einteiliges Drehteil und des Rohres, z. B. als Endlosrohr zu sehen. Allerdings gibt die Kontrolle der Verklebung erhebliche Probleme auf.

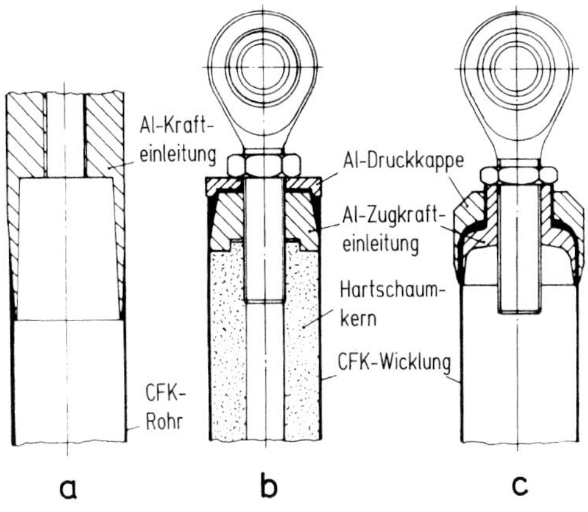

Bild 1.8 Prinzipien der Krafteinleitung in Zug-Druck-Streben nach [1.6]

In Belastungsversuchen erweist sich die Verklebung auch stets als die Schwachstelle dieser Konstruktion.

Typ b:

Beim Typ b sind als Flanschteile zwei Drehteile vorgesehen; das CFK-Rohr muss hier in Einzelfertigung über einen Hartschaumkern gewickelt werden. Unter Zugbelastung wird die Kraft über den Konus des Flansches formschlüssig in das Rohr eingeleitet, während sich das Rohr bei Druckbelastung gegen die Druckkappe abstützt.

Typ c:

Das günstigste Ausführungsprinzip stellt der Typ c dar. Die in Rohrlängsachse verlegten C-Fasern werden schlaufenartig um den Zugkrafteinleitungsflansch verlegt, so dass ein optimaler Formschluss erzielt wird. Druckkräfte werden von der darübergesetzten Druckkappe aufgenommen. Die Metallteile erfordern zwar einen höheren Fertigungsaufwand, dafür entfällt die hohe Passgenauigkeit der Verbindungsflächen und die Kontrolle der Verklebung. Bei Belastungsversuchen tritt das Versagen vorwiegend außerhalb des Krafteinleitungsbereiches ein, wobei die über den gesamten Rohrquerschnitt gemittelte Laminatfestigkeit im Zugversuch 548 MPa beträgt [1.6].

1.1.2 Feinwerktechnik

Die Entwicklungsrichtung der integrierten Konstruktionsweise mit Polymerwerkstoffen war das Ergebnis der unter enormem Kostendruck stehenden europäischen, feinwerktechnischen Industrie. Man war bestrebt, möglichst viele Fertigungs- und Montageschritte einzusparen und nutzte die durch die Thermoplastverarbeitung des Spritzgießens gegebenen Möglichkeiten konsequent, um multifunktionale und montagefreundliche Bauteile in einem Arbeitsgang herzustellen.

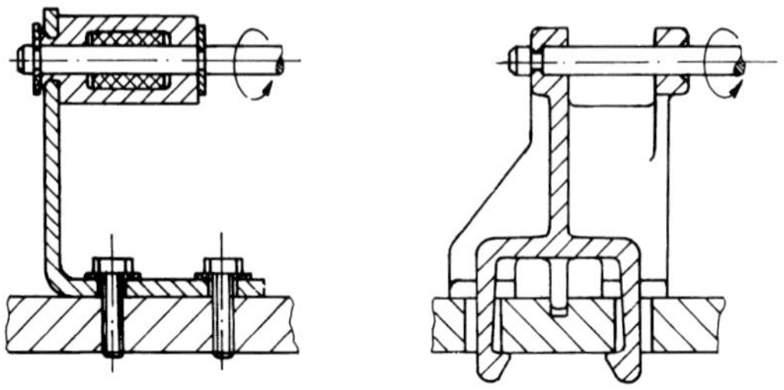

Bild 1.9 Wellenlagerung in klassischer Bauweise (links) und als multifunktionales Spritzgussteil aus Polymerwerkstoff (rechts) (nach [1.7])

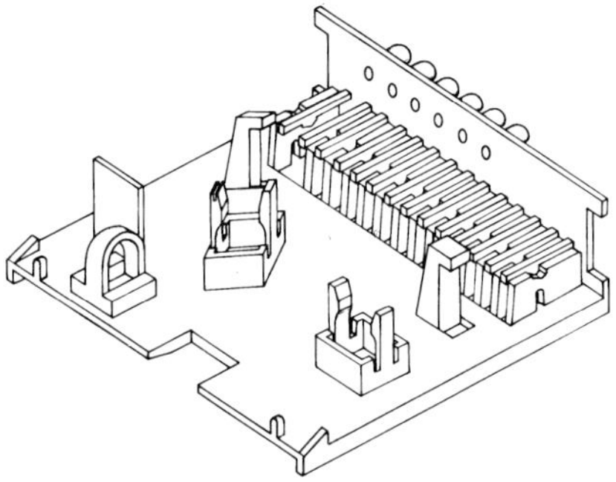

Bild 1.10 Platine eines Zeitzählers mit integrierten Bauteilen wie Federelementen, Schnapphaken, Halterungen etc.

Dieses Prinzip gilt nach wie vor; es hat heute im Gestaltungsprozess in allen Bereichen einen hohen Stellenwert.

Das Bild 1.9 zeigt ein einfaches Beispiel einer integrierten Bauweise im Vergleich zu der klassischen Ausführung. Um eine Welle zu lagern, axial zu fixieren und zu schmieren, sind nach dieser Darstellung neun Einzelteile erforderlich, die als Polymerwerkstoffteil in einem einzigen zusammengefasst werden können. Aspekte, wie Wegfall von Zulieferteilen (Schrauben, Unterlegscheiben etc.) und Vereinfachung der Montage dokumentieren einen weiteren Vorteil der Konstruktionsvariante in Polymerwerkstoff [1.7].

Zu den heutigen Konstruktionspraktiken zählt ferner, einzelne Funktionselemente wie Federn, Befestigungsklammern und Lager mit Grundplatten oder an Gehäuseteilen zu integrieren (Bild 1.10).

Ein anderes Beispiel dafür, wie Baugruppen – meist Grundplatten – mit multifunktionalen Aufgaben in einem Arbeitsgang hergestellt werden können, stellt die sogenannte Outsert-Technik dar. Hierbei wird auch das Prinzip der Aufgabenteilung von Funktionen deutlich: Die tragende Funktion, Steifigkeit und Maßhaltigkeit der Grundplatte wird von einem gestanzten Platinenblech aus elektrolytisch- oder feuerverzinktem Stahlband übernommen, während die Aufgaben der Bauelemente wie Distanzbolzen, Federelemente, Schnapp- und Verbindungshaken, Achsen, Lagerstellen usw. von entsprechenden Teilen aus Polymerwerkstoff erfüllt werden (Bild 1.11). Diese werden in einem Arbeitsgang direkt auf die in die Trennebene des

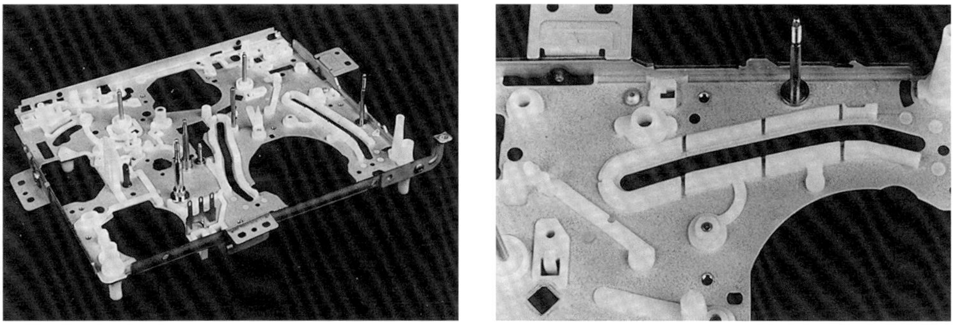

Bild 1.11 Gestanzte Platine eines Laufwerks mit Bauteilen aus POM, aufgespritzt nach der Outsert-Technik (Werkbild: Öchsler)

Spritzgießwerkzeugs eingelegte Platine über einen Abreißanguss angespritzt. Dicht beieinander liegende Elemente werden durch Hilfsverteiler miteinander verbunden. Um die Probleme unterschiedlicher Wärmedehnung zu beherrschen, werden bei Elementen großer Abmessung Dehnungsfugen vorgesehen (s. Bildausschnitt rechts).

Besondere Probleme stellen sich in der Feinwerktechnik auch bei der Lösung der Aufgabe, eine dauerhafte Wellen/Naben-Verbindung herzustellen. Aufgrund der kleinen Abmessungen ist meistens keine Formschlussmöglichkeit gegeben. Dagegen ist eine lediglich kraftschlüssige Verbindung zwar montagefreundlich, aber wegen der zu erwartenden Spannungsrelaxation nicht von vornherein ausreichend sicher. Für ein besonders duktiles Polyamid (PA 11) konnte experimentell nachgewiesen werden, dass bei einem Wellendurchmesser von 0,6 mm und einem Bohrungsuntermaß um 10 % eine kraftschlüssige Verbindung geschaffen werden kann, die z. B. den Erfordernissen eines aufgepressten Zahnrädchens in einem Elektrizitätszähler genügt. Gemäß amtlicher Zulassung muss eine Gerätelebensdauer von 20 Jahren garantiert sein [1.8]. Bei dem ungewöhnlich hohen Untermaß wird der Polymerwerkstoff an der Fügestelle zwar bis über den Bereich der Streckgrenze verformt, die Stützwirkung der benachbarten Werkstoffpartien reicht jedoch offensichtlich aus, um die Verbindung aufrecht zu erhalten. Hinzu kommt, dass die Reibungszahl mit zunehmender Standzeit ebenfalls ansteigt.

Die Konstruktion eines exakten und zuverlässigen Verstellmechanismus, z. B. zum mechanischen Justieren von Messgeräten wirft ähnlich gelagerte Probleme auf. Soll die Verstellung über eine Feingewindeschraube erfolgen, die in einem Teil aus Polymerwerkstoff geführt ist, muss einerseits eine leichte Regelung gewährleistet sein, andererseits aber auch unter möglichen Vibrationen eine selbsttätige Veränderung ausgeschlossen sein. Diese Eigenschaften sollen über Jahre erhalten bleiben. Bewährt hat sich eine Ausführung, bei der in der Bohrung für die Regulierschraube acht halbkreisförmige Rippen angeordnet sind, wenn die sich mit dem Gewindequerschnitt überdeckende Fläche der Rundrippen zwischen 33 und 43 % der Gewindequerschnittsfläche beträgt. Auch bei dieser Konstruktion wird bewusst die Streckspannung des Polymerwerkstoffs partiell überschritten und die Stützwirkung vom Rippengrund zur Aufrechterhaltung einer Vorspannung genutzt (Bild 1.12).

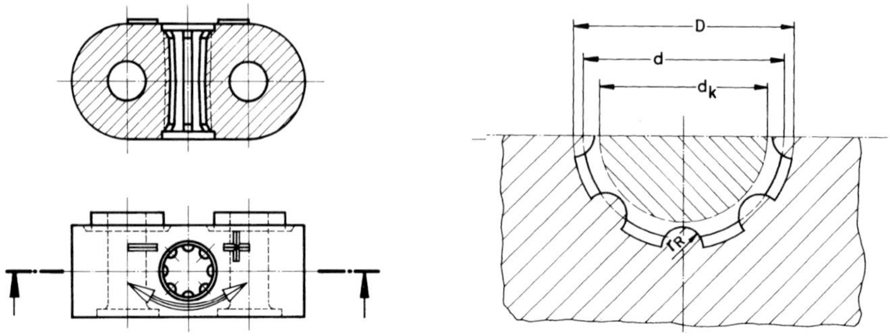

Bild 1.12 Bock zur Aufnahme einer Regulierschraube mit acht Rundrippen im Durchbruch nach [1.8]

1.1.3 Fahrzeugbau

Bei heutigen PKW entfällt der größte Anteil des Polymerwerkstoffverbrauchs – etwa die Hälfte – auf die Innenausstattung. Mit etwa einem Viertel stehen die Außenanwendungen (Spoiler, Stoßfänger, Leuchten etc.) an zweiter Stelle.

Beispiele von Anwendungen, die nicht sofort ins Auge fallen, findet man unter der Haube im Motorbereich (Bild 1.13).

Schon seit Jahren werden im Motorenbereich von PKW Bauelemente aus hitzestabilisierten Polyamiden eingesetzt. Das Bild 1.14 zeigt einige Nockenwellenantriebsräder, teils für schrägverzahnten Stirnradantrieb, teils für Zahnriemenantrieb. Bemerkenswert ist das Konstruktionsprinzip des Stirnrads. Es handelt sich um eine der ersten Ausführungen solcher Räder aus den 60er Jahren: Im Betrieb werden Nockenwellenantriebsräder durch Wechseldrehmomente mit überlagerten Drehschwingungen beaufschlagt. Im gezeigten Beispiel ist nun der eigentliche Radkörper mit der Verzahnung um eine Lochblechscheibe gespritzt, die ihrerseits mit einer Stahlnabe hartverlötet ist. Diese Verbundbauweise verleiht dem Rad eine hohe Steifigkeit in radialer Richtung. In axialer Richtung ist die Radscheibe jedoch flexibel, so dass radial wirkende Belastungsspitzen aufgrund der Schrägverzahnung durch reversible, axiale Deformationen der Radscheibe abgebaut werden. Die Zahnflanken gleiten dabei bis

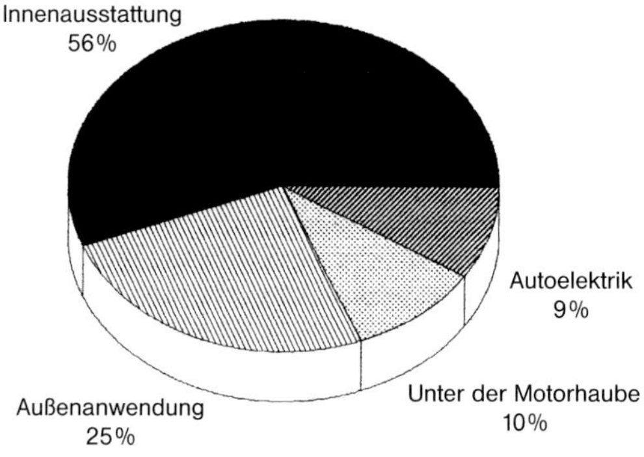

Bild 1.13 Anteiliger Einsatz von Polymerwerkstoffen in einem Mittelklassewagen (nach Walter)

Bild 1.14 Verschiedene Ausführungen von Nockenwellenantriebsrädern aus Polymerwerkstoff

zu 1 mm gegeneinander. Derartige Räder haben sich zwar bewährt, sie sind jedoch heute in dieser aufwendigen Ausführung nicht mehr im Einsatz. Sie sind aber ein frühes Beispiel für die aktuelle Metall/Kunststoff-Hybridbauweise.

Ferner steht dieses Prinzip als Beispiel dafür, dass man Spannungsspitzen durch Deformationen abbauen kann.

Für noch höhere Temperaturbelastungen, die von PA 66 nicht mehr vertragen werden können, wird heute PA 46, PPA, PPS oder PEK verwendet.

Die Gewichts- und Kosteneinsparungen bei Anwendungen unter der Motorhaube durch die Verwendung von Polymerwerkstoffen ist erheblich, wie die Tabelle 1.2 belegt.

Nach dem Verfahren der Schmelzkerntechnik werden Bauteile mit konventionell nicht entformbaren Kernen durch Spritzgießen hergestellt. Die bedeutendste Einzelanwendung sind Saugrohre aus PA 66-GF für Kfz-Motoren (Bild 1.15). Diese weisen gegenüber herkömmlichen Aluminium-Druckguss-Rohren eine Reihe von beachtlichen Vorteilen auf [1.27]:

- Gewichtsreduktion von 30 bis 60 %
- bessere Oberflächenqualität und dadurch geringeren Strömungswiderstand, d. h. Leistungssteigerung
- freizügigere Formgebung und Möglichkeit der integrierten Bauweise und dadurch Senkung der Bauteilkosten

Tabelle 1.2 Kosten- und Gewichtseinsparung durch die Verwendung von Polymerwerkstoffen (nach Pleizier, 1996)

Motorkomponenten	Kosteneinsparung	Gewichtseinsparung
Sauganlagen	40 %	50 %
Ventilhauben	20 %	10 %
Akustikteile	50 %	30 %
Ölwannen	20 %	15 %
Stylingteile	25 %	20 %

Bild 1.15 Sauganlage aus PA 66-GF eines BMW 6-Zylindermotors (Hersteller: Mann & Hummel)

Bild 1.16 Saugrohr für einen Opel 4-Zylindermotor. Ober- und Unterteil werden durch Schnapphaken und -ösen, die umlaufend am Umfang angebracht sind, gefügt (Hersteller: Bosch).

Heute werden Saugrohre wegen des relativ hohen Aufwandes für die Schmelzkerntechnik überwiegend zweiteilig gespritzt und verschweißt und neuerdings auch durch Schnappen zusammengefügt. Bei dieser Montageart ist allerdings eine zusätzliche Dichtung zwischen den beiden Hälften erforderlich (Bild 1.16).

Gas- und Kupplungspedale wurden überwiegend aus gebogenen Metallprofilen oder gestanzten Blechen gefertigt, und mit weiteren Teilen wie Trittplatten und Lagerstellen durch Schweißen komplettiert.

Spritzgegossene Pedale aus thermoplastischen Polymerwerkstoffen (Bild 1.17) sind in einigen Fällen schon über Jahre im Serieneinsatz. Heute werden diese Pedale nicht mehr als Einzelteile eingebaut, sondern in ihrer Gesamtheit als „Pedalerie" als komplette Einheit vorgefertigt. Die vorliegenden positiven Erfahrungen werden dazu führen, dass in nächster Zeit die Metallkonstruktionen generell durch Polymerwerkstoff substituiert werden. PA 66-GF, falls erforderlich speziell zähmodifiziert, hat sich als Werkstoff mit hohen Sicherheitsreserven bewährt [1.30].

Bild 1.17 Verschiedene Ausführungen von Pedalen aus PA-GF, teilweise zähmodifiziert

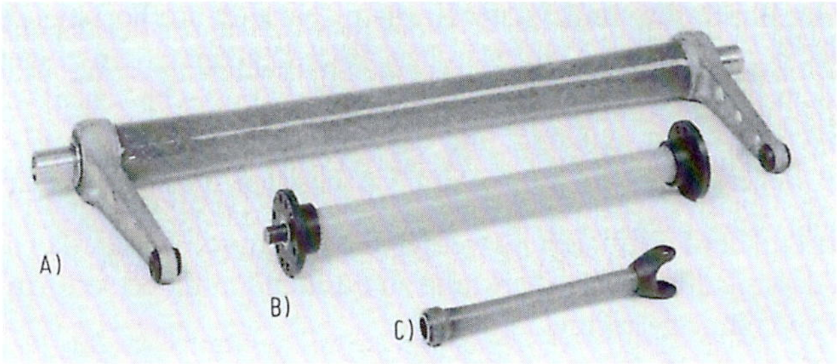

Bild 1.18 Ausführungen von GFK-Drehrohrfedern [1.9].
A) Hinterachsstabilisator in GFK-Stahl-Bauweise für einen LKW (Thyssen-Henschel, Kassel)
B) 500 mm lange GFK-Drehrohrfeder für einen PKW
C) Drehelastische Motorrad-Kardanwelle

Beispiele von hochbeanspruchten Faserverbundstrukturen für den Fahrzeugbau sind Federn verschiedener Bauart. In Bild 1.18 ist eine Auswahl von Drehfedern zusammengestellt, die für verschiedene Anwendungsbereiche entwickelt wurden [1.9]:

Der *Leichtbaustabilisator* (A) wurde für die Hinterachse eines LKW mit 9,2 t Gesamtgewicht entwickelt. Aus Kostengründen fiel die Entscheidung zugunsten der Kombination eines gewickelten GFK-Rohres mit Metallhebeln. In einem ersten Test wurde der Stabilisator einem Einstufen-Wechsellastversuch mit $\pm 5°$ Verdrehung unterzogen. Nach $2 \cdot 10^4$ Lastwechseln wurde zwar Mikrorissbildung und Delamination beobachtet, in anschließenden Fahrversuchen auf Schlechtwegstrecken und im normalen Straßenverkehr haben sie sich jedoch bewährt.

Die *GFK-Drehrohrfeder* (B) wurde als Tragfeder für eine PKW-Hinterachse entwickelt [1.28]. Gefordert war ein Verdrehwinkel von 30° bei einer Länge von 440 mm und einem maßgebenden Drehmoment von 1 700 Nm. Die nominelle Schubspannung beträgt dann ca. 250 MPa. Solche Bauteile lassen sich mit geeigneten Fertigungseinrichtungen reproduzierbar herstellen, so dass sie Bruchschwingzahlen von mindestens $2 \cdot 10^5$ ertragen. Als problematisch aber verbesserungsfähig wird allerdings das etwas abrupte Bruchverhalten gesehen.

Bei der *GFK-Kardanwelle* für ein Motorrad (C) handelt es sich um eine rotierende Drehrohrfeder. Beim Fahren ist die Kardanwelle nicht in beide Drehrichtungen gleich hoch beansprucht. Hier kommt ein großer Vorteil von GFK-Strukturen zur Geltung, nämlich dass bei einer solchen nicht symmetrischen Beanspruchung die Fasermengen entsprechend beanspruchungsgerecht angepasst werden können. Selbstverständlich kann eine solche Entwicklung nicht mehr ohne Rechnerunterstützung ablaufen (s. [1.9]).

Aus dem Bereich der Blasformtechnik ist der Kraftstoffbehälter aus hochmolekularem PE-HD anzuführen, der bei den meisten europäischen Automobilherstellern eingeführt ist. Er bietet gegenüber dem herkömmlichen Tank neben produktionstechnischen Vorteilen eine wesentlich günstigere Raumausnutzung und größere Sicherheit bei Aufprallunfällen. Das Bild 1.19 zeigt eine Auswahl derartiger Behälter.

Gewisse Probleme liegen in der Erfüllung der immer schärfer werdenden Vorschriften hinsichtlich der zulässigen Kraftstoff-Diffusionsrate.*

Zur Minderung der Permeationsrate werden einige Verfahren erfolgreich angewendet [1.10]:

Beispielsweise wird mit der Fluorierung, d. h. der Beaufschlagung der Behälterwand – bevorzugt der Innenwand – mit fluorhaltigem Gas eine Sperrwirkung erzielt, indem Wasserstoffatome des PE-HD durch Fluoratome substituiert werden.

Eine andere Möglichkeit ist mit dem Selar-Verfahren von Du Pont gegeben. Hierbei wird dem PE-HD vor der Verarbeitung ein Anteil von 6 bis 8 % Selar (Polyamid 6 und Haftvermittler) beigegeben. Während der Plastifizierung werden die Polyamid Granulatkörner gerade soweit angeschmolzen, dass sie durch die Scherkräfte zu dünnen Plättchen verformt werden und so in der Behälterwand eine Sperrschicht bilden.

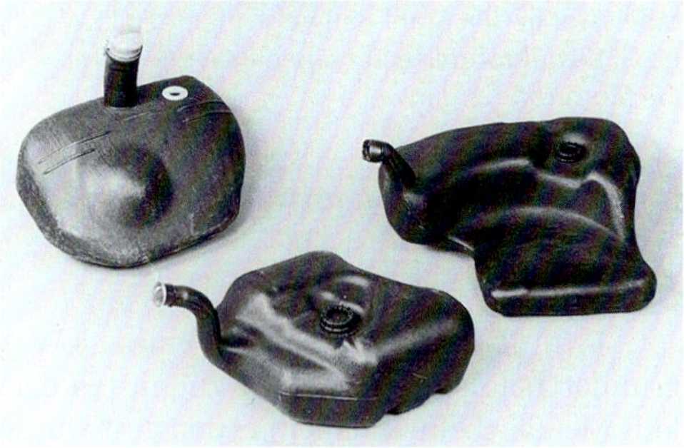

Bild 1.19 Verschiedene blasgeformte Kraftstoffbehälter aus hochmolekularem PE-HD

* Messungen haben ergeben, dass während der Laufzeit eines PKW ca. 27 l Kraftstoff infolge Permeation verdunsten, wogegen beim Betanken ca. 150 l verloren gehen. Den Verlust beim Betanken versucht man durch spezielle Zapfhähne zu reduzieren.

Hervorragend gute Sperrschichten lassen sich natürlich auch mit dem Coextrusionsblasformen von Polyamid oder Ethylenvinylalkohol (EVOH) und PE-HD erzielen. Die möglichst dünnen Sperrschichten liegen in der Mitte und müssen mit dem PE-HD durch Haftvermittlerschichten verbunden werden. Die Zähigkeit solcher Verbunde ist besonders an schlecht ausgeführten Quetschnähten als ein Schwachpunkt zu sehen.

Eine weitere Möglichkeit, wirksame Sperrschichten zu erzeugen, wird in dem Verfahren der Plasmapolymerisation gesehen [1.31].

1.1.4 Allgemeiner Maschinenbau

In Bereichen des allgemeinen Maschinenbaus haben Polymerwerkstoffe als Werkstoffe für die klassischen Maschinenelemente Zahnräder, Gleitelemente, Rollen etc. bereits ihren festen Platz. Dabei zählt die Fördertechnik zu den Sektoren, die in der Verwendung derartiger Bauelemente aus Polymerwerkstoffen mit am weitesten fortgeschritten sind. Zum Stand der Technik gehören heute Kranlaufräder, Seilrollen, Zahn- und Kettenradantriebe, Gleitführungen aus Polyamiden, ebenso wie verschleißfeste Auskleidungen und Dämpfungselemente aus Polyurethan.

Bei Kranlaufrädern wird die Seitenführung nicht wie üblich von einem Spurkranz übernommen, sondern von seitlich angeordneten Druckrollen (Bild 1.20). Dadurch wird sowohl das Festigkeits- als auch das Verschleißproblem eines Spurkranzes beherrscht.

Seilrollen aus Polymerwerkstoffen sind aus zwei Gründen in der Fördertechnik von Interesse: Überall wo es auf geringes Gewicht ankommt, tragen sie zur Steigerung der Nutzlast (und zur Montageerleichterung) bei (Bild 1.21). Außerdem beanspruchen sie das Seil in der Rille geringer, was schließlich zu einer zwei- bis vierfachen Seillebensdauer führt.

Bild 1.20 Spurkranzlose Kranlaufräder aus PA Guss.
Die Seitenführung des 3 Mp-Brückenkrans wird von gesonderten Druckrollen übernommen.
Spannweite des Krans 11,5 m, Eigengewicht ca. 4 t, max. Fahrgeschwindigkeit 60 m/min.

Bild 1.21 Seilrollenbatterie aus PA Guss in einem Mobilkran. Die Achslast konnte bei 18 Rollen um fast 1 t verringert werden. Auch wenn derartige Fahrzeuge heute nicht mehr üblich sind, ist es ein eindrucksvolles Beispiel für eine Gewichtsreduzierung durch Polymerwerkstoffe.

Bild 1.22 Pleuelstange aus kohlefaserverstärktem Polyamid (PA 66-CF20) in einem Bohrhammer (Bosch)

Wegen ihrer geringen Masse sind Bauteile aus kohlefaserverstärkten Polymerwerkstoffen prädestiniert für Anwendungen, die hohen Beschleunigungen unterliegen (Bild 1.22). Ein hierfür typischer Bereich ist auch der Textilmaschinenbau.

1.1.5 Apparatebau

Die Anfänge der Anwendung von Polymerwerkstoffen im Apparatebau gehen auf die Jahre 1935 – 1942 zurück [1.11]. Es handelte sich um Thermoplast-Halbzeuge, die vorwiegend als Ersatzwerkstoffe im Korrosionsschutz erprobt und eingesetzt wurden.

Heute sind in diesem Sektor folgende Anwendungsschwerpunkte zu erkennen [1.12]:

- Großserienteile (Pressen, Spritzgießen, Extrudieren),
  z. B. Filterpressenplatten und -rahmen (PE, PP), Filterdüsen (PE, SB), Kleinteile (PE, PP, PVC), Wärmetauscherplatten (PP, SB, PPO, PES).
- Kleinserien- und Einzelteile (handwerkliche Herstellung, Pressen, Wickeln),
  z. B. Behälter (GFK, GFK/Thermoplast-Liner), Auskleidungen (PE, PP, PIB, Fluorpolymere, PVC), Pumpen, Lüfter (PE, PP, PVC, PUR, GFK).
- Rohrleitungen (Extrusion, Wickeln),
  z. B. Rohre, Fittings, Flansche (PE, PP, PVC, GFK).

Die Bilder 1.23 bis 1.26 geben einen Einblick in den Stand der Technik, nachdem das technische Ziel des Korrosionsschutzes das bloße Ersatzwerkstoffdenken verdrängt hat [1.13] und Konstruktionserfahrung sowie technische Berechnungsgrundlagen vorliegen [1.14 bis 1.17].

Bild 1.23
Freitragender Kamin aus UP-GF für korrosiv wirkende Abgase bei der Montage. Die Höhe über Flur beträgt 45,3 m, der lichte Durchmesser im zylindrischen Teil 2,5 m und am oberen Ende 3,5 m. In einer Höhe von 12 m ist der Kamin abgestützt, so dass er mit einer Länge von etwa 33 m freisteht. Die statische Berechnung ist für eine Windgeschwindigkeit von 150 km/h und eine Abgastemperatur von 60 °C bei einer zulässigen Auslenkung von 300 mm ausgelegt.

Bild 1.24
Mit 1 000 m^3 Fassungsvermögen ist dieser Tank zur Zwischenlagerung von 70-prozentiger Schwefelsäure der bisher größte nach dem Wickelverfahren hergestellte GFK-Behälter. Innen ist der Behälter mit einem Liner aus 4 mm dicken PVC-Platten versehen. Der Tank wurde mit einer Sicherheit von 1,75 gegen Bruchversagen berechnet. Zusammen mit den werkstoffspezifischen Abminderungsfaktoren wurde eine Gesamtsicherheit von 5,0 gegen Festigkeit und 4,5 gegen Beulen berücksichtigt [1.18].

Bislang ungelöste Probleme, die sich bei der Anwendung von Polymerwerkstoffen im Apparatebau stellen, sind begründet im hohen manuellen Aufwand bei Einzelfertigungen und den deswegen im Vergleich zu Verfahren wie Spritzgießen oder Extrudieren weniger ausgereiften Technologien. Das trifft auch auf die Verbindungstechnik, insbesondere das Schweißen, zu [1.12].

Faserverbundwerkstoffe sind attraktive Werkstoffe für Großlüfter und Rotorblätter. So werden z. B. in Kühltürmen Lüfter aus UP-GF mit Durchmessern von mehreren Metern eingesetzt.

Die deutliche Leistungssteigerung bei Segelflugzeugen und Motorflugzeugen durch den Einsatz von GFK und CFK hat auch die Entwicklung von Rotorblättern für Windturbinen angeregt.

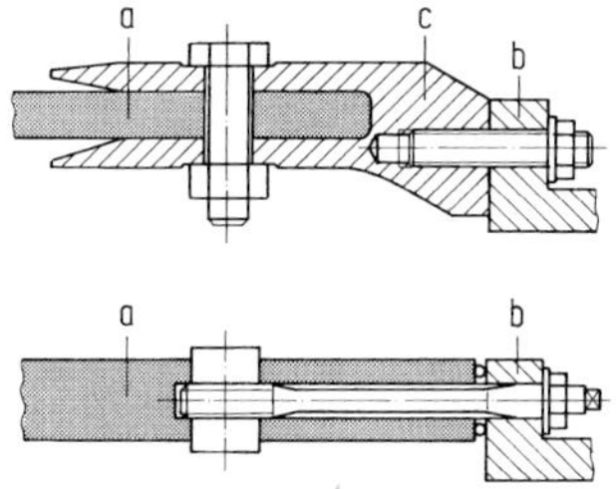

Bild 1.25 Prinzipien der Krafteinleitung von GFK-Rotorblättern in Stahlnaben [1.29]
oben: Verbindung des Rotorblattes
a) mit dem Stahlflansch, b) über eine Blattwurzel, c) mit Schrauben
unten: Verbindung über vorgespannte Schrauben

Bild 1.26 Wärmetauscher für eine Rauchgas-Entschwefelungsanlage (Werkbild: Bayernwerke AG)

Konstruktive Schwierigkeiten ergeben sich bei solchen GFK-Bauteilen immer wieder an den Verbindungsstellen, wo hohe Biegemomente und Querkräfte auf eine Stahlnabe übertragen werden müssen. Typische Lösungen dieser Aufgabe sind in Bild 1.25 skizziert: Von dem kreisförmigen GFK-Ring werden die Lasten auf einen äußeren und inneren Stahlmantel über Passbolzen übertragen (Bild 1.25 oben). Die Blattwurzel ist am Ende verjüngt und liegt nicht am GFK-Teil an, um Spannungsspitzen infolge eines schroffen Steifigkeitssprungs zu vermeiden. Die Variante im Bild unten vermeidet die zweimalige Umlenkung des Kraftflusses [1.29].

Der Wärmetauscher in Bild 1.26 dürfte die größte Einzelanwendung von PTFE sein. Werkstoffe für derartige Anwendungen müssen beständig sein gegenüber den beim Unterschreiten des Taupunkts anfallenden aggressiven Säuren (HF, HCl). Vorteilhaft ist bei PTFE auch dessen extrem niedrige Oberflächenenergie, so dass sich keine Ablagerungen von Ruß, Asche etc. bilden.

Weitere Anwendungen von PTFE im Apparatebau sind Auskleidungen aller Art, Rohre, Armaturen bei aggressiven Medien oder Fasern in Filteranlagen [1.26].

1.1.6 Bauwesen

Fensterrahmen, Fassadenbekleidungen, Dachelemente, Fußbodenbeläge, Abflussrohre sind eingeführte Anwendungen von PVC im Hochbau. Ebenso zählen Behälter aus UP-GF jeglicher Art zum Stand der Technik.

Hier sollen einige Beispiele von Anwendungen aufgeführt werden, die nicht auf den ersten Blick erkennbar sind.

Für Heißwasserabflussrohre werden ABS und PP verwendet. Vernetztes PE-HD hat sich neben PP und Polybuten (PB) als Rohrwerkstoff für Fußbodenheizungen bewährt. Außer im Hochbau findet die Bodenbeheizung mit vernetzten PE-HD-Rohren in abgewandelter Technik auch Anwendung bei Sportflächen (Bild 1.27), Start- und Landebahnen, Straßen und Brücken, um diese schnee- und eisfrei zu halten.

Bild 1.27 Verlegung von Rohren aus vernetztem PE-HD zur Bodenbeheizung im Münchner Olympia-Stadion

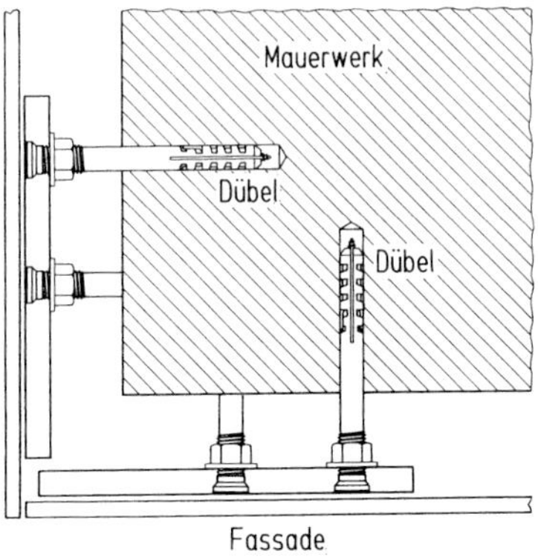

Bild 1.28 Spreizdübel aus PA 6 zur Befestigung von vorgehängten Fassaden (Werkbild: Fischer)

Das erste tragende Bauteil aus einem thermoplastischen Polymerwerkstoff, das die allgemeine bauaufsichtliche Zulassung erhielt, war der Dübel aus PA 6 zur Befestigung von Fassaden (Bild 1.28). Für das vorliegende Prinzip des Spreizdübels wird ein Polymerwerkstoff benötigt, der sich einerseits beim Eindrehen der Schraube hinreichend duktil verhält und der andererseits unter ständiger Zugbelastung nicht in einem Maße kriecht, dass die Verbindung unsicher wird.

Aufgrund der zuerst genannten Forderung kommt nur ein unverstärkter, ungefüllter Thermoplast infrage. Die durch den Dübel und die Schraube auszufüllenden Volumina sind so aufeinander abgestimmt, dass der Polymerwerkstoff bei eingedrehter Schraube unter einem quasi hydrostatischen Spannungszustand steht, und eine Spannungsrelaxation nicht erfolgen kann. Das Kriechen entlang der Schraubenmantelfläche wurde in entsprechenden Versuchen untersucht und die Extrapolationsfähigkeit der Ergebnisse nachgewiesen, so dass die Zulassung erteilt werden konnte.

Bei der Profilextrusion werden heute Fertigungstoleranzen beherrscht, die es erlauben, einbaufertige Konstruktionsbauteile herzustellen. Ein Beispiel hierfür sind Wärmedämmstege für Aluminiumfensterprofile. Mit derartigen Profilen aus PA 66-GF wird den Wärmeschutzbestimmungen entsprechend der Wärmefluss zwischen äußerem und innerem Aluminiumfensterprofil unterbrochen (Bild 1.29). Sie werden in Aluminiumprofile eingeklemmt, wobei die Klemmstellen zur Erzielung einer zusätzlich formschlüssigen Verbindung und zur Sicherstellung einer über die Länge gleichmäßigen Kraftübertragung profiliert oder aufgeraut werden [1.19].

Im Eisenbahnoberbau hat der Schwellendübel aus PE-HD schon Ende der 60er Jahre die früher übliche Konstruktion aus Hartholz abgelöst. In Betonschwellen werden diese Dübel bereits bei der Herstellung in die Rüttelform eingelegt. Schienenunterlagen aus Ethylenvinylacetat-Copolymerisat (EVA) sorgen als elastische Zwischenlage für gleichmäßige Lastenverteilung und Verminderung von Kantenpressungen bei den Betonschwellen.

Die Schienenbefestigung erfolgt üblicherweise mit Spannfedern über sogenannte Winkelführungsplatten. Die früher aus gewalzten Stahlprofilen hergestellten Führungsplatten werden heute mit weit geringerem Investitions- und Fertigungsaufwand aus PBT oder PA nach dem Spritzgießverfahren gefertigt.

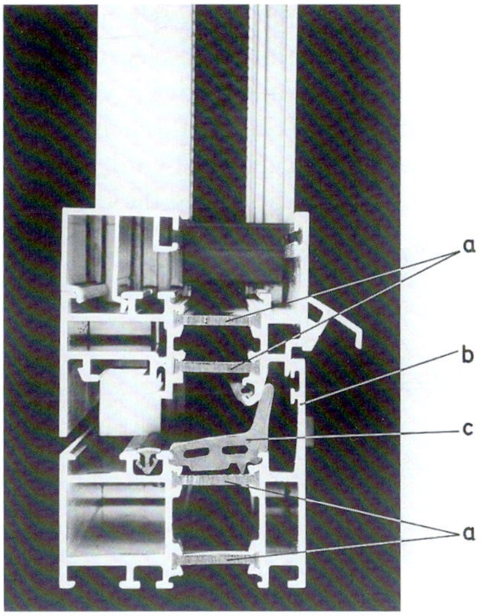

a) Isolierstege aus PA 66-GF
b) Aluminiumprofil
c) Dichtungsprofil

Bild 1.29 Schnitt durch den Rahmen eines Aluminium-Polymerwerkstoff-Verbundfensters mit Isolierstegen aus PA 66-GF, System Wieland-Werke, Ulm (Werkbild: TKG Ensinger)

Bild 1.30 Weichengleitstuhl belegt mit Gleitplatten aus PBT

Das Schmieren der Weichengleitstühle stellt ein Umweltverschmutzungsproblem dar; ferner eine ständige Gefährdung des Bedienungspersonals. Positiv ausgegangene Versuche in den 70er Jahren mit Gleitplatten aus Polymerwerkstoff (Bild 1.30) haben dazu geführt, dass bei verschiedenen Privatbahnen, U-Bahnen und Industriegleisanschlüssen Weichengleitstühle mit wartungsfreien bzw. wartungsarmen Gleitplatten auf Basis von PBT oder PA belegt wurden.

Die Hauptbeanspruchung dieser Beläge tritt beim Überfahren der Weiche auf, indem über die anliegende Weichenzunge eine hohe Druck-Schwell-Belastung mit gelegentlich überlagerter tangentialer Relativbewegung wirkt. In einer konstruktiv aufwendigen Variante soll dieser Beanspruchung dadurch entgegengewirkt werden, dass die Gleitplatte nach dem eigentlichen Stellvorgang durch das Gewicht der Fahrzeuge nach unten gedrückt wird, und die Weichenzunge dann direkt auf dem metallischen Weichenstuhl aufliegt, so dass die Gleitplatte während des Überfahrens entlastet ist (Bild 1.31) [1.20].

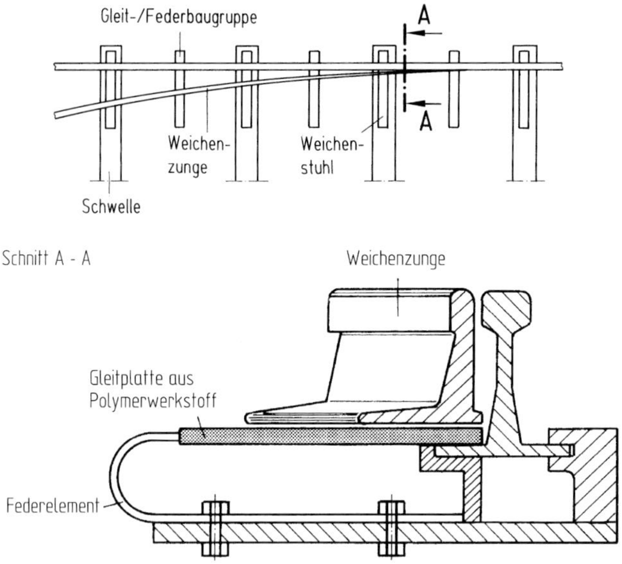

Bild 1.31 Prinzipskizze eines Weichenstellmechanismus mit federnd gelagerter Gleitplatte und Entlastung während des Überrollens [1.20]

Bild 1.32 Schallschutzwand an einer Autobahn im Bereich von Wohngebieten

Bild 1.33 Aufbau der Schallschutzelemente aus PVC-Profil, Glasmatte und PVC-Lochwand. Diese gelochten Platten werden zunächst mit thermogeformten Näpfchen versehen, deren Böden anschließend abgesägt werden.

Diese Konstruktion kam zwar nie zur Anwendung, ist jedoch als Konstruktionsprinzip von grundsätzlicher Bedeutung.

Mit dem dichter werdenden Verkehr gewinnen Maßnahmen zum Schall- und Schwingungsschutz an Bedeutung. So werden Gleise von U-Bahnen wie auch Neubaustrecken der DB hierzu auf 20 mm dicken, auf Raumgewichte von ca. 500 kg/m^3 geschäumte PUR-Matten verlegt und im Straßenbau findet man Konstruktionen von Schallschutzwänden aus PVC wie in Bild 1.32 und 1.33 dargestellt.

1.2 Prognose

Die Zukunftsaussichten eines Werkstoffs sind an verschiedene Parameter gekoppelt, von denen die folgende Beziehung die wichtigsten enthält [1.21]:

$$Z = f(V_V, E_R, A_W, M_A) \tag{1.1}$$

Darin bedeuten:

- V_v die Verfügbarkeit des Vorproduktes (z. B. Eisenerz, Rohöl), wobei für eine ausreichende Polymerwerkstoffproduktion weniger schwindende Rohstoffvorkommen ein Hemmnis darstellen werden als vielmehr Ereignisse in der politischen und wirtschaftspolitischen Szene sowie eventuelle Transportprobleme.

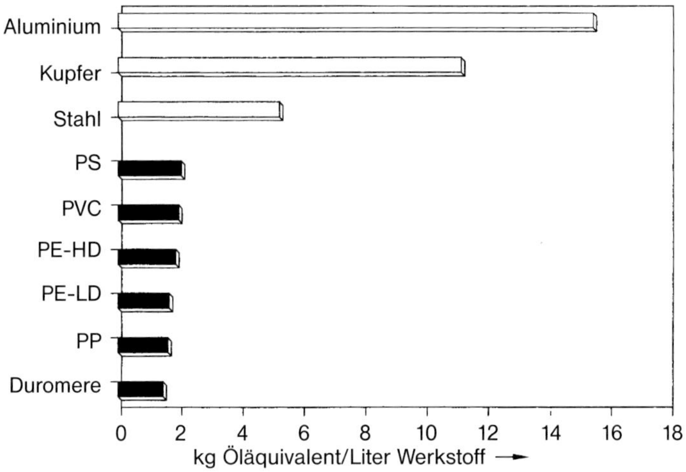

Bild 1.34 Energiebedarf zur Herstellung verschiedener Werkstoffe

- E_R den Energieaufwand zur Erzeugung, Anreicherung, Konfektionierung des Rohstoffes (Reduktion des Eisenerzes, Polymerisation der Monomeren). Bild 1.34 gibt den Energiebedarf für die Werkstofferzeugung einiger ausgewählter Werkstoffe an.
- A_w den Aufwand bei der Weiterverarbeitung. Aussagen hierüber sind, soweit sie den Energiebedarf betreffen, bereits voranstehend gemacht. Ein Weiterverarbeitungsverfahren, nach dem sowohl Metalle als auch Polymerwerkstoffe bearbeitet werden und das somit einen direkten Vergleich gestattet, ist die Zerspanung.
  Wegen der größeren Zerspanungsleistung kann insbesondere bei großen Zerspanungsvolumina (z. B. Zahnräder mit großem Modul) bei der Fertigung mit Polymerwerkstoffen gegenüber Metallen eine Kostenersparnis von bis zu 40 % erzielt werden (Bild 1.35).
- M_A die Marktakzeptanz des Werkstoffs. Bedingungen hierfür sind unter der Voraussetzung einer grundsätzlichen Marktexistenz die Marktkonformität der Eigenschaften, insbesondere das Preis/Leistungs-Verhältnis aber auch in zunehmenden Maße die Recyclingfähigkeit bzw. die Ökobilanz des Werkstoffs.*

Fasst man die einzelnen Faktoren zusammen, so kann man insgesamt mit einem weiteren Wachstum für die Polymerwerkstoffe rechnen. Die Standardwerkstoffe auf Basis bekannter Monomere werden mengenmäßig aufgrund gezielter Polymerarchitektur mit neuen Katalysatorsystemen stärker zunehmen. Sie werden in die Anwendungsbereiche der technischen Werkstoffe (z. B. PA, POM, PC) vorstoßen. Diese und insbesondere die Hochleistungsthermoplaste (PEEK, PES, LCP) werden mengenmäßig nicht in dem Maße zunehmen, wie das noch vor kurzem erwartet wurde.

* Der Aspekt der Recyclingfähigkeit eines Werkstoffs darf nicht isoliert von einer ganzheitlichen Betrachtung der Umweltbelastung angefangen bei der Herstellung des Werkstoffs bis hin zum eventuellen Umweltnutzen des daraus hergestellten Bauteils beurteilt werden.

Bild 1.35 Dämpfungsglied für einen hydraulisch wirkenden Aufzugsapparat für Skilifte. Die Räder der abgebildeten Zahnradpumpe werden unter Einhaltung der Toleranzqualität IT 7 aus POM und PBT gefertigt. Bei der spanenden Fertigung wird gegenüber der Metallzerspanung eine Kostenersparnis von 40 % erzielt (Werkbild: TKG Ensinger).

Polymere aus neuen Monomeren sind somit weniger zu erwarten; was wirtschaftlich zu polymerisieren geht, ist weitestgehend ausgetestet. Zudem gestaltet sich die Markteinführung neuer, technischer Produkte offensichtlich zunehmend schwieriger und langwieriger, was an zwei Beispielen gezeigt werden kann:

Seit einigen Jahren sind die Werkstoffe Poly(aryl)etherketon (PAEK, PEEK u. Ä.) und Liquid Cristall Polymer (LCP) auf dem Markt, Werkstoffe mit beachtenswerten Eigenschaften. Fast jeder namhafte Kunststoffhersteller führte diese Polymeren in seinem Sortiment, bis sich gezeigt hat, dass der Markt offensichtlich nicht so aufnahmefähig ist, wie ursprünglich erwartet. Die meisten Anbieter haben diese Produkte wieder aus ihren Sortimenten gestrichen. Der hohe Preis, begründet durch die geringe Produktionsmenge, spielte hierbei sicherlich eine große Rolle. Heute wird PEEK in Europa noch von einer kleineren Vertriebsorganisation angeboten.

Eine Vision könnte sein, neue Polymere zu schaffen, deren Hauptkette im Wesentlichen nicht aus C-Atomen zusammengesetzt ist sondern aus Si-O-Gruppierungen.

Neue Herstellverfahren für bekannte Polymerwerkstoffe

Modifikationen und gezielte Eigenschaftsverbesserungen bekannter Polymere haben die eindeutig größeren Marktchancen. Hier sind in erster Linie die Möglichkeiten zu nennen, die sich mit den *Metallocenkatalysatoren* bieten.

Mit diesen Katalysatoren lässt sich der Molekülaufbau steuern, z. B. die Taktizität, so dass die Kristallinität beeinflusst werden kann, und dadurch Eigenschaften, die von der Kristallinität abhängen, verändert werden können. Dies ist am Beispiel der Schmelztemperatur eines Standard-Polystyrol aus Tabelle 1.3 zu ersehen.

Die Kristallinität von isotaktischem Polypropylen kann mit diesen Katalysatoren noch weiter gesteigert werden, so dass eine Steifigkeit erreicht wird, die mit konventionellem PP nur mit z. B. Talkumverstärkung erzielt werden kann (Tabelle 1.4). Ein besonderer Vorteil dieses sehr hochkristallinen PP gegenüber talkumverstärktem PP als Gehäusewerkstoff besteht auch in der besseren Kratzfestigkeit, d. h. ein Kratzer auf der Oberfläche fällt beim mineralverstärkten PP

Tabelle 1.3 Beeinflussung der Taktizität, Morphologie und Schmelztemperatur durch unterschiedliche Herstellungsverfahren am Beispiel von Standard-Polystyrol

Taktizität	Herstellung	Morphologie	Glasübergangs- und Schmelztemperatur
ataktisch 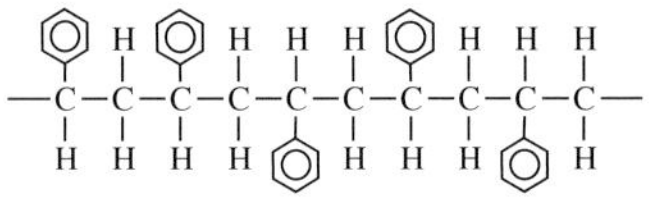	radikalisch	amorph	T_g = 100 °C $\boldsymbol{T_m}$ = –
isotaktisch 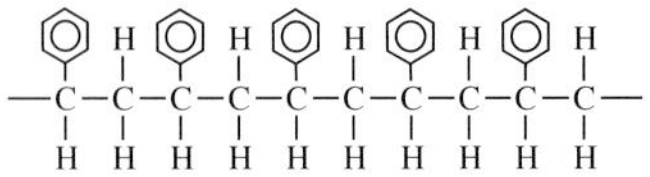	Ziegler-Natta-Katalyse	teilkristallin	T_g = 100 °C $\boldsymbol{T_m}$ **= 210 °C**
syndiotaktisch 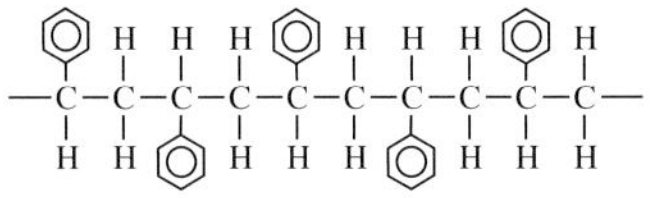	Metallocen-Katalyse	teilkristallin	T_g = 100 °C $\boldsymbol{T_m}$ **= 270 °C**

Tabelle 1.4 Vergleich zwischen talkumverstärktem und hochkristallinem PP

Eigenschaft	PP talkumverstärkt (20 %)	PP hochkristallin
Elastizitätsmodul MPa	2 600	2 400
Dichte g/cm^3	1,04	0,905
Formbeständigkeit in der Wärme HDT/B 4,5 MPa °C	118	120

wesentlich stärker auf, weil der scharfe Kontrast zwischen Füllstoff und Matrix eine deutlich sichtbare Markierung hinterlässt [1.34].

Ein weiteres Beispiel ist das Cycloolefin Copolymere (COC). Erst die Metallocenkatalysatoren ermöglichten die marktfähige Herstellung dieses Polymeren. COC ist wie PE ein lediglich aus Kohlenstoff und Wasserstoff bestehender Polymerwerkstoff und hat deswegen eine niedrige Dichte, verfügt aber über eine Glasübergangstemperatur von über 150 °C. Er ist hochtransparent und wegen des aliphatischen Aufbaus ohne Doppelbindungen optisch isotrop mit extrem niedriger optischer Doppelbrechung. Aufgrund dieser Eigenschaften könnte er z. B. für Compact-Discs den bisher bewährten Werkstoff Polycarbonat ablösen [1.33]. Auch in der Medizintechnik oder als Verpackung feuchtigkeitsempfindlicher Güter werden Anwendungen gesehen.

Ein Potenzial – weniger für große Mengen als für technisch interessante Anwendungen – liegt auch noch in den langfaserverstärkten Thermoplasten (GMT), denn nur mit Langfaserverstär-

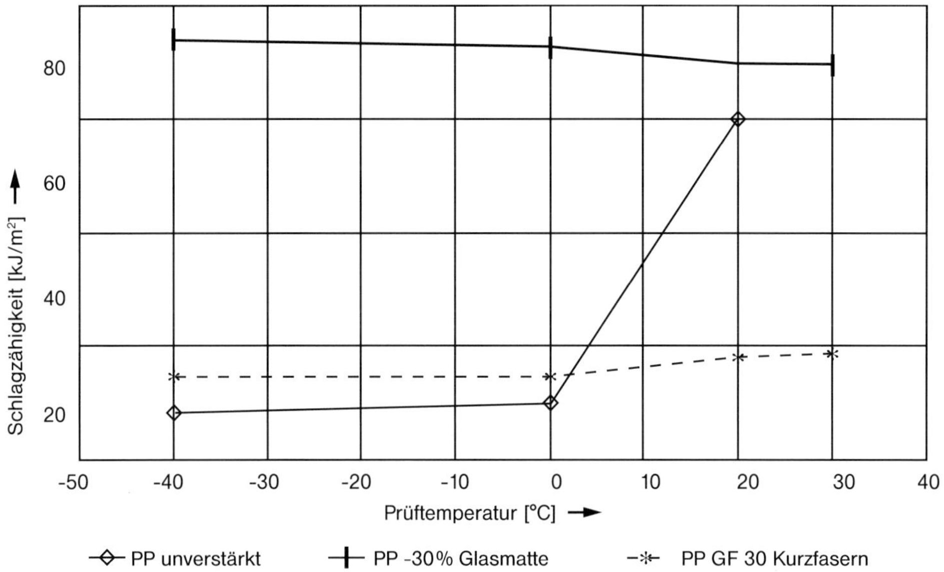

Bild 1.36 Zähigkeit von verschiedenen Polypropylenwerkstoffen (nach Mülhaupt)

kung gelingt es bisher, die Festigkeit und gleichzeitig die Zähigkeit – auch bei tiefen Temperaturen – zu steigern (Bild 1.36). PP ist der zur Zeit am häufigsten verwendete Matrixwerkstoff. Ein besonderes Interesse gilt aber auch dem PEEK als Matrixmaterial, um zu höherer Temperaturbeständigkeit zu kommen. Im Gegensatz zu Laminier- und Prepregverfahren mit duromeren Harzen können mit GMT-Pressformverfahren kurze Taktzeiten gefahren werden.

Neue Anwendungen

Prognosen für konkrete neue Anwendungen sind immer mit einem hohen Grad an Unsicherheit behaftet.

Im *Fahrzeugbau* können weitere Anwendungen im Motor- und Getriebebereich erwartet werden; Entwicklungen von tragenden Strukturen des Fahrwerks (Spurstangen, Federn etc.) aus glasfaserverstärkten Polymerwerkstoffen und hochfesten Faserverbunden sind bereits weitgehend abgeschlossen, jedoch noch nicht in der Großserie eingeführt.

Großflächige Karosserieteile wie Kotflügel, Hecktüren oder Motorhauben aus SMC sind heute bei einigen Großserien bereits im Einsatz. Auch komplette Karosserien aus glasfaserverstärkten Harzen (meist aus SMC) zählen für kleinere Serien bereits zum Stand der Technik.

Außenanwendungen im Karosseriebereich aus Thermoplasten wie Stoßfänger, Spoiler, Rammschutzleisten, Spiegelgehäuse, Leuchten u. a. sind seit langem bekannt.

Ganze Karosserien oder zumindest Karosserieteile aus *Thermoplasten* für Großserienfahrzeuge sind bei einigen Fahrzeugen bereits in Serie. Der Durchbruch für eingefärbte, thermoplastische Polymerwerkstoffe im Karosseriebereich wird mit sogenannten Blends bei den Citycars erwartet. Beispielsweise erhält der „Smart" eine komplette Außenhaut aus einem PBT/PC-Blend, die nur noch mit einem Klarlack überzogen wird.

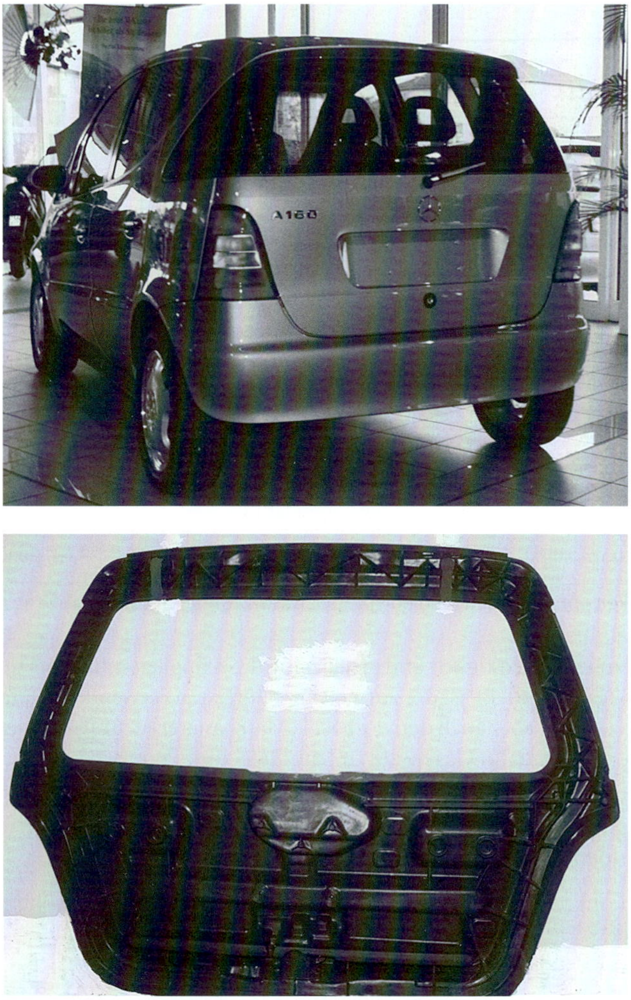

Bild 1.37 Tragendes GMT-Teil der Hecktüre der Mercedes A-Klasse

Ferner wird die Mercedes A-Klasse als erstes Großserienfahrzeug mit einer Hecktür aus einem thermoplastischen PPE + PA-Blend gebaut [1.37]. Das Thermoplastteil wird mit einem versteifenden Gerüst aus GMT (Bild 1.37) verklebt und off-line lackiert.* Die Kotflügel dieses Fahrzeugs sind ebenfalls aus PPE + PA, werden jedoch online lackiert.

Weitere Anwendungen in der Großserie finden Blends für Karosserieteile bei BMW. Der BMW 6er bekommt Seitenteile (Kotflügel) aus einem (PA + PPO)-Blend inline montiert, und für das 3er Coupé und Cabrio wird hierfür ein mineralgefülltes (PA + ABS) verwendet, das die hohen online-Temperaturen aushält. Die vergleichsweise hohen Wärmedehnungen und

* Neuerdings wird auch ein ASA/PC-Blend eingesetzt, und es wurden auch eingefärbte ABS-Folien hinterspritzt.

Bild 1.38 Niederflur-Straßenbahn „Cobra" vollständig aus Faserverbund-Werkstoffen in Sandwichbauweise hergestellt [1.32] (Werkbild: Schindler Waggon)

sonstigen Maßänderungen beherrscht man dadurch, dass die Teile an nur einem Fixpunkt befestigt werden, Die restlichen Anbindungen werden über Gleitelemente befestigt, so dass sich das Bauteil in definierten Richtungen ausdehnen kann [1.42].

Designer sprechen bereits von leicht austauschbaren Karosserieteilen, so dass der Autobesitzer nach Belieben die Farbe seines Fahrzeugs abändern oder der Mode entsprechend auch bunt gestalten kann [1.36].

Auch die Glasscheiben – zuerst Heck- und Seitenscheiben – sind zum mittelfristigen Entwicklungsziel geworden. Polycarbonate mit kratzfesten Plasma-Beschichtungen aus Silikaten und das geringere Gewicht geben dieser Entwicklung gute Chancen [1.35]. Derart großflächige Teile, die optisch perfekt sein müssen, können nach einem neuen Spritzprägeverfahren mit speziellen Maschinen und Steuerungen* hergestellt werden. Damit lassen sich große Formteile aus PC mit geringen Wanddicken bei langen Fließwegen mit geringer Zuhaltekraft spritzgießen [1.41].

Eine innovative Entwicklung im *Schienenfahrzeugbau* wurde in der Schweiz in Angriff genommen: Der komplette Wagenkasten wird als Wickelteil aus glasfaserverstärktem Harz hergestellt. Einige auf diese Weise gefertigte Fahrzeuge bewähren sich bereits im Test (Bild 1.38). Probleme werden noch in der nicht immer ausreichenden Steifigkeit des Kastens gesehen, sowie in einer denkbaren Gefährdung der Fahrgäste bei einem Fahrdrahtbruch. Ein Teilaspekt dieses Konzeptes beinhaltet auch die Sanierung von Altwaggons, indem im Ganzen gewickelte Fahrgastzellen in die Altwaggons eingebracht werden (Bild 1.39).

In der *Elektrotechnik* werden hochtemperaturbeständigen Polymerwerkstoffen weitere Chancen eingeräumt, mit denen Isolierprobleme bei Leistungssteigerung und Verkleinerung der Bauteile beherrscht werden.

---

* IMPmore. Eine Gemeinschaftsentwicklung von Battenfeld, Summerer Technologies und Exatec European Applications Center.

Bild 1.39 Einsetzen eines vorgefertigten Innenausbau-Moduls aus Faserverbundwerkstoffen für die vollständige Erneuerung eines alten Reisezugwagens [1.32] (Werkbild: Schindler Waggon)

Andererseits werden thermoplastische Polymerwerkstoffe durch geeignete Füllstoffe elektrisch leitfähig gemacht, um in gewissem Maße Abschirmeffekte zu erzielen; die leichte Verarbeitbarkeit nach dem Spritzgießverfahren soll dabei weitgehend erhalten bleiben.

Mit der Entwicklung elektrisch leitfähiger Substanzen (z. B. Polyacetylen oder Polypyrren) wollte man Einsatzmöglichkeiten im Batteriebau oder in der Solartechnik finden [1.23 bis 1.25]. Dies ist wohl nicht gelungen.

Der Informationstransport könnte künftig durch Photonen anstelle von Elektronen erfolgen, und die „Glaskabel" werden dann aus Polymeren sein.

Polymere mit nichtlinearen optischen Eigenschaften ermöglichen eine Frequenzverdopplung und damit eröffnen sich viele technische Möglichkeiten und neue Technologien.

Auch in der *Medizin* und *Medizintechnik* werden Polymerwerkstoffe zur Erhaltung des Lebens und der Lebensqualität beitragen. Erwähnt sei hier nur die Entwicklung von Membranen zur Stofftrennung.

In anderen technischen Bereichen (*Armaturenbau, Hydraulik, Pneumatik, Textilmaschinenbau* u. a.) wird ein stetiger Zuwachs zu verzeichnen sein, und zwar durch Anwendungen in Gebieten, die bislang ausschließlich Metallen, vor allem Nichteisenmetallen, vorbehalten waren. Dabei werden noch Probleme des Lebensdauernachweises zu lösen sein.

Konsumnahe Bereiche sind zwar werkstoffintensiv, unterliegen jedoch schwer kalkulierbaren Modetrends.

Literatur

[1.1] Ehrenstein, G. W.: Polymerwerkstoffe, Hanser-Verlag, München, Wien 1978

[1.2] Ehrenstein, G. W. und G. Erhard: Konstruieren mit Kunststoffen – Ein Bericht zum Stand der Technik, Hanser-Verlag, München, Wien 1983

[1.3] Brenneis, H.: Bauteilentwicklungen von Leichtbau-Faserverbundkonstruktionen, *Kunststoffberater* **36** (1991) 9, S. 38/41

[1.4] Becker, H. und E. Neise: CFK beflügelt den Flugzeugbau, *Kunststoffe* **88** (1998) 4, S. 488/492

[1.5] Gerlach v., G.: GFK-Bauweisen für Raketenbrennkammern, 20. Intern. Chemiefasertagung Dornbirn, 1981

[1.6] Stöffler, G. und H. Wurtinger: Zug-Druck-Strebe aus CFK aus Verarbeiten und Anwenden kohlenstoffaserverstärkter Kunststoffe, VDI-Verlag, Düsseldorf, 1981

[1.7] Vorbach, G.: Anforderungen an das Spritzgussteil aus der Sicht des Entwicklers und Konstrukteurs, *VDI-Gesellschaft Kunststofftechnik,* Jahrbuch 1980, S. 89/116

[1.8] Herzig, K.: Konstruktionsbeispiele aus der Feinwerktechnik, *Kunststoff-Berater* **18** (1973) 4, S. 231/238

[1.9] Puck, A.: GFK-Drehrohrfedern sollen höchstbelastete Stahlfedern substituieren, *Kunststoffe* **80** (1990) 12, S. 1380/1383

[1.10] Karsch, U. A.: Permeationsminderung, dargestellt am Beispiel des Systems Kunststoffkraftstoffbehälter (KKB), *VDI-Gesellschaft Kunststofftechnik Jahrbuch* 1996, S. 165/189

[1.11] Krannich, W.: Kunststoffe im technischen Korrosionsschutz, Hanser-Verlag, München, Wien 1943/1949

[1.12] Nestler, W.: Der Kunststoff-Apparatebau – Stiefkind der Kunststoffverarbeitung, *Chemie-Technik* **10** (1981) 11, S. 1167/1169

[1.13] Nestler, W.: Beitrag zum Thema Auskleidungstechnik, *Plastverarbeiter* **28** (1977) 2, S. 71/76

[1.14] Neitzel, M., W. Schneider und R. Laux: Gestaltung von Apparaten aus glasfaserverstärkten Kunststoffen für Chemieanlagen, *Plastverarbeiter* **30** (1979) 1, S. 3/6

[1.15] Dürkopp, J.: Beitrag zur Stabilität gebetteter Zylinderschalen aus glasfaserverstärkten ungesättigten Polyesterharzen, Diss. TH Aachen 1974

[1.16] VDI-Richtlinie 2012: Gestalten von Werkstücken aus GFK

[1.17] Ehrenstein, G. W. u. a.: Glasfaserverstärkte Kunststoffe, Expert-Verlag, Grafenau 1981

[1.18] NN: Aus glasfaserverstärktem UP-Harz gewickelter 1000 m^3-Tank, *Industrie-Anzeiger* **105** (1982) 6, S. 19/19

[1.19] Carstens, H.-H. und J. Nielebock: Guter Wärmeschutz bei Fenstern durch Kunststoffe, *Kunststoffe im Bau* **14** (1979) 3, S. 117/120

[1.20] Offenlegungsschrift 2729692: Vorrichtung zum Einbau in eine Bahngleisweiche, 1.7.1976

[1.21] Hornbogen, E.: Werkstoffe im Jahr 2000, *Umschau* **76** (1976) 20, S. 645/650

[1.22] Fritz, G.: Rohstoffprobleme und ihre Auswirkungen auf die Kunststoffindustrie, *Kunststoffe* **65** (1975) 1, S. 41/47

[1.23] Wegner, G.: Polymere mit metallähnlicher Leitfähigkeit – Ein Überblick über Synthese, Struktur und Eigenschaften, *Angew. Chemie* **93** (1981), S. 352/371

[1.24] Naarmann, H.: Elektrisch leitfähige Polyaromaten Ber. Bunsenges., *Phys. Chem.* **83** (1979), S. 427/432

[1.25] Wedding, G.: Elektrisch leitende Kunststoffe, *Pysik i. u. Zeit* **14** (1983) 4, S. 98/106

[1.26] NN: PTFE für Wärmetauscher in Kraftwerken, *Kunststoffe* **81** (1991) 2, S. 150

[1.27] Hauck, Ch. und A. Schneiders: Optimieren der Schmelzkerntechnik für das Thermoplast-Spritzgießen, *Kunststoffe* **77** (1987) 12, S. 1237/1240

[1.28] Rau, Th.: Zur Entwicklung hochfester Drehstabfedern aus Faser-Kunststoff-Verbunden, Diss. Uni (GH) Kassel 1988

[1.29] Mehrle, W., O. Seidler und W. Weber: Blattwurzelkonstruktionen von FVW-Rotorblättern für Windturbinen, *Kunststoffe* **81** (1991) 1, S. 63/66

[1.30] Brünings, W.-D., Ch. Hauck und D. Müller: Entwicklung von Kfz-Pedalen aus glasfaserverstärktem Polyamid, *Kunststoffe* **79** (1989) 3, S. 251/254

[1.31] Telgenbüscher, K.: Neue Eigenschaften durch Aufbringen dünner Schichten – Plasmapolymerisation und Coextrusion polymerer Lichtwellenleiter, in Tagungshandbuch 16. Kunststofftechnisches Kolloquium des IKV, Technische Hochschule, Aachen 1992

[1.32] Anderegg, K.: Composites – Strukturwerkstoffe der Zukunft, *ETR* **45** (1996), H. 7/8, S. 433/438

[1.33] Land, H.-T. und D. Niedernberg: CD zukünftig aus COC? *Kunststoffe* **85** (1995) 8, S. 1048/1054

[1.34] Langius, L. J. M.: Hochkristallines Polyolefin, *Kunststoffe* **85** (1995) 8, S. 1122

[1.35] NN: Bayer und GP wollen Autoscheiben aus Polycarbonat marktreif machen, *Kunststoffe* **87** (1997) 7, S. 833

[1.36] NN: In Zukunft jährlich ein neues Outfit fürs Auto, BASF information 5/97, S. 5

[1.37] NN: Erste thermoplastische Heckklappe, *Kunststoffe* **87** (1997), 12, S. 1803

[1.38] Grigant, E. et al.: Biologisch abbaubar in 60 Tagen, *Kunststoffe* **87** (1997) 1, S. 63–65

[1.39] Meier, U.: Haben kohlenstoffaserverstärkte Kunststoffkabel für Tragwerke eine Zukunft? *Detail – Zeitschrift für Architektur + Baudetail* (1999) 8, S. 1505/1506

[1.40] EMPA CH-Dübendorf: Tagungsband CFK im Bauwesen – heute Realität, 2003

[1.41] NN: Kunststoffverscheibung im Automobil rückt näher, *Kunststoffe* **93** (2003), 6, S. 72–73

[1.42] Korzonnek, J. und R. Killermann: BMW 3er Coupé und Cabrio leichter bauen, *Kunststoffe* **97** (2007) H. 3, S. 70/76

2 Struktur und Eigenschaften

Polymerwerkstoffe werden heute fast ausschließlich synthetisch aus organischen Verbindungen (Monomeren) durch verschiedene Verfahren wie Polymerisation, Polykondensation oder Polyaddition hergestellt. Dabei werden die Monomeren zu Makromolekülen verknüpft, den charakteristischen Merkmalen des mikrostrukturellen Aufbaus der Polymerwerkstoffe (Hermann Staudinger, 1881 – 1965). Chemische Zusammensetzung, Struktur und Morphologie sind Parameter, die in engem Zusammenhang mit den makroskopischen Eigenschaften dieser Werkstoffe stehen, so dass es für das Werkstoffverständnis hilfreich erscheint, einige der wichtigsten dieser Zusammenhänge kurz zu beleuchten. Für ein vertieftes Studium wird insbesondere auf [1.1], sowie auf die weiteren Kompendien [2.1 bis 2.5] verwiesen.

2.1 Chemische Struktur (Konstitution)

Nur wenige verschiedenartige Elemente bilden die Grundbausteine der Polymerketten. Größtenteils handelt es sich um C und H, ferner um O, N, Cl, F und S.

Am Beispiel des linearen Polyethylens (PE-HD) lässt sich der prinzipielle Aufbau eines Makromoleküls anschaulich demonstrieren. Das Polyethylen-Makromolekül bildet sich unter den bestimmten Voraussetzungen der Polymerisation durch wiederholtes Aneinanderlagern von Ethylenmolekülen, deren Kohlenstoffdoppelbindungen aufgebrochen werden. Es entsteht so eine lineare Molekülkette, die in gestreckter Lage bis zu mehreren μm lang werden kann (Bild 2.1).

Das Bild 2.1 zeigt außerdem einige andere polymerspezifische Strukturelemente und Komponenten in einem Größenvergleich.

> Polymerwerkstoffe, die aus derartigen linearen Makromolekülen aufgebaut sind, sind schmelzbar und werden als *Thermoplaste* bezeichnet.

Der Aufbau des Polyethylenmoleküls lässt sich durch die Strukturformel

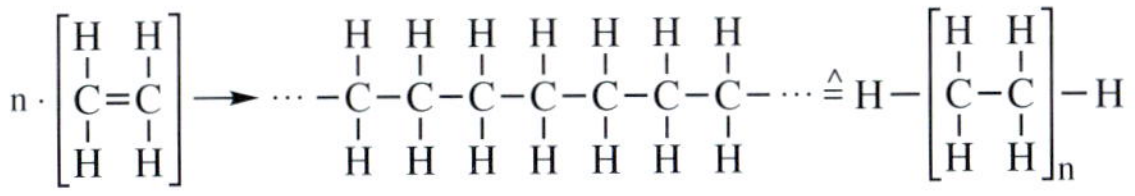

Ethylen   Polyethylen (PE-HD)

darstellen.*

* In Wirklichkeit beträgt der Winkel der Bindungsachse zwischen den einfach gebundenen C-C-Atomen nicht 180°, sondern entsprechend dem Winkel zwischen den Längsachsen der vier Überlagerungsorbitale als Tetraederwinkel 109°. Die Achse der C-C-Hauptkette nimmt also eine Zickzackform an. Der Winkel wird als Valenzwinkel bezeichnet [2.4].

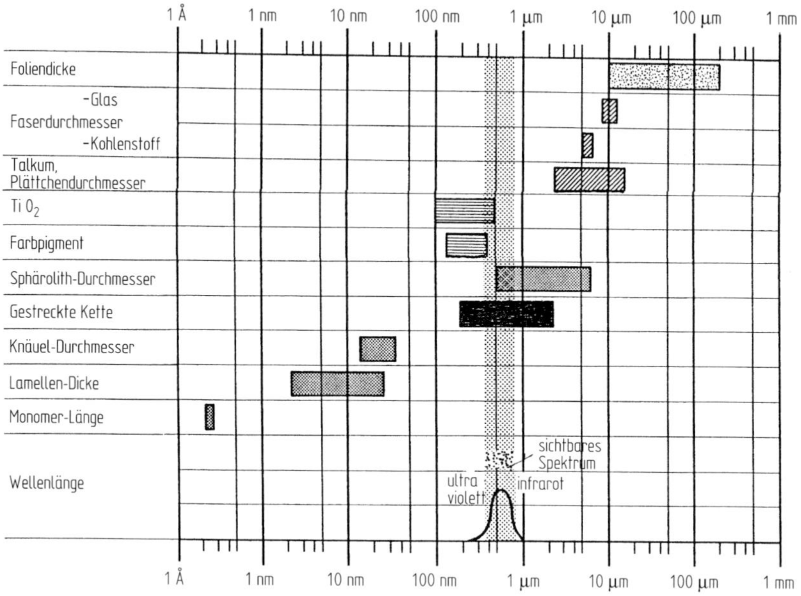

Bild 2.1 Größenvergleich einiger polymerspezifischer Strukturelemente und Komponenten

Jeder Bindungsstrich entspricht einer spinabgestättigten Elektronenpaarbindung (kovalente Bindung oder Hauptvalenz). Die Bindungsenergie einer derartigen C-C-Bindung beträgt ca. 250 kJ/mol. Bei Beanspruchung in Richtung der Kettenachse würde eine theoretische Werkstoff-Festigkeit in der Größenordnung von 27 000 MPa resultieren, die jedoch als reale Festigkeit auch bei hochorientierten Polyethylenfäden (1 500 bis 2 000 MPa) nicht erreicht wird.

In Tabelle 2.1 sind für einige Werkstoffe theoretische Zugfestigkeiten und Elastizitätsmoduln den real im Experiment erreichbaren gegenübergestellt [2.6].

Ein formal ähnlich aufgebauter Polymerwerkstoff, bei dem anstelle von Wasserstoff-Atomen Fluor-Atome eingebaut sind, ist das Polytetrafluorethylen (PTFE) mit folgender Strukturformel:

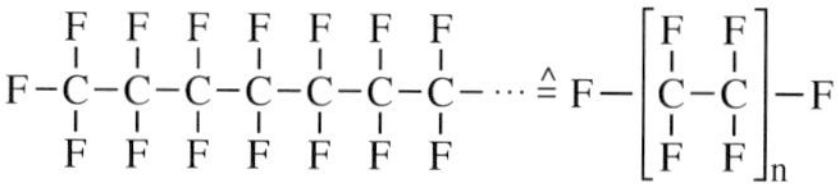

Polytetrafluorethylen (PTFE)

Trotz der formalen Ähnlichkeit mit Polyethylen unterscheidet sich PTFE in Eigenschaften wie insbesondere Temperaturbeständigkeit und Beständigkeit gegen Chemikalien erheblich von PE.

PTFE wird praktisch nur von Flusssäure angegriffen. Diese Eigenschaftsveränderung wird auf das Vorhandensein der großvolumigen F-Atome* zurückgeführt, die die C-C-Kette stark abschirmen.

* Durch die großen F-Atome ist auch eine ebene Zickzackstellung – wie beim PE-HD möglich – behindert, so dass die Hauptkette um jeweils 15° verdreht ist, verbunden mit einer geringen Valenzwinkelaufweitung [1.1].

Tabelle 2.1 Vergleich der theoretischen mit experimentell ermittelten Werten für Elastizitätsmodul und Festigkeit einiger Werkstoffe [2.6]

Werkstoff	Elastizitätsmodul in MPa			Zugfestigkeit in MPa		
	theoretisch	experimentell		theoretisch	experimentell	
		Faser	Werkstoff		Faser	Werkstoff
PE-HD	300 000	100 000 (33 %)	1 000 (0,33 %)	27 000	1 500 (5,5 %)	30 (0,1 %)
PP	50 000	20 000 (40 %)	1 600 (3,2 %)	16 000	1 300 (8,1 %)	38 (0,3 %)
PA 66	160 000	5 000 (3 %)	2 000 (1,3 %)	27 000	1 700 (6,3 %)	50 (0,2 %)
Glas	80 000	80 000 (100 %)	70 000 (87,5 %)	11 000	4 000 (36 %)	55 (0,5 %)
Stahl	210 000	210 000 (100 %)	210 000 (100 %)	21 000	4 000 (19 %)	1 400 (6,7 %)
Alu	76 000	76 000 (100 %)	76 000 (100 %)	7 600	800 (10 %)	600 (7,9 %)

Da die Bindungsenergie einer C-F-Bindung mit 460 kJ/mol gegenüber einer C-H-Bindung mit 370 kJ/mol [2.5] deutlich größer ist, liegt ein weiterer Grund für die Stabilität des PTFE-Moleküls vor.

Obwohl PTFE aus linearen Ketten besteht, kann es nicht mehr zu den Thermoplasten im eigentlichen Sinne gezählt werden. Die Schmelzeviskosität von PTFE liegt selbst bei 380 °C noch so extrem hoch, dass es nicht mehr über den schmelzeflüssigen Zustand mit Spritzgießmaschinen verarbeitet werden kann, sondern durch Pressen und Sintern zu Formteilen verarbeitet werden muss.*

Polymerwerkstoffe, deren linearer Kettenaufbau nicht aus aliphatischen C-C-Bindungen gebildet ist sondern die in der Hauptkette aromatische Ringverbindungen enthalten, sind ebenfalls den schmelzbaren Thermoplasten zuzuordnen. Ihre Temperatur- und Wärmeformbeständigkeit ist jedoch deutlich angehoben, weil diese Ketten wesentlich steifer sind, insbesondere wenn zwischen den aromatischen Ringverbindungen keine „gelenkigen“ Heteroatome liegen. Als Beispiele hierfür stehen das Polysulfon (PSU) und das Polyethersulfon (PES) mit folgenden Strukturformeln:

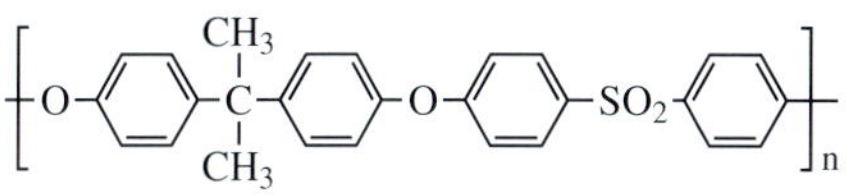

Polysulfon,
Glasübergangstemperatur
$T_g = 187$ °C

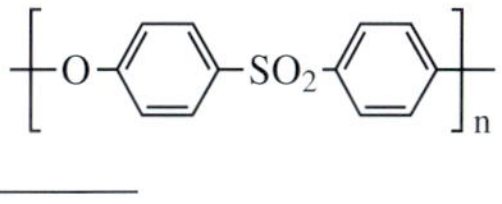

Polyethersulfon,
Glasübergangstemperatur
$T_g = 225$ °C

* Es gibt auch PTFE-Modifikationen, die nach dem Spritzgussverfahren verarbeitet werden können.

Beim Polyphenylen ist dies noch ausgeprägter, da hier die Heteroatome zwischen den Ringverbindungen gänzlich fehlen, oder bei Polypyrrol, bei dem die Ringverbindungen dicht aneinander liegen. Solche Stoffe sind trotz der formal linearen Kettenstruktur nicht mehr schmelzbar.

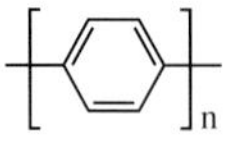

Polyphenylen, nicht mehr schmelzbar

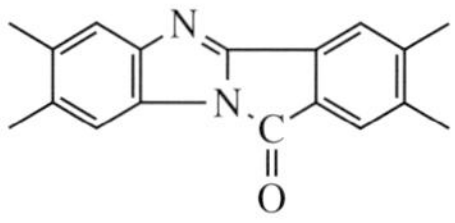

Polypyrrol, nicht mehr schmelzbar

2.1.1 Polymerisationsgrad – relative Molekülmasse

Das Kettenwachstum wird beim Herstellungsprozess eines Polymerwerkstoffs statistisch beendet, d. h. die Zahl der sich aneinanderreihenden Monomere ist unterschiedlich groß; sie wird als *Polymerisationsgrad* bezeichnet.

Als *relative Molekülmasse* ist die Summe der relativen Atommassen (bezogen auf die Masse des Kohlenstoffisotopen C_{12}) der am Molekül beteiligten Atome definiert.

Niedermolekulare Substanzen sind durch ihre relativen Molekülmassen eindeutig bestimmt. Beispielsweise beträgt die relative Molekülmasse eines C_2H_4 Ethylenmoleküls $M = 28$*, ansonsten handelt es sich nicht um ein Ethylenmolekül.

Bei den Makromolekülen der Polymerwerkstoffe verhält es sich anders, denn die unterschiedliche Größe der entstandenen Makromoleküle bedingt auch unterschiedliche relative Molekülmassen. Entsprechend spricht man von niedermolekularen, hochmolekularen und auch von ultrahochmolekularen Polymerwerkstoffen. Letztere haben besonders beim Polyethylen unter der Bezeichnung PE-UHMW (Ultra High Molekular Weight) Bedeutung; sie werden z. B. in der Medizintechnik für Endoprothesen und im Apparatebau für verschleißfeste Auskleidungen eingesetzt.

Die relativen Molekülmassen der Makromoleküle weisen also keinen einheitlichen Wert auf, sondern es liegt eine mehr oder weniger breite Verteilung vor.

Üblicherweise wird zur Charakterisierung der relativen Molekülmasse eines Polymerwerkstoffs jedoch nicht dessen Verteilungsfunktion angegeben, sondern man beschränkt sich auf die Angabe eines Mittelwertes. Diesen bestimmt man entweder aus der Zahl der Makromoleküle n_j eines jeden Polymerisationsgrades P_j bezogen auf die Gesamtanzahl der Makromoleküle als Zahlenmittelwert W_n oder entsprechend aus dem Gesamtgewicht als Gewichtsmittel W_w.

$$\text{Zahlenmittel:} \quad W_n = \frac{\sum n_j \, P_j}{\sum n_j} \tag{2.1}$$

$$\text{Gewichtsmittel:} \quad W_w = \frac{\sum m_j \, P_j}{\sum m_j} \tag{2.2}$$

* Entsprechend den Atomgewichten von C = 12 und H = 1 folgt $2 \cdot 12 + 4 \cdot 1 = 28$.

Beispiel

Mit Bild 2.2 wird das Prinzip und die wichtigsten Kenngrößen von derartigen Verteilungskurven an einem anschaulichen Beispiel von Geldverteilungen verdeutlicht. Die einzelnen Münzwerte W_m symbolisieren die relativen Molekülmassen einzelner Moleküle. Reiht man die Münzwerte, die im Faktor 2 bzw. 2,5 abgestuft sind, nahezu äquidistant auf, so erhält man die übliche logarithmische Abszissenteilung.

Die linke Kurve gibt die Zahl n der Münzen (Moleküle) beim jeweiligen Münzwert (Polymerisationsgrad) an, also die Zahlenverteilung. Bei gleich dick angenommenen Münzen ist dies die jeweilige Stapelhöhe. Der Schwerpunkt der Zahlenverteilung ist das Zahlenmittel W_n, das hier bei 0,61 liegt.

Die rechte Kurve gibt bei den einzelnen Stapeln deren Stapelwert $W_s = n \cdot W_m$ an. Sie ist somit bei den höherwertigeren Münzen gegenüber der Zahlenverteilung angehoben, bei den niederwertigeren abgesenkt, und erscheint deswegen nach rechts verschoben. Das Gewichtsmittel W_w – im Beispiel hier = Geldwertmittel – als Schwerpunkt der Gewichtsverteilung ist also größer als das Zahlenmittel W_n, in Bild 2.2: $W_w = 2{,}60$.

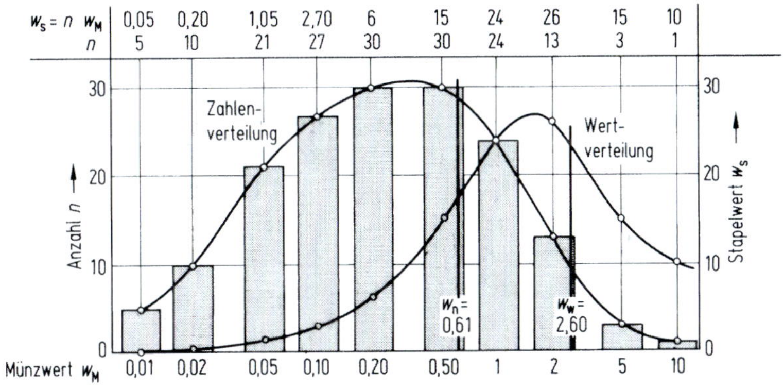

Bild 2.2 Verteilung der relativen Molekülmasse, dargestellt als Zahlen- und Werteverteilung von Geldmünzen (nach Breuer)

$$W_n = \frac{\sum n_j P_j}{\sum n_j} = \frac{(5 \cdot 0{,}01) + (10 \cdot 0{,}02) + \ldots + (3 \cdot 5) + (1 \cdot 10)}{5 + 10 + \ldots + 3 + 1} = \frac{100}{164} = 0{,}61$$

$$W_w = \frac{\sum m_j P_j}{\sum m_j} = \frac{(0{,}05 \cdot 0{,}01) + (0{,}2 \cdot 0{,}02) + \ldots + (15 \cdot 5) + (10 \cdot 10)}{0{,}05 + 0{,}20 + \ldots + 15 + 10} = \frac{260{,}027}{100} = 2{,}6$$

Eine enge Verteilung der relativen Molekülmasse hat eine größere Gleichmäßigkeit der Werkstoffkennwerte zur Folge, z. B. einen engeren thermischen Erweichungsbereich, geringere Spannungsrissempfindlichkeit, höhere Beständigkeit gegen Chemikalien, wogegen eine breite Verteilung z. B. Auswirkungen auf die Verarbeitung hat: Die niedermolekularen Anteile verbessern die Fließfähigkeit der Schmelze und die hochmolekularen Anteile erhöhen die Zähigkeit des Fertigteils andererseits verstärken sie die Verzugsneigung.

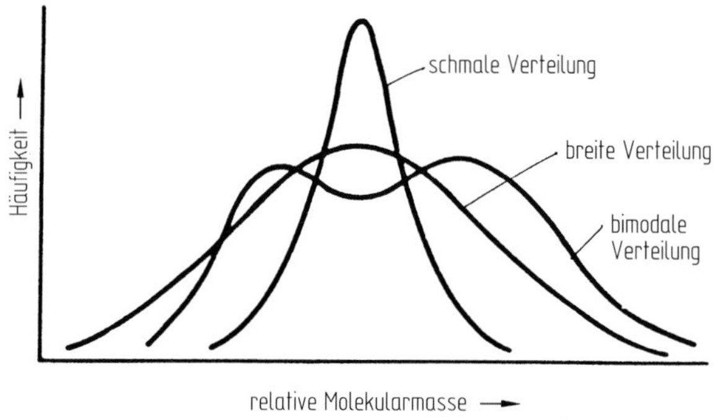

Bild 2.3 Schmale, breite und bimodale Verteilungsfunktionen, schematisch

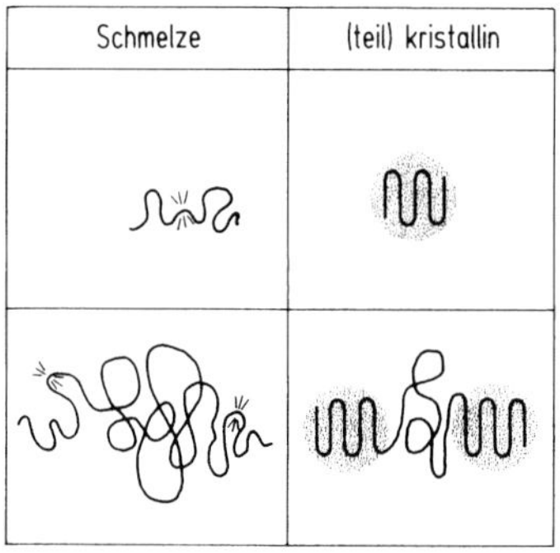

Bild 2.4 Faltungskristallisation von Einzelketten, oben niedermolekular, unten hochmolekular

Um die Vorteile einer niederen mit denen einer hohen relativen Molekülmasse zu verbinden, werden auch Polymerwerkstoffe mit bimodalen Verteilungen produziert, deren Verteilungskurven dann zwei Maxima aufweisen. Das Bild 2.3 veranschaulicht die verschiedenen Verteilungsarten.

Die Höhe der relativen Molekülmasse eines Polymerwerkstoffs nimmt auf viele makroskopische Eigenschaften z. T. entscheidenden Einfluss:

Mit zunehmender Länge der einzelnen Makromoleküle wird schließlich die Kristallisation behindert, wie in Bild 2.4 schematisch angedeutet, so dass der Werkstoff weniger dicht gepackt ist. Die Dichte nimmt etwas ab, da in den amorphen Bereichen das freie Volumen größer ist.

In kristallinen Bereichen kommen die zwischenmolekularen Bindungskräfte stärker zur Geltung, so dass sie vermehrt zur Erhöhung der Festigkeit und Steifigkeit beitragen können. Festigkeit und Elastizitätsmodul nehmen von niedermolekularen Substanzen kommend erwartungsgemäß zu. Wenn jedoch bei sehr langen Kettenmolekülen der Kristallisationsgrad wieder abfällt, ist kein weiterer Zuwachs sondern eher ein leichter Abfall von Festigkeit und Steifigkeit zu verzeichnen (Bild 2.5).

Andererseits wird durch die stärkere Kettenverschlaufung bei großen relativen Molekülmassen die Abgleitstrecke der Moleküle untereinander vergrößert und damit die Bruchdehnung stärker

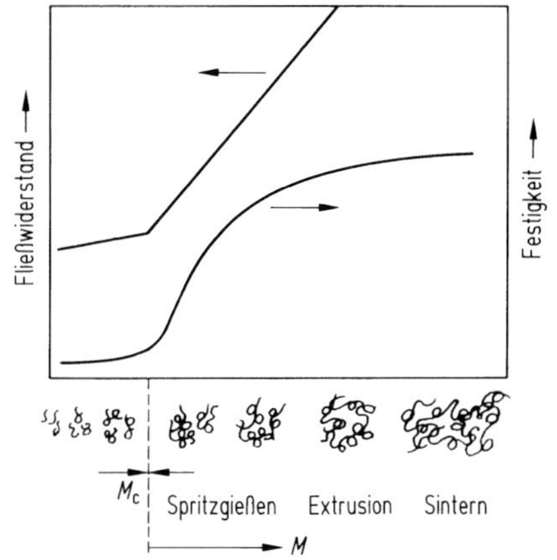

Bild 2.5 Fließwiderstand und Festigkeit in Abhängigkeit von der relativen Molekülmasse, schematisch

erhöht als die Streckspannung eventuellerniedrigt. Das hat zur Folge, dass die Arbeitsaufnahmefähigkeit (Zähigkeit) – zu ersehen als Fläche unter dem Spannungs-Dehnungs-Diagramm – mit wachsender relativer Molekülmasse zunimmt. Nach [2.8] ist der deformativ bedingte Gleitverschleiß bei Polymerwerkstoff/Stahl-Paarungen umgekehrt proportional zur Arbeitsaufnahmefähigkeit des Polymerwerkstoffs. Mit zunehmender relativer Molekülmasse nimmt deshalb auch die Verschleißfestigkeit zu (s. a. Kapitel 4).

Die Viskosität der Schmelze steigt erwartungsgemäß mit zunehmender Kettenlänge des Polymerwerkstoffs (Bild 2.5). Der Grund hierfür wird ebenfalls in der größeren Zahl von Verschlaufungen und dem stärker behinderten Abgleiten der Ketten untereinander bei hoher relativer Molekülmasse gesehen. Dieser Zusammenhang hat für die Verarbeitung von Polymerwerkstoffen große Bedeutung, denn die Kavität eines Spritzgießwerkzeugs mit großen Fließweg/Wanddicken-Verhältnissen kann nur mit einem Polymerwerkstoff geringer relativer Molekülmasse befriedigend gefüllt werden. Dagegen muss die Polymerschmelze beim Blasformen und bei der Profilextrusion besonders von dickwandigen Profilen eine wesentlich höhere Viskosität und damit Formbeständigkeit aufweisen. Polymerwerkstoffe mit einer relativen Molekülmasse etwa größer 10^6 sind nur noch durch Sinterprozesse zu verarbeiten (Bild 2.5).

Die eindeutig definierten Zahlen- und Gewichtsmittel sind allerdings aufwendig zu messen. Üblicherweise begnügt man sich deswegen in der technischen Praxis mit der Ermittlung der Lösungsviskosität (*Viskositätszahl* $[\eta]$*) oder der Schmelzeviskosität (*Schmelzevolumenrate MVR***) als technologische Einpunktwerte, um hauptsächlich die Fließfähigkeit verschiedener Polymerwerkstoffe bei der Verarbeitung vergleichen zu können.

Zwischen der Viskositätszahl $[\eta]$ und der mittleren relativen Molekülmasse M besteht die Beziehung:

* Die Viskositätszahl gibt die relative Erhöhung der Viskosität eines Lösungsmittels durch darin gelöstes Polymer, geteilt durch die Konzentration in g/100 ml an. Normen: ISO 307, ISO 1157, ISO 1628.

** Die Schmelzevolumenrate (MVR) in cm^3/10 min gibt das Volumen einer Polymerschmelze an, das unter Vorgabe einer Gewichtsbelastung und einer Temperatur in 10 min durch eine genormte Düse gepresst werden kann. Niedrige Zahlenwerte kennzeichnen hohe relative Molekülmassen. Normen: ISO 1133.

$$[\eta] = K_\eta \cdot M^a \qquad (2.3)$$

Darin sind K_η und a polymer- und lösungsspezifische Werte; die mittlere relative Molekülmasse M entspricht etwa dem Gewichtsmittelwert M_W.

2.1.2 Homopolymerisation – Copolymerisation

Wird beim Aufbau eines Polymerwerkstoffs nur von einer Monomerenart ausgegangen, spricht man von Homopolymerisation; Polyethylen ist ein Homopolymerisat, wie übrigens die meisten Polymerwerkstoffe. Es ist aber auch möglich, ein Makromolekül aus zwei oder mehreren verschiedenen Monomerenarten zu polymerisieren, um beispielsweise verschiedene Eigenschaften zu kombinieren, oder um bestimmte Eigenschaften gezielt in einer Richtung zu beeinflussen. Dies wird als Copolymerisation (auch Mischpolymerisation) bezeichnet.

Entsprechend der Anordnung der einzelnen Komponenten im Molekülverband werden drei Varianten unterschieden:

Als statistisches Copolymerisat wird ein Stoff bezeichnet, dessen verschiedene Monomereneinheiten – hier mit A und B symbolisiert – in statistisch unregelmäßiger Folge im Makromolekül eingebaut sind.

– A A B A B B B A B B A A A B – statistisches Copolymerisat

Ein kristalliner Zustand ist bei derart unregelmäßig gebauten Polymerketten so gut wie nicht möglich.

Von einem Block- oder Sequenzcopolymerisat spricht man, wenn die einzelnen Komponenten in größeren Sequenzen auftreten.

– A A A A A A A B B B A A A B B B B B – Block- oder Sequenzcopolymerisat

Derartige Polymerwerkstoffe sind in den A- bzw. B-Sequenzen durchaus in der Lage, kristalline Bereiche auszubilden. Beispiele hierfür sind thermoplastische Elastomere, bei denen der A-Block aus einer Substanz mit entropieelastischem Verhalten und der B-Block aus z. B. einer kristallisationsfähigen Hartphase besteht, die als sogenannte physikalische Vernetzungsstelle fungiert (s. a. Kapitel 3).

Die dritte Art ist das Pfropfcopolymerisat, das aus einer einheitlichen Hauptkette besteht, an die die zweite Komponente in Gestalt von Seitenketten durch kovalente Bindungen gepfropft ist.

```
– A A A A A A A A A A A A A –        Pfropfcopolymerisat
      B        B        B
      B        B        B
      B        B        B
               B        B
               B
               B
```

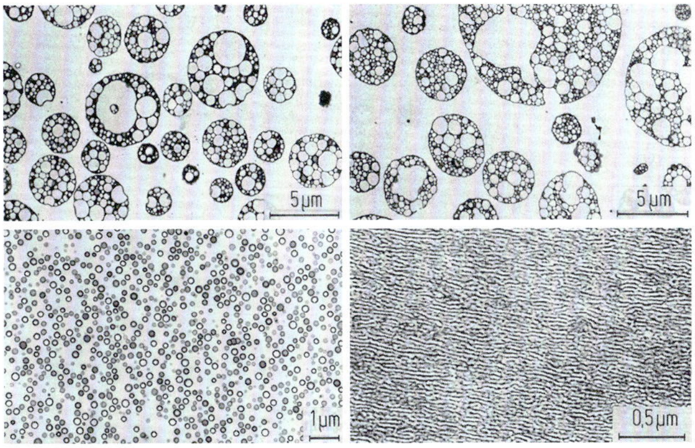

Bild 2.6 Aufbau eines schlagfesten Polystyrols mit aufgepfropftem Butadienkautschuk (dunkle Stellen) [2.9]. Elektronenmikroskopische Aufnahmen von 0,1 µm dicken Dünnschnitten.
Links oben: hochzäh — Rechts oben: spannungsrissbeständig
Links unten: durchscheinend — Rechts unten: transparent

Eine wichtige Rolle spielt der Pfropfvorgang beim Schlagzähmodifizieren von Polystyrol. Unvernetztes Polybutadien wird zusammen mit Styrol polymerisiert. Aufgrund der Unverträglichkeit der beiden Komponenten kommt es zu einer Entmischung dergestalt, dass sich in der harten Polystyrolmatrix kugelförmige Inseln aus Butadienkautschuk ausbilden, in denen sich wiederum Polystyroldomänen befinden (Bild 2.6). Beide Komponenten sind durch Pfropfung, also über Hauptvalenzen miteinander verbunden.

Der hierbei erzielte Effekt ist eine deutliche Zähigkeitssteigerung und Erhöhung der mechanischen Arbeitsaufnahmefähigkeit des Polystyrols.*

Über die Größe der Kautschukpartikel können auch andere Eigenschaften, wie Spannungsrissbeständigkeit oder Transparenz, gesteuert werden.

2.2 Zwischenmolekulare Bindungsenergien (Nebenvalenzbindungen)

Bei den nicht chemisch vernetzten Polymerwerkstoffen (Thermoplaste, thermoplastische Elastomere) wird der Zusammenhalt der Makromoleküle untereinander durch physikalische Nebenvalenzbindungen erreicht. Diese *intermolekularen* Bindungskräfte beruhen auf elektrostatischen Kräften. Sie sind für viele Eigenschaften verantwortlich wie z. B. für das mechanisch-thermische Verhalten, die dielektrischen Eigenschaften, die Löslichkeit und

* Dieser Effekt beruht nicht wie bei dem Blockcopolymeren Styrol-Butadien-Kautschuk (SBR) auf der dem Butadien-Kautschuk eigenen hohen Zähigkeit, denn die Styrolmatrix ist beim schlagfesten Polystyrol (SB) kohärent. Vielmehr entstehen am Umfang der Butadienteilchen unter der Einwirkung einer äußeren Belastung Spannungsspitzen, die im Polystyrol zu einer verbreiteten Crazebildung und damit zu einer erhöhten Energieaufnahme führen.

Quellbarkeit sowie für alle oberflächenaktiven Eigenschaften wie Lackier- und Klebbarkeit oder das Gleitreibungsverhalten.

Man unterscheidet:

- Dispersionskräfte
- Dipolwechselwirkungen (permanente und induzierte)
- Wasserstoffbrückenbindungen und
- Ionenkräfte

Als Dispersionskräfte werden zwischenmolekulare Bindungskräfte von elektrostatisch ausgeglichenen Makromolekülen bezeichnet. Sie sind auf Elektronenbewegungen, die momentane Dipole erzeugen, zurückzuführen. Derartige physikalische Bindungen treten zwar bei allen Polymerwerkstoffen auf, bei Polymerwerkstoffen wie z. B. PTFE und PE sind sie jedoch die einzige zwischenmolekulare Bindungsart. Ihre Stärke ist um zwei bis drei Größenordnungen geringer als die kovalenter Bindungen.

Deutlich stärker als derartige Dispersionskräfte sind dagegen Wechselwirkungen, die auf dem Vorhandensein permanenter Dipole beruhen. Letztere treten auf, wenn Ladungsverschiebungen in der Elektronenhülle zur Bildung positiver und negativer Pole führen (Elektronegativität). Permanente Dipole finden sich beispielsweise im Molekülaufbau von PVC, PMMA, PBT und POM. Ihre Stärke liegt etwa zwei Zehnerpotenzen unter derjenigen einer kovalenten Bindung. Ein permanenter Dipol kann auch in einem zunächst unpolaren Nachbarmolekül einen Dipol erzeugen oder einen vorhandenen Dipol verstärken. Bindungskräfte solcher induzierter Dipole bezeichnet man als Induktionskräfte.

Noch stärkere zwischenmolekulare Kräfte erzeugen Wasserstoffbrückenbindungen, wie sie z. B. bei den Polyamiden (PA) auftreten. Dort wirkt ein H-Atom, das kovalent an ein N-Atom gebunden ist, als „Brücke" zwischen diesem N-Atom und einem O-Atom einer Nachbarkette (Bild 2.7). Aufgrund der starken Elektronegativität von N und O kommen dadurch Anziehungskräfte in der Größenordnung von 20 kJ/mol zustande.

Die Ionenbindung beruht auf der elektrostatischen Wechselwirkung von unterschiedlich geladenen Ionen. Sie tritt nur in speziellen Polymerkwerkstoffen, den Ionomeren, auf.

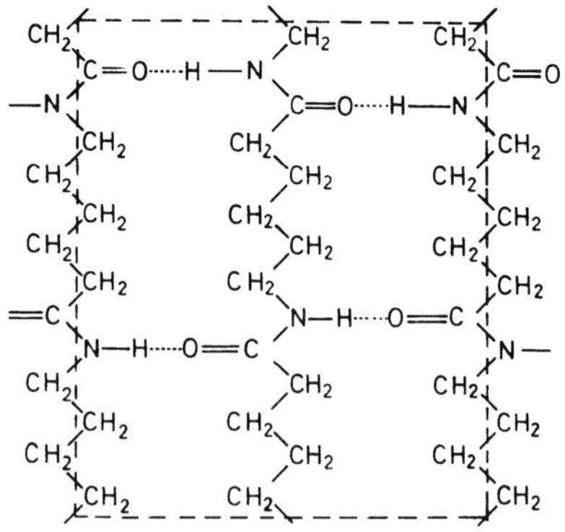

Bild 2.7 Wasserstoffbrückenbindung in Polyamid 6 (PA 6)

2.2.1 Wasseraufnahme bei Polyamiden

Mechanismus und Auswirkungen der Wasseraufnahme

Polare Polymerwerkstoffe haben eine Affinität zu Wasser; Wassermoleküle diffundieren deswegen leicht in diese Werkstoffe. Wenn die Wassermoleküle nicht mit den Polymermolekülen reagieren oder in physikalische Wechselwirkung treten, ist mit der Wasseraufnahme lediglich eine Quellung verbunden; wesentliche Veränderungen z. B. der mechanischen Eigenschaften werden jedoch nicht registriert.

Ein grundsätzlich anderer Mechanismus liegt jedoch vor, wenn Wassermoleküle in Polymere mit Wasserstoffbrückenbindungen als zwischenmolekulare Bindungskräfte eindringen. Dies ist bei den Polyamiden der Fall. Hier lockern die Wassermoleküle die vorhandenen Wasserstoffbrücken, indem sie mit den Säureamidgruppen selbst Wasserstoffbrücken bilden (s. a. Abschnitt 2.4.2).

Dies hat zweierlei Folgen:

1. Das Volumen nimmt mit der Wasseraufnahme deutlich zu. Für unverstärktes PA gilt als „Faustregel“:

$$\frac{\Delta l}{l} = \frac{\Delta G}{4\,G} \tag{2.4}$$

   Darin bedeutet:

   l = Länge
   G = Gewicht

   Bei glasfaserverstärkten Typen ist die Längenänderung vom Fasergehalt und der Faserorientierung abhängig. In Faserrichtung kann mit einem Viertel der Längenzunahme des unverstärkten Typs gerechnet werden; quer dazu entspricht die Maßänderung der der Matrix abzüglich dem Faservolumenanteil.

2. Dadurch, dass der ursprünglich feste Zusammenhalt zwischen den Molekülketten teilweise gelockert wird, nehmen mechanische Eigenschaften wie Festigkeit und Elastizitätsmodul ab. Gleichzeitig wird die Duktilität erhöht; die Arbeitsaufnahmefähigkeit (Zähigkeit) durchläuft vom Zustand trocken bis zum Zustand nass (nass = je nach PA-Typ und Kristallisationsgrad bis zu 10 Gew.-%) ein Maximum (Bild 2.8).

Dieser Übergang von sprödem nach zähem und schließlich weichem Werkstoffverhalten mit zunehmender Wasseraufnahme spiegelt sich auch in der Verschiebung der Glasübergangstemperatur T_g wieder, die sich von 70 °C (trocken) über 10 °C (luftfeucht) nach –20 °C (nass) verschiebt (Bild 2.9) (s. a. Abschnitt 2.6).

Da sich die Wassermoleküle an die Wasserstoffbrücken des Polyamids anlagern, nehmen Polyamidtypen mit weniger Amidgruppen pro Volumeneinheit (z. B. PA 11, PA 12*) auch weniger

* Die Zahl kennzeichnet den Abstand der Amidgruppen innerhalb des Moleküls, gezählt werden die dazwischenliegenden C-Atome. Dies gilt für den oberen Teil der Tabelle 2.2; unter dem Doppelstrich sind die Amidgruppen nicht in gleichmäßigen Abständen angeordnet, sondern z. B. bei PA 610 sind die Abstände 6 C-Atome, dann 10 C-Atome usw., bei PA 46 entsprechend 4 C-Atome, dann 6 C-Atome usw. PA 6/6T ist ein teilaromatisches PA.

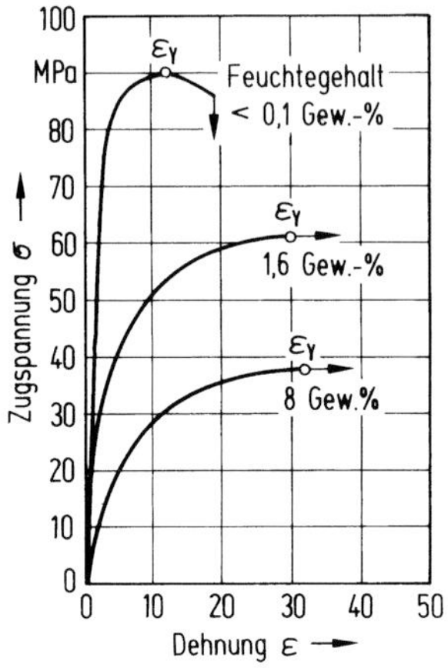

Feuchtegehalt Gew.-%	E-Modul MPa	Arbeitsaufnahme bis ε_s $N \cdot mm/mm^3$
0,1	3350	1108,5
1,6	2150	1483,5
8	740	887,4

Bild 2.8 Spannungs-Dehnungs-Diagramme von PA 66 (A3K) für unterschiedliche Feuchtezustände, Dehngeschwindigkeit 50 mm/min, Prüfklima 23/50 [2.8]

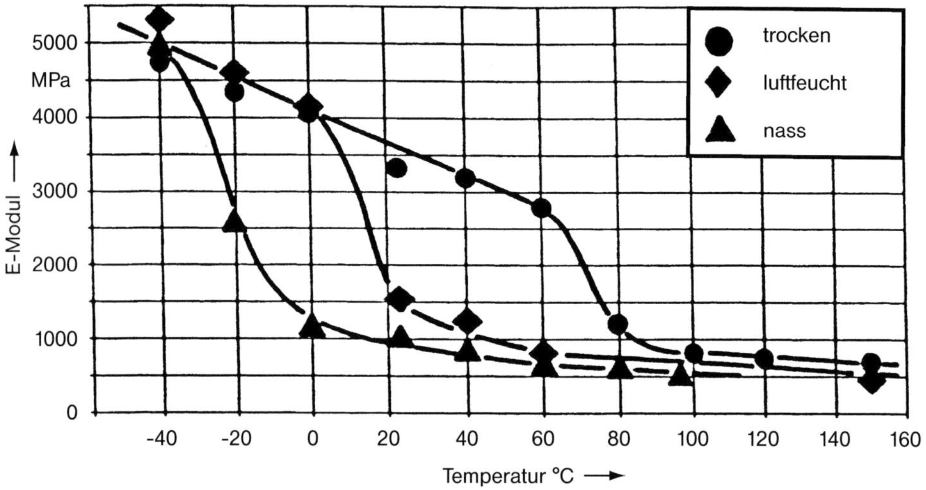

Bild 2.9 Elastizitätsmodul über der Temperatur von PA 66.
Die Lage von T_g ist durch den Steilabfall der Kurven gekennzeichnet.

Wasser auf. Demzufolge ändern sich deren Eigenschaften auch weniger. Weniger Amidgruppen bedeutet aber auch geringere Festigkeit, Steifigkeit und Wärmeformbeständigkeit. Andererseits sind Polyamide mit mehr Amidgruppen Pro Volumeneinheit (z. B. PA 46) fester, steifer und wärmeformbeständiger, nehmen jedoch mehr Wasser auf.

Die Wasseraufnahme erfolgt bevorzugt in den weniger dicht gepackten, amorphen Gefügebereichen, so dass auch der Kristallinitätsgrad die Höhe und Geschwindigkeit der Wasseraufnahme beeinflusst.

Tabelle 2.2 Wasseraufnahme verschiedener Polyamidtypen, gemessen in Anlehnung an ISO 62 [2.7]

Polymerwerkstoff	Sättigungswerte in Gew.-%	
	in Wasser 23 °C	in Normalklima 23/50
PA 6	9,5	3
PA 6 GF 30	6,6	2,1
PA 6 Guss	8	2,8
PA 11	1,8	1
PA 12	1,5	0,7
PA 12 Guss	1,4	0,9
PA 66	8,5	2,8
PA 66 GF 30	5,5	1,7
PA 610	3,3	1,4
PA 46	13,5	3,7
PA 6/6T	7	1,8
PA 6/6T GF 30	4,5	0,8
PA 66 + PA 6 32 % Mineral	6	1,6

Die Wasseraufnahme kann als Diffusionsvorgang angesehen werden, d. h. der Feuchtegehalt im Polyamid strebt einem der jeweiligen Umgebungsfeuchte entsprechenden Gleichgewichtszustand zu (Tabelle 2.2). Der Vorgang der Wasseraufnahme ist reversibel, ebenso die makroskopische Eigenschaftsänderung, solange keine Hydrolyse oder Alterung durch zusätzliche Diffusion von Sauerstoff erfolgt [2.10].

Ferner erreichen sehr dünnwandige Teile schnell ihren Sättigungszustand über den gesamten Querschnitt, während dies bei großen Wanddicken entsprechend lang dauert. Aus Bild 2.10 geht der Einfluss der Wanddicke auf Veränderungen der Streckspannung bzw. des Elastizitätsmoduls als Folge der Exposition in Normalklima 23/50 hervor.

Bei sehr dickwandigen Teilen kann es Jahre dauern, bis der gesamte Querschnitt einen gleichmäßigen Feuchtegehalt aufweist (Bild 2.11 und 2.12).

Konditionieren von Polyamidteilen

Unmittelbar nach der Spritzgussfertigung ist ein PA-Teil trocken und verhältnismäßig spröde. Um in möglichst kurzer Zeit den gewünschten Feuchtegehalt und somit eine ausreichende Zähigkeit einzustellen, sowie eventuelle Maßänderungen vorwegzunehmen, werden die Teile konditioniert, d. h. die Wasseraufnahme wird dadurch beschleunigt, dass die Teile hoher Umgebungsfeuchte und höheren Temperaturen ausgesetzt werden. In der industriellen Praxis hat sich das Konditionieren in heißem Wasser (40 bis 90 °C), in feuchtwarmem Klima (bis 40 °C und möglichst hoher relativer Feuchte) oder in Sattdampf bewährt. Die einfachste Methode ohne apparativen Aufwand ist die (Warm)lagerung in verschweißten PE-Beuteln mit Wanddicken > 0,1 mm, denen etwa 10 % Wasser bezogen auf das Teilegewicht zugegeben wird.

Auf welchen Feuchtegehalt konditioniert wird, hängt von den späteren Einsatzbedingungen bzw. dem gewünschten Zähigkeitsmaß ab, beispielsweise für die Montage durch ausreichend duktile Schnapphaken.

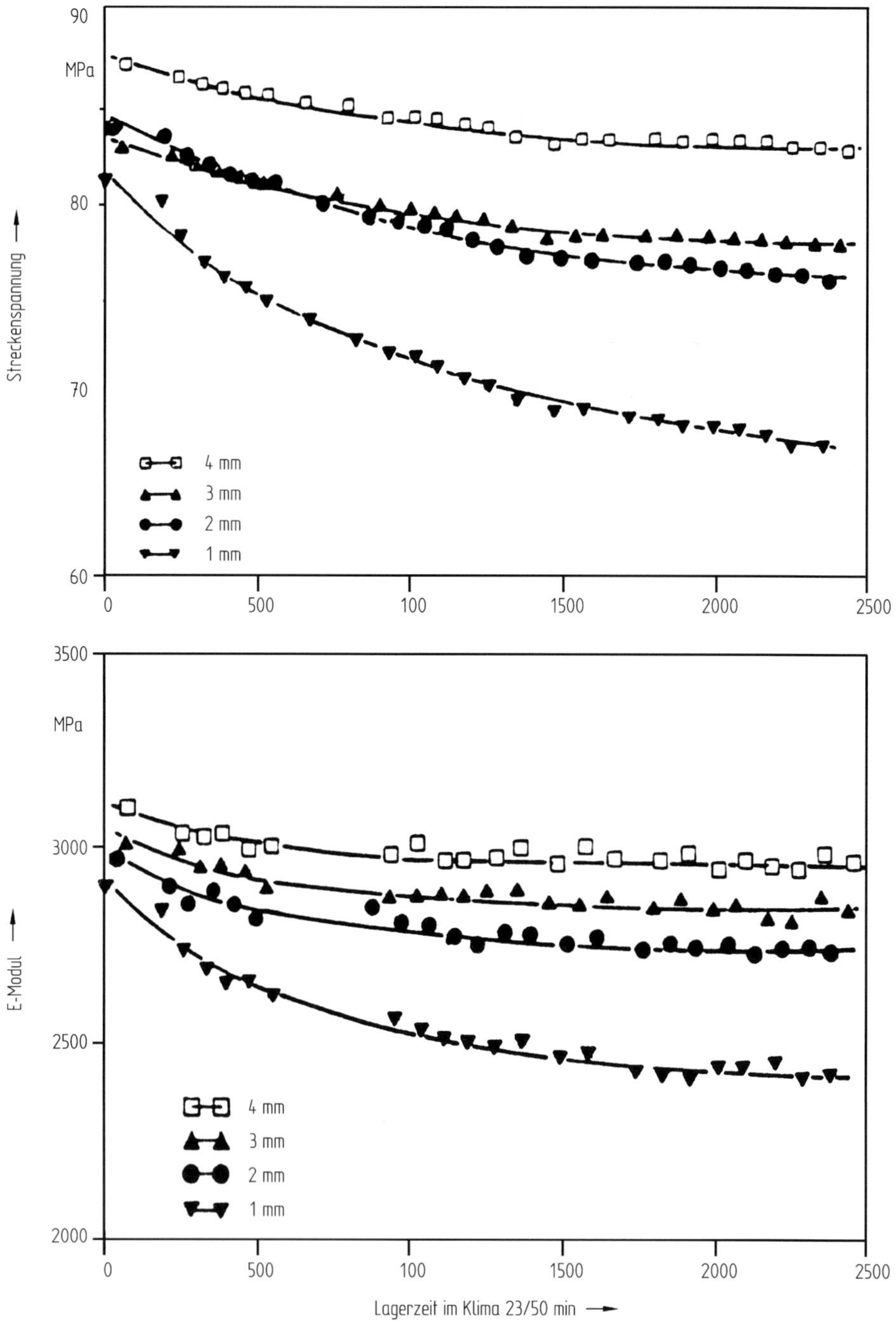

Bild 2.10 Einfluss der Wanddicke auf die Geschwindigkeit der Eigenschaftsänderung von PA 66 (A3K) durch Lagerung in Normalklima 23/50

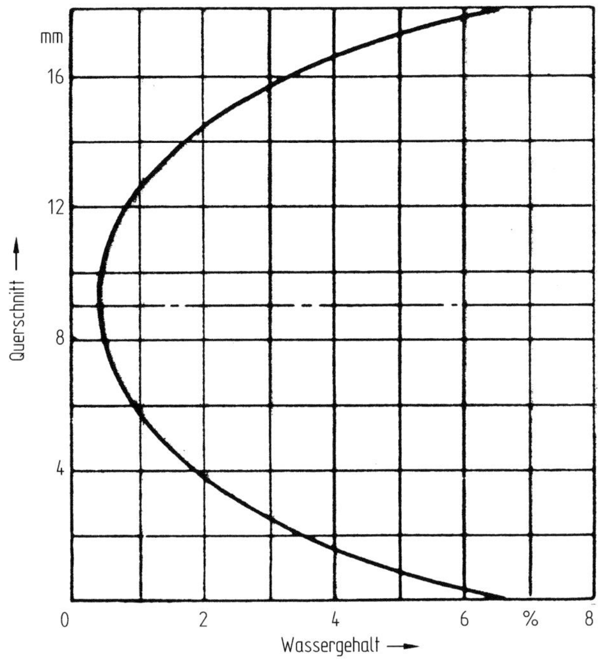

Bild 2.11 Feuchteverteilung über dem Querschnitt von 18 mm einer Schiffsschraube aus einem hochkristallinen Gusspolyamid (PA 6-Guss) nach dreijährigem Einsatz

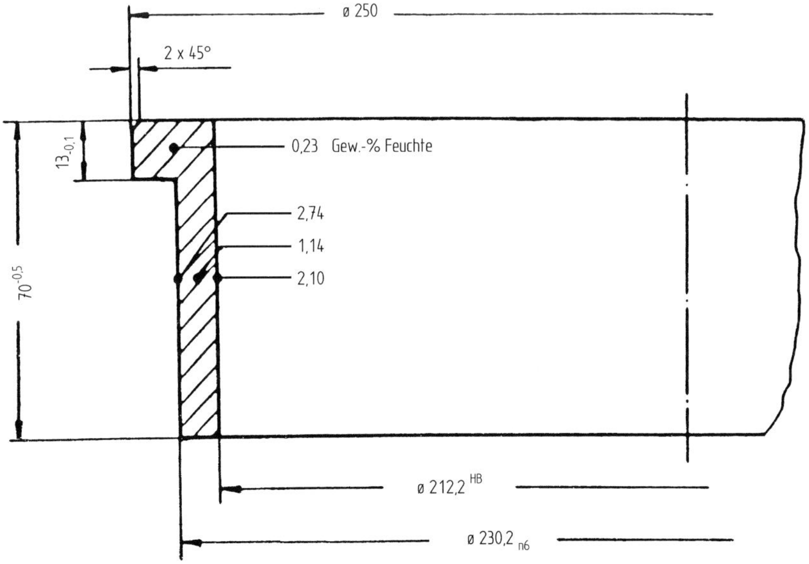

Bild 2.12 Feuchteverteilung in einer Lagerbuchse aus PA 6 (B 4) nach mehrjährigem Betrieb in einem Baukran

Als Beispiel für die erforderlichen Konditionierungszeiten in Abhängigkeit der Wanddicke und Wassertemperatur steht das Bild 2.13.

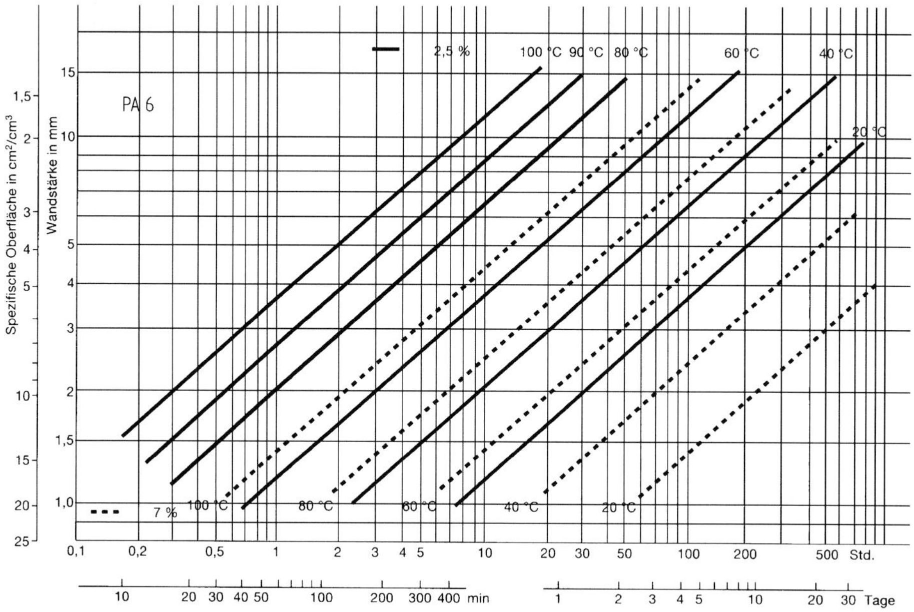

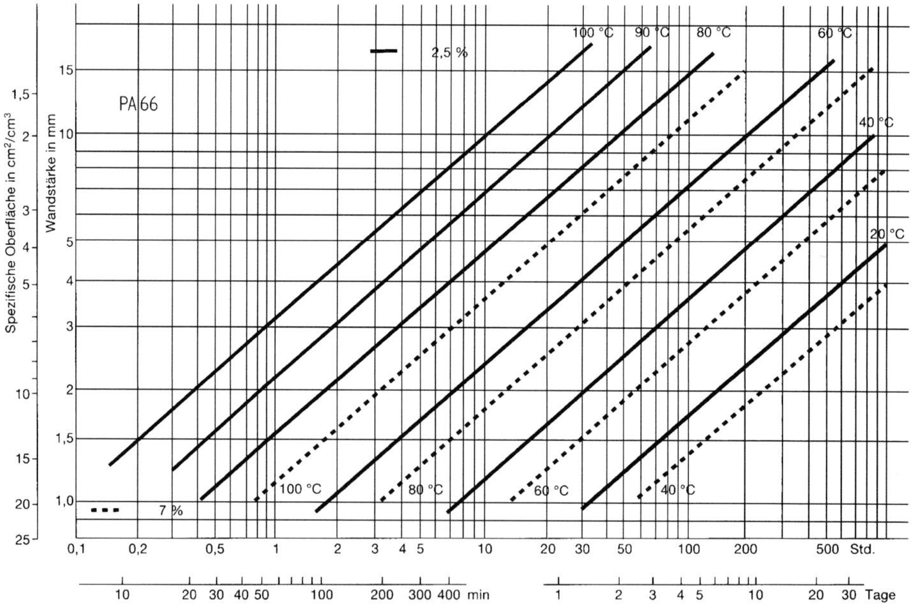

Bild 2.13 Konditionierungszeit auf einen Feuchtegehalt von 2,5 % und 7 % für PA 6 und PA 66 in Abhängigkeit von Wanddicke und Wassertemperatur [2.23]

Enthalten PA-Teile Einlegeteile aus Stahl, besteht Korrosionsgefahr, die durch Zugabe von 0,2 bis 0,5 % Hexamethylentetramin verhindert werden kann [2.23].

Bei der Wärmebehandlung des Konditionierungsprozesses kann es – bevorzugt bei hellen Einfärbungen – zu einer Verfärbung kommen. Regenerathaltiges Material neigt besonders zur Verfärbung. Eine bewährte Gegenmaßnahme ist die Zugabe von 0,2 bis 1 % Natriumbisulfit. Bereits verfärbte PA-Teile lassen sich damit auch wieder entfärben, wozu eine eventuell mehrtägige Lagerung in einer etwa 80 °C heißen Lösung erforderlich ist [2.23].

Beim Konditionieren kann es auch zu einer weißen Belagbildung kommen. Dies ist auf das Auswandern eventueller niedermolekularer Anteile zurückzuführen. Die Niederschläge sind in wasserhaltigen Alkoholen gut löslich und können z. B. mit Spiritus o. Ä. leicht abgewaschen werden.

2.3 Räumliche Anordnung von Atomen und Atomgruppen im Molekül (Konfiguration)

Wichtige Ausgangsmonomere für Polymerwerkstoffe sind die Vinylverbindungen, die allgemein folgendermaßen dargestellt werden:

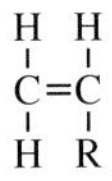

Vinylverbindung

Hierin steht *R* für verschiedene Radikale, die sich an dieser Stelle anlagern können. Von Bedeutung für technische Polymerwerkstoffe sind Cl, CH_3, C_6H_5.

Damit erhält man die Polymerwerkstoffe Polyvinylchlorid, Polypropylen, Polystyrol (und mit H das bereits bekannte Polyethylen).

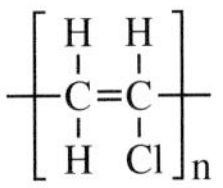

Polyvinyl-
chlorid (PVC)

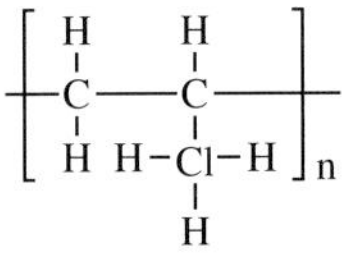

Polypropylen
(PP)

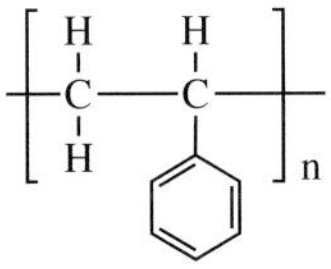

Polystyrol
(PS)

2.3.1 Taktizität

Im Gegensatz zu Polyethylen sind diese Polymerwerkstoffe nicht mehr symmetrisch aufgebaut, und je nach räumlicher Anordnung der Seitengruppen unterscheidet man ataktische, syndiotaktische oder isotaktische Konfigurationen.

Bei der ataktischen Anordnung ist die Lage der Seitengruppen regellos:

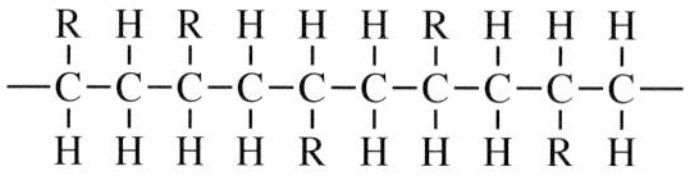

ataktische Anordnung

Wegen dieses unregelmäßigen Kettenaufbaus sind ataktische Polymerwerkstoffe kaum zu kristallinen Ordnungen fähig, insbesondere wenn großvolumige Seitengruppen (wie bei PVC und PS) vorliegen.

Als syndiotaktisch wird die regelmäßig wechselseitige Abfolge der Seitengruppen bezeichnet:

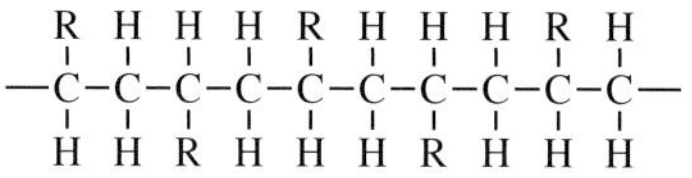

syndiotaktische Anordnung

Die isotaktische Anordnung ist durch eine regelmäßig einseitige Ausrichtung der Seitengruppen gekennzeichnet:

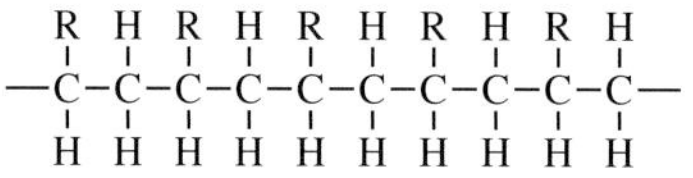

isotaktische Anordnung

Mit diesen regelmäßigen Konfigurationen ist nun auch wieder die Ausbildung von kristallin geordneten Bereichen möglich, was sich bei makroskopischen Eigenschaften z. B. in höherer Festigkeit, größeren Modulwerten, geringfügig höherer Dichte auswirkt. Von technischer Bedeutung ist die isotaktische Anordnung z. B. bei Polypropylen und Polystyrol.

2.3.2 Verzweigung

Auch bei einem Homopolymerisat ist der seitliche Anbau von Kettenästen gleicher Konstitution möglich. Den Vorgang nennt man Verzweigung; und als typischer Vertreter gilt das verzweigte Polyethylen:

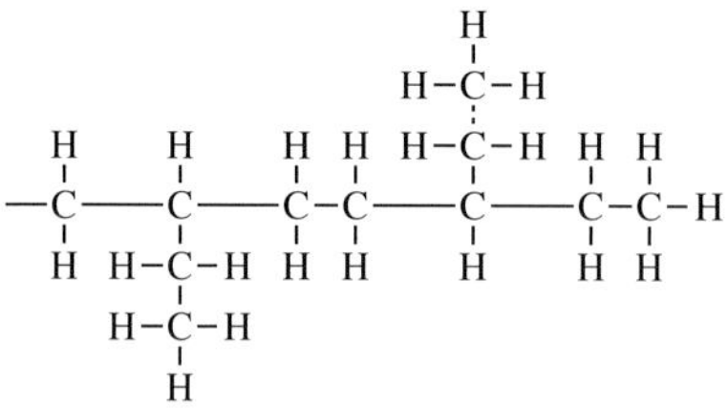

verzweigtes Polyethylen (PE-LD)

Durch die Verzweigung wird die Regelmäßigkeit des Makromoleküls erheblich gestört, so dass die Fähigkeit zur Ausbildung von kristallinen Ordnungszuständen gegenüber linearem Polyethylen (PE-HD) stark herabgesetzt ist. Dementsprechend ist das verzweigte Polyethylen spezifisch leichter (PE-LD). Aufgrund der geringeren Packungsdichte des Molekülverbands kommen auch die intermolekularen Bindungsenergien weniger zur Wirkung, was sich in einer Festigkeits- und Modulerniedrigung äußert. Gleichzeitig steigt die Duktilität wegen des behinderten Kettenabgleitens; verzweigtes Polyethylen kann im Zugversuch Bruchdehnungen bis zu 1 000 % aufweisen.

2.3.3 Vernetzung

Eine Vernetzung, das ist die Koppelung der einzelnen Makromoleküle durch Hauptvalenzbindungen zu einem permanenten Netzwerk, entsteht entweder bei der Polymerisation mehrfunktioneller Monomere, oder sie wird nachträglich bei linearen oder verzweigten Makromolekülen auf chemischem Weg z. B. durch zugegebenes Peroxid oder mit physikalischen Mitteln durch energiereiche Bestrahlung erreicht. Der Begriff der relativen Molekülmasse wird bei derartigen Netzwerkstrukturen bedeutungslos. Dagegen definiert man den Begriff des Vernetzungsgrades, der die Anzahl der Vernetzungsstellen kennzeichnet.

Polymerwerkstoffe mit niedrigem Vernetzungsgrad werden als *Elastomere* bezeichnet.

Sie sind unter dem Einfluss äußere Kräfte leicht deformierbar, wobei auch hohe Dehnungen von 100 % und mehr entropielastisch (gummielastisch) reversibel sind. Das Verformungsverhalten der Elastomere ist jedoch nicht ausschließlich von den Hauptvalenzen bestimmt, gleichzeitig wirken auch noch die physikalischen Bindungsenergien (s. a. Abschnitt 2.2).

Im Gegensatz zu den Thermoplasten mit linearer oder verzweigter Kettenstruktur können vernetzte Polymere nicht mehr in den schmelzeflüssigen Zustand überführt werden.

Ein hoher Vernetzungsgrad bedeutet ein räumliches engmaschiges Netzwerk. Die gegenseitige Beweglichkeit der Ketten ist weitgehend eingeschränkt. Eine Verformbarkeit über wenige Prozent hinaus ist ebenso wenig möglich wie ein Schmelzen.

Polymerwerkstoffe mit hohem Vernetzungsgrad werden als *Duromere* oder als *Duroplaste* bezeichnet.

Neben der *chemischen* Vernetzung kennt man auch die *physikalische* Vernetzung bei Sequenz- oder Blockcopolymeren (s. a. Abschnitt 2.1.2), die aus Hart- und Weichsegmenten aufgebaut sind. In den Hartsegmenten wirken vergleichsweise stärkere physikalische Bindungskräfte als in den Weichsegmenten, so dass man diese physikalischen Koppelungen als „Vernetzung“ der Weichsegmente bezeichnet (s. a. Abschnitt 3.2).

2.4 Aufbau von Polymersystemen

2.4.1 Homogene und heterogene Polymermischungen

Wie bei Mischungen zweier niedermolekularer Stoffe kann man bei polymeren Zweistoffsystemen

- ein Einphasensystem, also eine homogene Mischung (Lösung) oder
- ein Zweiphasensystem, also eine heterogene Mischung

erhalten.

Bei homogenen Mischungen eines einheitlichen Stoffes mit einem zweiten oder mehreren chemisch anders aufgebauten Stoffen unterscheiden sich die physikalischen Eigenschaften der Mischung, je nach Mischungsverhältnis und Art der Komponenten, von denen der reinen Komponenten.

Bei derartigen homogenen Mischungen wird von vollkommener Verträglichkeit der Mischungskomponenten gesprochen. Dieser Fall ist bei Polymerwerkstoffen jedoch außerordentlich selten.

Heterogene Mischungen zeichnen sich bei völliger Unverträglichkeit dadurch aus, dass die Eigenschaften der Einzelkomponenten erhalten bleiben, also ein getrenntes Nebeneinander von Eigenschaften besteht.

Ein Beispiel hierfür ist die Mischung von Polyamid 66 (PA 66) mit linearem Polyethylen (PE-HD). Das PE-HD wird mit einem Anteil von etwa 10 % als polymeres Pulver zugegeben und verteilt sich in der Polyamidmatrix, wobei teilweise Partikelanhäufungen bis zu einer Größe von 100 µm anzutreffen sind (Bild 2.14).

Bei diesem Mischungswerkstoff handelt es sich um einen Gleitlagerwerkstoff, der sowohl die Vorteile des unpolaren PE-HD (günstiges Gleitverhalten) als auch die Vorteile des PA 66 (günstiges Verschleißverhalten) in sich vereinigt. Anstelle von PE-HD kann auch PTFE beigemischt werden (s. a. Abschnitt 4.7).

Weitere Beispiele hierzu werden in Kapitel 3 unter Blends behandelt.

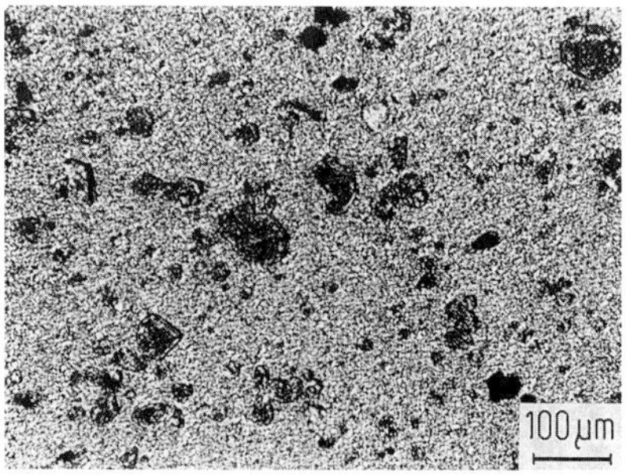

Bild 2.14 Dünnschnittaufnahme in polarisiertem Licht von einer heterogenen Polymermischung von Polyamid 66 mit 10 % hochmolekularem PE-HD (dunkle Stellen) [2.11].

2.4.2 Äußere Weichmachung

Unter äußerer Weichmachung versteht man das Mischen von Polymerwerkstoffen mit niedrigmolekularen polaren Substanzen, deren Aufgabe es ist, Dipolbindungen zwischen den Makromolekülen des Polymerwerkstoffs zu lösen und sich selbst an die freigewordenen Pole anzulagern. Dadurch werden der feste Molekülverband gelockert und Kettensegmente beweglicher gemacht, was sich makroskopisch in einer Erweichung des Werkstoffs äußert (s. a. Abschnitt 2.2.1).

Von großer technischer Bedeutung ist die Weichmachung bei Polyvinylchlorid (PVC), das mit geeigneten Weichmachern bis zur Pastenkonsistenz eingestellt werden kann.

Je kleiner die Weichmachermoleküle sind, desto besser ist der Weichmachereffekt, allerdings verbunden mit dem Nachteil der sogenannten Weichmacherwanderung. Kleine Moleküle können wegen des höheren Dampfdrucks wieder an die Oberfläche diffundieren, so dass einerseits die Weichmacherwirkung verloren geht und andererseits bei kontaktierten anderen Werkstoffen unerwünschte Veränderungen herbeigeführt werden. Bei größeren Weichmachermolekülen, sogenannten Polymerweichmachern, ist dies nicht der Fall.

2.4.3 Füllung – Verstärkung

Um bestimmte Eigenschaften gezielt zu verbessern, können Polymerwerkstoffe auch durch Zugabe von anorganischen, meist nichtmetallischen Substanzen gefüllt oder verstärkt werden. Eine Verstärkung liegt vor, wenn die mechanischen Festigkeits- und Modulwerte des Verbundes höher sind als die entsprechenden Werte der unverstärkten Matrix [2.12]. Wird dies durch den Zusatzstoff nicht erreicht, sondern eine evtl. angestrebte Verbilligung des Werkstoffs, eine Veränderung elektrischer Eigenschaften, eine Verbesserung der Verarbeitbarkeit o. Ä., so spricht man von einer Füllung. Eine eindeutige Unterscheidung in Füll- und Verstärkungsstoffe ist jedoch nicht immer möglich, da auch Füllstoffe auf bestimmte Eigenschaften verstärkenden Einfluss nehmen können. Fast grundsätzlich werden durch einen ausreichend hohen Anteil z. B. die Druckfestigkeit und der Druckmodul auch durch Füllstoffe erhöht. Die Tabelle 2.3 enthält einige technisch bedeutsame Füllstoffe mit den angestrebten Eigenschaftsverbesserungen.

Von den für Polymerwerkstoffe üblichen Verstärkungsstoffen kommt der Glasfaser in Form von Endlosfasern (Roving, Gewebe und Matte) zur Verstärkung von UP-, EP-, Vinylester-Harzen und als Kurzfaser mit Längen von ca. 0,2 mm und Durchmesser von ca. 10 µm zur Verstärkung von Thermoplasten die größte Bedeutung zu.

Zunehmendes Interesse finden trotz des hohen Preises im Zuge des Leichtbaus Kohlenstoff-Fasern und Aramid-Fasern. Stahlfasern werden zur elektromagnetischen Abschirmung eingesetzt.

Thermoplaste werden nach einem speziellen Herstellungsprozess auch als **G**las-**M**attenverstärkte-**T**hermoplaste (GMT) zu plattenförmigen Halbzeugen verarbeitet, die anschließend durch Thermoformung zu Bauteilen weiterverarbeitet werden. Bevorzugte Matrix ist PP, aber auch Hochleistungs-Thermoplaste wie PEEK u. a. können als Matrix dienen.

Als notwendige Voraussetzung für einen Verstärkungseffekt muss der Verstärkungsstoff eine höhere Festigkeit und einen höheren Elastizitätsmodul als die Matrix aufweisen. Seine Bruch-

Tabelle 2.3 Auswahl technisch wichtiger Füll- und Verstärkungsstoffe und damit angestrebte Eigenschaftsverbesserung

Füllstoff oder Verstärkungsstoff	Häufigste Matrixwerkstoffe	Angestrebte Eigenschaftsverbesserung
Glasfasern	UP, EP, Vinylester (VE), PA, PC, POM, PP, PBT	Festigkeit, Elastizitätsmodul; bei Thermoplasten Wärmeformbeständigkeit, Wärmedehnung
Kohlenstofffasern Aramidfasern	EP, UP, Vinylester (VE) PA	Elastizitätsmodul (E/ρ!) Festigkeit; mit Aramidfasern *nicht* die Druckfestigkeit
Anorganische, globuläre Stoffe (Glaskugeln, Kreide, Silikate)	teilkristalline Thermoplaste, UP	Isotrope Schwindung (wenig verzugsanfällig), Abrieb, Druckfestigkeit, u. U. Preis
Holzmehl	Phenolharz (PF) Typ 31, PP	Verbilligung, Verarbeitung
Gleitmittel (Zinkstearat)	alle Polymerwerkstoffe	Verarbeitung, Gleitreibung
Flammschutzmittel (Aluminiumhydroxid, Halogenverbindungen)	alle Polymerwerkstoffe soweit erforderlich	Flammwidrigkeit
Leitfähigkeitsruß, Stahlfasern	PA, PBT, PE, ABS	elektrische Leitfähigkeit, elektromagnetische Abschirmung (EMV)
Farbpigmente	alle Polymerwerkstoffe	Farbe

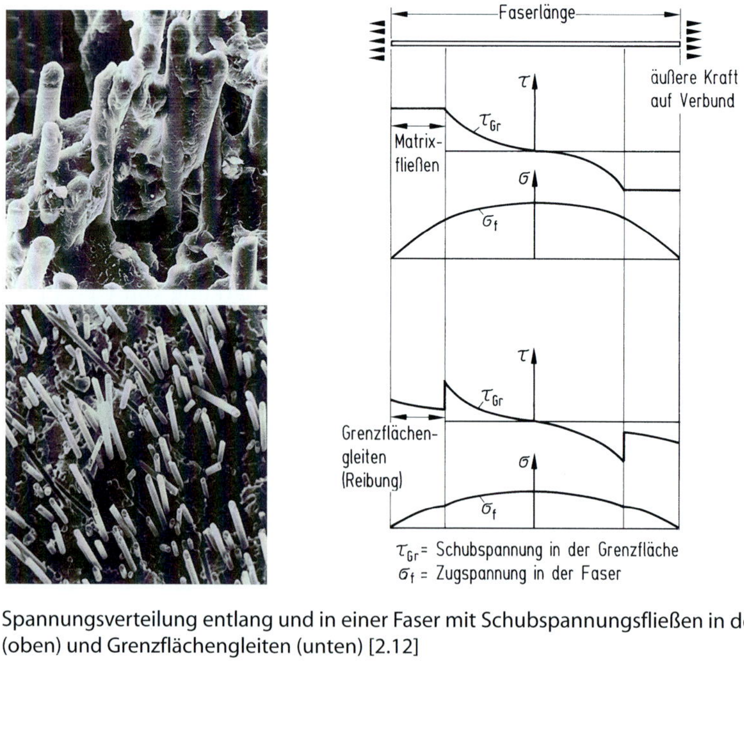

Bild 2.15 Spannungsverteilung entlang und in einer Faser mit Schubspannungsfließen in der Matrix (oben) und Grenzflächengleiten (unten) [2.12]

dehnung sollte die Größenordnung der Dehnung bei Streckspannung der Matrix haben und zwischen Verstärkungsstoff und Matrix muss eine hinreichend hohe Haftung bestehen. Sind diese Voraussetzungen erfüllt, kann die Krafteinleitung von der Matrix über Schubspannungen auf das die Last übernehmende Verstärkungsmittel erfolgen.

Im Falle einer faserförmigen Verstärkung lassen sich das Prinzip der Krafteinleitung und die möglichen Versagensfälle an einer einzelnen eingebetteten Form demonstrieren (Bild 2.15).

Auf die Matrix wirkende Zugspannungen dehnen diese aufgrund des geringeren Elastizitätsmoduls stärker als die Faser, so dass die Dehnung an der Faseroberfläche (bei vorausgesetzter hoher Haftung) behindert wird. Dadurch entstehen in der Grenzfläche Schubspannungen, die an den Faserenden hohe Spitzenwerte aufweisen. Gleichzeitig werden von den Faserenden her Zugspannungen in der Faser aufgebaut. Wenn die Schubspannungen am Faserende die Schubfestigkeit der Grenzfläche und der Matrix überschreiten, beginnt die Matrix zu fließen. Es stellen sich über der Faser die in Bild 2.15 oben dargestellte Schubspannungsverteilung in der Matrix und Zugspannungsverteilung in der Faser ein.

Unter weniger guten Haftungsbedingungen kommt es vor dem Schubspannungsfließen zum Grenzflächengleiten (pull out), ebenfalls beginnend an den Faserenden (Bild 2.15 unten).

Der dritte mögliche Versagensfall des Verbundes ist der Faserbruch, wenn die Zugspannung in der Faser so weit gesteigert werden kann, dass deren Faserfestigkeit überschritten wird [2.12]. Hierzu muss die Faser eine bestimmte kritische Faserlänge aufweisen, so dass über die Schubspannungen ausreichend Kraft in die Faser eingeleitet werden kann. In diesem Fall ist jedoch die Anisotropie einiger Eigenschaften noch stärker ausgeprägt (s. a. Abschnitt 2.5.3.2). Ein weiterer Nachteil ist der mit wachsender Faserlänge zunehmende Werkzeugverschleiß bei der Verarbeitung, so dass die handelsüblichen Thermoplaste mit Fasern im unterkritischen Längenbereich verstärkt sind. Neben dem Längen-/Durchmesserverhältnis der Fasern bestimmt erwartungsgemäß der Faseranteil den Verstärkungseffekt (Bild 2.16).

Bei der Thermoplastverstärkung gelingt es, insbesondere Polyamide mit chemisch gekoppelten (= hohe Haftung) Spezialsilikaten zu verstärken. Man erhält mit diesen Verstärkungsmitteln im Gegensatz zur Kurzfaserverstärkung isotrope mechanische Eigenschaften. Auch die Verarbeitungsschwindung ist weitestgehend richtungsunabhängig (s. a. Tabelle 7.1).

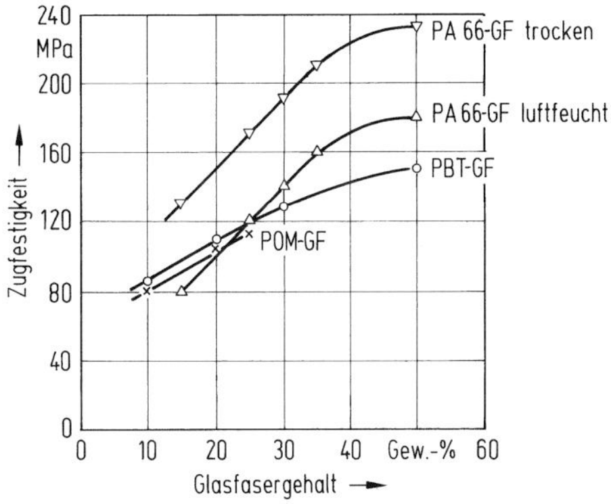

Bild 2.16 Zugfestigkeit in Abhängigkeit vom Glasfasergehalt für einige Thermoplaste. Die Fasern sind überwiegend längsorientiert.

2.5 Morphologie (übermolekulare Strukturen)

2.5.1 Amorpher Gefügezustand

Der amorphe Gefügezustand ist dadurch gekennzeichnet, dass hinsichtlich der Lage der Makromoleküle zueinander keine Ordnung über mehrere Ketten hinweg besteht, d. h. der Abstand zwischen benachbarten Ketten ändert sich ständig.* Eine Folge dieses Fehlens von Parallelausrichtungen in Bereichen der Wellenlänge des sichtbaren Lichtes (400 – 750 nm) ist, dass keine Änderung des Brechungsindex und keine diffuse Streuung innerhalb des Werkstoffes auftritt. Ungefüllte, homogene Polymerwerkstoffe im amorphen Gefügezustand sind also mehr oder weniger transparent durchsichtig.

Über die Anordnung der einzelnen Makromoleküle im Werkstoff existieren zweierlei Vorstellungen: Das Modell der Filzstruktur geht von einer vollständigen Knäueldurchdringung aus (Bild 2.17 a), während das Zellstrukturmodell individuelle Molekülknäuel voraussetzt, die sich nur an ihren Rändern überdecken (Bild 2.17 b).

Pauschale Eigenschaftscharakteristika amorpher Polymerwerkstoffe sind neben der bereits genannten Transparenz ein energieelastisches, sprödes Verformungsverhalten unterhalb ihrer Glasübergangstemperatur (s. a. Abschnitt 2.6.1) und ein ausgeprägt duktiles, entropieelastisches Verhalten bei Temperaturen oberhalb ihrer Glasübergangstemperatur. Ihr linearer thermischer Ausdehnungskoeffizient ist mit ca. $70 \cdot 10^{-6}$ 1/K geringer, und ihr Formschwund bei der Verarbeitung ist mit ca. 0,5 % ebenfalls kleiner als der teilkristalliner Polymerwerkstoffe (s. a. Tabelle 7.4).

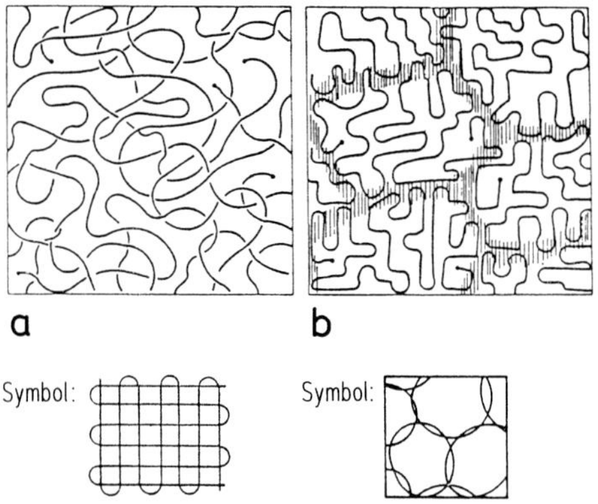

Bild 2.17 Schematische Darstellung amorpher Gefügezustände bei Polymerwerkstoffen [2.13]
a) Filzstruktur mit vollständiger Knäueldurchdringung
b) Zellstruktur mit auf die Randzonen begrenzter Knäueldurchdringung (Vollmert-Stutz-Modell)

* Der Vergleich von theoretischen Dichten mit gemessenen Werten legt jedoch den Schluss nahe, dass auch bei amorpher Gefügestruktur in submikroskopischen Bereichen eine gewisse Nahordnung bestehen muss [2.14].

2.5.2 Kristalliner Gefügezustand

Im schmelzeflüssigen Zustand befinden sich die Makromoleküle in einem amorphen Zustand völliger Regellosigkeit. Wird beim Abkühlungsprozess kristallisationsfähiger Polymerwerkstoffe deren Kristallit-Erstarrungstemperatur erreicht, kommt es zu gewissen Ordnungsvorgängen. Dem Bestreben zur Minimierung der freien Enthalpie zwischen zwei benachbarten Makromolekülen kommt die Ausrichtung dieser Moleküle in eine parallele Lage entgegen. Dieser Vorgang, der zu einem höheren Ordnungszustand führt, wird als Kristallisation bezeichnet. Eine derartige Parallelanordnung findet man beispielsweise bei den schwach kristallisierenden Polymerwerkstoffen PVC oder EVA. Man nennt diese Nahordnung Fransen Micellen (Bild 2.18).

Die häufigere Kristallform ist die Faltungslamelle, zu der kurze Makromoleküle mit gleichmäßiger Konstitution und regelmäßiger Konfiguration eher befähigt sind als hochmolekulare (s. a. Bild 2.4). Das Falten setzt beim Abkühlen der Schmelze an bevorzugten Stellen ein, und die Lamellen wachsen senkrecht zur Faltungsrichtung. An einer Faltungslamelle können auch mehrere Makromoleküle beteiligt sein. Es entstehen so schraubenförmig verdrehte Kristall-Lamellen, die von einem Zentrum ausgehend eine sphärolithische Überstruktur bilden. Daneben gibt es weniger symmetrische Sphärolithe, bei denen sich die radial nach außen wachsenden Lamellen mehrfach verzweigen. Das Bild 2.19 zeigt schematisch am Beispiel des Polyethylens die einzelnen Strukturelemente, die zu einem kristallinen und sphärolithischen Gefügezustand führen.

Ein perfekter kristalliner Zustand wird jedoch bei den für technische Anwendungen üblichen Polymerwerkstoffen nicht erreicht, vielmehr hat man es mit einem Zweiphasensystem, bestehend aus amorphen und kristallinen Bereichen zu tun, so dass man von einem teilkristallinen Gefügezustand spricht. Dabei sind die amorphen Bereiche aus nicht ordnungsfähigen Molekülteilen an den Oberflächen der Kristall-Lamellen, zwischen den Lamellen in den Sphärolithen sowie an deren Grenzen zu finden.

Üblicherweise werden bei der Verarbeitung zu Formteilen etwa folgende prozentualen Kristallisationsgrade erreicht:

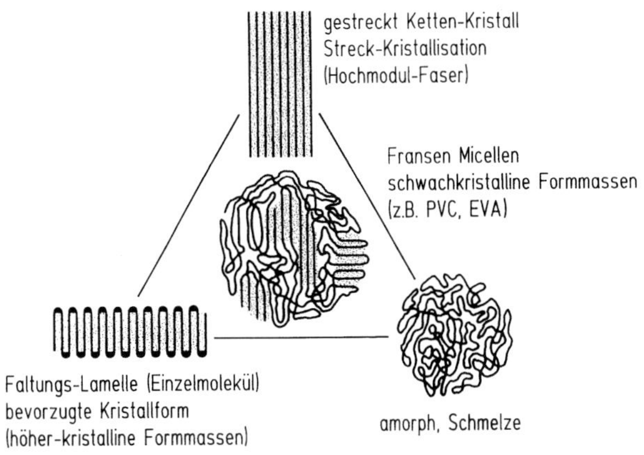

Bild 2.18 Kristalline und amorphe Strukturen (nach Breuer)

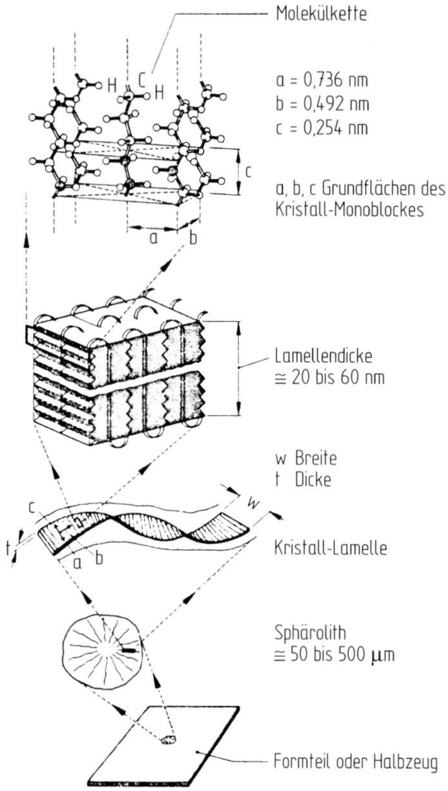

Bild 2.19 Aufbau kristalliner Strukturen am Beispiel des Polyethylen nach [2.1]

Polyethylen hoher Dichte (linear)	PE-HD	70–80
Polyethylen niedriger Dichte (verzweigt)	PE-LD	45–55
Polypropylen (isotaktisch)	PP	70–80
Polytetrafluorethylen	PTFE	60–80
Polyamid	PA	35–45
Polybutylenterephthalat	PBT	40–50
Polyoximethylen	POM	70–80

Auch die Wachstumsbedingungen für die gezeigten idealen Kristallit- und Sphärolithbildungen sind unter den Gegebenheiten der praktischen Formteilherstellungen nur selten gegeben. Das Bild 2.20 zeigt beispielsweise die Randzone eines Polyamid-Teils als Dünnschnittaufnahme im polarisierten Licht. Im oberen Bildteil ist deutlich die stark ausgeprägte strukturlose Randschicht zu erkennen, die aufgrund zu schneller Abkühlung der Polymerschmelze an der Formwand entsteht. Unten ist bei dem gleichen Teil durch höhere Formwandtemperatur das Sphärolithwachstum bis an die Oberfläche ermöglicht worden. Dies bedingt allerdings langsamere Formteilherstellung. Erwartungsgemäß nimmt die Sphärolithgröße mit zunehmendem

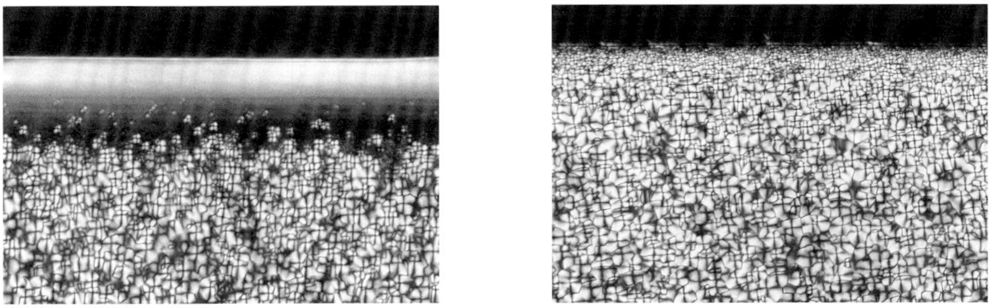

Bild 2.20 Schnitt durch die Randzone eines spritzgegossenen Polyamidteils.
Links: Strukturlose Randschicht aufgrund schneller Schmelze-Abkühlung.
Rechts: Bei höherer Formwandtemperatur bilden sich Sphärolithe bis an die Oberfläche aus (Mikrotomschnitt, Aufnahme im polarisierten Licht).

Randabstand wegen der im Inneren geringeren Abkühlgeschwindigkeit zu, was ebenfalls durch Bild 2.20 belegt wird.

Wegen der höheren Packungsdichte in den kristallinen Bereichen können die zwischenmolekularen Bindungsenergien dort stärker zur Wirkung gelangen, was sich makroskopisch in höheren Festigkeits- und Modulwerten, jedoch in geringerer Verformbarkeit ausdrückt.

Aufgrund der Zweiphasigkeit der teilkristallinen Polymerwerkstoffe ist es für die Beurteilung des Verformungsverhaltens entscheidend, in welchem Zustand sich die zweite, amorphe Phase befindet. Liegt ihre Glasübergangstemperatur oberhalb der Temperatur, bei der das Verformungsverhalten beurteilt werden soll, so verhält sich die amorphe Phase hart und spröde, und der teilkristalline Polymerwerkstoff wird in der Summe hohe Festigkeits- und Modulwerte bei geringer Duktilität aufweisen.

Liegt die Glasübergangstemperatur der amorphen Phase jedoch unterhalb der Beurteilungstemperatur, zeigen die amorphen Anteile überwiegend entropieelastisches Verformungsverhalten. Durch das Zusammenwirken von amorphen, entropieelastischen mit kristallinen, energieelastischen Anteilen, ist die bei vielen teilkristallinen Polymerwerkstoffen beobachtete hohe Zähigkeit begründet.

Ein weiteres charakteristisches Merkmal von Polymerwerkstoffen mit teilkristalliner Struktur ist deren hoher Widerstand gegen Verschleißbeanspruchung.

Aus der dichten Packung der geordneten Moleküle folgt eine Dichteerhöhung, was zwangsläufig auch eine höhere Verarbeitungsschwindung (bis 3 %) mit sich bringt. Da die kristallisationsbedingten Schwindungsvorgänge von den Sphärolithzentren ausgehen, können an den Sphärolithgrenzen hohe Zugspannungen entstehen und dadurch Schwachstellen vorprogrammiert werden. Man ist deswegen bestrebt, möglichst feinsphärolithisches Gefüge zu erhalten, was praktisch durch dem Polymerwerkstoff zugegebene Keimbildner (Nukleierung) erreicht wird, welche die Kristallisationstemperatur anheben, so dass die Schmelze beim Abkühlen früher zu kristallisieren beginnt.

Das Bild 2.21 zeigt zusammenfassend die verschiedenen strukturellen und morphologischen Erscheinungsformen der Polymerwerkstoffe, und in Tabelle 2.4 sind anhand einiger typischer Beispiele die Auswirkungen der Kettenstruktur und der Morphologie auf Temperaturgrenze, Modul und Festigkeit aufgeführt.

Tabelle 2.4 Auswirkungen von Struktur und Morphologie auf einige ausgewählte Eigenschaften

Kettenstruktur	Beispiel	Morphologische Struktur (schematisch)	Werkstoffkennwerte		
			Temperaturgrenze °C	*E*-Modul MPa	Festigkeit MPa
Standard-Polymerwerkstoffe					
 linear mit C-C-Kette	$-CH_2-CH_2-CH_2-$ Polyethylen (PE)	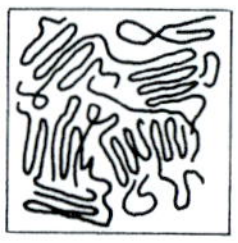 teilkristallin	≈ 90	1 400	30
	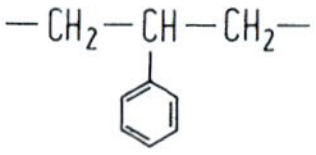 Polystyrol (PS)	 amorph	≈ 90	3 200	60
	$-CO-(CH_2-)_4-CO-NH-(CH_2)_6-NH-$ Polyamid (PA 66)	teilkristallin	≈ 120	3 200	85
Hochtemperatur-Polymerwerkstoffe (HT)					
 linear mit Aromaten und Heteroatomen in der Kette	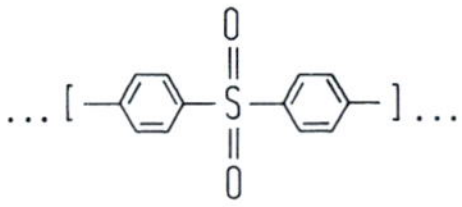 Polyethersulfon (PES)	amorph	≈ 200	2 800	90
	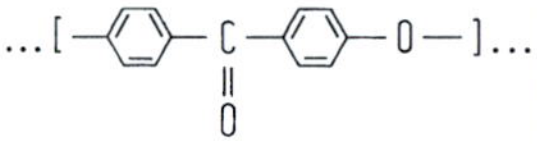 Polyaryletherketon (PAEK)	teilkristallin	≈ 260	4 000	100
-A-A-A- linear aus Aromaten	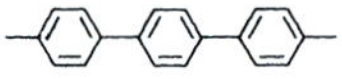 Polyphenylen	amorph	≈ 600		
Eigenverstärkte Polymerwerkstoffe (kettensteif)					
linear mit C-C-Kette	$-CH_2-CH_2-CH_2$ Polyethylen (PE)	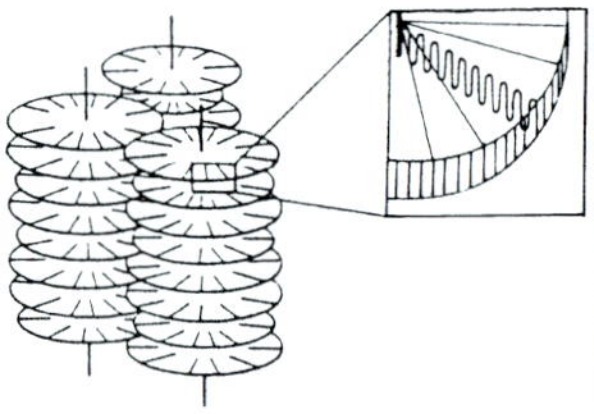 Shish-Kebab-Struktur (spannungsinduzierte Kristallisation)	Schmelzpunkterhöhung um 10 K (auf 146 °C)	7 500	140

Tabelle 2.4 (Fortsetzung)

Ketten-struktur	Beispiel	Morphologische Struktur (schematisch)	Werkstoffkennwerte		
			Temperaturgrenze °C	*E*-Modul MPa	Festigkeit MPa
Kette aus Aromaten	flüssigkristalliner Polyesther (LCP)	 Stabförmige Hauptketten-Struktur	200	20 000	120 ‖ 40 ⊥

Forschungsziele

Kettensteifes Polymeres mit „Bürstenstruktur"

fest

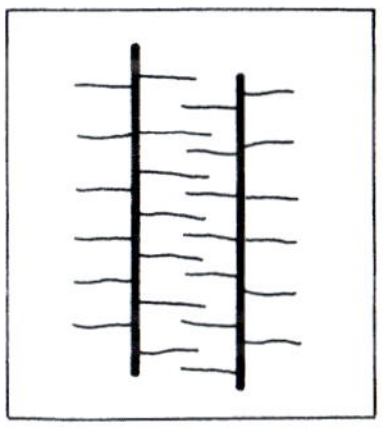

schmelzflüssig

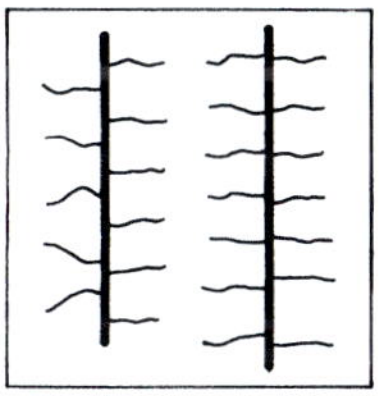

Si-O-Kette

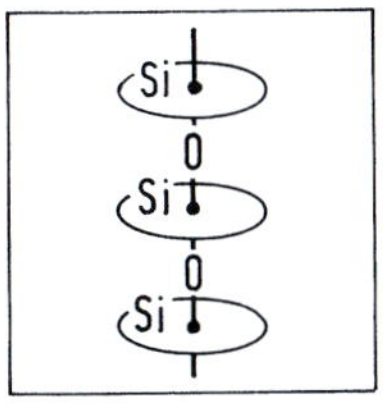

Helix-Struktur

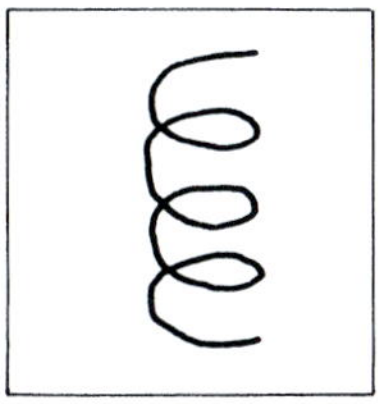

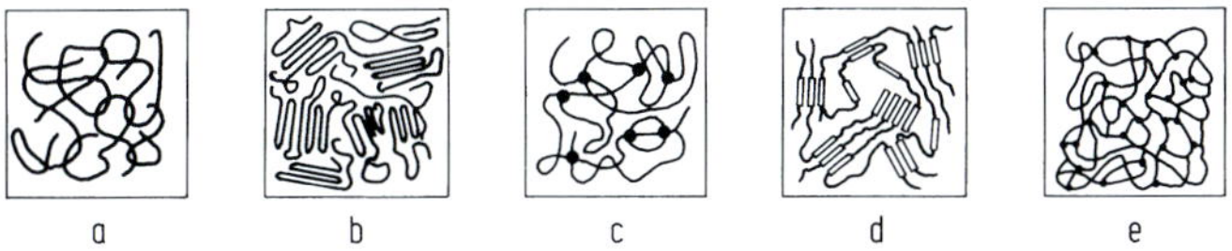

Bild 2.21 Strukturelle und morphologische Erscheinungsformen der Polymerwerkstoffe, schematisch
a) linearer, amorpher Thermoplast
b) linearer, teilkristalliner Thermoplast
c) chemisch vernetztes Elastomer
d) physikalisch vernetztes Elastomer
e) chemisch vernetzter Duroplast

2.5.3 Anisotropie

In Bauteilen aus Polymerwerkstoffen liegt praktisch nie eine Morphologie mit vollkommen isotropen Eigenschaften vor. Entweder werden durch den Verarbeitungsprozess molekulare Ordnungszustände und Eigenspannungszustände hervorgerufen [2.15] oder der Werkstoff selbst ist beispielsweise als Zweikomponentensystem mit eindimensionalem Faserzusatz bereits anisotrop veranlagt.

Anisotropien können in Erscheinung treten als:

- Festigkeitsanisotropie, die richtungsabhängige Festigkeiten hervorruft,
- Elastizltätsanisotropie, die richtungsabhängige Moduln zur Folge hat,
- Anisotropie im Bruchverhalten. Beim Mehrkomponenten-System kann die Art des Bruchs (Kohäsivbruch oder Grenzflächenbruch) der beteiligten Komponenten richtungsabhängig sein [2.16].

2.5.3.1 Molekülorientierungen

Molekülorientierungen und Orientierungsspannungen entstehen beim Verarbeitungsprozess (Spritzgießen) dadurch, dass die durch die Strömung der Polymerschmelze bedingte Scherung Deformationen der energetisch günstigsten Knäuelstruktur verursacht und die so deformierten Moleküle oder ganze gerichtete Kristallitreihen infolge rascher Abkühlung, insbesondere in den Randbereichen*, in dieser Lage erstarren (Bild 2.22).

Noch anschaulicher kann man die Entstehung von Orientierungen anhand des Bildes 7.5 verstehen.

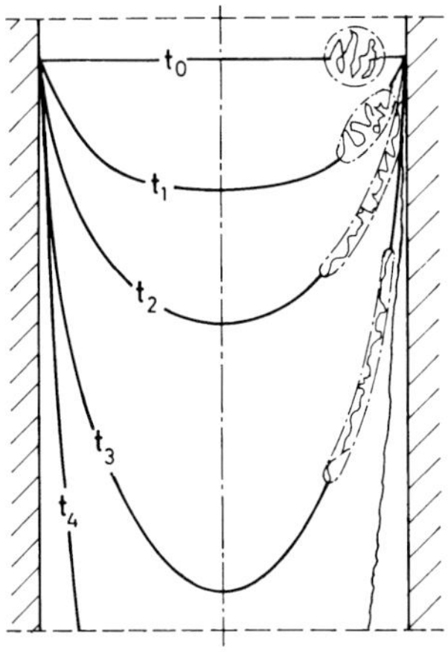

Bild 2.22 Entstehung von Molekülorientierungen durch Deformation eines ursprünglich kreisförmigen Flächenelements mit Knäuelstruktur infolge Scherströmung (nach Chatain) [2.18]
$t_0 < t_1 < t_2 < t_3 < t_4$

* Außerdem herrschen im Innern der einströmenden Schmelze Dehnkräfte, die eine Ausrichtung der Molekülketten senkrecht zur Hauptfließrichtung bewirken [2.17] (s. a. Bild 7.5).

Wie viele durch Scherung entstandene Orientierungen in einem Bauteil bestehen bleiben, hängt davon ab, wie viel Zeit den Makromolekülen bei der Abkühlung oberhalb ihrer Glasübergangstemperatur zur Verfügung steht, die orientierungsfreie Knäuelstruktur wieder einzunehmen. Eingefrorene Orientierungsspannungen erzeugen unterhalb der Glasübergangstemperatur keine Deformationen. Erst bei Temperaturen oberhalb der Glasübergangstemperatur nehmen die deformierten Moleküle aufgrund der jetzt gewonnenen Beweglichkeit wieder ihre energetisch günstige Knäuelgestalt an.

Das bedeutet, dass ein mit Orientierungen behaftetes Bauteil nur dann schrumpft oder sich verzieht, wenn es über die Glasübergangstemperatur des Polymerwerkstoffs gebracht wird. Wenn es aber unterhalb dieser Temperatur beispielsweise durch einen mechanischen Schnitt in zwei Teile mit unterschiedlichem Orientierungspotential getrennt wird, behalten die beiden Teile ihre Gestalt bei.*

Im makroskopischen Festigkeitsverhalten zeigen so orientierte Teile eine Festigkeitsanisotropie in der Art, dass die Festigkeit in Richtung der Molekülorientierung deutlich über dem orientierungsfreien Zustand** liegt, dass quer dazu dieses Niveau sogar unterschritten werden kann. Der durch Orientierung gewonnene Festigkeitsgewinn kann bei Spritzgussteilen allerdings nur selten genutzt werden, da eine gezielte Steuerung der Orientierung wegen oft komplexer Bauteilgeometrie nicht möglich, und die Orientierung ortsvariabel ist.

Anders verhält es sich bei Folien, die durch mechanische Reckprozesse*** in uniaxial oder biaxial orientierte Zustände gebracht werden. Hier wird z. B. bei den sogenannten Schrumpffolien von dem durch die Orientierung entstandenen Schrumpfeffekt bei Erwärmung über die Erweichungstemperatur Gebrauch gemacht.

Derartige Schrumpffolien, bevorzugt aus Polyethylen, werden zum Verpacken und zur Transportsicherung von Gütern verwendet (Bild 2.23). Das zu verpackende Gut wird in die Folie eingehüllt und erwärmt. Aufgrund der Wärmedehnung im energieelastischen Bereich wird die Verpackungsfolie zunächst etwas lose, beim Erreichen der Erweichungstemperatur bewirken die frei werdenden Schrumpfkräfte jedoch ein Schrumpfen der Folie und durch die thermische Kontraktion beim Abkühlen wird ein fester Sitz der Folie um das Packgut erreicht.

Ferner können Festigkeitssteigerungen durch Verstreckungsprozesse im energieelastischen Bereich besonders bei teilkristallinen Polymerwerkstoffen erzielt werden. Man versteht hierunter den Verfestigungseffekt, der unter mechanischer Krafteinwirkung nach Überschreiten der Streckgrenze durch Umlagerung von kristallinen Faltungsblöcken und Ausrichtung in Verstreckungsrichtung erfolgt.

Der Vorgang läuft technisch bei Raumtemperatur ab; in der lokal begrenzten Einschnürungszone entstehen jedoch hohe Temperaturen, die den Umlagerungsprozess begünstigen (s. a. Tabelle 4.1, Typ C). Zu beachten ist weiter die hohe Spleißneigung senkrecht zur Ver-

* Im Gegensatz zu Orientierungsspannungen sind Eigenspannungen Spannungszustände, die auch im energieelastischen Bereich relaxieren oder Deformationen verursachen. Nach außen treten Eigenspannungen nicht unbedingt in Erscheinung, mit Sicherheit jedoch dann, wenn ein Teil in zwei Hälften geteilt wird. Ursachen für Eigenspannungen sind: Schwindungsbehinderungen, ungleichmäßige Abkühlung, zu hoher Nachdruck beim Spritzgießen.

** Einen weitgehend orientierungsfreien Zustand kann man durch Pressen erreichen.

*** Unter Recken versteht man das gezielte Aufbringen von Molekülorientierungen im entropieelastischen Zustand und deren Fixierung durch Einfrieren [1.1].

Bild 2.23 Palettierung und Transportsicherung durch Schrumpffolie aus Polyethylen

streckungsrichtung. Praktisch wird das Verstrecken zur Herstellung von Folienbändchen für Verpackungszwecke, von Fäden und dergleichen genutzt.

Die Moleküle flüssigkristalliner Polyester (LCP) sind stäbchenförmig und als solche bereits in der Schmelze kettensteif; sie orientieren sich beim Formgebungsprozess entsprechend der Fließrichtung. Von Eigenverstärkung spricht man auch bei PE-HD, wenn durch spannungsinduzierte Kristallisation ein hoher Orientierungsgrad entsteht (s. a. Tabelle 2.3) [2.22, 2.26]. Die letztere Art der Eigenverstärkung hat bislang in der industriellen Technik allerdings noch keine Bedeutung erreicht.

2.5.3.2 Füllstofforientierungen

Neben der Molekülorientierung ergeben sich insbesondere bei kurzglasfaserverstärkten (Faserlänge ca. 0,2 mm) thermoplastischen Polymerwerkstoffen ausgeprägte Orientierungen durch Ausrichtung der Fasern beim Verarbeitungsprozess in Strömungsrichtung (s. a. Abschnitt 7.1.2). Auf die Festigkeits- und Verformungskennwerte wirken sich derartige Orientierungen weit deutlicher aus als die Molekülorientierungen. Die technischen Schwierigkeiten liegen allerdings wieder darin, die sich in einem Formteil komplizierter Gestalt einstellende Faserorientierung vorauszusagen und beim Formgebungsprozess zu steuern, um etwa eine beanspruchungsgerechte Faserorientierung im Bauteil zu erzielen und gleichzeitig Schwachstellen durch Querorientierung an entscheidenden Stellen zu vermeiden. Wie groß die Festigkeits- und Modulunterschiede längs und senkrecht zur Faserorientierung sind, zeigt Bild 2.24 am Beispiel eines Polyamids, das mit 25 Gew.-% Kurzglasfasern verstärkt ist. Bei der Probenherstellung ist mit kurzfaserverstärkten Thermoplasten keine vollkommene Faserausrichtung zu erzielen; bei den angegebenen Faservorzugsrichtungen sind immer noch querliegende Fasern vorhanden. Dies ist auch der Grund, warum die Messwerte senkrecht zur Faservorzugsorientierung höher liegen als die des unverstärkten Werkstoffs. Denn bei vollständiger Orientierung weist der Verbund bei Zugbeanspruchung senkrecht zur Faserorientierung stets eine geringere Festigkeit als die unverstärkte Matrix auf. Dieser Sachverhalt lässt sich durch Spannungskonzentrationen und durch den Effekt der Dehnungsvergrößerung erklären.

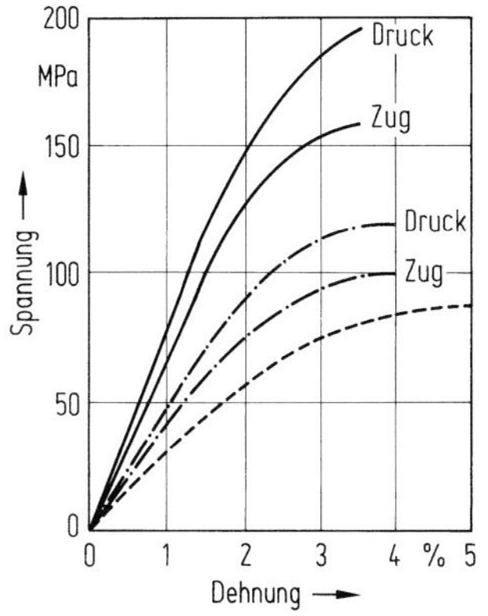

Bild 2.24 Spannungs-Dehnungs-Diagramm von PA 66-GF (25 Gew.-% Kurzglasfasern) und unverstärktem PA 66. Die Proben wurden aus Platten längs und quer zur bevorzugten Faserorientierung (Fließrichtung) herausgearbeitet.
——— längs zur Faserorientierung
—·—·— quer zur Faserorientierung
– – – – – ohne Faserzusatz; längs = quer

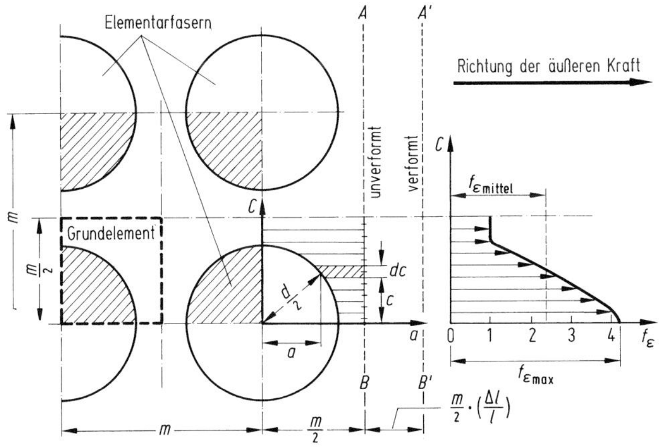

Bild 2.25 Dehnungsvergrößerung der Matrix bei Zugbeanspruchung senkrecht zur Faserlängsachse [2.20]
$f\varepsilon$ = Dehnungsvergrößerungsfaktor
Δl ½ m = äußere Dehnung

Bei Zugbeanspruchung eines Faser/Matrix-Verbundes senkrecht zur Faserlängsachse treten am Scheitel des kreisförmigen Faserquerschnitts Spannungskonzentrationen mit Höchstwerten im Grenzflächenbereich [2.19] und Dehnungsüberhöhungen der Matrix bei mehreren parallel liegenden Fasern auf [2.20]. Aus der modellmäßigen Darstellung in Bild 2.25 geht der Effekt dieser Dehnungsvergrößerung der Matrix am Faserscheitel anschaulich hervor. Aufgrund des Modulunterschieds zwischen Faser und Matrix müssen die Matrixpartien zwischen den Fasern das 4- bis 10-fache der äußeren Dehnung des Gesamtverbunds übernehmen.

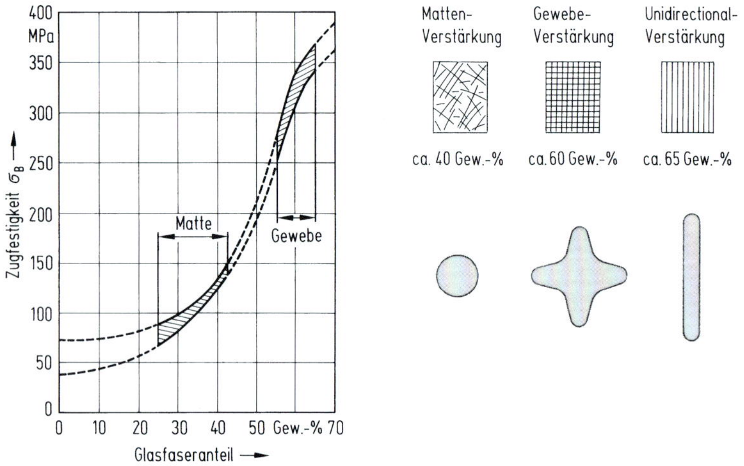

Bild 2.26 Polardiagramme (schematisch) für die Zugfestigkeit verschieden verstärkter Harz-Verbund-Systeme in Abhängigkeit von der Orientierung des Verstärkungsmaterials (oben) und Zugfestigkeitsbereiche eines Polyesterlaminats (UP-GF) unter Normalbedingungen (23/50) in Abhängigkeit des Glasgehaltes

Deshalb liegen Festigkeit und Elastizitätsmodul eines Faserverbundes senkrecht zur Faserorientierung sogar auf niedrigerem Niveau als bei der unverstärkten Matrix.

Im Gegensatz zu der Kurzfaserverstärkung kann bei der Verstärkung von Harzen (UP, EP) durch Verwendung von Geweben oder unidirektionalen Strängen (Rovings) die Faserorientierung gezielt als Konstruktionsprinzip eingesetzt werden. Das Bild 2.26 zeigt als Polardiagramme die Zugfestigkeit als Funktion der Orientierung des Verstärkungsmaterials. Bei Mattenverstärkung wird von einem quasi isotropen Zustand ausgegangen.

2.6 Thermisch-mechanische Zustandsbereiche

Bedingt durch den strukturellen Aufbau und die in Polymerwerkstoffen wirkenden Bindungsmechanismen sind diese Werkstoffe durch verschiedene thermisch-mechanische Zustände und die zugehörigen Übergänge charakterisiert. Es handelt sich hierbei um bestimmten Temperaturintervallen zugeordnete Zustände, in denen die Polymerwerkstoffe deutlich unterschiedliches mechanisches Verhalten zeigen.

Diese Zusammenhänge werden üblicherweise in der für den Ingenieur anschaulichen Torsionsmodul-Temperatur-Abhängigkeit $G = f(T)$ dargestellt*, wobei der Torsionsmodul meist logarithmisch aufgetragen wird [2.21].

* Schmelzen, Glasübergang, Kristallisation sind physikalische Prozesse, die eine Änderung der spezifischen Wärme als Ursache oder Folge haben. Die zugehörigen Temperaturen lassen sich somit auch gut mit der Thermoanalyse (Differentialkalorimetrie, DSC) erfassen.

2.6.1 Thermoplaste mit amorpher Gefügestruktur

Bei tiefen Temperaturen* reagieren die Polymerwerkstoffe auf mechanische Beanspruchungen energieelastisch (metallelastisch). Sie folgen damit in ihrem Kraft-Verformungs-Verhalten annähernd dem Hooke'schen Gesetz. Dabei spielen sich als atomare und molekulare Vorgänge reversible Abstandsänderungen von Atomen und Valenzwinkelverschiebungen ab. Makroskopisch äußert sich dies in hohen Modulwerten bei gleichzeitig sprödem Bruchverhalten.

Mit zunehmender Temperatur, d. h. Zufuhr thermischer Energie, wird ein polymerspezifischer Erweichungsbereich erreicht, der durch die Glasübergangstemperatur T_g gekennzeichnet ist. Deutlich ist die Lage von T_g am Maximum des mechanischen Verlustfaktors d** zu erkennen (Bild 2.27).

Oberhalb dieser Temperatur sind jetzt als atomare und molekulare Bewegungsmechanismen Rotationsmöglichkeiten gegeben und Kettensegmente und Seitengruppen können sich umlagern. Es leuchtet ein, dass sperrige, großvolumige Seitengruppen diese Bewegungen behindern. Unter mechanischer Beanspruchung wird demnach eine Deformation der ursprünglichen Knäuelstruktur auftreten; entgegengesetzt wirkende Rückstellkräfte versuchen jedoch, die energetisch günstige Lage der Knäuelstruktur wieder einzunehmen. Dies verleiht dem Polymerwerkstoff in diesem Temperaturbereich zusätzlich ein entropieelastisches (gummiartiges) Verhalten, weshalb man auch vom entropieelastischen Zustandsbereich spricht.*** Gleichzeitig finden aber auch abhängig vom Spannungsniveau merkliche irreversible, viskose Verformungen statt. Die Modulwerte fallen in diesem Bereich um mehrere Zehnerpotenzen.

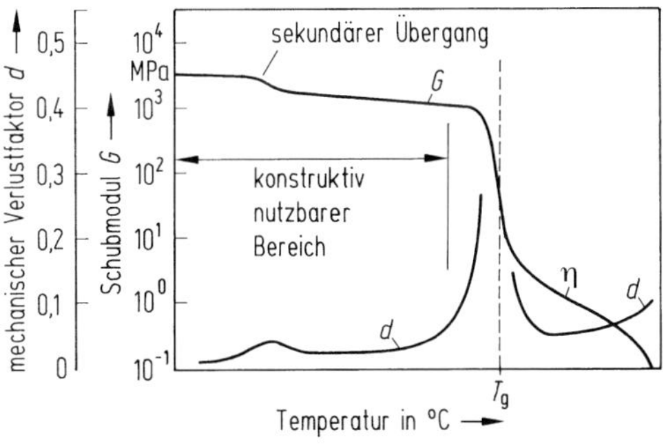

Bild 2.27 Schematische Darstellung des Temperaturverlaufs des Torsionsmoduls und des mechanischen Verlustfaktors amorpher Thermoplaste

* Der Begriff „tiefe Temperatur" ist hier relativ zu sehen. Bei manchen Polymerwerkstoffen sind hierunter Temperaturen < –70 °C (Polyisobutylen, PIB), bei anderen ≈ +100 °C (Polystyrol, PS) zu verstehen.

** Als mechanischer Verlustfaktor d wird der Tangens des Phasenwinkels δ, der unter dynamischer, sinusförmiger Beanspruchung bei Polymerwerkstoffen zwischen der Spannung σ und der Dehnung ε auftritt, bezeichnet. Der aus den Scheitelwerten von σ und ε gebildete komplexe Elastizitätsmodul E kann in einen Realteil E' (= Maß für die gespeicherte elastische Energie) und in einen Imaginärteil E'' (= Maß für in Wärme umgewandelte Verlustenergie) aufgeteilt werden. Es gilt: $d = E'' / E' = \tan \delta$.

*** Die Begriffe „hart" und „weich" oder „gummiartig" werden thermodynamisch nicht korrekt üblicherweise als energieelastisch und entropieelastisch bezeichnet. Thermodynamisch hat jedoch auch Gummi ein überwiegend energieelastisches Verhalten.

Bei weiteren Temperatursteigerungen wird die Kettenbeweglichkeit schließlich so weit erhöht, dass Ketten aneinander abgleiten können. Der Werkstoff wird in den schmelzeflüssigen Zustand überführt.*

In diesem Zustand tritt an die Stelle des Moduls als kennzeichnende mechanische Größe die Schmelzviskosität η. Sie nimmt mit zunehmender Temperatur ab; Strukturparameter wie sperrige Seitengruppen und hohe relative Molekülmasse wirken bei gegebener Temperatur viskositätserhöhend.

Die mit zunehmender Temperatur dargestellten Überführungen vom energieelastischen in den entropieelastischen Zustand und in den schmelzeflüssigen Zustand sind mit abnehmender Temperatur theoretisch beliebig wiederholbar. Praktisch wird jedoch bei häufiger Wiederholung (z. B. mehrfache Wiederverarbeitung) ein Kettenabbau erfolgen, verbunden mit einer Abnahme der Werkstoffzähigkeit.

2.6.2 Thermoplaste mit teilkristalliner Gefügestruktur

Bei tiefen Temperaturen gilt für Polymerwerkstoffe mit teilkristalliner Gefügestruktur das gleiche wie für solche mit amorpher Gefügestruktur. Nach dem Überschreiten der Glasübergangstemperatur T_g gehen jedoch zunächst nur die amorphen Gefügeanteile in den entropieelastischen Zustand über. Die regelmäßig gebauten kristallinen Bereiche behalten ihren energieelastischen Charakter bei (Bild 2.28).

Im Torsionsmodul-Temperaturverlauf zeigt sich die Erweichung der amorphen Phase in einem Modulabfall, der um so stärker ausgeprägt ist, je geringer der Kristallinitätsgrad des betreffenden Polymerwerkstoffs ist.

Im Vergleich zum Erweichungsbereich der amorphen Phase ist der bei weiterer Temperaturerhöhung erreichte Kristallitschmelzpunkt T_m relativ scharf markiert, da das Auseinandergleiten der geordneten Molekülbereiche bei einer definierten Aktivierungsenergie (Potenzial-Schwelle) geschieht.

Während amorphe Thermoplaste oberhalb T_g nicht mehr als Werkstoffe eingesetzt, dagegen aber durch Thermoformung (Tiefziehen von Plattenmaterial) umgeformt werden können, ist der Temperaturbereich zwischen T_g und T_m bei teilkristallinen Polymerwerkstoffen gerade der konstruktiv genutzte Bereich, da hier bei noch ausreichender Steifigkeit die von Polymerwerkstoffen oft erwartete hohe Zähigkeit vorliegt.

2.6.3 Elastomere

Um das bei Elastomeren gewünschte gummielastische Verhalten auch bis zu tiefen Temperaturen zu gewährleisten, liegt deren Glasübergangstemperatur gewöhnlich weit unter 0 °C. Typisch für ihr thermisch-mechanisches Verhalten ist das Ausbleiben des Schmelzezustands. Oberhalb der Glasübergangstemperatur zeigen sie bis zur thermischen Zersetzungstemperatur T_z Modulwerte auf niedrigem aber nahezu konstantem Niveau (je nach Typ: $G = 0{,}1$ bis 100 MPa) (Bild 2.29), und aufgrund der chemischen Vernetzung ausgeprägtes gummiartiges Verhalten.

---

* Streng thermodynamisch gesehen können nur kristalline Strukturen schmelzen, nicht jedoch amorphe.

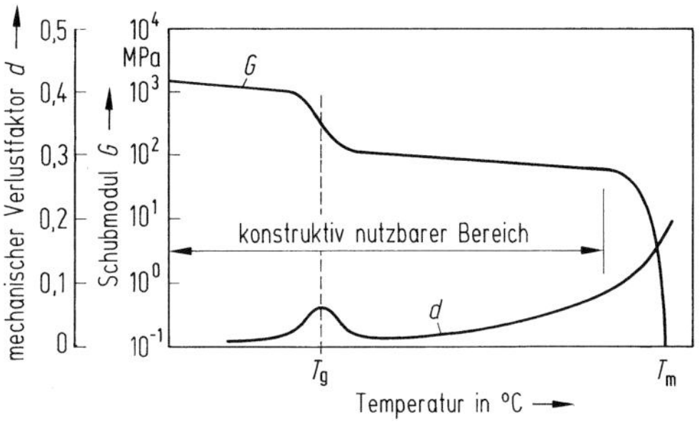

Bild 2.28 Schematische Darstellung des Temperaturverlaufs des Torsionsmoduls und des mechanischen Verlustfaktors teilkristalliner Thermoplaste

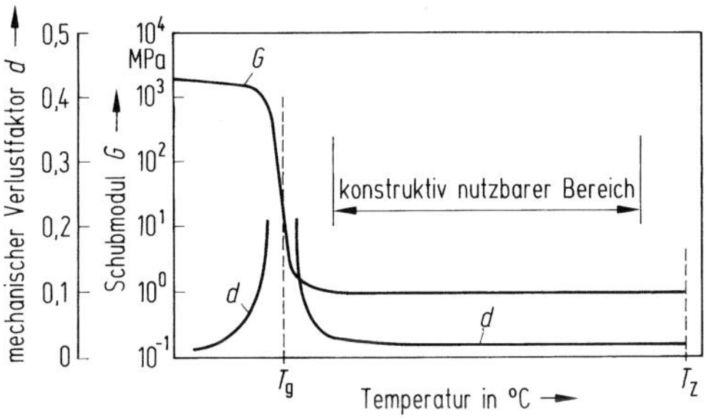

Bild 2.29 Schematische Darstellung des Temperaturverlaufs des Torsionsmoduls und des mechanischen Verlustfaktors von Elastomeren

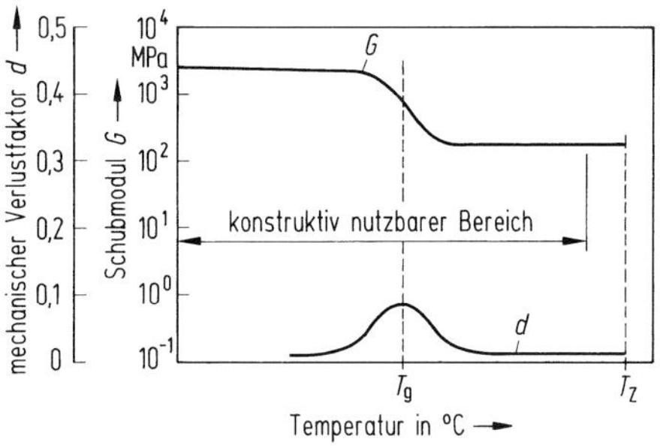

Bild 2.30 Schematische Darstellung des Temperaturverlaufs des Torsionsmoduls und des mechanischen Verlustfaktors von Duroplasten

2.6.4 Duroplaste

Bei Duroplasten (Duromeren) handelt es sich um engmaschig vernetzte Polymere, deren Glasübergangstemperatur im Gegensatz zu Elastomeren möglichst hoch (> 50 °C) liegt. Die engmaschige Vernetzung sorgt dafür, dass auch oberhalb der Glasübergangstemperatur kein allzu großer Modulabfall erfolgt. Ein Schmelzen ist ebenfalls nicht möglich; bei Erreichen von T_z tritt thermische Zersetzung ein (Bild 2.30).

Literatur

[2.1] MENGES, G.: Werkstoffkunde der Kunststoffe, Hanser-Verlag, München, Wien 1979

[2.2] VOLLMERT, B.: Grundriß der makromolekularen Chemie, Springer-Verlag, Berlin, Heidelberg, New York 1962

[2.3] SCHURZ, J.: Physikalische Chemie der Hochpolymeren, Springer-Verlag, Berlin, Heidelberg, New York 1974

[2.4] MORRISON, R. T. und R. N. BOYD: Lehrbuch der organischen Chemie, Chemie-Verlag, Weinheim 1974

[2.5] HOLZMÜLLER, W.: Struktur der makromolekularen Körper aus Holzmüller/Altenburg: Physik der Kunststoffe, Akademie-Verlag, Berlin 1961

[2.6] MÄRTIN, Cl. G.: Zur Eigenverstärkung von Polyethylen im Spritzguß, Diss. Universität Kassel 1988

[2.7] NN: Datenbank CAMPUS 4, 1997 (BASF, DSM, DUPONT, HUELS), *Kunststoffe* **69** (1979) 9, S. 575/625

[2.8] ERHARD, G.: Zum Reibungs- und Verschleißverhalten von Polymerwerkstoffen, Diss. Uni Karlsruhe 1980

[2.9] BREUER, H. HAAF, F. und J. STABENOW: Stress Whitening and Yielding Mechanism of Rubber-Modifier PVC, *J. Macromol. Sci.-Phys., B* (1977) **14** (3), pp. 387/417

[2.10] RETTING, W.: Kunststoffe, Ordnungszustände und Eigenschaften aus Ullmanns Enzyklopädie der technischen Chemie, 4. Auflage, Bd. 15, S. 247, Chemie-Verlag, Weinheim 1978

[2.11] ERHARD, G.: Entwicklungstendenzen der Kunststoffverwendung für Maschinenelemente, *Kunststofftechnik* **8** (1969) 6, S. 199/200

[2.12] EHRENSTEIN, G. W. und R. WURMB: Glasfaserverstärkte Thermoplaste Theorie und Praxis, *Angewandte Makromolekulare Chemie* **60/61** (1977), S. 157/214

[2.13] VOLLMERT, B.: Strukturbedingte Belastungsgrenzen von Polymerwerkstoffen, Belastungsgrenzen von Kunststoff-Bauteilen, VDI-Verlag, Düsseldorf 1975

[2.14] NORTH, A. M.: Molecular Motion in Polymers Molecular Behaviour and the Development of Polymeric Materials Chapman and Hall, London 1975, Ref. in [1.8]

[2.15] WINTERGERST, S.: Orientierungen und Spannungen in Spritzgußteilen, *Kunststoffe* **63** (1973) 5, S. 636/642

[2.16] SCHNEIDER, W. und R. BARDENHEIER: Versagenskriterien für Kunststoffe, *Zeitschrift für Werkstofftechnik* **8** (1975), S. 269/280

[2.17] WOEBCKEN, W. und E. SEUS: Die Schwindung von Polyäthylen und ihre Abhängigkeit von den Verarbeitungsbedingungen, *Kunststoffe* **57** (1967) 5, S. 637/644 und S. 719/723

[2.18] SCHREYER, G.: Konstruieren mit Kunststoffen, Hanser-Verlag, München, Wien 1972, Bd. 1, S. 160

[2.19] EHRENSTEIN, G. W.: Grenzflächenenergetische Vorgänge und Eigenspannungszustände in glasfaserverstärkten Kunststoffen, Diss. TH Hannover 1968

[2.20] PUCK, A.: Zur Beanspruchung und Verformung von GFK-Mehrschicht-Verbund-Bauelementen, *Kunststoffe* **57** (1967) 12, S. 965/73

[2.21] SCHMIEDER, K. und K. WOLF: Mechanische Relaxationserscheinungen an Hochpolymeren, *Kolloid-Zeitschrift* **134**, H. 2/3, S. 149/189

[2.22] EHRENSTEIN, G. W.: Eigenverstärkung von Thermoplasten im Schmelze-Deformationsprozeß, *Die Angew. Makromolek. Chemie* **175** (1990), S. 187/203

[2.23] NN: Konditionieren von Fertigteilen aus Ultramid, BASF Firmenschrift, 1993

3 Kurzcharakterisierung wichtiger Polymerwerkstoffe für konstruktive Anwendungen

3.1 Thermoplaste

Thermoplaste sind Polymerwerkstoffe, die aus linearen oder verzweigten Makromolekülen aufgebaut sind. Regelmäßig aufgebaute Makromoleküle sind in der Lage, kristalline Ordnungen einzugehen; eine regellose Anordnung von Polymerketten wird als amorphe Struktur bezeichnet. Von teilkristallinen (partiell-kristallinen) Polymerwerkstoffen spricht man, wenn sowohl kristalline Ordnungen als auch amorphe Phasen vorliegen.

Untereinander sind die Makromoleküle durch physikalische Bindungskräfte (van der Waals'sche Bindungen, Wasserstoffbrückenbindungen) verbunden. Diese Bindungen können durch ausreichend hohe thermische Energie aufgehoben werden; d. h. diese Polymerwerkstoffe sind in schmelzeflüssigen Zustand überführbar. Dabei geht auch eine kristalline Struktur in eine amorphe über.

Die Verarbeitung thermoplastischer Polymerwerkstoffe von der pulvrigen oder granulierten Rohstoff-Form zu Fertigteilen oder Halbzeugen erfolgt zum überwiegenden Teil nach verschiedenen Verfahren über den Schmelzezustand (s. a. Bild 7.1).

Die folgenden Darstellungen 3.1 bis 3.28 geben jeweils eine Kurzcharakterisierung der wichtigsten polymeren Konstruktionswerkstoffe, die als Orientierungshilfe dienen sollen. Es sind die Standardtypen aufgeführt, die teilweise durch Füll- und Verstärkungsstoffe, Stabilisatoren und andere Zusätze in vielfältiger Weise variiert werden können.

Über die Eigenschaften der vielfältigen Typen und Modifikationen informiert die Datenbank CAMPUS® der Kunststofflieferanten.*

Die Bilder enthalten Spannungs-Dehnungs-Diagramme (σ-ε-Diagramme), die das Verformungsverhalten unter zügiger, kurzzeitiger Zugbeanspruchung bei Raumtemperatur kennzeichnen. Für einige Hochleistungsthermoplaste ist auch eine Kurve für eine höhere Temperatur angegeben. Die ebenfalls angegebene Kennfunktion des temperaturabhängigen Elastizitätsmoduls $E = f(T)$ beschreibt das Verformungsverhalten unter Temperatureinfluss. Hinsichtlich der Temperaturbelastbarkeit gibt die Formbeständigkeitstemperatur T_f nach ISO 75 Auskunft (s. a. Kapitel 4). Die Hinweise auf die Temperaturgrenzen der Anwendung sind Erfahrungswerte aus vielen praktischen Anwendungen, wobei der Richtwert „kurzzeitig" für eine Temperatureinwirkungsdauer bis zu einigen Stunden gilt. Unter dem Begriff „langzeitig" wird die Temperaturbelastbarkeit über Jahre verstanden. Innerhalb dieser Zeit verändern sich die physikalischen Eigenschaften der Werkstoffe infolge Wärmealterung in einem für technische Bauteile erfahrungsgemäß noch vertretbarem Maß.

Außerdem sind noch einige typische Angaben zur Struktur und Morphologie gemacht.

---

* Über die Handelsnamen von ca. 1 260 Kunststoffherstellern informiert die Datenbank POLYTRADE. Bezug: TDS Herrlich GmbH Wilhelm-Leuschner-Str. 14, D-64354 Reinheim.

Standard-Thermoplaste

Polyethylen niedriger Dichte (PE-LD)

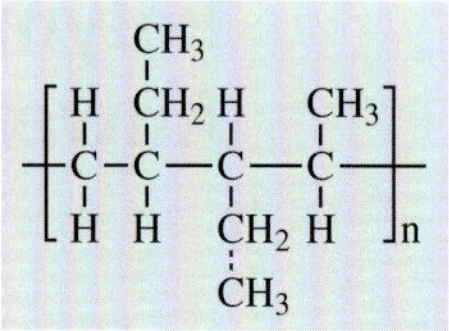

Gefüge	teilkristallin
Kristallinitätsgrad	45–55 %
Molekülstruktur	verzweigt
Dichte	0,918 g/cm^3
T_g	< –100 °C
T_m	108–115 °C
T_f 0,45	41 °C
Temperaturgrenzen der Anwendung:*	
kurzzeitig	~ 100 °C
langzeitig	~ 80 °C

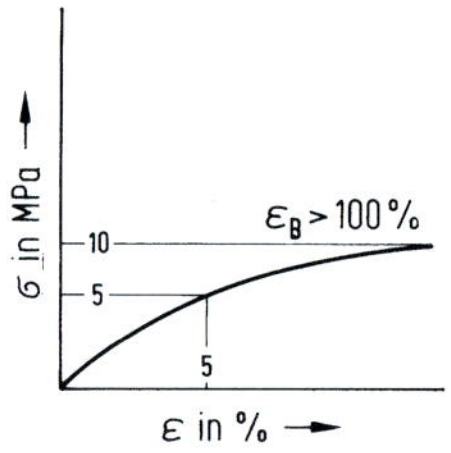

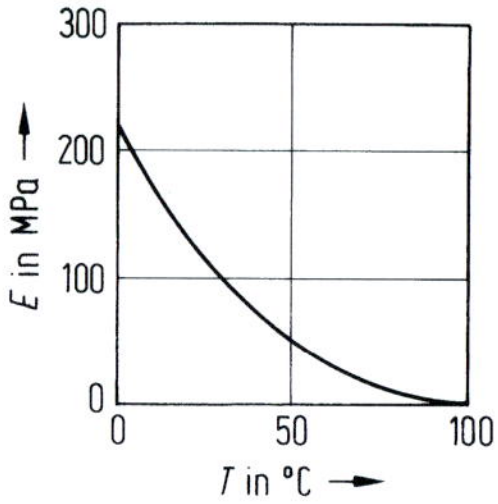

Polyethylen hoher Dichte (PE-HD)

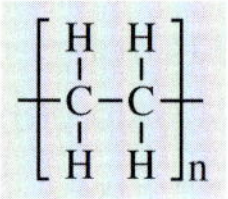

Gefüge	teilkristallin
Kristallinitätsgrad	70–80 %
Molekülstruktur	linear
Dichte	0,96 g/cm^3
T_g	< –100 °C
T_m	130–140 °C
T_f 0,45	86 °C
T_f 1,8	49 °C
Temperaturgrenzen der Anwendung:	
kurzzeitig	~ 110 °C
langzeitig	~ 90 °C

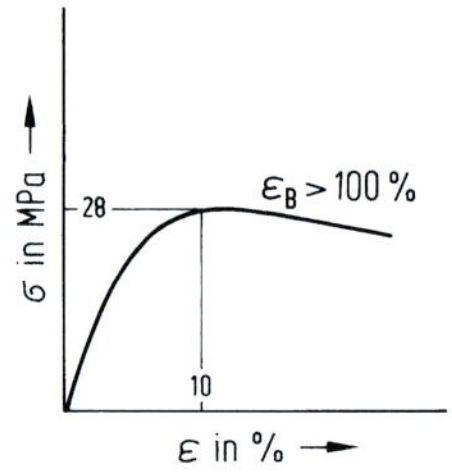

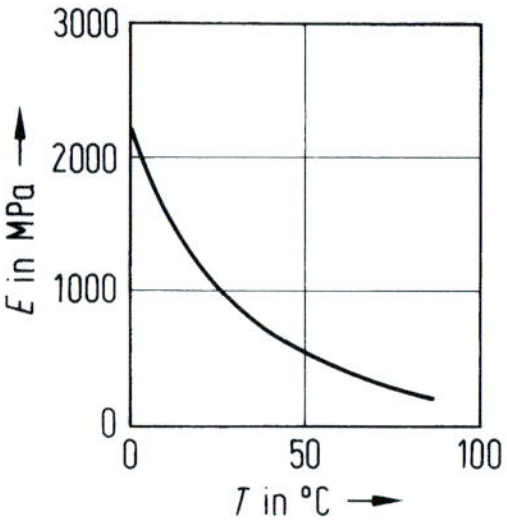

* Bei den Angaben „Temperaturgrenzen der Anwendung“ handelt es sich um grobe Anhaltswerte.

Standard-Polystyrol (PS)

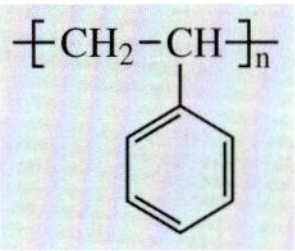

Gefüge	amorph
Dichte	1,05 g/cm³
T_g	~ 100 °C
T_f 1,8	86 °C
Temperaturgrenzen der Anwendung:	
kurzzeitig	~ 90 °C
langzeitig	~ 60 °C

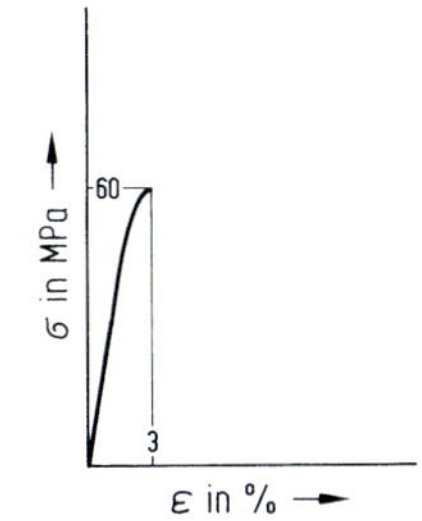

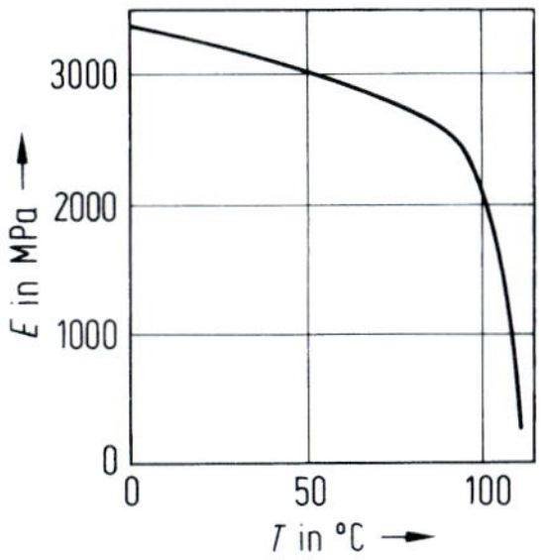

Schlagfestes Polystyrol (SB)

Gefüge	amorph
Dichte	1,05 g/cm³
T_g	~ 95 °C
T_f 1,8	78 °C
Temperaturgrenzen der Anwendung:	
kurzzeitig	~ 80 °C
langzeitig	~ 70 °C

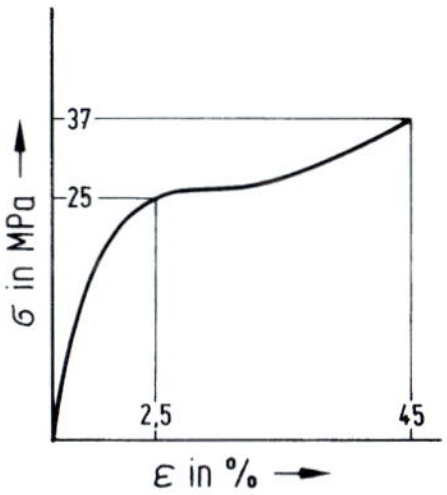

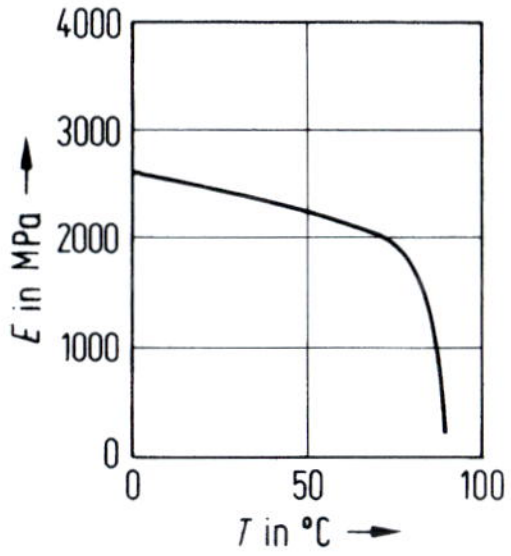

heterogene Polymermischung
(Poly**s**tyrol mit aufgepfropftem **B**utadien Kautschuk)

Styrol-Acrylnitril (SAN)

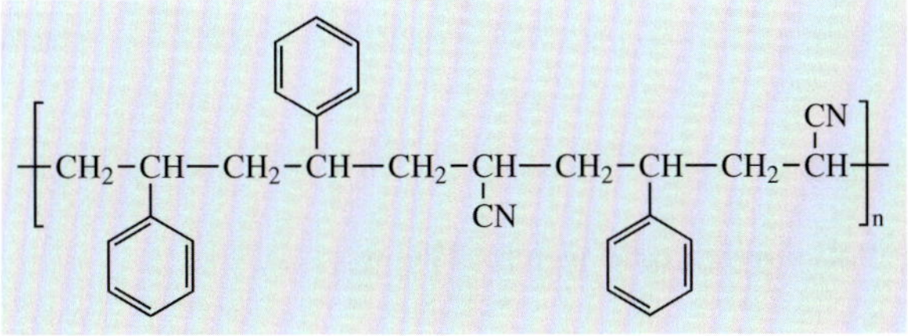

Gefüge	amorph
Dichte	1,08 g/cm³
T_g	105 °C
T_f 1,8	98 °C
Temperaturgrenzen der Anwendung:	
kurzzeitig	~ 95 °C
langzeitig	~ 85 °C

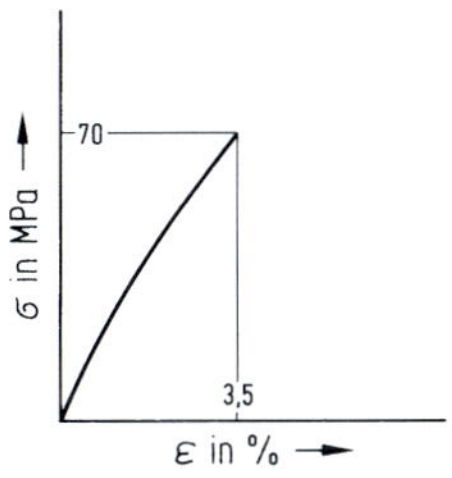

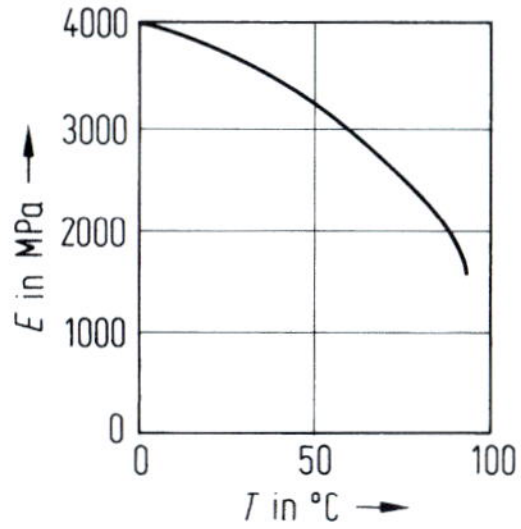

Copolymerisat aus **S**tyrol und **A**cryl**n**itril

Acrylnitril-Butadien-Styrol (ABS)

Gefüge	amorph
Dichte	1,06 g/cm^3
T_g	105–125 °C
T_f 1,8	97–106 °C

Temperaturgrenzen der Anwendung:

kurzzeitig	~ 95 °C
langzeitig	~ 85 °C

heterogene Polymermischung (**A**crylnitril-**B**utadien-**S**tyrol)

Besondere Merkmale:
Spezielle Typen gut galvanisierbar

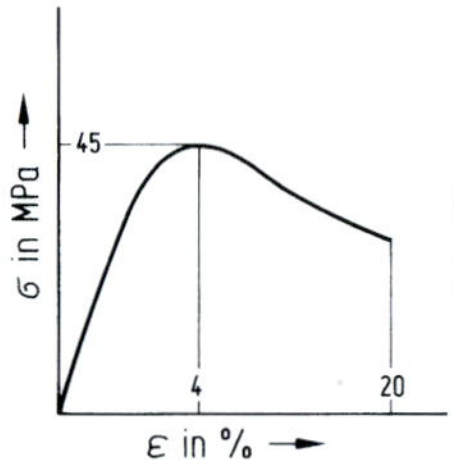

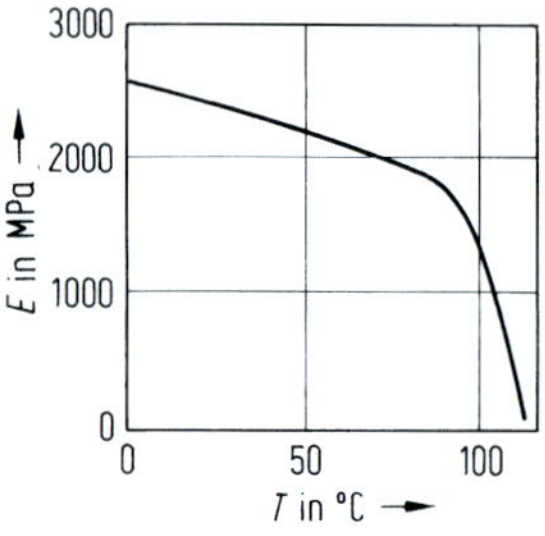

Polyvinylchlorid (PVC)

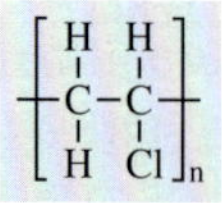

Gefüge	amorph (schwach kristallin)
Dichte	1,38 g/cm^3
T_g	90 °C

Temperaturgrenzen der Anwendung:

kurzzeitig	~ 70 °C
langzeitig	~ 60 °C

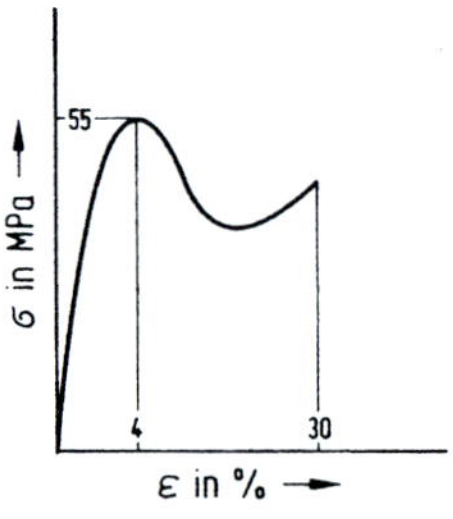

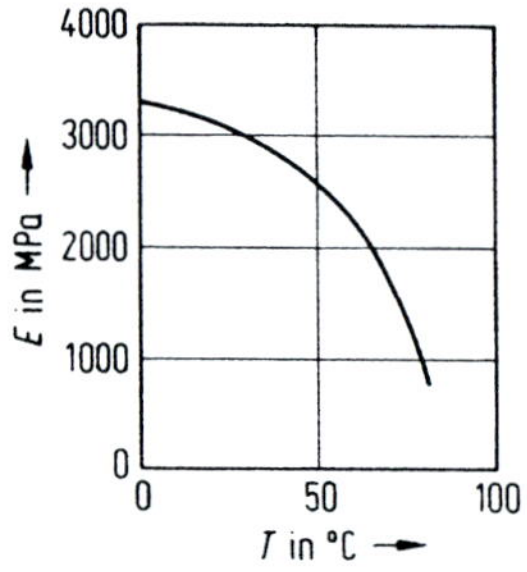

Polyvinylchlorid weich (PVC w)

Gefüge	amorph

Temperaturgrenzen der Anwendung:

langzeitig	mit Spezialweichmacher bis ~ 90 °C

Besondere Merkmale:
Beeinflussbarkeit der Eigenschaften in weiten Bereichen durch Variation des Weichmachergehaltes

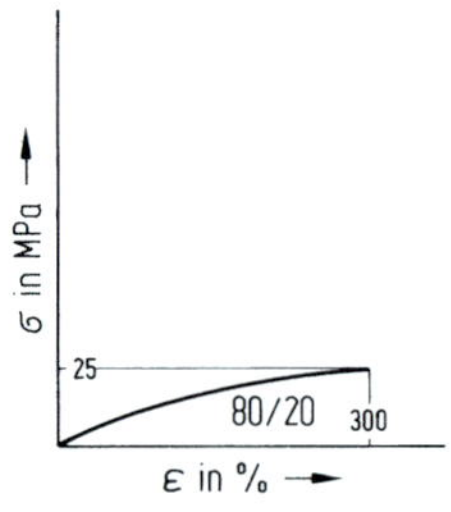

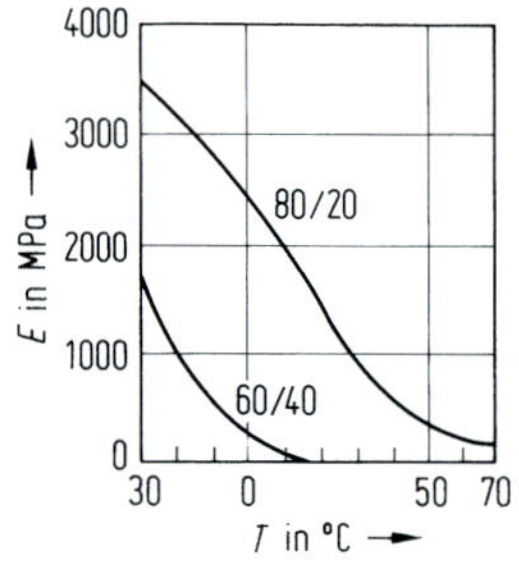

Polymethylmethacrylat (PMMA)

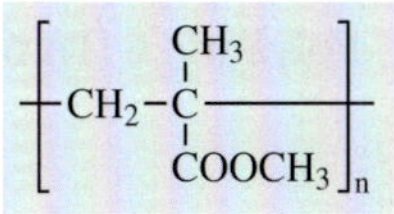

Gefüge	amorph
Dichte	1,18 g/cm^3
T_g	100 °C
T_f 1,8	90 °C

Temperaturgrenzen der Anwendung:

kurzzeitig	~ 85 °C
langzeitig	~ 65 °C

Besondere Merkmale:
Gute optische Eigenschaften, rel. kratzfest

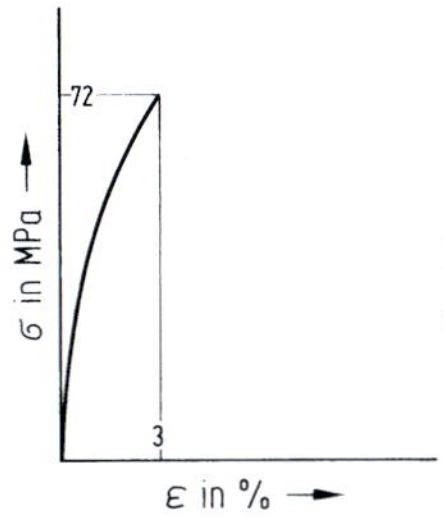

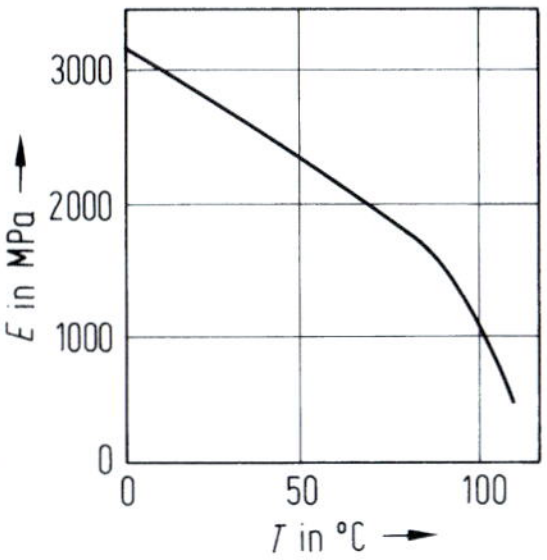

Technische Thermoplaste

Polypropylen (PP)

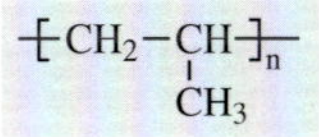

Gefüge	teilkristallin
Kristallinitätsgrad	70–80 %
Taktizität	isotaktisch
Dichte	0,905 g/cm^3
T_g	~ 5 °C
T_m	160–165 °C
T_f 1,8	53–78 °C

Temperaturgrenzen der Anwendung:

kurzzeitig	~ 140 °C
langzeitig	~ 90 °C

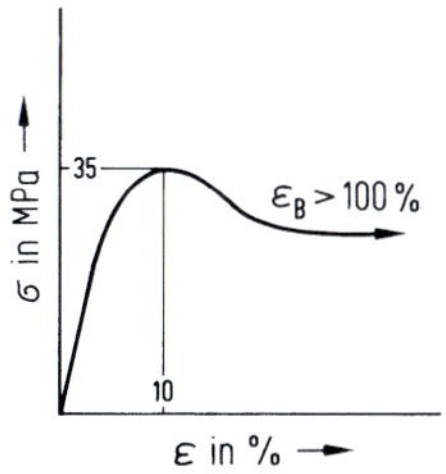

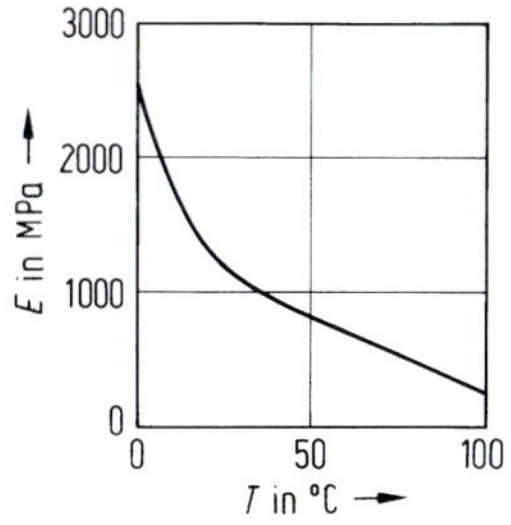

Polyamid 6 (PA 6)

$-[NH(CH_2)_5CO]_n-$

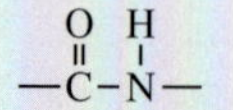

Amidgruppe

Gefüge	teilkristallin
Kristallinitätsgrad	35–45 %
Dichte	1,13 g/cm^3
T_g (trocken)	60 °C
T_g (2,8 Gew.-% Feuchte)	15 °C
T_g (11 Gew.-% Feuchte)	–10 °C
T_m	220 °C
T_f 1,8	65 °C

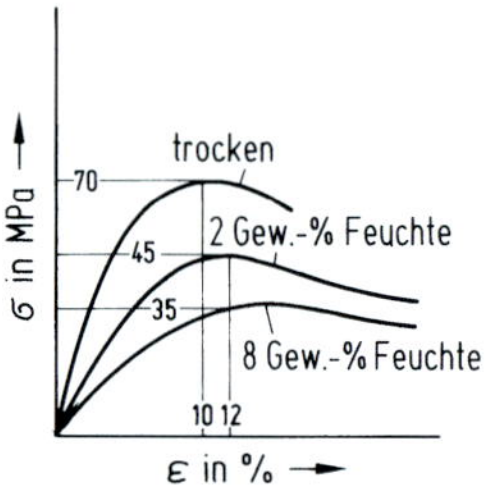

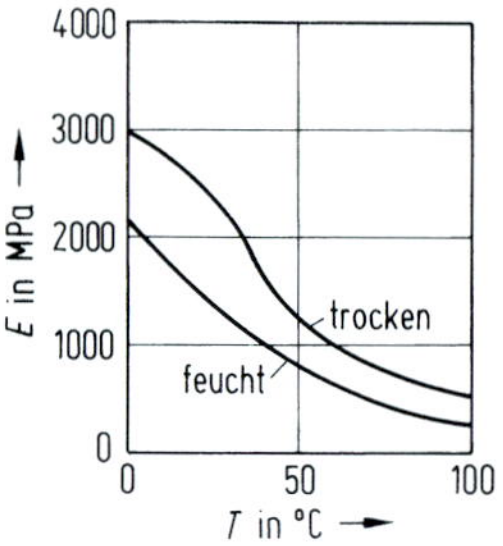

Temperaturgrenzen der Anwendung:

kurzzeitig	~ 180 °C
langzeitig	~ 80 °C

Besondere Merkmale:
Eigenschaften von Wasseraufnahme abhängig

Polyamid 66 (PA 66), trocken

$-[NH(CH_2)_6NH-CO(CH_2)_4CO]_n-$

Gefüge	teilkristallin
Kristallinitätsgrad	35–45 %
Dichte	1,13 g/cm^3
T_g (trocken)	72 °C
T_m	255 °C
T_f 1,8	75 °C

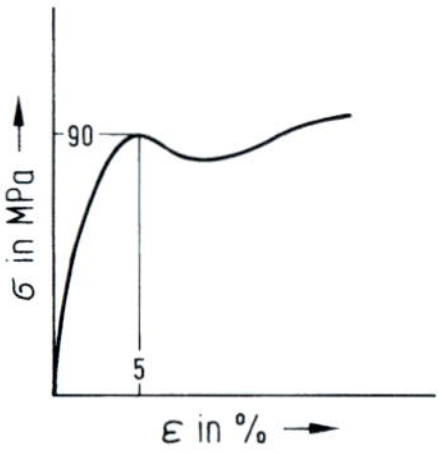

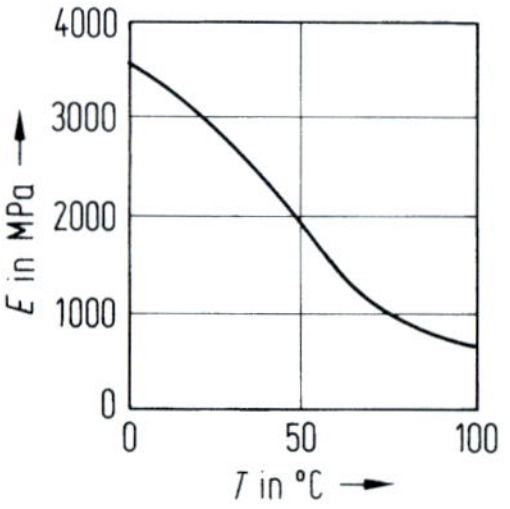

Temperaturgrenzen der Anwendung:

kurzzeitig	~ 200 °C
langzeitig	~ 90 °C

Besondere Merkmale:
Eigenschaften von Wasseraufnahme abhängig.

Polyamid 46 (PA 46), trocken

$-[NH(CH_2)_4-NH-CO-(CH_2)_4-CO]-$

Gefüge	teilkristallin
Dichte	1,18 g/cm^3
T_g	75 °C
T_m	295 °C
T_f 1,8	190 °C

Besondere Merkmale:
Relativ hohe Wasseraufnahme

Polyoximethylen (POM)

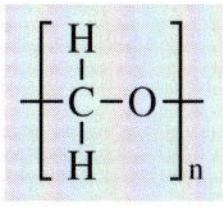

Gefüge	teilkristallin
Kristallinitätsgrad	70–80 %
Dichte	1,4 g/cm^3
T_g	–60 °C
T_m	165–175 °C
T_f 1,8	105 °C

Temperaturgrenzen der Anwendung:

kurzzeitig	~ 150 °C
langzeitig	~ 100 °C

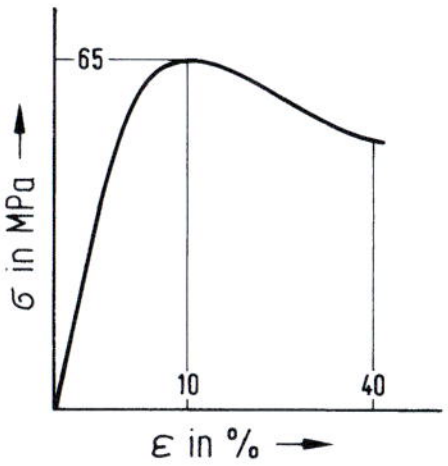

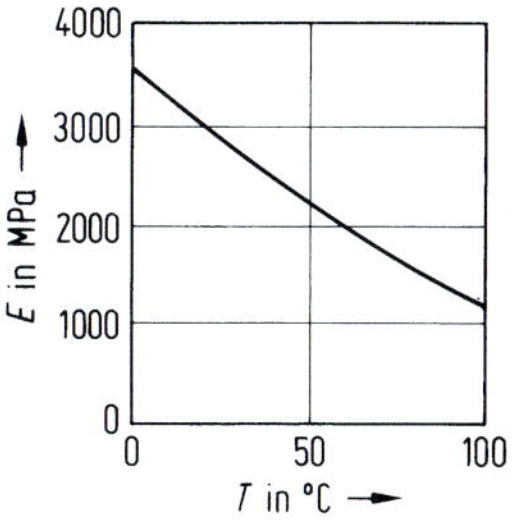

Polybutylenterephthalat (PBT)

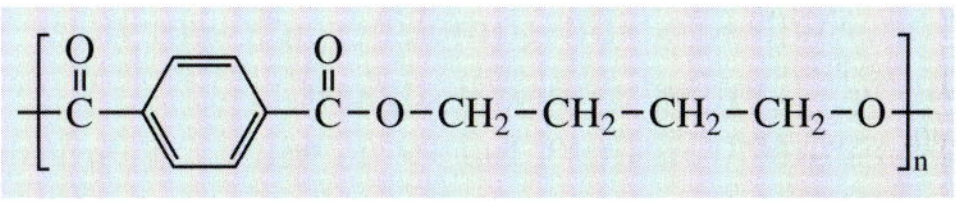

Gefüge	teilkristallin
Kristallinitätsgrad	40–50 %
Dichte	1,3 g/cm^3
T_g	60 °C
T_m	225 °C
T_f 1,8	65 °C

Temperaturgrenzen der Anwendung:

kurzzeitig	~ 170 °C
langzeitig	~ 120 °C

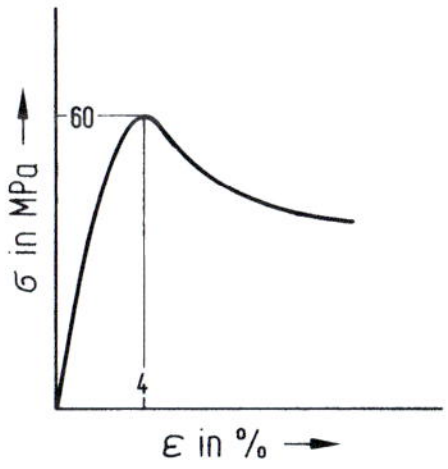

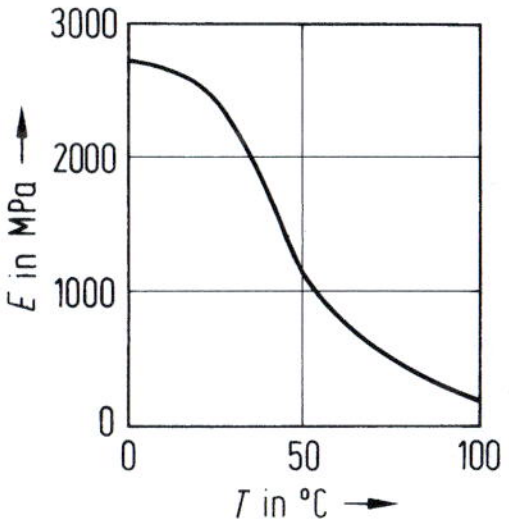

Polycarbonat (PC)

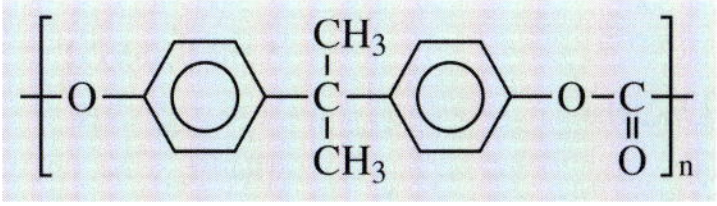

Gefüge	amorph
Dichte	1,2 g/cm^3
T_g	148 °C
T_f 1,8	125 °C

Temperaturgrenzen der Anwendung:

kurzzeitig	~ 135 °C
langzeitig	~ 100 °C

Besondere Merkmale:
Ohne Verstärkung spannungsriss-empfindlich

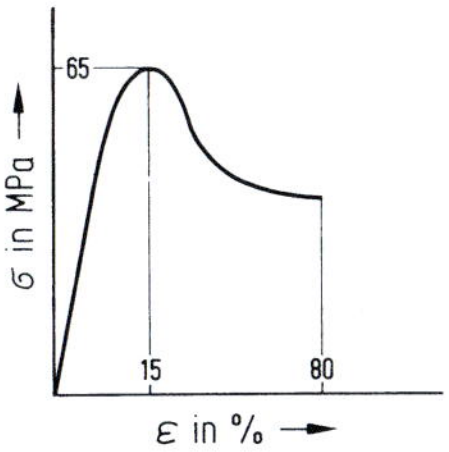

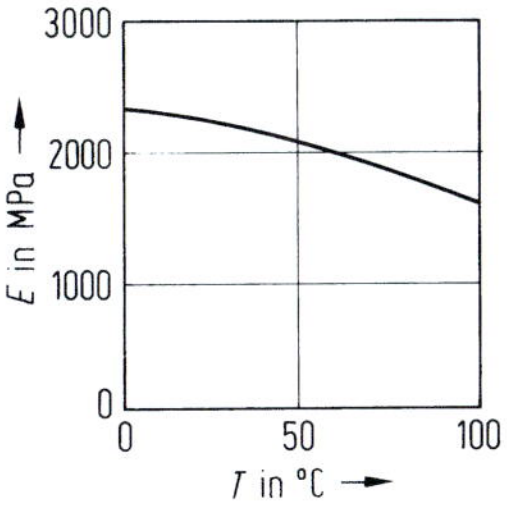

Hochleistungs-Thermoplaste

Polytetrafluorethylen (PTFE)

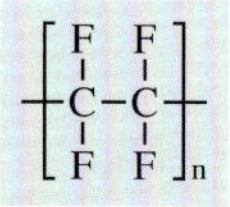

Gefüge	teilkristallin
Kristallinitätsgrad	50–80 %
Dichte	2,14–2,2 g/cm^3
T_g	~ 320 °C
T_z	~ 500 °C

Temperaturgrenzen der Anwendung:

langzeitig	~ 260 °C

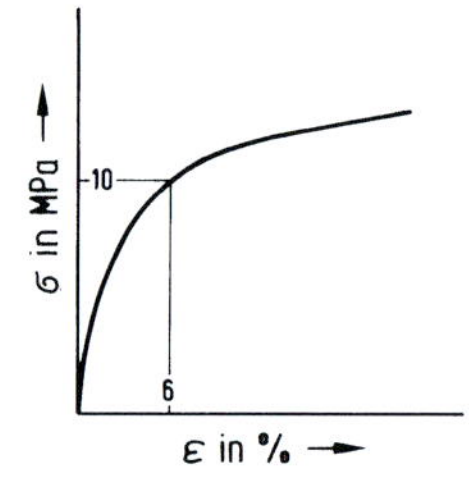

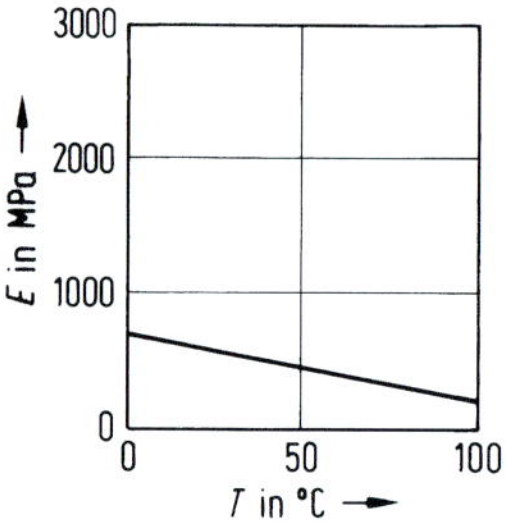

Besondere Merkmale:
Verarbeitung überwiegend nach Presssinterverfahren (oberhalb Kristallitschmelzbereich sehr hohe Viskosität),
hohe Chemikalienbeständigkeit,
Phasenumwandlung bei 19 °C mit rd. 1 % Volumenvergrößerung bei Erwärmung,
extrem niedere Oberflächenenergie,
Zusatzstoff zu tribologisch beanspruchten Bauteilen

Polyphenylensulfid (PPS-GF40)

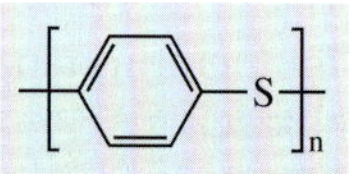

Handelsname z. B. Fortron

Gefüge	teilkristallin mit 40 Gew.-% Glasfasern
Dichte	1,65 g/cm^3
T_g	90 °C
T_m	280 °C
T_f 1,8	270 °C

Temperaturgrenzen der Anwendung:

kurzzeitig	~ 260 °C
langzeitig	~ 240 °C

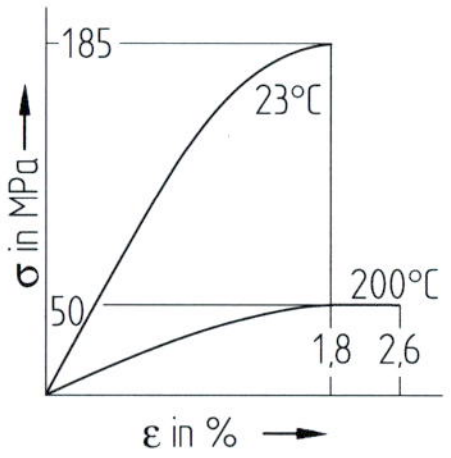

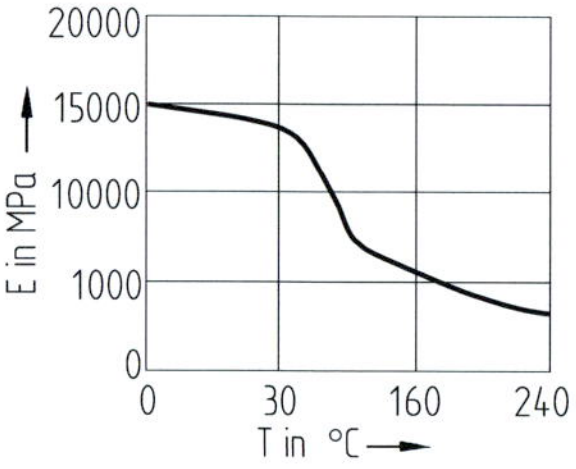

Besondere Merkmale:
Gute chem. Beständigkeit

Polyamid 6/6T (PA 6/6T), trocken

Handelsname z. B. Ultramid T

Gefüge unverstärkt	teilkristallin
Dichte	1,16 g/cm^3

teilaromatisches Polyamid (PPA)

T_g	105 °C
T_m	295 °C
T_f 1,8	100 °C

Besondere Merkmale:
Gute chem. Beständigkeit, geringe Wasseraufnahme

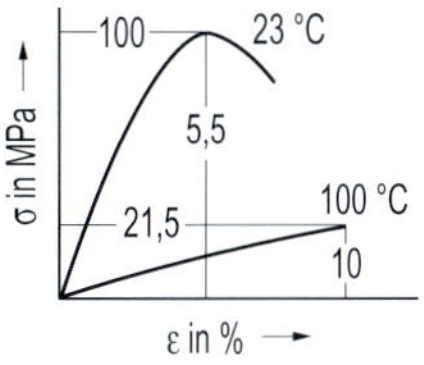

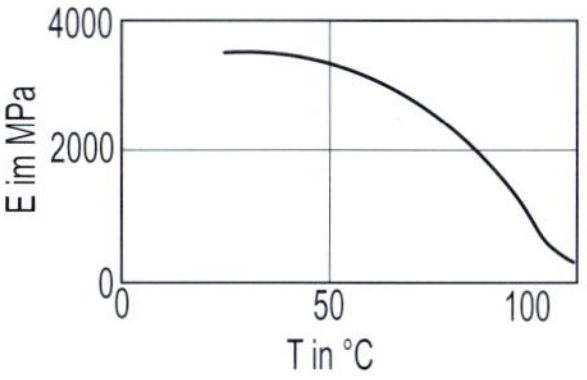

Polyamid 6/6T (PA 6/6T), trocken

Handelsname z. B. Ultramid T

Gefüge	teilkristallin mit 35 Gew.-% Glasfasern
Dichte	1,43 g/cm^3

teilaromatisches Polyamid (PPA)

T_g	105 °C
T_m	295 °C
T_f 1,8	270 °C

Besondere Merkmale:
Gute chem. Beständigkeit, geringe Wasseraufnahme

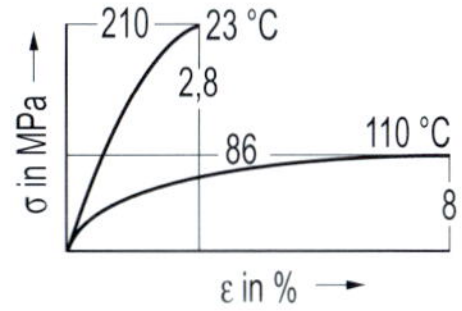

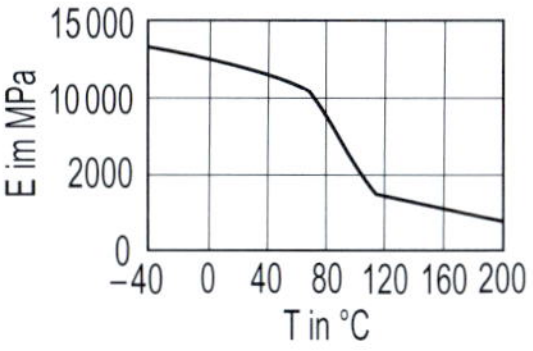

Polyamid 6T/6I (PA 6T/6I), trocken

Handelsname z. B. Grivory HTV

Gefüge	teilkristallin mit 30 Gew.-% Glasfasern
Dichte	1,44 g/cm^3

teilaromatisches Polyamid (PPA)

T_g	125 °C
T_m	325 °C
T_f 1,8	280 °C

Besondere Merkmale:
Gute chem. Beständigkeit, geringe Wasseraufnahme

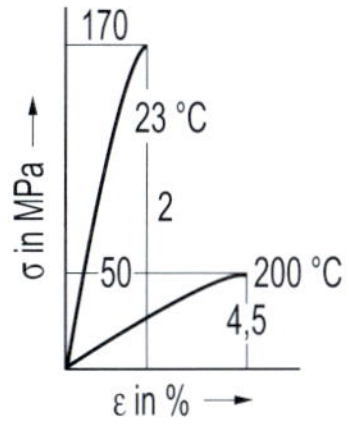

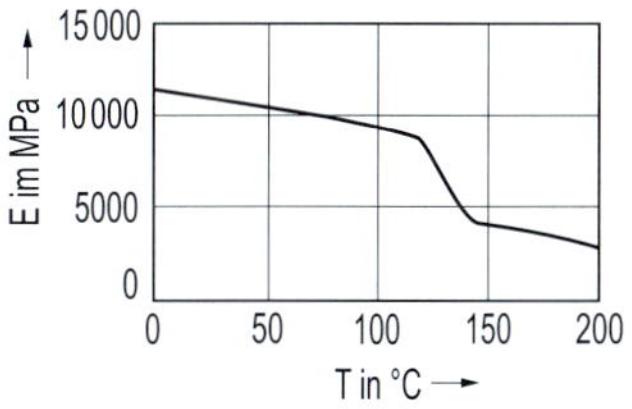

Polyamid 6T/6I/66 (PA 6T/6I/66), trocken

Handelsname z. B. Amodel AS … HS

Gefüge	teilkristallin mit 33 Gew.-% Glasfasern
Dichte	1,46 g/cm³

teilaromatisches Polyamid (PPA)

T_g	127 °C
T_m	312 °C
T_f 1,8	285 °C

Besondere Merkmale:
Sehr gute chem. Beständigkeit

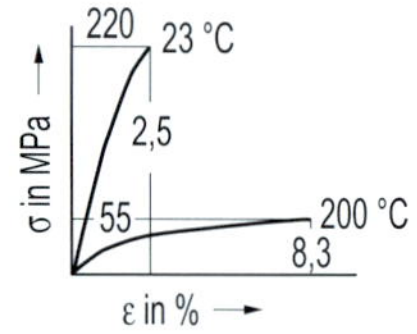

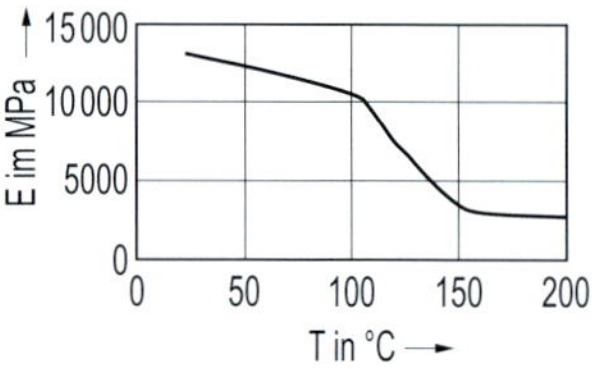

Polyaryletherketon (PEEK)

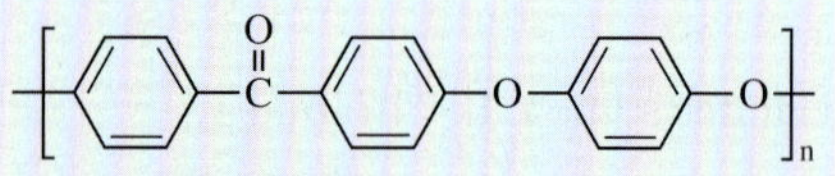

Handelsname Victrex 450G

Gefüge	teilkristallin
Kristallinitätsgrad	35–50 %
Dichte	1,32 g/cm³
T_g	143 °C
T_m	344 °C
T_f 1,8	152 °C

Temperaturgrenzen der Anwendung:

kurzzeitig	~ 300 °C
langzeitig	~ 240 °C

Besondere Merkmale:
Hohe Chemikalien-, Hydrolyse- und Strahlungsbeständigkeit, sehr gute tribologische Eigenschaften, teuer

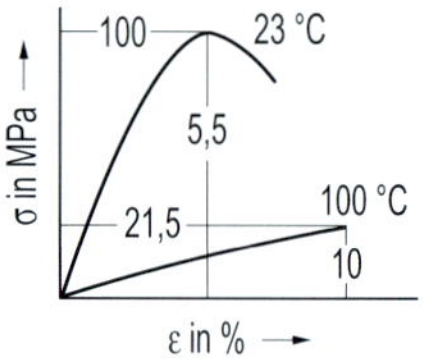

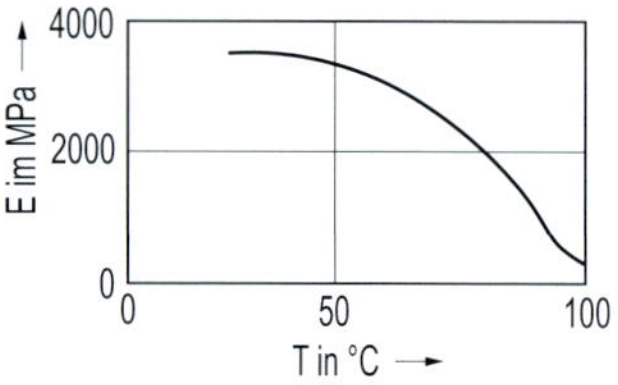

Liquid Cristalline Polymer (LCP-GF30)

Handelsname z. B. Vectra A…

Gefüge	stäbchenförmige Moleküle mit 30 Gew.-% Glasfasern
Dichte	1,62
T_g	280 °C
T_f 1,8	235 °C

Temperaturgrenzen der Anwendung:

kurzzeitig	~ 260 °C
langzeitig	~ 240 °C

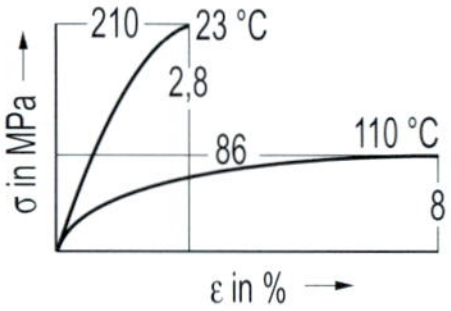

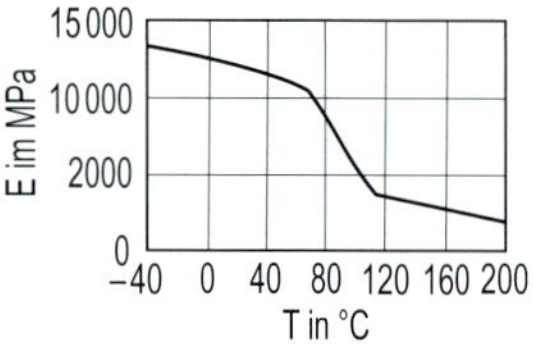

Polyethersulfon (PES), 0,7 % Feuchte

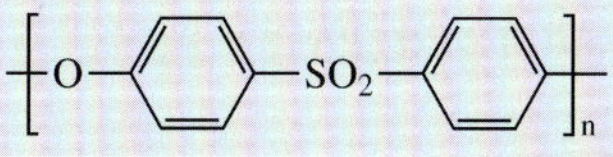

PES

Handelsname z. B. Ultrason E …

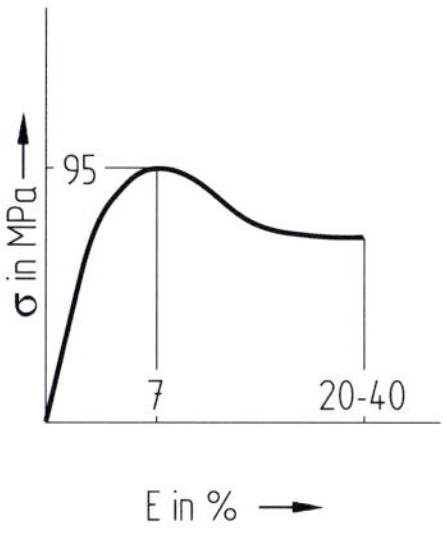

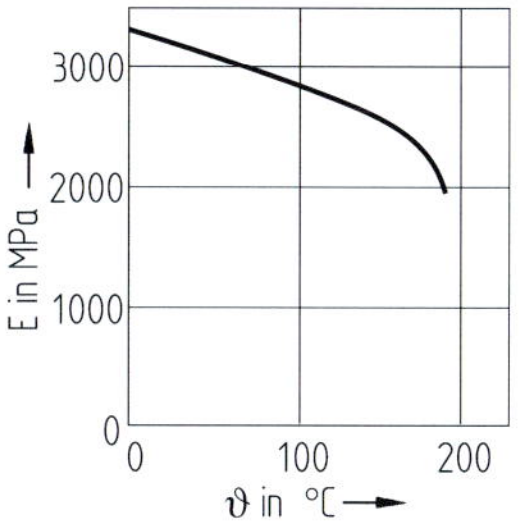

Gefüge	amorph
Dichte	1,37 g/cm^3
T_g	225 °C
T_f 1,8	195 °C

Temperaturgrenzen der Anwendung:

kurzzeitig	~ 220 °C
langzeitig	~ 180 °C

Besondere Merkmale:

Wasseraufnahme

Sättigung in 23/50	ca. 0,7 %
in Wasser	ca. 2,1 %

Eigenschaften geringfügig von Wasseraufnahme abhängig

Polysulfon (PSU), trocken

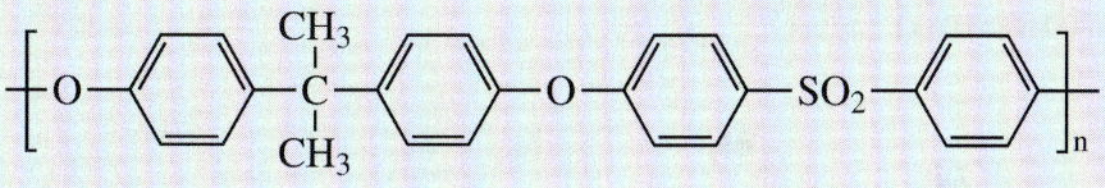

PSU

Handelsname z. B. Ultrason S …

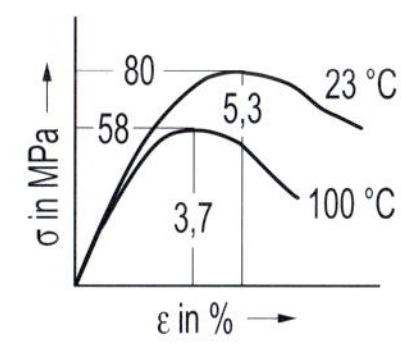

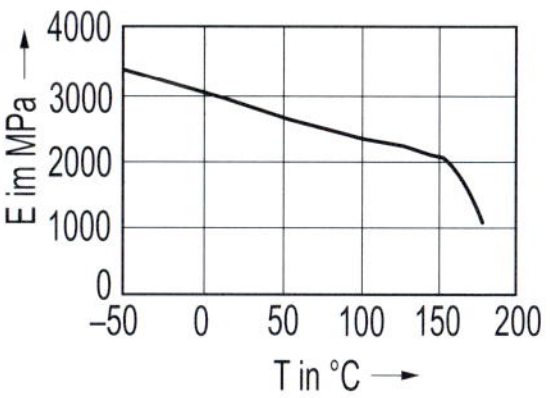

Gefüge	amorph
Dichte	1,24 g/cm^3
T_g	188 °C
T_f 1,8	167 °C

Besondere Merkmale:

Wasseraufnahme

Sättigung in 23/50	ca. 0,3 %
in Wasser	ca. 0,8 %

Eigenschaften sehr gering von Wasseraufnahme abhängig

Polyamidimid (PAI)

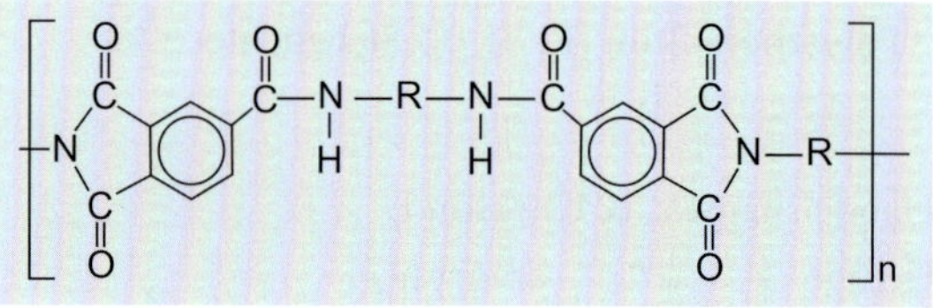

Handelsname z. B. Torlon 5030

Gefüge amorph
mit 30 Gew.-% Glasfasern
Dichte 1,38 g/cm³
E_t bei 23 °C 10 800 MPa
T_g 285 °C
T_f 1,8 280 °C

Besondere Merkmale:
Gute Chemikalienbeständigkeit,
Verarbeitung bei sehr hohen Werkzeugtemperaturen, Tempern

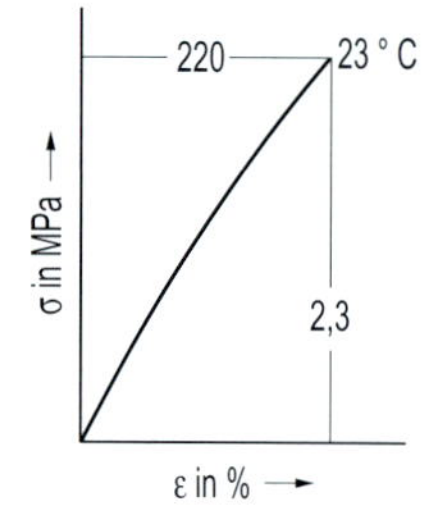

Polyetherimid (PEI)

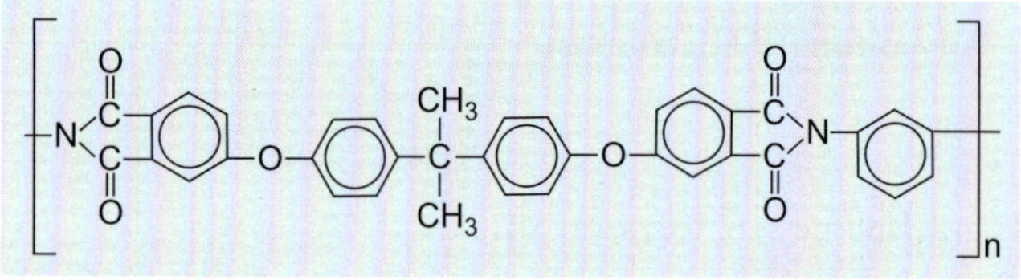

Handelsname z. B. Ultem

Gefüge amorph
Dichte 1,27 g/cm³
E_t bei 23 °C 3 200 MPa
T_g ca. 215 °C
T_f 1,8 190 °C

Besondere Merkmale:
Gute Chemikalienbeständigkeit, glasklar

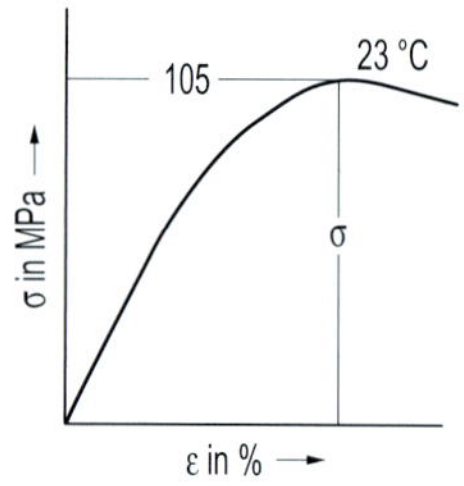

Bilder 3.1 bis 3.28 Kurzcharakterisierung einer Auswahl wichtiger Thermoplaste

Die Tabelle 3.1 fasst die wichtigsten Hochleistungs-Thermoplaste mit ihren wesentlichen Werkstoffkennwerten zusammen. Weitere Daten findet man z. B. in der Datenbank Campus.

Tabelle 3.1 Wesentliche Eigenschaften ausgewählter Hochleistungs-Thermoplaste (Quelle: Campus 4.5)

Bezeichnung	Handelsname	GF-Anteil Gew.-%	σ_B /(σ_Y) MPa	ε_B /(ε_Y) %	E_t MPa	T_m °C	T_g °C	T_f (HDT) (1,8 MPa) °C
Teilkristalline Thermoplaste								
PA 66	Ultramid A3HG6 trocken/feucht	30	190/120	3,2/5,4	10 000/6 800	260	72	250
PA 46	Stanyl (TE 250 F6) trocken/feucht	30	180/125	2,5/3,5	12 500/8 000	295	75	290
PA 6T/6I/66 (PPA)	Amodel (A1133HS) trocken/feucht	33	221/193	2,5/2,1	13 100	312	127	285
PA 6/PA 6I (PPA)	Grivory (HTV-33H1) trocken/feucht	33	200/185	2/2	12 000	325		280
PA 6/PA 6T (PPA)	Ultramid T (KR 4355 G7) trocken/feucht	35	210/200	3/3	12 000	295	105	270
PPS	Fortron (1130L4)	30	150	1,9	11 700	280	90	265
PEEK	Victrex 450 G	–	(97)	(4,9)	3 600	340	143	152
	Victrex 450 GL30	30	156	4,9	9 700	340	143	315
LCP	Vectra (A 130)	30	190	2,1	15 000	280		235
Amorphe Thermoplaste								
PEI	Ultem (1000)	–	(105)	(6)	3 200	–	215	190
PES	Utrason E (2010)	–	(90)	(6,7)	2 700	–	225	195
PAI	Torlon (5030)	30	220	2,3	10 800	–	285	282

3.1.1 Polymerblends

Unter dem Begriff Polymerblends werden physikalische Mischungen von mehr oder weniger unverträglichen Polymerkomponenten meist thermoplastischer Morphologie verstanden. Damit erreicht man Eigenschaftskombinationen der Einzelkomponenten, aber auch völlig neue Werkstoffe mit Eigenschaftsprofilen, die mit Homo- oder Copolymeren alleine nicht realisiert werden können.

Ein Beispiel hierfür ist der Synergismus, der durch das Blenden von ABS mit PC hinsichtlich der Zähigkeit bewirkt wird. Aus Bild 3.29 geht hervor, dass bei Temperaturen > 0 °C eher ein Mittelwert beider Komponenten erreicht wird, dass aber bei tieferen Temperaturen die Zähigkeit des Blends höher als die der Einzelkomponenten ist.

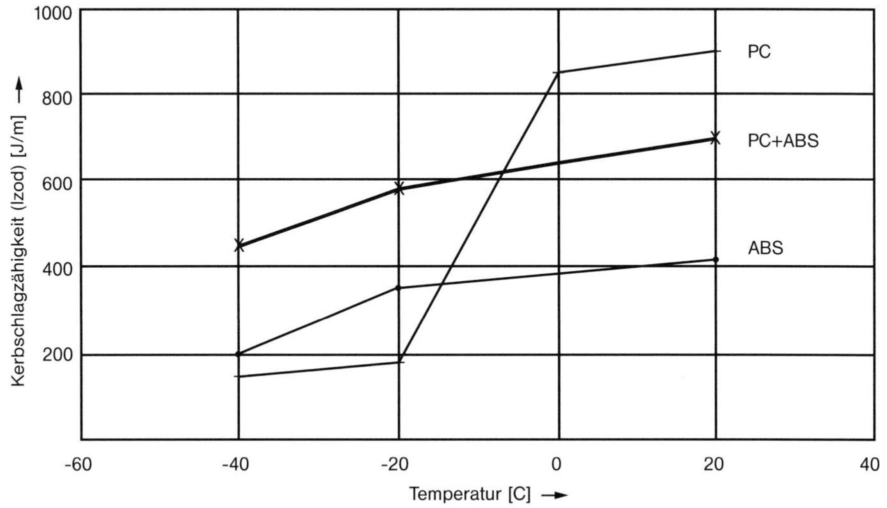

Bild 3.29 Kerbschlagzähigkeit (Izod) über der Temperatur eines PC + ABS-Blends und der Einzelkomponenten

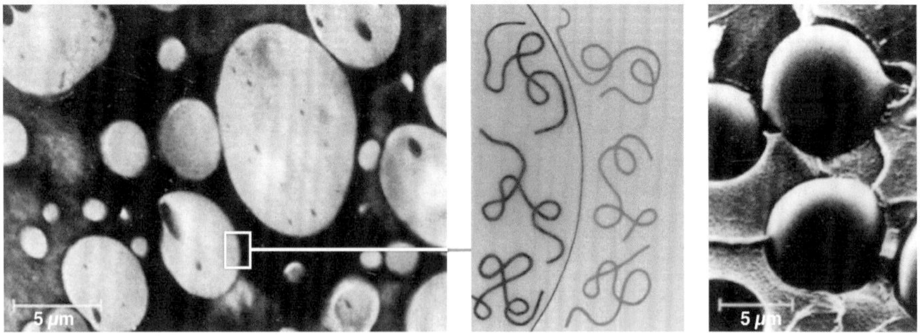

Bild 3.30 Die Mischung von unverträglichen Polymeren führt zu grober Morphologie (links) mit geringer Phasenhaftung (Mitte, schematisch) und sprödem Adhäsionsbruch an der Phasengrenzfläche (rechts) [3.21]

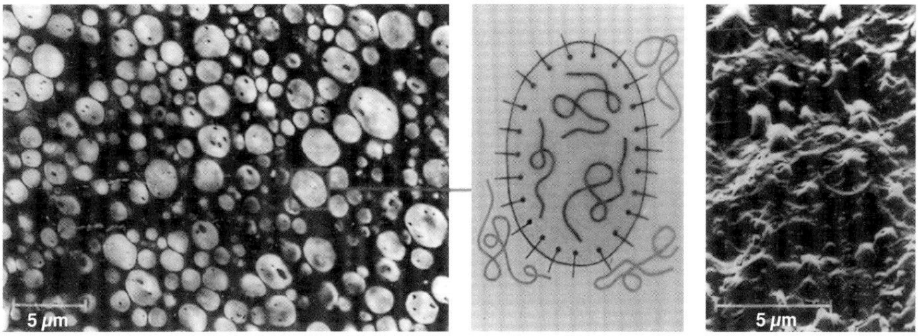

Bild 3.31 Modifizierung durch Verträglichkeits-Haftvermittler mit guter Phasenhaftung (Mitte, schematisch) und zähem Kohäsionsbruch (rechts) [3.21]

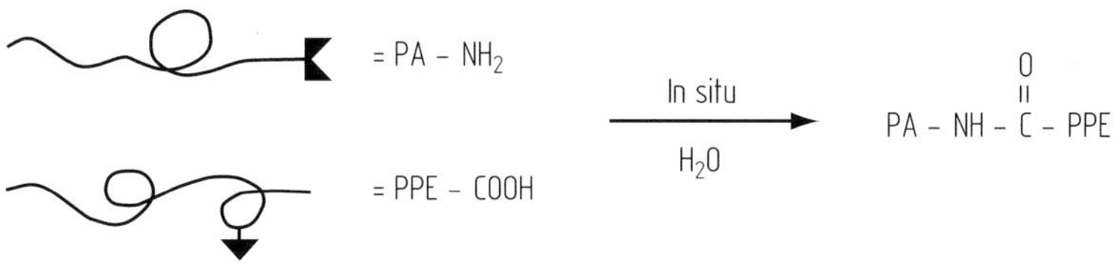

Bild 3.32 Mechanismus (schematisch) der Bildung von Übergangsmolekülen beim Mischprozess am Beispiel eines PPE + PA-Blends

Vermengt man unverträgliche Polymere, kommt es zu einer groben Phasenseparation mit schlechter Phasenhaftung. Die Folge ist spröder Adhäsionsbruch an der Phasengrenzfläche (Bild 3.30).

Die Phasenhaftung wird durch Zusatz sog. Verträglichkeits-Haftvermittler verbessert; das sind beispielsweise Block- oder Pfropfcopolymere (Bild 3.31).

Noch effizienter ist es, wenn solche Block- oder Pfropfcopolymerisatmoleküle in situ beim Mischprozess durch chemische Reaktionen geeigneter funktioneller Gruppen durch die Grenzflächen hindurch entstehen (Bild 3.32). Als Beispiel hierfür steht ein PPE + PA-Blend:

Beispiele von Polymerblends

Das Blenden von Polymeren begann bereits mit der Entwicklung des schlagzähen Polystyrols (SB): Polybutadienkautschuk wird in der Polystyrolmatrix fein dispergiert, wodurch die Ausbreitung von Rissen wirkungsvoll gestoppt,* und das spröde Bruchverhalten von Standardpolystyrol (PS) in ein zähes übergeführt wird.

In den 80er Jahren wurde das Spektrum der Polymerblends beachtlich erweitert. Einige Beispiele werden im Folgenden stichwortartig dargestellt:

* Der Mikromechanismus der Zähigkeitserhöhung beruht nicht auf der dem Butadien-Kautschuk eigenen hohen Zähigkeit, denn die Styrolmatrix ist beim schlagfesten Polystyrol (SB) kohärent. Aufgrund der unterschiedlichen thermischen Ausdehnungskoeffizienten von Polystyrol und Kautschuk entstehen am Umfang der Butadienteilchen erhebliche innere Spannungen, die unter der Einwirkung einer äußeren Belastung zu Spannungsspitzen führen, und die im Polystyrol eine verbreitete Crazebildung und damit eine erhöhte Energieaufnahme zur Folge haben.

Polymerblend aus Polyphenylenether und schlagzähem Polystyrol (PPE + SB)

Komponenten in jedem Mischungsverhältnis mischbar, dadurch gezielte Eigenschaftsänderungen möglich

Eigenschaftsprofil wird stark durch PPE-Komponente geprägt

Wärmeformbeständigkeit nimmt mit PPE-Anteil zu (von 90 bis 160 °C)

Gute Verarbeitbarkeit durch SB-Anteil gegeben

Polymerblend aus Polyamid und Polyphenylenether (PA + PPE)

Erhöhung der Wärmeformbeständigkeit auf 170 bis 220 °C

Verringerung der Wasseraufnahme (Sättigung bei 23/50 ca. 1 Gew.-%)

Verbesserung der Spannungsrissbeständigkeit

Polymerblend aus Acrylnitril/Butadien/Styrol und Polycarbonat (ABS + PC)
Polymerblend aus Acrylnitil/Styrol/Acrylesterkautschuk und PC (ASA +PC)

Wärmeformbeständigkeit mit PC-Anteil zunehmend

Zähigkeit insbesondere zu tiefen Temperaturen hin mit PC-Anteil zunehmend (s. Bild 3.29)

Vergilbungsbeständigkeit durch ASA gegenüber ABS verbessert

Polymerblend aus Polycarbonat und Liquid Crystalline Polymers (PC + LCP) [3.12]

Hohes Fließweg/Wanddicken-Verhältnis für dünnwandige Teile

Hohe Steifigkeit durch LCP-Verstärkung

Hohe Zähigkeit und hohe Wärmeformbeständigkeit

Verzugsanfällig durch LCP-Verstärkung

Polymerblend aus Polybutylenterephthalat und Acrylnitril/Butadien/Styrol (PBT + ABS) bzw. Polymerblend aus Polybutylenterephthalat und Acrylnitril/Styrol/Acrylesterkautschuk (PBT + ASA)

Eigenschaftsprofil wird überwiegend durch PBT-Komponente geprägt

ASA- bzw. ABS-Komponente verringert Schwindung und Verzugsneigung

Marktgängige Typen sind meist GF-verstärkt

Oberflächenqualität auch bei GF-Verstärkung sehr gut

Polymerblend aus Polymethylmetacrylat und Acrylnitril/Butadien/Styrol (MABS) auch (PMMA + ABS)
Hohe Transparenz durch PMMA-Anteil
Hohe Wärmeformbeständigkeit
Gute Zähigkeit durch ABS-Komponente
Leichte Verarbeitbarkeit

Polymerblend aus polaren Polymeren (PA, POM, PAEK etc.) und PE-HD oder PTFE
Gute Gleitmaterialien
Polare Matrix ergibt hohe Verschleißfestigkeit
Unpolare Komponente hat Schmierwirkung

Weitere Beispiele sind Blends aus PE-HD und PA, bei denen die PA-Komponente als Diffusionssperre z. B. bei Kraftstoffbehältern wirkt, oder die Mischung von Polypropylen (PP) mit einem Ethylen-Propylen-Dien-Kautschuk (EPDM). Durch die EPDM-Komponente wird ein ausgeprägtes entropieelastisches Verformungsverhalten erzielt; dies jedoch unter Beibehaltung der thermoplastischen Verarbeitbarkeit des Polypropylen.

3.1.2 Funktionspolymere

Polymere für optische Funktionen

Das Potenzial der Polymeren ist als Werkstoff im Sinne von „Baustoff" bei weitem nicht ausgeschöpft. Seit langem werden Polymere auch als „Funktionswerkstoffe" genutzt.

Hierunter versteht man Stoffe, bei denen das Material selbst ohne besondere funktionale Gestaltung gewisse Funktionen ausführt.

Die größte Verbreitung haben Polymere bereits im Gebiet der Optik, und neben Linsen, Prismen etc. ist die Compact Disc als populärste Anwendung zu nennen. Ohne Polycarbonat wäre dieser neuen Technologie nicht der durchschlagende Erfolg beschieden gewesen. PC dient dabei nicht nur als Speichermedium für die mikroskopisch kleinen Pitsequenzen mit einer Tiefe von 0,1 µm, sondern es liefert auch dem von unten lesenden Laserstrahl die optischen Voraussetzungen [3.11].

Thermotrope Polymere verändern bei bestimmten Temperaturen ihre Lichtdurchlässigkeit. Diese Schalttemperatur kann zwischen 20 und 100 °C auf 1 Grad genau eingestellt werden. Der optische Effekt beruht darauf, dass ab der Schalttemperatur im Polymeren Partikel ausgeschieden werden, die eine Lichtstreuung von ca. 50 % des Sonnenlichts zur Folge haben. Die Transparenz geht verloren; die thermotrope Schicht wird milchig. Der Vorgang ist reversibel.

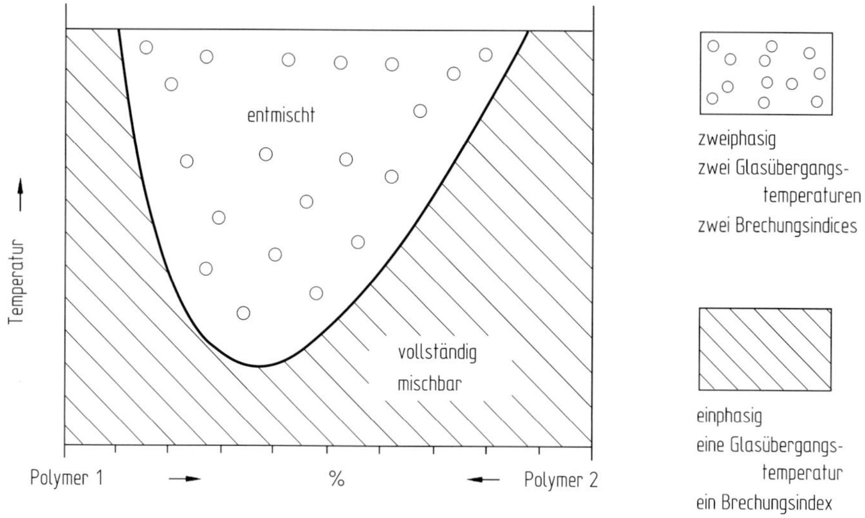

Bild 3.33 Mischungslücke eines teilverträglichen Polymerblends

Der molekulare Vorgang ist dabei folgender: Spezielle, teilverträgliche Polymerblends weisen eine Mischungslücke auf. Das heißt, sie sind bei tiefen Temperaturen vollständig ineinander löslich und entmischen sich bei einer konzentrationsabhängigen Temperatur (Bild 3.33), so dass sie bei tiefen Temperaturen transparent und ab der Entmischungstemperatur als Zweiphasensystem milchig trübe erscheinen [3.13].

Elektrisch leitfähige Polymere

Polymere sind in der Regel elektrische Isolatoren. Aufgrund dieser Eigenschaft haben Polymerwerkstoffe in der Elektrotechnik und Elektronik ein weites Anwendungsfeld gefunden. Es ist jedoch von hohem Interesse, die leichte Verarbeitbarkeit der Thermoplaste mit elektrischer Leitfähigkeit zu kombinieren.

Um die an sich elektrisch isolierenden Polymeren leitfähig zu machen, gibt es grundsätzlich drei Möglichkeiten:*

- Füllung mit leitfähigen Additiven,
- Beschichten mit leitfähigen Lacken oder Metallschichten,
- Synthese intrinsisch elektrisch leitender Polymere.

Die Ziele, die damit erreicht werden, sind vorwiegend:

- Antistatisches Verhalten,
- Elektromagnetische Abschirmung,
- Elektrisch leitendes Verhalten.

* Diese sehr spezifische Thematik wird beispielsweise ausführlich in [3.14] abgehandelt, so dass hier nur auf die grundsätzlichen Prinzipien eingegangen wird.

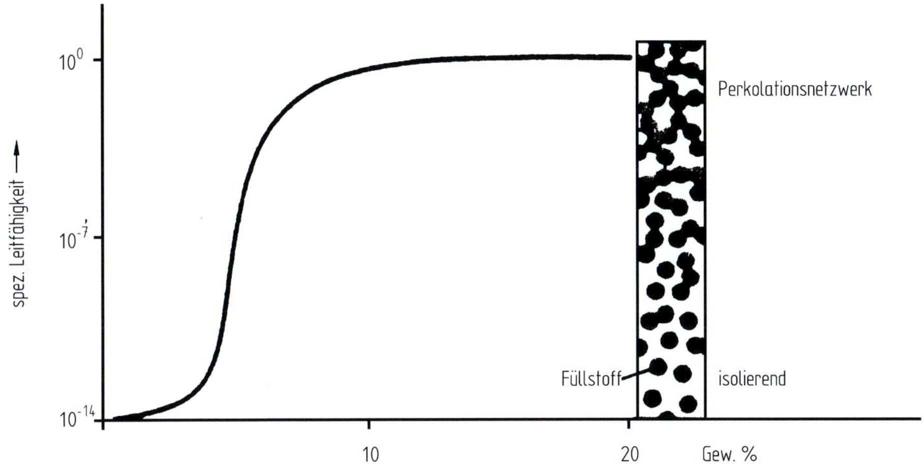

Bild 3.34 Prinzipbild einer Perkolationskurve [3.15]

Leitfähige Compounds

Die klassische Methode, eine gewisse Leitfähigkeit zu erreichen, besteht darin, der Polymermatrix leitfähige Additive zuzumischen. Die Füllstoffkonzentration muss dabei so hoch sein, dass ein durchgehend leitfähiges Netzwerk (ein sog. Perkolationsnetzwerk) entsteht. Wie hoch bei einem globulären Füllstoff und einer Zufallsverteilung die Konzentration sein muss, zeigt Bild 3.34. Bei kugelförmigen Partikeln liegt diese Schwelle etwa bei 15 Vol.-%, bei Flocken, Nadeln oder Stahlfasern erheblich niedriger. Auch wenn sich beim Spritzgießen die Partikel durch Scherkräfte aneinander reihen, kann die Perkolationsschwelle schon bei wesentlich geringeren Konzentrationen liegen.

Andererseits kann die Leitfähigkeit bei Temperaturwechseln erniedrigt werden, weil durch die Wärmedehnung des Polymeren insbesondere die globulären, leitfähigen Partikel geringfügig voneinander getrennt werden und nach Abkühlung nicht unbedingt wieder zum vollständigen Kontakt gelangen.

Leitfähigkeitsruß ist mit einem Anteil von etwa 80 % der am häufigsten verwendete Füllstoff, gefolgt von Kohlenstoff-Fasern, nickelbeschichtetem Glimmer, Aluminium-Plättchen und Stahlfasern. Die erreichbaren Leitfähigkeiten gehen aus Tabelle 3.2 hervor:

Tabelle 3.2 Typische Werte der elektrischen Leitfähigkeit gefüllter Polymerwerkstoffe [3.15]

Füllstoffe	**Leitfähigkeit S/cm**
Leitfähigkeitsruß	0,01–0,1
Kohlenstoff-Fasern	0,1–10
Glimmer (Ni-beschichtet)	1–10
Aluminiumflocken	1–50
Stahlfasern	1–50

Sogenannte Langfasern (10 bis 15 mm Länge und 8 bis 12 μm Durchmesser) aus Edelstahl haben den Vorzug, dass sie sich mit größerer Wahrscheinlichkeit gegeneinander berühren und so eine stabilere Abschirmwirkung erbringen als globuläre Füllstoffe.* Neben der Stahlfasermenge (ca. 10 bis 15 Gew.-% ≈ 1 bis 2 Vol.-%) spielt die Wanddicke des schirmenden Gehäuses und besonders die schonende Verarbeitung eine wichtige Rolle für die elektrische Leitfähigkeit des Bauteils [3.23].

Nach [3.16] erreicht man mit einem Edelstahlfaserzusatz von 1 bis 1,5 Vol.-% eine Leitfähigkeit von 1 bis 20 S/cm. Der Abschirmeffekt liegt bei diesem Beispiel mit PC + ABS-Blend als Matrix und 3 mm Wanddicke bei 40 bis 65 dB.

Je nach mechanischer Beanspruchung können Werkstoffe mit Stahlfasern und zusätzlich Langglasfasern verwendet werden. Diese bilden ein zusammenhängendes, sehr steifes und festes Netzwerk, dessen Geometrie auch nach einem Veraschungsprozess noch gut erhalten bleibt (Bild 3.35 und 3.36).

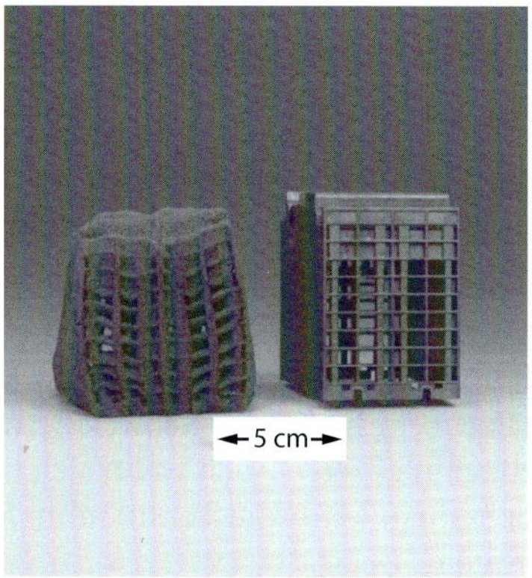

Bild 3.35 Nach dem Veraschen (links) bleibt die Geometrie eines Formteils als Faserskelett erhalten [3.23]

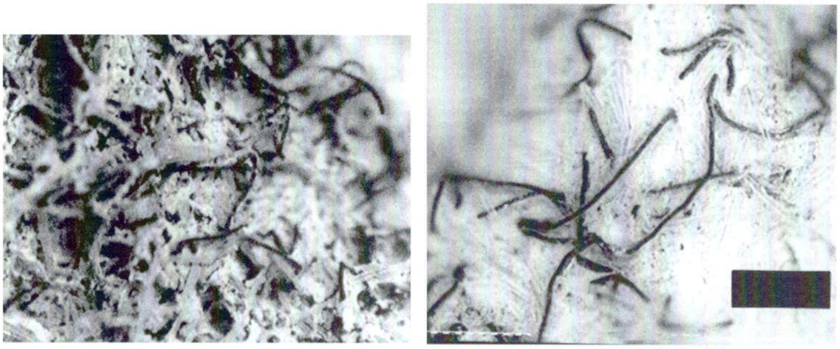

Bild 3.36 Die Aufnahme zeigt das Stahlfasernetzwerk zwischen den Glasfasern [3.23]

* Die Stahlfasern werden als Masterbatches mit 50 bis 60 % Edelstahlfilamenten (z. B. Celstran SF, von Ticona) eingebracht.

Aufbringen leitfähiger Schichten

Wenn die seit 01.01.1996 gültige EG-Richtlinie (89/336/EWG), die die Sicherstellung der elektromagnetischen Verträglichkeit eines elektronischen Systems mit seiner elektronischen Umgebung regelt, mit den obigen Compounds nicht erreicht werden sollte, müssen die EMV-Probleme durch innenseitige Beschichtung der Gehäuse mit einer leitfähigen Substanz gelöst werden. Dies sind Leitlacke, vakuumbedampfte Metallschichten oder Galvanoschichten, was jedoch stets einen zusätzlichen Arbeitsprozess bedeutet.

Intrinsisch elektrisch leitfähige Polymere

Die strukturelle Voraussetzung für die intrinsische Leitfähigkeit ist ein Molekülaufbau mit „konjugierten Doppelbindungen" d. h. eine regelmäßige Abfolge von Einfach- und Doppelbindungen, wie bei den Polymeren in Bild 3.37. Wenn die Doppelbindung aufgebrochen wird, entstehen Radikale, die ein ungebundenes Elektron enthalten. Dieses Elektron kann zu metallischer Leitfähigkeit führen. Durch eine mäßige Änderung der Elektronenkonzentration (Dotieren) durch Oxidation entstehen elektrische Leiter. Die Probleme dieser Materialien liegen vorwiegend in der mangelnden thermoplastischen Verarbeitbarkeit und der oft mangelhaften Stabilität der Leitfähigkeit bei höheren Temperaturen, die bereits durch die Leitung des elektrischen Stroms auftreten kann.

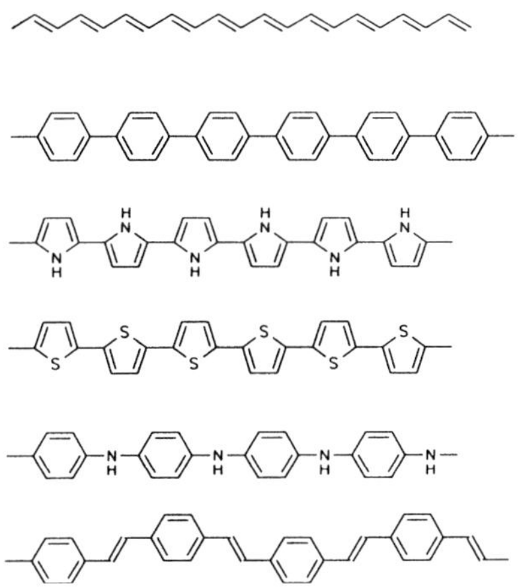

Bild 3.37 Chemische Polymerstrukturen, die durch Oxidieren (Dotieren) elektrisch leitend werden, undotiert sind sie Halbleiter [3.17]

Magnetische Polymerwerkstoffe

Unmodifizierte Polymerwerkstoffe sind diamagnetisch, d. h. sie dämpfen die magnetischen Eigenschaften eines eingebrachten Magnetfeldes; sie sind *nicht magnetisch* oder *magnetisierbar*. Durch Zumischen von magnetischen Füllstoffen können jedoch Compounds geschaffen werden, die die magnetischen Eigenschaften der Füllstoffe annehmen. Die Vorteile solcher magnetischen Compounds liegen in der Gestaltungsfreiheit durch das Spritzgießen und in dem Korrosionsschutz der Magnetpartikel.

Werkstoffe

Als Polymermatrix kommen leichtfließende, teilkristalline Kunststoffe wie Polyamide oder PBT und für höhere Temperaturen PPS infrage.

Bei den Magnetwerkstoffen unterscheidet man hinsichtlich ihrer Koerzitivfeldstärke* zwischen weich- und hartmagnetischen.

Weichmagnetische Werkstoffe mit einer Koerzitivfeldstärke im Bereich von 10^{-1} bis 10^{3} A/m weisen bereits bei geringen äußeren Magnetfeldern hohe Flussdichten auf und verlieren diese aber nach Abschalten des äußeren Feldes auch wieder. Sie können deshalb in Verbindung mit Elektromagneten als magnetische Leiter verwendet werden.

Hartmagnetische Werkstoffe besitzen eine Koerzitvfeldstärke größer 10^{4} A/m, und werden deswegen auch als Dauermagnete bezeichnet. Die Ausrichtung anisotroper Füllstoffe kann z. B. in der Schmelze durch ein magnetisches Richtfeld im Spritzgusswerkzeug erfolgen [3.24].

Das Bild 3.38 enthält eine Übersicht von weich- und hartmagnetischer Werkstoffe.

Der übliche Füllstoffvolumenanteil liegt bei ca. 60 Vol.-%, das entspricht etwa 84 Gew.-%. Die magnetischen Eigenschaften hängen annähernd linear bis leicht überproportional vom Füllstoffgehalt ab. Andererseits nehmen mit zunehmendem Füllstoffgehalt die mechanischen Eigenschaften – insbesondere die Zähigkeit – ab. Es macht daher Sinn, noch höher gefüllte Compounds (bis 96 Gew.-%) nach dem 2K-Verfahren (s. Kapitel 7) zu verarbeiten. Die eine Komponente bildet z. B. ein niedrigviskoses PA in dem der Füllstoff eingebracht ist; die zweite Komponente kann ein PA-GF sein, das die tragende mechanische Funktion der Struktur übernimmt [3.25].

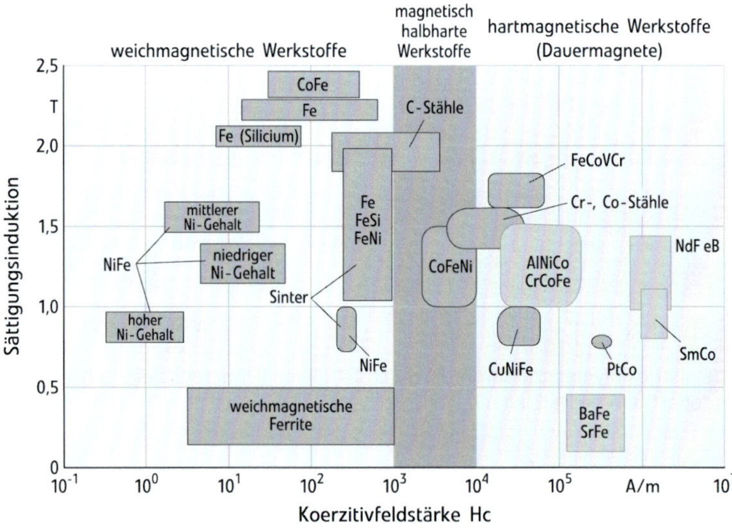

Bild 3.38 Weich- und hartmagnetische Werkstoffe. (Die Sättigungsinduktion ist die Flussdichte, bei der das Material vollständig polarisiert ist.) [3.25]

* Die Koerzitivfeldstärke ist die Stärke eines äußeren entgegengerichteten Feldes, das die Magnetisierung überwindet.

Biologisch abbaubare Polymere

In einigen Normen (z. B. [3.18]) sind Prüfverfahren festgelegt, mit denen die biologische Abbaubarkeit von Polymeren auch unter den speziellen Bedingungen der Kompostierung geprüft werden können.

Die Kette eines abbaubaren Polymerwerkstoffes sollte sich im Kompostierungsprozess durch Mikroorganismen (Bakterien, Pilze) über Enzyme vollständig zu CO_2, H_2O und Biomasse abbauen lassen, um als biologisch abbaubar bezeichnet werden zu können. Dabei spielt es im Grunde keine Rolle, ob das Polymere auf Basis von Naturrohstoffen hergestellt ist, oder ob es auf chemischem Wege synthetisiert wurde.*

Während in England, den Niederlanden, Italien oder der Schweiz diese Stoffe bereits bei Verpackungen in Supermärkten zu finden sind, befindet man sich in Deutschland erst in der Phase eines Modellprojektes [3.19].

Die derzeit bekanntesten abbaubaren Polymeren und ihre Hersteller sind in Tabelle 3.3 zusammengestellt:

Das Entwicklungsziel für diese Polymerwerkstoffe ist der Bereich der Verpackung. Deshalb werden Polymerwerkstoffen, die in ihrem Eigenschaftsprofil dem PE-LD nahe kommen, die größten Chancen eingeräumt. Außerdem sollten sie thermoplastisch zu Folien, Hohlkörpern und Spritzgussteilen verarbeitbar sein. Am Beispiel des Polyesteramids zeigt die Tabelle 3.4, dass dies gut erreicht werden kann.

Tabelle 3.3 Marktetablierte, biologisch abbaubare Polymerwerkstoffe und ihre Hersteller [3.19, 3.22]

Basis	Hersteller (Markenname)
Erdöl	BASF (Ecoflex) Du Pont (Biomax) Eastman (Eastar Bio) Showa Denko (Bionolle) Solvay (Polycaprolacton)
Pflanze Stärke	Earthshell Novamont (MaterBi) Rodenburg Biopolymers (Solanyl)
Polyhydroxialkanoate	Biomer (Biomer) PHB Industries (Biocycle)
Polymilchsäure	CargillDow (NatureWorks) Mitsui (Lacea)
Cellulose-Acetate	Mazzucchelli (Bioceta) UCB (Natureflex)
Mischungen Blends mit Stärke	Biotec (Bioplast) Novamont (MaterBi)

* Aus dem Naturstoff Rohöl.

Tabelle 3.4 Eigenschaften eines Polyesteramids (BAK 1095) im Vergleich zu Polyethylen-LD [3.20]

Eigenschaft	Dimension	Polyesteramid	Polyethylen-LD
Elastizitätsmodul (Zug)	MPa	220	240
Streckspannung	MPa	12	11
Bruchdehnung	%	400	280
Bruchspannung	MPa	25	22
Schmelztemperatur	°C	125	115
Wärmeformbeständigkeit (Vicat A)	°C	95	96

3.2 Elastomere

Elastomere sind Polymerwerkstoffe, die entweder chemisch oder physikalisch vernetzt sind. Ihr Verformungsverhalten ist demzufolge durch einen hohen Anteil an Entropieelastizität (Gummielastizität) schon bei niedrigen Temperaturen, verbunden mit einem hohen Grad an Deformierbarkeit, gekennzeichnet. Bereits geringere äußere Kräfte bewirken große, jedoch größtenteils reversible Formänderungen.

Die Umsetzung von linearen oder verzweigten Polymeren mit Vernetzungsmitteln, wie Schwefel, Peroxiden oder anderen reaktiven Vulkanisationsmitteln führt zu *chemisch vernetzten Elastomeren*. Die Polymerketten werden an diskreten Stellen durch Hauptvalenzen miteinander verknüpft (Bild 3.39 oben). Unter Wärmezufuhr wird damit ein gegenseitiges Abgleiten der Kettenmoleküle (Schmelzen) unmöglich gemacht.

Unter *physikalisch vernetzten Elastomeren* werden Blockcopolymere, sog. Segmentelastomere, verstanden; das sind Makromoleküle, die aus Hart- und Weichsegmenten bestehen. Diese Hart- und Weichsegmente sind nicht mischbar und bilden jeweils eigene morphologische Phasen (Bild 3.39 unten). Dabei sind die Weichsegmente flexible Bereiche amorpher Struktur mit niedriger Glasübergangstemperatur, wogegen die Hartsegmente Domänen ebenfalls amorpher Struktur, jedoch mit möglichst hoher Glasübergangstemperatur oder kristalline Strukturen mit hohem Kristallitschmelzpunkt darstellen. Die Hartsegmente sind somit als physikalische Vernetzungsstellen, allerdings lediglich im Sinne der Wirkung von intermolekularen Bindungskräften, zu verstehen. Aufgrund dieses Aufbaus behalten diese Segmentelastomere ihren thermoplastischen Charakter. Sie gehen oberhalb der Glasübergangstemperatur der amorphen bzw. der Kristallitschmelztemperatur der kristallinen Hartsegmente in den schmelzeflüssigen Zustand über und sind so nach den für Thermoplaste üblichen Verfahren – vorzugsweise Spritzgießen – verarbeitbar. Die elastomeren Werkstoffeigenschaften werden durch die Weichsegmente bestimmt, während die Temperaturgrenzen der Anwendung durch die Hartsegmente festgelegt werden.

Ein typischer Vertreter eines derartig physikalisch vernetzten Elastomers ist das Ethylen-Propylen Blockcopolymere (EPR), das zu ca. 70 % aus kristallinen Ethylenblöcken besteht.

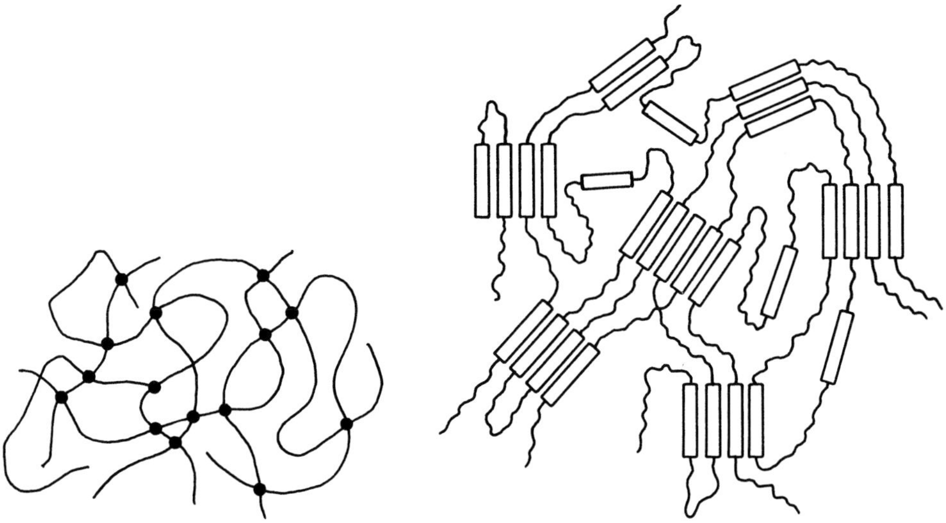

Bild 3.39 Strukturdarstellung von chemisch und physikalisch vernetzten Elastomeren, schematisch

Durch den Einbau eines dritten Comonomeren, eines Diens (z. B. Ethylidennorbornen), das eine reaktive Doppelbindung enthält, wird eine Vulkanisierung, d. h. chemische Vernetzung ermöglicht. Dieser Werkstoff wird als EPDM bezeichnet. Als Mischkomponente zu thermoplastischen Polypropylen beigegeben, erhält man wieder einen thermoplastisch verarbeitbaren Werkstoff, der häufig unkorrekt ebenfalls EPDM genannt wird.

Ein Beispiel eines thermoplastischen Elastomers, bestehend aus zwei amorphen Phasen ist das Styrol-Butadien-Styrol (SBS), bei dem das Styrol mit hoher Glasübergangstemperatur die feste physikalische Vernetzung und das Butadien die flexiblen Bereiche darstellt.

Tabelle 3.5 gibt einen Überblick über die wichtigsten Elastomertypen und deren Hauptanwendungsgebiete; Tabelle 3.6 enthält charakteristische Eigenschaftswerte der thermoplastischen Elastomere.

Tabelle 3.5 Zusammenstellung der bedeutendsten Elastomertypen mit ihren hauptsächlichen Anwendungsbereichen

	Elastomere	Kurzzeichen	Typische Anwendungsbereiche
Chemisch vernetzte Elastomere (Vulkanisate)	Naturkautschuk	NR	Auskleidung im Apparatebau
Chemisch vernetzte Elastomere (Vulkanisate)	Styrol-Butadienkautschuk	SBR	Fahrzeugreifen, techn. Artikel
Chemisch vernetzte Elastomere (Vulkanisate)	Butadienkautschuk	BR	Fahrzeugreifen, Schuhsohlen, techn. Artikel
Chemisch vernetzte Elastomere (Vulkanisate)	Isoprenkautschuk	IR	Fahrzeugreifen, dünne Gummiartikel
Chemisch vernetzte Elastomere (Vulkanisate)	Chloroprenkautschuk	CR	techn. Gummiwaren
Chemisch vernetzte Elastomere (Vulkanisate)	Acrylnitril-Butadien-Kautschuk (Nitrilkautschuk)	NBR	Standard Kautschuk für techn. Anwendungen; O-Ring, Nut-Ringe, Dichtmanschetten, Wellendichtringe, Faltenbälge
Chemisch vernetzte Elastomere (Vulkanisate)	Polyurethan	PUR	Verschleißteste, dämpfende Maschinenteile, Auskleidungen, Schuhe
Chemisch vernetzte Elastomere (Vulkanisate)	Ethylen-Propylen Terpolymere (Dien)	EPDM	Energieabsorbierende Außenteile von Fahrzeugen wie Front- und Heckspoiler, Stoßfänger, Kabelisolierungen, Mischkomponente für Thermoplaste (PP), Profildichtungen
Chemisch vernetzte Elastomere (Vulkanisate)	Buthylkautschuk	IIR	Schläuche für Reifen, Dichtungen, Dämpfungselemente, Auskleidungen im Apparatebau bis 140 °C, abriebfest
Chemisch vernetzte Elastomere (Vulkanisate)	Siliconkautschuk	Q	Formdichtungen und Dichtungsmassen hoher Wärmebeständigkeit und Kälteflexibilität
Chemisch vernetzte Elastomere (Vulkanisate)	Fluorelastomere	FKM	Dichtungen hoher Beständigkeit gegen Wärme und Chemikalien
Physikalisch vernetzte Elastomere	Thermoplastische Polyolefine-Elastomere (Ethylen-Propylen-Blockcopolymere)	EPR (EPM)	Energieabsorbierende Automobilaußenteile Spoiler, Stoßfänger
Physikalisch vernetzte Elastomere	Styrol-Butadien-Blockcopolymere	SBS	Schuhindustrie, Sohlen, Mischkomponente für Thermoplaste
Physikalisch vernetzte Elastomere	Thermoplastische Polyurethane	TPU	Skischuhe, Veschleißschutz, Dämpfungselemente
Physikalisch vernetzte Elastomere	Thermoplastische Polyetherester Elastomere thermoplastische Polyamide		Hydraulik, Pneumatik, Öl- und temperaturbeständig

Tabelle 3.6 Eigenschaftsvergleich von thermoplastischen Elastomeren

Eigenschaft	Dimension	SBS	TPU	EPR (EPM)	Polyether-ester-Elastomer	Polyamid-Elastomer
Elastizitätsmodul	MPa	10 – 1500	20 – 250	200 – 1600	80 – 260	70 – 360
Zugfestigkeit	MPa	8 – 30	5 – 30	9 – 30	26 – 39	12 – 24
Bruchdehnung	%	700 – 900	200 – 700	200 – 600	350 – 450	200
Druckverformungsrest	%	25 – 75	12 – 70	40 – 75	20 – 60	20 – 60
Shorehärte	–	35A – 50D	70A – 76D	80A – 60D	40D – 70D	33D – 62D
Temperaturgrenzen der Anwendung	°C	–40 bis 110	–60 bis 60	–40 bis 90	–40 bis 135	–40 bis 135
Abriebbeständigkeit	–	gut	sehr gut	mittel	mittel	mittel

3.3 Duromere

Engmaschig vernetzte Polymerwerkstoffe werden als Duromere oder auch als Duroplaste bezeichnet. Die Vernetzungsreaktion setzt beim Formgebungsprozess aufgrund des zugemischten Härters, der Temperatur oder bei lichthärtenden UP-Harzen unter Lichteinwirkung ein. Bei den Halbzeugen SMC, BMC oder den rieselfähigen Formmassen handelt es sich um bereits verarbeitungsfertige Compounds aus Harz, Härter, Füll- und/oder Verstärkungsstoffen und die Vernetzung erfolgt bei der Temperatur des Formgebungsprozesses bzw. bei den lichthärtenden UP-Harzen durch die Einwirkung von UV-Licht oder bei neuentwickelten Harzsystemen auch durch Licht handelsüblicher Leuchtstoffröhren [3.1].

Durch die engmaschige Vernetzung sind die relativ hohe Festigkeit, hohen Modulwerte, das wenig ausgeprägte viskoelastische und plastische Verformungsverhalten sowie die Formbeständigkeit in der Wärme begründet.

Duromere Polymerwerkstoffe stehen in vielfältiger Form zur Verfügung z. B. als Gießharze und Vergussmassen, faserverstärkte teigförmige (**B**ulk-**M**olding-**C**ompound = BMC) und faserverstärkte, fließfähige (**S**heet-**M**olding-**C**ompound = SMC) Halbzeuge oder rieselfähige Formmassen mit hohem Füll- und Verstärkungsstoffanteil. Entsprechend diesen unterschiedlichen Zuständen werden diese Duromeren auch nach verschiedenen Verfahren zu Formteilen verarbeitet; ihre Eigenschaften sind vom Verarbeitungsverfahren und von Art und Menge der Füll- und Verstärkungsstoffe abhängig. Die rieselfähigen Formmassen sind typisiert und bestimmte Eigenschaften sind in DIN (vgl. Tabelle 3.8) als Mindestwerte genormt. Die Tabelle 3.7 gibt einen Überblick über die wichtigsten Duromere und die jeweils üblichen Verarbeitungsverfahren; in Tabelle 3.8 sind charakteristische Eigenschaftswerte zusammengestellt.

Tabelle 3.7 Zusammenstellung wichtiger Duromere mit ihren üblichen Verarbeitungsverfahren und einigen typischen Anwendungsbeispielen [3.2 bis 3.9].
Aufgrund der Vielfalt der Duromerchemie – insbesondere der Reaktionsharze UP, EP, PUR sind zahlreiche Variationen und Modifikationen möglich.

Duroplastischer (Matrix-) Werkstoff	**Lieferform (Zustand vor Verarbeitung zum Fertigteil)**	**Übliche Form der Verstärkungsstoffe (evtl. zus. Füllstoffe sind nicht aufgeführt)**	**Übliche Verarbeitungsverfahren**	**Anwendungsbeispiele**
ungesättigte Polyesterharze (UP) Vinylesterharze (VE)	flüssiges Harz	ohne Verstärkungsstoffe	Gießen (drucklos)	Formteile für die Elektroindustrie. Vergussmassen von Spulen, Elektronik-Bauteilen, Reaktionsbeton, Reaktionsdübel
		Glasfaserschnitzel, matten- oder gewebeförmige Verstärkung aus überwiegend Glas- auch Kohlenstoff-, Aramid-Fasern	Handlaminieren, Faserspritzen, Pressen	Flächige und schalenförmige Teile, Behälter, Stoßfängerträger, Sitzschalen, Karosserieteile, Motorradhelme, Boote
		Endlosfasern (Rovings) aus Glas, Kohlenstoff, Aramid	Wickeln, Pultrusion (Profilziehen)	Rohre, Behälter, Profile, optische Kabel
	teigförmige Formstoffe (BMC)	Glasfaserschnitzel	Spritzgießen	Formteile bis zu großflächigen Karosserieteilen
	Plattenhalbzeug lederartiger Konsistenz, fließfähig (SMC)	Glasfaserschnitzel aus Schneidroving	Heißpressen	Flächige und schalenförmige Großserienteile (auch mit Rippen, Augen etc.)
	rieselfähige Formmasse (z. B. Typ 801 nach DIN 16 911)	geschnittenes Textilglas	Spritzgießen, Spritzpressen, Spritzprägen	Formteile im Motorbereich, Kraftstoffpumpen, Elektrisch beanspruchte Teile hoher Kriechstromfestigkeit

Tabelle 3.7 (Fortsetzung)

Epoxid-harze (EP)	flüssiges Harz	ohne Verstärkungsstoffe	Gießen (drucklos)	Formteile für die Elektroindustrie, Isolatoren, Vergussmassen, Reaktionsbeton, Gleitbahnen im Werkzeugmaschinenbau, Prototypwerkzeuge
		Matten- oder gewebe-förmige Verstärkung aus Glas-, Kohlenstoff-, Aramidfasern	Pressen	Flächige und schalenförmige Teile. Verkleidungen und Funktionsteile, z. B. im Flugzeugbau
		Endlosfasern aus Glas, Kohlenstoff, Aramid	Wickeln, Pultrusion (Profilziehen)	Rohre, Torsionswellen, Rotorblätter, Behälter. Blattfedern, Profile
Polyurethan (PUR)	flüssig	ohne Verstärkungsstoffe	Gießen (Reaktionsguss)	Hoch beanspruchbare elektrische Isolierelemente, Kabelendverschlüsse, Freileitungs-Hochspannungsisolatoren
			Reaktionsspritzguss – Reaction Injection Molding (RIM)	Dichte > 0,8 g/cm^3: Halbharte RIM-Großteile „soft-face“ Karosserieteile, Front-, Heckteile, Spoiler für Kfz. Dichte < 0,8 g/cm^3: Harte Integralschaumteile mit geschäumtem Kern und kompakter Außenhaut. Dickwandige Teile. Gehäuse in der Datentechnik.
		Kurzglasfasern < 0,3 mm bis zu 40 %	Reaktionsspritz-guss – Reinforced Reaction Injection Molding (RRIM)	flächige Teile, Verkleidungen und Karosserieteile, Kotflügel
Phenolharz	rieselfähige Form-masse (z. B. Typ 31 nach DIN 7708)	Holzmehl	Pressen, Spritzpressen, Spritzgießen	Dunkelfarbige Formteile aller Art, Gehäuse, Elektroisolierteile
Melamin-harz	rieselfähige Form-masse (z. B. Typ 150 nach DIN 7708)	Holzmehl	Pressen, Spritzpressen, Spritzgießen	Hellfarbige Formteile. Elektro- und Installationsmaterial

Tabelle 3.8 Kennwerte einiger duroplastischer Konstruktionswerkstoffe

	Zugfestigkeit MPa DIN 53 455	Bruchdehnung % DIN 53 455	Elastizität (Zug) MPa DIN 53 457	Biegefestigkeit (Dreipunktauflage) MPa DIN 53 452	Schlagzähigkeit KJ/m² DIN 53 453	Kerbschlagzähigkeit KJ/m² DIN 53 453	Vgl. Kriechwegbildung CTI/M IEC 112	Dichte g/cm³ DIN 53 479	Quelle
Standard-UP-Harz Unverstärkt	60	2,0	4 800	90	9	1,2	600	1,219	[3.6]
Standard-UP-Harz 40–45 % Glasfasermatte (quasi isotrop)	160	3,3	12 400	250	300	240	600	1,58	[3.6]
Standard-UP-Harz 60–70 % Glasfasergewebe	340	3,4	27 000	420	380	–	600	1,88	[3.6]
Standard-UP-Harz 70–75 % unidirektional Glas-Rovinggewebe	630	2,7	33 000	420	390	–	600	1,98	[3.6]
EP-Harz 50–60 % Glasfasergewebe (längs u. quer gleich)	300	2	14 000 (C-Faser 70 000)	300			600	1,7	[3.7]
UP-Harz-Formmasse Typ 801 (* Mindestwerte DIN 16 911)	25		12 000 bis 15 000	60*	22*	22*	600*	1,8	[3.7] [3.8]
Phenolharz-Formmasse Typ 31 (* Mindestwerte DIN 7708)	30		6 000 bis 8 000	70*	6	1,5*	100	1,4	[3.7] [3.9]
Melaminharz-Formmasse Typ 150 (* Mindestwerte DIN 7708)	30		6 000 bis 10 000	70*	6*	1,5*	600*	1,5	[3.7] [3.9]
Halbharte PUR-Systeme (RIM)	14 bis 30	250 bis 140	55 bis 700		ohne Bruch	Shore-Härte D 35 bis 67		1,0 bis 1,1	[3.7]
Glasfaserverstärkte PUR-Systeme (RRIM) Werte gemessen längs zur Spritzrichtung	25	65	1 750		75	65		1,23	[3.7]
Harte PUR-Integralschaum-RIM-Systeme	8 bis 24	50 bis 8	500 bis 1 400		7 bis 60	60 bis 80		0,1 bis 0,7	[3.7]
Harte PUR-Gießharze (cycloaliphatisches) Isocyanat-System	87	4		170	25		600		[3.7]

3.4 Verstärkungsfasern

Als Verstärkungsstoffe bezeichnet man Materialien, die eingebettet in eine Polymermatrix zu einer Erhöhung der Zugfestigkeit und des Zug-Elastizitätsmoduls des Verbundes gegenüber der reinen Matrix führen (s. a. Abschnitt 2.4.3). Um diesen Verstärkungseffekt zu erzielen, müssen folgende Voraussetzungen erfüllt sein [3.10]:

- Der Verstärkungsstoff muss eine geometrische Vorzugsrichtung haben; im Allgemeinen eindimensional, faserförmig mit ausreichender Faserlänge.
- Ein kritischer Mindestfasergehalt muss überschritten sein.
- Festigkeit und Steifigkeit des Verstärkungsstoffes müssen größer sein als die der Matrix; dagegen muss die Matrixdehnung größer sein als die der Faser, um die Faserfestigkeit voll auszunutzen.
- Eine optimale Bindung zwischen Matrix und Verstärkungsmaterial muss gegeben sein.

Die weitaus größte Bedeutung bei der Verstärkung von Polymerwerkstoffen haben die Glasfasern, daneben spielen Kohlenstoff-Fasern sowie organische Aramidfasern eine gewisse Rolle. Technisch zwar interessant aber nur von begrenzter wirtschaftlicher Bedeutung sind Bor-, Beryllium-, Stahlfasern oder Whisker, kurzfaserförmige Einkristalle auf Basis von Al_2O_3.

Einen Überblick über das Kraft-Verformungsverhalten der gebräuchlichsten Verstärkungsfasern zeigt Bild 3.40.

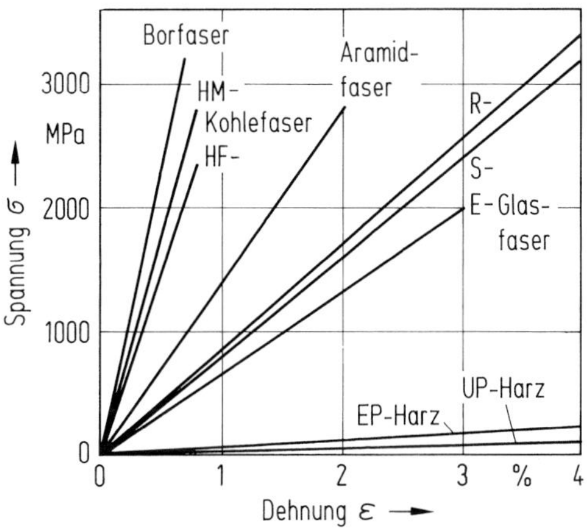

Bild 3.40 Spannungs-Dehnungs-Kurven verschiedener Verstärkungsfasern und Matrixmaterialien [3.5]

3.4.1 Glasfasern

3.4.1.1 Herstellung und Verstärkungsformen von Textilglas

Die Herstellung von Glasfasern erfolgt nach der hochentwickelten Technologie des Direktschmelzverfahrens. Die pulverförmigen Ausgangsstoffe (SiO_2, Al_2O_3, B_2O_3, CaO, MgO) werden in genau dosierten Mengenverhältnissen geschmolzen und bei ca. 1 300 °C durch Ziehdüsen mit 3 000 bis 4 000 m/min zu Fäden von 9 bis 17 µm Durchmesser gezogen.*

Eine Vielzahl von Filamenten wird dann in paralleler Anordnung zu einem Spinnfaden zusammengefasst und unmittelbar anschließend wird die sog. Schlichte (Gleitmittel, Netzmittel, polymerspezifischer Haftvermittler etc. zur Verbesserung der Weiterverarbeitung und der Bindung Matrix/Faser) als wässrige Emulsion auf die Faseroberfläche aufgebracht. Der so behandelte Spinnfaden wird schließlich als Spinnspule aufgewickelt. Dieser Zustand ist in der Regel der Ausgangszustand für die Weiterverarbeitung zu den verschiedenen Verstärkungsformen. Die wichtigsten sind [3.5.]:

- *Textilglas-Roving:* Parallel zu einem Strang gewünschter Feinheit, ausgedrückt in tex (g/km), zusammengefasste Spinnfäden (Bild 3.41). Der Web- oder Wickel-Roving ist die Faserform zur unidirektionalen Verstärkung, zum Wickeln und zum Profilziehen (Pultrusion) von Duromeren sowie zum Herstellen von Geweben. Er ist schmiegsam, wogegen der Schneidroving durch Biegebeanspruchung beim engem Anliegen (Gummiwalze) am Radius der Messer an der Schneidwalze brechen muss. Mit derartigen Rovingschnitzel wird beim Faserspritzverfahren, bei der Herstellung von Vorformlingen, von vorimprägnierten Halbzeugen (SMC) oder auch bei anderen Verfahren gearbeitet, wenn der Laminataufbau eine Schicht aus Rovingschnitzel erhalten soll.
- *Textilglas-Gewebe:* Flächenförmige Verstärkungsform mit Kett- und Schussvorzugsrichtung als Rovinggewebe oder Filamentgewebe (Bild 3.41). Beim Unidirektional-Rovinggewebe ist die Kettrichtung des Gewebes nur schwach ausgeführt, so dass ein flächiges jedoch nur in Schussrichtung wirksames Verstärkungsmaterial vorliegt.
- *Textilglasmatte:* Flächenförmige jedoch nicht gewebte Verstärkungsform mit richtungsunabhängigen Verstärkungseigenschaften (Bild 3.41). Glasmatten können als „Schnittmatten“ aus geschnittenen Glasspinnfäden (25 und 50 mm) oder als „Endlosmatten“ aus ungeschnittenen Fäden, jeweils durch einen Binder verfestigt, hergestellt sein. Während für das Handlaminierverfahren von Duromeren ausschließlich Schnittmatten eingesetzt werden, werden für das Pressen und die kontinuierliche Plattenherstellung Endlosmatten verwendet.
- *Geschnittenes Textilglas:* 3 bis 26 mm lange Textilglasschnitzel, die für die Verstärkung von Formmassen (z. B. Typ 801) verwendet werden.
- *Textilglas-Kurzfasern:* Gemahlene Fasern mit einer Durchschnittslänge von 0,2 bis 0,3 mm hauptsächlich zur Verstärkung von Thermoplasten (Bild 3.41).

Außerdem sind derartige Kurzglasfasern auch für die Verstärkung von PUR, das nach dem Reaktionsspritzgießverfahren (RRIM) verarbeitet wird, geeignet.

* Die so hergestellte Faser wird als Textilfaser bezeichnet im Gegensatz zur für Polymerverstärkung nicht geeigneten Isolierglasfaser, z. B. Glaswolle, Glaswatte.

Bild 3.41 Verschiedene Verstärkungsformen von Textilglas.
Von links nach rechts: Roving, Gewebe, Matte, Kurzfaser.

Tabelle 3.9 Eigenschaften ausgewählter, hochfester Verstärkungsfasern [3.5]

Fasertyp	Dichte g/cm^3	Zugfestigkeit MPa	Elastizitätsmodul MPa	Bruchdehnung %
Glasfasern				
E-Glas	2,52	2 400	73 000	4,2
R-Glas	2,55	3 600	86 000	4,2
S-Glas	2,50	3 400	88 000	5,0
Kohlenstoff-Fasern				
HM-Faser	1,90	2 000	500 000	0,57
HF-Faser	1,75	2 500	240 000	1,27
Aramid-Faser (Kevlar 49)	1,45	3 200	133 000	bis 4
Borfaser	2,63	3 200	420 000	0,5–0,8

3.4.1.2 Glasarten und Fasereigenschaften

Je nach Zusammensetzung unterscheidet man verschiedene Glasarten, die zu Verstärkungsfasern verarbeitet werden. In Tabelle 3.9 sind einige signifikante Eigenschaften der Fasern zusammengestellt. Das alkaliarme E-Glas ist das am häufigsten verwendete, während R- und S-Glas sich durch höheres mechanisches und thermisches Niveau abheben, und für entsprechende Anwendungen verwendet werden.

3.4.2 Kohlenstoff-Fasern

Ausgangsmaterial zur Herstellung der hochwertigen Kohlenstoff-Fasern (C-Fasern) ist fast ausschließlich die Polyacrylnitril-Faser (PAN-Faser). Diese Fasern werden zunächst bei 200 bis 300 °C in oxidierender Atmosphäre in eine Leiterpolymerstruktur* umgewandelt. Dann erfolgt bei ca. 1 000 bis 1 300 °C unter Inertatmosphäre die Carbonisierung. Die Fasern „verkohlen" also, ohne zu schmelzen. Nach diesem Verfahrensschritt liegt die Normalfeste C-Faser (NF) vor. Zur Herstellung von Hochfesten-(HF) und Hochmodul-(HM) C-Fasern ist ein weiterer aufwendiger Verfahrensschritt (Graphitierung und Verstreckung) bei 2 000 bzw. 3 000 °C notwendig.

Zur Erleichterung der Handhabbarkeit bei der Weiterverarbeitung sowie zur Verbesserung der Haftung zwischen Faseroberfläche und Polymermatrix, werden C-Fasern analog den Glasfasern geschlichtet. Die Schlichte basiert in der Regel auf einem Epoxidharz. Wesentliche Eigenschaften von HF- und HM-C-Fasern, sind der Tabelle 3.9 zu entnehmen.

Wichtigste Polymerwerkstoffklasse für die Verstärkung mit C-Fasern, sind die Epoxidharze für spezifisch steife und spezifisch feste Konstruktionen in der Luft- und Raumfahrt, beim Bau von Hochleistungssportgeräten und neuerdings auch im Entwicklungsstadium für Bauteile im Fahrzeugbau. In geringem Umfang werden auch Thermoplaste – hauptsächlich Polyamide – mit kurzen C-Fasern verstärkt und nach dem Spritzgießverfahren verarbeitet, z. B. zu spezifisch sehr steifen Bauteilen mit guten Gleiteigenschaften.

Die jeweiligen Optimalwerte der aufgeführten Eigenschaften sind hervorgehoben.

3.4.3 Aramidfasern

Die für die Verstärkung von Polymerwerkstoffen geeignete hochfeste Aramidfaser ist eine organische Synthesefaser auf Basis eines aromatischen Polyamids. Das aromatische Polyamid wird aus konzentrierter Schwefelsäure, in der es in flüssigkristalliner, orientierter Form vorliegt, versponnen. Der bekannteste Handelsname für die hochfeste und hochsteife Aramidfaser ist Kevlar.

Zur Polymerverstärkung werden drei Typen, Kevlar Standard, Kevlar 29 und Kevlar 49, eingesetzt, Fasertypen mit in dieser Reihenfolge steigender Festigkeit und Steifigkeit. Charakteristische Eigenschaften der hochfesten Typen sind in Tabelle 3.9 zusammengestellt. Es fällt auf, dass diese Faser, von den dort aufgeführten, die höchste spezifische Festigkeit aufweist. Als gravierende Schwäche ist jedoch ihre geringe Druck- und Scherfestigkeit zu nennen sowie die Temperaturabhängigkeit ihrer mechanischen Eigenschaften. Aus diesen Gründen wird die Aramidfaser in der Regel zusammen mit C-Fasern kombiniert. In einem derartigen Hybridverbund trägt dann die Zähigkeit der Aramidfaser auch zu einem zähen Verhalten des Verbundes bei. Hybridverstärkungen sind auch mit anderen Faserkombinationen üblich. Das Schneiden von Aramidfasern ist wegen der hohen Faserzähigkeit schwierig und verschleißintensiv.

3.4.4 Metallfasern, Whisker, keramische Fasern

Im Zusammenhang mit Hochleistungsfasern für Faserverbundwerkstoffe haben folgende Fasern wegen des offensichtlich enormen Herstellaufwandes nur eine begrenzte wirtschaftliche Bedeutung:

* Das Makromolekül eines Leiterpolymers besteht aus einer periodisch verknüpften Doppelkette.

- Bor- und Siliciumcarbidfasern
- Stahl- und Berylliumfasern
- Whisker (kurzförmige Einkristalle auf Basis Al_2O_3, SiC, Graphit, Fe)
- Keramische Fasern auf Basis Al_2O_3

Von diesen Verstärkungsmaterialien wird bislang lediglich die Stahlfaser zur elektromagnetischen Abschirmung und die Borfaser (als Epoxidharzverbund für Anwendungen in der militärischen Luft- und Raumfahrt in den USA) in größerem Umfang eingesetzt.

Literatur

[3.1] Nicolaus, W., A. Hesse, D. Scholz: Neue Verarbeitungstechniken durch lichthärtende Einkomponentensysteme, *Plastverarbeiter* **34** (1983) 1, S. 31/36

[3.2] Schönthaler, W. und K. H. Decker: Härtbare Formmassen, *Kunststoffe* **74** (1984) 10, S. 601/606

[3.3] Feuerhahn, M.: Epoxidharze (EP), *Kunststoffe* **74** (1984) 10, S. 604/606

[3.4] Koser, W.: Ungesättigte Polyesterharze (UP-Harze), *Kunststoffe* **74** (1984) 10, S. 606/610

[3.5] Ehrenstein, G. W., u. a.: Glasfaserverstärkte Kunststoffe, expert-Verlag, Grafenau 1981

[3.6] NN: BASF Technisches Merkblatt, Palatal P6 M 2144 d

[3.7] Saechtling, H.: Kunststoff Taschenbuch, 22. Auflage, Hanser-Verlag, München, Wien 1983

[3.8] DIN EN ISO 14 530 Part 1, 2 and 3

[3.10] Ehrenstein, G. W. und R. Wurmb: Verstärkte Thermoplaste – Theorie und Praxis, Angew. Makromol. Chemie 60/61 (1977), S. 157/214

[3.11] Pielartzik, H. et al.: Funktionskunststoffe bestimmen neue Technologien, *Kunststoffe* **86** (1996) 9, S. 1302/1306

[3.12] Römer, M.: Neuland erschlossen, *Kunststoffe* **86** (1996) 9, S. 1310/1316

[3.13] NN: Thermotrope Schichten: Intelligente Schattenspender, Presse-Information BASF 19.02.1996

[3.14] Mair, H. J. und S. Roth (Hrsg.): Elektrisch leitende Kunststoffe, 2. Ausg., Carl Hanser Verlag, München, Wien 1989

[3.15] Münstedt, H.: Elektrisch leitfähige Polymere mit neueren Füllstoffen. Vortrag 7. Symposium Elektrisch leitende Kunststoffe, Techn. Akademie Kunststoffe Esslingen 02./02.06.1997

[3.16] Borgmans, C. und S. Eltink: Der Faradaysche Kunststoffkäfig, *Kunststoffe* **87** (1997) 4, S. 494/496

[3.17] Roth, S. und H. J. Mair: Elektrisch leitende Kunststoffe, *GAK* **48** (1995) 9, S. 634/638

[3.18] DIN 54 900 Teile 1–4 Entwurf 1997, Prüfung der Kompostierbarkeit von polymeren Werkstoffen

[3.19] Käb, H.: Zurück zur Natur, *Kunststoffe* **92** (2002) 9, S. 34/40

[3.20] Grigat, E. et al.: Biologisch abbaubar in 60 Tagen, *Kunststoffe* **87** (1997) 1, S. 63/65

[3.21] Schmitt, B.: Aus der Arbeit des Kunststofflaboratoriums Firmenschrift BASF, Jubiläumssymposium 125 Jahre BASF, 1990

[3.22] Schroeter, J.: Biologisch abbaubare Werkstoffe (BAW), *Kunststoffe* **90** (2000) 1, S. 64/70

[3.23] Becker, W.: Edelstahlgefüllte Kunststoffe, Firmenschrift der Kunststoff Metall und Komponenten GmbH & Co. KG, 2000

[3.24] Drummer, D. und G. W. Ehrenstein: Magnetizable Polymers: Integrate Sensoric Rationally in 3D-MIDs, 4th Int. MID-Congress, 3D-MID e. V., Erlangen, 2000, S. 217/226

[3.25] Stadler, M. und W. Koos: Spritzgegossene Dauermagnete in 2K-Technik, Kunststoffe (93) 2003, 7, S. 54/56

4 Eigenschaften – Werkstoffkennwerte – spezielle Prüfverfahren und Verhaltensweisen

4.1 Verformungsverhalten unter uniaxialer, zügiger Zugbeanspruchung (Spannungs-Dehnungs-Versuch)

4.1.1 Molekulare Verformungs- und Schädigungsmechanismen

Bei der Verformung von Polymerwerkstoffen unter der Einwirkung einer äußeren Kraft kann man drei Verformungsanteile unterscheiden, die sich überlagern, dabei jedoch in bestimmten Verformungsbereichen überwiegen:

Die spontane, elastische Verformung	=	spontan reversibel
Die zeitabhängige viskoelastische Verformung	=	zeitabhängig reversibel
Die zeitabhängige viskose Verformung	=	zeitabhängig irreversibel

Diese makroskopisch feststellbaren Verformungserscheinungen sind durch die im Werkstoff ablaufenden molekularen Verformungs- und Schädigungsmechanismen charakterisiert. Die rein elastische Verformung ist auf Abstandsänderungen von Atomen und Valenzwinkelverschiebungen zurückzuführen; ihr Anteil ist sehr gering. Der zeitabhängige, viskoelastische Verformungsanteil ist durch die molekulare Relaxationszeit bzw. die Relaxationszeiten Makromoleküle des Polymerwerkstoffs gekennzeichnet. Bei jeder Beanspruchung, der die Moleküle oder Teile davon ausgesetzt werden, benötigen diese eine gewisse Zeit, teilweise sogar sehr lange Zeiten, um in eine dem Spannungsniveau entsprechende Gleichgewichtslage zu kommen. Der Werkstoff reagiert auf eine aufgeprägte Spannung also mit gewisser Zeitverzögerung (Viskoelastizität). Beim Absenken der Beanspruchung wird die entsprechende Gleichgewichtslage ebenfalls wieder verzögert eingestellt.

Diese Vorgänge spielen sich bevorzugt in den amorphen Gefügebereichen ab, wobei man sich bei teilkristalliner Lamellenstruktur diesen Vorgang wie in Bild 4.1 modellmäßig veranschaulicht vorstellen kann. Bei teilkristallinen Polymerwerkstoffen mit sphärolithischer Überstruktur sind aber auch Sphärolithe unter Laststeigerung beobachtet worden, die bis nahezu 80 % deformiert wurden und nach Entlastung wieder annähernd ihre ursprüngliche Kugelform annahmen [4.1].

Mit zunehmender Laststeigerung setzen irreversible Deformationsprozesse ein, die ein noch stärkeres nicht lineares Verformungsverhalten bedingen. Polymerwerkstoffe zeigen dabei oft das typische Phänomen der Normalspannungsfließzonen (Crazes, auch als Weißbruch* bezeich-

---

* Technisch wird die Crazebildung z. B. bei den PVC-Prägebändern genutzt, wo die durch die Prägung deformierten Stellen dann weiß erscheinen, unterstützt durch die Farbe der Bänder.

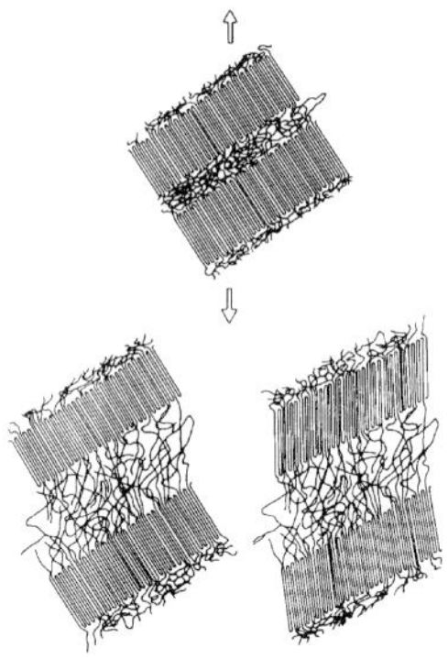

Bild 4.1 Modellvorstellung zur reversiblen Verformung teilkristalliner Lamellenstrukturen [4.2]

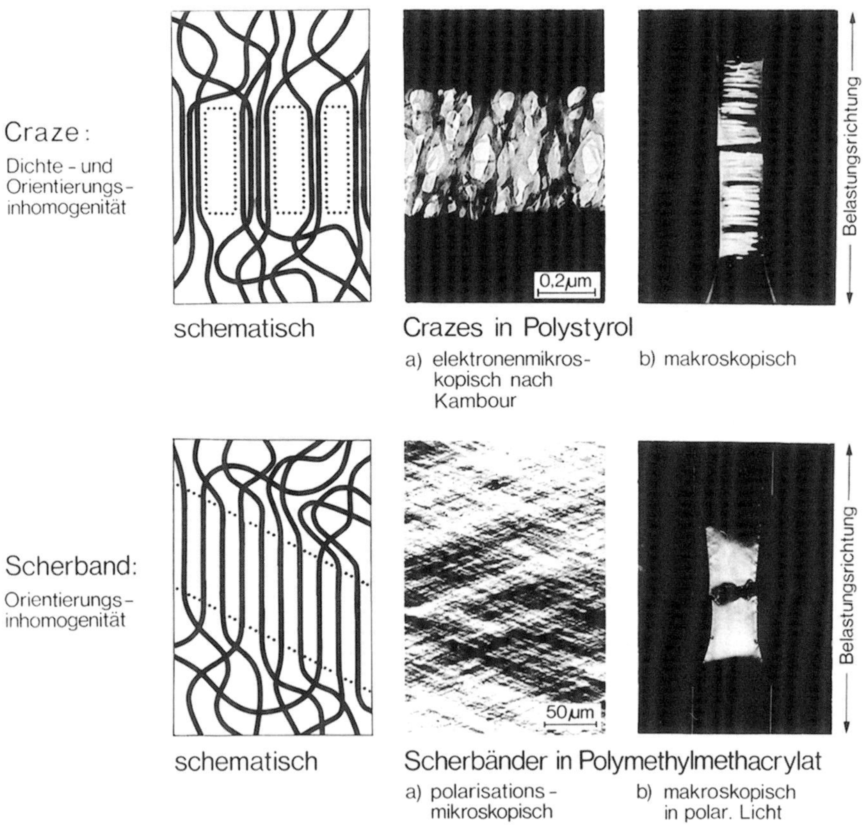

Bild 4.2 Gegenüberstellung der irreversiblen Verformungsmechanismen durch Crazebildung (oben) und durch Scherverformung (unten) (nach Breuer) [4.3]

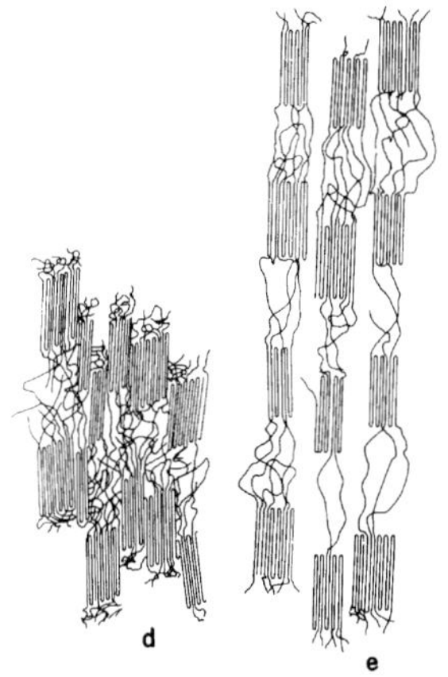

Bild 4.3 Modellvorstellung zur irreversiblen Verformung teilkristalliner Lamellenstrukturen [4.2]

net). Eine andere Erscheinungsform der irreversiblen Verformung sind die Schubspannungsfließzonen. Unter Normalspannungsfließzonen versteht man lokal begrenzte Bereiche hochorientierter Molekülketten, die sich in ausgeprägter Weise parallel zur Zugrichtung ausrichten. Diese Bereiche weisen gegenüber der übrigen Matrix relativ große Dichteerniedrigungen (bis zu 60 %) auf. Es handelt sich dabei jedoch nicht um Risse, da die Begrenzungsflächen noch durch die gestreckten Ketten miteinander verbunden sind. Bei weiterer Belastungssteigerung können aber diese Fließzonen zu Rissen werden.

Das Bild 4.2 zeigt eine Gegenüberstellung der irreversiblen Verformungsmechanismen durch Crazebildung und durch Scherverformung.

Während Normalspannungsfließzonen senkrecht zur wirkenden Zugspannung verlaufen, bilden sich unter bestimmten Voraussetzungen Schubspannungsfließlinien, und zwar wegen der Überlagerung mit Normalspannungsfließlinien meist unter einem größeren Winkel als 45°.

Für die teilkristalline Lamellenstruktur gibt Bild 4.3 die modellmäßige Vorstellung über den weiteren Verformungs- und Schädigungsablauf wieder. Unter zunehmender Zugbeanspruchung werden einzelne Lamellen in Richtung dieser Beanspruchung ausgerichtet, aus anderen Lamellen werden Faltungsblöcke herausgezogen und aufgefädelt bis schließlich mehr und mehr Hauptvalenzen brechen und der makroskopische Bruch erfolgt.

4.1.2 Charakteristische Spannungs-Dehnungs-Kurven

Für die geschilderten Vorgänge spielt selbstverständlich die Temperatur (und die Zeit) eine maßgebliche Rolle insbesondere hinsichtlich ihrer relativen Lage zur Glasübergangstemperatur T_g des Polymerwerkstoffs. Setzt man für eine grundsätzliche Betrachtung des Verformungsverhaltens der Polymerwerkstoffe anhand der Spannungs-Dehnungs-Kurve Raumtemperatur voraus, so lässt sich die in Tabelle 4.1 zusammengestellte, systematische Einteilung treffen. Da die Lage der Glasübergangstemperatur von der Verformungsgeschwindigkeit abhängt, gelte Tabelle 4.1 auch für einheitliche Dehngeschwindigkeit.

Tabelle 4.1 Erscheinungsformen von Spannungs-Dehnungs-Kurven

Relative T_g-Lage der amorphen Phase	**Typischer Verlauf des Spannungs-Dehnungs-Diagramms**	**Bemerkungen**	**Beispiele von zuordenbaren Polymerwerkstoffen**
$T_g > RT$	Typ A 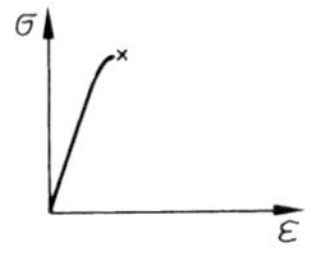	überwiegend energieelastische Verformung mit relativ sprödem Bruch (x)	PS PMMA SAN
$T_g > RT$	Typ B 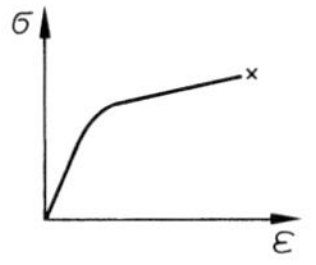	Craze-Verformung (mit Volumenzunahme)	SB
$T_g \approx RT$	Typ C 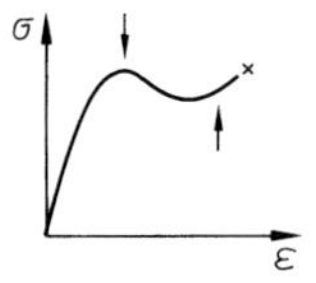	Übergangsform. Elastischer Beginn wegen eingefrorener amorpher Phase oder hohem kristallinem Anteil. Örtliche Temperaturerhöhung mit lokaler Einschnürung (↓) (neck-Bildung) anschließend Scherverformung und teilweise Verfestigung (↑).	PA PP PBT
$T_g < RT$	Typ D 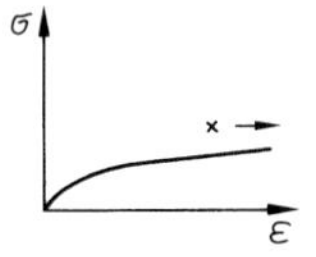	Scherverformung mit gleichmäßiger Probeneinschnürung. Bruch (x) bei großen Dehnungswerten.	PE-LD
$T_g < RT$	Typ E 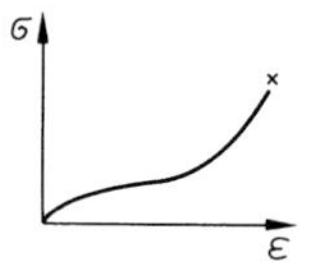	Entropieelastische Verformung eines chemisch weitmaschig vernetzten Polymerwerkstoffs ($\mu = 0{,}5$)	Elastomere

4.1.3 Ermittlung von Spannungs-Dehnungs-Diagrammen und Werkstoffkenndaten

Da die nationalen und internationalen Normen zur Kennwertermittlung (dies gilt nicht nur für den Zugversuch) weite Spielräume für die Prüfbedingungen gestatten, ist eine Vergleichbarkeit und Werkstoffauswahl auch unter ähnlichen Werkstoffen oft nicht gegeben. Ziel der beiden

Normen ISO 10 350 (Single-point data) [4.4] und ISO 11 403 (Multipoint data) [4.5]* ist es, aus der Vielzahl möglicher Messwerte eine begrenzte Anzahl aussagekräftiger Kennwerte und -funktionen festzulegen, die nach ebenfalls festgelegten Prüfbedingungen ermittelt werden. Auch die Probekörperform und die Fertigungsparameter der Proben sind festgeschrieben. Somit eignet sich die ISO 10 350 besonders zur Werkstoffvorauswahl und zur Aufstellung von Spezifikationen. Die funktionalen Zusammenhänge der ISO 11 403 erlauben bereits eine weitergehende Beurteilung eines Werkstoffs für eine konstruktive, technische Anwendung.

Das Kraft-Verformungs-Verhalten bei kurzzeitiger einachsiger Zugbeanspruchung wird durch den Zugversuch nach ISO 527 ermittelt [4.6]:

Diese Werte sind in Bild 4.4 an charakteristischen Kurvenverläufen veranschaulicht. Im Einzelnen handelt es sich um die folgenden Werte:

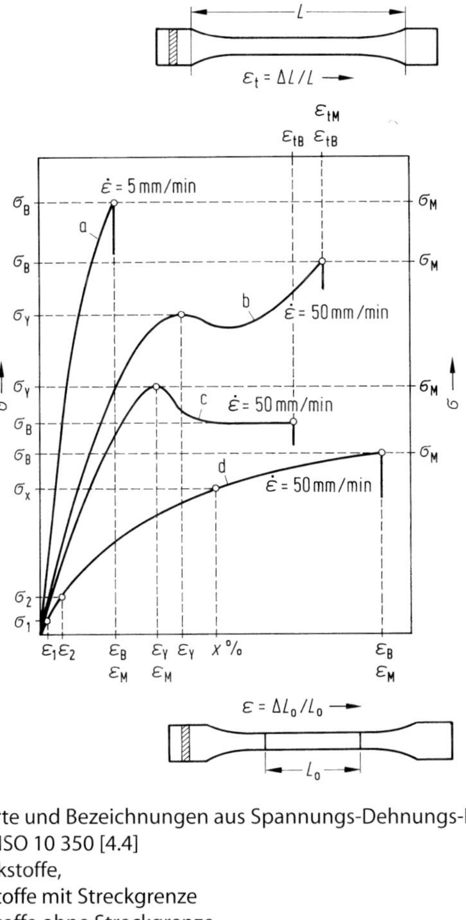

Bild 4.4 Begriffe, Kennwerte und Bezeichnungen aus Spannungs-Dehnungs-Kurven gemäß Festlegung nach ISO 10 350 [4.4]

a) spröde Werkstoffe,

b), c) zähe Werkstoffe mit Streckgrenze

d) zähe Werkstoffe ohne Streckgrenze

---

* Diese Normen stimmen weitgehend mit den nationalen Formmassenormen, Teil 2 (Grundwertetabelle), überein und sind die Basis der PC-Datenbank CAMPUS der Kunststoffhersteller.

Festigkeitskennwerte

- die *Streckspannung* σ_Y als diejenige Zugspannung, bei der die Steigung der Spannungs-Dehnungs-Kurve erstmals den Wert Null annimmt (also das Kurvenmaximum);
- die *Zugfestigkeit* σ_M als die maximale Zugspannung bei Höchstkraft;
- die *Bruchspannung* beim Bruch σ_B
- die *x %-Dehnspannung* $\sigma_{x\%}$ als diejenige Zugspannung, bei der die Spannungs-Dehnungs-Kurve vom anfänglich linearen Verlauf um *x* % Dehnung abweicht (Bild 4.5). Sie kann als Dimensionierungskennwert verwendet werden, wenn die Spannungs-Dehnungs-Kurve eines Werkstoffs keine ausgeprägte Streckspannung aufweist und der Bruch erst bei hohen Dehnungswerten erfolgt, also bei ausgeprägt nichtlinearem Werkstoffverhalten.

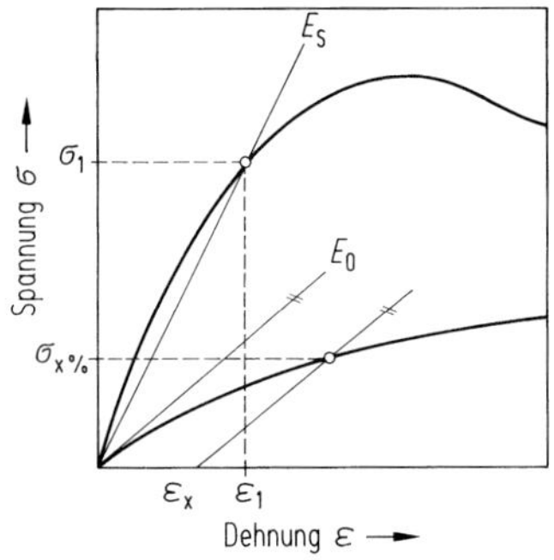

Bild 4.5 Definition von Sekantenmodul E_S (obere Kurve) und *x* %-Dehnspannung (untere Kurve)

Verformungskennwerte

- die *Streckdehnung* ε_Y als die der Streckspannung zugeordnete Dehnung;
- die *Bruchdehnung* ε_B die der Bruchspannung zugeordnet ist, sofern der Werkstoff zuvor keine Streckspannung durchlaufen hat;
- die *nominelle Bruchdehnung* ε_{tB} beim Bruch des Werkstoffs, nachdem eine Streckspannung durchlaufen wurde. Die nominelle Dehnung ε_t ist das Verhältnis von aktuellem Klemmenabstand (an der Zugprüfmaschine) zum ursprünglichen Klemmenabstand ($\varepsilon_t = \Delta L/L$).
- die Fläche unterhalb der Spannungs-Dehnungs-Kurve kennzeichnet das *Arbeitsaufnahmevermögen* (Zähigkeit) des betreffenden Polymerwerkstoffs. Eine große Fläche ist gleichbedeutend mit einem hohen Arbeitsaufnahmevermögen.
- der *Elastizitätsmodul E* (im Zugversuch E_t = Tensile modulus), der den Zusammenhang zwischen Zugspannung und zugeordneter Dehnung beschreibt. Im linearen Bereich ist dieses Verhältnis konstant und wird durch das Hookesche Gesetz $E = \sigma/\varepsilon$ wiedergegeben.

Aus messtechnischen Gründen wird der Elastizitätsmodul nach ISO 527 nicht als Tangente durch den Nullpunkt, sondern als Sekante zwischen 0,05 % und 0,25 % Dehnung gemessen. Es gilt also $E_t = (\sigma_2 - \sigma_1) / (\varepsilon_2 - \varepsilon_1)$.

Zugversuch

Normen

ISO 527

Probekörpergeometrie

Schulterstab	1A		1B
Gesamtlänge		$\geq$ 150 mm	
Parallelstrecke	80 ± 2 mm		60 ± 0,5 mm
Radius	20 bis 25 mm		60 mm
Breite der Parallelstrecke	10 ± 0,2 mm		
Dicke der Parallelstrecke	4 ± 0,2 mm		
Messlänge	50 ± 0,5 mm		

Messprinzip

Der Probekörper wird entlang seiner größten Hauptachse bei konstanter Dehngeschwindigkeit im Allgemeinen bis zum Bruch gedehnt. Während des gesamten Versuches wird die korrespondierende Längenänderung gemessen. Als Spannung ist die auf den Anfangsquerschnitt bezogene Zugkraft, und als Dehnung die auf die Messlänge bezogene Längenänderung definiert. Bei dieser Darstellung bleibt die tatsächliche Spannung, die aufgrund des stetig abnehmenden Probenquerschnitts zunimmt, unberücksichtigt.

Messergebnisse

Spannungs-Dehnungs-Funktion

Streckspannung	σ_Y	in MPa
Streckdehnung	ε_Y	in %
Bruchspannung	σ_B	in MPa
Bruchdehnung	ε_B	in %
Zugfestigkeit	σ_M	in MPa
Dehnung bei Zugfestigkeit	ε_M	in %
Nominelle Dehnung	ε_t	in %
Elastizitätsmodul	E	in MPa
Querkontraktionszahl	μ	dimensionslos

Diese normative Definition ist für Polymerwerkstoffe mit ausgeprägt nichtlinearen Verformungsverhalten nötig, um eine eindeutige Messung durchführen zu können, und somit die Vergleichbarkeit verschiedener Werkstoffe untereinander zu ermöglichen.

Das Bild 4.6 zeigt den gemessenen Spannungs-Dehnungs-Verlauf eines PE-HD, das die Schwierigkeiten der Angabe eines „Hookeschen Elastitzitätsmoduls" veranschaulicht. Für Polymerwerkstoffe mit linearem Anfangsbereich bis 0,25 % Dehnung besteht kein Unterschied zum Elastizitätsmodul nach herkömmlichem Verständnis.

Der Konstrukteur wird den normgerecht (nach ISO 527) gemessenen Elastizitätsmodul ohnedies nur zum Werkstoffvergleich bzw. zur Werkstoffauswahl verwenden. Da Konstruktionen aus Polymerwerkstoffen häufig über Dehnungswerte von 0,25 % beansprucht werden, wird

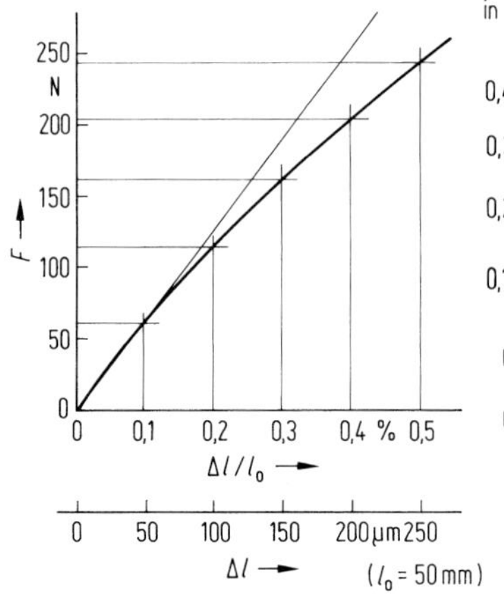

Dehnung in %	Modulwerte in MPa
0,4 - 0,5	1330
0,3 - 0,4	1420
0,2 - 0,3	1570
0,1 - 0,2	1770
0 - 0,1	2050
0	2120

Bild 4.6 Spannungs-Dehnungs-Verlauf im unteren Dehnungsbereich für ein PE-HD. Eingetragen sind Sekantenmoduln (Tangentenmoduln) für verschiedene Dehnungsabschnitte.

für Berechnungen solcher Strukturen der *Sekantenmodul* E_S eingeführt. Unter dem Sekantenmodul wird formal der Quotient aus der durch die Belastung erzeugten Spannung σ_1 und der zugeordneten Dehnung ε_1 verstanden: $E_S = \sigma_1/\varepsilon_1$ (s. Bild 4.5). Damit wird versucht, auf einfache Weise das nichtlineare Werkstoffverhalten in Verformungsberechnungen zu berücksichtigen (s. a. Abschnitt 5.3.2.1).

4.1.4 Einfluss von Temperatur, Zeit und Feuchte auf Spannungs-Dehnungs-Kurven

Die Auswirkungen von Temperatur, Beanspruchungsgeschwindigkeit (Zeit) und Wasseraufnahme auf den molekularen Zusammenhalt von Polymerwerkstoffen finden sich auch entsprechend in Form und Charakteristik der Spannungs-Dehnungs-Kurven wieder. Zur betriebssicheren Auslegung von Bauteilen sind deshalb diese Funktionen unter Variation dieser Randbedingungen erforderlich. Die Formulierung und experimentelle Identifikation von Werkstoffgesetzen, die das viskoelastische nichtlineare Werkstoffverhalten unter Einschluss von Zeit-, Temperatur-, Feuchteeinfluss beschreiben, ist Gegenstand der Forschung. Die zugrundeliegenden Vorstellungen basieren dabei einerseits auf Empirie, andererseits auf bruchmechanischen Überlegungen, dem Prinzip der Temperatur-Zeit-Verschiebung oder der Theorie des freien Volumens, z. B. [4.7–4.12]. Allerdings ist es in den seltensten Fällen der industriellen Praxis gerechtfertigt, diesen umfänglichen Aufwand zu treiben; es wird vielmehr mit vertretbaren Vereinfachungen gearbeitet.

Temperatur

Je nach Lage der Probentemperatur kann offensichtlich ein und derselbe Polymerwerkstoff mehrere der in Tabelle 4.1 gezeigten charakteristischen Spannungs-Dehnungs-Verläufe an-

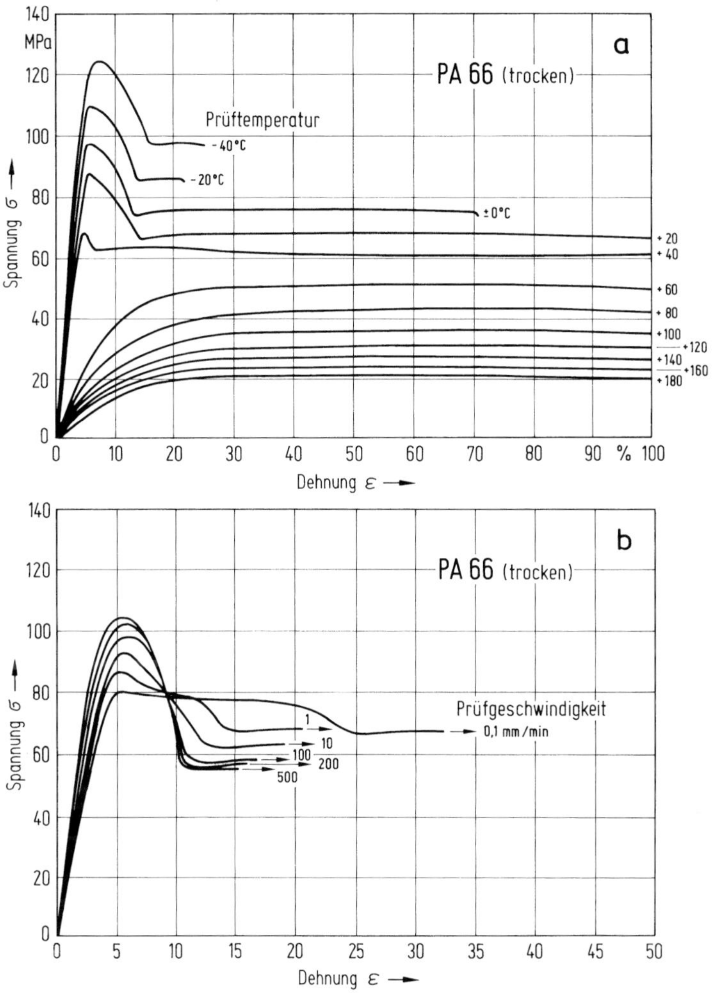

Bild 4.7 Spannungs-Dehnungs-Diagramme von Polyamid 66 für verschiedene Temperaturen (a) und Dehngeschwindigkeiten (b) [1.1]

nehmen. Sogar innerhalb eines relativ eng begrenzten Temperaturbereichs kann dies der Fall sein, wie Bild 4.7 oben erkennen lässt. Dementsprechend liegt auch eine ausgeprägte Temperaturabhängigkeit sämtlicher Festigkeits- und Dimensionierungskennwerte vor, was jede Festigkeitsrechnung erschwert, insbesondere bei instationären Temperaturfeldern.

Beanspruchungsgeschwindigkeit

Auf zunehmende Dehngeschwindigkeit reagiert der Werkstoff mit verminderter Relaxation; d. h. einerseits werden die Spannungs-Dehnungs-Diagramme steiler, Streckspannung bzw. Zugfestigkeit nehmen zu, andererseits fällt die Bruchdehnung auf niedrigere Werte ab.

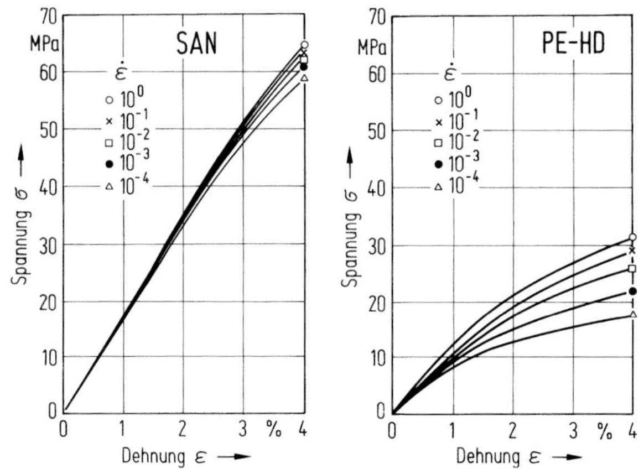

Bild 4.8 Spannungs-Dehnungs-Kurven bei RT für verschiedene Dehngeschwindigkeiten

Darüber hinaus kann eine Änderung der Verformungscharakteristik dadurch eintreten, dass bei konstanter Prüftemperatur die Glasübergangstemperatur durch Variation der Dehngeschwindigkeit zu niedrigeren oder höheren Temperaturwerten verschoben wird [4.13].

Die Spannungs-Dehnungs-Kurven in Bild 4.7 unten wurden mit unterschiedlicher Dehngeschwindigkeit aufgenommen, und man erkennt eine deutlich stärkere Ausprägung der Streckgrenze bei hohen Beanspruchungsgeschwindigkeiten, während bei der Kurve, die mit der geringsten Dehngeschwindigkeit ermittelt wurde, die Streckgrenze nur noch angedeutet ist. Mit zunehmender Dehngeschwindigkeit steigt auch der Wert der Streckspannung an, doch gilt grundsätzlich, dass der Einfluss der Temperatur auf die Festigkeits- und Modulwerte bedeutend größer ist als der der Dehngeschwindigkeit, wie der Vergleich von Bild 4.7 oben mit unten belegt.

Erwartungsgemäß zeigt sich der Einfluss der Dehngeschwindigkeit oberhalb der Glasübergangstemperatur ausgeprägter als unterhalb der Glasübergangstemperatur, was der Vergleich der Kurvenscharen für PE-HD (T_g der amorphen Phase < –100 °C) in Bild 4.8 mit denen von SAN (T_g = 105 °C) erkennen lässt.

Wasseraufnahme

Bei Polyamiden tritt durch die Aufnahme von Wasser (s. a. Abschnitt 2.2.1) eine Verschiebung der Glasübergangstemperatur zu tieferen Temperaturwerten ein. Während das die Glasübergangstemperatur kennzeichnende Relaxationsmaximum für trockenes PA 6 bei etwa 60 °C festgestellt wird, wird das Maximum nach einer Wasseraufnahme von 2,8 % bereits auf ca. 15 °C und von 11 % zu noch tieferen Temperaturwerten um –10 °C verschoben (s. a. Bild 2.9).

Ausgehend von Raumtemperatur wechselt T_g also mit der Wasseraufnahme gerade um diesen Wert von 23 °C, was sich auch in den unterschiedlichen Formen der Spannungs-Dehnungs-Kurven gemessen bei 23 °C für diese Feuchtezustände ausdrückt (Bild 3.11).

Tabelle 4.2 Polynomkoeffizienten zur Abbildung von Spannungs-Dehnungs-Funktionen [4.14]

	Temperatur °C	K_0 –	K_1 –	K_2 –	K_3 –	K_4 –	Dehnung ε_Y bzw. (ε_B) %
ABS (Terluran 877 T)	–40	36,68	–7,25	0,64	0,0	0,0	4,6
	–20	31,11	–4,09	0,11	0,0	0,0	3,7
	0	26,81	–1,43	–0,52	0,0	0,0	3,6
	40	21,12	5,15	–6,25	1,52	–0,12	2,8
	60	24,23	–7,38	0,71	0,0	0,0	2,7
	80	19,03	–6,57	0,71	0,0	0,0	2,2
	–40	139,42	–29,39	0,31	0,58	0,0	(2,8)
	–20	112,64	–14,47	–3,47	0,72	0,0	(3,2)
	0	98,98	–17,80	–0,61	0,28	0,0	(3,8)
PA 6-GF (Ultramid B3EG5) luftfeucht 23/50	23	64,40	–12,64	0,24	0,09	0,0	(5,8)
	40	55,94	–20,85	4,65	–0,44	0,0	(6,3)
	60	42,26	–11,06	1,64	–0,11	0,0	(6,5)
	80	39,20	–11,13	2,03	–0,19	0,0	(5,8)
	100	36,79	–10,04	1,68	–0,14	0,0	(5,0)
	120	33,99	–8,49	1,22	–0,09	0,0	(4,7)
	150	34,41	–14,00	2,76	–0,21	0,0	(5,4)

Spannungs-Dehnungs-Diagramme

ABS (Terluran 877 T):

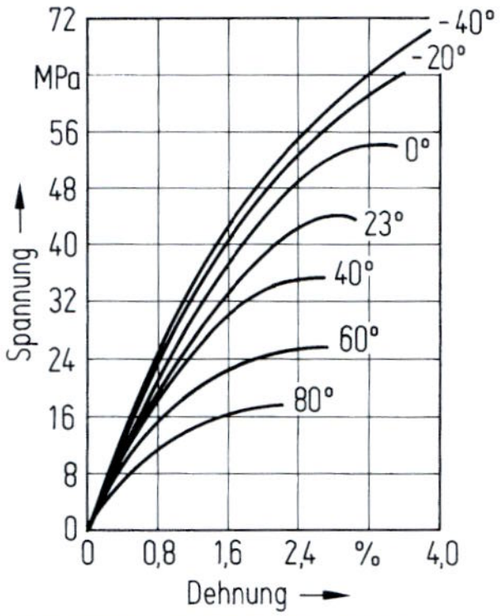

T °C	σ_Y MPa	ε_Y %
40	73,8	4,6
20	64,7	3,7
0	54,3	3,6
23	43,6	3,1
40	35,3	2,8
60	25,5	2,7
80	17,8	2,2

PA 6-GF (Ultramid B3EG5) luftfeucht 23/50:

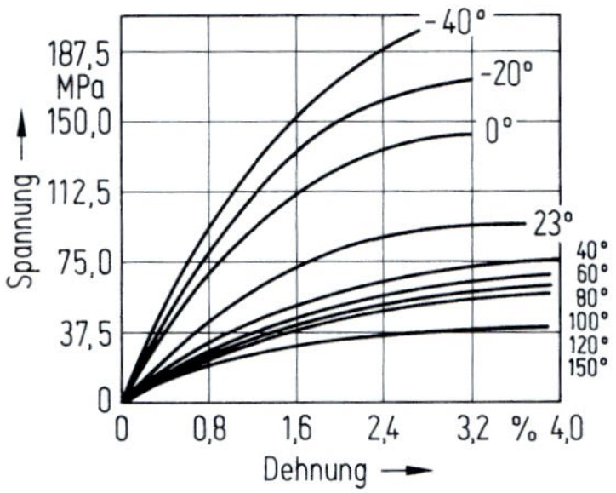

T °C	σ_B MPa	ε_B %
40	199,0	2,8
20	174,0	3,2
0	144,0	3,8
23	94,0	5,8
40	77,5	6,3
60	70,5	6,5
80	63,4	5,8
100	58,4	5,0
120	54,5	4,7
150	40,0	5,4

4.1.5 Mathematische Beschreibung von Spannungs-Dehnungs-Kurven

Der Spannungs-Dehnungs-Verlauf kann bis zu Dehnungswerten von etwa 4 % befriedigend genau durch ein Polynom maximal 5. Grades angepasst werden und einem entsprechendem Rechenprogramm zugeführt werden. Somit lassen sich die x%-Dehnspannungen, Sekantenmoduln usw. auf einfachste Weise behandeln.

In das Hookesche Gesetz für den einachsigen Spannungszustand

$$\sigma = E \cdot \varepsilon$$

wird der Proportionalitätsfaktor E dehnungsabhängig eingeführt:

$$\sigma(\varepsilon) = E(\varepsilon) \cdot \varepsilon = (K_1 + K_1\,\varepsilon + K_2\,\varepsilon^2 + K_3\,\varepsilon^3 + K_4\,\varepsilon^4) \cdot \varepsilon \tag{4.1}$$

Die Tabelle 4.2 enthält die Polynomkoeffizienten z. B. eines duktilen ABS-Werkstoffs und eines spröde brechenden PA 6-GF mit 25 Gew.-% GF jeweils für einen weiten Temperaturbereich sowie die geplotteten Spannungs-Dehnungs-Diagramme [4.14].

4.2 Verformungsverhalten unter uniaxialer, langzeitiger, statischer Zugbeanspruchung (Zeitstand-Zug-Versuch)

Die Zeitabhängigkeit des Verformungsverhaltens wird durch genormte Versuche ermittelt. Beim Zeitstand-Zugversuch (Kriech- oder Retardationsversuch) nach ISO 899 (DIN 53 444) [4.15] wird die Probe durch eine ruhende Kraft beansprucht und die dadurch bewirkte Verformung als Funktion der Zeit gemessen. Die Proben werden meist auf Zug beansprucht, weil der Zugversuch sicherer durchzuführen ist als der Druckversuch und eindeutigere Aussagen liefert als der Biegeversuch. Die Versuche werden auf verschieden hohem Spannungsniveau und bei verschiedenen Temperaturen durchgeführt.

Beim Entspannungsversuch (Relaxationsversuch) nach DIN 53 441 [4.16] wird der kraftschlüssig eingespannten Probe eine konstant gehaltene Verformung aufgezwungen und die zeitliche Abnahme der für die Verformung notwendigen Kraft gemessen. Dieser Versuch ist mit erheblichem technischen Aufwand verbunden; die Beurteilung des statischen Langzeitverhaltens erfolgt deswegen für technische Belange üblicherweise mit den Ergebnissen aus dem Zeitstand-Zugversuch, obwohl Retardation und Relaxation physikalisch verschiedene Vorgänge sind.

Der Zeitstand-Zug-Versuch liefert für die praktische Konstruktionstechnik folgende Aussagen:

- die *Kriechkurven*, *Zeit-Spannungs-Linien* oder *isochronen Spannungs-Dehnungs-Linien* (kurz: *Isochronen*), die jeweils durch Vertauschen der Parameter Spannung, Dehnung, Zeit gewonnen werden (Bild 4.9).
- den *linear viskoelastischen Bereich,* der im unteren Bereich durch die Proportionalität von Spannung und Dehnung im isochronen Spannungs-Dehnungs-Diagramm gekennzeichnet ist.

Zeitstand-Zug-Versuch

Normen

ISO 899 (DIN 53 444)

Probekörpergeometrie

Schulterstab 1A oder 1B (künftig bevorzugt), ältere Messungen an Schulterstäben verschiedener Abmessung sind wegen des Versuchsaufwandes noch üblich.

Messprinzip

Die Probekörper werden in einem konstanten Prüfklima – üblicherweise 23/50, 40/35 oder 60 und höher/0 – mit einer konstanten (Gewichts-)Belastung beaufschlagt. Gemessen wird die Verformung in Abhängigkeit von der Belastungszeit. Als Spannung ist die auf den Anfangsquerschnitt bezogene Zugkraft definiert. Ebenso wird als Dehnung die Längenänderung auf die Ausgangslänge bezogen.
Wegen des hohen Prüfaufwandes wird der Spannungs-Relaxations-Versuch (Abbau der Spannung unter aufgeprägter Dehnung) selten durchgeführt.

Messergebnisse

Kriechkurven	$\varepsilon = f(t)$	$\sigma = \text{const}$
daraus abgeleitet		
Relaxationskurven	$\sigma = f(t)$	$\varepsilon = \text{const}$
Isochrone	$\sigma = f(\varepsilon)$	$t = \text{const}$
Kriechmodul	$\sigma/\varepsilon = f(t)$	
Zeitstandfestigkeit	$\sigma_B = f(t)$	

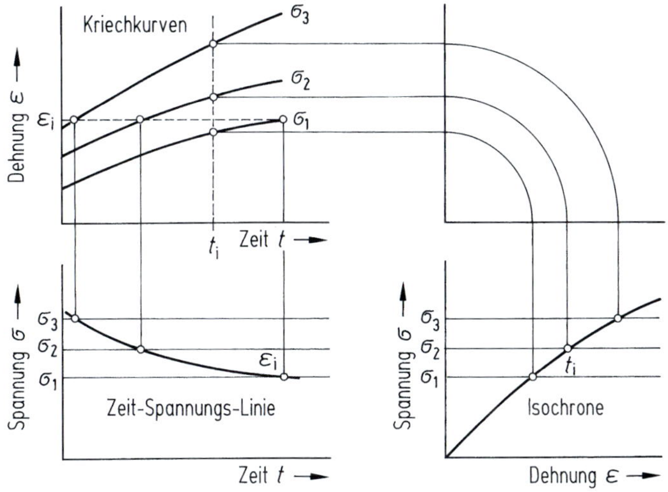

Bild 4.9 Darstellungsmöglichkeiten der Messgrößen σ, ε und *t* aus dem Zeitstand-Zug-Versuch

- die *Zeitstand-Zugfestigkeit* $\sigma_{B(t)}$ als die Spannung, bei der die Probe nach der Zeit t bricht. Als Dimensionierungskennwert ist die Zeitstand-Zugfestigkeit nur bedingt geeignet, da der Bruch häufig erst bei sehr hohen Dehnungswerten erfolgt, die bei vielen technischen Konstruktionen nicht mehr tragbar wären, s. a. Abschnitt 4.2.1.
- den *Kriechmodul* E_c, der formal analog dem Elastizitätsmodul zu $E_c = \sigma/\varepsilon(t)$ ermittelt wird. Dieser Modulwert gilt jeweils nur für eine bestimmte Belastungszeit. Im linear viskoelastischen Bereich ist der Kriechmodul nur von der Temperatur und Zeit, nicht jedoch von der Spannung abhängig. Mit der Einführung des Kriechmoduls in Verformungsrechnungen wird versucht, die zeitabhängige Verformung auf einfachste Weise zu berücksichtigen (s. a. Kapitel 5).

4.2.1 Mathematische Beschreibung von Kriechkurven

Der Kriechverlauf lässt sich durch Modelle phänomenologisch beschreiben. Eine Zusammenstellung findet sich z. B. in [4.17]. Zwei Anpassungsfunktionen werden derzeit bevorzugt angewendet [4.18]:

Sehr anschaulich sind die mechanischen Ersatzmodelle aus Kombinationen von elastischen Federn und viskosen Dämpfern, die die molekularen Verformungsabläufe zwar physikalisch nicht richtig abbilden, aber eine einfache mathematische Beschreibung des Kriechverhaltens ermöglichen. Die Parameter E_0, E_r, η_0 und η_r werden durch Approximation an gemessene Kriechkurven gewonnen. Am Beispiel des *4-Parameter-Modells* (Burgers-Modell [4.19]) wird das Vorgehen in Bild 4.10 veranschaulicht. Das Modell setzt linear viskoelastisches Verhalten voraus. In diesem Verformungsbereich gilt das Boltzmannsche Superpositionsprinzip, das besagt, dass eine Dehnung $\varepsilon_1(t)$ verursacht durch eine Spannung σ_1 und eine Dehnung $\varepsilon_2(t)$ verursacht durch eine Spannung σ_2 addiert werden dürfen, wenn σ_1 und σ_2 überlagert werden.

Die drei Verformungsanteile gemäß Bild 4.10 können im Bereich der Gültigkeit der linearen Viskoelastizität zu der Gesamtdehnung aufsummiert werden:

$$\varepsilon_{ges} = \varepsilon_{el} + \varepsilon_{relax} + \varepsilon_{viskos} \qquad (4.2)$$

Der Vorteil der *Findleyschen Potenzfunktion* [4.20] liegt hauptsächlich in der einfachen mathematischen Handhabung. Er lautet:

$$\varepsilon_{ges} = \varepsilon_{el} + m \cdot t^n \qquad (4.3)$$

Wie ersichtlich, wird hierbei der viskoelastisch relaxierende und der viskose Verformungsanteil zu dem inelastischen Term $m \cdot t^n$ zusammengefasst.

Logarithmiert ergibt Gl. (4.3) eine Gerade:

$$\log(\varepsilon_{ges} - \varepsilon_{el}) = \log m + n \log t \qquad (4.4)$$

Die Anpassung von Messwerten und Ermittlung der Parameter m und n kann also durch lineare Regression vorgenommen werden.

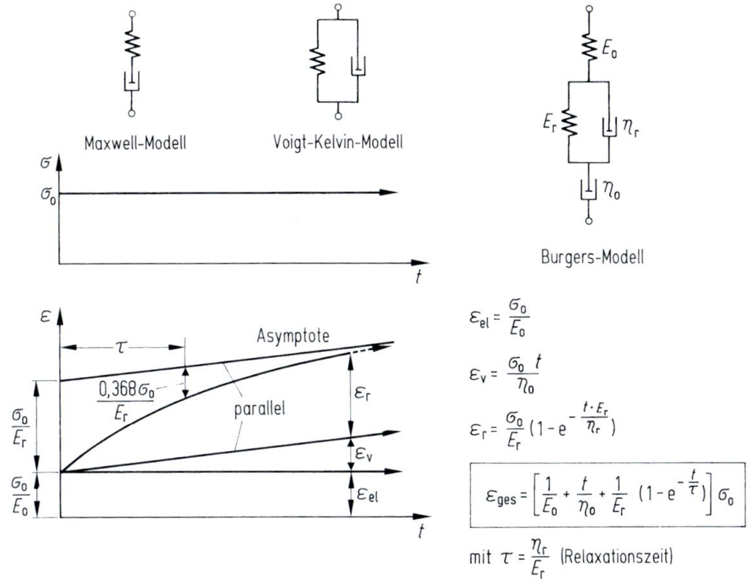

Bild 4.10 Ersatzmodelle mit Hookeschen Federn und Newtonschen Dämpfern zur Beschreibung des Verformungsverhaltens von Polymerwerkstoffen (oben) und Verhalten bei sprunghaft vorgegebener Belastung sowie mathematische Anpassung (unten)

Zur Darstellung des Kriechverhaltens eines Polymerwerkstoffs bei beliebiger Spannung muss Gl. (4.2) durch die Spannungsabhängigkeit der Parameter m und n modifiziert werden:

$$\varepsilon_{ges} = \varepsilon_{el} + m(\sigma) \cdot t^{n(\sigma)} \tag{4.5}$$

Dabei kann festgestellt werden, dass $n(\sigma)$ bis zu einem bestimmten Wert von σ als Gerade abgebildet werden kann (Bild 4.12).

Oberhalb dieses Grenzwertes (Ende des linear viskoelastischen Bereichs), der als σ^* bezeichnet wird [4.21], nimmt, bedingt durch die Auswirkung von Strukturänderungen, im Werkstoff die Kriechgeschwindigkeit merklich zu und die Anpassung verliert ihre Gültigkeit.

Eine ähnliche Unstetigkeit, allerdings nicht derart signifikant, ist bei der als Potenzfunktion oder Polynom dargestellten spannungsabhängigen Funktion von $m(\sigma)$ festzustellen (Bild 4.11).

Der Grenzwert σ^* kann im Hinblick auf die beginnende Zunahme der Kriechgeschwindigkeit als eine Dimensionierungsgrenze für statisch langzeitig beanspruchte Konstruktionen gesehen werden.

Als ebenfalls plausibler Dimensionierungskennwert kann ein Spannungswert definiert werden, bei dem der inelastische Dehnungsanteil
$m(\sigma) \cdot t^{n(\sigma)} = 0{,}5$ % für teilkristalline Thermoplaste,
$m(\sigma) \cdot t^{n(\sigma)} = 0{,}3$ % für amorphe Thermoplaste
beträgt [4.22].

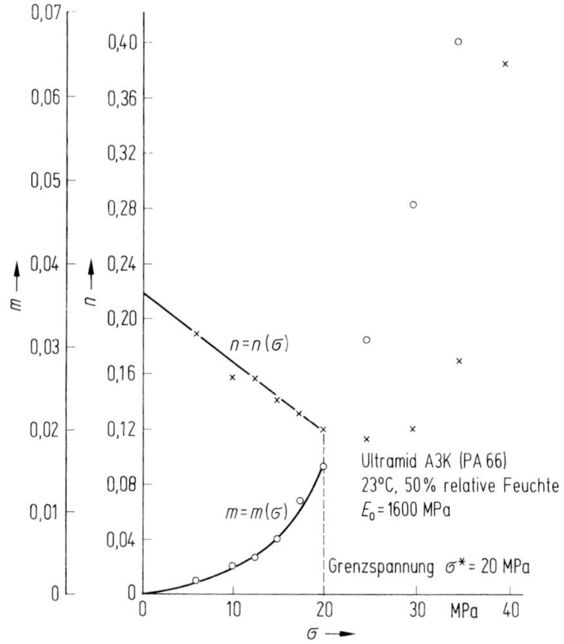

Bild 4.11 Approximierte Parameter *m* und *n* und Ermittlung der Grenzspannung σ* [4.21]

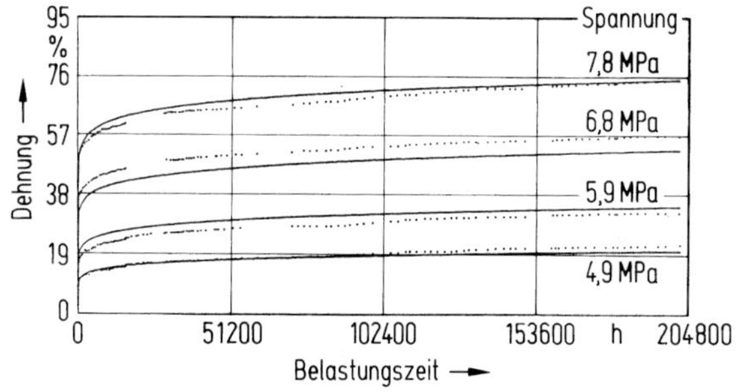

Bild 4.12 Kriechfunktionen von PE-LD (Lupolen 1800 H, σ_Y = 9 MPa, E_0 = 200 MPa). Klima: 23/50. Die gemessene Zeit von 204 800 h entspricht etwa 24 Jahren! [4.23]

Der auch bei sehr kriechfreudigem PE-LD experimentell nachgewiesene Befund, dass bei einachsiger Beanspruchung auch über sehr lange Versuchszeiten kein unerwarteter Anstieg der Kriechgeschwindigkeit erfolgt (Bild 4.12), berechtigt zu der Folgerung, mit Hilfe der Findleyschen Potenzfunktion die statische Langzeitverformung für Thermoplaste etwa eine Zehnerpotenz extrapolieren zu dürfen [4.24]. Vorsicht ist allerdings geboten, wenn ein mehrachsiger Spannungszustand vorliegt. Dann wird häufig nach zunächst linearem Kriechen ein exponentieller Anstieg der Kriechkurve festgestellt.

* PC-Programm CAMPUS (Multipoint).

4.3 Zähigkeit und Schlagzähigkeit

Die Zähigkeit eines Werkstoffs ist definiert als

Produkt aus Formänderungsvermögen mal Widerstand gegen diese Formänderung.

Es handelt sich also um eine Größe mit der Dimension einer Arbeit. Wie alle Eigenschaften der Polymerwerkstoffe hängt auch die Zähigkeit von der Geschwindigkeit bzw. der Zeit der Beanspruchung (und natürlich von der Temperatur) ab.

4.3.1 Zähigkeit aus dem Zugversuch

Das Spannungs-Dehnungs-Diagramm liefert mit der Fläche unter der Kurve eine Zähigkeitsbeurteilung, die entsprechend der zugrunde liegenden Dehngeschwindigkeit von 5 mm/min für spröde Werkstoffe oder 50 mm/min für zähe Werkstoffe gilt. Die quantitative Auswertung der Bruchzähigkeit für zähe Werkstoffe kann mit großen Streuungen behaftet sein, da im Zugversuch der endgültige Bruch oft bei mehr oder weniger zufälligen Dehnungswerten auftritt.

Zur Beurteilung der Zähigkeit *vor dem Versagen durch Fließen*, also im konstruktiven Bereich, bietet sich die Fläche unter dem Spannungs-Dehnungs-Diagramm bis zur Streckdehnung an.* Dieses Maß kann auch als Dimensionierungswert für schlagartig beanspruchte Bauteile herangezogen werden (s. Abschnitt 5.5).

4.3.2 Zähigkeit aus dem Schlagbiegeversuch

Zur Beurteilung der Zähigkeit unter schlagartiger (Auftreffgeschwindigkeit zwischen 1 und 3,4 m/s) Beanspruchung werden vorzugsweise drei Prüfverfahren herangezogen, die in der Reihenfolge steigender Zähigkeit angewendet werden:

Charpy-Schlagzähigkeit (ungekerbt)	ISO 179
Charpy-Kerbschlagzähigkeit	ISO 179
Schlagzugzähigkeit	ISO 8256

Wenn bei der Charpy-Schlagzähigkeit kein Bruch auftritt, wird die nächst schärfere Prüfung mit Kerbe angewendet.

Für noch zähere Werkstoffe findet die Kerbschlag**zug**zähigkeit Anwendung.

Die quantitativen Ergebnisse der Zähigkeitsprüfungen können für die einzelnen Polymerwerkstoffe für 23 °C und –30 °C Prüftemperatur der Datenbank CAMPUS entnommen werden.

* Die einfache Regel, die Zähigkeit aus den Einpunktwerten des Elastizitätsmoduls und der Streckdehnung nach $W\,Y = 1/2\; E \cdot \varepsilon\, Y$ berechnen zu wollen, ist allenfalls für spröde Werkstoffe zulässig; für Werkstoffe, die stark von der Linearität abweichen, würden zu hohe Werte ermittelt.

Schlagbiegeversuch

Normen

ISO 179 (Charpy)

Probekörpergeometrie

80 × 10 × 4 mm³ (bevorzugt)
ggf. auf der Schmalseite gekerbt;
45°, *r* = 0,25 mm (Vorzugskerbe)

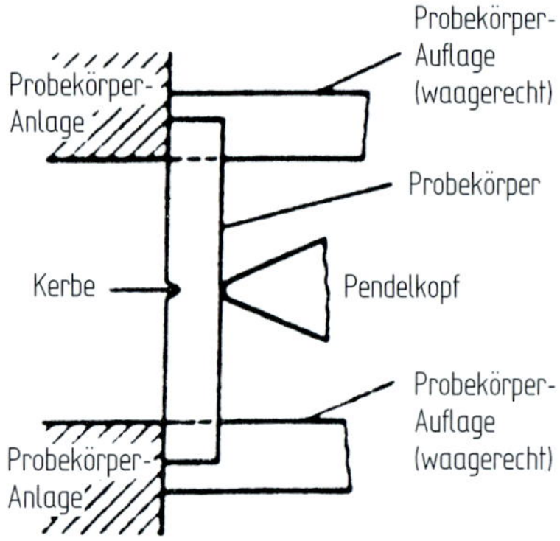

Messprinzip

Die Messmethode benutzt als Messgröße den Energieverlust durch die Abbremsung eines Pendelhammers nach dem Zerschlagen eines Probekörpers.

- Die Schlagarbeit ist definiert als Anteil der kinetischen Energie des Pendelhammers, der für Verformung und Bruch verbraucht wird.
- Der Aufschlag erfolgt vorzugsweise „edgewise" (e), d. h. auf die Schmalseite der Probe. Bei Schichtwerkstoffen auch „flatwise" (f).
- Zu ISO 179 existieren 9 Pendelhämmer (0,5; 1; 2; 4; 5; 7,5; 15; 25 und 50 J).
- Zulässiges Ausnutzungsintervall zwischen 10 und 80 % der jeweiligen Pendelenergie. Bei Überschneidungen der Ausnutzungsintervalle ist stets der energiereichere Hammer zu verwenden.

Messergebnisse

Schlagzähigkeit als integrales Maß aus der bis zum Bruch verbrauchten Energie des Pendelhammers bezogen auf den Ausgangsquerschnitt in kJ/m²

Schlagzähigkeit eines ungekerbten Probekörpers	a_{cU} in kJ/m²
Kerbschlagzähigkeit eines gekerbten Probekörpers	a_{cN} in kJ/m²

Vergleichswerte des Werkstoffwiderstandes gegen schlagartige Beanspruchung.
Keine Dimensionierungswerte.

Temperaturabhängigkeit der Zähigkeit

Werden die Versuche temperaturabhängig durchgeführt, kommt es zu einer Hoch- und Tieflage der Schlagzähigkeit mit zähem bzw. sprödem Verhalten. Die Übergangstemperatur kennzeichnet die Glasübergangstemperatur bei der entsprechenden Geschwindigkeit und damit einen Anhaltswert für die Einsatzgrenze des Werkstoffs bei stoßartiger Beanspruchung.

Das Bild 4.13 zeigt das Ergebnis einer solchen Versuchsreihe für ein Polypropylen. Zusätzlich können der Darstellung Kraft/Weg-Diagramme des instrumentierten Schlagbiegeversuchs für die jeweiligen Zustände entnommen werden.

Kerbschlagzugversuch

Normen

ISO 8256 (DIN 53 448)

Probekörpergeometrie

Verschiedene,
bevorzugt 80 × 10 × 4 mm^3
mit Doppel-V-Kerbe, 45°/r = 1 mm
Oder Zugprobe Typ 4 (aus ISO 8256)
Siehe auch Abschnitt 4.6.3

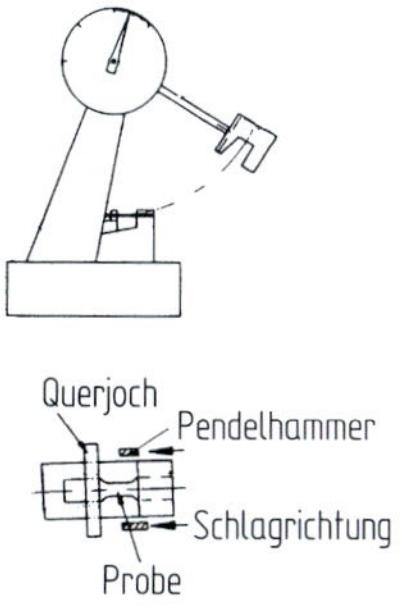

Messprinzip

Der Probekörper wird an einem Querjoch befestigt, auf das beidseitig der Probe die beiden Finnen des Pendelhammers schlagen (Methode A), so dass die Probe in ihrer Längsachse schlagartig auf Zug beansprucht wird.
Die Prüfung wird vorzugsweise dann angewendet, wenn im Schlagbiegeversuch mit Kerben kein Bruch (NB) auftritt.

Messergebnisse

Zug-Kerbschlagzähigkeit a_t in kJ/m^2
als Schlagarbeit bezogen auf den Ausgangsquerschnitt

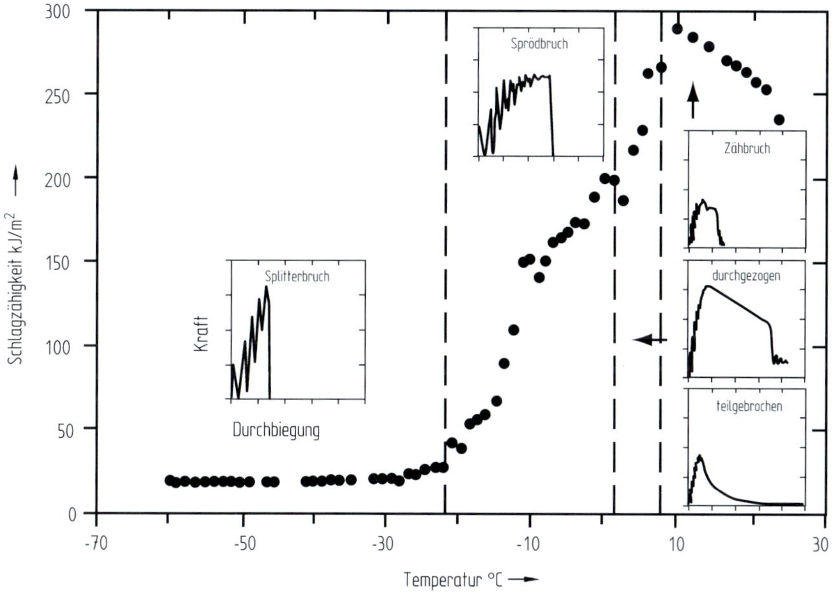

Bild 4.13 Ergebnisse des Schlagbiegeversuchs als Temperaturgleitkurve für ein Polypropylen (Novolen 3240 HX)

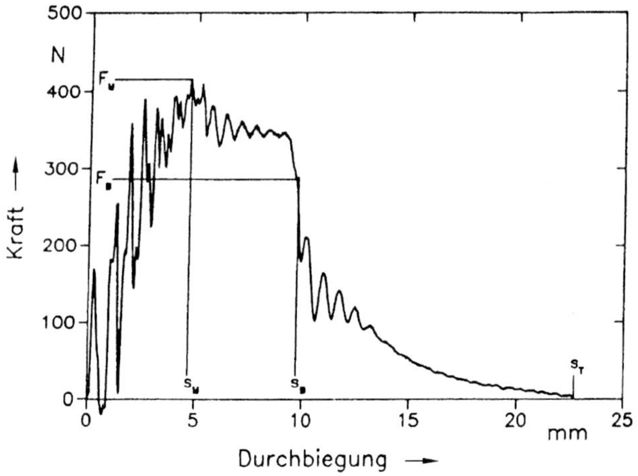

Bild 4.14 Kenngrößen beim instrumentieren Charpy-Schlagbiegeversuch
F_M = Maximalkraft
s_M = Durchbiegung bei Maximalkraft
F_B = Bruchkraft
s_B = Durchbiegung bei Bruchkraft
s_T = Gesamtverformung
a_M = Schlagzähigkeit bei Maximalkraft als Fläche bis s_M
a_B = Schlagzähigkeit bei Bruchkraft als Fläche bis s_B
a_T = Schlag- bzw. Kerbschlagzähigkeit als Fläche bis s_T

Instrumentierter Schlagbiegeversuch

Rüstet man die Schlagfinne des Pendels mit einer geeigneten Kraft/Weg-Messeinrichtung (Instrumentierung) aus, erhält man nicht nur den integralen Wert der Zähigkeit, sondern das informativere Kraft/Weg-Diagramm (Bild 4.14; s. a. Bild 4.13).

4.3.3 Durchstoßversuch

Der Durchstoßversuch* ist eine praxisnahe Zähigkeitsprüfung, bei der flächige Probekörper stoßartig und quasi punktförmig beansprucht werden. Er stellt damit eine Ergänzung zu den Schlagbiege- und Kerbschlagbiegeprüfungen dar. Während bei diesen Versuchen ein einachsiger bzw. im Kerbgrund dreiachsiger Spannungszustand vorliegt, tritt beim Durchstoßversuch in erster Näherung ein biaxialer Spannungszustand auf.

* Der Durchstoßversuch ist aus dem statistischen Fallbolzentest entstanden.

Durchstoßversuch	
Normen ISO 6603-2 **Probekörpergeometrie** Rundscheibe 60 mm Durchmesser (Punktanguss) Quadratplatte 60 × 60 mm² (Bandanguss) Vorzugsdicke jeweils 2 mm	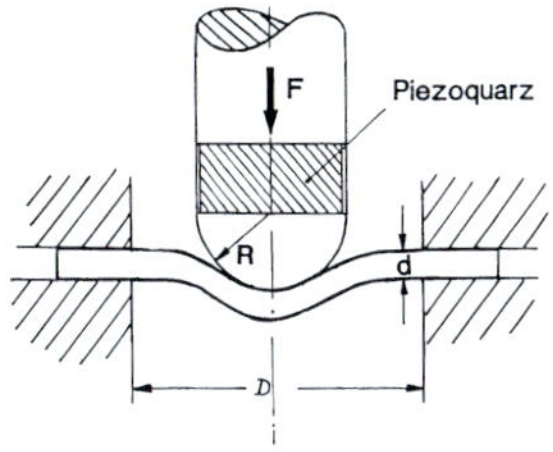
Messprinzip Ein kugelförmiger Stempel mit $R = 10$ mm durchstößt hydraulisch angetrieben oder kinetisch als fallende Masse den Probekörper, der am Umfang mit $D = 40$ mm frei aufliegt oder kraftschlüssig eingespannt ist, mit einer Auftreffgeschwindigkeit von 4,5 m/s. Beim instrumentierten Versuch ist der Kopf mit einer schnellen Kraft/Weg-Messeinrichtung versehen.	
Messergebnisse Durchstoßarbeit bis zum Bruch in Nm zur Beurteilung der biaxialen Zähigkeit. Weitere Größen analog zum instrumentierten Schlagbiegeversuch, insbesondere zur Werkstoffentwicklung geeignet. Die ermittelten Kenngrößen sind dickenabhängig. Bei der Durchstoßarbeit bis zum Bruch geht die Probendicke in grober Näherung linear ein. Während des Durchstoßens werden biaxiale Biege- und Zugverformungs- sowie Reibungsanteile überlagert.	

4.4 Verhalten unter schwingender Beanspruchung

Das Verhalten polymerer Konstruktionswerkstoffe unter schwingender Wechsel- oder Schwellbeanspruchung wird in zeitaufwendigen Zug/Druck- oder Biegeschwingversuche gemessen. Als Ergebnisse erhält man Wöhlerkurven (Bild 4.15) oder Smith-Diagramme (Bild 4.16), bei denen der Probenbruch für unterschiedliche Spannungsamplituden über der jeweiligen Lastspielzahl aufgetragen wird. Da sich die Proben unter schwingender Beanspruchung erwärmen können, muss die Prüffrequenz so gewählt bzw. geregelt werden, dass die Probentemperatur konstant bleibt. Die Versuche werden üblicherweise nach 2 bis $4 \cdot 10^7$ Lastwechseln abgebrochen.

Die Aussagefähigkeit der Versuchsergebnisse ist begrenzt. Ähnlich wie die Zeitstandfestigkeit ist deswegen die Wöhlerkurve nur zum dimensionieren gegen Bruchversagen geeignet.

Der Konstrukteur muss aus der bloßen Kenntnis der Versagensspannung auch relativ willkürlich eine zulässige Spannung festlegen, da diese Versuche weder Hinweise auf die bis zum Bruch aufgetretene Dehnung noch irgendwelche andere Anhaltspunkte auf die mit der Ermüdung verbundenen strukturellen Werkstoff-Veränderungen enthalten, z. B. auf den Beginn einer Schädigung. Die Übertragung der Messergebnisse auf schwingend beanspruchte Bauteile muss deshalb mit Vorsicht erfolgen.

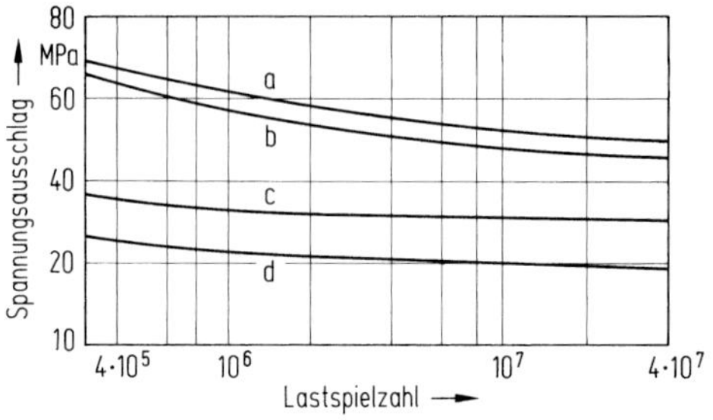

Bild 4.15 Wöhlerkurven aus dem Wechselbiegeversuch [4.25] für
a) PA 66-GF (35 Gew.-%),
b) PA 6-GF (35 Gew.-%),
c) PA 66,
d) PA 6

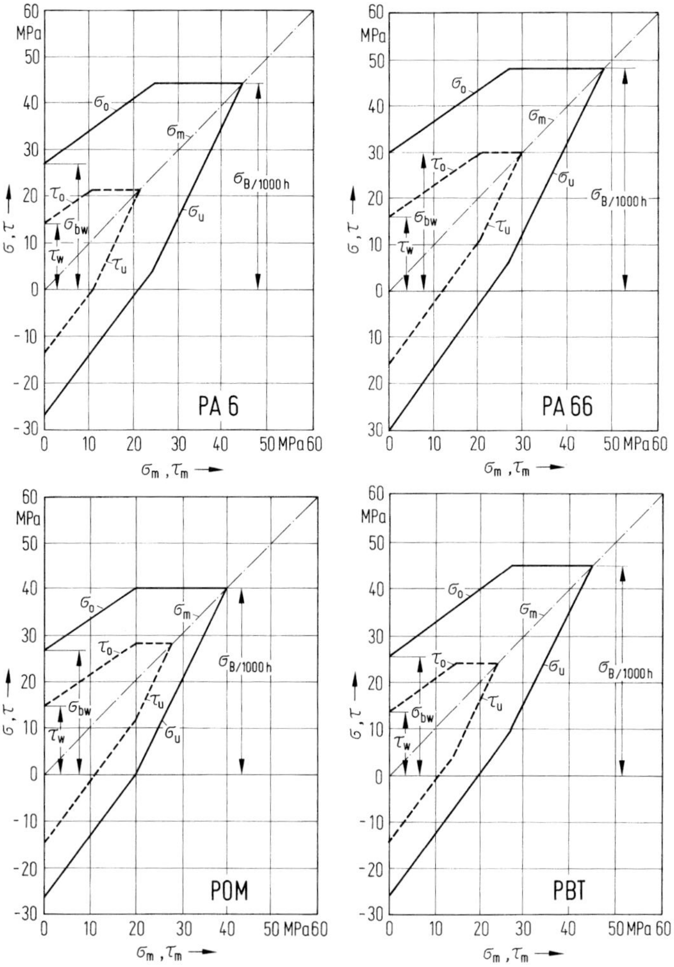

Bild 4.16 Smith-Diagramme; Biege- und Torsionsbeanspruchung für $2 \cdot 10^7$ Lastwechsel [4.26]

Allerdings kann mit Hilfe der Wöhler-Kurven sehr wohl eine vergleichende Werkstoffauswahl getroffen werden.

4.4.1 Ermittlung charakteristischer Ermüdungskennwerte

Risswachstumsuntersuchungen. Bruchmechanische Untersuchungen können u. a. wertvolle Hinweise auf das Risswachstum rissbehafteter Proben geben. Bruchmechanische Betrachtungen bieten somit eine aussichtsreiche Methode zur Dimensionierung von schwingungsbeanspruchten Strukturen [4.27 bis 4.30]. In der allgemeinen Konstruktionspraxis ist diese Vorgehensweise allerdings noch nicht üblich.

Schallemissionsanalyse. Schallemissionsmessungen werden erfolgreich, beispielsweise zum Nachweis einer Rissbildung, vorzugsweise bei faserverstärkten Polymerwerkstoffen, unter Schwingbeanspruchung durchgeführt [4.31 und 4.32].

Hysteresismessungen. Die Hysterese im Spannungs-Dehnungs-Versuch bei schwingender Beanspruchung ist für viskoelastische Werkstoffe ein signifikantes Merkmal. Spannung und Dehnung sind um den Phasenwinkel δ versetzt (Bild 4.17).

Die zeitabhängige Spannung und Dehnung ist demnach:

$$\sigma_{(t)} = \hat{\sigma}\cos(\omega t) \tag{4.6}$$

$$\varepsilon_{(t)} = \hat{\varepsilon}\cos(\omega t - \delta) \tag{4.7}$$

Oder in komplexer Schreibweise:

$$\sigma_{(t)} = \hat{\sigma} \cdot e^{i(\omega t)} \tag{4.8}$$

$$\varepsilon_{(t)} = \hat{\varepsilon} \cdot e^{i(\omega t - \delta)} \tag{4.9}$$

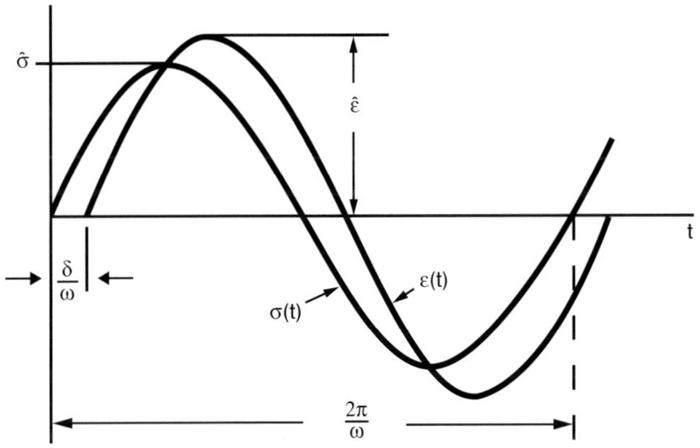

Bild 4.17 Bei schwingender Beanspruchung sind Spannung und Dehnung um den Phasenwinkel δ versetzt

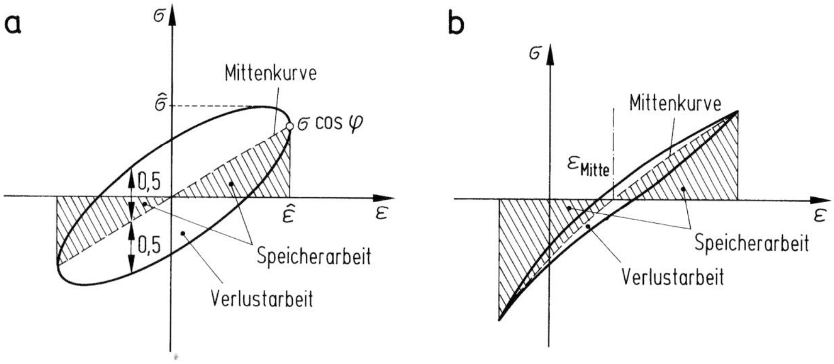

Bild 4.18 Ermittlung von Kennwerten zur Charakterisierung von Ermüdungsphänomenen [4.34]
a) Ellipsenförmige Hysteresis-Schleife (linear viskoelastisch)
b) Hysteresis-Schleife nichtlinear viskoelastisch

Der Modul ist demnach eine komplexe Zahl:

$$|E| = E' + i\,E'' \qquad (4.10)$$

Darin ist:

$|E|$ = komplexer Modul
E' = Speichermodul
E'' = Verlustmodul

und

$$E''/E' = \tan\delta = d = \text{mech. Verlustfaktor} \qquad (4.11)$$

Durch geeignete Instrumentierung servohydraulischer Prüfmaschinen wird die Beschreibung des Ermüdungsverhaltens mit Hilfe von Hysteresismessungen ermöglicht, welche Rückschlüsse auf den Schädigungsverlauf zulassen [4.33–4.37].

Es lassen sich aus derartigen Messungen sowohl dehnungs-, steifigkeits- als auch energiespezifische Kennwerte gewinnen.

Bei linear viskoleastischem Verhalten nimmt die Hysteresis-Schleife eine charakteristische Ellipsenform an, wobei die Ellipsenfläche die Verlustarbeit W_v beschreibt (Bild 4.18). Die Speicherarbeit wird als Fläche unter der Mittellinie gewonnen, welche die Schleife bei jeweils gleichem Dehnungswert halbiert. Die Steigung dieser Mittellinie kennzeichnet gleichzeitig die Probensteifigkeit.

Aus dem Quotienten von Verlustarbeit und Speicherarbeit (W_v / W_s) wird analog zu Gl. (4.11) die Werkstoffdämpfung bestimmt.

Die Änderung der Steifigkeit und insbesondere der Dämpfung mit der Schwingspielzahl ist ein Maß für die während der Ermüdung auftretende Schädigung.

Ursachen für Schädigungen sind beispielsweise Risse, Temperaturerhöhungen und Kriechvorgänge.

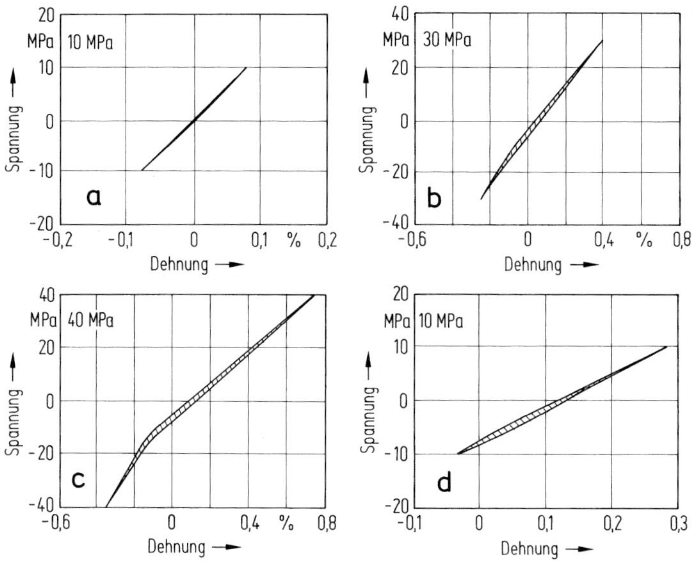

Bild 4.19 Hysteresisverhalten von SMC in einem Laststeigerungsversuch. Prüffrequenz = 10 Hz; Prüfdauer = jeweils 2 Stunden [4.36].

Bild 4.19 zeigt die Befunde aus einem Laststeigerungsversuch in der Veränderung der Hysteresis-Schleife eines SMC-Werkstoffs. Die zunächst symmetrische Schleife (± 10 MPa) wird bei einem Spannungsausschlag von ± 30 MPa flacher und zeigt im Druckbereich bei –12 MPa einen Knick, der bei Lasterhöhung auf ± 40 MPa noch deutlicher in Erscheinung tritt. Erwartungsgemäß nimmt die Dehnung zu. Der Steifigkeitsverlust wird mit einer starken Mikrorissbildung erklärt, die besonders im Zugbereich spürbar wird. Im Druckbereich schließen sich die Risse, so dass es ab dem Knick wieder zu einer scheinbar höheren Steifigkeit kommt. Nach Entlastung auf das Ausgangsniveau von ± 10 MPa sind Änderungen sowohl hinsichtlich der Form, der Steifigkeit als auch der Lage (zyklisches Kriechen) der Hysteresis-Schleife deutlich festzustellen.

Ein derart instrumentierter Schwingversuch lässt somit zuverlässige Aussagen über den Beginn einer Schädigung* zu, die Mitteldehnung beschreibt die Kriechneigung unter Schwingbeanspruchung und der Steifigkeitsabfall (Bild 4.20) ist zur ingenieurmäßigen Bewertung des Ermüdungsverhaltens weitreichender als die Bruchlastspielzahl aus einer Wöhlerkurve.

Wegen des hohen Messaufwandes ist es verständlich, dass bislang nur wenig in der konstruktiven Praxis verwendbare Ergebnisse vorliegen. In [4.37] wurden mit dem Hysteresis-Messverfahren Beanspruchungsgrenzen für PBT-GF sowohl in spannungs- als auch in dehnungsgesteuerten Versuchen ermittelt. Diese Grenzwerte (Tabelle 4.3) stellen Kennwerte dar, die eine Lebensdauer von 10^6 Lastwechsel erwarten lassen.

* Die sensible Dämpfungsmessung erkennt bei glasfaserverstärkten Thermoplasten (z. B. PBT-GF) bereits erste Schädigungen bei Lastspielzahlen, die bis zum katastrophalen Bruch noch um ca. eine 10er-Potenz verlängert werden können [4.37]. Damit können dynamisch beanspruchte Bauteile wesentlich sicherer als mit konventionellen Wöhlerkurven dimensioniert werden.

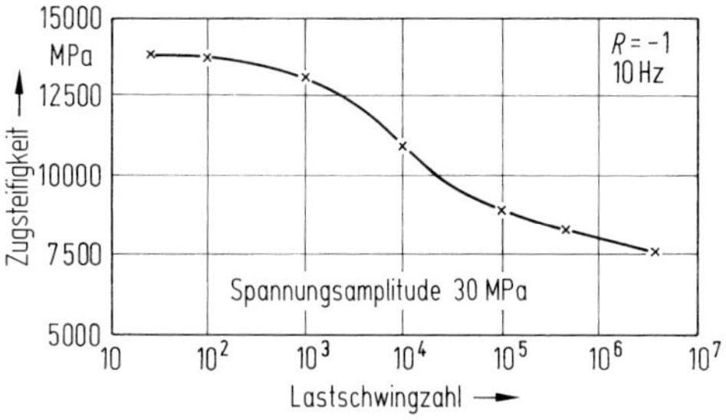

Bild 4.20 Zugsteifigkeitsabfall als Bewertungskriterium des Ermüdungsverhaltens eines SMC-Werkstoffs [4.36]

Tabelle 4.3 Grenzwerte für dynamische Belastung von PBT-GF.
Faserlänge 140–165 µm, Prüffrequenz 1 Hz, erwartete Lebensdauer 10^6 Lastwechsel [4.37].

PBT-GF Fasergehalt [Gew.-%]	**Grenzspannung σ_{Grenz} [MPa]**	**Grenzdehnung ε_{Grenz} [%]**
14,8	28	0,9
26,9	31	0,4
43,8	36	0,25

4.5 Querkontraktionszahl

Die Querkontraktionszahl µ (Poisson's ratio) ist in ISO 527 definiert als:

$$\mu = \frac{-\varepsilon_b}{\varepsilon_l} = \frac{-\varepsilon_d}{\varepsilon_l} \tag{4.12}$$

mit

ε_b = Dehnung in Breitenrichtung
ε_d = Dehnung in Dickenrichtung
ε_l = Dehnung in Längsrichtung

Sie ist ein Materialkennwert zur Verknüpfung von mehrachsigen Spannungen und Dehnungen.

Beispielsweise werden für den ebenen Spannungszustand die Dehnungen in *x*- und *y*-Richtung aus den Spannungen in diesen Richtungen mit dem bekannten Hookeschen Gesetz über die Querkontraktionszahl errechnet.

$$\varepsilon_x = \frac{1}{E}(\sigma_x - \mu\,\sigma_y) \tag{4.13}$$

$$\varepsilon_y = \frac{1}{E}(\sigma_y - \mu\,\sigma_x) \qquad (4.14)$$

Bei isotropem Werkstoffverhalten kann die Querkontraktionszahl aus den bei einachsiger Beanspruchung im Zugversuch in Längsrichtung (Richtung der wirkenden Zugkraft) und in Breiten- und Dickenrichtung auftretenden Dehnungen (Kontraktionen) messtechnisch bestimmt werden (s. a. Bild 5.17).

Andererseits kann sie auch bei Kenntnis z. B. des Elastizitätsmoduls E des Schubmoduls G oder des Kompressionsmoduls K aus diesen berechnet werden.* Als Beispiel sind zwei Beziehungen angegeben, die die Verknüpfung dieser Größen über die Querkontraktionszahl aufzeigen.

$$\mu = \frac{E}{2\,G} - 1 \qquad (4.15)$$

$$\mu = 0{,}5 - \frac{E}{6\,K} \qquad (4.16)$$

Für Polymerwerkstoffe mit viskoelastischem Verhalten ist die Querkontraktionszahl wie alle elastischen Größen keine Konstante, sondern abhängig von dem Verformungsgrad (bzw. der Spannung) und der Zeit sowie natürlich von der Temperatur. Für lange Zeiten strebt sie dem Wert 0,5 entgegen; das gleiche gilt entsprechend dem Zeit-Temperatur-Äquivalent auch für höhere Temperaturen [4.53, 4.54]. Das Bild 4.21 verdeutlicht diese Zusammenhänge am Beispiel von PMMA, und die Tabelle 4.4 enthält eine Zusammenstellung von Literaturwerten der Querkontraktionszahl für einige Thermoplaste.

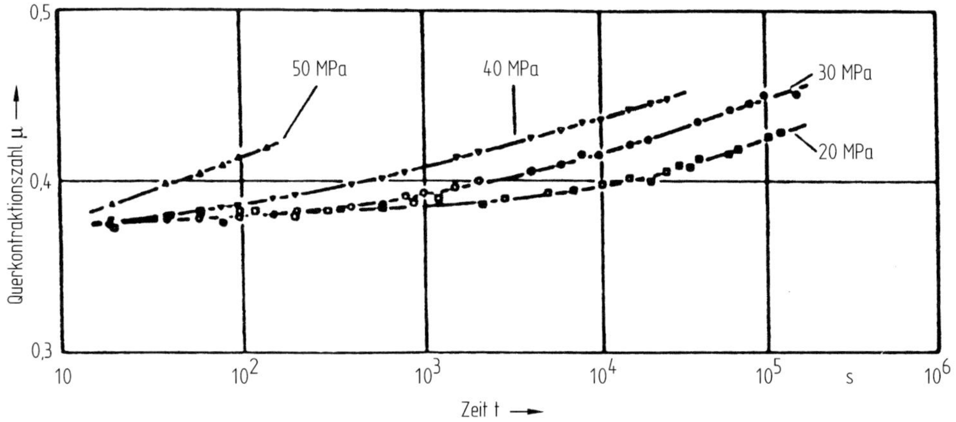

Bild 4.21 Querkontraktionszahl von PMMA bei 50 °C in Abhängigkeit von der Zeit bei verschiedenen Spannungen [4.53]

* Gleiche Temperatur und gleiche Verformungsgeschwindigkeit vorausgesetzt.

Tabelle 4.4 Richtwerte für Querkontraktionszahlen einiger Werkstoffe bei Raumtemperatur

PE-LD	PE-HD	PP	PVC	PS	SB
0,5	0,5	0,41–0,45	0,37–0,4	0.33	0,35–0,37
ABS	**SAN**	**PMMA**	**PBT**	**POM**	**PA 6**
0,39–0,41	0,33–0,36	0,33–0,36	0,41–0,42	0,42–0,45	0,38–0,42
PA 66	**PC**	**PSU**	**PES**	**Stahl**	**Aluminium**
0,38–0,42	0,35–0,36	0,42	0,43	0,3	0,33

Anisotrope Werkstoffe

Spritzgussteile aus faserverstärkten Thermoplasten weisen einen typischen Schichtenaufbau mit jeweiligen Vorzugsorientierungen auf (s. a. Kapitel 7). Bezüglich der Festigkeit und Steifigkeit relevant sind dabei die in Fließrichtung der Schmelze orientierten Randschichten und die senkrecht dazu orientierte Mittelschicht. Bei dünnwandigen Teilen ist die Orientierung der Randschichten ausgeprägter. Die Querkontraktionszahl zeigt deshalb ebenfalls eine Richtungsabhängigkeit.

Tabelle 4.5 Querkontraktionszahlen von PA 66-GF in verschiedenen Winkeln zur Spritzrichtung

Winkel zur Spritzrichtung	0 Grad		45 Grad		90 Grad	
Wanddicke in mm	2	4	2	4	2	4
PA 66-GF 35	0,5	0,4	0,45	0,45	0,23	0,25
PA 66-GF 15	0,5	0,45	0,42	0,4	0,33	0,33

Bei unidirektional verstärkten Faserverbundwerkstoffen fällt die Differenz zwischen dem Wert in und senkrecht zur Faserorientierung noch deutlicher aus.

Die Werte in Tabelle 4.6 sind allerdings wenig praxisrelevant, weil derartig hoch verstärkte Harze ohnedies nicht quer zu Faserorientierung belastet werden. In der üblichen Konstruktionspraxis rechnet man mit $\mu = 0{,}1$ bei Beanspruchung senkrecht zur Faserorientierung.

Tabelle 4.6 Querkontraktionszahlen von unidirektional verstärkten Laminaten mit jeweils 60 Gew.-% Glas- (GFK), Kohle- (CFK) und Aramid-Fasern (AFK) bei Raumtemperatur [4.55]

Belastung	in Faserrichtung	senkrecht zur Faserrichtung
GFK	0,28	0,075
CFK	0,25	0,02
AFK	0,34	0,025

Querkontraktionszahlen von UP-Mattenlaminaten siehe Bild 5.17.

4.6 Thermische Eigenschaften

4.6.1 Wärmedehnung

Der temperaturabhängige Ausdehnungskoeffizient gibt als Längenausdehnungskoeffizient α die prozentuale Längenänderung eines Maßes für eine gegebene Temperaturdifferenz δT an:

$$\alpha(T) = \frac{\Delta l}{l} \cdot \frac{1}{\Delta T} \tag{4.17}$$

Es ist eine werkstoffspezifische Größe, die gemäß Bild 4.22 mit zunehmendem Elastizitätsmodul abnimmt. Die verhältnismäßig weichen Polymerwerkstoffe dehnen sich also unter Temperatureinfluss etwa eine Zehnerpotenz mehr als Metalle.

Alle modulerhöhenden Effekte und Maßnahmen wie z. B. Orientierung, Füllung, Faserverstärkung etc. reduzieren demnach die Höhe der thermischen Ausdehnung.

Das Bild 4.23 zeigt beispielsweise den Einfluss einer Faserverstärkung. Man erreicht damit etwa den Wert von Aluminium. Dargestellt ist hier der Ausdehnungskoeffizient in Spritzrichtung

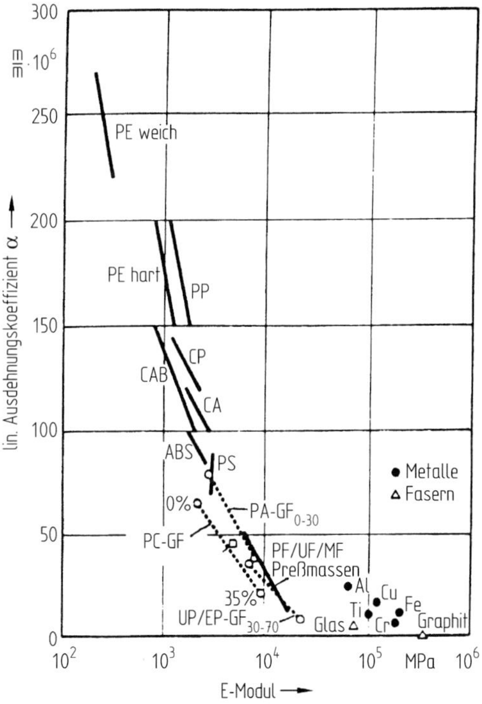

Bild 4.22 Zusammenhang zwischen linearem Ausdehnungskoeffizient und Elastizitätsmodul (nach OBERBACH)

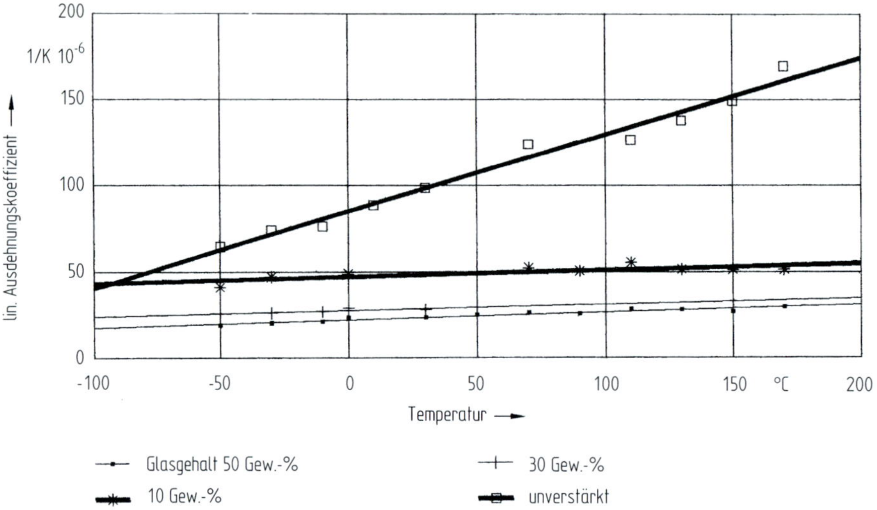

Bild 4.23 Linearer Ausdehnungskoeffizient von PBT und PBT-GF über der Temperatur

(Vorzugsorientierung) der Probekörper über der Temperatur. Quer zur Faserorientierung nimmt der Ausdehnungskoeffizient etwa den Wert des unverstärkten Matrixwerkstoffes an.

Messwerte des Längenausdehnungskoeffizienten längs und quer zur Spritzrichtung sind Bestandteil der Datenbank CAMPUS.

Maßnahmen zur konstruktiven Beherrschung der thermischen Ausdehnung sind in Kapitel 6 ausgeführt.

4.6.2 Formbeständigkeit

4.6.2.1 Elastizitätsmodul, Schubmodul als Funktion der Temperatur

Das Steifigkeits/Temperatur-Verhalten ist bereits in Abschnitt 2.6.2 am Beispiel des Schubmoduls prinzipiell behandelt worden. Die dort verwendete, übliche logarithmische Darstellung täuscht allerdings erheblich über den starken Steifigkeitsverlust mit zunehmender Temperatur – bereits im Bereich der Raumtemperatur – hinweg. Dies trifft besonders auf die Thermoplaste zu.

Eine genaue Beurteilung des Werkstoffverhaltens für konstruktive Belange muss deshalb anhand von Modulfunktionen in Abhängigkeit von Temperatur und Dehnung als Sekantenmodul (s. Bild 4.5) sowie von der Zeit als Kriechmodul (s. Abschnitt 4.2) erfolgen.

Als Beispiel ist in Bild 4.24 der Sekantenmodul für verschiedene Temperaturen für ein POM dargestellt.*

* Diese Kurvendarstellungen sind Bestandteil der Datenbank CAMPUS, Multipoint.

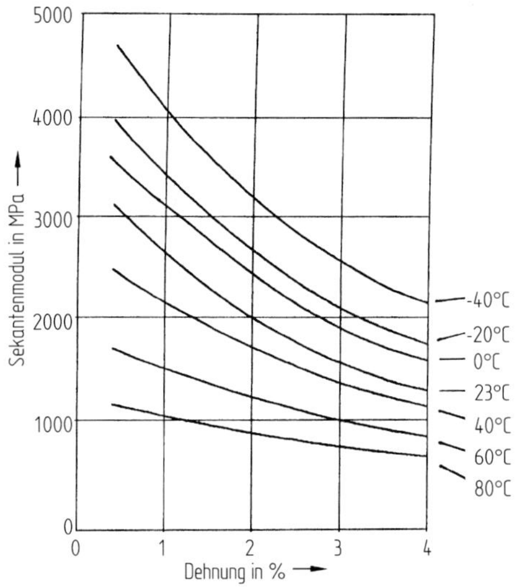

Bild 4.24 Sekantenmodul für verschiedene Temperaturen für ein POM (H 2320) (Quelle: Datenbank CAMPUS, BASF)

4.6.2.2 Wärmeformbeständigkeitstemperatur

Die einfache und relativ schnelle, technologische Prüfung der Biegetemperatur unter Last liefert neben einem Werkstoffvergleich auch einen ersten Hinweis auf die obere Gebrauchstemperatur eines Werkstoffs* (siehe Tafel Seite 140).

4.6.2.3 Erweichungstemperatur

Die Ermittlung der Vicat Erweichungstemperatur zählt ebenfalls zu den relativ schnellen, technologischen Prüfungen. Sie ist nur bei amorphen Thermoplasten sinnvoll und liefert für diese etwa den Wert der Glasübergangstemperatur (siehe Tafel Seite 141).

4.6.3 Thermische Alterung

Unter dem Begriff „Alterung" wird die Gesamtheit aller an hochpolymeren Werkstoffen durch Umwelteinflüsse bedingten irreversiblen intra- und intermolekularen Änderungen subsummiert. Diese Alterung kann durch thermische, mechanische, dynamische, Licht- und Stahlungs- sowie chemische Energie verursacht werden.

Aus der Vielzahl dieser Einflüsse wird beispielhaft auf die thermische Alterung eingegangen:

Als Folge der thermische Alterung ergeben sich Strukturänderungen (Kettenabbau, Oxidation etc.), die wiederum Veränderungen der makroskopischen Werkstoffeigenschaften bedingen, ein Umstand, den der Konstrukteur berücksichtigen muss.

* Die Prüfung wird auch als HDT bezeichnet.

Wärmeformbeständigkeitstemperatur

Technologische Prüfung der Biegetemperatur unter Last

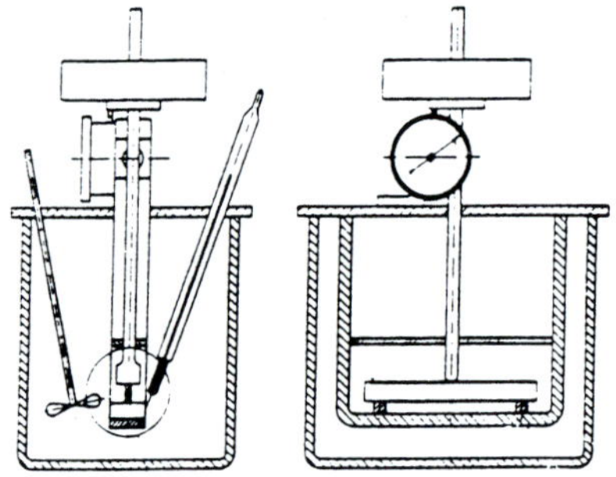

Normen

ISO 75
Temperature of deflection under load

Probekörpergeometrie

$80 \times 10 \times 4$ mm^3 Auflage flach (flatwise)
($110 \times 10 \times 4$ mm^3 Auflage hochkant (edgewise))

Messprinzip

Der Probekörper wird einer Dreipunktbiegung unterworfen.

Biegespannung	Methode A:	1,8 MPa
	Methode B:	0,45 MPa
	Methode C:	8,0 MPa

Die Probekörpertemperatur wird in einem Ölbad mit einer konstanten Rate von 120 K/h gesteigert.
Die Temperatur, bei der die Dehnung in der Randfaser den Wert von 0,2 % erreicht, wird als Temperature of deflection under load bezeichnet.

Messergebnisse

Temperature of deflection under load, z. B. Methode $Af_{(flatwise)}$ = 95 °C

Aussagefähigkeit

Werkstoffvergleich
Hinweis auf obere Gebrauchstemperatur
Kein Dimensionierungskennwert

In IEC 216 sind die Bedingungen für die Prüfung des Verhaltens unter lang andauernder Wärmeeinwirkung festgelegt (siehe Tafel Seite 143).

Aus dem Verlauf eines Kennwertes in Abhängigkeit von der Zeit kann die Abnahme dieses Wertes für jede Warmlagerungstemperatur abgelesen werden, und es kann der Zeitpunkt ermittelt werden, zu dem dieser Kennwert auf einen bestimmten Prozentsatz seines Ausgangswertes (z. B. 50 %) abgefallen ist (Bild 4.25).

Üblich ist die Darstellung als Arrheniusgerade z. B. für eine Abminderung auf 50 %, in der die Zeiten dieses prozentualen Abfalls gegen die dazugehörigen Warmlagerungstemperaturen aufgetragen werden (Bild 4.26).

Erweichungstemperatur

Technologische Prüfung der Vicat Erweichungstemperatur

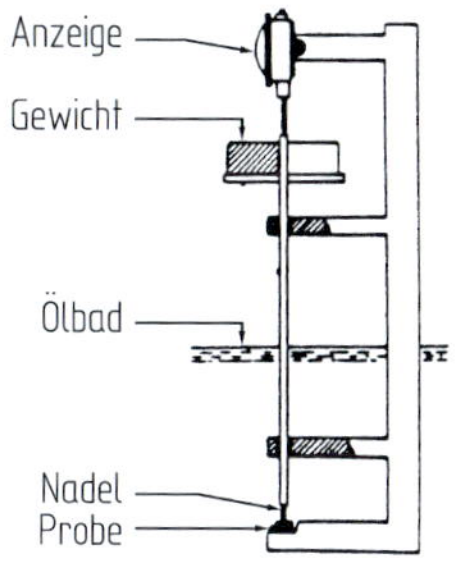

Normen

ISO 306

Probekörpergeometrie

$> 10 \times 10 \times 4$ mm^3
(zentral aus dem Vielzweckprobekörper $80 \times 10 \times 4$ entnommen)

Messprinzip

Eine mit 50 N (Prüfmethode B) – in Ausnahmefällen mit 10 N (Prüfmethode A) – belastete Nadel von 1 mm^2 Fläche wird auf die Probenoberfläche gesetzt.
Die Probekörpertemperatur wird in einem Ölbad – in Sonderfällen in Luft – mit einer konstanten Rate von 50 K/h gesteigert.
Die Temperatur, bei der die Nadel 1 mm in den Probekörper eingedrungen ist, wird als Vicat softening temperature (VST) bezeichnet.

Messergebnisse

Vicat softening temperature;
z. B. VST/B 50 = 82 °C

Aussagefähigkeit

Nur sinnvoll bei Thermoplasten amorpher Struktur. Kennzeichnet den Beginn der Erweichung und entspricht etwa der Glasübergangstemperatur.

Faustregel: Vicat –20 °C = max. Gebrauchstemperatur.
Kein Dimensionierungskennwert.

Da die Probendicke bei Alterungsvorgängen einen signifikanten Einfluss hat, ist dieser Größeneinfluss zu berücksichtigen.

Beim thermischen Abbau als chemischer Reaktion 1. Ordnung werden Molekülketten auseinandergebrochen. Man nennt dies Depolymerisation. Diese Depolymerisation läuft über dem Querschnitt gleichmäßig ab.

Eine typische Reaktion 2. Ordnung ist die Oxidation. Oxidation setzt an der Oberfläche ein und dringt langsam ins Innere des Querschnitts ein. Bei dickwandigen Proben bzw. Bauteilen hat demnach der Alterungsmechanismus der Oxidation erst nach längeren Zeiten, wenn die Oxidation den ganzen Querschnitt oder einen großen Teil davon erfasst hat, einen Einfluss, während dünnwandige Proben oder Bauteile auch schnell „durchoxidieren".

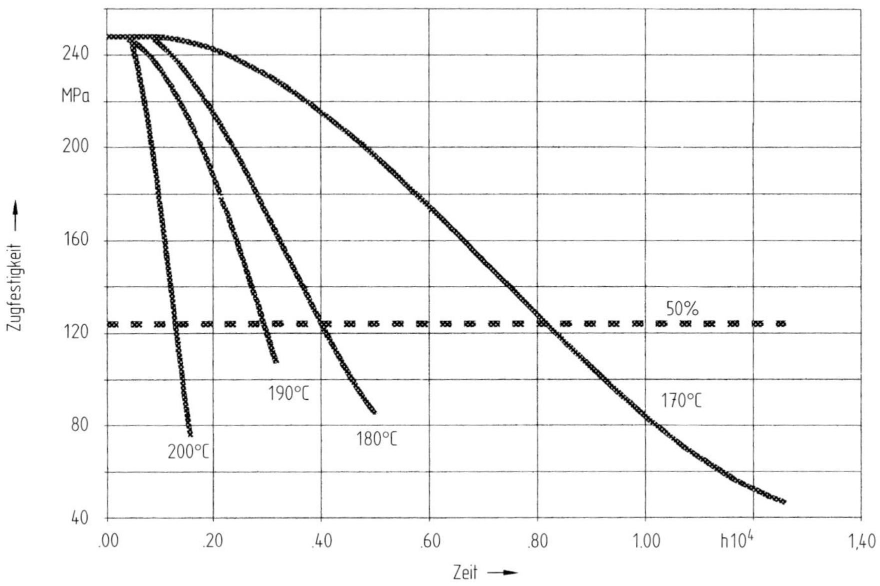

Bild 4.25 Auswertung von Warmlagerungsversuchen. Verlauf der Zugfestigkeit über der Expositionszeit bei vier verschiedenen Temperaturen.
Werkstoff: PA 66 C4 (A3WC4), Probendicke: 3,2 mm (Quelle: Programm *Ageing TEP*, BASF).

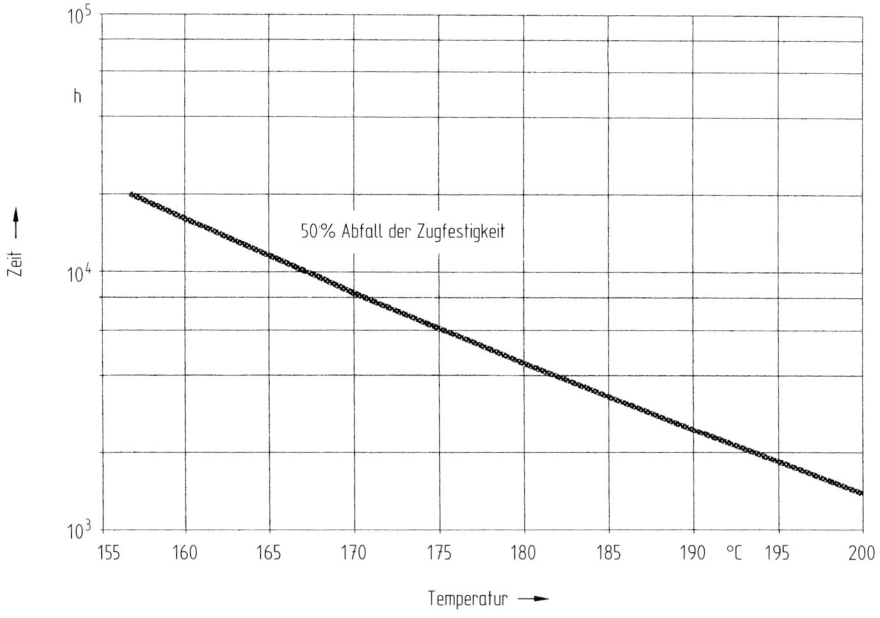

Bild 4.26 Arrheniusgerade für eine Abminderung der Zugfestigkeit auf 50 % des Ausgangswertes.
Werkstoff: PA 66 C4 (A3WC4), Probendicke: 3,2 mm (Quelle: Programm *Ageing TEP*, BASF).

Thermische Alterung

Normen

IEC 216
ISO 306
(UL 726 B)

Probekörpergeometrie

Verschiedene, künftig bevorzugt
Zugprobe Typ 4 (aus ISO 8256)
und aus Platte 60 × 60 × 3 mm^3 entnommen

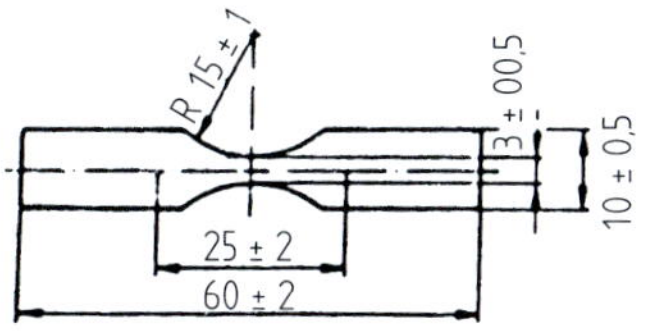

Messprinzip

Lagerung der Probekörper bei mehreren, konstanten Temperaturen ohne mechanische Belastung, Entnahme nach bestimmten Zeiten und Prüfung der Veränderungen bestimmter Eigenschaften.

Übliche Kennwerte bei thermoplastischen Polymerwerkstoffen:
- Zugfestigkeit
- Schlagzugzähigkeit
- Elektrische Durchschlagfestigkeit.

Messergebnisse

Diagramm des Kennwertabfalls über der Warm-Lagerungszeit.
Arrhenius-Diagramm als Zeit über der Warm-Lagerungstemperatur für bestimmten prozentualen Kennwertabfall (üblich 50 %).
Temperaturindex (TI) nach IEC 216 als die Temperatur, bei der der Kennwert nach 20.000 h auf 50 % abgefallen ist.
Relativer Temperaturindex (RTI) nach UL 726 B bezogen auf ein Referenzmaterial.
Halbzeitintervall (HIC) als die Temperaturdifferenz zum TI, die sich bei Halbierung der Zeit (10 000 h) ergibt.

Aussagefähigkeit

Ergebnisse sind stark von der Probendicke abhängig.
Abschätzung des Festigkeitsverlustes unter langzeitiger Temperatureinwirkung.
Werkstoffvorauswahl und Abkürzung sicherheitstechnischer Geräteprüfungen.

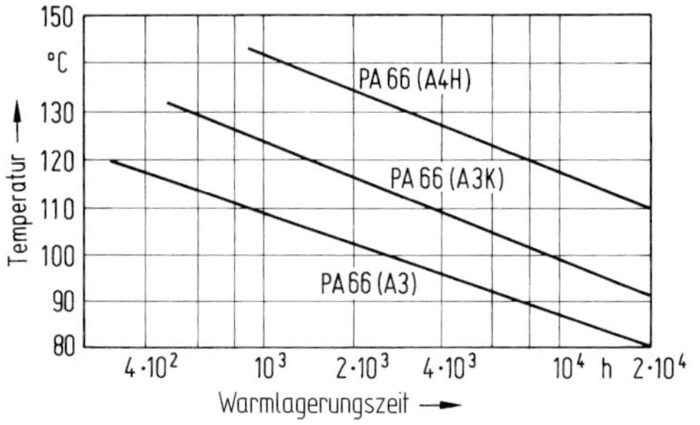

Bild 4.27 Abfall der Zugfestigkeit auf 50 % des Ausgangswertes nach Warmlagerung für drei Polyamid-Typen mit unterschiedlicher Wärmestabilisierung. Probendicke: 3,2 mm. (Quelle: Programm *Ageing TEP*, BASF)

Bild 4.27 enthält einige Messergebnisse aus Wärmealterungsversuchen. Der Einfluss einer Wärmestabilisierung ist hieraus deutlich zu erkennen.

Der Konstrukteur kann aus derartigen Darstellungen Abminderungsfaktoren bestimmen, die den Einfluss langandauernder Wärmeeinwirkung berücksichtigen. Zu beachten ist, dass damit natürlich nicht die Temperaturabhängigkeit der Eigenschaften während der Temperatureinwirkung (Wärmeformbeständigkeit) erfasst wird.

4.6.3.1 Sicherheitstechnische Aspekte

Viele technische Geräte und Betriebsmittel müssen nach sicherheitstechnischen Normen hinsichtlich der thermischen Alterung (und des Brandverhaltens) geprüft werden, um einen möglichst risikofreien Gebrauch durch den Benutzer zu gewährleisten. Dies trifft beispielsweise für elektrische Geräte sowie für Erzeugnisse für das Verkehrswesen und das Bauwesen zu, insbesondere wenn diese aus Thermoplasten gefertigt sind.

Die Prüfung von Alterungseigenschaften an fertigen Geräten unter Betriebsbedingungen ist wegen der meist hohen Lebensdauererwartung nicht durchführbar und nicht vertretbar.

Hinsichtlich der Beurteilung der thermischen Alterung hat hier das Werkstoffprüfverfahren nach IEC 216 eine besondere Bedeutung. Es ermöglicht eine Werkstoffvorauswahl für ein bestimmtes Gerät mit bestimmten Anforderungen, und durch diese Vorauswahl kann die sicherheitstechnische Prüfung des Erzeugnisses vereinfacht, verkürzt oder teilweise ersetzt werden.

Zur Vorauswahl kann der Temperaturindex (TI) als Einpunktkennwert herangezogen werden. Er ist definiert als die Zahl, die der Temperatur in °C entspricht, bei der ein vereinbarter Grenzwert einer Eigenschaftsveränderung gegenüber der ungealterten Probe (50 %) nach einer bestimmten Zeit (20 000 h) erreicht wird (Bild 4.28).

Neben dem Temperaturindex wird oft auch das sogenannte Halbzeitintervall (HIC) angegeben, das ein Maß für die Steigung der Arrheniusgeraden darstellt. Es ist die Temperaturdifferenz zum TI, die sich bei Halbierung der Zeit (10 000 h) ergibt (Bild 4.28).

Der Temperaturindex ist als Einpunktkennwert zum Werkstoffvergleich geeignet; er lässt aber keinen direkten Bezug zur Lebensdauer eines Gerätes zu, weil er ja nur für die zugrunde-

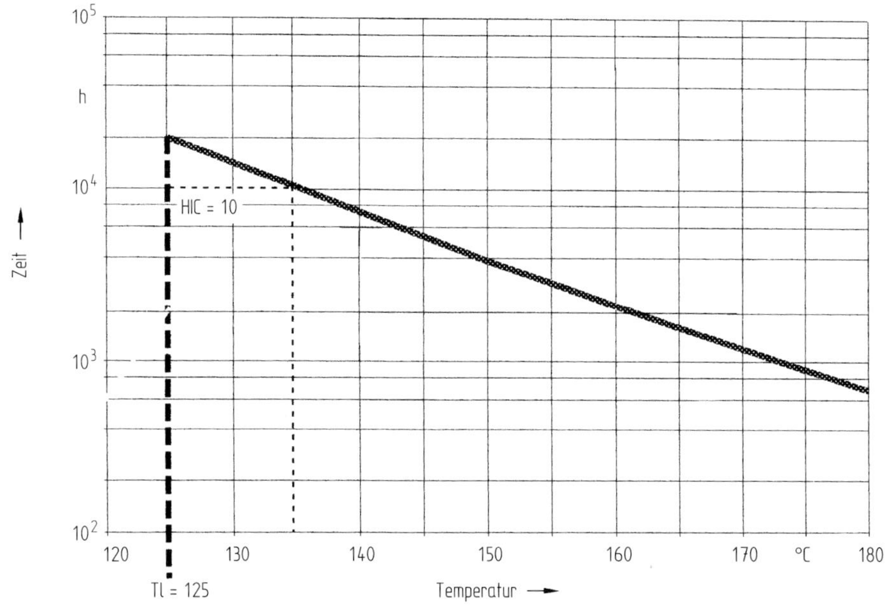

Bild 4.28 Ermittlung des Temperaturindexes (TI) und des Halbzeitintervalls (HIC) aus dem Arrheniusdiagramm. Werkstoff: PBT-GF 30 mit Brandschutzausrüstung (B 4406 G6), Probendicke: 3 mm. (Quelle: Programm *Ageing TEP*, BASF)

gelegten Prüfbedingungen gilt. Für die Werkstoffauswahl zulassungspflichtiger Elektrogeräte nach EN 50 014 wird allerdings auch der TI benutzt: Er muss größer sein als die Summe aus der Umgebungstemperatur, der maximal möglichen Temperaturerhöhung während des Betriebs, einem Zuschlag, der eine höhere Lebensdauer als 20 000 h berücksichtigt und einem Sicherheitszuschlag.

Mit der Bestimmung des relativen Temperaturindexes (RTI) können die Ergebnisse aus den Alterungsversuchen relativiert werden, indem sie mit den Ergebnissen eines artverwandten, bekannten Referenzwerkstoffs in Beziehung gesetzt werden. Das Alterungsverhalten des Referenzwerkstoffs muss schon früher bewertet worden und bekannt sein, so dass beim Vergleich ein anerkannter Bezug besteht.

4.6.4 Zusammenfassende Bewertung des Temperatureinflusses

Der teilweise signifikante Temperatureinfluss auf nahezu alle Eigenschaften der Polymerwerkstoffe wurde schon mehrfach an einzelnen Eigenschaften dargelegt. In der Tabelle 4.7 sind die Auswirkungen von Temperatur, Zeit und Belastung sowie die geeigneten Prüfverfahren zur Bewertung nochmals zusammengefasst.

Die in Tabelle 4.7 aufgeführten Effekte addieren sich natürlich bei komplexer Beanspruchung.

Tabelle 4.7 Mögliche Auswirkungen von Temperaturbeanspruchung und geeignete Prüfverfahren zur Bewertung

Dauer der Temperatur-einwirkung	Äußere mechanische Belastung	Wesentliche Auswirkungen	Geeignete Beurteilungsgröße, Werkstoff- oder Fertigteilprüfungen
kurz	nein	Dimensions-änderung	• lineare Wärmeausdehnung (ASTM E 831) • Schrumpf- und Verzugsmessung
kurz	ja	Erweichung	• Glasübergangstemperatur • mech. Kennwert (z. B. Zugversuch) bei höherer Temperatur (ISO 527) • Temperature of deflection under load (ISO 75)
lang	nein	thermische Alterung, Vergilbung	• Thermische Alterung (IEC 216) • Bewitterung (ISO 4892) • Warmlagerung von Bauteilen und gebrauchsnaher Test
lang	ja	verstärktes Kriechen, Relaxieren	• Zeitstand(zug)versuch bei höherer Temperatur (ISO 899) • Bauteiluntersuchungen

4.7 Reibungs- und Verschleißverhalten

Reibung und Verschleiß sind unvermeidliche Begleiterscheinungen von kraftschlüssigen Werkstoffpaarungen, die – gegebenenfalls durch Zwischenschichten voneinander mehr oder weniger getrennt – relativ zueinander bewegt werden. Das dafür geltende Reibungsgesetz von Coulomb (1736–1806)

$$F_f = f\, F_n \tag{4.18}$$

gibt die Verknüpfung der erforderlichen Reibungskraft F_f mit der normal wirkenden Kraft F_n über die Gleitreibungszahl f* an.

Bei der Reibung und dem Verschleiß laufen stoffliche und kräftemäßige Wechselwirkung zwischen den Partnern ab, die von vielen Einflussgrößen abhängen. In der Gleitfläche werden Energien umgesetzt.

Es handelt sich also um ein *Systemverhalten,* in dem die Partner in der Grenzfläche miteinander reagieren, im Gegensatz zu einem inhärenten Werkstoffverhalten (Volumenverhalten). Bild 4.29 veranschaulicht diesen Sachverhalt:

* Früher war hierfür die Bezeichnung μ üblich.

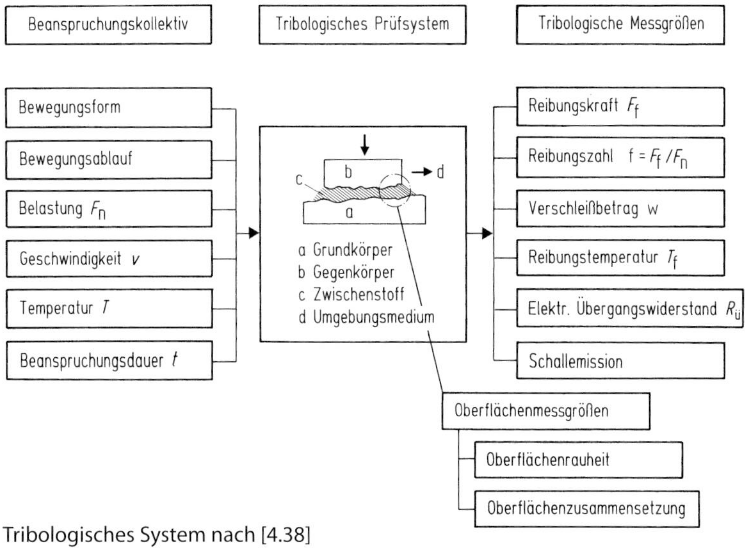

Bild 4.29 Tribologisches System nach [4.38]

Die Messungen der tribologischen Größen sind deswegen auch an das Tribosystem gebunden, mit dem die jeweiligen Messungen erfolgten. Das einfachste System ist die Stift/Scheibe-Anordnung, die bereits eine gute Differenzierung verschiedener Paarungen erlaubt.

Der Reibungsvorgang ist mit einer irreversiblen Energiedissipation verbunden, da die einem Reibungssystem als mechanische Arbeit zugeführte Energie vollständig in andere Energieformen umgewandelt wird. Der weitaus größte Teil geht als Reibungswärme verloren. Einige andere energieverbrauchende Vorgänge sind Deformationen, Bruchvorgänge, Gefügeumwandlungen, Schallemissionen, chemische Umsetzungen.

Polymerwerkstoffe – insbesondere die Thermoplaste – haben als Werkstoffe für reibungs- und verschleißbeanspruchte Teile einen hohen Stellenwert, weil sie als Gleitwerkstoffe besonders im *schmierungsfreien* Betrieb auch für funktionsentscheidende Bauteile Verwendung finden können (s. a. Kapitel 12).

4.7.1 Grundlagen

Die beim Gleitvorgang makroskopisch aufzuwendende Reibungskraft F_f setzt sich nach heutigem Kenntnisstand aus einem Adhäsionsterm $F_{f\,adh}$, einem Deformationsterm $F_{f\,def}$ und bei stark verschleißbehaftetem Gleiten aus einem Term zusammen, der die Rissbildung und Rissausbreitung beschreibt [4.39–4.42].

Formal gilt:

$$F_f = F_{f\,adh} + F_{f\,def} \tag{4.19}$$

Hiermit lassen sich die Reibungs- und Verschleißphänomene, die bei Gleitpaarungen mit Polymerwerkstoffen beobachtet werden, gut erklären.

Reibungs- und Verschleißverhalten

Normen

ISO 7148 -1
ISO 7148 -2

Prüfsysteme

Verschiedene; bevorzugt und hier verwendet: ISO 7148-1 Prüfung A: Stift/Scheibe, (Scheibe/Scheibe bei Polymerwerkstoff/Polymerwerkstoff-Paarungen, nicht genormt)

Probekörpergeometrie (Stift/Scheibe)

Polymerstift 6 mm Durchmesser, Gleitfläche 3 mm Durchmesser.
Stahlscheibe 110 mm Durchmesser.

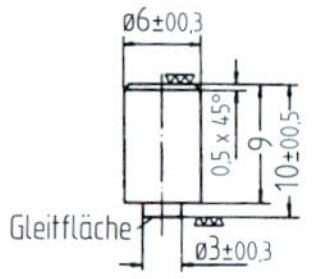

Messprinzip

Der Stift gleitet unter konstanter Pressung mit konstanter Gleitgeschwindigkeit auf der Stahlgleitfläche.

Messergebnisse

Gleitreibungszahl f
Gleitverschleiß; z. B. lineare Verschleißrate W_l
mittlere Gleitflächentemperatur T

Aussagefähigkeit

Ergebnisse sind stark vom Gleitsystem abhängig.
Abschätzung des tribologischen Verhaltens und erster Werkstoffvergleich.
Werkstoffvorauswahl.

Es ergeben sich demnach drei Haupt-Einflussfaktoren bei der Festkörpergleitreibung:

- Adhäsion der Grenzflächenschichten
- Deformation der Mikrokontaktstellen und Oberflächenschichten
- Rissbildung und Rissausbreitung

Die wichtigsten sind die beiden zuerst genannten.

Die Problematik liegt nun zum einen darin, dass die Reibungsmechanismen zwar mit unterschiedlicher Stärke aber stets gleichzeitig wirken und nicht voneinander zu trennen sind, dass sie aber auf völlig unterschiedliche Werkstoffeigenschaften zurückzuführen sind.

Die folgende Tafel verdeutlicht die jeweiligen Zusammenhänge und zeigt die Werkstoffeigenschaften auf, die hierbei eine Rolle spielen und Einfluss nehmen: Diese sind

die *Adhäsionsarbeit* (vereinfacht: Polarität)
die *Deformationsarbeit* (vereinfacht: Zähigkeit)
die (Oberflächen-)*Härte* des Polymerwerkstoffs
die *Rissausbreitungskraft* bei verschleißbehaftetem Gleiten

1. Adhäsive Reibung

$$F_{R\,adh} = \frac{dW_{ab}}{dx} \cdot A_r = f_{adh} \cdot \frac{F_N}{H} = \mu_{adh} \cdot F_N$$

$$F_{R\,adh} = f\,(W_{ab}, H)$$

$F_R = F_f$ = Reibungskraft
W_{ab} = Adhäsionsarbeit
A_r = reale Kontaktfläche
f_{adh} = spezifische Adhäsionskraft
H = Härte
μ_{adh} = adhäsive Reibungszahl

2. Deformative Reibung

$$F_{R\,def} = \frac{dW_{def}}{dx} \cdot A_r \geq \tau_y \cdot \frac{F_N}{H} = \mu_{def} \cdot F_N$$

$$F_{R\,def} = f\,(W_{def}, H)$$

W_{def} = Deformationsenergie
τ_y = Fließschubspannung

3. Reibung als Folge von Rissbildung und Rissausbreitung

$$F_{R\,B} = \frac{G_{IC}}{\delta h} \cdot A_r = \frac{K_{IC}^2}{\delta h \cdot H \cdot E} \cdot F_N = \mu_B \cdot F_N$$

$$F_{R\,B} = f\,(G_{IC}, H)$$

G_{IC} = Rissausbreitungskraft
K_{IC} = Bruchzähigkeit
δh = Tiefe der plastisch verformten Zone

4.7.1.1 Adhäsion und Oberflächenenergie von Festkörpern

In den Bereichen, in denen sich die Oberflächen von aufeinander gleitenden Festkörpern hinreichend weit nähern, treten zwischen den Oberflächen atomare bzw. molekulare Wechselwirkungen auf. Das ist beispielsweise im Bereich der realen Kontaktfläche* der Fall, oder auch an der Stirnfläche der harten Rauheitsspitze des Modells in Bild 4.30.

* Die Summe der Kontaktflächen, in denen sich technisch stets rauhe Oberflächen tatsächlich berühren, wird als reale Kontaktfläche bezeichnet, wogegen die vom Gegenkörper auf den Grundkörper projizierte Fläche üblicherweise Berührungsfläche genannt wird.

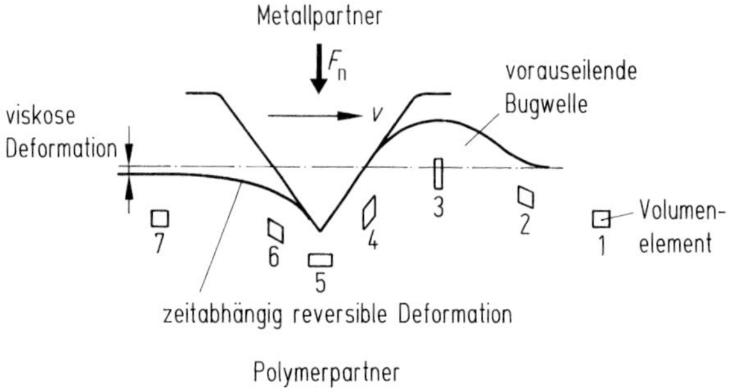

Bild 4.30 Modellvorstellung für die Deformation durch eine tangential bewegte, *harte* Rauheitsspitze. Das Volumenelement in Oberflächennähe wird während des Durchgangs der Rauheitsspitze wechselnden Deformationen unterworfen [4.40]

Eine solche Wechselwirkung ist beim Reibungskontakt von Paarungen mit Polymerwerkstoffen die Ausbildung physikalischer Adhäsionsenergien zwischen den kontaktierten Oberflächen aufgrund ihrer Oberflächenenergien. Da man davon ausgehen kann, dass die niedrigenergetischen Polymerwerkstoffe keine Adsorptionsschichten auf der Oberfläche bilden, sind diese wirksamen Adhäsionsenergien auf die elektrostatischen Energien, wie sie als zwischenmolekulare Bindungsenergien in den Polymeren selbst wirksam sind, zurückzuführen.

Die wesentlichen zwischenmolekularen Bindungsenergien sind in der Reihenfolge zunehmender Stärke:

- Dispersionsenergien
- Dipolwechselwirkungen
- Wasserstoffbrückenbindungen

Oberflächenenergie von Festkörpern

Die zwischenmolekularen Energien eines Polymerwerkstoffs bestimmen somit auch seine Oberflächenenergie γ. Diese kann entsprechend der Wirkung von Dispersionsenergien und Dipolwechselwirkungen in einen dispersen Anteil γ^d und einen polaren Anteil γ^p aufgespalten werden.*

Es gilt

$$\gamma = \gamma^d + \gamma^p \tag{4.20}$$

Bei der Berührung zweier Körper a und b mit den Oberflächenenergien γ_a und γ_b gilt die Dupre'sche Gleichung

$$\gamma_a + \gamma_b = \gamma_{ab} + W_{ab} \tag{4.21}$$

* Polymerwerkstoffe mit ausschließlich dispersen Oberflächenenergieanteilen, oder solchen mit nur minimalen polaren Anteilen (PTFE, PE) werden auch „unpolar“ genannt, während solche mit polaren Anteilen je nach deren Höhe als schwach oder stark „polar“ bezeichnet werden.

Dabei ist W_{ab} die auf die Flächeneinheit bezogene, geleistete Adhäsionsarbeit, die in „Berührungswärme" umgewandelt wird, und γ_{ab} die Grenzflächenenergie der in Kontakt befindlichen Oberflächen. Zur Trennung der beiden Körper a und b ist der Betrag von W_{ab} pro Flächeneinheit aufzubringen.

Die Adhäsionsarbeit W_{ab} kann bei Kenntnis der polaren und dispersen Oberflächenenergieanteile der Paarungspartner a und b entweder nach OWENS und WENDT [4.43] zu:

$$W_{ab} = 2\sqrt{\gamma_a^d \cdot \gamma_b^d} + 2\sqrt{\gamma_a^p \cdot \gamma_b^p} \tag{4.22}$$

oder nach WU [4.44] zu:

$$W_{ab} = \frac{4\,\gamma_a^d \cdot \gamma_b^d}{\gamma_a^d + \gamma_b^d} + \frac{4\,\gamma_a^p \cdot \gamma_b^p}{\gamma_a^p + \gamma_b^p} \tag{4.23}$$

berechnet werden.

Die polaren und dispersen Oberflächenenergieanteile eines Polymerwerkstoffs können aus Randwinkelmessungen mit mindestens zwei Testflüssigkeiten bekannter Oberflächenenergieanteile analytisch [4.43, 4.44] oder graphisch [4.45] aus den Gleichungen (4.20) bis (4.23) ermittelt werden.

Die Grenzflächenenergie γ_{SL}* wird über die Young'sche Gleichung gewonnen:

$$\gamma_{SL} = \gamma_S - \gamma_L \cos\theta \tag{4.24}$$

Hierhin ist θ der gemessene Randwinkel.

In den Tabellen 4.8 und 4.9 sind aus Randwinkelmessungen ermittelte Oberflächenenergien γ einiger Polymerwerkstoffe sowie deren polare Anteile γ^p und disperse Anteile γ^d, ausgewertet nach OWENS und WENDT bzw. nach WU aufgelistet.

Die aufgeführten Polymerwerkstoffe unterscheiden sich hinsichtlich ihrer Oberflächenenergien γ (ausgenommen PTFE und PE-HD) nicht signifikant. Der polare Anteil γ^p lässt dagegen eine deutliche Unterscheidung in unpolare Werkstoffe ($\gamma^p < 1$ mN/m) und polare Werkstoffe ($\gamma^p > 1$ mN/m) zu.

Die Tabellen zeigen, dass bei den verschiedenen Autoren zum Teil erhebliche Unterschiede in den Messwerten vorliegen. Dies liegt zum einen an der äußerst sensiblen Messmethode, und zum anderen daran, dass die verwendeten Materialien auch bei gleicher Bezeichnung nicht absolut identisch sind.

In Tabelle 4.10 werden deshalb einige repräsentative Mittelwerte angegeben.

Diese Zusammenhänge der Oberflächenenergien von Polymerwerkstoffen lassen sich zur Beurteilung des Gleitvorganges heranziehen, denn die beim Festkörperkontakt gebildeten Adhäsivkontakte werden bei Relativbewegung wieder getrennt und entsprechend ihrer Sprungweite ständig neu gebildet. Damit ist ein Energieverlust verbunden, der sich über die Adhäsionsarbeiten W_{ab} der beteiligten Polymerwerkstoffe beurteilen lässt.

---

* Bei Kontakt von Feststoffen mit Flüssigkeiten sind die Indices S (Solid) statt a und L (Liquid) statt b üblich.

Tabelle 4.8 Oberflächenenergie verschiedener Polymerwerkstoffe, ausgewertet nach dem Verfahren von Owens und Wendt

Autor	Erhard [4.48]			Owens und Wendt [4.43]			Rabel [4.45] *Friedrich*			Koerner [4.49]		
Werkstoffe	**Oberflächenenergie in [mN/m]**											
	γ^d	γ^p	γ	γ^d	γ^p	γ	γ^d	γ^p	γ	γ^d	γ^p	γ
PTFE							18,5	0	18,5			
PE-HD	34,5 33,1	0,1 0,1	34,6 33,2				31,6 *30,0*	0,2 *0*	31,8 *30,3*	32,1	0	32,1
PE-LD				33,2	0	33,2				35,1	0	35,1
PP	42,1	0,3	42,4				30,5	0,7	31,2			
POM	36,0 42,2	6,1 5,1	42,1 47,3									
PA 6	36,8	10,7	47,5				*38,0*	*5*	*43,0*			
PBT	39,6	4,2	43,8				*41,8*	*3,3*	*45,1*			
PET				43,2	4,1	47,3	32,9	4,5	37,4	37,8	3,1	40,9
PAEK	36,0	3,8	39,8				*36,0*	*3,8*	*39,8*			
SAN	40,5 42,1	2,7 3,6	43,2 45,7									
PMMA	38,8 44,2	6,4 6,1	45,2 50,3	35,9	4,3	40,2						
PVC	37,7	7,5	45,2	40,0	1,5	41,5	36,5	1,6	38,1	36,0	3,9	39,9
PS	44,6	0,8	45,4	41,4	0,6	42,0						
PSU	42,1	4,2	46,3									
PES	42,1	5,1	47,2									
PPE	44,7 42,7	2,1 3,2	46,8 45,9									
PC							37,0	1,8	38,8			
TPU							35,2	3,8	39			
PFA (PTFE-Co-polymerisat)							*19,1*	*3,4*	*22,5*			
PVB (Polyvinyl-butyrat)							*36,0*	*4,7*	*40,7*			

Tabelle 4.9 Oberflächenenergie verschiedener Polymerwerkstoffe, ausgewertet nach dem Verfahren von Wu

Autor	Erhard [4.48]			Wu [4.44]			Potente [4.46]		
Werkstoffe	Oberflächenenergie in [mN/m]								
	γ^d	γ^p	γ	γ^d	γ^p	γ	γ^d	γ^p	γ
PE-HD				35,0	0,7	35,7			
PP							25,8	1,3	27,1
POM	36,8	11,1	47,9						
PA 6	39,2	15,4	54,6				25,6	12,7	38,3
PBT	39,4	9,4	48,8						
SAN	39,5	7,7	47,2				27,1	4,0	31,1
PMMA	39,6	11,7	51,3	29,8	11,6	41,4	25,7	14,6	40,3
PVC	39,0	12,7	51,7				26,0	11,3	37,3
PS				33,8	6,9	40,7	23,3	5,7	29,0
PC							27,3	6,0	33,3

Tabelle 4.10 Repräsentative Mittelwerte der Oberflächenenergien verschiedener Polymerwerkstoffe

Polymerwerkstoff	Oberflächenenergie in mN/m		
	γ^d	γ^p	γ
PTFE	18,5	0	18,5
PE-HD	34,5	0,1	34,6
PS	41,4	0,6	42,0
PP	30,5	0,7	31,2
SAN	41,5	3,3	44,8
PAEK	36,0	3,8	39,8
PBT	39,6	4,2	43,8
PES	42,1	5,1	47,2
POM	36,0	6,1	42,1
PMMA	38,8	6,4	45,2
PVC	37,7	7,5	45,2
PA 6	36,8	10,7	47,5
TPU	35,2	3,8	39
PFA	19,1	3,4	22,5
PVB	36	4,7	40,7

Für Polymerwerkstoff/Polymerwerkstoff-Paarungen liefert die Adhäsionsarbeit W_{ab} ein unmittelbares Maß für die Wirkung adhäsiver Kontakte.

Die Oberflächenenergie einer Metallgleitfäche wird durch die andersartigen und unterschiedlichen Deckschichten bestimmt; die Messung im festen Zustand ist deshalb nicht sinnvoll. Somit kann für Paarungen mit Metalloberflächen keine Adhäsionsarbeit bestimmt werden. Zur qualitativen Beurteilung kann jedoch davon ausgegangen werden, dass die Oberflächenenergie von Metalloberflächen sehr groß ist.

Dieser Adhäsionsaspekt bedeutet, dass Paarungen mit Polymerwerkstoffen unter *adhäsiven Bedingungen* geringe Reibung erwarten lassen, wenn mindestens ein unpolarer Polymerwerkstoff beteiligt ist. Andererseits wird kein adhäsiv bedingter Verschleiß auftreten, wenn die Adhäsion schwächer ist als die Kohäsion in einem der beteiligten Partner.

Gleitreibungsmodell für PTFE

Für die niedrigen Reibungszahlen von Paarungen mit PTFE wird noch ein anderer Mechanismus verantwortlich gemacht: Der sog. Werkstoffübertrag. Offensichtlich haftet nämlich PTFE – trotz seines unpolaren Charakters – unter verschiedenen Bedingungen an unterschiedlichen Gleitpartnern überraschend gut. Einerseits können Moleküle aus dem Werkstoff wegen der schwachen zwischenmolekularen Bindungsenergien relativ leicht aneinander abgleiten. Bruchstücke der abgeglittenen Moleküle bilden dann an ihren Bruchenden Radikale, die zu dieser Haftung führen [4.59]. Es bildet sich im Laufe des Gleitens an der Oberfläche des Gleitpartners ein dünner, in Gleitrichtung hochorientierter PTFE-Film, so dass schließlich PTFE gegen eine mit PTFE angereicherte Partneroberfläche gleitet. Nach diesem „Einlaufvorgang" ist also das Gleiten wieder auf adhäsive Mechanismen zwischen PTFE zurückzuführen.

Eine Voraussetzung für diesen Mechanismus ist, dass die Moleküle der PTFE-Oberfläche in Gleitrichtung orientiert sind. Wird die Gleitrichtung um 90° gedreht, wird der Reibwert wieder solange höher sein, bis sich die Moleküle in die neue Richtung orientiert haben.

Diese Vorgänge laufen überwiegend unter sehr geringen Gleitgeschwindigkeiten und sehr glatten Partneroberflächen ab. Höhere Gleitgeschwindigkeiten und rauere Partneroberflächen haben größere Abriebpartikel zur Folge, die zwar ebenfalls „schmieren", aber nicht diesen orientierten Film zustande kommen lassen.*

4.7.1.2 Deformationen und Hysteresisverluste

Deformationen an Rauheitsspitzen treten bereits bei der Bildung der realen Kontaktfläche auf, wenn zwei Körper in Berührung kommen. Auch beim Trennen von adhäsiven Kontaktbrücken sind zwangsläufig Deformationen von Molekülsegmenten und Molekülbereichen – verbunden mit Hysteresisverlusten – als komplizierte dynamische Vorgänge beteiligt.

Im Falle des Kontakts von Werkstoffen mit deutlich *unterschiedlichen Elastizitätsmoduln* werden die Rauheitsspitzen des härteren Partners in die Oberfläche des weicheren Partners

* Abriebpartikel von polaren Polymerwerkstoffen in der Gleitfläche führen eher zu einer Reibwertserhöhung.

eindringen [4.40]. Bei Relativbewegung wird vor jeder Rauheitserhebung ein Wulst – ähnlich einer Bugwelle – entstehen. Diese frontale Bugwelle wird im weiteren Verlauf des Gleitens durch die Rauheitserhebung in Richtung der Bewegung verschoben und ständig niedergewalzt. Durch diesen Vorgang wird der Werkstoff bzw. seine Oberflächenschichten einer ständigen Wechselbeanspruchung unterworfen, und es wird Verlustarbeit geleistet.

Zur Veranschaulichung dieser Vorgänge dient das Modell in Bild 4.30. Der Längsschnitt durch eine einzelne Rauheitsspitze zeigt die Wechseldeformationen eines Volumenelementes in Oberflächennähe während des Durchgangs dieser Rauheitsspitze.

Dieser Deformationsaspekt sagt aus, dass eine Paarung mit einem Polymerwerkstoff unter *deformativen Bedingungen* geringere Reibung erwarten lässt, wenn die *Härte* (oder auch der Elastizitätsmodul) des Polymerwerkstoffs hoch ist, weil dann die Rauheitsspitze weniger tief eindringen wird, und dass umso weniger Verschleiß zu erwarten ist, je höher seine Arbeitsaufnahmefähigkeit (Zähigkeit) ist, weil dann die Wechseldeformationen ohne Riss- und Brucherscheinungen ertragen werden.

4.7.1.3 Rahmenbedingungen für adhäsiv und deformativ bedingtes Gleiten

Für die Werkstoffvorauswahl ist die Erkenntnis hilfreich, wenigstens grobe Bedingungen zu kennen, unter denen entweder adhäsiv bedingtes oder deformativ bedingtes Gleiten *überwiegen* wird.

So wird man z. B. annehmen können, dass adhäsiv bedingtes Gleiten überwiegt, wenn die Oberflächen der Gleitpartner sehr glatt sind, und die Flächenpressung gering ist.

Andererseits werden deformativ bedingte Reibungsmechanismen gemäß Bild 4.30 mit zunehmender Pressung und Oberflächenrauheit spürbar. Dies ist besonders bei Paarungen von Polymerwerkstoffen gegen raue Metalloberflächen plausibel.

Die Rolle der Oberflächenrauheit wird prinzipiell in Bild 4.31 veranschaulicht. Dort ist der Verlauf des adhäsiv bedingten Reibwertes und des deformativ bedingten Reibwertes gemäß obiger Postulation isoliert über der Rauheit aufgetragen, sowie die Summenkurve aus beiden Anteilen, wie sie im Experiment gemessen wird.

Diese prinzipiellen Zusammenhänge werden in Abschnitt 4.7.2.1 experimentell bestätigt.

Einschränkend hierzu muss jedoch darauf hingewiesen werden, dass sich ein Bearbeitungsprofil einer Oberfläche im Verlauf des Gleitens zum Reibungsprofil ändert. Es kann also eine ursprünglich „glatte" Oberfläche im Laufe der Zeit „rau" werden und umgekehrt.

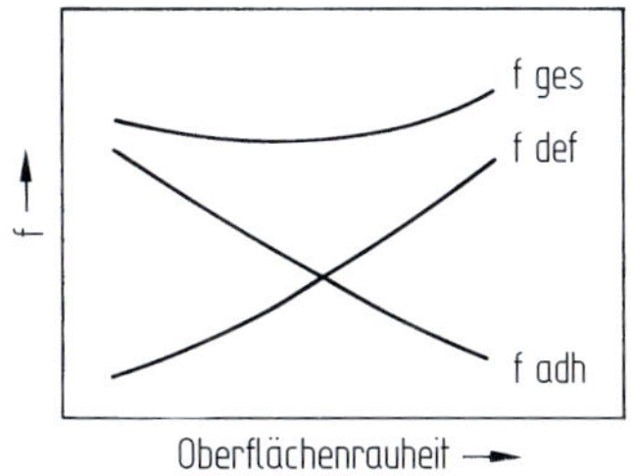

Bild 4.31 Adhäsiver und deformativer Anteil der Gleitreibungszahl in Abhängigkeit von der Oberflächenrauheit, schematisch [4.48]

Das Härten einer Stahlgleitfläche ist eine bewährte Maßnahme.

Ferner kann der Abrieb zwischen den Gleitflächen eine unvorhersehbare Rolle spielen; jedoch werden Abriebpartikel eines unpolaren Polymerwerkstoffs grundsätzlich das Gleiten günstiger beeinflussen als polare Abriebpartikel (s. oben).

4.7.2 Reibung und Verschleiß bei Polymerwerkstoff/Stahl-Paarungen

Wenn die Adhäsionsarbeit einer Paarung nicht bestimmt werden kann (z. B. bei Kombinationen mit Metallen), kann das *adhäsiv bedingte Gleiten* zumindest qualitativ abgeschätzt werden. Man darf dann annehmen, dass niedrigenergetische, unpolare Polymerwerkstoffe (PTFE, PE-HD) unter adhäsiven Gleitbedingungen (glatte Stahloberfläche, geringe Flächenpressung) nur einen geringen Beitrag zum adhäsiven Teil der Reibung leisten; andererseits wird der adhäsive Anteil bei stärker polaren Polymerwerkstoffen (POM, PVC, PA) hoch sein.

Der adhäsiv bedingte Verschleiß ist generell gegenüber dem deformativ bedingten gering.

Der *deformativ bedingte Anteil* der Reibung wird nach der Modellvorstellung in Bild 4.30 umso höher sein je geringer die Härte (Elastizitätsmodul) ist, weil dann die Rauheitsspitze desto tiefer in den Werkstoff eindringen und Deformationen erzeugen kann.

Gemäß Abschnitt 4.7.1.2 ist unter deformativen Gleitbedingungen die Höhe des zu erwartenden Polymerverschleißes eine Frage seines Arbeitsaufnahmevermögens unter dieser Gleitbeanspruchung. Die Deformations- und Ermüdungsvorgänge beim Gleiten sind aber äußerst komplex, und es ist deshalb schwierig, diese mit einer Werkstoffprüfung zu reproduzieren und zu beschreiben.

Ein einfacher Spannungs/Dehnungs-Versuch erfasst zwar nicht die Ermüdung eines Werkstoffes; man kann jedoch davon ausgehen, dass der Werkstoff an der Streckspannung irreversibel geschädigt ist. Die Arbeitsaufnahme bis zu Streckgrenze dürfte somit einen allerersten Hinweis auf die Verschleißfestigkeit eines Polymerwerkstoffes geben.

Für Polymerwerkstoffe stellt die Fläche unter dem Spannungs-Dehnungs-Diagramm bis zur Streckgrenze ein einfaches, jedoch repräsentatives Maß für die Arbeitsaufnahme und damit für seine Verschleißfestigkeit dar.

Das Bild 4.32 belegt diesen Zusammenhang sowohl für Paarungen mit teilkristallinen als auch amorphen Thermoplasten. Für gefüllte oder verstärkte Polymerwerkstoffe trifft dieser Zusammenhang nicht so gut zu, da hier offensichtlich die höhere Härte eine größere Rolle spielt.

In [4.50] wird die Annahme getroffen, dass eine Beziehung besteht zwischen der Verschleißentstehung und dem Verhältnis der aktuellen Beanspruchung in der Gleitfläche σ_0 und der Bruch- bzw. Streckspannung σ_Y. Die aktuelle Beanspruchung wird angegeben als:

$$\sigma_0 = p_N \, (1 + 4\, f^2)^{\frac{1}{2}} \tag{4.25}$$

Auch unter dieser kräftemäßigen Betrachtung erhält man eine gute Korrelation (Bild 4.33).

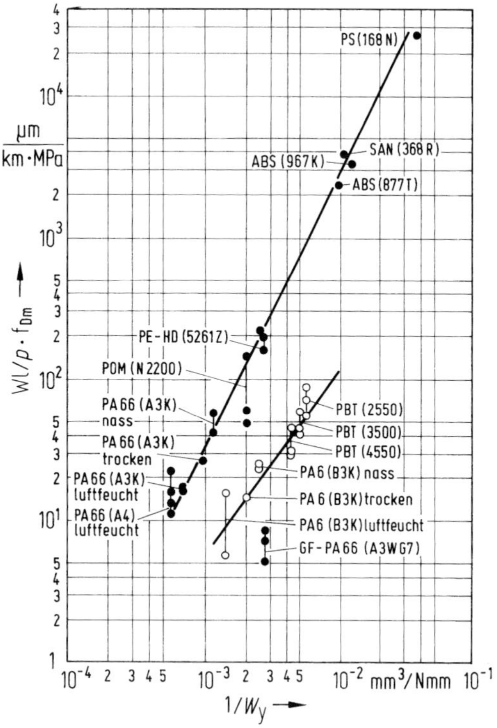

Bild 4.32
Verschleißrate verschiedener Polymerwerkstoffe, bezogen auf das Produkt aus mittlerer Flächenpressung und Reibungszahl der Paarung als Funktion der reziproken Arbeitsaufnahme bis zur Streckgrenze des jeweiligen Polymerwerkstoffs.
● Dehngeschwindigkeit $\dot{\varepsilon} = 0{,}02\,\text{min}^{-1}$
○ Dehngeschwindigkeit $\dot{\varepsilon} = 0{,}5\,\text{min}^{-1}$
Tribosystem: Stift/Scheibe/Apparatur; v = 0,5 m/s; technisch trocken, RT;
Gleitpartner: Stahl 100 Cr6;
R_z der Stahlgleitfläche = 2,4 μm [4.48]

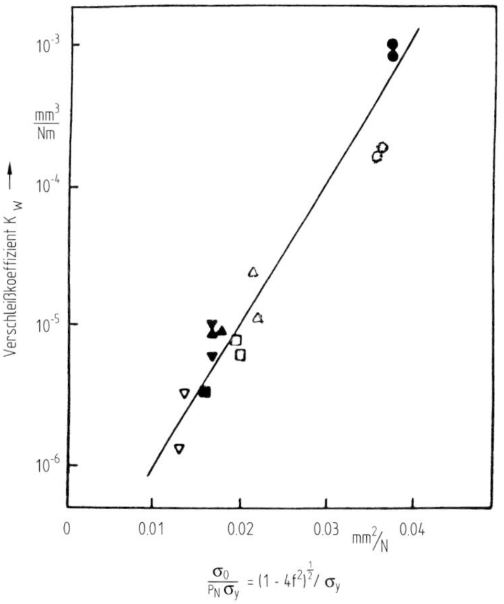

Bild 4.33
Verschleißverhalten einiger thermoplastischer Polymerwerkstoffe unter abrasiven, deformativen Bedingungen [4.50]

○ PE-HD	△ PA 6	▽ PI	□ PBT
● PTFE	▲ POM	▼ PA 66	■ PET

4.7.2.1 Einfluss der Oberflächenrauheit des Stahlpartners

PE-HD ist ein insgesamt niedrigenergetischer und wegen seines kleinen polaren Oberflächenenergieanteils von $\gamma^{p} \approx 0{,}1$ mN/m ein unpolarer Polymerwerkstoff. Unter überwiegend adhäsiven Gleitbedingungen, also bei Paarung mit glatten Stahloberflächen bieten sich deswegen wenig und nur schwache Wechselwirkungsmöglichkeiten in der Kontaktfläche, was die niedrigen gemessenen Reibungszahlen (in Bild 4.34) von $f_{Dm}{}^{*} \leq 0{,}24$ bei gemittelten Rautiefen von $R_z < 0{,}3$ µm erklärt. Das Ansteigen der Reibungszahl mit zunehmendem R_z ist die Folge zunehmenden, deformativ bedingten Gleitens. Bei Flächenpressungen von $p = 8{,}8$ MPa (Bild 4.34 rechts) steigt die Reibungszahl weniger stark mit R_z an als bei $p = 1$ MPa (Bild 4.34 links). Dafür ist der pulvrige Abrieb verantwortlich, der unter der hohen Pressung bei Paarung mit rauen Stahloberflächen in großem Maß anfällt und eine schmierende Zwischenschicht bildet.

Da bei PE-HD somit der adhäsive Reibungsanteil weitgehend fehlt, gilt für diesen Werkstoff $f_{ges} \approx f_{def}$.

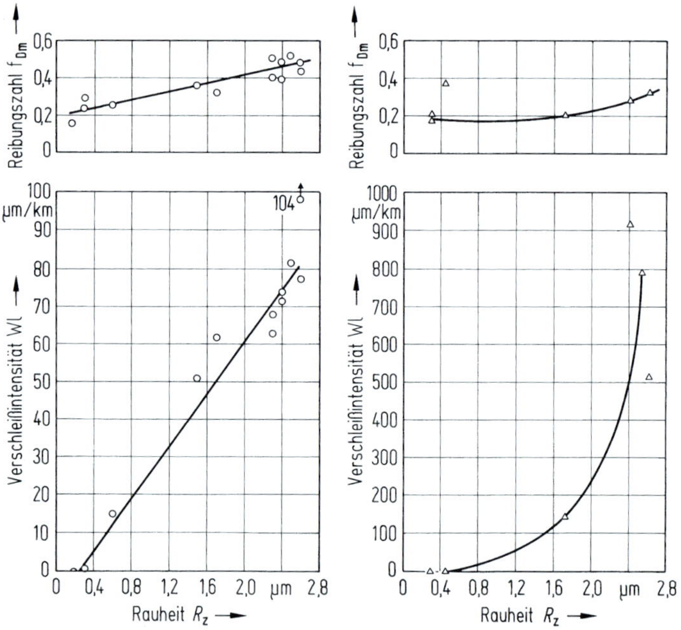

Bild 4.34 Verlauf von Reibungszahl und Verschleißintensität der Paarung PE-HD (5261 Z) gegen Stahl (100 Cr6) in Abhängigkeit der Oberflächenrauheit des Stahlpartners.
Versuchsbedingungen: Stift/Scheibe-Apparatur, $v = 0{,}5$ m/s, technisch trocken, Raumtemperatur.
Links: $p = 1$ MPa; rechts: $p = 8{,}8$ MPa [4.48].

* Die Bezeichnung f_{Dm} für die Reibungszahl wird dann verwendet, wenn f aus Versuchen als mittlerer Wert im Dauerversuch nach Abschluss der Einlaufeffekte ermittelt wurde.

Die Wirkung der unterschiedlichen Reibungsmechanismen geht auch aus dem Verschleißverhalten hervor, je nachdem, ob mit glatter oder rauer Stahloberfläche gepaart wird: Im glatten Bereich werden die schwachen Adhäsivbindungen beim Gleiten wieder leicht gelöst, ohne dass dabei in größerem Umfang Adhäsivverschleiß auftritt. Im rauen Bereich wirkt der deformative Gleitmechanismus, womit die hohe Verschleißrate* (Verschleißintensität) erklärt wird.

Beim *POM* wirken zwischen den C-O-Gruppierungen der einzelnen Makromoleküle permanente Dipole, deren Wirkung sich auch im polaren Oberflächenenergieanteil von $\gamma^p = 6{,}1$ mN/m zeigt. Im Reibungskontakt führt diese Fähigkeit der molekularen Wechselwirkung unter adhäsiven Gleitbedingungen ($R_z < 0{,}3$ µm) zu relativ hohen Reibungsverlusten und Reibungszahlen von $f_{Dm} = 0{,}5$ bis 0,7 (Bild 4.35).

Mit zunehmender Rauheit geht der adhäsive Gleitmechanismus zurück und die Reibungszahlen fallen zu niedrigen Werten.

Eine gleichzeitige Zunahme des deformativ bedingten Gleitmechanismus mit R_z lässt sich aus dem Kurvenverlauf der Reibungszahl im gemessenen R_z-Bereich nicht eindeutig erkennen.

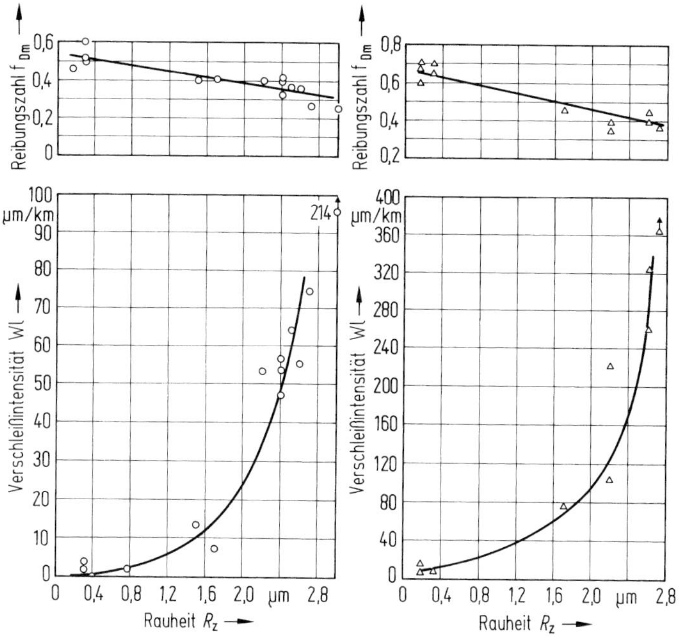

Bild 4.35 Verlauf von Reibungszahl und Verschleißintensität der Paarung POM (N 2200) gegen Stahl (100 Cr6) in Abhängigkeit von der Oberflächenrauheit des Stahlpartners. Versuchsbedingungen: Stift/Scheibe-Apparatur, $v = 0{,}5$ m/s, technisch trocken, Raumtemperatur.
Links: $p = 1$ MPa; rechts: $p = 8{,}8$ MPa [4.48].

* Als Verschleißrate wird bei den verwendeten Prüfapparaturen (Stift/Scheibe und Ring/Ring) die Längenabnahme der Probekörper in µm pro km Gleitweg bezeichnet. Der Gesamtgleitweg beträgt pro Messpunkt mindestens 20 km. Üblich ist auch die Angabe des Verschleißkoeffizienten KW in mm³/N m als Verschleißvolumen pro Normalkraft und Gleitweg.

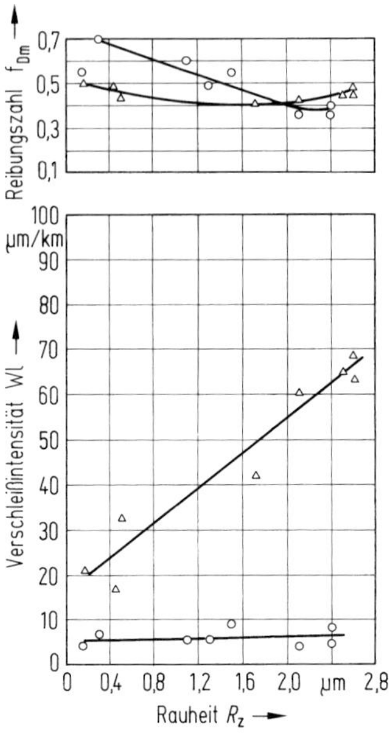

Bild 4.36 Verlauf der Reibungszahl und Verschleißintensität der Paarung PA 66 (A4) gegen Stahl (100 Cr6) in Abhängigkeit von der Oberflächenrauheit des Stahlpartners. Versuchsbedingungen: Stift/Scheibe-Apparatur, p = 1 MPa (○) und 8,8 MPa (△), v = 0,5 m/s, technisch trocken, Raumtemperatur [4.48].

Dagegen kann aus der Zunahme der Verschleißrate mit R_z eindeutig auf das Vorhandensein einer deformativen Komponente geschlossen werden.

PA 66 hat aufgrund seiner Fähigkeit zur Bildung von Wasserstoffbrückenbindungen einen stark polaren Charakter. Unter überwiegend adhäsiven Gleitbedingungen (glatte Stahloberflächen und niedrige Pressung) werden deshalb hohe Reibungszahlen von f_{Dm} = 0,5 bis 0,7 gemessen, die mit zunehmendem R_z erwartungsgemäß abnehmen (Bild 4.36).

Unter p = 1 MPa ist ein Minimum im Reibungszahlverlauf nur schwach angedeutet. Der geringe Anteil des deformativ bedingten Anteils zeigt sich auch im Verschleiß, denn die relativ geringe, adhäsiv bedingte Verschleißrate bei glatter Stahloberfläche bleibt über R_z nahezu konstant.

Im Kurvenverlauf für p = 8,8 MPa deutet das Minimum auf die Überlagerung des deformativen Gleitmechanismus hin. Eine Bestätigung hierfür ist die Zunahme der Verschleißrate mit R_z.

4.7.2.2 Einfluss der relativen Molekülmasse

In Bild 4.37 sind für drei PBT-Typen unterschiedlicher relativer Molekülmasse Reibungszahlen und Verschleißwerte bei unterschiedlichen Flächenpressungen aufgetragen. Da die oberflächenenergetischen Werte weitestgehend unabhängig von der relativen Molekülmasse sind, ist unter adhäsiven Gleitbedingungen (p = 1 MPa, R_z = 0,3 µm, Bild 4.37 links) erwartungsgemäß weder bei der Reibungszahl noch bei der Verschleißrate eine Abhängigkeit von der relativen

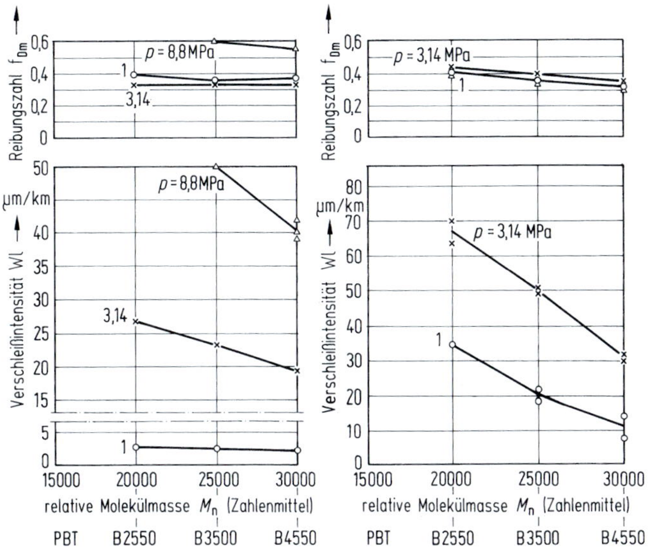

Bild 4.37 Reibungszahl und Verschleißrate für drei PBT-Typen unterschiedlicher relativer Molekülmassen:
PBT B 2550 = sehr leicht fließender Spritzgusstyp
PBT B 3500 = mittelviskoser Spritzgusstyp
PBT B 4550 = Extrusionstyp
Versuchsbedingungen: Stift/Scheibe-Apparatur, v = 0,5 m/s, techn. trocken, RT;
Gleitpartner: Stahl 100 Cr6, R_z = 0,3 µm links, R_z = 2,4 µm rechts [4.48]

Molekülmasse vorhanden. Erst mit Zunahme der Flächenpressung, das bedeutet Zunahme des deformativen Gleitcharakters, nimmt insbesondere die Verschleißrate signifikant ab.

Im rechten Bildteil sind die entsprechenden Werte bei Paarung gegen raue Stahloberflächen eingetragen. Unter diesen deformativen Gleitbedingungen wird der Einfluss der relativen Molekülmasse, insbesondere beim Verschleiß, noch deutlicher sichtbar.

Höhere relative Molekülmasse ist gleichbedeutend mit größerer Arbeitsaufnahme und damit niedrigeren Verschleißwerten.

Dieser Zusammenhang gilt auch für andere thermoplastische Polymerwerkstoffe.

4.7.2.3 Einfluss des Feuchtegehalts im Polyamid

Aus Bild 4.38 ist der Einfluss der Probenfeuchte eines PA 66 auf das Reibungs- und Verschleißverhalten unter deformativen Gleitbedingungen (R_z = 2,4 µm) zu ersehen. Hier entspricht das Minimum der Verschleißrate (bzw. des Verschleißbetrages nach 20 km Gleitstrecke) dem Maximum der Arbeitsaufnahme über der Probenfeuchte (Bild 4.39).

Eine Wasserschmierung führt bei Paarung mit rauen Stahloberflächen weder zu einer drastischen Erniedrigung der Reibungszahl noch zu einer entsprechenden Verschleißreduzierung.

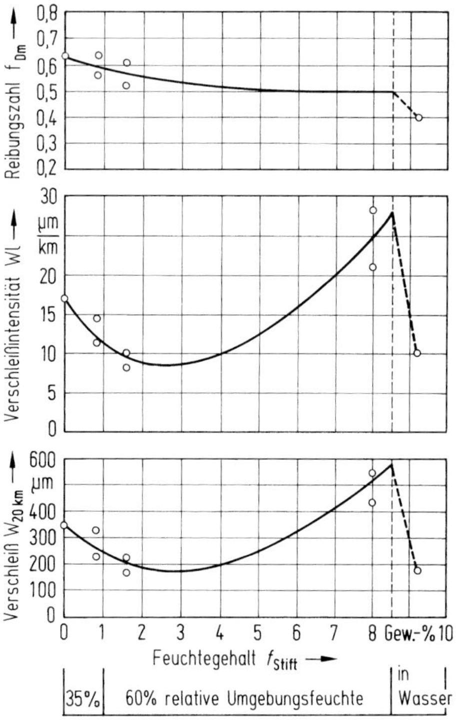

Bild 4.38 Reibungszahl, Verschleißrate und Verschleißbetrag nach 20 km von PA 66 (A3K) in Abhängigkeit von der Probenfeuchte.
Versuchsbedingungen: Stift/Scheibe-Apparatur; p = 1 MPa, v = 0,5 m/s, RT;
Gleitpartner: Stahl 100 Cr6, R_z = 2,4 µm [4.48].

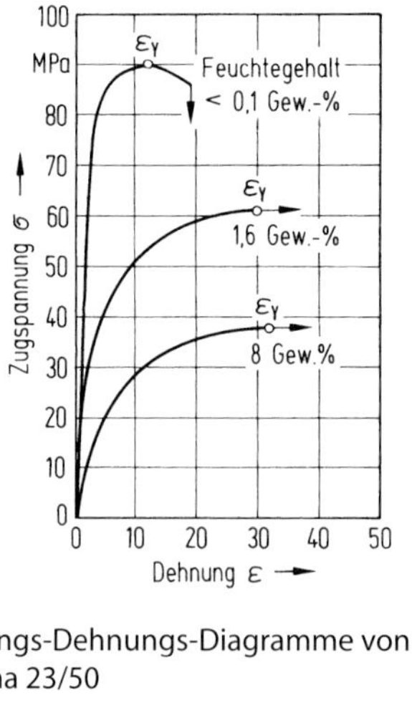

Feuchtegehalt Gew.-%	E-Modul MPa	Arbeitsaufnahme bis ε_s N mm/mm³
0,1	3350	1108,5
1,6	2150	1483,5
8	740	887,4

Bild 4.39 Spannungs-Dehnungs-Diagramme von PA 66 mit unterschiedlichem Feuchtegehalt; Prüfklima 23/50

Dagegen fallen bei Paarung gegen glatte Stahloberflächen (R_z = 0,3 µm) unter sonst gleichen Bedingungen die Reibungszahl auf $f \approx 0{,}05$ und die Verschleißrate auf < 0,1 µm/km.

Die Spannungs/Dehnungs-Diagramme in Bild 4.39 legen dar, dass sich „trockenes" PA 66 (Feuchtegehalt < 0,1 Gew.-%) spröde verhält; „feuchtes" PA 66 (Feuchtegehalt 1,6 Gew.-%) ist ausgesprochen zäh und „nasses" PA 66 (Feuchtegehalt 8 Gew.-%) nicht zäh, sondern nur weich.

Die Arbeitsaufnahmefähigkeit (Zähigkeit) als Integral bis zur Streckspannung über dem Feuchtegehalt weist also ein ausgeprägtes Maximum auf.

Bei Polymerwerkstoffen, die zwar ebenfalls Wasser aufnehmen, aber diese Wasseraufnahme nicht in den zwischenmolekularen Mechanismus eingreift und somit auch keine Änderung z. B. der Zähigkeit zur Folge hat (z. B. POM), ist auch keine Beeinflussung der Verschleißfestigkeit festzustellen.

4.7.2.4 Einfluss energiereicher Bestrahlung

Die wesentlichen mikrostrukturellen Veränderungen als Folge von energiereicher Bestrahlung sind Kettenbrüche und Vernetzungen.

Unter Sauerstoffausschluss während der Bestrahlung wird der Prozess der Vernetzung überwiegen, wenn die gebildeten Radikale sich gegenseitig binden. Die Vernetzung verleiht dem Polymeren je nach Vernetzungsgrad ein gummielastisches bis hart sprödes Verhalten.

Die Gegenwart von Sauerstoff während der Bestrahlung hat einen deutlichen oxidativen Abbau zur Folge; der Sauerstoff reagiert mit den gebildeten Radikalen, es kommt zu Kettenbrüchen und einer Abnahme der relativen Molekülmasse und damit makroskopisch einer Abnahme der mechanischen Eigenschaften, insbesondere der Zähigkeit. Durch diesen Vorgang kann die Vernetzung stark oder völlig unterdrückt werden.

Im PE-HD werden unter dem Einfluss energiereicher Strahlen in inerter Atmosphäre C-H-Bindungen gespalten, was zur Vernetzung und parallel zur Bildung von Vinylendoppelbindungen führt; mit zunehmender Strahlendosis nimmt die Vernetzung zu. Dies ist in Bild 4.40 deutlich an der Zunahme des Schubmoduls oberhalb des Schmelzpunktes des unbestrahlten PE-HD zu erkennen.

Die Konsequenz auf das Reibungsverhalten geht aus Bild 4.41 hervor.

Unter deformativen Gleitbedingungen (links) ist bei der Reibungszahl kein signifikanter Einfluss vorhanden; aber der Verschleiß nimmt mit zunehmender Vernetzung deutlich ab.

Im rechten Bildteil sind Reibung und Verschleiß gegen glatte Stahloberflächen (adhäsive Gleitbedingungen) aufgetragen: Die Reibungszahl nimmt deutlich zu; offensichtlich wurde die PE-Oberfläche nach der Bestrahlung durch Sauerstoffanlagerung polarer, wofür auch der Verlauf des Verlustfaktors tan δ spricht. Der an sich schon geringe Verschleiß fällt noch weiter ab.

Im POM werden neben den C-H-Bindungen auch C-O-Bindungen aufgespalten, so dass der intramolekulare Sauerstoff auch in inerter Umgebung Abbaureaktionen hervorruft. Ein drastischer Abfall der Dehnung und damit der Zähigkeit ist die Folge, wie aus Bild 4.42 zu ersehen ist.

Das Bild 4.43 zeigt die Auswirkungen auf das tribologische Verhalten von POM. Sowohl bei Paarung mit glatten als auch mit rauen Stahloberflächen nimmt die Verschleißrate als Folge des Kettenabbaus drastisch zu.

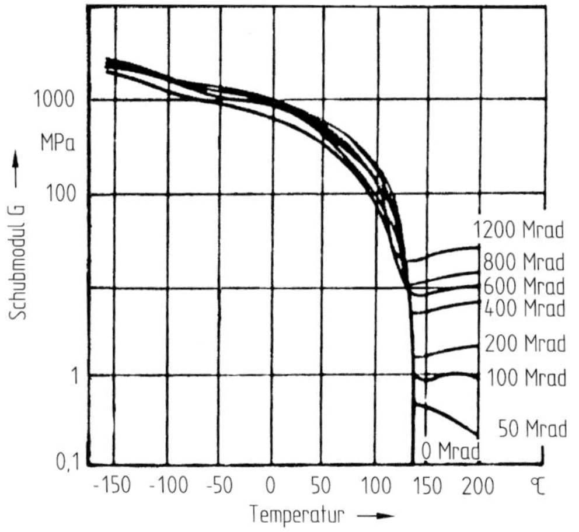

Bild 4.40 Schubmodul-Temperatur-Diagramme von PE-HD nach unterschiedlicher Elektronenbestrahlung bei Sauerstoffausschluss [4.57]

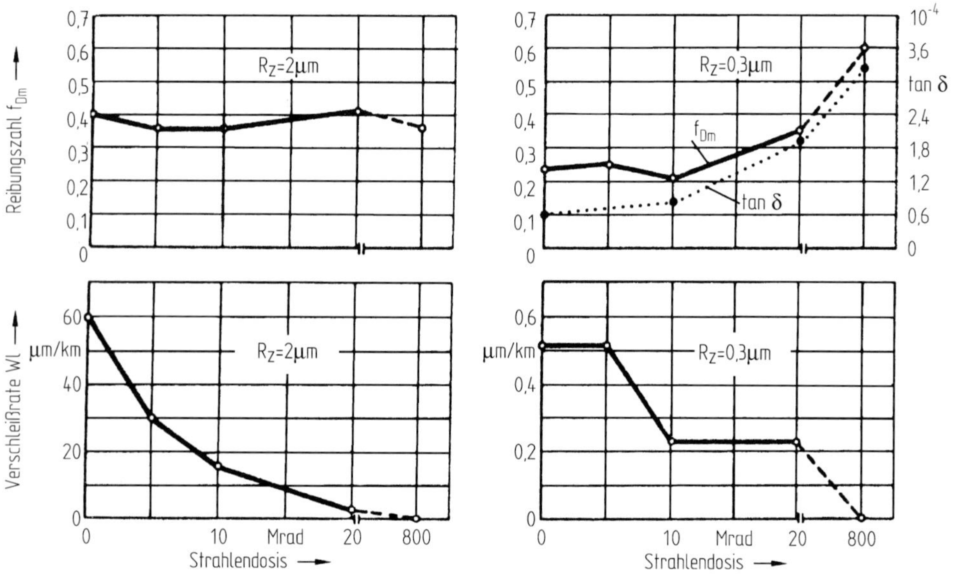

Bild 4.41 Reibungszahl und Verschleißintensität von PE-HD (5261 Z) nach Bestrahlung mit 2 MeV-Elektronen unterschiedlicher Dosis.
Tribosystem: Stift/Scheibe-Apparatur; Gleitpartner: Stahl 100 Cr6;
Versuchsbedingungen: p = 1 MPa, v = 0,5 m/s, RT, techn. trocken

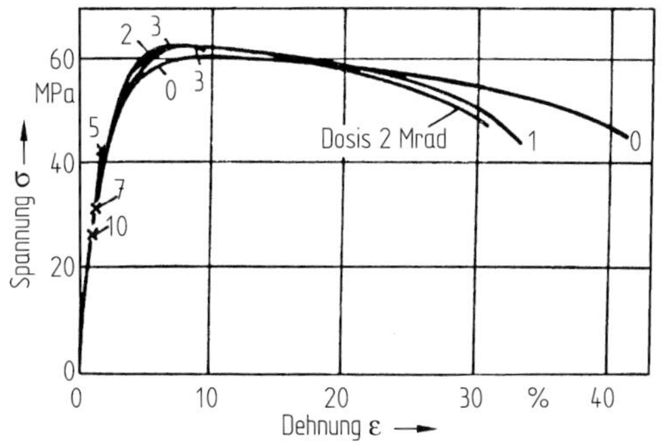

Bild 4.42 Spannungs-Dehnungs-Diagramme von POM nach unterschiedlicher Elektronenbestrahlung. Dehngeschwindigkeit 0,5 min^{-1} [4.56]

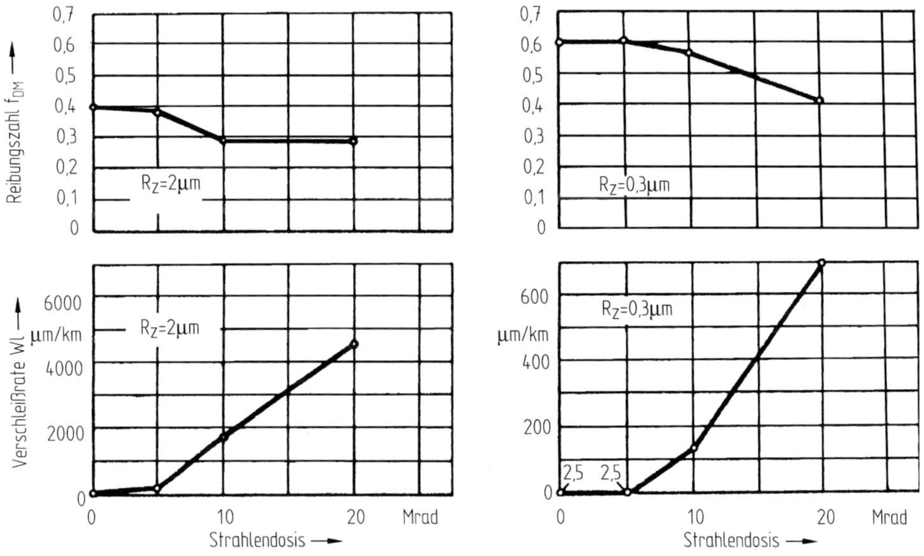

Bild 4.43 Reibungszahl und Verschleißrate von POM (N 2200) nach Bestrahlung mit 2 MeV-Elektronen unterschiedlicher Dosis.
Gleitpartner: Stahl 100 Cr6;
Versuchsbedingungen: Stift/Scheibe-Apparatur, p = 1 MPa, v = 0,5 m/s; techn. trocken, RT.

4.7.2.5 Einfluss der Bewegungsform und des Bewegungsablaufes

Bewegungsform und Bewegungsablauf sind Parameter, die das Systemverhalten beeinflussen (s. a. Bild 4.29). Wie aus der Tabelle 4.11 zu ersehen ist, zeigt beispielsweise PA unter reversierender und schwingender Gleitbewegung einen erheblichen Anstieg der Verschleißrate. Durch den Zusatz von Fasern wird der Verschleiß generell vermindert, bei gleichem Matrixwerkstoff bleibt aber die Tendenz der Zunahme erhalten. Bei unpolarem, ultrahochmolekularem PE-HD

Tabelle 4.11 Einfluss von Bewegungsform und Bewegungsablauf auf die Verschleißrate

Werkstoffe	Verschleißrate in µm/km		
	gleichförmige Bewegung	reversierende Bewegung	schwingende Bewegung
PA	9	100	120
PA-CF 20	4	12	14
PE-HD-UHM	14	14	8

Gleichförmig: $v = 0{,}5$ m/s, $p = 1$ MPa (Stift/Scheibe);
Reversierend: $x_s = \pm 4$ mm, $f = 1$ Hz, $p = 1$ MPa
Schwingend: $x_s = \pm 2$ mm, $f = 10$ Hz, $p = 1$ MPa
Gleitpartner: 100 Cr 6, 800 HV 10, $R_z = 3$ µm

findet man ein andersartiges Verhalten: Der Schwingverschleiß fällt hier niedriger aus als bei gleichförmiger und reversierender Bewegung [4.51]. Ob dies tatsächlich mit der Polarität erklärt werden kann, oder welche anderen Faktoren eventuell eine Rolle spielen, ist noch nicht ausreichend untersucht.

4.7.3 Reibung und Verschleiß bei Polymerwerkstoff/Polymerwerkstoff-Paarungen

4.7.3.1 Gleitreibung

Ergebnisse von Reibungsexperimenten verschiedener Polymerwerkstoff-Kombinationen sind in den Bildern 4.44 bis 4.47 zusammengestellt. Wie die graphische Auftragung der Reibungszahl gegen die Adhäsionsarbeit (Auswertung nach Owens und Wendt) zeigt, liegt bei allen Werkstoffkombinationen ein ähnlicher exponentieller Zusammenhang vor. Mit zunehmender Adhäsionsarbeit steigt die Gleitreibungszahl stark an. Die Messwerte lassen sich in den einzelnen Fällen gut durch die in den Bildern jeweils angegebenen Ausgleichsfunktionen approximieren.

Diese Ergebnisse von Reibungsexperimenten mit Polymerwerkstoff-Paarungen unter überwiegend adhäsiven Gleitbedingungen belegen den eingangs begründeten Zusammenhang zwischen Reibungsarbeit bzw. Reibungszahl und zur Trennung der Kontaktfläche erforderliche Adhäsionsarbeit.

Die Adhäsion und damit die Reibungszahl ist gering, wenn bei einer Paarung ein unpolarer Werkstoff beteiligt ist.

Dass die Reibungszahl einer Paarung mit der Adhäsionsarbeit exponentiell ansteigt, kann damit erklärt werden, dass dann, wenn zum Trennen der Adhäsivkontakte ein großer W_{ab}-Betrag erforderlich ist, auch die mit der Trennung verbundene Deformation von Molekülbereichen entsprechend steigt.

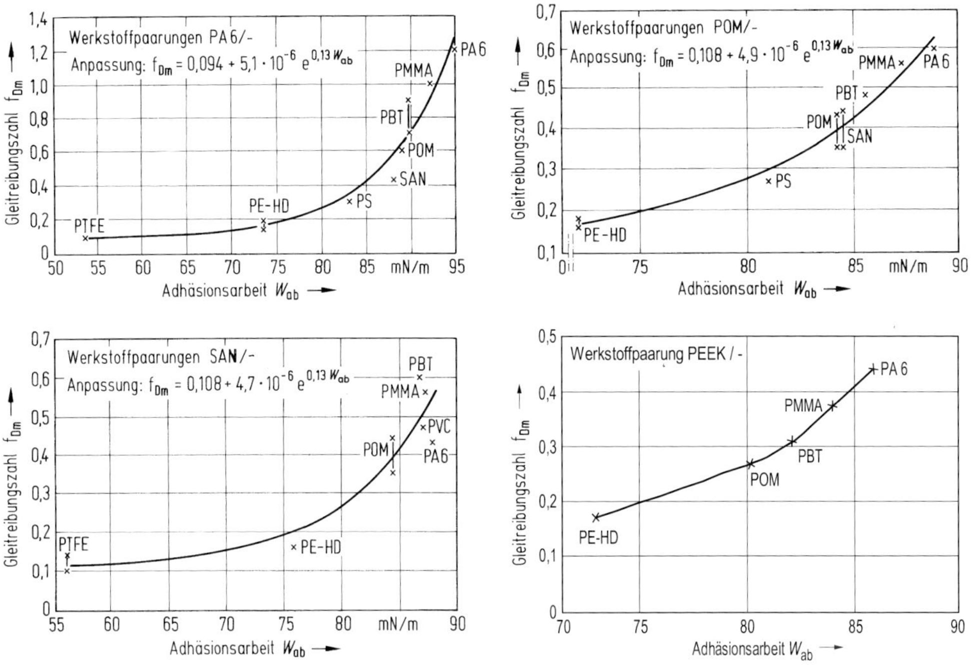

Bilder 4.44–4.47 Gleitreibungszahl f_{Dm} als Funktion der Adhäsionsarbeit W_{ab} verschiedener Polymerwerkstoff/Polymerwerkstoff-Paarungen
Tribosystem: Ring/Ring-Apparatur
Versuchsbedingungen: $p = 0{,}29$ MPa, $v = 0{,}12$ m/s, technisch trocken, RT

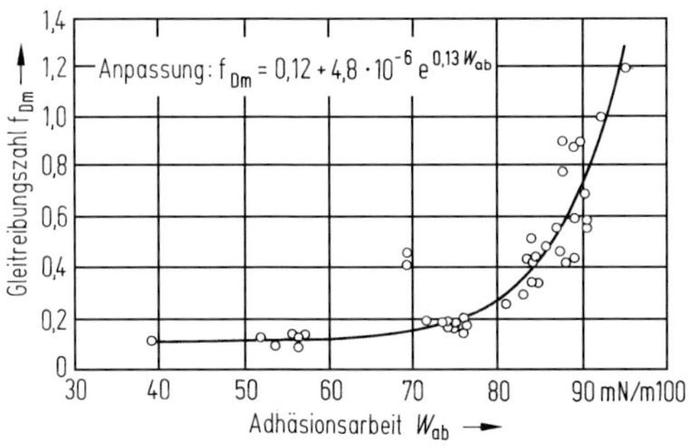

Bild 4.48 Gleitreibungszahl f_{Dm} als Funktion der Adhäsionsarbeit W_{ab} verschiedener Polymerwerkstoff/Polymerwerkstoff-Paarungen und empirische Anpassung

Das Bild 4.48 fasst Befunde aus einer Vielzahl von Reibungsversuchen und Adhäsionsarbeitsbestimmungen zusammen. Größere Abweichungen treten meist dann auf, wenn im Reibungsexperiment an beiden Werkstoffen Verschleiß beobachtet wird. Es ist verständlich, dass durch Abriebpartikel in der Gleitfläche der vorausgesetzte adhäsive Gleitmechanismus gestört wird.

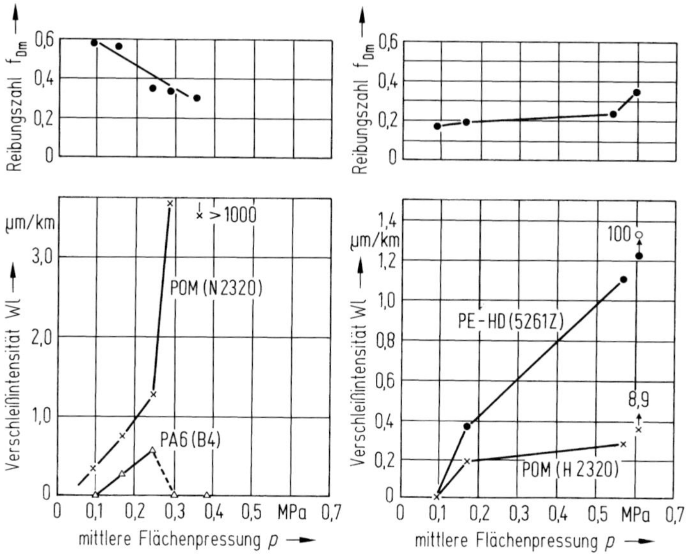

Bild 4.49 Gleitreibungszahl und Verschleißintensität der Paarungen POM/PA 6 und POM/PE-HD Tribosystem: Ring/Ring-Apparatur Versuchsbedingungen: $v = 0{,}12$ m/s, techn. trocken, RT

Tabelle 4.12 Eigenschaften und Werkstoffkennwerte, die einen tendenziellen Einfluss auf Reibung und Verschleiß von Gleitpaarungen mit Polymerwerkstoffen haben

Systemeigenschaft	Adhäsiv bedingt	Deformativ bedingt
Gleitreibung	zwischenmolekulare Bindungsenergien (Polarität): • unpolar ↘ • polar ↗ Adhäsionsarbeit: • groß ↗ • klein ↘	Härte (Elastizitätsmodul): • hoch ↘ • niedrig ↗
Gleitverschleiß	Adhäsion – Kohäsion: • Adhäsion < Kohäsion ↘ • Adhäsion > Kohäsion ↗	Härte (Elastizitätsmodul): • hoch ↘ • niedrig ↗ Ermüdungsfestigkeit, Arbeitsaufnahmefähigkeit (Zähigkeit): • hoch ↘ • niedrig ↗

↗ Werkstoffeigenschaft vergrößert Systemeigenschaft
↘ Werkstoffeigenschaft verringert Systemeigenschaft

4.7.3.2 Gleitverschleiß

Hinsichtlich des Abriebs bei Polymerwerkstoff/Polymerwerkstoff-Paarungen kann erwartet werden, dass der Gleitpartner mit der größeren Kohäsion (Bindungsenergie) weniger verschleißt [4.47]. Dies geht aus Bild 4.49 eindeutig hervor: POM verschleißt weniger als PE-HD, aber stärker als PA. Bei der Werkstoffauswahl für eine Polymerwerkstoff/Polymerwerkstoff-Paarungen sollte also das Element, das weniger leicht austauschbar ist, oder das stärker verschleißbeansprucht ist, aus dem polareren Werkstoff vorgesehen werden.

Ein typisches Beispiel hierfür ist eine Zahnradpaarung mit dem (kleineren) Ritzel aus PA und dem (größeren) Rad aus POM.

4.7.4 Zusammenfassung der Einflüsse von Werkstoffeigenschaften auf Systemeigenschaften

Die bisherigen Ausführungen haben gezeigt, dass Reibung und Verschleiß zwar Systemeigenschaften sind, dass aber durchaus Werkstoffeigenschaften der Systempartner einen bestimmten Einfluss auf Reibung und Verschleiß ausüben. Mit der Tabelle 4.12 wird zusammenfassend aufgezeigt, in welcher Richtung sich einige Werkstoffeigenschaften auswirken. Dabei muss wieder zwischen adhäsivem und deformativem Gleiten unterschieden werden.

4.7.5 Einfluss von Füll- und Verstärkungsstoffen

Durch Füll- und Verstärkungsstoffe wie z. B. Glasfasern, Kohlefasern, Grafit, Molybdändisulfid (MoS_2), Kreide, Metallpulver oder PTFE, PE können bestimmte Eigenschaften auch tribologische Eigenschaften gezielt verändert werden. Die in den folgenden Bildern angegebenen Werte sind in Laborversuchen ermittelt, und geben die Tendenzen an, in welcher Richtung Füllstoffe Einfluss nehmen.

4.7.5.1 Einfluss von Fasern auf den Verschleiß

Die Glasfaser ist der am häufigsten verwendete Verstärkungsstoff. Elastizitätsmodul, Festigkeit und Härte können damit deutlich angehoben werden.

Nach Tabelle 4.12 werden unter deformativen Bedingungen also beide tribologischen Werte verbessert. Aus Bild 4.50 geht die Abnahme der Verschleißintensität durch eine Glas- oder Kohlefaserverstärkung (unter geringer Pressung von p = 1 MPa) auch deutlich hervor.

Einfluss der Faserorientierung

Der Einfluss der Faserorientierung ist aus Bild 4.51 am Beispiel eines kohlefaserverstärkten PAEK (A 2000 C6) ersichtlich. Stehen die Fasern senkrecht zur Gleitfläche, ist die Verschleißrate erwartungsgemäß niedriger als bei paralleler oder gar rechtwinkliger Ausrichtung.

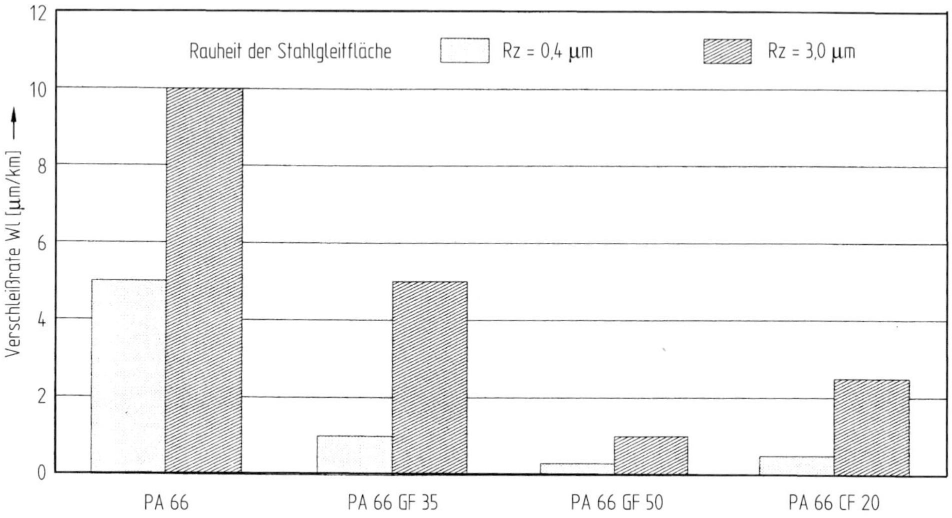

Bild 4.50 Verschleißrate von glasfaserverstärktem PA 66
Tribosystem: Stift/Scheibe; Gleitpartner: Stahl 100 Cr6, 700 HV10, R_z = 0,4 und 3,0 µm; Versuchsbedingungen: p = 1 MPa, v = 0,5 m/s, Mittelwerte aus 3 Versuchen, techn. trocken, RT

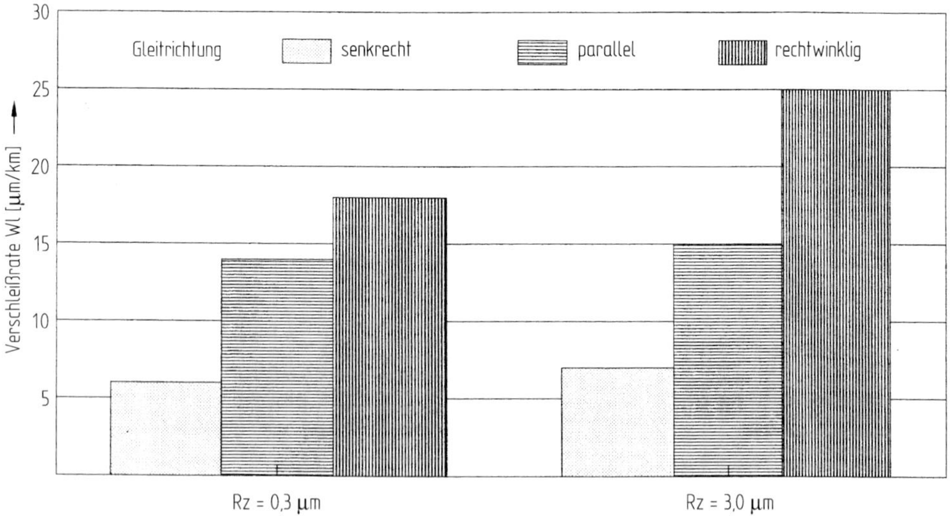

Bild 4.51 Einfluss der Faserorientierung auf den Verschleiß von PAEK-CF 30
Tribosystem: Stift/Scheibe; Gleitpartner: Stahl 100 Cr6, 700 HV 10, R_z = 0,3 und 3,0 µm; Versuchsbedingungen: p = 11 MPa, v = 0,5 m/s, Mittelwerte aus 3 Versuchen, techn. trocken, RT

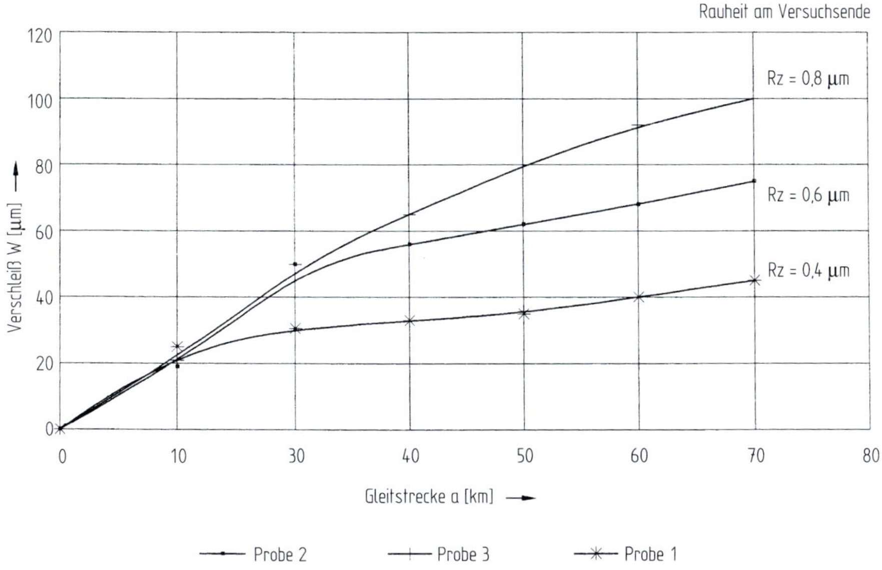

Bild 4.52 Abnahme des Verschleißes durch Glättung der Stahloberfläche
Tribosystem: Scheibe/Scheibe, Stahl (100 Cr6, 700 HV 10) gegen PA 66-GF35;
Versuchsbedingungen: p = 0,25 MPa, v = 0,12 m/s;
Faserorientierung überwiegend senkrecht zur Gleitrichtung, techn. trocken, RT;
Rauheit zu Versuchsbeginn R_Z = 2,0 µm

Verschleiß am Stahlgleitpartner

Glas- und Kohlefasern in polaren Polymerwerkstoffen greifen bei Trockenlauf den Stahlpartner an und verändern seine Oberflächentopographie. In Labor- und Praxisuntersuchungen wurden unterschiedliche, zum Teil widersprüchliche Ergebnisse registriert: Zum einen kann man feststellen, dass eine ursprünglich raue (R_z = 2,0 µm) Stahlgleitfläche gepaart gegen PA 66-GF35 im Laufe des Reibungskontaktes geglättet wird (Bild 4.52). Allerdings werden trotz einheitlicher Proben, die aus dem selben Halbzeugstück entnommen waren, nicht die gleichen Endwerte erreicht.

Erwartungsgemäß wird die Verschleißrate am Polymeren mit abnehmender Stahlrauheit geringer.

Es sind aber auch Fälle bekannt, wo gehärtete Stahlwellen gepaart gegen PA-GF und sogar gegen unverstärktes PA nach einigen km Gleitstrecke in Gleitrichtung Riefen bekommen haben.

Katastrophale Verschleißfolgen stellen sich jedoch ein, wenn polare, faserverstärkte Polymerwerkstoffe gegen ungehärteten Stahl gepaart werden.

Das Bild 4.53 zeigt die Testergebnisse an zwei Querlagern aus PA 66-GF 50 gepaart gegen ungehärteten (links) und gehärteten Stahl (rechts). Im linken Bildteil sind der hohe Verschleiß am Stahlbolzen und die rostfarbenen Abriebpartikel deutlich zu erkennen.

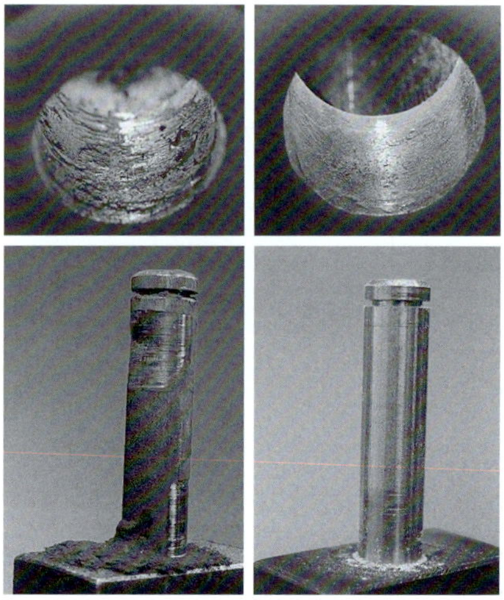

Bild 4.53 Testlager unter schwellender Beanspruchung
Versuchsbedingungen: p_{min} = 0,1 MPa, p_{max} = 2,0 MPa,
Schwenkwinkel ± 30° mit 15 Lastwechseln/min nach 600 000 Lastwechseln
Lagerbuchsen (Bild oben): PA 66-GF 50
Lagerzapfen: Stahl **200 HV** 10 (links), **800 HV** 10 (rechts)

Unabdingbar ist es deswegen, den Stahl auf etwa 700 HV 10 (HRc 60) zu härten. Auch durch eine externe Schmierung oder inkorporierte Schmierung mit PE-HD oder besser PTFE kann der Stahlverschleiß vermindert werden.

4.7.5.2 Einfluss von anderen, anorganischen Zusätzen

Fasern als Verstärkungsstoffe führen aufgrund ihrer Orientierung zu einer ausgeprägten Anisotropie beispielsweise der mechanischen Eigenschaften oder der Verarbeitungsschwindung. Gleitmaterialien werden deshalb zur Erhöhung von Druck-Elastizitätsmodul und Oberflächenhärte – und damit zur Verbesserung der deformativ bedingten Gleiteigenschaften – auch mit Grafit, MoS_2, Kreide etc. gefüllt. Auch die Kombination Polymerwerkstoff/Fasern/Grafit bzw. MoS_2 ergibt gute tribologische Eigenschaften, wobei Grafit und MoS_2 nicht eigentlich als Schmiermittel wirken, weil sie fest in der polymeren Matrix eingebunden sind. Allerdings hat der Abrieb eine etwas bessere Schmierwirkung als der des ungefüllten oder lediglich mit Fasern gefüllten Matrixwerkstoffs. Das Bild 4.54 belegt dies. Während MoS_2 den Verschleiß deutlich reduziert, ist nur ein minimaler Einfluss auf die Reibungszahl zu erkennen.

Für den Matrixwerkstoff Polyimid ist aus Bild 4.55 ein ähnlicher Zusammenhang zu erkennen. Hier ist der Verschleiß eines ungefüllten PI dem Verschleiß eines PI mit 15 % Grafit- bzw. 15 % Grafit- und 10 % PTFE-Zusatz gegenübergestellt. Die Tendenz der Verschleißreduzierung ist signifikant, wobei der etwas höhere Verschleiß bei dem zusätzlich mit PTFE gefüllten Werkstoff bei adhäsiv bedingtem Gleiten zwar nicht logisch ist, aber wegen der insgesamt geringen Beträge nicht überbewertet werden darf.

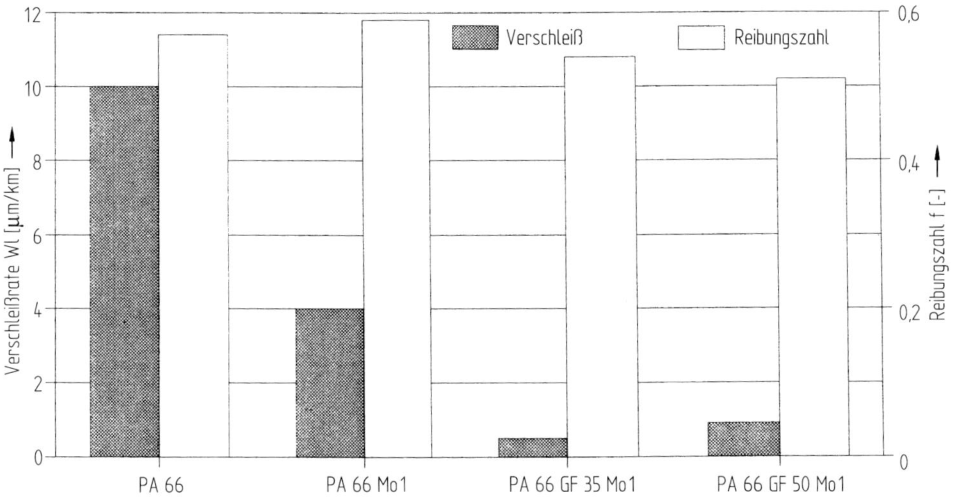

Bild 4.54 Einfluss von MoS_2 auf Reibung und Verschleiß von PA 66
Tribosystem: Stift/Scheibe;Gleitpartner: Stahl 100 Cr6, 700 HV 10, R_z = 3,0 µm;
Versuchsbedingungen: p = 1 MPa, v = 0,5 m/s, techn. trocken, RT;
Mo1 = 1 % Molybdändisulfid (MoS_2).

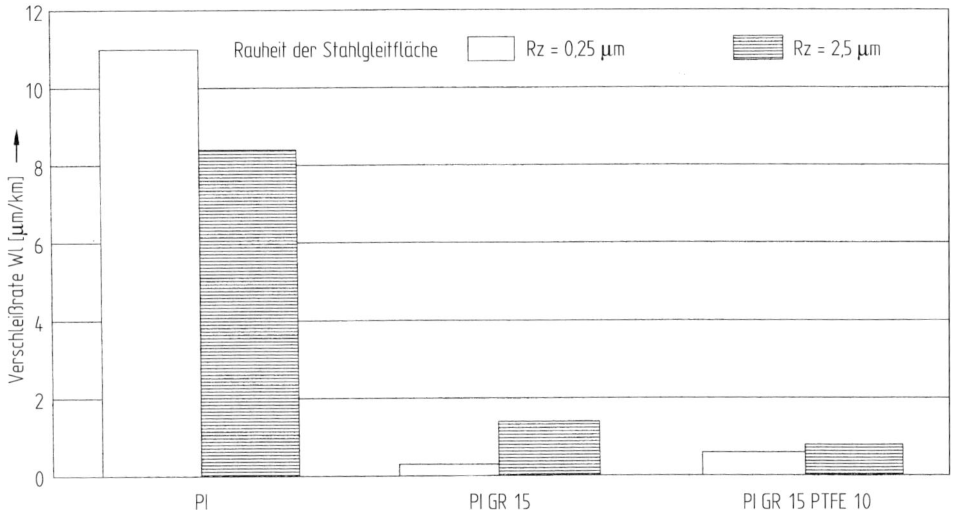

Bild 4.55 Einfluss verschiedener Füllstoffe auf den Verschleiß von Polyimid (PI)
Tribosystem: Stift/Scheibe; Gleitpartner: Stahl 100 Cr6, 700 HV 10;
Versuchsbedingungen: p = 3,14 MPa, v = 0,1 m/s, techn. trocken, RT;
GR 15 = 15 % Graphit, PTFE 10 = 10 % Polytetrafluorethylen

4.7.5.3 Einfluss von polymeren Zusätzen

Die Erkenntnis, dass unpolare Werkstoffe einen günstigen Beitrag zum adhäsiven Gleiten leisten, aber andererseits unter deformativen Bedingungen wenig verschleißfest sind, und sich polare Werkstoffe gerade invers verhalten, führt folgerichtig zur Kombination beider Werkstoffe. Man spricht hierbei auch von *inkorporierter Schmierung*.

Bei diesen Gleitwerkstoffen handelt es sich um physikalische Werkstoffmischungen. Sie bestehen aus einer kohärenten, polaren, Matrix und bis zu 20 % vorwiegend PTFE oder PE-HD.

Auch mit niedermolekularen, schmierenden Zusätzen kann der Verschleiß und die Reibungszahl, allerdings nur unter adhäsiven (Bild 4.56, R_z = 0,4 µm) Bedingungen, gesenkt werden. Gegen raue Stahloberflächen bleibt der Effekt aus.

Diese Art der inkorporierten Schmierung scheint jedoch nur in relativ hochkristallinen Polymerwerkstoffen (z. B. POM) spürbar zu wirken.

Mit PTFE ist dagegen ein „Schmiereffekt" auch bei Paarung gegen raue Oberflächen vorhanden, da es offensichtlich zu einem PTFE-Übertrag auf die Stahloberfläche kommt und letztendlich zu einer Glättung der Oberfläche.

Anstelle von diesen physikalischen Mischungswerkstoffen, bei denen stets eine gewisse Einbuße der mechanischen Eigenschaften festgestellt werden muss, können auch vorteilhaft chemisch gekoppelte PTFE-PA-Materialien verwendet werden. Hierbei wird ein kommerzielles PTFE-Mikropulver (Zonyl MP 110, Hersteller: Du Pont) der PA-Matrix über geeignete Schneckenkonfigurationen beigemischt. Dabei geht das feine Pulver eine chemische Koppelung mit dem PA ein, was zu einer sehr gleichmäßigen und feinen Verteilung des PTFE führt.

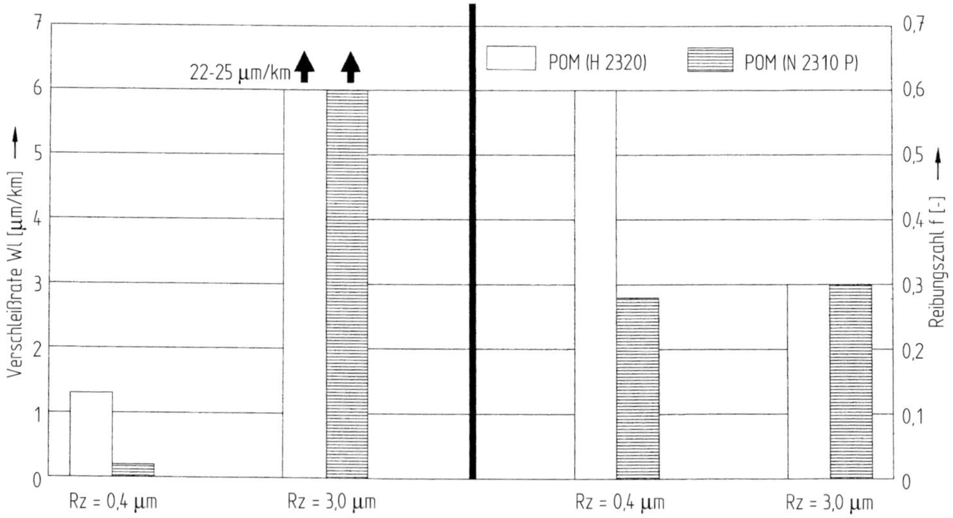

Bild 4.56 Reibung und Verschleiß von POM (H 2320) und mit niedermolekularem Schmiermittel (Stearinsäureester) gleitmodifiziertem POM (N 2310 P)
Tribosystem: Stift/Scheibe; Gleitpartner: Stahl 100 Cr6, 700 HV 10;
Versuchsbedingungen: p = 1 MPa, v = 0,5 m/s, techn. trocken, RT

So hergestellte, chemisch gekoppelte Werkstoffe erreichen nach [4.64] gegenüber den physikalischen Mischungen einen niedrigeren Reibwert ohne nennenswerten Einlaufeffekt und insbesondere einen um den Faktor 3 niedrigeren Gleitverschleiß.

In eigenen Messungen [4.65] konnte mit PA 46 als Matrix allerdings kein signifikanter Unterschied zwischen den beiden Werkstoffen festgestellt werden (Tribosystem: Stift/Scheibe; p = 1 MPa; v = 0,5 m/s; Gleitpartner Wälzlagerstahl 100 Cr6; RZ = 3,0 und 0,3 µm).

4.7.5.4 Einfluss von polymeren und härteerhöhenden Zusätzen

Noch differenziertere Eigenschaften werden mit Drei- oder Mehrkomponenten-Mischungen erzielt (s. a. Bild 4.55). Dabei liegt stets der Gedanke zugrunde, die Adhäsion mit unpolaren Stoffen zu reduzieren und gleichzeitig die deformative Komponente durch Erhöhung der Härte zu beeinflussen. Als Matrices sind insbesondere die Hocheistungsthermoplaste von Interesse, weil damit tribologische Anwendungen in höheren Temperaturbereichen möglich sind.

Das Bild 4.57 verdeutlicht am Beispiel von PAEK, wie der Verschleiß durch einen Grafit- und PTFE-Zusatz signifikant erniedrigt werden kann. Zum Vergleich ist in dieser Darstellung auch ungefülltes PA 66 und kohlefaserverstärktes PA 66 eingetragen.

Neben den Bildern 4.55 und 4.57 belegt auch das Bild 4.58 die positive Wirkung von PTFE auf die tribologischen Kennwerte. In diesem Bild sind als Matrices zwei andere Hochleistungsthermoplaste im Verschleiß mit und ohne PTFE-Zusatz gegenübergestellt [4.60].

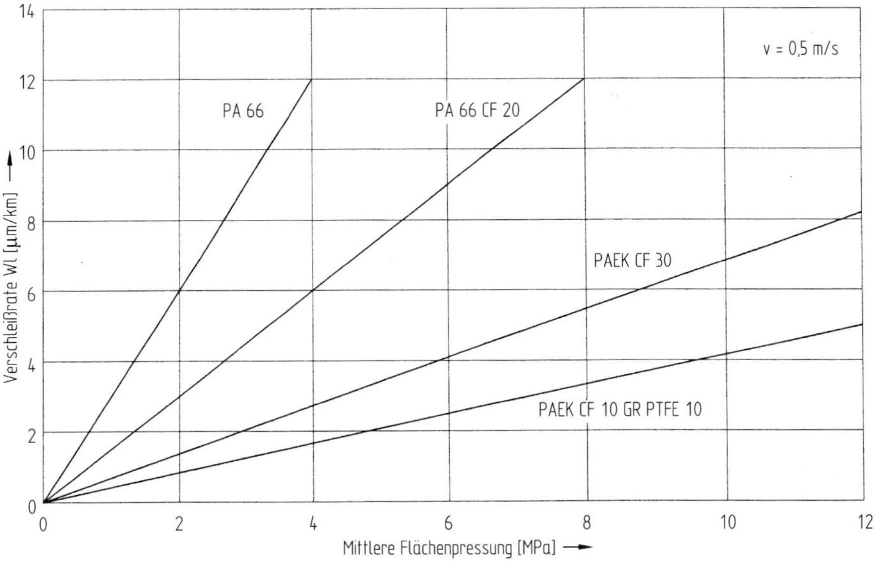

Bild 4.57 Verschleißrate in Abhängigkeit von der mittleren Flächenpressung für PAEK-CF 30 und einen Vierkomponenten-Gleitwerkstoff auf Basis von PAEK mit jeweils 10 % Kohlefasern, Graphit und PTFE. Zum Vergleich ist verstärktes und unverstärktes PA 66 eingetragen.
Tribosystem: Stift/Scheibe; Gleitpartner: Stahl 100 Cr6, 700 HV 10, R_z = 3 µm
Versuchsbedingungen: v = 0,5 m/s, techn. trocken, RT

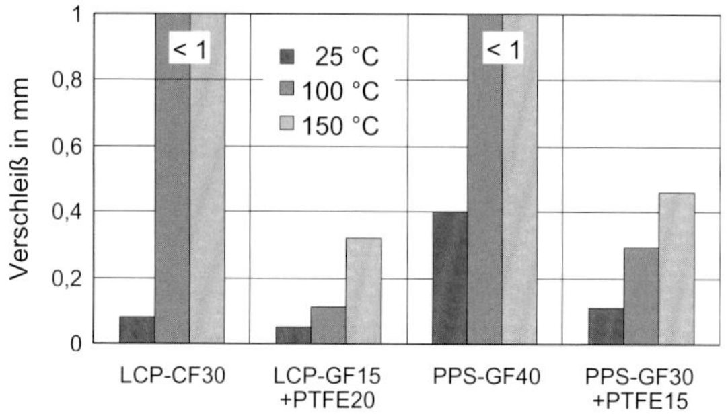

Bild 4.58 Gegenüberstellung des Verschleißes von verstärktem LCP und PPS mit und ohne PTFE-Zusatz [4.60]
Tribosystem: Kugel/Prisma Kugeldurchmesser = 12,7 mm; Gleitpartner: Stahl 100 Cr6; Versuchsbedingungen: v = 0,28 m/s, Last = 30 N, techn. trocken, Versuchsdauer 100 Std.

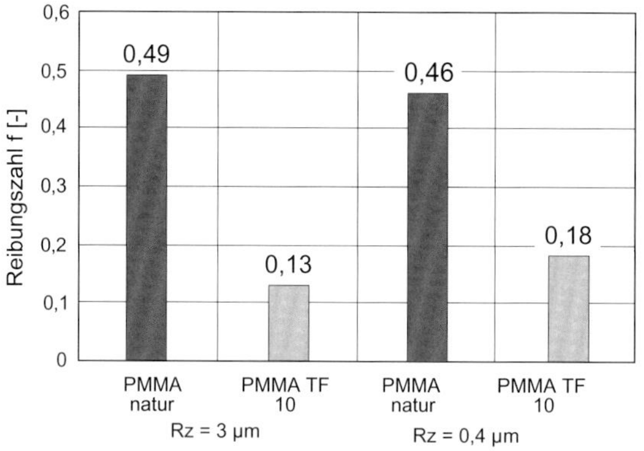

Bild 4.59 Reibwerte von PMMA natur und PMMA mit 10 % PTFE-Zusatz [4.63]
Tribosystem: Stift/Scheibe; Gleitpartner: Stahl 100 Cr6, 700 HV 10;
Versuchsbedingungen: v = 0,5 m/s, p = 3 MPa, techn. trocken, RT

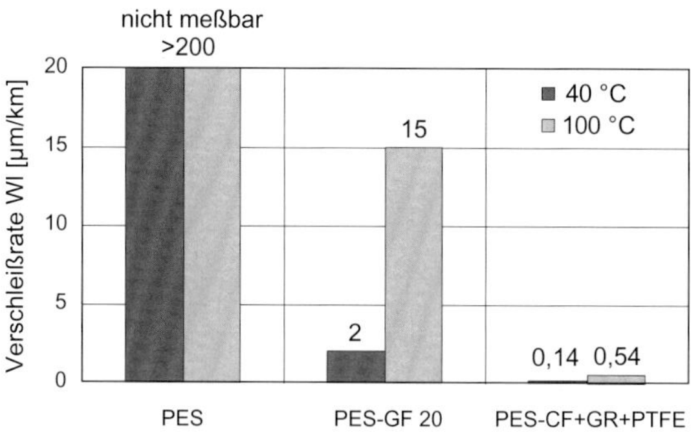

Bild 4.60 Verschleißrate von PES mit verschiedenen Zusatzstoffen [4.62]
Tribosystem: Stift/Scheibe; Gleitpartner: Stahl 100 Cr6, 800 HV 10, R_z = 2,5 µm;
Versuchsbedingungen: v = 0,5 m/s, p = 1 MPa, techn. trocken

4.7.5.5 Einfluss von Zusätzen auf amorphe Thermoplaste

Thermoplastische Werkstoffe mit amorphem Gefüge sind gegenüber denen mit teilkristallinem Gefüge oft um Größenordnungen weniger verschleißfest (s. a. Bild 4.32). Auch die gemessenen Reibwerte liegen deutlich höher.

Aber auch bei diesen amorphen Polymerwerkstoffen hat ein PTFE-Zusatz eine deutliche Reibwertsreduzierung und eine beachtliche Verschleißminderung zur Folge, wie die Bilder 4.59 und 4.60 belegen.

4.7.6 Stick-Slip (Ruckgleiten)

Das Ruckgleiten ist eine Besonderheit beim Gleiten, insofern als der Reibwert während des Bewegungsablaufs nicht konstant bleibt. Es ist ein dynamischer Vorgang, bei dem in schneller Folge Haften, Verspannen, Trennen und Zurückstellen von miteinander gedämpft gekoppelten Oberflächen bzw. Oberflächenteilen auftritt. Abhängig von Systemparametern wird das System zu Schwingungen angeregt, die von einer resonanzfähigen Bauteiloberfläche im Hörbereich als Pfeif-, Quietsch- oder Knarrgeräusche abgestrahlt werden können.*

Zum modellmäßigen Verständnis der Stick-Slip-Vorgänge kann ein einfaches Feder-Masse-System dienen [4.52]: An einem Körper auf ebener Unterlage greift eine Federkraft an. Wenn die Federkraft die Haftreibungskraft F_0 übersteigt, kommt der Körper in Bewegung; er gleitet, wenn die Reibungszahl *mit der Gleitgeschwindigkeit geringer* wird, schneller als die Feder, so dass diese entspannt wird. Wenn dann die aufgewendete Federarbeit durch die Gleitarbeit aufgebraucht ist, kommt der Körper zum relativen Stillstand. Er haftet wieder, die Feder wird wieder gespannt und der Vorgang beginnt von neuem. Der Federkraft-Zeit-Verlauf in Bild 4.61 ist für dieses Stick-Slip-Verhalten charakteristisch.

Ab einer bestimmten Grenzgeschwindigkeit v_{grenz} nimmt die Reibungszahl *mit der Gleitgeschwindigkeit zu,* und die Körper kommen relativ zueinander nicht mehr zur Ruhe und es tritt der Fall gleichmäßigen Gleitens ein.

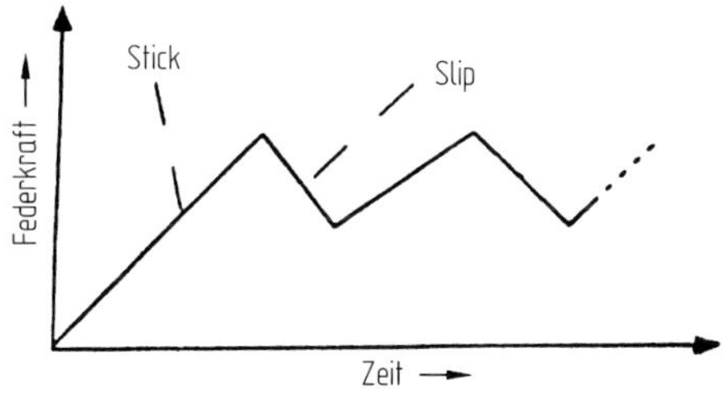

Bild 4.61 Federkraft-Zeit-Verlauf, Schema

* Eine derartige Geräuschentwicklung ist nicht auf Gleitpaarungen mit Polymerwerkstoffen beschränkt. Auch das Knarren einer Tür, das Quietschen der Kreide auf der Tafel oder das von Bremsen sowie das Rattern der Scheibenwischer und vieles mehr beruht auf dem Stick-Slip-Effekt. Aber auch die Tonerzeugung auf Streichinstrumenten ist die Folge von oszillierenden Reibwertsänderungen zwischen Saite und Bogen, und ein Stradivari verstand es hervorragend, resonanzfähige Körper zu bauen.

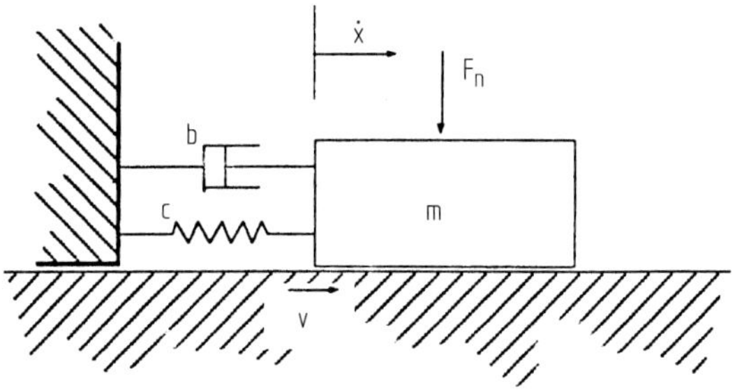

Bild 4.62 Gleitmodell mit VOIGT-KELVIN-Element zu Beschreibung von viskoelastischem Verhalten

Mit m der Körpermasse, c der Federkonstanten, F der momentanen Federkraft, f der Reibungszahl und v der Antriebsgeschwindigkeit erhält man folgendes Gleichgewicht:

$$m\,\ddot{x} + c\,x = (F_0 - F) + c\,v\,t = F_N \cdot \Delta f + c\,v\,t \tag{4.26}$$

Unter der Bedingung, dass die Slipgeschwindigkeit größer Null ist, erhält man durch Integration den Grenzwert für die Antriebsgeschwindigkeit, ab der kein Stick-Slip mehr auftritt:

$$v_{\text{grenz}} \geq \frac{F_N \cdot \Delta f}{\sqrt{c \cdot m}} \tag{4.27}$$

Zur Beschreibung des Stick-Slip-Verhaltens von Polymeren ist ein Modellansatz, mit parallel und/oder in Reihe angeordneten Feder-Dämpfer-Elementen, die das viskoelastische Verhalten besser beschreiben, sinnvoller. Beispielsweise kann man das System durch ein VOIGT-KELVIN-Element darstellen, wie dies in Bild 4.62 skizziert ist. Für dieses Modell lautet die Bewegungsdifferentialgleichung:

$$m\,\ddot{x} + b\,\dot{x} + c\,x = F_R \tag{4.28}$$

Die Parameter b und c sind *Systemkenngrößen* nicht nur Materialkenngrößen, die jeweils nur für ein bestimmtes, schwingfähiges System gelten, und nicht auf beliebig andere übertragbar sind.

Diese Zusammenhänge lassen sich auch im Computer simulieren (Bild 4.63). Man kann daraus deutlich erkennen, dass im Geschwindigkeitsbereich abfallender Reibungszahl (b) ein stark schwankender Verlauf der Reibungszahl registriert wird, während im Bereich ansteigender Reibungszahlen (c) nach kurzem Einschwingen die Reibungszahl gleichmäßig verläuft, und somit kein Stick-Slip zu befürchten ist. Im Umkehrpunkt der Stribeck-Kurve (a) liegt ein instabiles Reibungsverhalten vor.

Diese Betrachtungen legen nahe, dass zur Beurteilung von Stick-Slip induzierter Geräuschabstrahlung das gesamte System betrachtet werden muss.

Angeregt wird das System zwar durch den ruckförmigen Bewegungsablauf der Gleitpartner; es liegt aber an den Schwingungseigenschaften des Systems, wie es auf diese Anregungen reagiert.

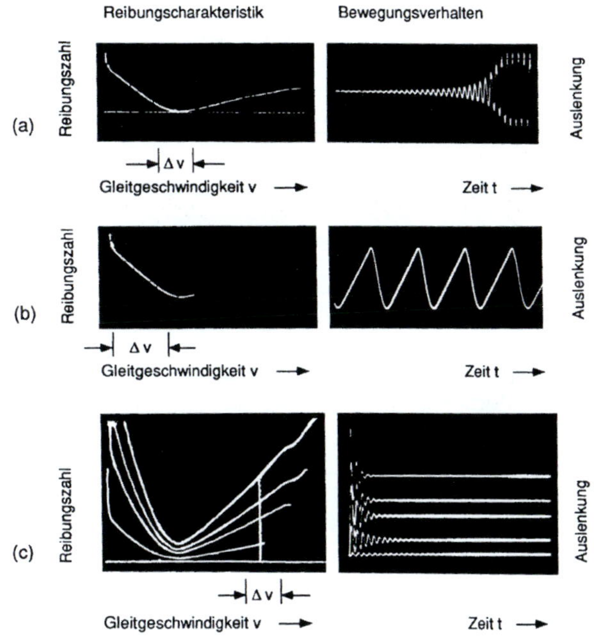

Bild 4.63 Computersimulation des Stick-Slip-Verhaltens eines Tribosystems bei Variation der Gleitgeschwindigkeit [4.50]
a) instabiles Reibungsverhalten im Minimum
b) stark schwankende Reibungszahl als Voraussetzung für Stick-Slip
c) stabiles Reibungsverhalten, Stick-Slip frei

4.7.6.1 Beeinflussung des Stick-Slip-Verhaltens durch Parameter des Gleitsystems

Gleitgeschwindigkeit

Die Reibungszahl nimmt über der Gleitgeschwindigkeit den in Bild 4.63 gezeigten Verlauf einer Stribeck-Kurve an: Im niedrigen Geschwindigkeitsbereich ist der Gradient negativ und ab der Grenzgeschwindigkeit v_{grenz} positiv. Die Grenzgeschwindigkeit ist systemabhängig. Stick-Slip tritt im Bereich mit negativem Gradienten auf. Besonders kritisch sind deswegen reversierende und schwingende Bewegungsabläufe.

Für vier Polymerwerkstoffe sind diese Geschwindigkeitsabhängigkeiten für ein Stift/Scheibe-Tribometer in Bild 4.64 wiedergegeben.

Je steiler der Gradient und je höher der Anfangswert der Reibungszahl ist, desto Stick-Slip anfälliger ist das System. Bei PE-HD (Bild 4.64 unten) werden auch im unteren Geschwindigkeitsbereich keine Geräusche mehr registriert.

Die Erhöhung der Gleitgeschwindigkeit könnte eine Maßnahme zur Vermeidung von Stick-Slip sein.

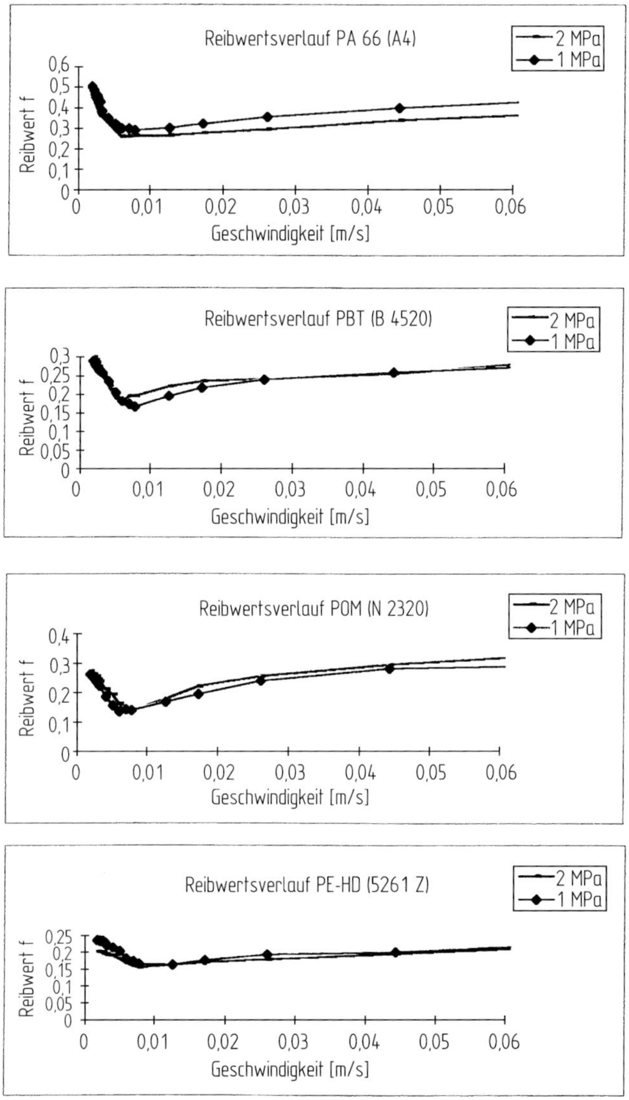

Bild 4.64 Reibungszahl in Abhängigkeit der Geschwindigkeit
Tribosystem: Stift/Scheibe; Gleitpartner: Stahl 100 Cr6, 700 HV 10, R_z = 0,4 µm;
Versuchsbedingungen: techn. trocken, RT [4.52]

Höhe der Reibungszahl

Gleitbedingungen, die hohe Reibungszahlen (etwa $f > 0{,}4$) zur Folge haben, neigen offensichtlich mehr zu Stick-Slip als Paarungen mit niedriger Reibungszahl (etwa $f < 0{,}25$).

Schmieren einer Gleitstelle ist die wirkungsvollste Gegenmaßnahme. Werkstoffseitig erreicht man jedoch mit den unpolaren Materialien PTFE oder PE-HD als Gleitwerkstoff oder auch als inkorporierte Mischungskomponente meist auch schon eine ausreichend niedrige Reibungszahl und ein Stick-Slip freies Gleiten.

Flächenpressung

Der Einfluss der Flächenpressung auf das Stick-Slip-Verhalten ist nicht eindeutig. Es scheint die Tendenz vorzuliegen, dass die Anfälligkeit mit höherer Pressung abnimmt, so dass bei gleicher äußerer Last die Verkleinerung der Gleitfläche ratsam wäre. Zu bedenken ist aber der Verschleiß, der mit der Pressung etwa linear ansteigt.

Rauheit der Stahlgleitfläche

Polare Werkstoffe sind in Paarung mit sehr glatten Stahloberflächen ($R_z < 0{,}5$ µm) Stick-Slip gefährdet, da unter diesen Bedingungen hohe Reibungszahlen (als eine Voraussetzung für Ruckgleiten) zu erwarten sind. Aus diesem Grund sind sehr glatte Stahloberflächen zu vermeiden. Bei größerer Rauheit ist allerdings auch wieder mit höherem Verschleiß zu rechnen.

Akustik des Gesamtsystems

Wenn es nicht gelingt, die Schwingungsanregung am Ort ihrer Entstehung – also in der Gleitfläche – zu verhindern, kann noch versucht werden, das Gesamtsystem in seiner Schwingfähigkeit z. B. durch Änderung seiner Steifigkeit so zu dämpfen, dass lästige Geräuschabstrahlungen unterbunden werden.

Durch das Aufsetzen von Rippen oder Dämpfen z. B. mit Elastomeren kann das Stick-Slip-Geräusch beeinflusst werden.

4.7.7 Strahlverschleiß

Körnige Partikel, die in Luft- oder Flüssigkeitsströmen mitgeführt werden, verursachen an den angeströmten Bauteilen Verschleiß. Die Höhe dieses Verschleißes hängt ab von

- den Partikeln, deren Größe, Härte, Form und Menge,
- dem Trägermedium,
- dem Aufprallwinkel und der Geschwindigkeit,
- dem Werkstoff des angeströmten Bauteils.

Nach Brauer und Kriegel bilden sich an der angeströmten Oberfläche mit zunehmender Versuchsdauer charakteristische Verschleißmulden aus, wie in Bild 4.65 dargestellt. Die Verschleißgeschwindigkeit nimmt im Stadium *c* gegenüber *a* und *b* ab.

Der Elastizitätsmodul gilt als allgemein gültige Ordnungsgröße für die Rangfolge der Verschleißfestigkeit. Dabei sind Werkstoffe mit einem Elastizitätsmodul von 5 000 bis 50 000 MPa am wenigsten verschleißfest, während sich Werkstoffe mit niedrigerem Elastizitätsmodul – insbesondere die Elastomeren – und andererseits Stähle als verschleißfest bewähren (Bild 4.66).

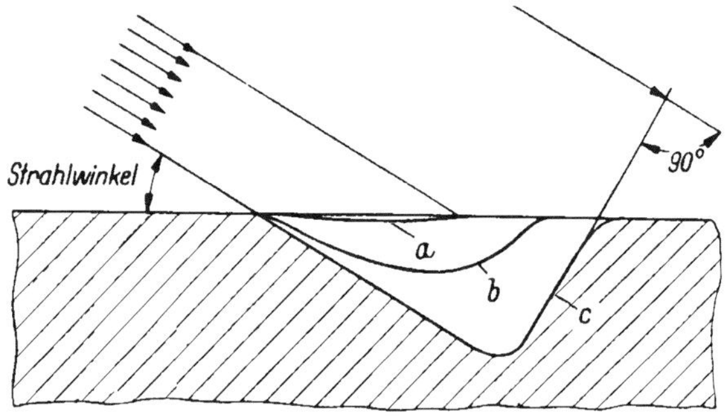

Bild 4.65 Charakteristische Muldenform bei Strahlverschleiß in den drei Verschleißstadien [4.58]

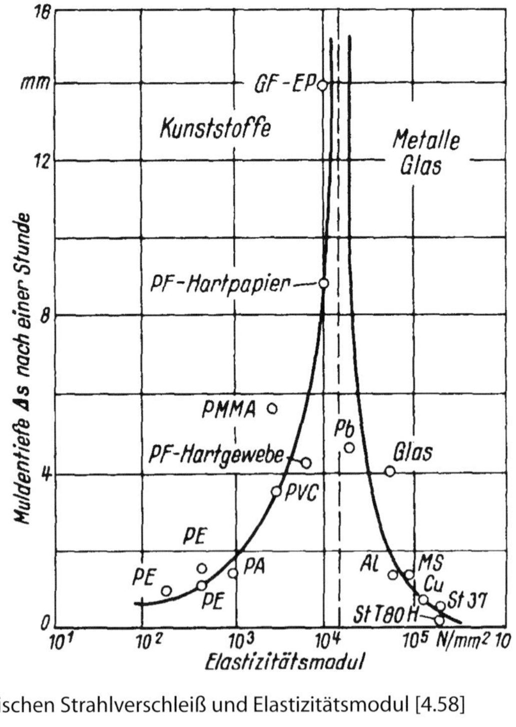

Bild 4.66 Relation zwischen Strahlverschleiß und Elastizitätsmodul [4.58]

Neuere Untersuchungen von Moos et al. bestätigen im Prinzip diese Erkenntnis. Das Bild 4.67 zeigt ebenfalls, dass sich die elastomeren Werkstoffe mit niedrigem Elastizitätsmodul gegenüber den Duromeren als signifikant verschleißfester erweisen.

Ein ähnliches Bild zeigt sich für einige andere Werkstoffe und andere Verschleißbedingungen in Bild 4.68. Die Darstellungen sind hilfreich für eine Werkstoffauswahl.

Bemerkenswert und ist auch die Strahlwinkelabhängigkeit des Verschleißes für duktile und spröde Polymerwerkstoffe in Bild 4.69. Während die duktilen Werkstoffe nur wenig auf den Strahlwinkel reagieren, ist die Abhängigkeit bei den spröden Stoffen deutlich ausgeprägt. Konstruktiv könnte unter Umständen eine Lösung mit dem 2K-Spritzgießen sein, wobei die verschleißgefährdete Stelle z. B. aus TPU gefertigt wird.

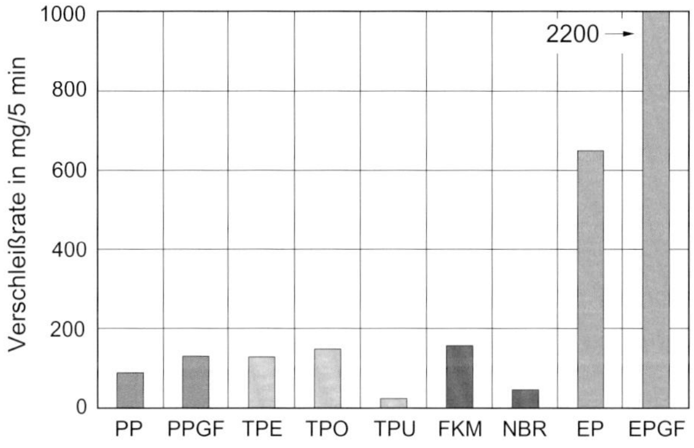

Bild 4.67 Verschleißraten verschiedener Polymerwerkstoffe bei Strahl-Erosions-Verschleiß [4.61]
Strahlmittel: scharfkantiger Korund
Partikelgröße: 60 bis 120 µm
Geschwindigkeit: 70 m/s Strahlwinkel 30°

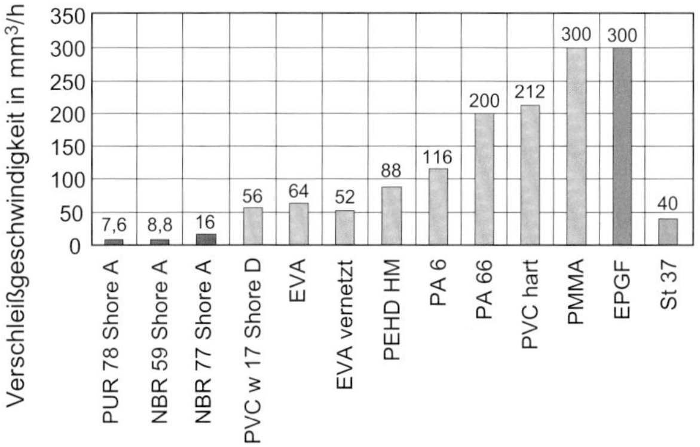

Bild 4.68 Verschleißraten verschiedener Polymerwerkstoffe bei Strahl-Erosions-Verschleiß [4.26]
Strahlmittel: scharfkantiger Stahlsand
Partikelgröße: ca. 700 µm Durchmesser
Geschwindigkeit: 40 m/s Strahlwinkel 45°

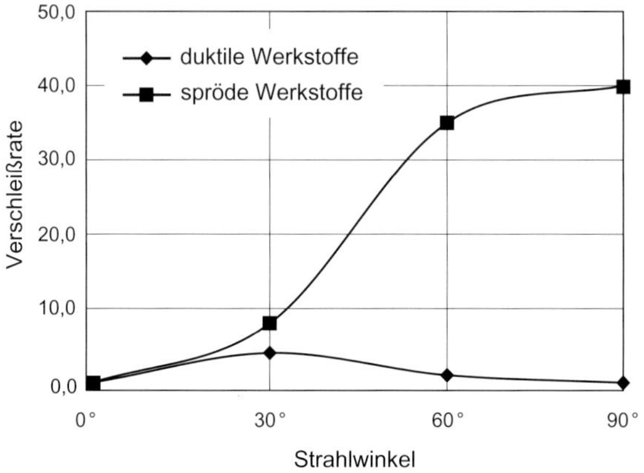

Bild 4.69 Schematische Darstellung der Verschleißrate in Abhängigkeit vom Strahlwinkel [4.61]

Literatur

[4.1] Kargin V. A. und Yu Tsarevskaya I.: Deformation of Crystalline Polybutylen, *Polymer Science (UDSSR)* **9**, 1967, S. 289/322

[4.2] Ingram P., Kiho H. und Peterlin A.: The Morphology of Fibers from Deformed Polymer Crystals, *Journ. of Polymer Science,* **Part C 16** (1967), S. 1857/1868

[4.3] Retting, W. : Mechanik der Kunststoffe, Hanser Verlag, München, Wien, 1991

[4.4] ISO/DIS 10 350: 1992 Kunststoffe – Ermittlung und Darstellung vergleichbarer Kennwerte – Einpunktwerte (Single point data)

[4.5] ISO/DIS 11 403: 1992 Kunststoffe – Ermittlung und Darstellung, vergleichbarer Kennwerte – Vielpunktwerte (Multi point data)

[4.6] ISO/527: Bestimmung der Zugeigenschaften, Teil 1: Allgemeine Grundlagen, Teil 2: Prüfbedingungen für Form- und Extrusionsmassen

[4.7] Ward, J. M.: Mechanical Properties of Solid Polymers, John Wiley, New York 1983

[4.8] Schlimmer, M.: Werkstoffanstrengung bei zeitabhängiger Spannungs-Verformungs-Beziehung, *Z. Werkstofftechnik* (1977) **8**, S. 130/139

[4.9] Döll, W. und L. Könczöl: Bruchmechanische Kurzzeitmessungen zur Bestimmung der Langzeitfestigkeit, *Kunststoffe* **70** (1980) 9, S. 563/567

[4.10] Knauss W. G. und J. Emri: Pressure Induced Ageing of Polymers, *Polymer Engineering and Science,* Mid-January 1987, Vol. 27

[4.11] Findley W. N., J. S. Lai und K. Onaran: Creep and relaxation of nonlinear viscoelastic materials, North-Holland, 1976

[4.12] Roskothen H. J. und H. F. Süssmann: Zum Spannungs-Deformationsverhalten von Kunststoffen im Feststoffbereich, *VDI-Fortschrittsberichte,* **Reihe 5,** Nr. 38, 1978

[4.13] Retting, W.: Das mechanische Verhalten von Thermoplasten bei mittlerer und hoher Deformation, bis zum Bruch, *Rheologica Acta,* **Band 8** (1969), 3, S. 259/267

[4.14] Aumer, B.: Einführung in die Handhabung des Rechners, VDI-Seminar „Berechnen von Kunststoff-Formteilen“ 1987

[4.15] ISO 899 (DIN 53 444): Prüfung von Kunststoffen Zeitstand-Zugversuch, Beuth Verlag, Berlin 1990

[4.16] DIN 43 441 Prüfung von Kunststoffen, Spannungsrelaxationsversuch, Beuth Verlag, Berlin 1969

[4.17] Lewin, G. und T. Wagner:, Analyse von Beschreibungsmöglichkeiten des Spannungs-Verformungs-Verhaltens von Thermoplasten, *Wiss. Z. d. TH Otto von Guericke Magdeburg* **23** (1979) 2, S. 159/166

[4.18] Ehrenstein, G. W. und G. Erhard: Konstruieren mit Polymerwerkstoffen, Hanser-Verlag, München, Wien 1983

[4.19] Burgers, J. M.: First Report in Viskosity and Plasticity, *Academy of Science at Amsterdam* **3** (1935)

[4.20] Findley, W. N.: Creep and Stress Relaxation of Plastics, Pergamon Press 1958

[4.21] Müller, D., Schmitt, D. und W. Schneider: Untersuchung des Verhaltens von Kunststoffen bei langzeitiger, statischer Beanspruchung, *Materialprüfung* **23** (1983) 12, S. 581/585

[4.22] Ehrenstein, G. W. und B. Sarabi: Numerische Auswertung der Kriechversuche zur, Ermittlung von Bemessungskennwerten, Schlußbericht zum AIF-Forschungsvorhaben 4934 (1983)

[4.23] Erhard, G.: Assessing long term behaviour, *Plastics & Rubber* **No. 953** Sept. 4, 1982, p. 12

[4.24] Sarabi, B.: Das Anstrenungsverhalten von Polymerwerkstoffen infolge ein- und zweiachsigen Kriechens. Hanser-Verlag, München, Wien 1984

[4.25] BASF-Werkstoffblätter Herausgeber BASF, Ludwigshafen

[4.26] Erhard, G. und E. Strickle: Maschinenelemente aus thermoplastischen Kunststoffen, VDI-Verlag, Düsseldorf, 2. Aufl. 1986

[4.27] Heckel, K.: Einführung in die technische Anwendung der Bruchmechanik, Hanser-Verlag, München, Wien 1970

[4.28] Kausch, H. H.: Polymer Fracture, Springer-Verlag, Berlin 1978

[4.29] Döll, W.: Kinetics of creep tip zone before and during fracture, *Polymer Eng. Sci.* **24** (1984), S. 798/808

[4.30] Kerkhof, F.: Anwendung der Bruchmechanik auf Hochpolymere, *Kolloid Z, und Z. für Polymere* **251** (1973) 8, S. 545/553

[4.31] Bardenheier, R.: Schallemissionsuntersuchungen an polymeren Werkstoffen, *Z. Werkstofftechn.* **11** (1980), S. 41/46 und 101/110

[4.32] Bardenheier, R., J. Wolters und G. Menning: Schallemissionsuntersuchungen zum Einfluß des Verbundaufbaus auf Schädigungsvorgänge, bei verstärktem Polycarbonat, *Kunststoffe* **73** (1983) 4, S. 208/214

[4.33] Renz, R.: Zum zügigen und zyklischen Verformungsverhalten polymerer Hartschaumstoffe, Diss. Uni Karlsruhe 1977

[4.34] v. Bernstorff, B., R. Renz und V. Altstädt: Neuere Untersuchungen zur Schwingfestigkeit von SMC-Werkstoffen, 20. AVK-Tagung 1985, S. 15-1/15-8

[4.35] Renz, R.,V. Altstädt und G. W. Ehrenstein: Schwingfestigkeitsverhalten von faserverstärkten Kunststoffen (SMC), Faserverbundwerkstoffe, Bd. III, Springer-Verlag, Berlin 1986

[4.36] Ehrenstein, G. W. u. a.: Hysteresis-Messverfahren für die dynamische Werkstoffprüfung Tagungshandbuch 5. März 1987, Herausgeber: Prof. Dr.-Ing. G. W. Ehrenstein, Institut für Werkstofftechnik, Universität (GH) Kassel

[4.37] Janzen, W. und G. W. Ehrenstein: Bemessungsgrenzen von glasfaserverstärktem PBT bei schwingender Beanspruchung, *Kunststoffe* **81** (1991), 3, S. 231/236

[4.38] Czichos, H.: The principles of system analysis and their application to tribology, *ASLE Trans.* **17** (1974), S. 300/306

[4.39] Bowden, F. P. and D. Tabor: Reibung und Schmierung fester Körper, Springer-Verlag, Berlin 1959

[4.40] Kragelski, I. W.: Reibung und Verschleiß, Hanser-Verlag, München, Wien 1971

[4.41] Rabinowicz, E.: Friction and wear of materials, John Wiley, New York 1965

[4.42] Tanaka, K.: A review of recent studies on polymer fiction an wear in Japan Preceedings of Intern. Solid Lubrication Symp., Tokio 1975, S. 57/66

[4.43] Owens, D. K. und R. C. Wendt: Estimation of the Surface Free Energy of Polymers, *Journal of Applied Polymer Science* 1969, **Vol. 13,** S. 1741/1747

[4.44] Wu, S.: Polar and Nonpolar Interactions in Adhesion, *J. Adhesion* 1973, **Vol. 5,** S. 39/55

[4.45] Rabel, W.: Einige Aspekte der Benetzungstheorie und ihre Anwendung auf die Untersuchung und Veränderung der Oberflächeneigenschaften von Polymeren, *Farbe und Lack* **77** (1971) 10, S. 997/1006

[4.46] Potente, H. und R. Krüger: Bedeutung polarer und disperser Oberflächenspannungsanteile von Plastomeren und Beschichtungsstoffen für die Haftfestigkeit von Verbundsystemen, *Farbe und Lack* **84** (1978) 2, S. 72/75

[4.47] Erhard, G.: Sliding Friction Behaviour of Polymer-Polymer Material Combinations, *Wear* **84** (1983), S. 167/181

[4.48] Erhard, G: Zum Reibungs- und Verschleißverhalten von Polymerwerkstoffen, Diss. Uni Karlsruhe 1980

[4.49] Koerner, G., G. Rossmy und G. Sänger: Oberflächen und Grenzflächen, *Goldschmidt-Hauszeitschrift* 2/1974, **H. 29,** S. 2/41

[4.50] Czichos, H. und K.-H. Habig: Tribologie Handbuch – Reibung und Verschleiß, Vieweg Verlag, Braunschweig Wiesbaden, 1992

[4.51] Beringer, H.-P., G. Heinke und E. Strickle: Lösung tribotechnischer Probleme mit Hilfe von Polymerwerkstoffen. *Mat.-Wiss. u. Werkstofftechnik* **22** (1991), S. 168/173

[4.52] Urbansky, E.: Untersuchungen von Einflußgrößen auf Stick-Slip induzierte Schwingungen bei Gleitpaarungen mit Polymerwerkstoffen, Diplomarbeit, Uni Karlsruhe 11.1996

[4.53] Frank, U.: Die Querkontraktionszahl von Kunststoffen, dargestellt am Beispiel amorpher Thermoplaste, Diss. Uni Stuttgart 1984

[4.54] Perepechko, I. I. und Golup, P. D.: Viscoelastic Parameters of Certain Polymers, *Mekhanika polimerov* (1973) 4, S. 604/609

[4.55] Ehrenstein, G. W.: Mit Kunststoffen konstruieren, Carl Hanser Verlag, München, Wien, 1995

[4.56] Knappe, W. und A. Zyball: Strahlenbeständigkeit von Polyoximethylen, *Kunststoffe* **63** (1973) 8, S. 536/539

[4.57] Heinze, D.: Das Verhalten von Hochpolymeren gegenüber energiereicher Strahlung, *Kolloid-Zeitschrift* **210** (1966), S. 45/54

[4.58] Brauer, H. und E. Kriegel: Untersuchungen über den Verschleiß von Kunststoffen und Metallen, *Chem. Ing. Technik* **36** (1963) Nr. 10, S. 697/701

[4.59] Wilkens, W. und O. Kranz: The formation of gases due to the sliding friction of teflon on steel in ultrahigh vacuum, *Wear* **15** (1970), S. 215/27

[4.60] Beyer-Faiss, S.: Das tribologische Verhalten von Hochtemperatur-Thermoplasten in Modellsystem Kugel/Prisma; TAE 10th International Colloquium 09–11 January 1996; Herausgeber Wilfried J. Bartz

[4.61] Moos, E. et al.: Verschleiß bestimmen, *Kunststoffe* **91** (2001) 4, S. 113/115

[4.62] BASF Firmenschrift, Ultrason 2000

[4.63] Interner Versuchsbericht. Tribologische Untersuchungen von PMMA natur und mit Teflon gefülltem PMMA, KATZ, CH-Aarau 2003

[4.64] Lehmann, D.: Dreimal länger haltbar, *Kunststoffe* (2006) 1, S. 60/63

[4.65] Hunke, H.: unveröffentlichte Arbeit von Messungen am KATZ, CH-Aarau 2007

5 Berechnen von mechanisch beanspruchten Strukturen an Beispielen geometrisch einfacher Bauteile und statisch bestimmter Lastfälle

5.1 Werkstoff- und verarbeitungsspezifische Probleme

Die mechanischen Eigenschaften, vorwiegend der thermoplastischen Polymerwerkstoffe, hängen in sehr viel stärkerem Maße als die der Metalle von der Temperatur, der Zeit und der Höhe und Art der aufgeprägten Beanspruchung ab. Ferner spielen manche Umwelteinflüsse, zum Beispiel UV-Strahlung oder bestimmte chemische Beanspruchung bei der eigenschaftsverändernden Alterung eine große, jedoch in einer Festigkeitsrechnung quantitativ schwer erfassbare Rolle.

Die Bedingungen bei der Verarbeitung und schlussendlich sogar die Vorgeschichte der Schmelze im Formgebungsprozess nehmen Einfluss auf die Fertigteileigenschaften.

Da die Festigkeit von Polymerwerkstoffen etwa eine Zehnerpotenz unter der von Metallen liegt, können Bauteile aus solchen Werkstoffen auch unter relativ niedriger Last hoch beansprucht sein. Andererseits ist aus der Tatsache, dass der Elastizitätsmodul sogar um zwei Größenordnungen differiert, zu schließen, dass ein Bauteil aus einem Polymerwerkstoff eher aufgrund übergroßer Verformung unbrauchbar wird als durch katastrophales Bruchversagen. Das komplexe Verformungsverhalten wiederum lässt erwarten, dass eine exakte Verformungsrechnung nur noch mit Rechnerunterstützung zu lösen sein wird, und einen hohen Aufwand zur experimentellen Idendifikation der Materialkennwerte erfordert.

Dieser Aufwand ist jedoch bei den wenigsten Konstruktionsaufgaben gerechtfertigt; es gehört auch nicht zu den Aufgaben des Konstrukteurs, Bauelemente mit Hilfe von FEM zu optimieren, sondern dies ist der Arbeitsbereich eines Berechnungsingenieurs. Der Konstrukteur muss seine Berechnungen mit vertretbaren Vereinfachungen durchführen [5.2].

Hierzu ist die Kenntnis einiger polymerspezifischer Eigenschaften erforderlich:

5.1.1 Verformungsverhalten unter uniaxialer, zügiger Zugbeanspruchung

Bei der Verformung von Polymerwerkstoffen unter der Einwirkung einer äußeren Kraft unterscheidet man drei Verformungsanteile, die sich z. T. überlagern, dabei jedoch in bestimmten Verformungsbereichen überwiegen (s. a. Abschnitt 4.1).

Die *linear elastische*, spontan reversible Verformung ist bei den meisten Polymerwerkstoffen auf einen Gesamtdehnungsbereich von weniger als ein Promille beschränkt. Damit endet der Hookesche Bereich – also die Gültigkeit der Elastizitätsgesetze – bei Dehnungen, die üblicherweise weit überschritten werden. Bei vielen unverstärkten Thermoplasten ist ein Hookescher Bereich im Spannungs-Dehnungs-Versuch überhaupt nicht nachweisbar. Anders verhält es sich bei den faserverstärkten Thermoplasten. Abhängig vom Fasergehalt reicht der lineare Bereich nahe bis zu etwa 1 % Dehnung.

Mit zunehmender Dehnung treten viskoelastische Deformationsprozesse in Erscheinung. Vom *linear viskoelastischen Bereich* spricht man, wenn die Gesetze der linearen Viskoelastizität gelten. Dieser Bereich ist dadurch gekennzeichnet, dass zwei Dehnungen ε_1 und ε_2 addiert werden dürfen, wenn die zugeordneten Spannungen σ_1 und σ_2 überlagert werden (Boltzmannsches Superpositionsgesetz).

$$\begin{array}{ccc} \sigma_1 & \Rightarrow & \varepsilon_1 \\ \sigma_2 & \Rightarrow & \varepsilon_2 \\ \hline \sigma_1 + \sigma_2 & = & \varepsilon_1 + \varepsilon_2 \end{array} \tag{5.1}$$

Im isochronen Spannungs-Dehnungs-Diagramm wird dieser Bereich durch das Ende des geradlinig verlaufenden Anstiegs der Isochronen markiert. Auch dieser Bereich endet für die meisten unverstärkten Polymerwerkstoffe bei Spannungen, die 0,5 bis allenfalls 1 % Dehnung verursachen. Bei weiterer Dehnungszunahme hängt das Verhältnis von Spannung zu Dehnung nicht mehr nur von der Zeit (und natürlich von der Temperatur) ab, sondern von der angelegten Spannung selbst; die Deformationsprozesse werden zunehmend nichtlinear, auch irreversibel viskos.

Diese makroskopisch feststellbaren Verformungserscheinungen sind durch die im Werkstoff ablaufenden molekularen Verformungs- und Schädigungsmechanismen charakterisiert (s. a. Kapitel 4).

In der üblichen Konstruktionspraxis werden die thermoplastischen Polymerwerkstoffe meist bis in den nicht linearen Bereich hinein beansprucht, so dass eine Rechnung nach den Gesetzen der Elastizitätstheorie von dem tatsächlichen Verhalten mehr oder weniger abweichende Ergebnisse liefern muss. Solange die Beanspruchungen wenigstens in der Nähe des linear viskoelastischen Bereichs bleiben, wird jedoch mit den Formeln der Elastizitätstheorie eine hinreichende Genauigkeit der Rechnung erzielt, und es ist deshalb deren Anwendung durchaus vertretbar und aus wirtschaftlichen Gründen sogar geboten.

Ferner wird die Berechnung von Bauteilen aus Polymerwerkstoffen auch dadurch erschwert und verunsichert, dass die Voraussetzung des homogenen, isotropen Kontinuums nicht erfüllt ist.

Hier sind vor allem die Anisotropiearten zu berücksichtigen, deren Ursachen entweder im Werkstoff selbst liegen (zum Beispiel Verstärkung durch eindimensionale Fasern) oder durch Verarbeitungs- oder Bearbeitungsvorgänge begründet sind. Dazu zählen z. B. die durch die Formgebung erzwungenen Orientierungen und Eigenspannungen (s. a. Kapitel 2 und 7).

Eigenspannungen sind Spannungszustände, die im Gegensatz zu Orientierungsspannungen auch im energieelastischen Bereich relaxieren oder eine Deformation verursachen können.

Die Ursache solcher Eigenspannungen sind Schwindungsbehinderungen in makroskopischen Bereichen. Man unterscheidet zwischen Abkühleigenspannungen als Folge unterschiedlicher Abkühlung über dem Formteilquerschnitt, Nachdruckeigenspannungen als Folge des bei schon erstarrter Außenkontur im Innern noch wirkenden Nachdrucks beim Spritzgießprozess und Einbettungseigenspannungen als Folge einer formbedingten Schwindungsbehinderung beispielsweise durch metallische Einlegeteile oder durch werkzeugbedingten Formzwang.

Ferner kennt man sog. Eigenspannungen zweiter Art. Darunter versteht man einerseits strukturbedingte Eigenspannungen, die durch Härtungsreaktionen (bei Duroplasten) oder Kristallisation (bei teilkristallinen Thermoplasten) entstehen können, und andererseits Einbettungseigenspannungen, die durch Einlagerungen (zum Beispiel Füllstoffe) hervorgerufen werden können. Die zuerst genannte Art kann sich durchaus stark bemerkbar machen.

Abkühleigenspannungen führen zu Druckspannungen an der Formteiloberfläche. Diese Druckeigenspannungen wirken sich bei Zugbeanspruchung in der Außenzone (zum Beispiel bei Biegung) positiv aus. Dagegen bewirkt der Nachdruck im Formteilinnern Druckeigenspannungen und an der Außenzone Zugeigenspannungen. Diese überlagern sich den Abkühleigenspannungen, so dass bei entsprechend hohem Nachdruck schließlich auch Zugeigenspannungen an der Formteiloberfläche vorliegen können.

Diese quantitativ ebenfalls schwer zu beschreibenden Zustände sind ein weiterer Unsicherheitsfaktor für eine Festigkeitsrechnung.

5.2 Festigkeitsnachweis

5.2.1 Grundsätzliches Vorgehen bei einer Festigkeitsbetrachtung

Das grundsätzliche Vorgehen zeigt Bild 5.1. Eine Spannungsanalyse gibt Aufschluss über die Höhe und Art der im betrachteten Querschnitt wirksamen Spannungen. Mehrachsige Spannungszustände werden mit Hilfe geeigneter Versagenskriterien zu einer äquivalent wirkenden einachsigen Vergleichsspannung transformiert und mit dem zulässigen Spannungs-

Bild 5.1 Vorgehen bei einer Festigkeitsbetrachtung [5.1]

wert verglichen. Dieser wird aus einem Werkstoffkennwert gewonnen, der um den nötigen Sicherheitsbeiwert und die eventuellen Abminderungsfaktoren reduziert wird.

Die Grundgleichung für einen Festigkeitsnachweis lässt sich demnach schreiben als

$$\sigma_{v\,max} \leq \sigma_{zul} = \frac{K}{S \cdot A} \tag{5.2}$$

Darin sind:

$\sigma_{v\,max}$ = maximal auftretender Spannungswert
K = Festigkeitswert, gegen den dimensioniert werden soll (Dimensionierungskennwert)
S = Sicherheitsbeiwert
A = Werkstoffabminderungsfaktor

5.2.1.1 Dimensionierungskennwerte

In Bild 5.2 sind die wichtigsten Versagenskennwerte zusammengestellt.

Für Werkstoffe mit weitgehend sprödem Trennbruch (Bild 5.2 a; entspricht Typ A in Tabelle 4.1) oder mit ausgeprägter Streckgrenze (Bild 5.2 b; entspricht Typ B, C in Tabelle 4.1) ist ein Versagenskennwert eindeutig zu kennzeichnen. Schwieriger wird die Festlegung, wenn derart markante Punkte im Kraft-Verformungs-Verhalten fehlen, wie das bei vielen Thermoplasten insbesondere bei höheren Temperaturen der Fall ist. Als Kennwert wird dann eine Spannung vorgeschlagen, die eine Deformation verursacht, deren nicht linearer Anteil einen bestimmten Betrag (bewährt hat sich 0,5 %) ausmacht (Bild 5.2 c; entspricht Typ D in Tabelle 4.1). Bei amorphen (transparenten) Polymerwerkstoffen bilden sich beim Überschreiten einer Schadensspannung Fließzonen. Diese Fließzonen (Crazes, s. a. Bild 4.2) sind in ihrem Anfangsstadium zwar noch lastübertragungsfähig, bilden sich aber im Verlauf weiterer Dehnung zu makroskopischen Rissen aus. Auch diese Schadensspannung kann als Versagenskennwert herangezogen werden (Bild 5.2 d).

Bei statischer Langzeitbeanspruchung wird die Zeitstandfestigkeit als Versagenskennwert gewählt (Bild 5.3 a) oder gemäß Abschnitt 4.2.1 der σ^*-Wert.

Unter dynamischer Beanspruchung wird sinngemäß der Versagenskennwert aus der Wöhlerkurve beziehungsweise aus dem Smith-Diagramm gewonnen (Bild 5.3 b und c). Oder es wird gemäß Abschnitt 4.4.1 ein Grenzwert, wie er Tabelle 4.3 zu entnehmen ist, bzw. ein lastspielabhängiger Steifigkeitswert (Bild 4.20) eingeführt. Selbstverständlich muss bei der Festlegung der Versagenskennwerte die starke Temperaturabhängigkeit der Thermoplaste berücksichtigt werden, wobei die Temperatur als Fremdeinwirkung oder als Folge von Eigenwärmung aufgrund von Reibung oder Dämpfung in Erscheinung treten kann. Dieser Umstand wirft bei der Ermittlung und Anwendung von dynamischen Versagenskennwerten Probleme auf.

In manchen Fällen – so z. B. bei Schnappverbindungen – ist eine dehnungsbezogene Dimensionierung angebrachter als eine spannungsbezogene. Es wird dann gegen eine Grenzdehnung dimensioniert, die nicht überschritten werden darf. Bei dieser Vorgehensweise ist zu beachten, dass bei nicht linearem Verformungsverhalten ein Unterschied besteht, ob man beispielsweise 80 % unter der Streck*dehnung* bleibt oder 80 % unter der Streck*spannung*. Es ergeben sich dann nämlich verschiedene Werte, wie Bild 5.4 verdeutlicht.

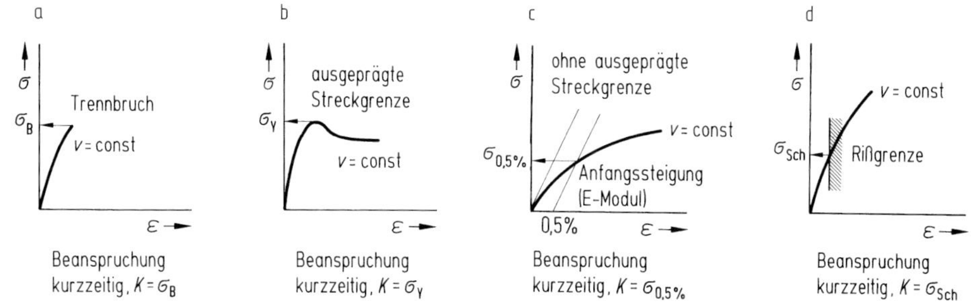

Bild 5.2 Übliche Dimensionierungskennwerte für kurzzeitige Beanspruchung [5.1]

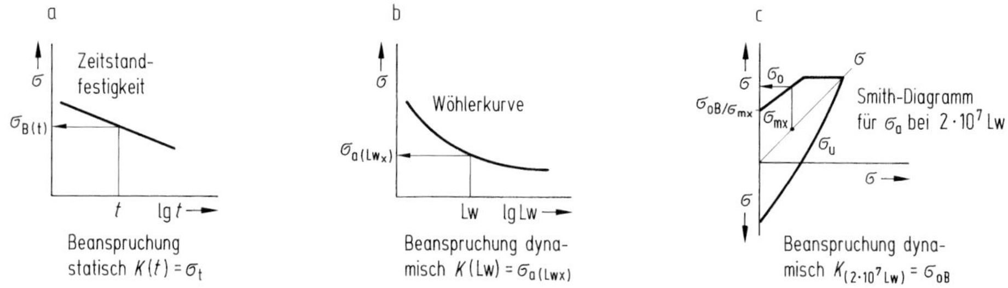

Bild 5.3 Übliche Dimensionierungskennwerte für langzeitige Beanspruchung

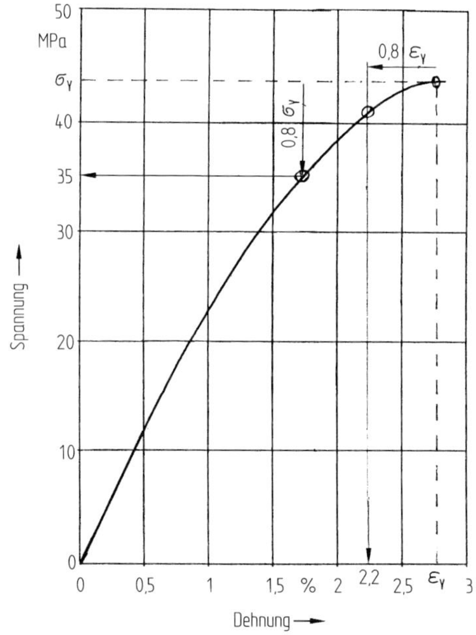

Bild 5.4 Ein prozentualer Sicherheitsabstand ergibt bei dehnungsbezogener Betrachtung einen anderen zulässigen Wert als bei spannungsbezogener Betrachtung

5.2.1.2 Sicherheitsbeiwerte

Wie hoch die Sicherheitsbeiwerte zu wählen sind, richtet sich zum einen nach den verschiedenen Unsicherheiten, die sich bei der Rechnung und bei der Ermittlung der Werkstoffkennwerte ergeben. Solche Unsicherheiten entstehen beispielsweise oft bereits bei der Lastannahme, ferner durch Vereinfachungen hinsichtlich Geometrie, Spannungsermittlung oder Verarbeitungsvorgeschichte.

Zum anderen richtet sich die Höhe der Sicherheitsbeiwerte nach der Schwere des Schadens, der beim Bauteilversagen eintreten würde, sowie nach dem jeweiligen Versagenskennwert, gegen den gerechnet wird. Deswegen werden bei tragenden Bauteilen Mindestsicherheiten auch behördlich vorgeschrieben.

Für die zuerst genannten Sicherheitsbeiwerte zeichnet der Konstrukteur verantwortlich; er muss die vorgenommenen Vereinfachungen und nicht quantifizierbaren Verarbeitungseinflüsse abschätzen und nach ihrer Bedeutung beurteilen. Für die zweite Gattung gelten folgende Richtwerte, sofern sie nicht anders vorgeschrieben oder vereinbart sind:

$S_{min} \geq 2$ bei Berechnung gegen Bruch

$S_{min} \geq 3$ bei Berechnung gegen Knicken und Beulen

$S_{min} \geq 1{,}2$ bei Berechnung gegen Schadensspannung durch Rissbildung, mit der zusätzlichen Bedingung $S_{min} \geq 2$ gegen Festigkeit

$S_{min} = 1{,}0$ bei Berechnung gegen $S_{0{,}5\,\%}$, mit der zusätzlichen Bedingung $S_{min} \geq 2$ gegen Festigkeit

5.2.1.3 Abminderungsfaktoren

Weitere Unsicherheiten, die auf das Fehlen von Werkstoffkennwerten unter besonderen Bedingungen zurückzuführen sind, sollten nicht in die Sicherheitsfaktoren einbezogen werden, sondern, um das Prinzip des Festigkeitsnachweises nicht zu verwischen, als sogenannte Abminderungsfaktoren berücksichtigt werden. Diese werkstoffspezifischen Abminderungsfaktoren haben Werte größer eins.

$$\sigma_{zul} = \underbrace{\frac{K}{S}}_{\text{nicht werkstoffspezifisch}} \cdot \underbrace{\frac{1}{A_T} \cdot \frac{1}{A_{st}} \cdot \frac{1}{A_{dyn}} \cdot \frac{1}{A_A} \cdot \frac{1}{A_W}}_{\text{werkstoffspezifisch}} \cdots \tag{5.3}$$

A_T berücksichtigt den Temperatureinfluss auf die Streckspannung beziehungsweise die Zugfestigkeit und kann zwischen 0 °C und < 100 °C nach folgender Beziehung ermittelt werden, wenn in Gl. (5.2) K bei 20 °C eingeführt wird:

$$A_T = \frac{1}{1 - [k(T - 20)]} \tag{5.4}$$

Dabei ist k für:

PA 66 = 0,0112	PBT = 0,0095	POM = 0,0082
PA 6 = 0,0125	PA-GF und PBT-GF = 0,0071	ABS = 0,0117

Diese Werte wurden aus einer linearen Interpolation des Verlaufs der Festigkeit beziehungsweise der Streckgrenze im Temperaturbereich zwischen 0 und 100 °C gewonnen. Selbstverständlich ist es vernünftiger, direkt gegen den Versagenskennwert bei der jeweiligen Temperatur zu bemessen, da diese Werte größtenteils verfügbar sind. Andererseits kann Gl. (5.4) auch zum groben Abschätzen des Temperatureinflusses bei anderen mechanischen Kennwerten herangezogen werden, für die keine gemessenen Temperaturwerte vorliegen.

A_{st} berücksichtigt die Zeitdauer der statischen Belastung und kann eingesetzt werden mit

1,3 bei einer Belastungsdauer von wenigen Stunden,
1,6 bei einer Belastungsdauer von Wochen,
1,7 bei einer Belastungsdauer von Monaten,
2 bei einer Belastungsdauer von einigen Jahren.

A_{dyn} berücksichtigt den Einfluss dynamischer Belastung und kann etwa als 1,3 bis 1,6 angenommen werden.

Durch A_A kann ein eventueller Alterungseinfluss abgedeckt werden (s. Abschnitt 4.6.3).

Werkstoffkennwerte, die eine Änderung infolge Wasseraufnahme erfahren, müssen durch den Abminderungsfaktor A_W reduziert werden. Dieser kann für unverstärkte Polyamide, ausgehend vom trockenen Festigkeitskennwert, aus

$$A_W = \frac{1}{1 - 0{,}22\, f} \tag{5.5}$$

gewonnen werden, worin f den Feuchtegehalt in Gewichtsprozent bei über dem Querschnitt gleichmäßiger Verteilung darstellt, und zwar innerhalb der Grenzen $0\ \% < f < 3\ \%$. Oberhalb eines Feuchtegehalts von 3 Gewichtsprozent wird $A_W = 3{,}4$ ebenfalls ausgehend vom *trockenen Festigkeitskennwert.*

Unter besonderen Bedingungen kann es sein, dass weitere Abminderungsfaktoren berücksichtigt werden müssen.

In jedem Falle soll dieses differenzierte Vorgehen den Konstrukteur veranlassen, über mögliche festigkeitsmindernde Einflüsse eingehend nachzudenken.

5.2.2 Einachsiger Spannungszustand

Die allgemein bekannte Spannungsgleichung für einachsige Zugbeanspruchung mit homogener Spannungsverteilung lautet:

$$\sigma = \frac{F}{A} \tag{5.6}$$

Ein weiterer einachsiger jedoch inhomogener Spannungszustand liegt im Falle der reinen Biegung vor, z. B. wenn ein Balken an seinen Enden durch Biegemomente belastet wird.

Bei Biegebelastung aufgrund von Querkräften treten zusätzlich über dem Stabquerschnitt inhomogen verteilte Schubspannungen auf. Diese aus der Querkraftbiegung herrührenden Schubspannungen können jedoch vernachlässigt werden, wenn $l/h \geq 1$ ist. Somit kann der Belastungsfall der reinen Biegung auch bei der Auslegung von Biegefedern oder von sogenannten federnden Haken (Schnappverbindungen) zugrunde gelegt werden, sofern sie der Bedingung $l/h \geq 1$ genügen. Diese Bauteile werden im praktischen Anwendungsfall ebenfalls häufig weit über den linear viskoelastischen Bereich hinaus beansprucht. Es hat sich aber bewährt, auch dann noch die Gleichung für den elastischen Fall zu verwenden und damit eine fiktive Randfaserspannung zu bestimmen. Die so berechneten Werte sind größer als die wirklichen Spannungen.

5.2.2.1 Beispiel des dünnwandigen Rohres unter Innendruck

Bauteile mit diesem einfachen, einachsigen Spannungszustand sind allerdings äußerst selten. Ein Beispiel ist das dünnwandige Rohr unter Innendruck, wenn nur die mittlere Tangentialspannung betrachtet wird. Dieser Beanspruchungsfall lässt sich etwa auf eine dünnwandige Nabe übertragen, die auf einen Metallbolzen gepresst wird. Im Fall des innendruckbelasteten Rohres bleibt bei gleich bleibendem Druck die Spannung konstant, und die zulässige Spannung gegen Bruchversagen erhält man aus

$$\sigma_{\text{zul}} = \frac{\sigma_{\text{B}}(T, t)}{S \cdot A} \tag{5.7}$$

wobei σ_{B} für das Berstversagen aus dem σ-ε-Diagramm oder für Zeitstandversagen aus dem Zeitstandschaubild entnommen wird.

In Tabelle 5.1 sind einige Ergebnisse von Berstversuchen an dünnwandigen Rohren zusammengestellt und die nach der sog. Kesselformel

$$\sigma_t = p\frac{r}{s} \tag{5.8}$$

Tabelle 5.1 Vergleich von Rechen- und Messwerten des Berstversagens dünnwandiger Rohre

Werkstoff	Wand-dicke s [mm]	Mittl. Radius r_{m} [mm]	Berst-druck p [bar]	Berechnete Berst-Spannung im Rohr σ_{t} [MPa]	Zugfestig-keit σ_{B} [MPa]
PE-HD (5261 Z)	1,5	5,0	85	28,3	28
PE-HD (5261 Z)	1,0	4,5	64	28,8	28
PE-HD (5261 Z)	0,75	4,25	50	28,3	28
PVC	0,75	5,25	91	63,7	58
PVC	0,75	5,25	89	62,3	58
PMMA (G 55)	0,75	6,25	72	60,0	62
PMMA (G 55)	0,75	4,75	96	60,8	62

errechnete Tangentialspannung der im Zugversuch gemessenen Zugfestigkeit gegenübergestellt.

Für diesen einfachen Spannungszustand kann man eine sehr gute Übereinstimmung von Rechen- und Versuchswert feststellen.

Beispiel

Wie hoch ist der Berstdruck eines Rohres aus POM-GF20 bei RT mit

s = 1,5 mm
r_m = 5,0 mm

und wie groß ist dabei etwa die Durchmesservergrößerung?

Aus CAMPUS 4.5 (Singlepoint, Ticona, für Hostaform C 9221 GV1/20):

σ_B = 105 MPa
ε_B = 2,5 %

$$p = \frac{\sigma_B \cdot s}{r_m} = \frac{105 \cdot 1{,}5}{5} = 31{,}5\,\text{N/mm}^2 = 315\,\text{bar}$$

$$\Delta d = d \cdot \varepsilon = \frac{5 \cdot 2{,}5}{100} = 0{,}125\,\text{mm}$$

Das Rohr geht bei einem Druck von ca. 315 bar zu Bruch; die Durchmesservergrößerung beträgt ca. 0,13 mm.

5.2.3 Mehrachsiger Spannungszustand

Die meisten technischen Bauteile werden aufgrund der an ihnen angreifenden äußeren Lasten durch einen mehrachsigen Spannungszustand beansprucht. Ob dieser Spannungszustand dann zu einem Versagen führt, wird mit Hilfe eines geeigneten Versagenskriteriums beurteilt. Mit diesen mathematischen Formulierungen aller möglichen zum Versagen führenden Spannungszustände wird ein mehrachsiger Spannungszustand auf einen fiktiven einachsigen Vergleichskennwert zurückgerechnet, der den Werkstoff in vergleichbarer Weise beansprucht oder zum Versagen veranlasst wie der tatsächliche mehrachsige Spannungszustand.

In der Regel ist dieser einachsige Vergleichskennwert der Zugversagenskennwert.

Versagenskriterien können sowohl aufgrund einer physikalischen Modellvorstellung zum Versagensgeschehen als auch empirisch heuristisch aus mathematischen Ansätzen entwickelt werden.

Da der messtechnische Aufwand zur experimentellen Verifizierung jedoch beachtlich ist, liegen noch wenig gesicherte Ergebnisse vor, die eine zuverlässige Dimensionierung mehrachsig beanspruchter Strukturen zulassen.

Eine Übersicht über die derzeitig bekannten Kriterien enthält [5.3, 5.4].

5.2.3.1 Versagenskriterien

Die bekannten klassischen Versagenskriterien beschreiben das Verhalten der Polymerwerkstoffe nicht ausreichend. Trotzdem zeigen die im Abschnitt 5.2.3.2 diskutierten Scherversuche, dass z. B. die Spannungszustände der reinen Scherung offensichtlich ausreichend genau durch das mathematisch einfache Schubspannungskriterium nach Tresca

$$\sigma_v = \sigma_1 - \sigma_3 \tag{5.9}$$

erfasst werden können, woraus

$$\tau = 0{,}5\,\sigma \tag{5.10}$$

resultiert.

Ferner lehrt die Erfahrung, dass man auch mit dem HMH-Kriterium (Kriterium der größten Gestaltänderungsarbeit nach **H**uber, von **M**ises und **H**encky oder Gestaltsänderungsenergie-Hypothese) meist hinreichend genaue Ergebnisse erhält. Für die Vergleichsspannung gilt danach:

$$\sigma_{v\,\mathrm{HMH}} = \frac{1}{\sqrt{2}}\sqrt{(\sigma_1 - \sigma_2)^2 + (\sigma_2 - \sigma_3)^2 + (\sigma_3 - \sigma_1)^2} \tag{5.11}$$

Geht man von dieser Hypothese aus, ist zu beachten, dass die Polymerwerkstoffe im Zug-Zug-Bereich überschätzt werden, wogegen man im Druckbereich im Allgemeinen zu sichere Werte erhält (s. a. Bild 5.5 und 5.6). Diese Diskrepanz ist dadurch begründet, dass Polymerwerkstoffe aufgrund ihrer morphologischen Struktur mehr oder weniger kompressibel sind und somit der Einfluss des hydrostatischen Spannungstensors auf das Versagensgeschehen wirksam wird. Dies sowie der durch die Kompressibilität bedingte Unterschied in den Werkstoffeigenschaften unter Druck- bzw. Zugbeanspruchung wird durch das Kriterium der größten Gestaltänderungsarbeit nicht erfasst.

Werkstoffe, deren Druckfestigkeit höher als ihre Zugfestigkeit ist, werden deshalb besser mit dem konischen Bruchkriterium

	Vergleichsspannung
m	$\sigma_{v_{I/II}} = \frac{m-1}{2m}(\sigma_1 + \sigma_2 + \sigma_3) \pm \frac{m+1}{2\sqrt{2}\,m}\sqrt{(\sigma_1 - \sigma_2)^2 + (\sigma_2 - \sigma_3)^2 + (\sigma_3 - \sigma_1)^2}$
t	$\sigma_{v_{I/II}} = \frac{\sqrt{3}\,t - 1}{\sqrt{3}\,t}(\sigma_1 + \sigma_2 + \sigma_3) \pm \frac{1}{\sqrt{6}\,t}\sqrt{(\sigma_1 - \sigma_2)^2 + (\sigma_2 - \sigma_3)^2 + (\sigma_3 - \sigma_1)^2}$
p	$\sigma_{v_{I/II}} = \frac{2 - \sqrt{3}\,p}{\sqrt{3}\,p(\sqrt{3}-1)}(\sigma_1 + \sigma_2 + \sigma_3) \pm \frac{3\,p - 2}{\sqrt{6}\,p(\sqrt{3}-1)}\sqrt{(\sigma_1 - \sigma_2)^2 + (\sigma_2 - a_3)^2 + (\sigma_3 - \sigma_1)^2}$

$$m = \frac{\sigma_{dB}}{\sigma_{zB}};\quad t = \frac{\tau_B}{\sigma_{zB}};\quad p = \frac{\sigma_{\bar{p}}}{\sigma_{zB}};\quad \sigma_{\bar{p}} = \sigma_{tan} = \frac{p_i \cdot d_m}{2 \cdot s} \tag{5.12}$$

oder mit dem parabolischen Bruchkriterium

Vergleichsspannung	
m	$\sigma_{v_{I/II}} = \frac{m-1}{2\,m}(\sigma_1+\sigma_2+\sigma_3) \pm \sqrt{\left(\frac{m+1}{2\,m}\right)^2 (\sigma_1+\sigma_2+\sigma_3)^2 + \frac{1}{2\,m}[(\sigma_1-\sigma_2)^2+(\sigma_2-\sigma_3)^2+(\sigma_3-\sigma_1)^2]}$
t	$\sigma_{v_{I/II}} = \frac{3\,t^2-1}{6\,t^2}(\sigma_1+\sigma_2+\sigma_3) \pm \sqrt{\left(\frac{3\,t^2-1}{6\,t^2}\right)^2 (\sigma_1+\sigma_2+\sigma_3)^2 + \frac{1}{6\,t^2}[(\sigma_1-\sigma_2)^2+(\sigma_2-\sigma_3)^2+(\sigma_3-\sigma_1)^2]}$
p	$\sigma_{v_{I/II}} = \frac{4-3\,p^2}{6\,p\,(2-p)}(\sigma_1+\sigma_2+\sigma_3) \pm \sqrt{\left(\frac{4-3\,p^2}{6\,p\,(2-p)}\right)^2 (\sigma_1+\sigma_2+\sigma_3)^2 + \frac{3\,p-2}{3\,p\,(2-p)}[(\sigma_1-\sigma_2)^2+(\sigma_2-\sigma_3)^2+(\sigma_3-\sigma_1)^2]}$

(5.13)

erfasst [5.4].

Aufgrund ihrer mathematischen Herleitung müssen diese Kriterien über zwei Werkstoffkennwerte an das reale Werkstoffverhalten angeglichen werden. Dazu werden alternativ die Kennwertverhältnisse der Druck- zur Zugfestigkeit (m), der Schub- zur Zugfestigkeit (t) oder der Umfangsspannung eines mit Innendruck beaufschlagten Hohlkörpers zur Zugfestigkeit (p) eingeführt.

Für $m = 1$ gehen die beiden Kriterien in das HMH-Kriterium über. Die Bilder 5.5 und 5.6 enthalten die Gegenüberstellung der drei Kriterien im Hauptspannungsdiagramm für den ebenen Spannungszustand und einige Messpunkte an zweiachsig beanspruchten Probekörpern [5.3].

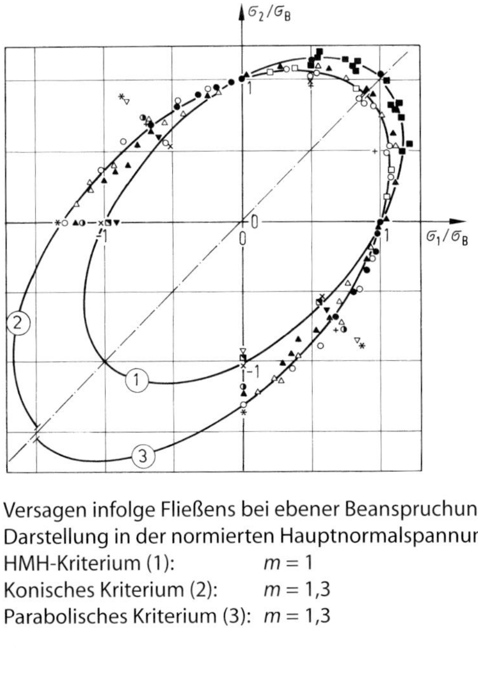

Symbol	Polymer	σ_B MPa	m	t
+	PS	72,67	1,33	0,68
◐	PVC	57,08	1,17	0,72
●	PVC	53,94	1,30	0,68
○	PVC	32,36	1,33	0,64
■	PMMA	-	1,00	-
□*)	PMMA	37,27	1,30	-
▲	PC	45,11	1,20	0,61
△	PC	58,84	1,22	0,65
×	CAB	33,15	1,00	0,58
*	PE	10,59	1,34	0,86
▽	PP	32,26	1,32	0,83
▼	PA	66,29	0,92	0,60
◪	ABS	44,62	0,95	0,54

*) gemessen bei 80°C

Bild 5.5 Versagen infolge Fließens bei ebener Beanspruchung.
Darstellung in der normierten Hauptnormalspannungsebene bei Raumtemperatur [5.4].
HMH-Kriterium (1): $m = 1$
Konisches Kriterium (2): $m = 1{,}3$
Parabolisches Kriterium (3): $m = 1{,}3$

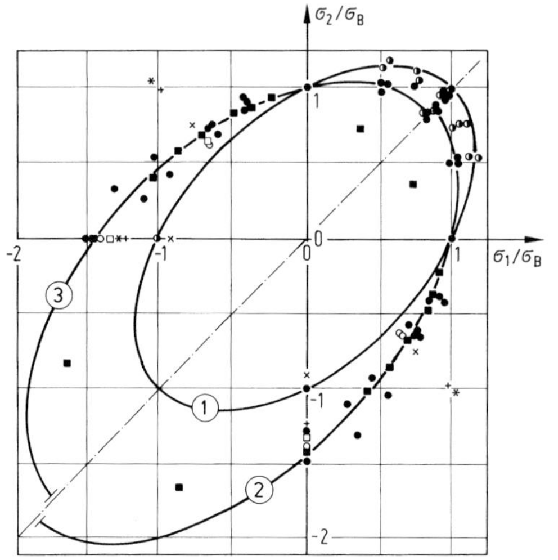

Symbol	Polymer	σ_B MPa	m	t
•	PMMA	62,08	1,50	0,69
○	PMMA	59,04	1,40	0,67
◑	PMMA	-	1,00	-
×	CAB	33,64	0,91	0,75
+	CA	40,50	1,23	0,98
*	PVCA	65,90	1,29	1,04
■	EP-Harz 1	81,40	1,45	0,69
□	EP-Harz 2	78,45	1,33	0,65

Bild 5.6 Versagen infolge Bruchs bei ebener Beanspruchung.
Darstellung in der normierten Hauptnormalspannungsebene bei Raumtemperatur [5.4].
HMH-Kriterium (1): $m = 1$
Konisches Kriterium (2): $m = 1{,}45$
Parabolisches Kriterium (3): $m = 1{,}45$

Es empfiehlt sich, Bauteile, die einer zweiachsigen Zugbeanspruchung unterliegen, unter Einführung der Verhältniszahl p in das Versagenskriterium zu dimensionieren. Bauteile, die einer kombinierten zweiachsigen Zug/Druck-Hauptnormalspannungsbeanspruchung ausgesetzt sind, sollten dagegen nur unter Einbeziehung der Verhältniswerte m oder t in das jeweilige Versagenskriterium ausgelegt werden.

5.2.3.2 Beispiele zum Belastungsfall der Scherung

Im Gegensatz zu Normalspannungen, die stets senkrecht zu einer Querschnittsfläche wirken, werden Schubspannungen durch Kräfte erzeugt, deren Wirkungsebenen mit dem Querschnitt zusammen fallen; sie treten deshalb auch in der Ausdehnung der betrachteten Schnittebene auf.

Eine technisch wichtige Schubspannungsbeanspruchung ist die Torsion.

Für torsionsbeanspruchte Bauteile (zum Beispiel Wellen) werden Polymerwerkstoffe allerdings verhältnismäßig selten angewendet. Dagegen kommt der Belastungsfall der Scherung häufiger vor. Beispiele hierfür sind Nietverbindungen, zugbeanspruchte Gewinde oder Rändelpresssitze (Bild 5.7).

Derartiges Abscheren ist im Allgemeinen von einem Biegeanteil begleitet. Vernachlässigt man diesen, kann die Schubfestigkeit über die Schubspannungshypothese einfach auf eine Vergleichsspannung zurückgeführt werden. Die Schubspannungshypothese kommt nach Gl. (5.10) zu dem Ergebnis $\tau = 0{,}5\,\sigma$ (mit dem HMH-Kriterium erhält man $\tau = \sigma/\sqrt{3} = 0{,}58\,\sigma$).

In den folgenden Beispielen werden Rechenresultate, die unter dieser Annahme zustande kamen, mit entsprechenden Versuchsergebnissen verglichen.

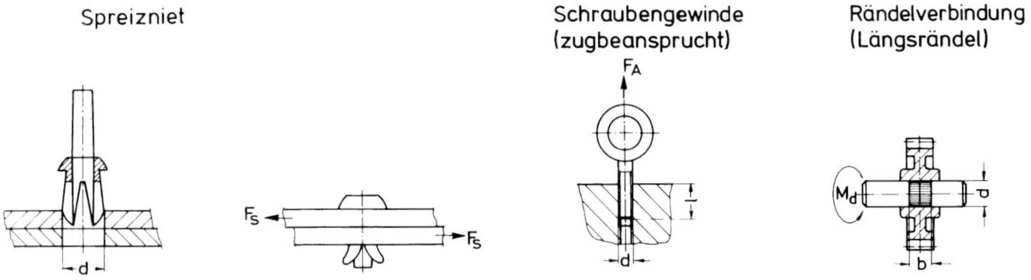

Bild 5.7 Beispiele für scherbeanspruchte Bauteile

Es zeigt sich erwartungsgemäß eine um so bessere Übereinstimmung, je mehr die Beanspruchung einer reinen Scherung entspricht, wie beispielsweise bei einer Rändelverbindung oder einem metrischen Fein-Gewinde (Bild 5.7).

Das berechnete Versagensdrehmoment für einer derartige Rändelverbindung folgt aus:

$$M_\mathrm{d} = \frac{\pi\, d^2}{2} \cdot b \cdot \tau \tag{5.14}$$

Zu beachten ist die Diskrepanz bei PA 66-GF, die den enormen Einfluss der Glasfaserorientierung deutlich macht.

Auch bei Auszugsversuchen von Schrauben mit metrischem Feingewinde findet man eine gute Übereinstimmung (Tabelle 5.2), wogegen Schrauben mit metrischem Regelgewinde wegen der zusätzlichen Biegespannungen als Folge der größeren Gewindehöhe im Versuch deutlich unter den errechneten Werten liegen. Beide Male wurden die Gewinde vorher in den Polymerwerkstoff geschnitten. Gewindeprägende Schrauben erreichen höhere Auszugswerte als errechnet. Als Ursache hierfür ist der durch das Gewindefurchen verursachte Spannungszustand anzunehmen.

Tabelle 5.2 Vergleich von Mess- und Rechenwerten der Auszugskraft von Schrauben verschiedener Gewindeformen aus ABS (877 T). Gerechnet mit $\tau = 0{,}5\ \sigma$ ($\sigma_Y = 46{,}3$ MPa). Einschraublänge: $l = 2\ d$. Metrisches Gewinde vorgeschnitten. Blechschraubengewinde beim Eindrehen geprägt [4.26]

Schraubentype		**Auszugskraft [N]**	
		Mittelwert aus fünf Messungen	**Rechenwert nach $F_A = \pi\, d\, l\, \tau$**
Metrisches Fein-Gewinde	M4 × 0,5	2 400	2 327
	M6 × 0,5	5 325	5 236
Metrisches Regel-Gewinde	M4 × 0,7	1 788	2 327
	M6 × 1	4 800	5 236
Blech-Schrauben-Gewinde	4,2 ∅	3 125	2 566
	4,8 ∅	4 400	5 825
	6,3 ∅	3 351	5 773

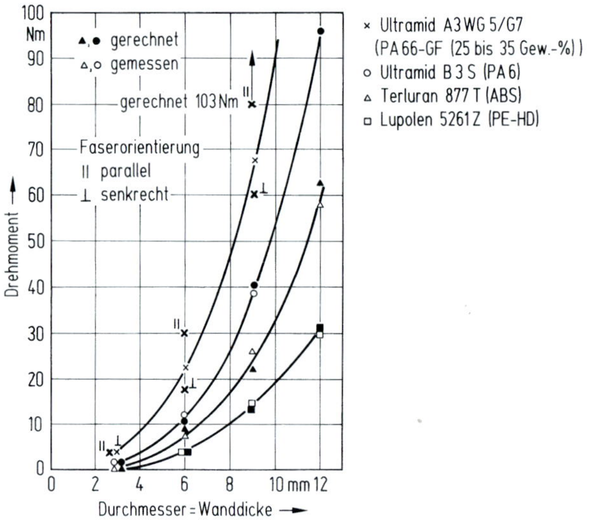

Bild 5.8 Maximal übertragbares Drehmoment von gerändelten Stahlbolzen in verschiedenen Polymerwerkstoffen. Verhältnis Durchmesser/Länge des Presssitzes = 1 [4.26].

Beispiel

Mit einem Hebel aus POM gemäß Skizze soll eine schlagartige Schaltkraft von 14 N ausgeübt werden. Es ist überschläglich zu prüfen, ob dieser Hebel mit einem Rändelsitz auf der Welle befestigt werden kann und wie breit der Rändelsitz sein muss, damit noch eine Sicherheit bis zum Versagen von $S = 2{,}5$ gegeben ist.

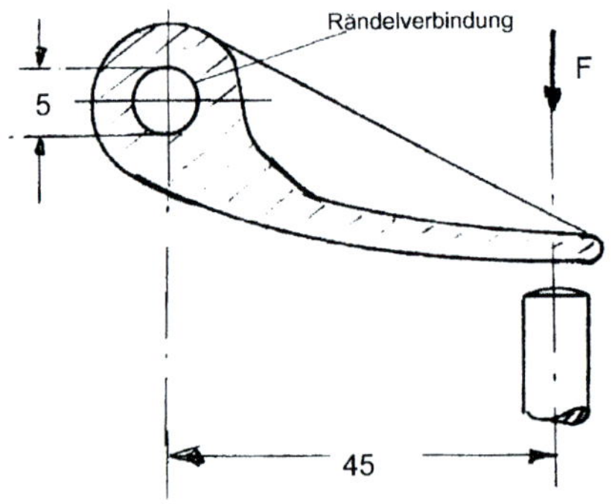

Stoßfaktor $a_{\text{Stoß}} = 3{,}0$
Umgebungstemperatur $T_U = 40\,°\text{C}$

Aus CAMPUS 4, Multipoint (BASF, für Ultraform N 2320): $\sigma_Y = 49{,}5$ MPa

$M_d = F \cdot l = 14 \cdot 45 = 630$ N mm

gemäß Gl. (5.13):

$$b = M_d \cdot \frac{2}{\pi \cdot d^2} \frac{2}{\sigma_Y} \cdot S \cdot a_{\text{Stoß}} = 630 \cdot \frac{2}{\pi \cdot 5^2} \frac{2}{49{,}5} \cdot 2{,}5 \cdot 3 = 4{,}86; \quad b_{\min} = 5\,\text{mm}$$

Bei der Nachrechnung von scherbeanspruchten Bauteilen mit überlagerter Biegebeanspruchung, wie sie z. B. bei Nietverbindungen vorliegen, hat es sich bewährt, mit dem empirischen Wert

$$\tau = 0{,}8\,\sigma$$

zu rechnen. So sollte man auch verfahren, wenn Stanzkräfte überschläglich berechnet werden sollen.

5.3 Berechnung von Dehnungen und Verformungen

Die Tatsache des verhältnismäßig geringen Elastizitätsmoduls der Polymerwerkstoffe weist darauf hin, dass Konstruktionen auch häufig aufgrund übergroßer Verformungen unbrauchbar werden, also nicht nur durch Bruchversagen. Will man das nicht lineare, viskoelastische Verformungsverhalten in entsprechenden Berechnungen berücksichtigen, steigt der Rechenaufwand enorm an.

Das Materialverhalten der relativ steifen, faserverstärkten Thermoplaste kann man mit guter Genauigkeit durch Linearisierung annähern, indem der gekrümmte Verlauf der Spannungs-Dehnungs-Kurve durch Sekanten linearisiert wird. Die Übereinstimmung zwischen dem so berechneten und dem tatsächlichen Verformungsverhalten ist für praktische Belange ausreichend. Dies gilt sowohl für statisch als auch für dynamisch beanspruchte Bauteile [5.5].

Sehr viel stärker als die Nichtlinearität wirkt sich bei den faserverstärkten Thermoplasten die Faserorientierung aus.

5.3.1 Linear-elastisches Materialverhalten

Ein linear-elastisches Materialverhalten wird durch das Hoockesche Gesetz für den einachsigen Spannungszustand durch

$$\varepsilon = \frac{1}{E}\,\sigma \tag{5.15}$$

beschrieben, wobei der Koeffizient E (Elastizitätsmodul) den linearen Zusammenhang zwischen Dehnung und Spannung charakterisiert.

In allgemeiner Form mit unterschiedlichem Materialverhalten in x-, y-, z-Richtung stellt sich dieses Gesetz in konventioneller Schreibweise wie folgt dar:

$$\varepsilon_x = \frac{1}{E_x}\,\sigma_x - \frac{\mu_{xy}}{E_y}\,\sigma_y - \frac{\mu_{xz}}{E_z}\,\sigma_z \tag{5.16}$$

$$\varepsilon_z = \frac{1}{E_z}\,\sigma_z - \frac{\mu_{zx}}{E_x}\,\sigma_x - \frac{\mu_{zx}}{E_y}\,\sigma_y \tag{5.17}$$

$$\varepsilon_y = \frac{1}{E_y}\,\sigma_y - \frac{\mu_{yz}}{E_z}\,\sigma_z - \frac{\mu_{yx}}{E_x}\,\sigma_x \tag{5.18}$$

$$\gamma_{yz} = \frac{1}{G_{yz}} \tau_{yz} \tag{5.19}$$

$$\gamma_{zx} = \frac{1}{G_{zx}} \tau_{zx} \tag{5.20}$$

$$\gamma_{xy} = \frac{1}{G_{xy}} \tau_{xy} \tag{5.21}$$

Für den ebenen Spannungszustand und vorausgesetzter Isotropie erhält man die bekannte Form

$$\varepsilon_x = \frac{1}{E} (\sigma_x - \mu\, \sigma_y) \tag{5.22}$$

$$\varepsilon_y = \frac{1}{E} (\sigma_y - \mu\, \sigma_x) \tag{5.23}$$

Wegen des nicht linearen Verformungsverhaltens haben diese Beziehungen für thermoplastische Polymerwerkstoffe nur in den untersten Dehnungsbereichen (bis zu wenigen Promille) exakte Gültigkeit. Aus Gründen des wirtschaftlichen Rechenaufwandes ist es jedoch geboten – und bei faserverstärkten, thermoplastischen Polymerwerkstoffen auch gut vertretbar – diese Gesetze bis in den linear-viskoelastischen Bereich anzuwenden.

Faserverstärkte Duromere (GFK) werden nach Gl. (5.15) bis (5.19) berechnet, wobei das unterschiedliche Materialverhalten in den drei Richtungen Berücksichtigung findet [5.6].

5.3.2 Nichtlinear-elastisches Materialverhalten

Aus den Spannungs-Dehnungs-Diagrammen für einen einachsigen Spannungszustand ist das Abweichen der Kurven vom ursprünglich linearen Verlauf deutlich zu sehen.* Diese Nichtlinearität lässt sich verhältnismäßig einfach durch die Sekantenmethode beschreiben, indem anstelle des Elastizitätsmoduls E ein Sekantenmodul E_S eingeführt wird (s. a. Abschnitt 4.1.3 und 4.1.5).

Das Vorgehen ist folgendes: Die im betrachteten Querschnitt auftretende Dehnung $\varepsilon_{\text{vorh.}}$ (oder Spannung $\sigma_{\text{vorh.}}$) kann entweder

- aus den geometrischen Gegebenheiten entnommen werden,
- aus einer Spannungsanalyse folgen,
- als maximal zulässiger Wert festgelegt werden.

Aus dem Spannungs-Dehnungs-Diagramm wird dann mit dem korrespondierenden Spannungswert $\sigma_{\text{vorh.}}$ (oder Dehnungswert $\varepsilon_{\text{vorh.}}$) der Quotient $\sigma_{\text{vorh.}}/\varepsilon_{\text{vorh.}}$ der Sekantenmodul E_S gebildet. Hierzu zwei Beispiele:

* Diese Nichtlinearität ist auch dadurch begründet, dass im Spannungs-Dehnungs-Versuch jedem Spannungs-Dehnungs-Wertepaar eine andere Belastungszeit zugrunde liegt, und sich deswegen bereits viskoelastische Kriechprozesse auswirken. Im dynamischen Versuch ist im unteren Spannungsbereich ein lineares Verhalten deutlicher zu erkennen.

Beispiel 1

Für eine geschlossene Ringschnappverbindung gemäß Skizze mit einem starren Innenteil aus Stahl und einem Außenteil aus PA 66, luftfeucht, soll die Fügekraft berechnet werden.

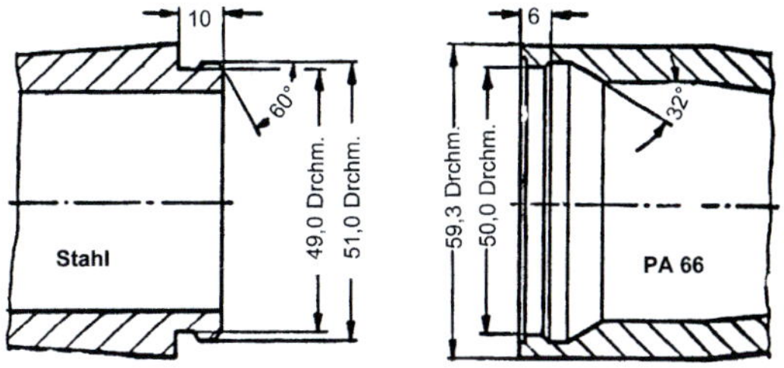

Diese errechnet sich nach:

$$F_E = 0{,}62 \cdot \Delta d \cdot d \cdot E \left(\frac{2\,s}{d}\right)^{\frac{3}{2}} \cdot \eta$$

mit

$$\eta = \frac{\tan\alpha + f}{1 - f \cdot \tan\alpha}$$

Welcher Modulwert E ist in diese Beziehung einzusetzen?

Aus den **geometrischen Gegebenheiten** wird die Dehnung des Außenteils beim Fügen über

$$\varepsilon_{\text{vorh.}} = \frac{\Delta d}{d} = \frac{51 - 50}{50} = 0{,}02$$

als 2 % gewonnen.

Die Spannung bei $\varepsilon_{\text{vorh.}} = 2\,\%$ wird aus dem Spannungs-Dehnungs-Diagramm zu $\sigma_{\text{vorh.}} = 28$ MPa abgelesen, und als Sekantenmodul folgt:

$$E_S = \frac{\sigma_{\text{vorh.}}}{\varepsilon_{\text{vorh.}}} = \frac{28}{0{,}02} = 1400 \text{ MPa}$$

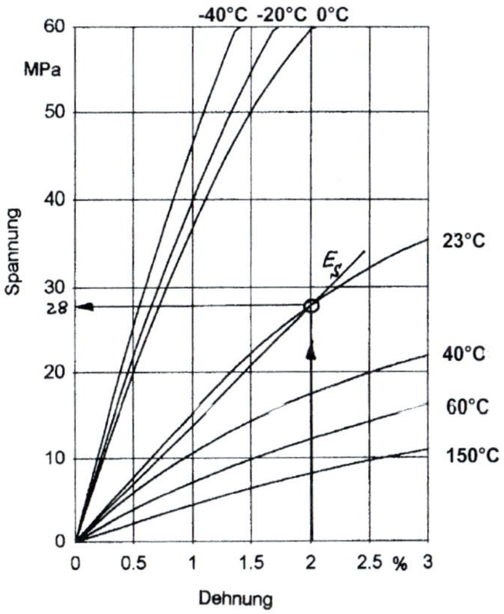

Dieser Modulwert $E_S = 1\,400$ MPa wird in die obige Gleichung eingesetzt und es wird mit

$$\eta = \frac{\tan 60 + 0{,}35}{1 - 0{,}35 \cdot \tan 60} = 5{,}2$$

$$F_E = 0{,}62 \cdot 1 \cdot 50 \cdot 1400 \left(\frac{2 \cdot 5}{50}\right)^{\frac{3}{2}} \cdot 5{,}2 = 20185$$

Die Einpresskraft liegt in der Größenordnung von 20 kN.

Beispiel 2

1. Eine einseitig eingespannte Biegefeder aus POM mit rechteckigem Querschnitt werde häufig durch eine Kraft $F = 5$ N ausgelenkt. Der Federweg f sei mit 4,5 mm vorgegeben und die Federlänge l konstruktiv auf 50 mm beschränkt. Zu berechnen ist der Querschnitt der Feder:

   Die Festlegung eines **zulässigen Spannungswertes** geschieht (wegen „häufiger" Auslenkung) z. B. als $\sigma_{0,5\,\%}$ mit einem Elastizitätsmodul $E = 3\,200$ MPa für POM gemäß Bild 5.2 c aus dem Spannungs-Dehnungs-Diagramm.

   Als zulässige Spannung wird festgelegt:

   $$\sigma_{zul} = \sigma_{0,5\,\%} = 37{,}4 \text{ MPa}$$

   Der korrespondierende, maximal zulässige Dehnungswert ist

   $$\varepsilon = \varepsilon_{zul} = 1{,}7\,\%$$

   Der Sekantenmodul zu diesem Punkt der Spannungs-Dehnungs-Kurve wird:

   $$E_S = \frac{\sigma_{0,5\,\%}}{\varepsilon_{zul}} = \frac{37{,}4}{1{,}7} \cdot 100 = 2\,200 \text{ MPa}$$

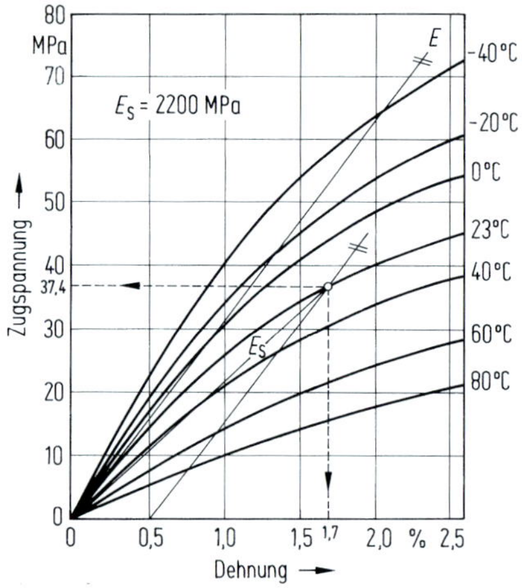

   Der Biegepfeil für einen einseitig eingespannten Balken mit einer Einzellast am Ende folgt aus:

   $$f = \frac{F \cdot l^3}{3 \cdot E \cdot I}$$

   Für einen Rechteckquerschnitt lässt sich die Gleichung mit

   $$F \cdot l = M; \quad \sigma = \frac{M}{W}; \quad I = W \cdot \frac{h}{2} \text{ und } E = \frac{\sigma}{\varepsilon}$$

   folgendermaßen umschreiben:

   $$f = \frac{2}{3} \cdot \frac{l^2}{h} \cdot \varepsilon$$

   Damit ist eine rein dehnungsbezogene Dimensionierung möglich, wobei die Bedingung $\varepsilon \leq \varepsilon_{zul}$ eingehalten werden muss.

   Das h/b-Verhältnis des Balkenquerschnitts wird nun iterativ variiert, bis sich auch fertigungstechnisch sinnvolle Höhen- und Breitenwerte ergeben. Dies ist eine typische Aufgabe für programmierbare Taschenrechner, insbesondere unter Einbeziehung der Spannungs-Dehnungs-Funktionen (s. a. Abschnitt 4.1.5).

Begonnen wird mit h_1 für $\varepsilon_1 = \varepsilon_{zul}$:

$$h_1 = \frac{2}{3} \cdot \frac{l^2}{f} \cdot \varepsilon_1$$

$$I = \frac{F \cdot l^3}{3 \cdot f} \cdot \frac{\varepsilon_1}{\sigma_1}$$

$$b_1 = \frac{I_1 \cdot 12}{h_1^3}$$

$$h_2 = h_1 - x$$

$$\varepsilon_2 = \frac{3}{2} \cdot \frac{h_2}{l^2} \cdot f$$

σ_2 für ε_2 aus Spannungs-Dehnungs-Diagramm (zurück zu I)

$$h_1 = \frac{2}{3} \cdot \frac{50^2}{4{,}5} \cdot \frac{1.7}{100} = 6{,}3\,\text{mm}$$

$$I_1 = \frac{5 \cdot 50^3}{3 \cdot 4.5} \cdot \frac{1.7}{100 \cdot 37{,}4} = 21\,\text{mm}^4$$

$$b_1 = \frac{21 \cdot 12}{6{,}3^3} = 1{,}0\,\text{mm}$$

Dieses b/h-Verhältnis ist wegen extremer Knickgefahr nicht sinnvoll, deswegen wird mit $h_2 < h_{max}$ iteriert.

$$h_2 = 6{,}3 - 2{,}8 = 3{,}5$$

$$\varepsilon_2 = \frac{3}{2} \cdot \frac{3{,}5}{50^3} \cdot 4{,}5 = 0{,}00945 \approx 1\%$$

aus dem Spannungs-Dehnungs-Diagramm wird $\sigma_2 = 26$ MPa abgelesen

Damit wird das Flächenträgheitsmoment I_2:

$$I_2 = \frac{5 \cdot 50^3}{3 \cdot 4.5} \cdot \frac{1}{26 \cdot 100} = 14{,}5\,\text{mm}^4$$

und b_2

$$b_2 = \frac{14{,}5 \cdot 12}{3{,}5^3} = 4{,}04\,\text{mm}$$

Technisch ausführbar wäre demnach:

$h = 3{,}5$ mm
$b = 4{,}0$ mm
mit
$\varepsilon = 1{,}0$ %
$\sigma = 26$ MPa

2. Wie groß ist z. B. bei einer Situation gemäß Skizze bei einer bleibenden Auslenkung $\Delta f = 2$ mm nach 10^4 Stunden die Restfederkraft?

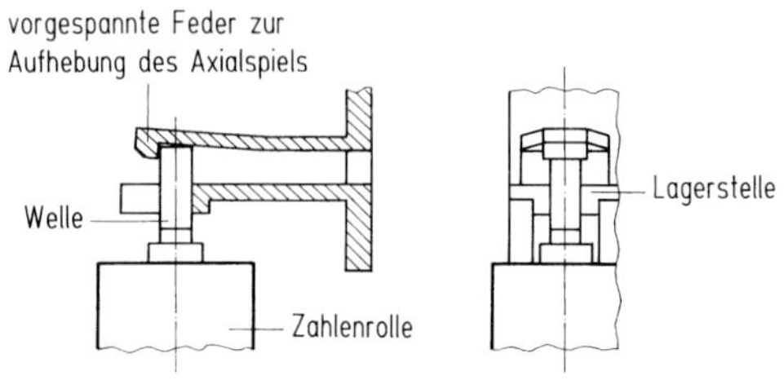

Zunächst wird die Randfaserdehnung $\varepsilon_{\Delta f}$ unter der Auslenkung $\Delta f = 2$ mm bestimmt:

$$\varepsilon_{\Delta f} = \frac{3}{2} \cdot \frac{h}{l^2} \cdot \Delta f$$

$$\varepsilon_{\Delta f} = \frac{3}{2} \cdot \frac{3{,}5}{50^2} \cdot 2 = 0{,}0042 = 0{,}42\,\%$$

und aus dem isochronen Spannungs-Dehnungs-Diagramm für 10^4 Stunden und $\varepsilon_{\Delta f}$ ein Modulwert (Kriechmodul $E_{10\,000}$) bestimmt. Dieses Vorgehen ist für $\varepsilon_{\Delta f} = 0{,}4\,\%$ in nebenstehendem Bild nachzuvollziehen.

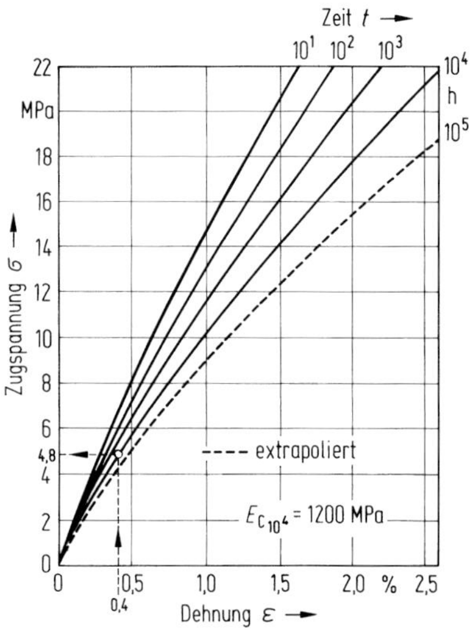

$$E_{10\,000} = \frac{4{,}8}{0{,}4} \cdot 100 = 1200\text{ MPa}$$

Dieser Modulwert wird schließlich in die nach der Kraft aufgelöste Gleichung für den Biegepfeil eingesetzt:

$$F = \frac{3 \cdot E \cdot I}{l^3} \cdot \Delta f$$

$$F = \frac{3 \cdot 1200 \cdot 14{,}5}{50^3} \cdot 2 = 0{,}84\text{ N}$$

Die Restfederkraft nach 10^4 Stunden liegt demnach in der Größenordnung von 1 N.

5.4 Spannungs- und Verformungsanalysen von biegebeanspruchten Strukturen mit Hilfe einer einfachen FE-Betrachtung

Die Biegung ist eine der häufigsten Beanspruchungsarten bei Konstruktionen mit Polymerwerkstoffen. Beispiele hierfür sind Schnapphaken, Hebel jeder Art, Stuhllehnen, Armstützen, Kupplungs- und Gaspedale u. v. m. Diese Bauteile sind jedoch mit geschlossenen analytischen Ansätzen oft nicht berechenbar, da entweder ihre Gestalt zu komplex, die Belastung ungleichmäßig oder die Verformung zu groß ist.

Biegebeanspruchte *Strukturen mit ebenem Verformungszustand* können jedoch leicht mit finiten Biegeelementen berechnet werden, die ihrerseits jeweils einfach analytisch lösbar sind. In [5.7] ist ein derartiges Rechenprogramm beschrieben.* Für die folgenden Überlegungen sind nur wenige Grundkenntnisse der Festigkeitslehre erforderlich.

Als finites Balkenelement wird ein einseitig eingespannter Biegebalken benutzt, der mit einem über die Balkenlänge konstanten Moment belastet ist (Bild 5.9).

Für kleine Verschiebungen gelten für dieses Element folgende Beziehungen:

Winkeländerung am Balkenende $$\varphi = \frac{M \cdot \Delta l}{E\,I} \tag{5.24}$$

Verschiebung des Endpunktes $$f \approx \frac{\varphi \cdot \Delta l}{2} \tag{5.25}$$

Randfaserspannung $$\sigma = -\frac{M \cdot e}{I} \tag{5.26}$$

Randfaserdehnung $$\varepsilon = \frac{\sigma}{E} \tag{5.27}$$

Darin sind:

M = Biegemoment in Nmm (im Uhrzeigersinn negativ)
Δl = Elementlänge in mm
I = Flächenträgheitsmoment in mm^4
E = Elastizitätsmodul in MPa
e = Randfaserabstand in mm

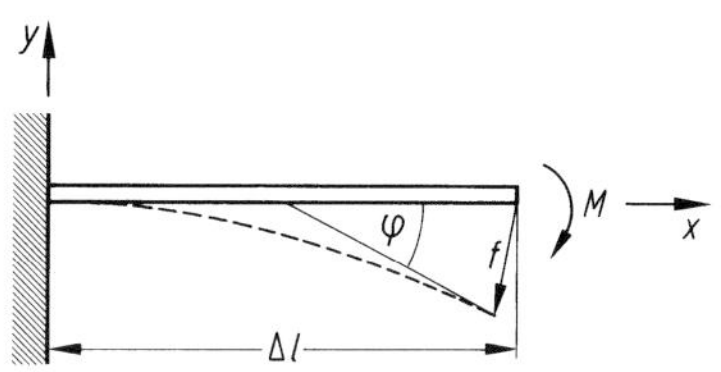

Bild 5.9 Grundelement als finites Balkenelement

* Auf der CD, die diesem Buch beigefügt ist, ist ein PC-Programm (BEAMS), mit dem die aufwendigen Berechnungen bequem bearbeitet werden können. Das Programm wurde freundlicherweise von der BASF Aktiengesellschaft, Ludwigshafen zur Verfügung gestellt. Eine ausführliche Programmbeschreibung findet sich in Kapitel 14.

Die gesamte biegebeanspruchte Struktur wird in Einzelelemente aufgeteilt, die nacheinander berechnet werden.

Da lediglich Gl. (5.25) eine Näherung darstellt, die nur für kleine Verschiebungen gilt, kann bei genügend großer Elementanzahl und damit jeweils kleiner Verschiebung ohne weiteres auf eine große Gesamtverschiebung geschlossen werden.

Der Rechenvorgang wird an einer Stelle begonnen, an der die Durchbiegung und Winkeländerung unter Last null sind. Das ist im Allgemeinen die Einspannstelle oder eine Lastsymmetrieebene.

Im ersten Schritt wird mit Gl. (5.24) die Winkeländerung φ_1 und damit mit Gl (5.25) die Endpunktverschiebung f_1 berechnet. Damit liegt die Verschiebung des ersten Elementes mit dem Endpunktes A (Bild 5.10) fest. Die Gleichungen (5.26) und (5.27) liefern als Ergebnis die Randfaserspannung bzw. -dehnung. Letztere gelten am genauesten für die Elementmitte.

Die Koordinaten des neuen Endpunktes $\Delta x_1^{f_1}$ und $\Delta y_1^{f_1}$ bilden den Ausgang für die Berechnung des folgenden Elements:

Durchbiegung – Element 1

$$\Delta y_1^{f_1} = \Delta l_1 / 2 \cdot \sin\varphi_1 \tag{5.28}$$

$$\Delta x_1^{f_1} = \Delta y_1^{f_1} \cdot \tan\varphi_1 \tag{5.29}$$

Während die Analyse der Randfaserspannungen und -dehnungen sich recht einfach gestaltet, müssen die jeweiligen Endlagen der folgenden Elemente über eine etwas aufwendige geometrische Prozedur ermittelt werden, was jedoch leicht der Rechner übernehmen kann.

Das Bild 5.10 zeigt für den allgemeinen Fall die geometrischen Beziehungen, mit denen die Lage der verschobenen Endpunkte beschrieben werden.

Nachdem die Koordinaten des Punktes A* aus dem vorausgegangenen Rechenschritt vorliegen, wird die Lageänderung von B aus folgenden Teilverschiebungen zusammengesetzt:

B → B′ = Parallelverschiebung des unverformten Elements 2 um (A → A*)
B′ → B″ = Drehung um den Winkel φ mit A* als Drehpunkt

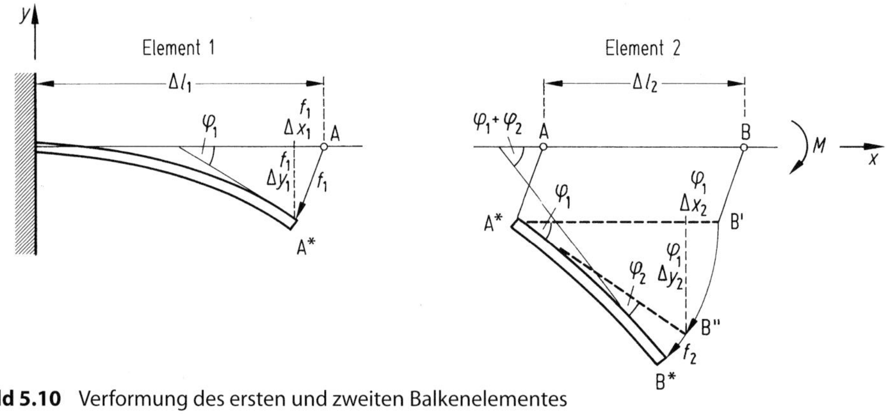

Bild 5.10 Verformung des ersten und zweiten Balkenelementes

Drehung – Element 2 um A*

$$\Delta y_2^{\varphi_1} = \Delta l_2 \cdot \sin\varphi_1 \tag{5.30}$$

$$\Delta x_2^{\varphi_1} = \Delta y_2^{\varphi_1} \cdot \tan\varphi_1 \tag{5.31}$$

B″ → B = Durchbiegung des Elements als Folge des an ihm angreifenden Moments analog Gl. (5.28) und (5.29)

Damit liegt der Ausgangspunkt B* für die Berechnung des nächsten Elements fest, und es kann schrittweise weitergerechnet werden.

Diese Rechenmethode ermöglicht auch auf einfache Weise, die Werkstoff-Nichtlinearität zu berücksichtigen, indem jeweils in Gl. (5.27) der Sekantenmodul für die nach Gl. (5.26) errechnete Spannung eingeführt wird.

Dies kann zweckmäßigerweise im Rechenprogramm über ein Unterprogramm geschehen, das die Spannungs-Dehnungs-Funktionen enthält (s. a. Abschnitt 4.1.5). Auch die Berücksichtigung des Kriechens unter statischer Beanspruchung ist durch Einsetzen des Kriechmoduls möglich.

Ebenso kann mit der schrittweisen Berechnungsart die Veränderung der durch die Belastungskräfte in den Einzelelementen wirkenden Momente mit zunehmender Balkenverformung (d. h. Hebelarmverkürzung; geometrische Nichtlinearität) berücksichtigt werden, und es können große Verformungen berechnet werden.

5.5 Berechnung stoßartig beanspruchter Bauteile

Bei stoßartiger Belastung treten im Bauteil kurzzeitig Spannungsspitzen auf, die ein Vielfaches der unter gleicher ruhender Last auftretenden Spannungen betragen können. Das Verhältnis von stoßartig verursachter Spannung zur Spannung unter statischer Belastung wird als Stoßfaktor bezeichnet. Er wird im Wesentlichen aus den Steifigkeiten der stoßenden Masse, des Bauteils und der elastischen Abstützung berechnet. Mit Hilfe des Stoßfaktors kann man feststellen, ob die auftretende Belastung mit der erforderlichen Sicherheit unter der Versagensspannung des Werkstoffs liegt. Bei dieser Vorgehensweise wird der stoßartige Beanspruchungsfall auf einen quasistatischen zurückgeführt. Voraussetzung ist ein linear elastisches Werkstoffverhalten.

In [5.8] wird ein anderer, einfacher Berechnungsweg aufgezeigt, der die im Bauteil umgesetzte Verformungsenergie mit der spezifischen Arbeitsaufnahme des Werkstoffs vergleicht. Die spezifische Arbeitsaufnahme wird durch das Integral unter der Spannungs-Dehnungs-Kurve dargestellt.

Bild 5.11 zeigt den Berechnungsgang am Beispiel eines Biegeträgers, der mittig von einer Masse m mit der Geschwindigkeit v getroffen wird. Die kinetische Energie W der Masse muss in Verformungsarbeit des Balkens umgesetzt werden:

$$W = \frac{1}{2} m\, v^2 = \int F \,\mathrm{d}f \tag{5.32}$$

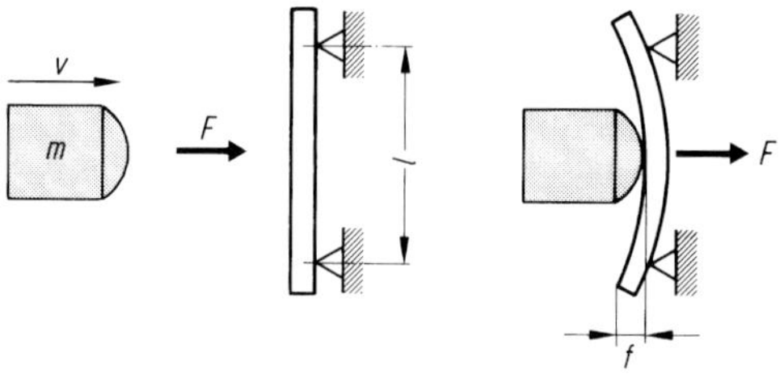

Bild 5.11 Energieumsetzung bei einem stoßbeanspruchten Biegeträger [5.8]

Das Kraft-Weg-Integral ist dem Spannungs-Dehnungs-Integral über einen Geometriefaktor K proportional. Damit ergibt sich folgende Energiebilanz:

$$\frac{1}{2} m v^2 = K \int \sigma \, d\varepsilon \qquad (5.33)$$

ε_{max} wird mit ausreichendem Sicherheitsabstand von der Versagensdehnung gewählt, damit noch genügend Energiereserve bis zum Versagen vorhanden ist.*

Der Geometriefaktor K wird für einen dreipunktbelasteten Träger (Bild 5.13) mit Rechteckquerschnitt:

$$K = \frac{b \cdot h \cdot l}{9} \qquad (5.34)$$

Für andere Geometrien und Auflagerbedingungen lassen sich die entsprechenden K-Faktoren aus den jeweiligen Gleichungen der Biegelinien und Biegemomente bestimmen.

5.6 Zur Berechnung von Faserverbund-Strukturen

Bauteile in Faser-Harz-Verbundbauweise sind meist flächige Strukturen, die in der Ebene beansprucht werden und deshalb mindestens in zwei Richtungen bewehrt sein müssen. Sie sind schichtweise aus mehreren Matten-, Gewebe- und/oder Unidirektionallagen (UD) aufgebaut, die gemeinsam mit Harz durchtränkt und unter Druck und Temperatur ausgehärtet werden. Dieser Schichtaufbau wird auch als Laminat bezeichnet.

* Die üblicherweise verfügbaren Spannungs-Dehnungs-Diagramme duktiler Polymerwerkstoffe sind meist mit einer Dehngeschwindigkeit von 50 mm/min gemessen und treffen das Verhalten unter einer schnellen Stoßbeanspruchung nicht. Bei nicht linearem Verformungsverhalten bietet eine dehnungs- bzw. energiebezogene Betrachtung jedoch eine höhere Sicherheit als eine spannungsbezogene [5.9].

5.6.1 Mechanische Eigenschaften von Laminaten

5.6.1.1 Verformungsverhalten unter uniaxaler Zugbeanspruchung, Schädigungsgrenze

- Ein Verbund mit einachsiger Rovingverstärkung (Endlosfasern) weist bei Beanspruchung in Faserrichtung bis zum Faserbruch einen weitgehend linearen Zusammenhang zwischen Spannung und Dehnung auf (Hookesches Verhalten).
- Bei einer Gewebeverstärkung (rechtwinklig zueinander liegende Fasern) wird zunächst ebenfalls Hookesches Materialverhalten bis zu einer Elastizitätsgrenze festgestellt. Hier beginnen in den senkrecht zur Belastungsrichtung verstärkten Schichten Harzrisse aufzutreten. Danach schließt sich wegen der in Kraftrichtung liegenden Fasern großer Länge wieder ein linearer Bereich an. Der Übergang zwischen beiden Bereichen wird als Schädigungsgrenze oder auch nach Puck als „Knie" bezeichnet [5.10]. Erwartungsgemäß hängt die Lage dieses Knies vom Glasfasergehalt quer zur Beanspruchungsrichtung ab.
- Bei einer Mattenverstärkung werden die Kräfte über die maximal 50 mm langen Einzelfasern und von Faser zu Faser über die Harzmatrix übertragen. Im unteren Bereich des Spannungs-DehnungsDiagramms zeigt sich ein linearer Kurvenanstieg, der mit zunehmender Spannung wegen der nun vermehrt auftretenden Harzrisse einen degressiven Verlauf nimmt. Ein ausgeprägtes Knie wie bei der Gewebeverstärkung liegt wegen der wirren Faserverteilung nicht vor.

Spannungs-Dehnungs-Kurven dieser drei Verstärkungsarten sind in Bild 5.12 einander gegenübergestellt.

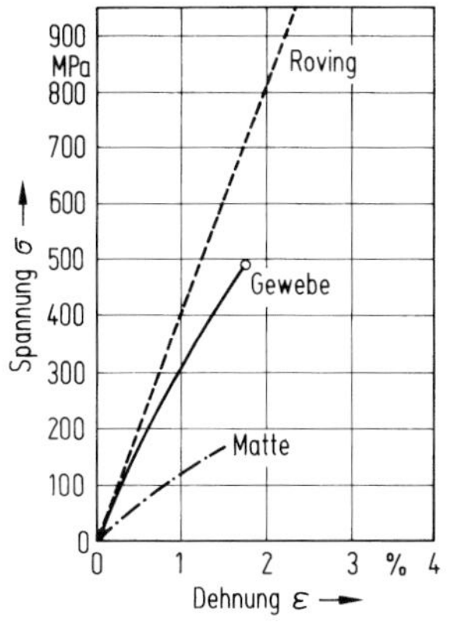

Bild 5.12 Spannungs-Dehnungs-Kurven von Matten-, Gewebe- und UD-Laminaten nach Ehrenstein

5.6.1.2 Grundelastizitätsgrößen einer UD-Schicht

Für die Festigkeits- und Elastizitätsgrößen der Einzelschichten – und natürlich des gesamten Laminats – ist deren Anisotropie charakteristisch. Dies bedeutet einerseits, dass die tragenden Fasern in Richtung der wirkenden Spannungen ausgerichtet werden und dadurch gewichtsoptimierte Bauteile gefertigt werden können (z. B. Druckbehälter, s. a. Abschnitt 1.1.2).

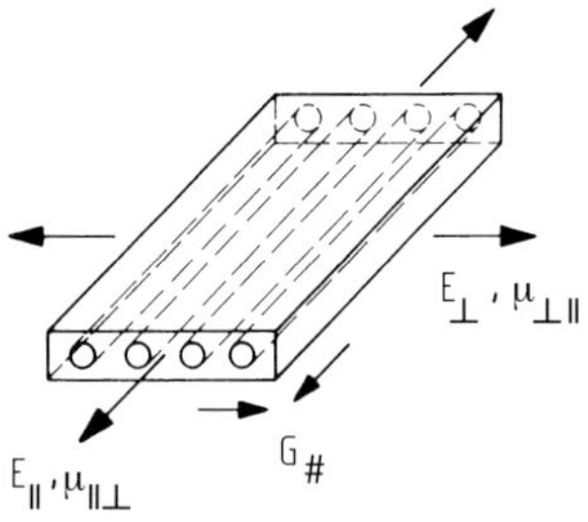

Bild 5.13 Modell und Grundelastizitätsgrößen einer UD-Schicht

Andererseits muss der drastische Festigkeits- und Steifigkeitsabfall quer zur Faserrichtung beachtet werden; insgesamt gestaltet sich die Berechnung derartiger Verbundkonstruktionen verhältnismäßig aufwendig.

Die Elastizitäts- und Festigkeitsgrößen einer UD-Schicht lassen sich unter Zugrundelegung mehr oder weniger idealisierter Querschnittsmodelle z. B. nach der linearen Mischungsregel aus den Kennwerten der Einzelkomponenten Matrix (M) und Faser (F) errechnen [5.11]. In den Gleichungen (5.35) bis (5.42) sind die hierfür üblichen Beziehungen aufgeführt und in Bild 5.13 veranschaulicht. Die Tabelle 5.3 enthält Grundelastizitätsgrößen von Fasern.

$$E_{\|} = \varphi\, E_{\|F} + (1-\varphi)\, E_M \tag{5.35}$$

$$E_{\perp} = \frac{E_M}{1-\mu_M^2} \cdot \frac{1+0{,}85\,\varphi^2}{(1-\varphi)^{1{,}25} + \varphi \frac{E_M}{(1-\mu_M^2)\cdot E_{\perp F}}} \tag{5.36}$$

$$\mu_{\perp\|} = \varphi\, \mu_{\perp\|F} + (1-\varphi)\, \mu_M \tag{5.37}$$

$$\mu_{\|\perp} = \mu_{\perp\|} \frac{E_{\perp}}{E_{\|}} \tag{5.38}$$

$$G_{\#} = G_M \frac{1+0{,}6\,\varphi^{0{,}5}}{(1-\varphi)^{1{,}25} + \varphi \frac{G_M}{G_{\|\perp F}}} \tag{5.39}$$

Die Zugfestigkeit einer UD-Schicht in Faserrichtung wird nach der linearen Mischungsregel abgeschätzt:

$$\sigma_{\|B} = \varphi\, \sigma_{\|F} + (1-\varphi)\, \sigma_M \tag{5.40}$$

Wenn $\sigma_M \ll \sigma_{\|F}$, gilt:

$$\sigma_{\|B} = \varphi\, \sigma_{\|F}$$

Tabelle 5.3 Grundelastizitätsgrößen von Fasern [5.12]

Faser	$E_{\|F}$ MPa	$E_{\perp F}$ MPa	$G_{\|F}$ MPa	$\mu_{\perp\|F}$
E-Glas	73 000	73 000	30 000	0,25
Aramid	130 000	5 400	12 000	0,38
C-Faser				
HF	240 000	15 000	50 000	0,28
HM	500 000	5 700	18 000	0,36

Quer zur Beanspruchungsrichtung wird

$$\sigma_{\perp B} \approx \frac{1}{2}\sigma_M \qquad (5.41)$$

Da der Faseranteil üblicherweise in Gewichtsprozent (ψ) angegeben wird, ist bei den obigen Gleichungen die Angabe des Faseranteils in Volumenprozent zu beachten.

$$\varphi = \frac{1}{1 + \frac{1-\psi}{\psi}\frac{\rho_F}{\rho_M}} \qquad (5.42)$$

Im Übrigen bedeuten in den Gl. (5.33) bis (5.41) die Indices:

$\|$ parallel zur Faser (bzw. Beanspruchungsrichtung)
$\perp$ senkrecht zur Faser
\# parallel und senkrecht zur Faser angeordneter Schub

Bei der Querkontraktionszahl bezeichnet der erste Index die Richtung der Kontraktion.

5.6.1.3 Gemittelte Kennwerte von Mattenlaminaten

Zur Kennwertermittlung insbesondere von quasi homogenen Mattenlaminaten werden an aus Laminaten herausgearbeiteten Werkstoffproben die in der Werkstoffprüfung üblichen Messungen durchgeführt. Man erhält dann für verschiedene Fasergehalte über dem Querschnitt gemittelte Werte aus Matrix- und Faserverhalten. Auf diese Weise werden normalerweise ohnedies alle temperatur-, zeit- und alterungsabhängigen Größen ermittelt. Die Bilder 5.15 bis 5.18 zeigen beispielhaft Ergebnisse aus derartigen Messungen.

Bezieht man die mechanischen Kennwerte von Faserverbunden auf die jeweilige Dichte, so erhält man eine anschauliche Darstellung der Leistungsfähigkeit dieser Werkstoffgruppe Tabelle 5.4.

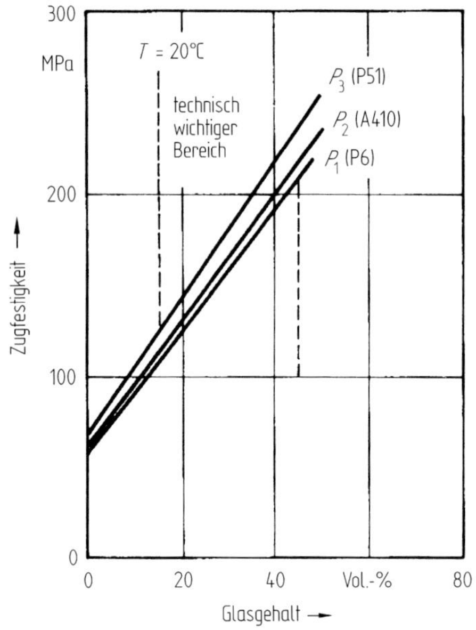

Bild 5.14 Zugfestigkeit verschiedener UP-Mattenlaminate [5.13]

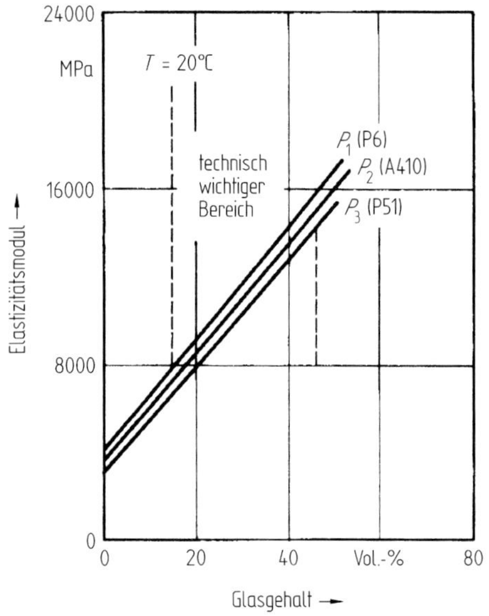

Bild 5.15 Elastizitätsmodul von UP-Mattenlaminaten [5.13]

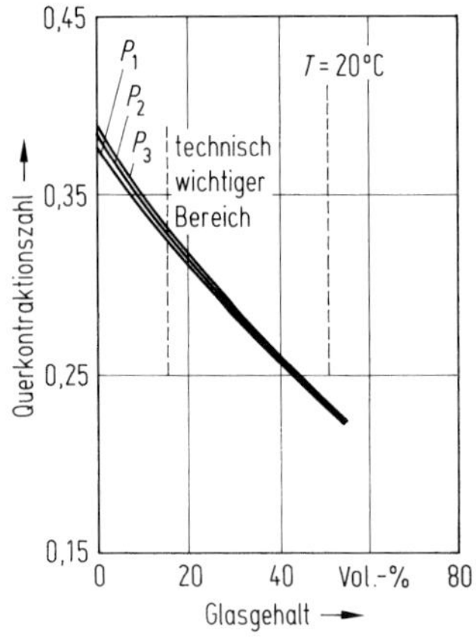

Bild 5.16 Querkontraktionszahl von UP-Mattenlaminaten [5.13]

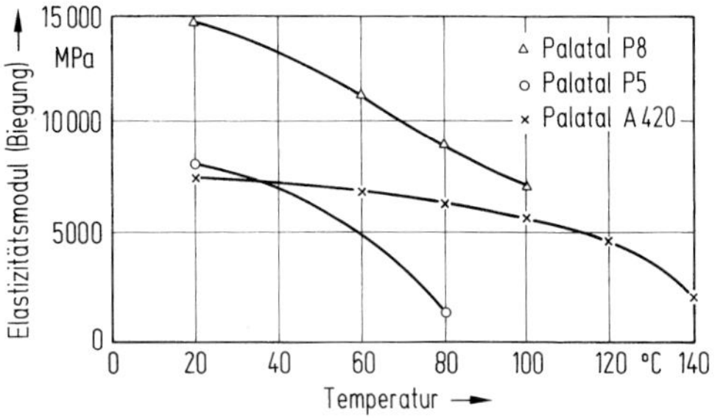

Bild 5.17 Elastitzitätsmodul von UP-Mattenlaminaten in Abhängigkeit von der Temperatur [3.5]

Tabelle 5.4 Normierte Gütezahlen verschiedener Leichtbauwerkstoffe bezogen auf Aluminium (nach FUHRMANN)

Eigenschaft	Gütezahl	Holz (Fichte, Kiefer)	Mg-Leg.	Al-Leg.	Ti-Leg.	Stahl	GFK	CFK HM	CFK HT
Stat. Festigkeit • Zug, Druck, Biegung	σ / γ	1,25	1.06	1	1,38	1,12	1,94	2,19	2,94
Längssteifigkeit • Zug, Druck	E / γ	0,92	0,96	1	0,94	1,04	0,50	2,27	1,77
Schubsteifigkeit • Torsion	G / γ	–	0,94	1	0,93	1,04	0,32	1,47	1,12
Knickstabilität von Stäben	$\sqrt{E} / \gamma$	2,32	1,26	1	0,79	0,63	0,81	1,95	1,77
Beulstabilität und Biegesteifigkeit von Platten	$\sqrt[3]{E} / \gamma$	3,06	1,33	1	0,73	0,53	1	1,84	1,76
Elastisches Arbeitsaufnahmevermögen	$\frac{\sigma^2_{prop.}}{E}$	0,47	0,52	1	3,4	3,4	8,4	2,1	4,5
Schlagzähigkeit	A	0,2	2,5	1	1,5	2,5	0,75	0,2	0,2
Schwingfestigkeit $R = -1$ $N = 10^6$	σ_{bW} / γ	1,2	1,2	1	2,2	1,3	1,7	2,8	3,2

5.6.2 Berechnungsverfahren

Je nach Erfordernis werden Faserverbund-Strukturen nach unterschiedlichen Methoden berechnet.

5.6.2.1 Berechnung mit gemittelten Kennwerten

Die meisten Bauteile werden in der industriellen Praxis in dem Sinne vereinfacht berechnet, als der Werkstoff als homogen behandelt wird und mit gemittelten Kennwerten gemäß Abschnitt 5.6.1.3 gerechnet wird. Diese Vorgehensweise ist zumindest in der Entwurfsphase einer Bauteilentwicklung gerechtfertigt. Für einen sicherheitstechnischen Festigkeitsnachweis reicht dies jedoch nicht aus.

5.6.2.2 Kontinuumstheorie

Die Kontinuumstheorie setzt voraus, dass die Einzelschichten eines Laminats ein quasi homogenes, orthotropes Kontinuum darstellen. Die Steifigkeiten dieser Schichten werden aus den Moduln der Komponenten Matrix und Faser berechnet (Gl. (5.26) bis (5.30)) und bei Mehrschichtverbunden auf die gemeinsame Bezugsrichtung transformiert und aufaddiert. Entsprechend den äußeren Belastungen erhält man die Verformung und schließlich die Spannungen der Einzelschichten und des Verbundes. Diese Rechenoperationen können sehr aufwendig sein. Für ein vertiefendes Studium wird auf die umfangreiche Literatur, z. B. [5.10 bis 5.16] verwiesen.

Wegen der Voraussetzung des homogenen Kontinuums der Einzelschicht gilt diese Theorie nur bis zur Proportionalitäsgrenze (Schädigungsgrenze Abschnitt 5.6.1.1); andererseits müsste die Nichtlinearität, die aus der Steifigkeitsänderung resultiert, berücksichtigt werden. Indessen gilt diese Theorie für alle Harze und Verstärkungsarten.

5.6.2.3 Netztheorie

Die Netztheorie geht davon aus, dass die Kräfte allein von den Fasern aufgenommen werden. Sie ist deshalb für die kurzfasrigen Mattenlaminate nicht anwendbar. Ferner gilt sie nur oberhalb der Schädigungsgrenze, kann deswegen aber gut für eine Auslegung auf Faserbruch herangezogen werden. Die Rechenergebnisse liegen gegenüber der Realität niedriger, d. h. nach diesem Vorgehen wird sicher dimensioniert.

5.7 Rechnergestützte Entwicklung

Die bisher beschriebenen Rechenmethoden liefern lediglich mehr oder weniger überschlägige Ergebnisse. Bauteile mit komplizierten Geometrien sind ohnedies einer analytischen Berechnung nur unter vielen vereinfachenden Maßnahmen zugänglich.

Dem Konstrukteur und Entwicklungsingenieur stehen heute jedoch in allen Entwicklungsphasen computerunterstützte Verfahren zur Verfügung, mit denen frühzeitig Fehlentwicklungen vermieden und Optimierungen erzielt werden können. Dies ist für die Wirtschaftlichkeit und Konkurrenzfähigkeit eines Produktes von entscheidender Bedeutung.

Das Fließschema (Bild 5.18) zeigt, in welchen Entwicklungsphasen derartige Computerunterstützung eingesetzt werden kann.

5.7.1 CAD – Computer Aided Design

Die Zeichnung sollte mit einem 3D-CAD-System erstellt werden, weil nur damit eine vollständige und eindeutige Geometriedefinition vorliegt, wie sie für weitere Arbeitsschritte unerlässlich ist.

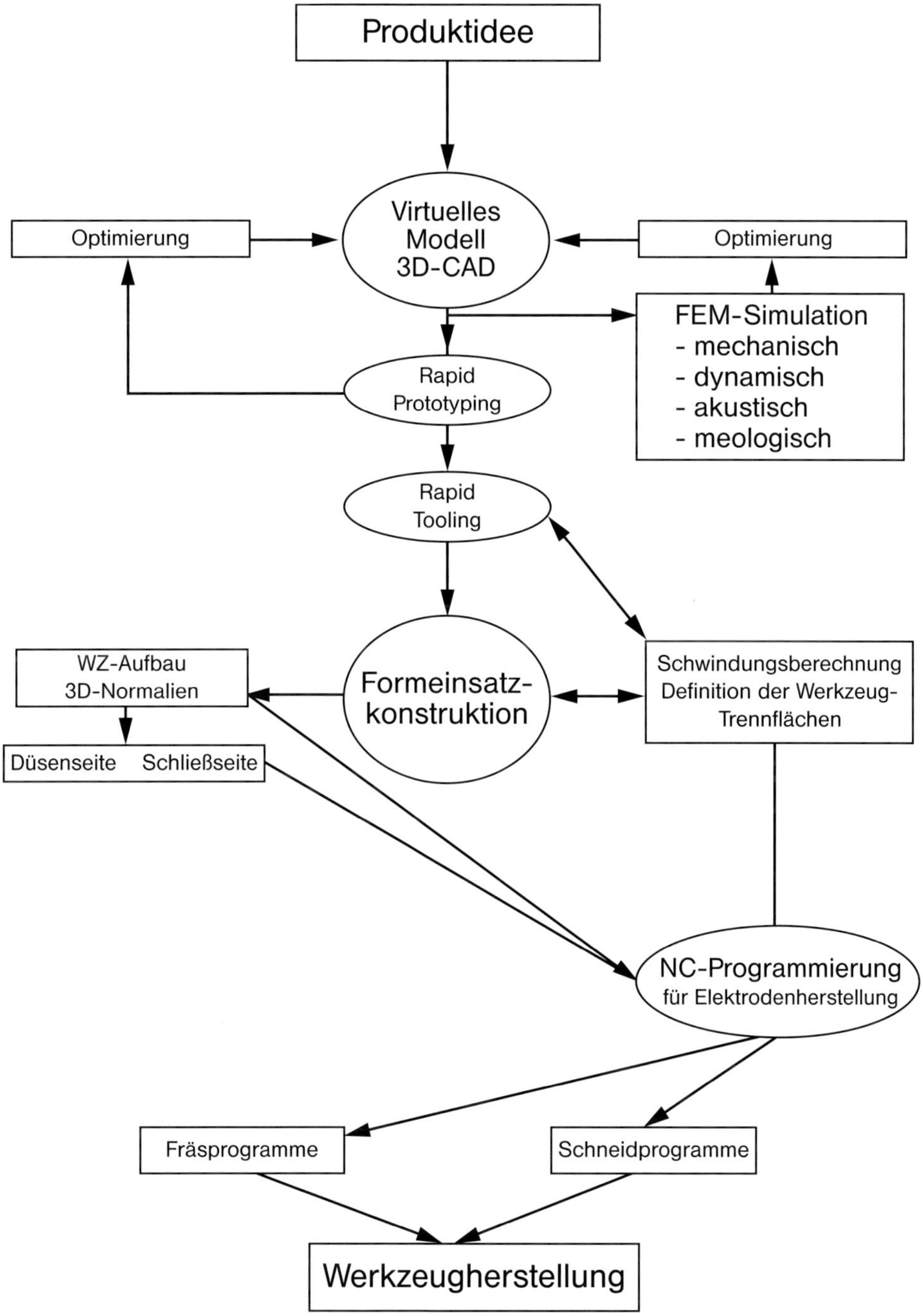

Bild 5.18 Fließschema der Rechnerunterstützung von der Produktidee bis zum Werkzeugbau (nach Kläger)

FE-Strukturanalysen (Finite Element Berechnungen)

Mit Hilfe der FE-Methode können heute die verschiedensten Problemkreise bearbeitet werden, die noch vor wenigen Jahren ausschließlich über zeitaufwendige, experimentelle Tests an Prototypen gelöst werden mussten. Mit einer FE-Analyse kann man dagegen sehr schnell:

- Schwachstellen einer Konstruktion finden.
  Die Berechnung gibt Aufschluss über den Beanspruchungszustand des gesamten Bauteils, so dass alle schwach erscheinenden Bereiche sofort optimiert werden können.
- Festigkeits-, Steifigkeits- oder Gewichtsoptimierungen durchführen.
  Die Effizienz der im Entwurf getroffenen Gestaltungsmaßnahmen bezüglich ausreichender Festigkeit, Steifigkeit und Stabilität (Knicken, Beulen) kann mit einer FE-Analyse sehr sicher und schnell beurteilt und gegebenenfalls optimiert werden. Gleichzeitig kann eine Gewichtsminimierung als Ziel gesetzt sein.
- Schwingungsverhalten von Bauteilen untersuchen und das akustische Verhalten beeinflussen.
  Für Bauteile, die Schwingungen und Vibrationen ausgesetzt sind, ist es wichtig bereits in der Entwurfsphase das Schwingungsverhalten des Bauteils zu kennen, um – beispielsweise durch Verrippungen – die Resonanzstellen in unkritische Bereiche zu verschieben. Mit der Boundary-Element-Methode (BEM) besteht die Möglichkeit, das akustische Verhalten eines Bauteils, also die Ausbreitung von Schallwellen im Luftraum, zu berechnen und gegebenenfalls gestalterische Optimierungsmaßnahmen zu ergreifen.

Rheologische Simulationen

Es stehen heute sehr leistungsfähige Simulationsprogramme zur Verfügung, mit deren Hilfe Probleme, die im Verarbeitungsprozess auftreten können, bereits in der Entwurfsphase beurteilt werden können (s. a. Kapitel 7).

- Beim Spritzgießen von faserverstärkten Thermoplasten kommt es zu Faserorientierungseffekten, die rechnerisch vorhergesagt werden können. Wenn möglich sollte die randnahe Orientierungsrichtung mit der Richtung der größten Hauptnormalspannung übereinstimmen. In Grenzen kann die Orientierungsrichtung durch die Wahl der Angusslage oder durch gestalterische Maßnahmen wie Fließhilfen oder -bremsen beeinflusst werden.
- Die Lage von festigkeitsmindernden Bindenähten oder Lufteinschlüssen kann erkannt und gestalterisch beeinflusst werden.
- Schwindung und Verzug als Folge von Werkstoffanisotropien oder ortsvariablen Abkühlverhältnissen sind ebenfalls berechenbar, so dass geeignete Gegenmaßnahmen getroffen werden können.
- Die Simulation des Gasinnendruckverfahrens (GID) liefert die Ausbreitung der Gasblase während des Spritzgussprozesses, so dass die Wirksamkeit der vorgesehenen Gaskanäle und der Gaseinleitungsstellen kontrolliert werden kann.
- Auch der Zweikomponenten-Spritzgussprozess ist einer numerischen Simulation zugänglich.

5.7.2 Rapid Prototyping

Beim Rapid Prototyping handelt es sich um sogenannte generative Fertigungsverfahren, insofern als die Werkstücke schichtenweise aufgebaut werden, im Gegensatz zur Zerspanung, wo die Bauteile durch Werkstoffabtrag entstehen. Voraussetzung für diesen Schichtenaufbau ist die lückenlose Volumenbeschreibung des Bauteils in einem geeigneten Programmformat. Dann kann ein Prototyp innerhalb von Stunden gefertigt werden.

Im Folgenden wird ein kurzer Überblick über die bedeutendsten Verfahren gegeben. Detaillierte Informationen sind [5.17] zu entnehmen.

Stereolithographie (STL)

Die Stereolithographie ist das Rapid Prototyping-Verfahren mit der weitesten Verbreitung. Es zeichnet sich durch einen hohen Grad an Präzision aus, der nur wenig durch physikalische Grenzen eingeengt ist:

Ein Behälter der Stereolithographiemaschine enthält ein flüssiges, lichthärtendes Polymer, das Punkt für Punkt in Schichten durch eine rechnergesteuerte Laser-Scannereinheit ausgehärtet wird, welche die Schichtkontur der Querschnittsgeometrie auf die Oberfläche des Harzbades zeichnet. Die ausgehärtete Schicht wird auf einem in z-Richtung verschiebbaren Tisch ca. 0,1 mm abgesenkt, und darauf wird die nächste Querschnittsschicht gebildet. Jede so aushärtende Schicht verbindet sich mit der unteren, bis der Prototyp als sogenanntes Grünteil vollständig aufgebaut ist.

In einer Nachbehandlung wird das Teil unter UV-Bestrahlung vollständig ausgehärtet, eventuell mechanisch nachbearbeitet und falls erforderlich gespachtelt und lackiert.

Als Polymere kommen spezielle Acrylatharze, Epoxidharze und Vinyletherharze infrage. Die Prototypen haben dann die Eigenschaften dieser Harze (Tabelle 5.5).

Tabelle 5.5 Mechanische Eigenschaften von ausgehärteten Harzen für die Stereolithographie [5.18]

Polymer	Elastizitäts-modul MPa	Zugfestig-keit MPa	Bruch-dehnung %	Schlagzähig-keit kJ/m²	Her-steller
Acrylharz (SL 5149)	1 150	35	10	23	Ciba
Epoxidharz (SL 5180/SL 5170)	2 500	60	10	37	Ciba
Acrylharz (2110)	37	7	46	150	Du Pont
Epoxidharz (6100/6110)	2 700	55	9	34	Du Pont

Solid Ground Curing (SGC)

Das Solid Ground Curing arbeitet ebenfalls mit einem flüssigen, lichthärtendem Harz. Die Aushärtung der Querschnittsfläche erfolg jedoch nicht durch eine Punktbelichtung sondern durch eine Flächenbelichtung. Ein rechnergesteuerter Maskengenerator erzeugt für jede Schicht ein Negativ des Bauteilquerschnitts auf einer mit Toner beschichteten Glasplatte. Diese Maske wird über der Harzschicht positioniert und für wenige Sekunden mit UV-Licht belichtet. Dabei härtet das Harz in den durchsichtigen Maskenbereichen aus.

Im nächsten Schritt wird das flüssig gebliebene Harz abgesaugt und durch Wachs ersetzt. Ein anschließendes Überfräsen sorgt für eine exakte Schichtdicke. Die dabei erzeugte Oberfläche dient als Grundfläche für die nächste Schicht. Nach Fertigstellung des so entstandenen Teils wird das stützende Wach ausgelöst. Mit diesem System können auch ineinander verschachtelte und zueinander bewegliche Bauteile gefertigt werden.

Fused Deposition Modelling (FDM)

Bei diesem Verfahren wird der Modellwerkstoff in Drahtform einem verfahrbaren, temperaturgeregelten Heiz- und Förderkopf zugeführt und aufgeschmolzen. Durch eine Düse wird dann ein dünner Faden auf die jeweils vorige Querschnittsschicht abgelegt und erstarrt dort. Beim Auftragen der Filamente entstehen Bindenähte, Kerben und kleine Hohlräume, die im Prototypen Schwachstellen darstellen.

Übliche Werkstoffe sind PE, PA, ABS und Wachs.

Selektiv Laser Sintering (SLS)

Der Selektiv Laser Sintering-Prozess verwendet einen CO_2-Laser, der jeweils eine dünne Schicht eines pulverförmigen Ausgangsmaterials versintert und so ebenfalls generativ ein Prototypteil aufbaut. Der gesamte Vorgang läuft in einer Prozesskammer unter Schutzgasatmosphäre ab. Es ergeben sich Modelle mit guten mechanischen Eigenschaften, allerdings etwas rauen Oberflächen.

Als Pulvermaterialien stehen derzeit ABS, PA, PC, PS sowie elastomere Werkstoffe [5.19] zur Verfügung.*

Laminated Object Manufacturing (LOM)

Beim Laminated Object Manufacturing handelt es sich um einen kombinierten Schneid- und Klebeprozess. Die Geometrie des Formteil wird aus Papier- oder Kunststofffolien aufgebaut, die mit Schmelzkleber beschichtet sind. Diese Folien werden von einer Rolle aus aufgelegt und mit einer beheizten Anpressrolle auf die schon vorhandenen Schichten angepresst. Anschließend schneidet ein CO_2-Laser die aktuelle Querschnittskontur aus der jeweils obersten Folie aus.

Die fertigen Teile sind Holzmodellen sehr ähnlich und haben auch vergleichbare Eigenschaften.

5.7.3 Rapid Tooling

Rapid Tooling heißt, mit den zuvor beschriebenen Verfahren *Werkzeuge* zu bauen, um damit Prototypen und Vorserien aus den Serienwerkstoffen herzustellen. Das betrifft das Modell (Positiv) und die Kavität (Negativ) gleichermaßen.

* Es können auch Metallpulver mit thermoplastischem Binder als Modellwerkstoff verwendet werden.

Beim Rapid Tooling steht also die Werkzeugkonstruktion im Vordergrund, und die CAD-Daten müssen in werkzeugtechnischer Hinsicht für das nachgeschaltete Spritzgießverfahren überarbeitet werden. Dies erfordert neben der Geometrie u. a. auch die Berücksichtigung der Entformbarkeit, optimalen Füllung, und Schwindung. Auch für Senkerodier- oder Umformprozesse lassen sich Rapid Tools nutzen. Mit den so hergestellten Werkzeugen können Teile in begrenzten Stückzahlen aus dem vorgesehenen Serienwerkstoff gefertigt werden.

Grundsätzlich lässt sich Rapid Tooling auf dem direkten und indirekten Weg realisieren.

Bei der direkten Herstellung wird das Werkzeug in einem Schritt unmittelbar nach der Datenübertragung generiert. Weitere Zwischenschritte entfallen und zusätzliche Fehlermöglichkeiten werden minimiert. Die Stereolithographie und das Selektive Laser Sintering als generative Verfahren eignen sich zur direkten Herstellung von Werkzeugen. Als Nachteil erweisen sich oft nicht ausreichende Festigkeit und schlechte Oberflächenqualität. Daher dominiert derzeit im Werkzeug- und Formenbau mehr die indirekte Methode zur Werkzeugherstellung.

Bei der indirekten Herstellung wird das Werkzeug unter Nutzung des Rapid Prototyping sowie von Folgeverfahren, wie dem Vakuumgießen, dem Feingießen, dem Metallspritzen oder über Galvanos hergestellt. Dabei entsteht das Werkzeug über die Zwischenstufe eines Urmodells. Durch die nachfolgende Weiterbearbeitung können eventuell unzureichende Druck- und Temperaturbeständigkeit der Rapid Prototyping-Modelle durch die Verstärkung oder Beschichtung mit metallischen Werkstoffen verbessert werden. Nachteile der indirekten Methode sind die erforderlichen Zwischenschritte mit möglichen Fehlerrisiken. Durch die Verlängerung der gesamten Prozesskette erhöht sich natürlich auch der Zeitaufwand.

Literatur

[5.1] Erhard, G.: Berechnen von Bauteilen aus thermoplastischen Polymerwerkstoffen, *VDI-Z* **121** (1979) 19, S. 179/190

[5.2] Richter, W.: Wünsche an die Konstruktionslehre, *Konstruktion* **42** (1990) 8, 331/319

[5.3] Schneider, W. u. R. Bardenheier: Versagenskriterien für Kunststoffe. *Z. f. Werkstofftechn.* **6** (1975) 8, S. 269/280 und 6 (1975) 10, S. 339/348

[5.4] Bardenheier, R.: Das Anstrengungsverhalten polymerer Werkstoffe infolge mechanisch mehraxialer Beanspruchungen, Diss. TH Darmstadt 1981

[5.5] Hauck, Ch.: Optimieren mechanisch beanspruchter Bauteile aus Thermoplasten mit der Finite-Element-Methode (FEM), *Konstruktion* **42** (1990) 12, S. 421/427

[5.6] Scharr, G.: Experimentelle Bestimmung des kompletten Stoffgesetzes von anisotropen faserverstärkten Kunststoffen, *Meßtechnische Briefe* **21** (1985) 1, S. 7/11

[5.7] Wübken, G.: Kunststoffteile rechnen und gestalten, *Techn. Rundschau* **Nr. 47** (1978) 1, S. 33

[5.8] Oberbach, K.: Zur Aussagekraft von Stoßversuchen an Probekörpern für das Zähigkeitsverhalten von Plastformteilen, *Plaste und Kautschuk* **29** (1982) 3, S. 178/182

[5.9] Sarabi, B.: Kunststoffkennwerte im Spiegel von Konstruktionspraxis und Werkstoffprüfung, *Kunststoffe* **81** (1991) 5, S. 440/445

[5.10] Puck, A.: Einführung in das Gestalten und Dimensionieren, aus Ehrenstein/Märtin: Konstruieren und Berechnen von GFK-Teilen, Beiheft zur Zeitschrift Kunststoff-Berater, Umschau-Verlag, Frankfurt 1969

[5.11] Puck, A.: Zur Beanspruchung und Verformung von GFK-Mehrschichtenverbund-Bauelementen, *Kunststoffe* **57** (1967) 4, S. 284/293; 7, S. 573/582 und 12, S. 965/973

[5.12] Kleinholz, R. und J. Molinier: Verstärkungswerkstoffe nach Maß, Firmenanschrift: Vetrotex 18, *Textilglas Report* 1/1986, S. 13/20

[5.13] Schumacher, G.: Die mechanischen Eigenschaften durch Glasseidenmatten verstärkter Polyester- und Epoxidharze, Diss. TH Stuttgart 1966

[5.14] Wiedemann, J.: Elastizität und Festigkeit von Bauteilen aus GFK, aus Ehrenstein u. a.: *Glasfaserverstärkte Kunststoffe,* **Band 62,** Expert-Verlag 1981

[5.15] Wurtinger, H.: Entwurf und Vordimensionierung tragender Konstruktionen aus glasfaserverstärkten Kunststoffen, *VDI-Z* **109** (1967) 24, S. 1121 und 36, S. 1710

[5.16] VDI-Richtlinie 2014, Bl.3 Entwicklung von Bauteilen aus Faser-Kunststoff-Verbund, Beuth-Verlag, Berlin 1992

[5.17] Gebhardt, A.: Rapid Prototyping, Hanser Verlag, München, Wien 1996

[5.18] Sonnefeld, F.: Schmelz- und Lösekerntechniken für Klein- und Nullserien, Diplomarbeit Universität (TH) Karlsruhe 1997

[5.19] NN: Elastomere für das Lasersintern, *Der Zuliefermarkt* **11** (1997)

6 Werkstoff- und beanspruchungsgerechte Konstruktion

Die Rechnerunterstützung (CAD), die den Konstrukteur von Routinearbeiten entlastet, und die Konstruktionsmethodik, die systematisch Prinzipien ordnet und klassifiziert und dadurch das Auffinden optimaler Lösungen wesentlich erleichtert [6.1 bis 6.3], gehören zu den technischen Hilfsmitteln eines Konstrukteurs.

Trotzdem entsteht eine Konstruktion nicht nur aufgrund theoretischen Technikwissens sondern auch aus individuellen Denkprozessen [6.4, 6.5].

Vermitteln lässt sich jedoch nur das Wissen um Werkstoffe, Beanspruchungen, Fertigungs- und Verbindungsverfahren etc. Demnach spricht man auch von „werkstoffgerechtem", „fertigungsgerechtem", „verbindungsgerechtem" oder „beanspruchungsgerechtem" Konstruieren, was in der konsequenten Durchführung häufig auch zueinander im Widerspruch steht.

In diesem Sinne sind in den folgenden Abschnitten unter dem Aspekt des allgemeinen Wissens um bewährte Beispiele Ausführungen für beanspruchungsgerechte Konstruktionen zusammengestellt, die nach übergeordneten konstruktiven Aufgabenstellungen gegliedert sind [4.18].

6.1 Weiche Konstruktionen

Um einen Querschnitt oder eine ganze Struktur weich zu gestalten, d. h. unter einer vorgegebenen Kraft eine hohe Verformung zu erzielen, bieten sich grundsätzlich drei Möglichkeiten:

- Der Einsatz eines Werkstoffs mit niedrigem Elastizitätsmodul,
- ein geringes Flächenträgheitsmoment des Querschnitts,
- die Art der beanspruchenden Spannung.

6.1.1 Elastizitätsmodul

Zu den Polymerwerkstoffen mit niedrigem Elastizitätsmodul zählen die Elastomeren. Mit den thermoplastischen Elastomeren lassen sich nach dem Zwei-Komponenten-Spritzgießen besonders elegante Konstruktionen realisieren (s. a. Kapitel 7).

Das Bild 6.1 zeigt beispielsweise eine Jalousie, die aus einzelnen, harten Querstäben aus ABS + PC besteht, die im selben Arbeitsprozess mit einem Band aus weichem TPU hinterspritzt sind. Oben vom Teil ist der abgetrennte Angussverteiler der Stäbe und links und rechts die für das TPU Band zu sehen. Diese Jalousie findet Einsatz in PKW (BMW, 5er Reihe) zum Verschluss eines kleinen Ablegefachs, rechte Darstellung.

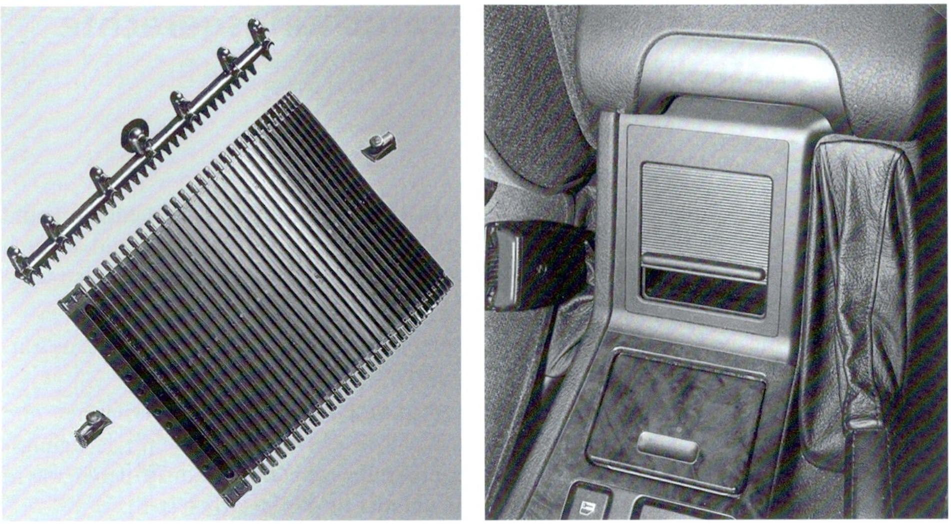

Bild 6.1 Jalousie mit harten Stäben aus ABS + PC und weichem Gelenkband aus TPU. Der rechte Bildteil zeigt die Einbausituation als Verschluss eines Ablegefachs (Hersteller: Fischer-Werke).

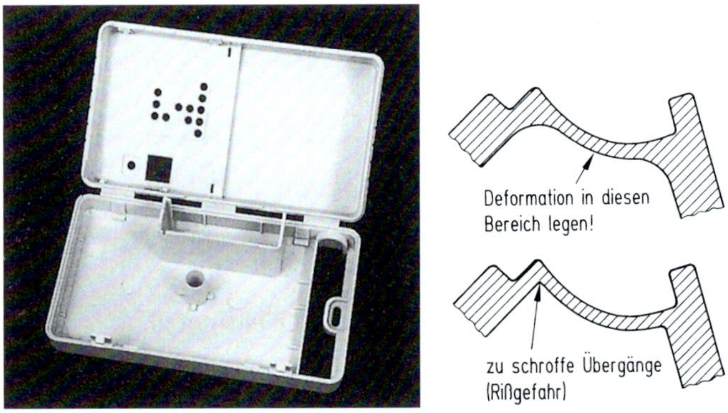

Bild 6.2 Filmscharnier als Deckel/Gehäuse-Verbindung; Werkstoff: PA 6 [6.7]

6.1.2 Flächenträgheitsmoment

Extrem biegeweich sind verständlicherweise sehr dünnwandige Strukturen bzw. dünnwandige Partien einer Konstruktion. Hierzu zählen beispielsweise Filmscharniere und Federgelenke (s. a. Abschnitt 8.3). Sie wirken als integrierte Bindeglieder zwischen gegeneinander zu bewegende Teile. Ein Beispiel hierfür zeigt Bild 6.2, die konstruktive Lösung einer Gehäuse/Deckel-Verbindung. Bei der Gestaltung ist zu beachten, dass der Übergang von den Bauteilen in den dünneren Scharnierquerschnitt durch strömungsgünstige Radien ausgeformt wird, um die für eine hohe Biegewechselfestigkeit erforderliche ausgeprägte Molekülländsorientierung im bewegten Scharnierbereich zu begünstigen, und Kerbspannungen im schroffen Übergangsbereich zu vermeiden.

Die Orientierung kann zusätzlich dadurch verstärkt werden, dass das Scharnier kurz nach dem Entformen mehrmals bewegt, also zusätzlich gereckt wird.

Wenn beim Spritzgießprozess die Formhöhlung für den Deckel nicht über den geringen Scharnierquerschnitt gefüllt werden kann, müssen sowohl am Gehäuse als auch am Deckel Angussstellen vorgesehen werden. Die dann unvermeidliche Bindenaht (Schwachstelle) darf jedoch keinesfalls in den Scharnierbereich zu liegen kommen.

6.1.3 Beanspruchungsart

Es liegt nahe, bei biegeweichen Konstruktionen an Werkstoffe mit niedrigem Elastizitätsmodul oder dünne Querschnitte zu denken. Dass die „Weichheit" einer Struktur jedoch nicht allein eine Frage des Elastizitätsmoduls und der Bauteilgeometrie ist sondern auch der Beanspruchungsart, zeigt die folgende Überlegung:

Wie aus Bild 6.3 am Beispiel eines Balkens mit Rechteckquerschnitt hervorgeht, ist die auf die Betriebskraft bezogene Verformung im Biegefall (unter der Voraussetzung $l > h$) oder auch unter Torsion (s. Gl. (6.2)) stets größer als unter Druck- oder Zugbelastung, da der Zahlenfaktor ζ in Bild 6.3 ebenfalls Werte größer eins annimmt [6.6].

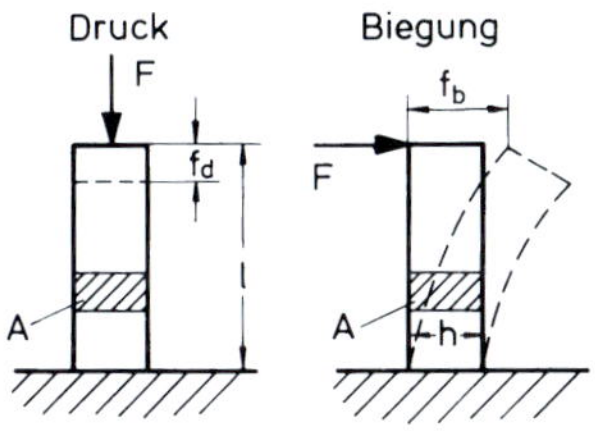

$$\frac{f_d}{F} = \frac{l}{EA} \qquad \frac{f_b}{F} = \frac{l}{EA} \cdot \frac{l^2}{h^2}\,\zeta$$

$$\frac{l^2}{h^2}\,\zeta > 1$$

A = Querschnittsfläche
h = Querschnittshöhe
E = Elastizitätsmodul
ζ = Faktor abhängig von Einspannung, Querschnittsform, Art der Belastung

Bild 6.3 Einfluss der Kraftrichtung auf die Verformung nach [6.6]

Wenn große Verformungen in einer vorgegebenen Richtung erzielt werden sollen, muss eine Struktur so ausgebildet sein, dass die angreifenden Kräfte weite Bezirke dieser Struktur auf Biegung (oder auch Torsion) beanspruchen. Starre Strukturen ergeben sich dagegen, wenn die Betriebskräfte Zug- oder Druckspannungen erzeugen.

Schnappverbindungen

Konstruktionen mit erwünscht großen Verformungen sind beispielsweise Federn oder Schnappverbindungen. Schnappverbindungen ermöglichen insbesondere mit thermoplasti-

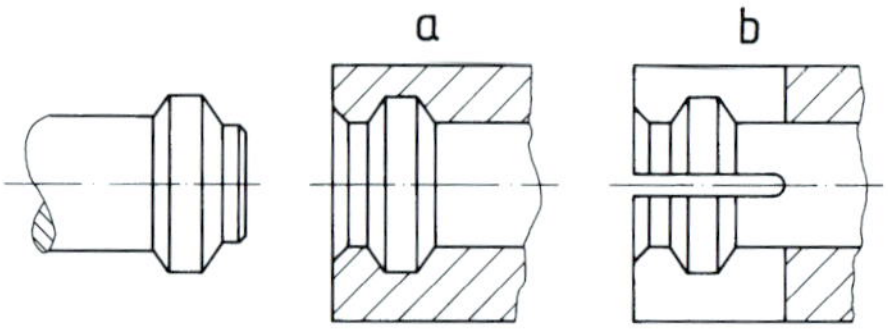

Bild 6.4 Ringschnappverbindung, schematisch:
a) beim Fügen überwiegend auf Zug beansprucht
b) mit größerem Biegeanteil durch Segmentierung des Kreisquerschnitts

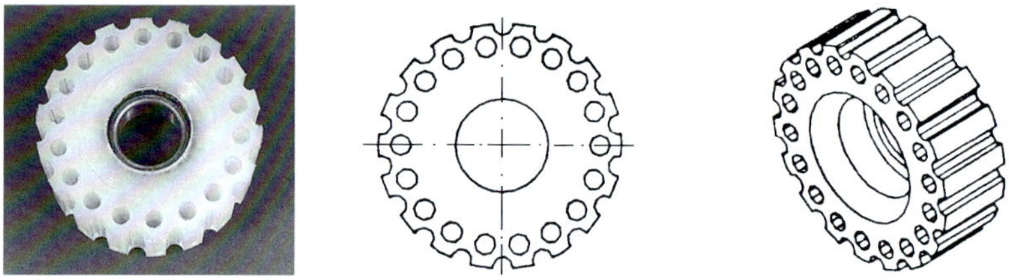

Bild 6.5 Rolle aus PUR (Shorehärte ca 88 A) zum Transport von Papier. Durch den Werkstoff einerseits und die Profilierung und Aussparungen andererseits wird die Auflagefläche vergrößert (Werkbild: Räder-Vogel).

schen Polymerwerkstoffen eine einfache und wirtschaftliche Verbindungsart. Beim Zusammenfügen der zu verbindenden Teile rasten Nocken, Wülste oder Haken in entsprechende Hinterschneidungen ein und erzeugen ohne weitere Konstruktionselemente eine weitgehend formschlüssige Verbindung (s. a. Abschnitt 8.1).

Da die wirksame Höhe der Formschlussfläche (Schnapphöhe), wie dargelegt bei biegebeanspruchten Strukturen größer ausgeführt werden kann als bei nur druckbeanspruchten Strukturen, kann bei sogenannten Ringschnappverbindungen der relativ starre Kreisquerschnitt durch Längsschnitte in biegebeanspruchte Kreissegmente aufgeteilt werden (Bild 6.4).

Rollen, Räder

Eine große Abplattung ist bei Laufrollen gewöhnlich unerwünscht, da sie die Rollreibung erhöht. Andererseits kann zur Erhöhung der Reibung auch eine Vergrößerung der Rollenabplattung dadurch erzielt werden, dass durch Materialaussparungen unterhalb der Oberfläche Biegung in den verbleibenden Stegen, und damit größere Verformung erzeugt wird (Bild 6.5 und 6.6).

Druckstege

Das Konstruktionsprinzip der biegeweichen Gestaltung liegt auch dem Element in Bild 6.7 zugrunde: Stehen die Stege zwischen den beiden Platten senkrecht, so ist der Plattenabstand durch diese Druckstege fixiert. Eine kleine Verschiebung der Platten gegeneinander genügt jedoch, um in den Stegen, die durch Filmscharniere mit den Platten verbunden sind, ein Biegemoment zu erzeugen, so dass die Steifigkeit verloren geht.

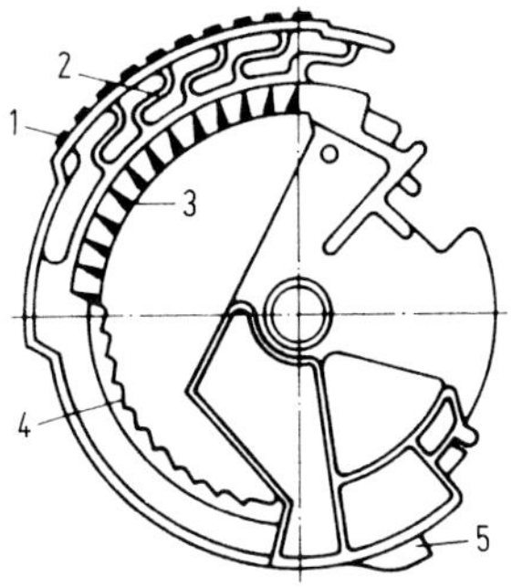

Bild 6.6 Als Folge der Aussparungen unterhalb der Oberfläche am Typensegment sind die Restquerschnitte stark auf Biegung beansprucht und dementsprechend nachgiebig [6.16].
1) Typensegment
2) Biegeelemente
3) Zahnsegment
4) Rücklaufsperre
5) Anschlag

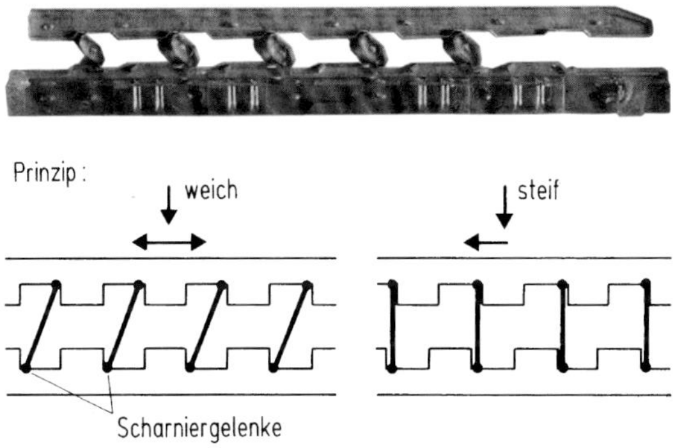

Bild 6.7 Abstandshalter in starrer (rechts) und nachgiebiger Position (links)

6.2 Biegesteife Konstruktionen

Die Spannungsverteilung über dem Querschnitt eines biegebeanspruchten Trägers ist bei Hookeschem Werkstoffverhalten linear. Bei Polymerwerkstoffen weicht entsprechend dem nicht linearen Werkstoffverhalten auch die Spannungsverteilung von ihrem linearen Verlauf ab. Die tatsächliche Randfaserspannung wird kleiner als die fiktive, linear elastische Spannung; der Spannungszustand wird zunehmend mehrachsig, da im Balkeninnern nun Schubspannungen auftreten.

Da die maximale Randfaserspannung und bei gegebenem Biegemoment das äquatoriale Widerstandsmoment eine geeignete Größe zur Beurteilung des Formeinflusses auf die Biegebeanspruchung darstellt, gilt die Konstruktionsregel:

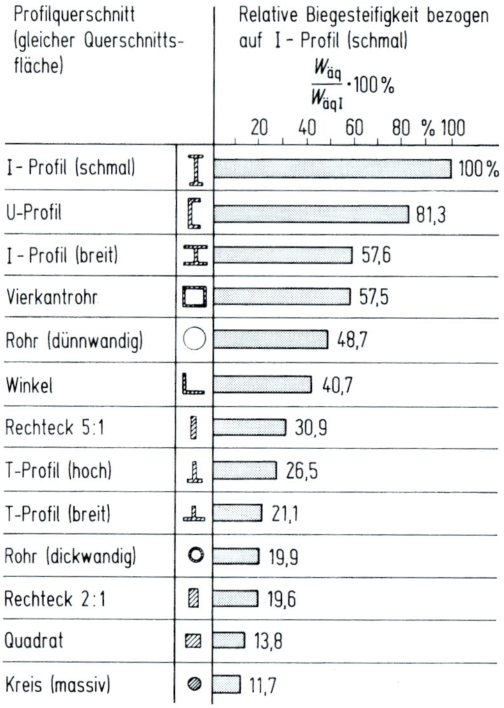

Bild 6.8 Rangfolge verschiedener Querschnittsformen für Biegesteifigkeit bei jeweils gleicher Querschnittsfläche nach [6.8]

Beispiel

Um wie viel kann bei gleich bleibender Steifigkeit die Wanddicke reduziert werden, wenn anstelle eines unverstärkten Polyamids ein mit 35 Gew.-% Glasfasern verstärkter Typ eingesetzt wird?

$E_{\text{PA 66}} = 1\,600\ \text{MPa}$

$E_{\text{PA 66GF35}} = 8\,500\ \text{MPa}$

$$\frac{s_{\text{unverst}}}{s_{\text{verst}}} = \sqrt[3]{\frac{E_{\text{verst}}}{E_{\text{unverst}}}}$$

$$s_{\text{verst}} = \frac{1}{\sqrt[3]{\frac{8\,500}{1600}}} = 0{,}57$$

Obwohl der Elastizitätsmodul des verstärkten Materials mehr als fünfmal größer ist, kann die Wandstärke nur etwa halbiert werden.

Querschnitte mit viel Werkstoff in den Randbereichen sind besonders biegesteif.

Das Bild 6.8 enthält eine Rangfolge der Biegesteifigkeit verschiedener Querschnittsformen bei jeweils gleicher Querschnittsfläche, d. h. bei gleichem Werkstoffbedarf.

Bedingt durch die Verarbeitungstechnologie sind Formteile aus Polymerwerkstoffen häufig Platten- und Schalenkonstruktionen, die wegen des niedrigen Elastizitätsmoduls dieser Materialien erheblich weniger steif sind als formgleiche Metallstrukturen. Um die Bauteilsteifigkeit zu erhöhen, bieten sich folgende, auch miteinander kombinierbare Möglichkeiten an:

- Erhöhung des Elastizitätsmoduls, z. B. durch Glas-, Kohle-, Aramidfaserverstärkung
- Vergrößerung der Wanddicke
- Anbringen von Rippen oder Sicken (s. a. Kapitel 10)

Wie aus der Beziehung für die Biegesteifigkeit einer Platte

$$D = \frac{E \cdot s^3}{12\,(1 - \mu^2)} \tag{6.1}$$

Darin ist:

s = Plattendicke
μ = Querkontraktionszahl

zu erkennen ist, kann durch die Erhöhung des Elastizitätsmoduls nur ein linearer Versteifungseffekt erreicht werden, während eine Vergrößerung der Wanddicke in der 3. Potenz eingeht. Noch wirkungsvoller als eine gleichmäßige Wanddickenerhöhung ist das Aufsetzen von Rippen (s. a. Kapitel 10).

6.3 Biegeweiche-torsionssteife Konstruktionen

Wird ein Stab mit kreisförmigem Querschnitt senkrecht zu seiner Achse mit jeweils um 90° versetzten Einschnitten versehen, wird Material von den Randbereichen weggenommen, und es entsteht ein biegeweiches Element. Die Torsionssteifigkeit wird jedoch nicht wesentlich beeinträchtigt, da immer noch geschlossene Profilquerschnitte vorliegen.

Dieses Prinzip wurde bei der Ausgleichskupplung von Bild 6.9 genutzt. Das Spritzgießverfahren gestattet es, eine solche Struktur wirtschaftlich aus einem Thermoplasten herzustellen. Die abgebildete Kupplung wird aus POM gefertigt, ein hier sinnvoll eingesetzter Werkstoff mit hoher Biegewechselfestigkeit und guten Federeigenschaften.

Auf dem gleichen Prinzip beruht das in Bild 6.10 dargestellte Gelenk, dessen doppelkardanische Wirkung durch zwei um 90° versetzte Filmscharniere erzielt wird. In der abgebildeten Größe (Wellendurchmesser 1,5 mm) kann eine Winkelverlagerung von insgesamt 15° ausgeglichen werden, dabei aber nur ein verhältnismäßig geringes Moment von etwa 5 N cm übertragen werden [6.9].

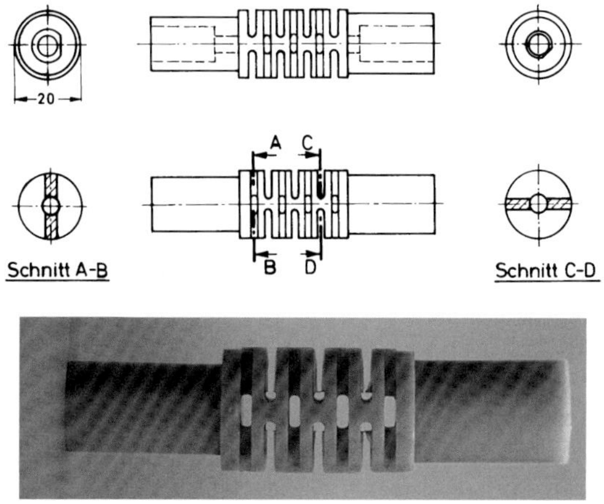

Bild 6.9 Biegeweiche, torsionssteife Ausgleichskupplung aus POM (N 2210) nach [6.9]

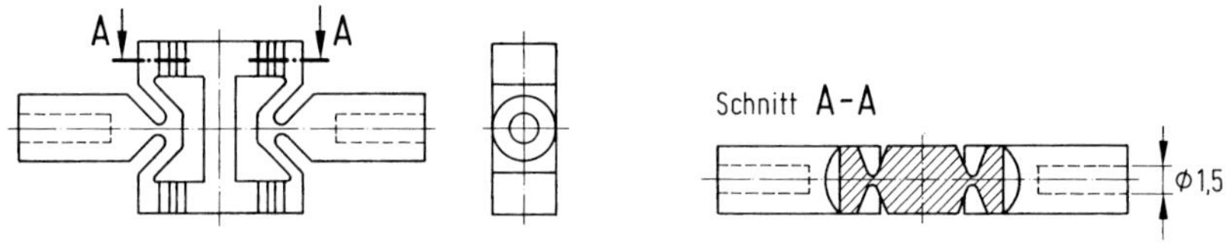

Bild 6.10 Scharniergelenk aus Polypropylen nach dem Prinzip zweier um 90° versetzter Filmscharniere für sehr kleine Drehmomente nach [6.9]

6.4 Biegesteife-torsionsweiche Konstruktionen

Ein derartiges Konstruktionsprinzip ist mit Glasfaserverbundwerkstoffen bereits durch eine unidirektionale Faseranordnung zu erreichen, da hierbei in Faserrichtung hohe Zug- und damit auch Biegespannungen bei geringen Dehnungswerten aufgenommen werden können. Gleichzeitig wird aber die Schubfestigkeit parallel zur Faserrichtung erniedrigt, während die Schubsteifigkeit allenfalls geringfügig erhöht wird, so dass unter Torsionsbeanspruchung eine gewisse Weichheit gegeben ist. Diese werkstoffbedingten Eigenschaften können durch geeignete geometrische Formgebung noch erheblich verstärkt werden. Wie gezeigt wurde, lässt sich das Flächenträgheitsmoment eines Querschnitts – als eine die Biegesteifigkeit kennzeichnende Größe – dadurch vergrößern, dass möglichst viel Werkstoff möglichst weit von der neutralen Faser angeordnet wird. Solange der Querschnitt an seinem äußeren Umfang nicht geschlossen wird, bleibt dieser auch torsionsweich. Das Konstruktionsprinzip gilt selbstverständlich auch für Thermoplaste.

Das Bild 6.11 zeigt einen Hubschrauber-Heckrotor aus GFK als sogenannte lagerlose Konzeption, da die Verstellung des Anstellwinkels allein über Verdrehung des zwar biegesteifen jedoch gleichzeitig torsionsweichen Sternprofils erfolgt. Zweifellos liegt in der Fertigung derartiger Querschnittsformen aus Faserverbundwerkstoffen eine erhebliche Problematik [6.10, 6.11].

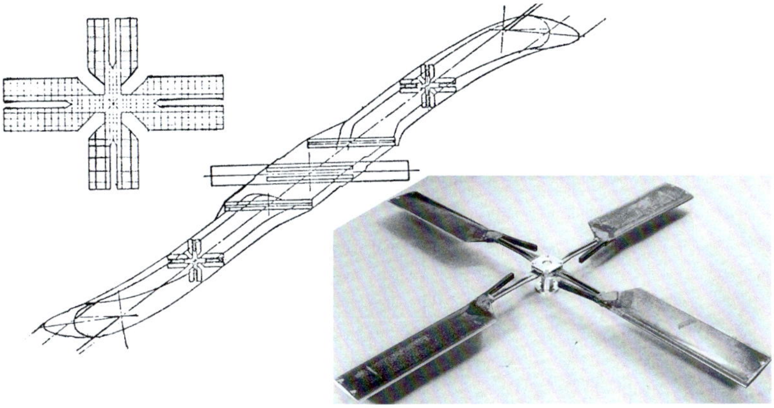

Bild 6.11 Lagerloser Heckrotor als biegesteife, torsionsweiche Konstruktion nach [6.10]

6.5 Torsionsfeste, torsionssteife Konstruktionen

Wird ein Bauteil durch ein Drehmoment M_t auf Torsion beansprucht, so liegt über dem Querschnitt – elastisches Werkstoffverhalten vorausgesetzt – eine lineare Verteilung der Torsionsspannungen vor.

Der Maximalwert der Torsionsspannung tritt in den Randfasern auf:

$$\tau_{max} = \frac{M_t}{W_t} \tag{6.2}$$

Der Verdrehwinkel ρ ergibt sich aus:

$$\rho = \frac{180}{\pi} \cdot \frac{M_t \cdot l}{G \cdot J_p} \tag{6.3}$$

Darin ist:

M_t = Drehmoment
W_t = polares Widerstandsmoment
J_p = polares Trägheitsmoment
G = Schubmodul
l = Länge

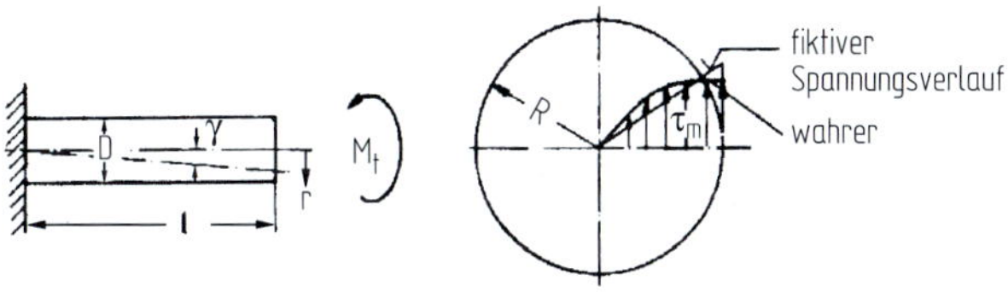

Bild 6.12 Schubspannungsverteilung bei reiner Torsion

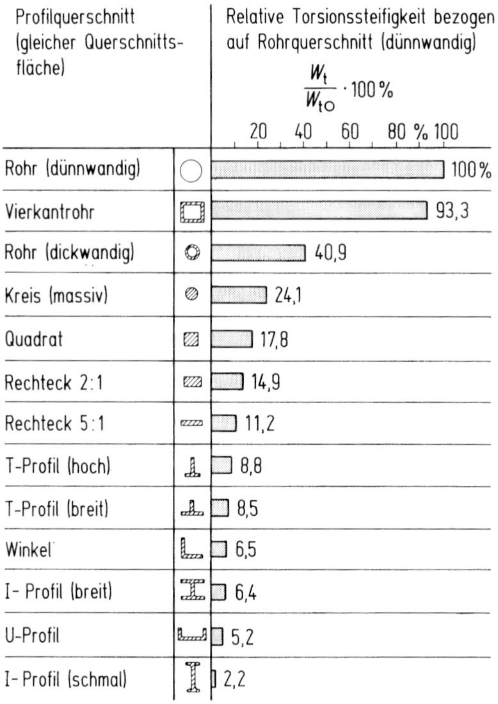

Bild 6.13 Rangfolge verschiedener Querschnittsformen für Torsionssteifigkeit bei jeweils gleicher Querschnittsfläche nach [6.8]

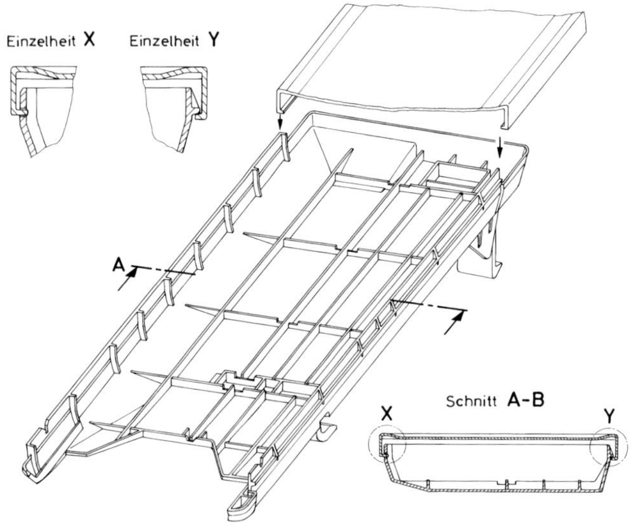

Bild 6.14 Versteifung eines Gehäuses durch Verbinden zweier spritzgegossener Hälften zu einem torsionssteifen Hohlprofil

Aus dieser Spannungsverteilung folgt, dass bei Torsionsbeanspruchung in der Querschnittsmitte weniger Werkstoff erforderlich ist als in den Randbezirken und dass diese ein geschlossenes Profil bilden sollten.

Unter der weiteren Voraussetzung minimalen Werkstoffbedarfs werden diese Bedingungen am besten von einem dünnwandigen Rohr erfüllt. Das Bild 6.13 enthält eine Zusammenstellung verschiedener Profilformen gleicher Fläche mit ihren auf den Rohrquerschnitt bezogenen, relativen Torsionssteifigkeiten.

Da die Spannungen bei einem tordierten Rohr unter Winkel von 45° zur Rohrachse verlaufen, kann die Torsionssteifigkeit mit einer Faserverbundkonstruktion wieder zusätzlich dadurch verstärkt werden, dass die Faserrichtung diesem Spannungsverlauf angepasst wird. Im Fall des Torsionsrohres wird diese Festigkeits- und Steifigkeitsanisotropie in Form von im Kreuzverband spiralförmig unter 45° angeordneten Fasern erreicht (s. a. Bild 1.16).

Als eine weitere Möglichkeit, zur Torsionsversteifung bei Bauteilen oder Baugruppen zu gelangen, bietet sich die gegenseitige Versteifung durch Zusammenfügen von Einzelteilen an. Hiervon wird häufig bei der Konstruktion von Gehäusen aus spritzgießbaren Polymerwerkstoffen Gebrauch gemacht. Als Beispiel für dieses Prinzip ist in Bild 6.14 ein Schubladenkasten gezeigt, bestehend aus biegesteif verrippten, U-profilförmigen Einzelteilen. Nach dem Zusammenfügen von Ober- und Unterteil über angespritzte Schnappelemente erhält man ein ausreichend torsionssteifes Hohlprofil.

Das Konstruktionsprinzip der Torsionsversteifung von flächigen Bauteilen ist die Diagonalverrippung (s. a. Abschnitt 10).

6.6 Biegesteife und torsionssteife Konstruktionen

Der Forderung nach gleichzeitiger Biege- und Torsionssteifigkeit kommt nach Bild 6.8 und Bild 6.13 der Querschnitt eines Vierkantrohres am nächsten, dessen Herstellung nach dem Spritzgießverfahren jedoch auf Entformungsschwierigkeiten des Kerns stoßen kann.* Weitere Querschnittsformen sind mit ihren prozentual auf den Vierkantrohrquerschnitt bezogenen Steifigkeiten aus Bild 6.15 zu entnehmen.

Eine gute Lösung dieser Konstruktionsaufgabe wurde auch bei der Gestaltung eines gekröpften Gaspedals gefunden [6.12]. Hier wurde ein stehendes U-Profil gewählt, das zwischen seinen Schenkeln eine Kreuzverrippung erhielt. Zusätzlich wurde zwischen den Kröpfungsstellen die Öffnungsrichtung des U-Profils gewechselt, so dass auf einfache Weise die Verdrehung des Pedals unter der Trittbelastung ausgeschlossen werden kann (Bild 6.16). Derartige Konstruktionen müssen mit FEM nachgerechnet werden, um die Wirkung der gestalterischen Maßnahme zu überprüfen.

* Unter Umständen kann mit dem GID-Verfahren eine Lösung erzielt werden (s. Kapitel 7).

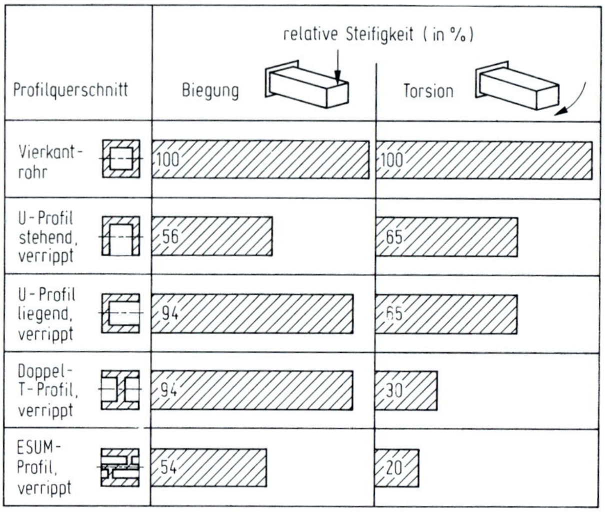

Bild 6.15 Relative Steifigkeiten verschiedener Querschnitte bezogen auf den Vierkantrohr-Querschnitt [6.12]

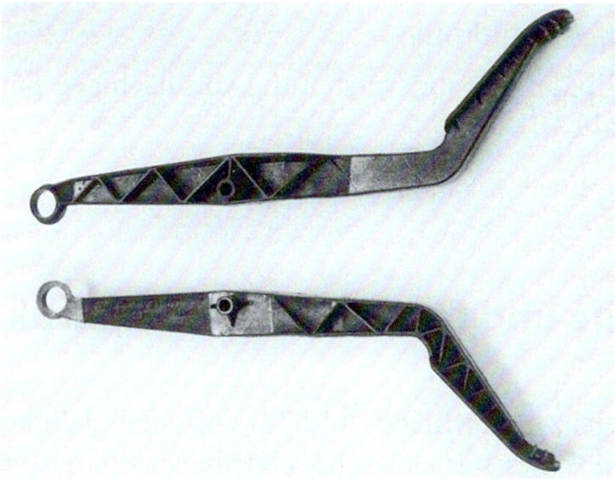

Bild 6.16 Gaspedal mit verripptem U-Profilquerschnitt; an der Kröpfungsstelle wechselt die Öffnungsrichtung des U-Profils [6.12]

6.7 Torsionsweiche Konstruktionen

Die geringe Schubsteifigkeitswerte der Polymerwerkstoffe erfüllen bereits die werkstoffseitige Voraussetzung für torsionsweiche Konstruktionselemente, die beispielsweise als Feder- oder Schnappelemente Anwendung finden (s. a. Abschnitte 6.10, 8.1.2 und 8.2.1.4).

Torsionsweiche Querschnittsgeometrien sind Bild 6.13 zu entnehmen, bzw. es ist bei den dort aufgeführten Querschnitten der Schubfluss am Außenumfang zu unterbrechen (Beispiel: geschlitztes Rohr).

Bild 6.17 Zugfestes und zugsteifes zugleich torsionsweiches Verbindungselement (sogenannte Bendixknochen) am Rotorkopf eines Hubschraubers nach [6.15] (Werkbild: MBB)

6.8 Zugfeste-, zugsteife-torsionsweiche Konstruktionen

Auch eine solche Aufgabenstellung lässt sich mit Faserverbundwerkstoffen durch in Richtung der Zugbeanspruchung angeordnete Fasern wiederum teilweise schon werkstoffseitig lösen. Bei dem Beispiel (Bild 6.17), für ein zugfestes und zugsteifes aber gleichzeitig torsionsweiches Element aus einem Epoxid-Verbundwerkstoff wurde die Torsionsweichheit noch dadurch verstärkt, dass die Fasern in ein PUR-Elastomer eingebettet wurden. Das Bauteil zeigt den sogenannten Bendix-Knochen, ein Verbindungselement im Rotorkopf eines Hubschraubers. Seine Länge beträgt etwa 285 mm. Als Verstärkungsfaser wurde 0,15 mm starker Stahldraht verwendet, der im Wickelverfahren unter Vorspannung eingelegt wurde. Wie erwähnt, sind die Drähte mit einem Polyurethan-Elastomer ummantelt, um die Torsionsweichheit des Verbundes zu erhöhen.

6.9 Schubfeste, schubsteife Konstruktionen

Die Schubspannungsverteilung über einem querkraftbeanspruchten Rechteck-Querschnitt ist parabolisch. Die maximalen Schubspannungen treten im Bereich der Schwerpunktsachse auf; die Ränder sind schubspannungsfrei (Bild 6.18).

Daraus folgt unmittelbar, dass es sinnvoll ist,

> im Bereich der Schwerpunktachse möglichst viel Werkstoff anzuhäufen.

Dieser Forderung entspricht das Vollkreisprofil am besten; am ungünstigsten verhält sich dagegen ein schlankes I-Profil. Es fällt auf, dass biegebeanspruchte und schubbeanspruchte Bauteile gerade gegenläufig zu dimensionieren sind. Bemerkenswert ist ferner der Richtungseinfluss der Querkraft bezogen auf den Querschnitt. Dies wird am Beispiel des quadratischen Querschnitts in Bild 6.19 deutlich.

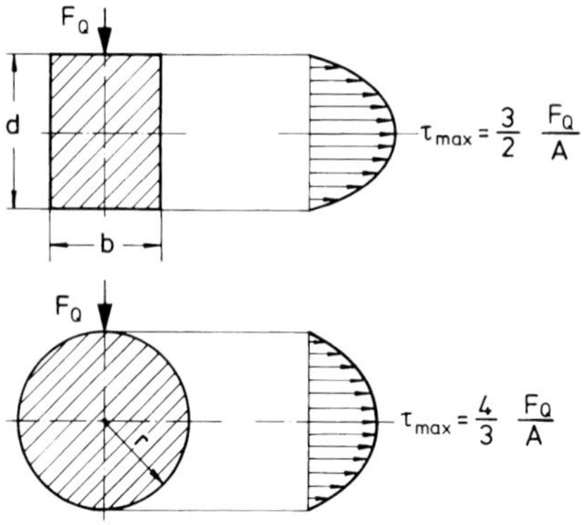

Bild 6.18 Schubspannungsverlauf verschiedener Querschnitte bei Querkraftbeanspruchung

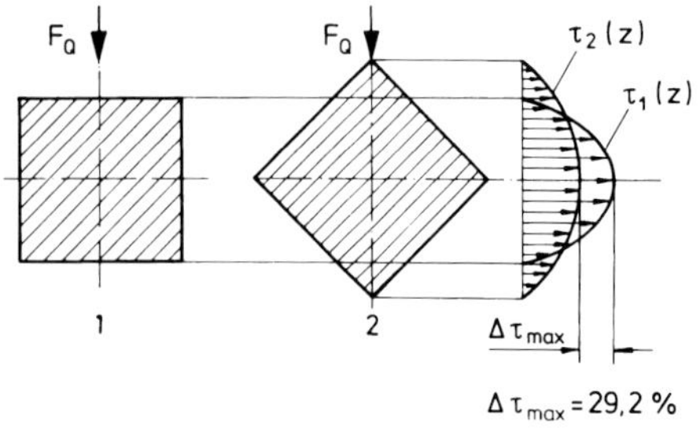

Bild 6.19 Verringerung der maximalen Schubspannung bei einem querkraftbeanspruchten Profil durch Änderung der Krafteinleitungsrichtung (Einbaulage) nach [6.8]

6.10 Drucknachgiebige und drucksteife Konstruktionen

Zu Bauelementen, die bereits auf geringe Druckbelastungen mit relativ großen Verformungen reagieren müssen, zählen u. a. Dichtungen zum Ausgleich hoher Formungenauigkeiten, weiche Druckfedern oder Druckdämpfer. Elastomere mit flacher Druck/Stauchungs-Charakteristik bieten die werkstoffseitige Voraussetzung für derartige Konstruktionen. Gestalterische Maßnahmen, um hohe Verformungen in Richtung einer äußeren Druckbelastung zu erzielen, sind, die Druckspannungen im Bauteil in Biegespannungen, wie in Abschnitt 6.1 gezeigt, oder auch in Schubspannungen umzuwandeln. Analog zu Bild 6.3 gilt für den Verdrehwinkel γ unter der Wirkung eines Torsionsmomentes $M_t = F_t\, l$:

$$\frac{\gamma}{F_t} = \frac{l}{E \cdot A} \cdot \frac{\zeta}{d} \tag{6.4}$$

Für einen Kreisquerschnitt wird $\zeta = 11{,}2$ bei elastischem Werkstoffverhalten.

Nach diesem Prinzip lässt sich bei der Anordnung des Federelementes gemäß Bild 6.20 rechts der maximale Federweg gegenüber links bei gleichem Werkstoffaufwand um 30 % erhöhen.

Umgekehrt wird die Drucksteifigkeit einer Druckfeder vergrößert, wenn die Querdehnung weitgehend verhindert wird. Dies kann z. B. durch einvulkanisierte Zwischenbleche geschehen (Bild 6.21), wobei die Schubweichheit einer solchen Struktur erhalten bleibt. Praktisch wird dieses Prinzip bei Brückenlagern angewendet [6.13].

Ein weiteres Beispiel eines zug- und drucksteifen Bauteils zeigt das Bild 6.22. Es handelt sich um eine Pleuelstange aus kohlenstoffaserverstärktem PA 66, wobei die Art der Verstärkung zu einem Bauteil geringer Masse (für schnelle Bewegungen) führt.

Beispiele von drucknachgiebigen Konstruktionen findet man auch in Zusammenhang mit einem ganz anderen Problemkreis, nämlich bei der Beherrschung bestimmter Toleranz- und Passungsanforderungen: Bauteile müssen meistens mit definiertem Spiel zu anderen Bautei-

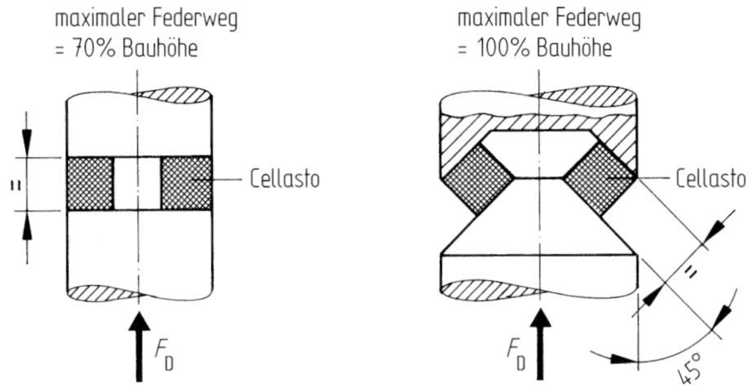

Bild 6.20 Erhöhung des Federweges einer Elastomer-Feder gleicher Bauhöhe durch Änderung der Beanspruchungsrichtung im Federelement

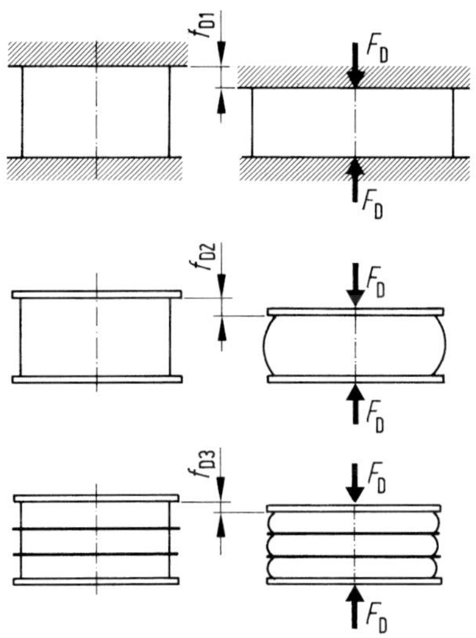

Bild 6.21 Querdehnungsbehinderung bei Elastomer-Druckfedern ($f_{D1} > f_{D2} > f_{D3}$) [6.13]
oben: Querdehnung an den Stirnflächen unbehindert
Mitte: Querdehnung an den Stirnflächen verhindert
unten: Querdehnung durch einvulkanisierte Zwischenbleche stark verhindert

len passen. Unrealistisch enge Toleranzen festzulegen, führt dabei selten zum Erfolg, eher zu hohem Ausschuss.

Bestimmte Passungsprobleme lassen sich dagegen auch dadurch in den Griff bekommen, dass man beim Zusammenfügen die Verformungsfähigkeit der Polymerwerkstoffe ausnutzt. Eine bewährte Maßnahme, um eine spielfreie Passung zu gewährleisten, ist das Anbringen von sogenannten Anpassungsrippen. Dabei wird bewusst in kleinen Bereichen eine maßliche Überlappung angestrebt und beim Zusammenfügen eine Deformation des Werkstoffs an diesen Stellen in Kauf genommen. Das Prinzip geht aus Bild 6.22 hervor.

Allgemein bekannt sind auch die Bausteine der Fischer-Technik, die an ihren Schiebesitzen derartige Anpassungsrippen tragen (Bild 6.23).

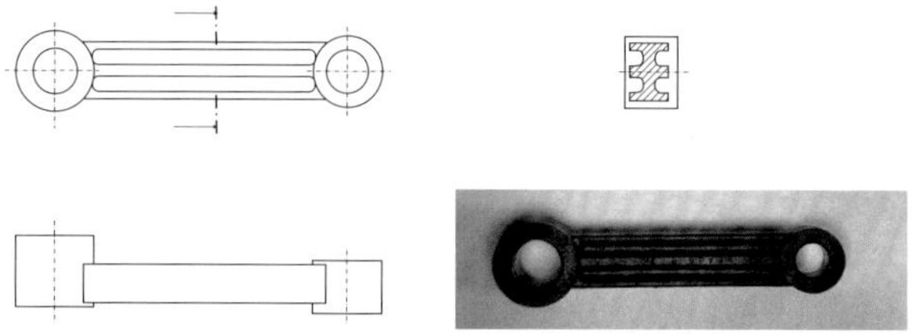

Bild 6.22 Pleuelstange aus PA 66-CF 20 mit geringer Masse für schnelle Bewegungen (Hersteller: Bada Plast)

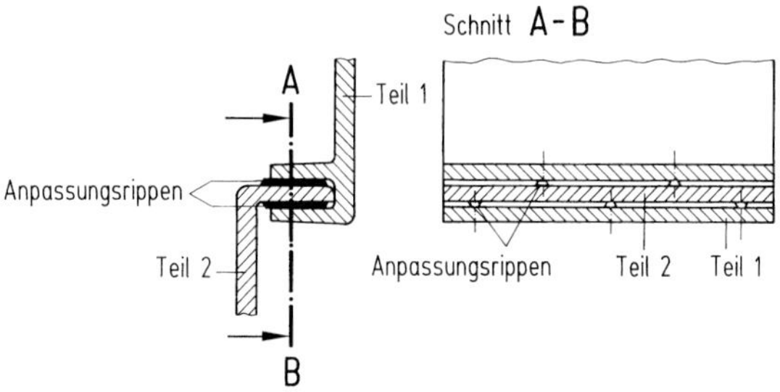

Bild 6.23 Spielfreiheit durch Anpassungsrippen [6.14]

6.11 Multifunktionale Konstruktionen

In den voranstehenden Abschnitten sind einige Konstruktionsprinzipien mit jeweils bestimmten Merkmalen meist an Einzelelementen beispielhaft dargestellt worden. Eine Gesamtkonstruktion kann dann als besonders gelungen bezeichnet werden, wenn sie mit möglichst wenig Einzelteilen auskommt. Bei voller Ausschöpfung der durch das Spritzgießverfahren gegebenen Gestaltungsmöglichkeiten verbunden mit der Möglichkeit, gezielte Anisotropien (Faser- und Molekülorientierung) einzubauen und der Nutzung der montagefreundlichen Verbindungstechniken lassen sich multifunktionale Konzepte verwirklichen, die nicht nur technisch ansprechend sondern auch in hohem Maße kostengünstig sind.

In einigen Abschnitten sind in anderen Zusammenhängen derartige Multifunktionsteile in integrierter Bauweise aufgeführt, z. B. Bilder 1.8 bis 1.10, 6.6, 8.2, 11.34.

Die folgenden zwei Beispiele sollen darüber hinaus ergänzend verdeutlichen, in welchem Maße durch konsequente Konstruktion Fertigungs- und Montagekosten eingespart werden können:

Das Bild 6.25 zeigt die gelungene Konstruktion eines Steckers aus PA in integrierter Konstruktionsweise. Das gesamte Gehäuse einschließlich der Zugentlastung wird als ein Teil spritzgegossen. Stifte, Kontaktklemmen etc. sind unverlierbar eingeklemmt, eingeschnappt oder vernietet, und durch Biegen um die Filmscharniere entsteht der fertige Stecker.

Aus der Vielzahl interessanter multifunktionaler Bauteile sei eine technisch und wirtschaftlich interessante Kunststoff-Bauteilentwicklung aus dem Nutzfahrzeugsektor genannt. Sie wurde bei Daimler-Benz, Gaggenau, entwickelt. Es handelt sich um einen Handgashebel aus

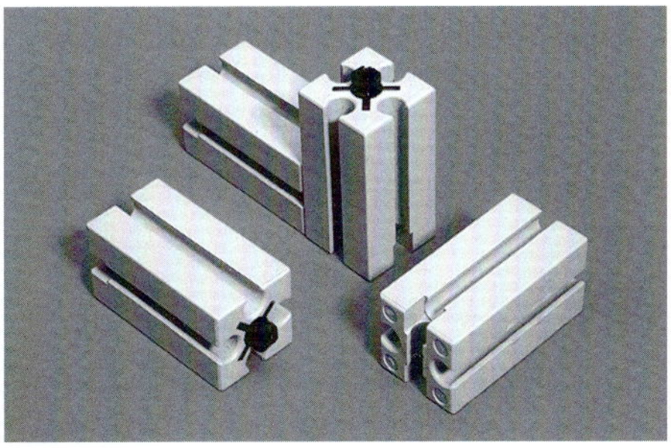

Bild 6.24 Bausteine aus PA der Fischer-Technik mit stirnseitigen Passungsrippen aus POM zum Toleranzausgleich und zur Gleitverbesserung des Schiebesitzes

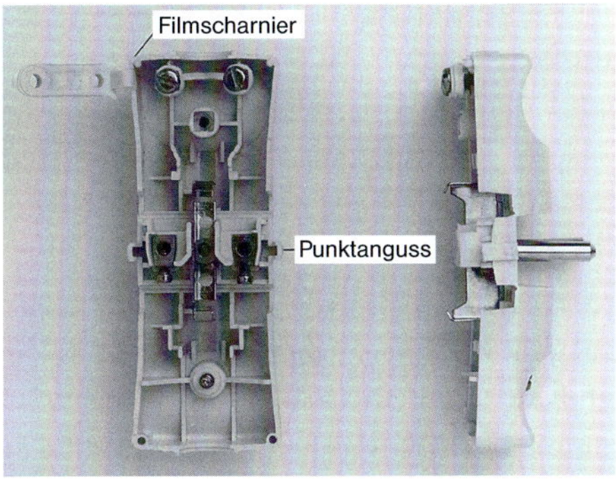

Bild 6.25 Schutzkontaktstecker aus PA in integrierter Konstruktionsweise (Hersteller: Kopp AG, Konstrukteur Bohlender)

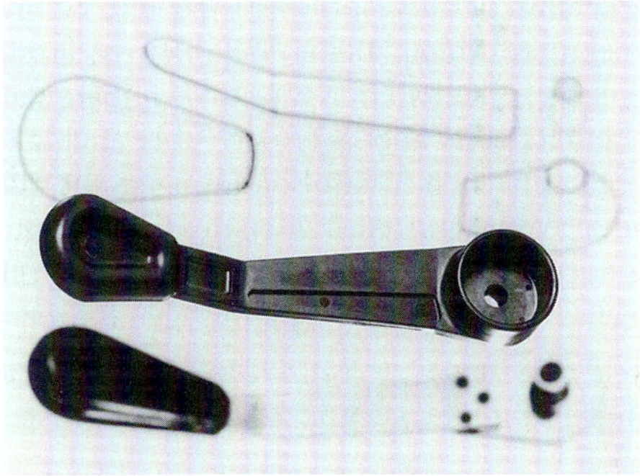

Bild 6.26 Handgashebel als integrierte Kunststoff-Konstruktion (Hersteller: KABO PLASTIC)

PA 66-GF (A3WG5) für den MB-Unimog (Bild 6.26). Der Hebel wurde bisher aus Stahl gefertigt und bestand aus sieben Einzelteilen, die durch mehrere Arbeitsgänge wie Biegen, Nieten, Kleben und Hartlöten verbunden wurden. Der Hebel aus Polymerwerkstoff wird in nur einem Arbeitsgang durch Spritzgießen hergestellt und kann ohne Nacharbeit montiert werden.

Zur Übertragung des Momentes auf die Welle ist die Nabe lediglich mit einem Rändel versehen und wird mit leichtem Untermaß auf die ebenfalls gerändelte Welle aufgepresst. Diese Art einer Wellen/Naben-Verbindung ist besonders werkstoffgerecht, wirtschaftlich und dabei relativ hoch belastbar (s. a. Abschnitt 5.2.3.2).

6.12 Wärmedehnungen und Wärmespannungen

Wird die Wärmedehnung (s. a. Abschnitt 4.6.1) in einem Bauteil behindert, so kommt es zu Wärmespannungen. Dies kann unterschiedliche Ursachen haben; die häufigsten sind:

- Schwindungsbehinderung durch formgebundene Werkzeugmaße (auch durch Füllstoffe),
- Ortsvariable Temperaturbelastung im Bauteil,
- Kombination von Werkstoffen mit unterschiedlichen Wärmeausdehnungskoeffizienten.

Die behinderte Dehnung hat nach dem Hookeschen Gesetz eine Spannung σ_T zur Folge:

$$\sigma_T = -E \cdot \varepsilon_T = -E \cdot \alpha \cdot \Delta T \tag{6.5}$$

Elastizitätsmodul E und Wärmeausdehnungskoeffizient α sind bei Polymerwerkstoffen temperaturabhängige Größen, die strenggenommen über ΔT integriert werden müssten. Es genügt aber in den meisten Fällen, mit einem Mittelwert zu rechnen.

Ferner ist die Wärmespannung wie eine mechanische Spannung auch zeitabhängig, so dass sie mit der Zeit auch relaxieren kann.

Schwindungsbehinderung

Bereits ein auf eine glatte Metallwelle aufgespritzter Ring wird beim Abkühlen an der Schwindung behindert. Der molekulare Ablauf beim Abkühlen ist komplex, da beim Erstarren, Kristallisieren und Abkühlen einerseits ein Spannungsaufbau als Folge der Zunahme des Elastizitätsmodul erfolgt, andererseits überlagert sich aber auch gleichzeitig eine Relaxation der Spannung. In jedem Fall entstehen Abkühlspannungen, die bei zu schneller Abkühlung und/oder nicht vorgewärmter Welle zum Aufreißen des Ringes führen können. Kritischer ist es, wenn die Schwindung durch ein formgebundenes Maß wie in Bild 6.27 unten behindert wird, und scharfe Kanten zu zusätzlichen Kerbspannungen führen.

Als weiteres Beispiel zeigt Bild 6.28 umspitzte Wälzlagerringe, wobei die konstruktiven Lösungen A und B zu Eigenspannungen führen, C, D und E dagegen eigenspannungsarm sind [6.17].

Werkstoffkombinationen

Ziel einer Werkstoffkombination ist immer, eine Aufgabentrennung der Anforderungen zu erreichen. Im Zusammenhang mit der Beherrschung der Wärmedehnung kommt bei einer Metall/Polymerwerkstoff-Kombination dem Metallpartner die Aufgabe geringer Wärmedehnung und hoher Steifigkeit zu. Ein typisches Beispiel sind Platinen, die nach der Outsert-Technik hergestellt werden (Bild 6.29).

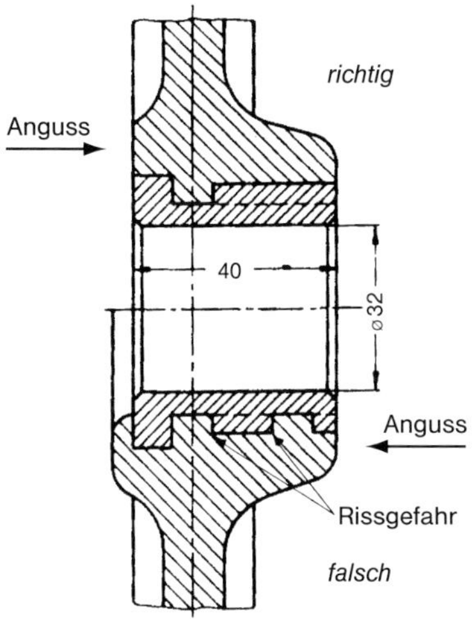

Bild 6.27 Richtige und falsche Gestaltung einer Metallnabe für hohe Belastungen

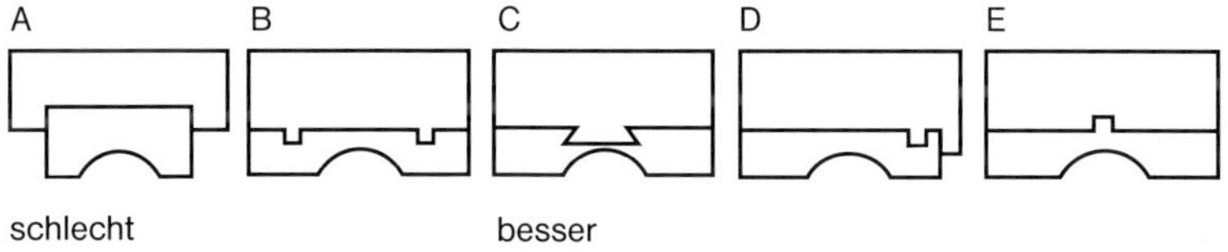

Bild 6.28 Umspritzte Wälzlager mit starker Schwindungsbehinderung (A, B) und günstigere Ausführungen (C, D, E) [6.17]

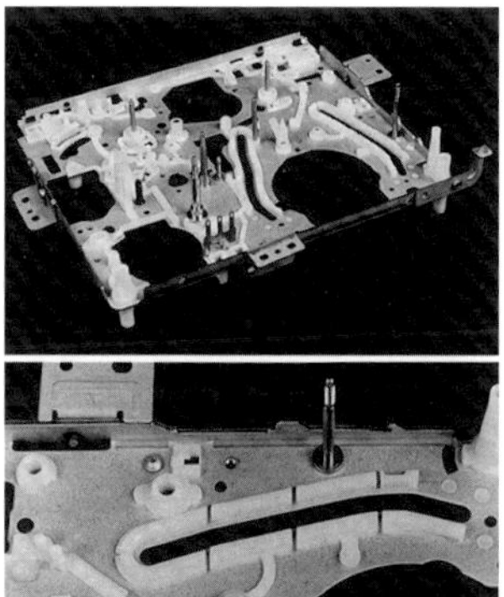

Bild 6.29 Die Platine aus Metall sorgt für hohe Steifigkeit und Maßhaltigkeit wegen geringer Wärmedehnung. Elemente aus POM mit großer Länge erhalten Dehnungsfugen zum Ausgleich von Wärmedehnungen und -spannungen (Werkbild: Öchsler).

Das Bild 6.30 veranschaulicht den Unterschied der Maßänderungen bei einer Vollkunststoffkonstruktion gegenüber einer Outsert-Bauweise bei einer Temperaturdifferenz von –20 °C bis 80 °C [6.18].

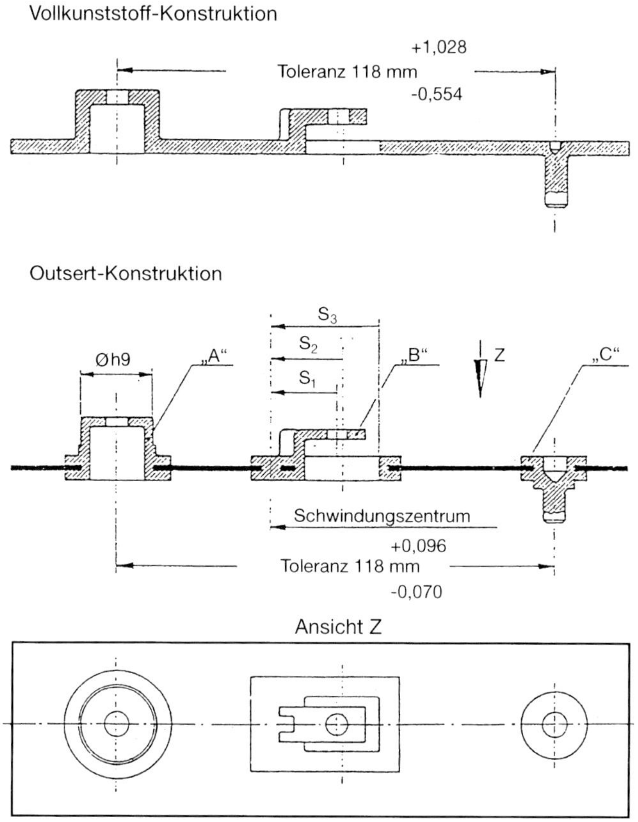

Bild 6.30 Maßänderungen infolge Wärmedehnung bei einer Vollkunststoff- und Outsert-Bauweise bei Temperaturschwankung von –20 bis 80 °C [6.18]

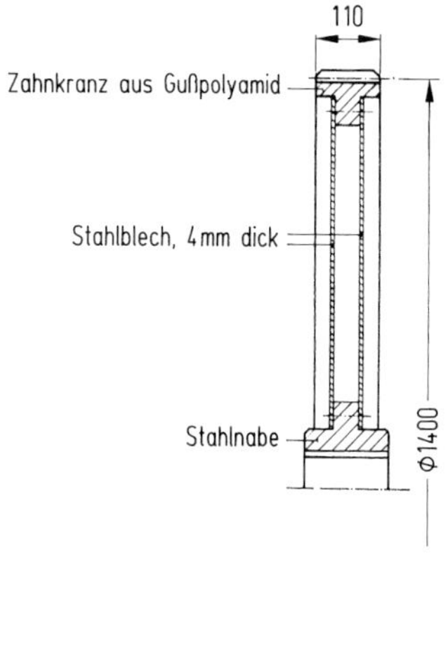

Bild 6.31 Bei Zahnrädern großer Abmessung wird der Nabenkörper aus Stahlblech gefertigt

Ein anderes Beispiel ist in Bild 6.31 wiedergegeben. Bei dem abgebildeten, großen Zahnrad ist der Nabenkörper aus Stahlblechen gefertigt und nur die eigentliche Verzahnung wegen der guten tribologischen Eigenschaften aus PA-Guss. Als Vollkunststoffrad wäre die Dehnung bei einem $\Delta T = 40$ °C etwa 4 mm!

Dehnungsfugen

Eine bewährte Maßnahme zur Beherrschung zu großer Wärmedehnungen ist das Anbringen von Dehnungsfugen. Ein Beispiel hierfür ist bereits in Bild 6.29 enthalten.

Bei Gleitlagerschalen wird ein schräg laufender Schlitz angebracht (Bild 6.32), oder es werden einzelne, tragende Stege mit dünnen Filmgelenken verbunden (Bild 6.33; s. a. Bild 12.19).

Dehnungsausgleich

Auf einfache Art können z. B. Spieländerungen aufgrund von Temperaturschwankungen beherrscht werden, wenn das gesamte System die Maßschwankungen mitmachen kann. Eine solche Lösung zeigt das Bild 6.34, wo kleine Zahnräder in einer Gabel aus dem gleichen Polymerwerkstoff gelagert sind, so dass Veränderungen des Zahnspiels kompensiert werden.

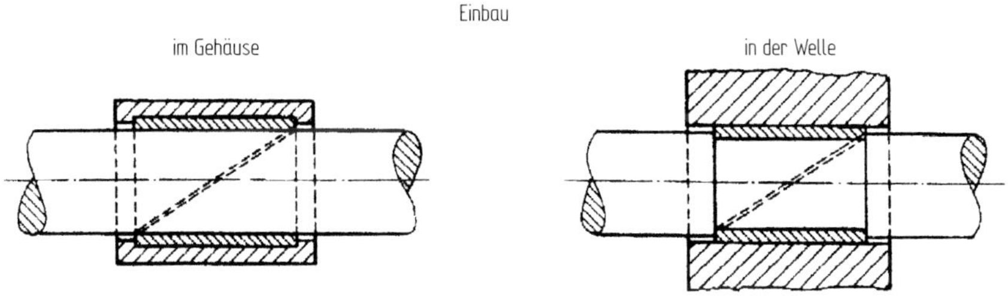

Bild 6.32 Maßänderungen infolge Temperaturschwankungen können von geschlitzten Buchsen ohne nennenswerte Spieländerungen aufgenommen werden

Bild 6.33
Spielarmes Gleitlager für Linearbewegungen. Der eigentliche Gleitbereich ist in Segmente aufgeteilt, die durch 0,2 mm dicke Filmbrücken verbunden sind, so dass thermische Ausdehnungen ausgeglichen werden können (Werkbild: igus GmbH).

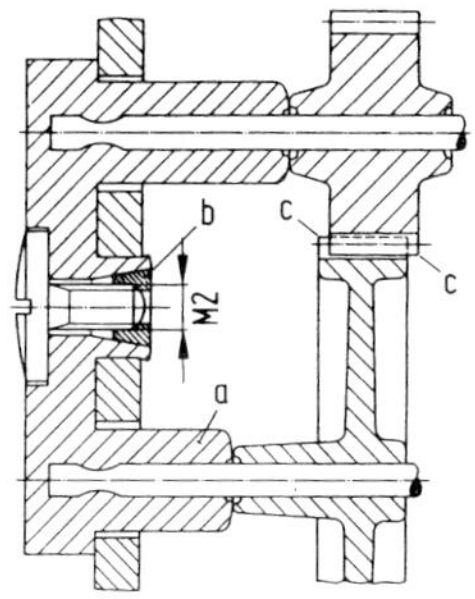

Bild 6.34
Lagerung von Zahnrädern in feinwerktechnischen Geräten mit Kompensation der Wärmedehnung

a) Gabel aus PA 11
b) Klemm-Konus
c) Zahnräder aus PA 11

6.13 Gelenkverbindungen

Das Zweikomponenten-Spritzgießen (s. a. Abschnitt 7.4) erlaubt auch die Herstellung von Gelenkverbindungen quasi in einem Arbeitgang.

Für Gelenkverbindungen müssen weitgehend unverträgliche Werkstoffe (siehe Tabelle 7.6) mit unterschiedlicher Schmelztemperatur und unterschiedlicher Schwindung (Wärmedehnung) miteinander kombiniert werden.

Bei dem präzisen Kugelgelenk in Bild 6.35 muss allerdings im ersten Verarbeitungsschritt die Kugel aus PA 66 mit 2 % MoS2-Zusatz zunächst spritzgegossen werden. Wegen der geforderten Präzision muss diese dann spanend auf die genaue Kugelgeometrie überarbeitet werden. In einer zweiten Kavität, welche die Kugelschale formt, wird diese Kugel mit PBT-GF umspritzt.

Die Angusslage muss dabei so gewählt werden, dass die Kugel (trotz ihrer höheren Schmelztemperatur) nicht direkt angespritzt wird, um ein Anschmelzen der Oberfläche mit Sicherheit zu vermeiden. Das erforderliche Betriebslagespiel kann zum einen über die unterschiedlichen Schwindungen der verwendeten Werkstoffe gesteuert werden und zum anderen dadurch, dass die Kugel vor dem Umspritzen auf eine höhere Temperatur gebracht wird und sich dabei entsprechend ausdehnt. Im vorliegenden Fall betrug diese Temperatur 160 °C [6.7].

Wenn weniger Ansprüche an die Gelenkpräzision gestellt sind, können Gelenkverbindungen in einem Arbeitgang gefertigt werden. Dies ist bei der Spielzeugfigur (Bild 6.36) oder bei dem Befestigungsbügel (Bild 6.37) der Fall.

Für die Herstellung des Spielzeugaffen wird ein drehbares Werkzeug mit drei Kavitäten verwendet. In der ersten wird der Kopf des Affen aus PBT gespritzt; dann wird das Werkzeug um 120° gedreht und in der nächsten Station der Rumpf aus PA 6-GF15 um die Kugel am Hals gespritzt.

Wegen der Unverträglichkeit der beiden Werkstoffe und der geringeren Schwindung von PA 6-GF gegenüber PBT bleibt diese Verbindung nach der Entformung leicht beweglich.

Nach einer weiteren Drehung werden das Haarteil und die Extremitäten aus POM auf die Ansätze des Rumpfes aufgespritzt. Auch diese Werkstoffe sind unverträglich, so dass die gegenseitige Beweglichkeit bestehen bleibt.

Durch die höhere Schwindung von POM gegenüber PA 6-GF entsteht jedoch ein strammer Sitz.

Dieser erlaubt eine stabile Stellung der Extremitäten in jeder Position.

Der Bügel (Bild 6.37) dient zum Befestigen von Fußmatten in PKW. Auch hier wird zuerst das Einschraubteil mit dem Gewinde aus PA gespritzt, und darauf der dreieckförmige Bügel aus POM, so dass beide Teile gegeneinander beweglich sind.

In konventioneller Bauweise wird das Kugelgelenk eines PKW-Innenspiegel aus mehreren Teilen gefertigt (Bild 6.38 oben). In der Mehrkomponententechnik kann dieses Kugelgelenk

Bild 6.35 Kugelgelenk als Durchführung der Lenksäule bei Unimog-Fahrzeugen zum Ausgleich von Fahrzeugverwindungen [6.7] (Werkbild: Kabo-Plastic)

Bild 6.36 Spielzeugaffe mit gelenkig angespritztem Kopf, Armen und Beinen

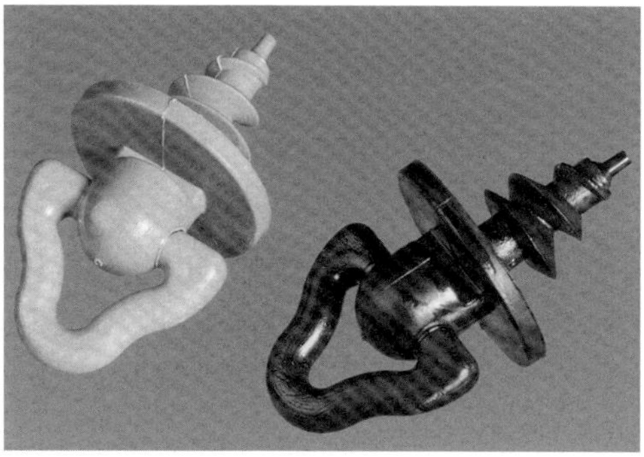

Bild 6.37 Befestigungselement mit beweglichem Bügel (Hersteller: Fischer Werke)

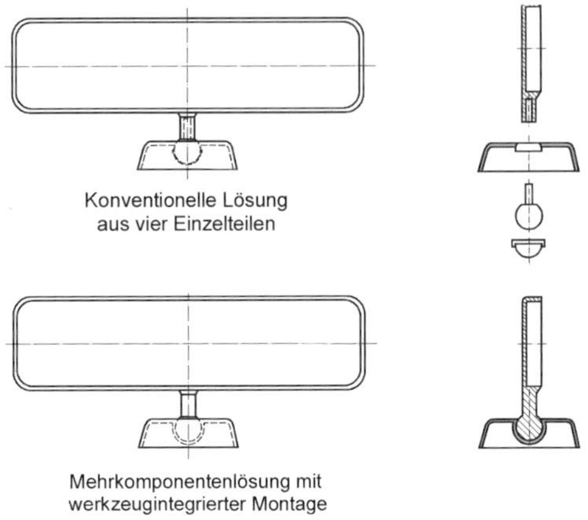

Bild 6.38 Kugelgelenk für einen PKW-Innenspiegel in konventioneller Bauweise (oben) und in Zweikomponententechnik (unten) (Ferromatik Milacron GmbH)

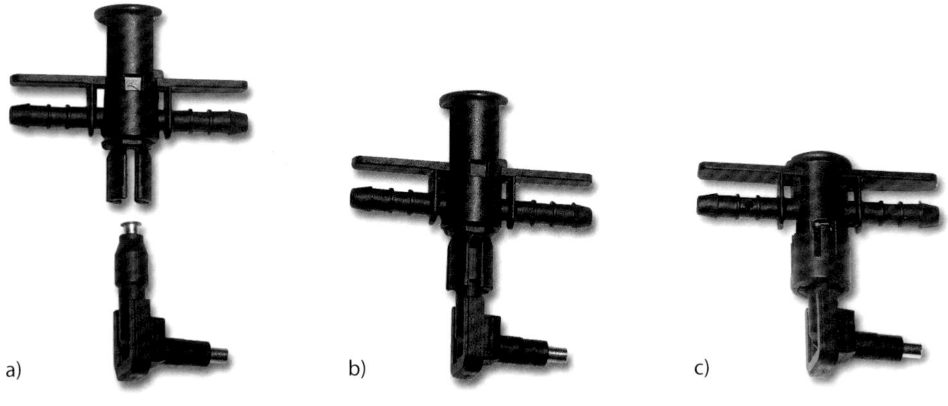

Bild 6.39 Verbindungsstecker aus PA 66-GF35 (Steckerkörper) (1) und verschiebbarer Hülse aus PPA (2)
(Hersteller: Bosch, Konstrukteur: W. Knis)
a) Lage im Werkzeug
b) vormontiert
c) montiert und arretiert

in einem Fertigungsschritt hergestellt werden: Zunächst wird der Spiegelträger mit der Gelenkkugel aus glaskugelgefülltem ABS spritzgegossen. Mit einer Glaskugelfüllung kann die Schwindung auf ein gewünschtes Maß eingestellt werden; hier 0,2 %. Nach einer Drehung in eine zweite Kavität wird dann die Fußplatte aus POM um die Kugel gespritzt. Die Schwindung von POM beträgt 2 %, so dass sich ein strammer Sitz ergibt. Der gesamte Fertigungszyklus beträgt 40 s.

Grundsätzlich könnte man bei derartigen Gelenkverbindungen durch eine geringfügige Abplattung an der Kugel auch eine Grundpositionsstellung erreichen.

Ein äußerst interessantes Teil – ein Verbindungsstecker – ist in Bild 6.39 dargestellt, mit dem gleich mehrere Funktionen erfüllt werden. Im ersten Arbeitsschritt wird die Hülse aus PPA gespritzt, und im zweiten Schritt wird Steckerkörper aus PA 66-GF35 in der oberen Position in die Hülse hineingespritzt. Beide Polymerwerkstoffe gehen dabei keine Verbindung ein, so dass die Hülse leicht nach unten geschoben werden kann.

Der Steckerkörper ist unten als vierfach segmentierte Ringschnappverbindung mit zwangsentformbarer Innenhinterschneidung ausgeführt, und wird bei der Montage auf ein abgewinkeltes Rohrstück gesteckt. Dabei steht die Hülse in der oberen Position. Wird die Hülse nach unten verschoben, klemmt sie die Schnappsegmente zusammen und verhindert als Arretierring ein unbeabsichtigtes Lösen. Wenn z. B. im Servicefall die Verbindung wieder freigegeben werden soll, wird die Hülse nach oben geschoben, und der Verbindungsstecker kann abgehoben werden.

6.14 Kunststoff/Metall-Hybridkonstruktionen

Mit dem Verbund von Metall und Kunststoff werden die spezifischen Vorteile dieser Werkstoffe kombiniert, insbesondere die hohe Steifigkeit und Festigkeit des Metalls mit der hohen Gestaltungsfreiheit des Kunststoffs. Bewährte Beispiele sind Wellen/Naben-Verbindungen (s. a. Abschnitt 11.3.3) oder die Insert-Technik (Gewindeeinsätze s. a. Abschnitt 9.2).

Die Weiterentwicklung dieser Verbindungstechnik ist unter der Bezeichnung Outsert-Technik bekannt geworden. Man versteht darunter die Verbindung von überwiegend ebenen Blechen mit aufgespritzten Funktionselementen aus Polymerwerkstoff. Dabei übernimmt das Blechteil als Trägerplatine die Aufgabe hoher Steifigkeit und geringer Wärmedehnung. Es wird in das Spritzgießwerkzeug eingelegt, und die einzelnen Bauelemente aus Polymerwerkstoff werden auf diese Platine aufgespritzt. Auf der Platinenrückseite sind sie durch Hilfsverteiler miteinander verbunden. Beispiele hierfür sind die Bilder 1.11 und 6.30.

In Mould Assembling (IMA)

Während bei der Outsert-Technik das Blech nur als steifes Trägerteil für die aufgespritzten Funktionselemente dient, werden mit der IMA-Technik durch den Werkstoffverbund – Blech und Polymerwerkstoff – im Allgemeinen großflächige Bauteile hoher Steifigkeit und Energieaufnahme mit gleichzeitig hoher Gestaltungsfreiheit angestrebt. Insbesondere kann das Knick- und Beulverhalten einer bloßen, großflächigen Blechkonstruktion durch angespritzte Rippen aus Kunststoff deutlich verbessert werden.

Das in der gewünschten Geometrie fertig geformte Blech wird in das Spritzgießwerkzeug eingelegt, wobei die Blechdicke an den Stellen, an denen das Blech von beiden Werkzeughälften gefasst wird, passgenau toleriert sein muss. Mit Polymerwerkstoff wird dann das Blech an bestimmten Stellen oder vollständig umspritzt, so dass eine formschlüssige Verbindung entsteht. Außerdem werden die geometrisch komplexeren Geometrien mit dem Polymerwerkstoff geformt. Das folgende Beispiel verdeutlicht dieses Prinzip und die Vorteile eines solchen Werkstoffverbundes (Bild 6.40).

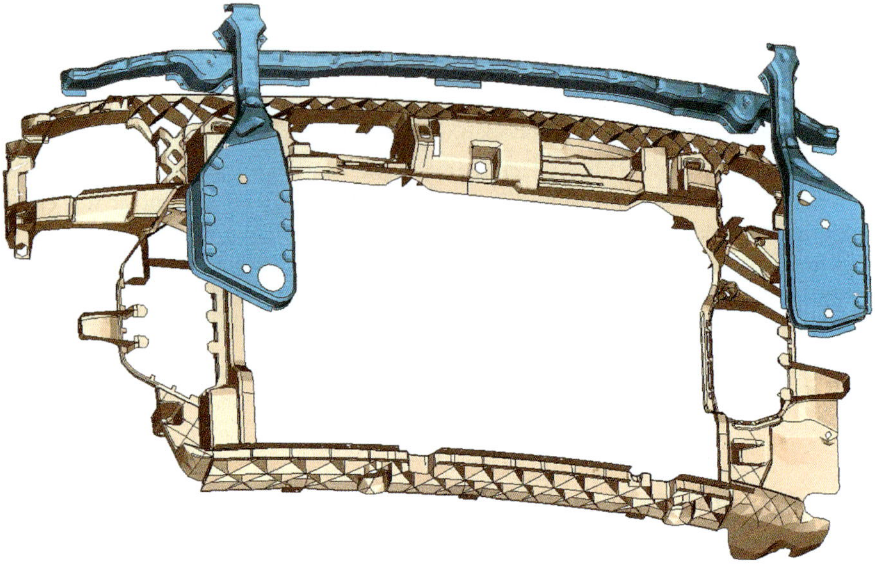

Bild 6.40 Frontend des Audi 2 als Hybridstruktur. Die drei vorgeformten Stahlbleche (blau) werden mit Robotern in das Spritzgießwerkzeug eingelegt und mit PA 6-GF 15 (Durethan BKV 15 H2.0) kraft- und formschlüssig verbunden (braun). Diese Technologie ermöglicht z. B. die Integration von Lagerstellen für Frontklappe, Pralltopf, Scheinwerfer, Wasserbehälter usw. (Quelle und Patent: Bayer AG).

Post Mould Assembling (PMA)

Unter dem Begriff Post Mould Assembling (PMA) können alle Verbindungsmethoden zusammengefasst werden, bei denen Bauteile nach der Herstellung des Spritzgussteils mit diesem z. B. durch Nieten, Schrauben, Schnappen, Schweißen etc. verbunden werden.

Eine relativ neue Verbindungsmethode ist das *Kragenfügen** [6.19].

Es handelt sich hierbei gegenüber den vorgenannten um eine sehr effiziente Verbindungsmethode, die ebenfalls die Herstellung großflächiger Blech/Kunststoff-Hybridstrukturen erlaubt. Auch hier ist das Ziel eine beanspruchungsgerechte Nutzung der miteinender verbundenen Werkstoffe.

Das Blechteil und das Kunststoffteil werden separat hergestellt, und in einem weiteren Arbeitschritt – dem Kragenfügen – miteinander verbunden.

Das Verfahren besteht im wesentlichen aus drei Schritten (Bild 6.41): Zunächst wird in dem Metallblech eine Bohrung angebracht, dann an dieser Stelle mittels eines Stempels ein sogenannter Kragen in das Blech gezogen, der schließlich direkt in die Wand des Kunststoffteiles eingepresst wird. Aufgrund des Hinterschnitts am Kragens ergibt sich eine formschlüssige Verbindung. Dieser Hinterschnitt ist entweder eine Folge der Querschnittsverjüngung beim Kragenziehen (Bild 6.42), oder kann mit Hilfe einer entsprechend geformten Matrize beim Ziehen in das Blech eingeprägt werden.

* Das Verfahren wurde von der BASF AG zur Serienreife entwickelt.

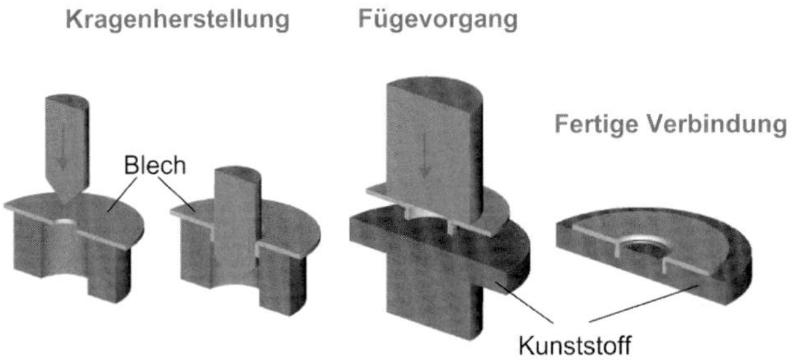

Bild 6.41 Schematische Darstellung der Prozessschritte beim Kragenfügen [6.19]

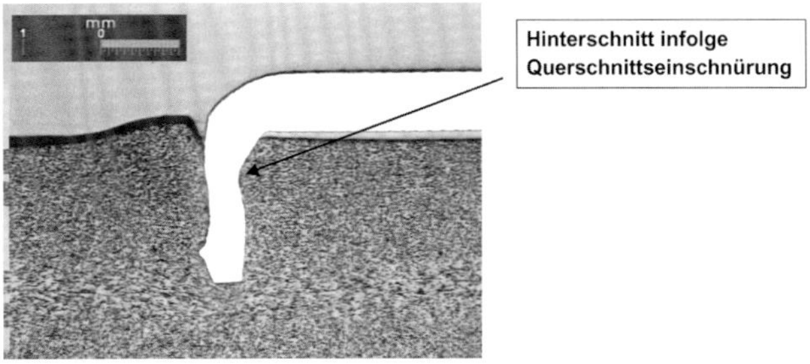

Bild 6.42 Schnittbild durch einen Kragen [6.19]

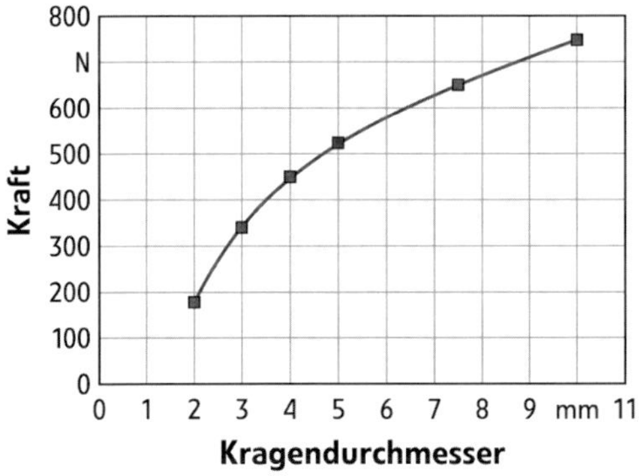

Bild 6.43 Auszugsfestigkeit eines Verbindungspunktes über dem Kragendurchmesser [6.19]
Stahlblech ZSTE 340 (0,8 mm dick)
Kunststoff PA 6-GF30 luftfeucht bei 23 °C (Typ Ultramid B3WG6)

Empfohlene Kragendurchmesser liegen im Bereich von ca. 2 bis 10 mm, vorzugsweise 4 bis 5 mm.

In Bild 6.43 ist die Auszugsfestigkeit eines einzelnen Verbindungspunktes über dem Kragendurchmesser dargestellt.

Auch in Schwingversuchen zeigt die Verbindung nach 10^6 Lastwechseln keine Lockerung.

Trotz des zusätzlichen Arbeitsschrittes weist dieses Verfahren einige Vorteile auf:

- Es besteht eine große Gestaltungsfreiheit von Blech- und Kunststoffteil.
- Es sind keine engen Dickentoleranzen des Blechteils erforderlich.
- Die Probleme der unterschiedlichen Wärmedehnung sind gering, da „kalt“ gefügt wird.
- Die Technik ist toleranzunempfindlich gegenüber der Position der Verbindungspunkte.

Literatur

[6.1] Roth, K.: Konstruieren mit Konstruktionskatalogen, Springer-Verlag, Berlin 1982

[6.2] Pahl, G. und W. Beitz: Konstruktionslehre, Springer-Verlag, Berlin 1976

[6.3] Rodenecker, W. G.: Methodisches Konstruieren, Springer-Verlag, Berlin 1976

[6.4] Rutz, A.: Konstruieren als gedanklicher Prozess, Diss. TU München 1985

[6.5] Ehrlenspiel, K. und A. Rutz: Konstruieren als gedanklicher Prozess, *Konstruktion* **39** (1987) 10, S. 409/414

[6.6] Müller, H. W.: Verformungsgerechtes Konstruieren, *Chem.-Ing.-Techn.* **48** (1976) 7, S. 594/601

[6.7] Ehrenstein, G. W. und G. Erhard: Konstruieren mit Polymerwerkstoffen, Hanser-Verlag, München, Wien 1983

[6.8] Steinhilper, W. und Kahle, U.: Biegung, Schub und Torsion beeinflussen die Gestalt eines Bauteiles, *Maschinenmarkt* **87** (1981) 75, S. 1548/1550

[6.9] Erhard, G. und Strickle, E.: Maschinenelemente aus thermoplastischen Kunststoffen, Band 2: Lager und Antriebselemente, VDI-Verlag, Düsseldorf 1985

[6.10] Brunsch, K.: Rationelle Fertigungsverfahren zur Herstellung von Hubschrauberrotorblättern, MBB-Bericht Nr. UD-312L80

[6.11] Huber, H., Frommleit, H. und Buchs, W.: Development of a Bearingless Helicopter Tailrotor, 6. European Rotorcraft and Powered Lift Aircraft Forum, Bristol 1980

[6.12] Brünings, W.-D., C. Hauck und D. Müller: Kfz-Pedalen aus glasfaserverstärktem Polyamid, *Kunststoffe* **79** (1989) 3, S. 251/255

[6.13] Gohl, W.: Werkstoffeigenschaften und Gestaltfestigkeit, *VDI-Zeitschrift* 119 (1977) 24, S. 1189/1192

[6.14] Vorbach, G.: Anforderungen an das Spritzgussteil aus der Sicht des Entwicklers und Konstrukteurs, VDI-Gesellschaft Kunststofftechnik, Jahrbuch 1980, S. 89/116

[6.15] Brunsch, K.: Persönliche Mitteilung

[6.16] Roth, K.: Anregungen zum Einsatz unkonventioneller Gestaltungsmöglichkeiten bei Kunststoffkonstruktionen aus Konstruktion, Fertigung und Anwendung feinwerktechnischer Kunststoffteile, VDI-Verlag, Düsseldorf 1976

[6.17] Ehrenstein, G. W.: Mit Kunststoffen konstruieren, Carl Hanser Verlag, München, Wien. 1995

[6.18] Rothe, J.: Sonderverfahren des Spritzgießens, *Kunststoffe* **87** (1997) 11, S. 1564/1580

[6.19] Endemann, U., S. Glaser und M. Völker: Kunststoff und Metall im festen Verbund, *Kunststoffe* **92** (2002) 11, S. 110/113

7 Fertigungsgerechte Konstruktion

Polymerwerkstoffe werden nach den verschiedensten Verfahren und Technologien vom Rohstoff zum Fertigteil verarbeitet. Eine Übersicht über die wichtigsten Fertigungsverfahren und Fertigungsmittel ist Bild 7.1 zu entnehmen. Hinsichtlich einer detaillierten Verfahrensbeschreibung wird auf die grundlegende Literatur z. B. [7.1 bis 7.11] verwiesen.

Wegen der großen Bedeutung des Spritzgießens thermoplastischer Polymerwerkstoffe einerseits und wegen der bereits bei der Bauteilkonstruktion zu beachtenden, werkzeugtechnischen Aspekte andererseits soll die spritzgussgerechte Gestaltung besonders angesprochen werden.

Um die Gestaltungsmöglichkeiten von Spritzgießformteilen weitestgehend ausschöpfen zu können, sollte der Konstrukteur zumindest eine Vorstellung davon haben, mit welchem Aufwand das formgebende Werkzeug gebaut werden muss. Es sollten ferner die Vorgänge bei der Formfüllung, der Abkühlung und der Entformung sowie die daraus resultierenden Konsequenzen konstruktiv bedacht werden. Andernfalls können unter Umständen Werkzeugänderungen erforderlich werden, die Kosten und Verlängerung von Entwicklungszeit bedingen.

Der Schmelzefluss hat bei der Formfüllung Orientierungen zur Folge, die insbesondere bei faserverstärkten Thermoplasten anisotropes Bauteilverhalten und durch richtungsabhängige Schwindung Verzug verursachen. Geometriebedingt können Bindenähte oder Lufteinschlüsse entstehen.

Ortsvariable Schwindung und als Folge davon Verzug kann auch durch unterschiedliche Werkzeugtemperierung bzw. Abkühlung verursacht oder vermieden werden.

Nach dem Abkühlen müssen die Teile aus dem Werkzeug entformt werden. Dazu müssen Auswerfer an geeigneten Stellen platziert, Entformumgsschrägen einkalkuliert und bei Hinterschneidungen werkzeugtechnisch akzeptable Lösungen gesucht werden.

7.1 Formfüllung

Das Spritzgießen zählt zu den diskontinuierlichen Fertigungsverfahren. Jeder Phase eines Zyklus können bestimmte Vorgänge mit entsprechenden Konsequenzen auf die Qualität des Fertigteils zugeordnet werden (Bild 7.2), die in Grenzen durch die Prozessparameter beeinflusst werden können.

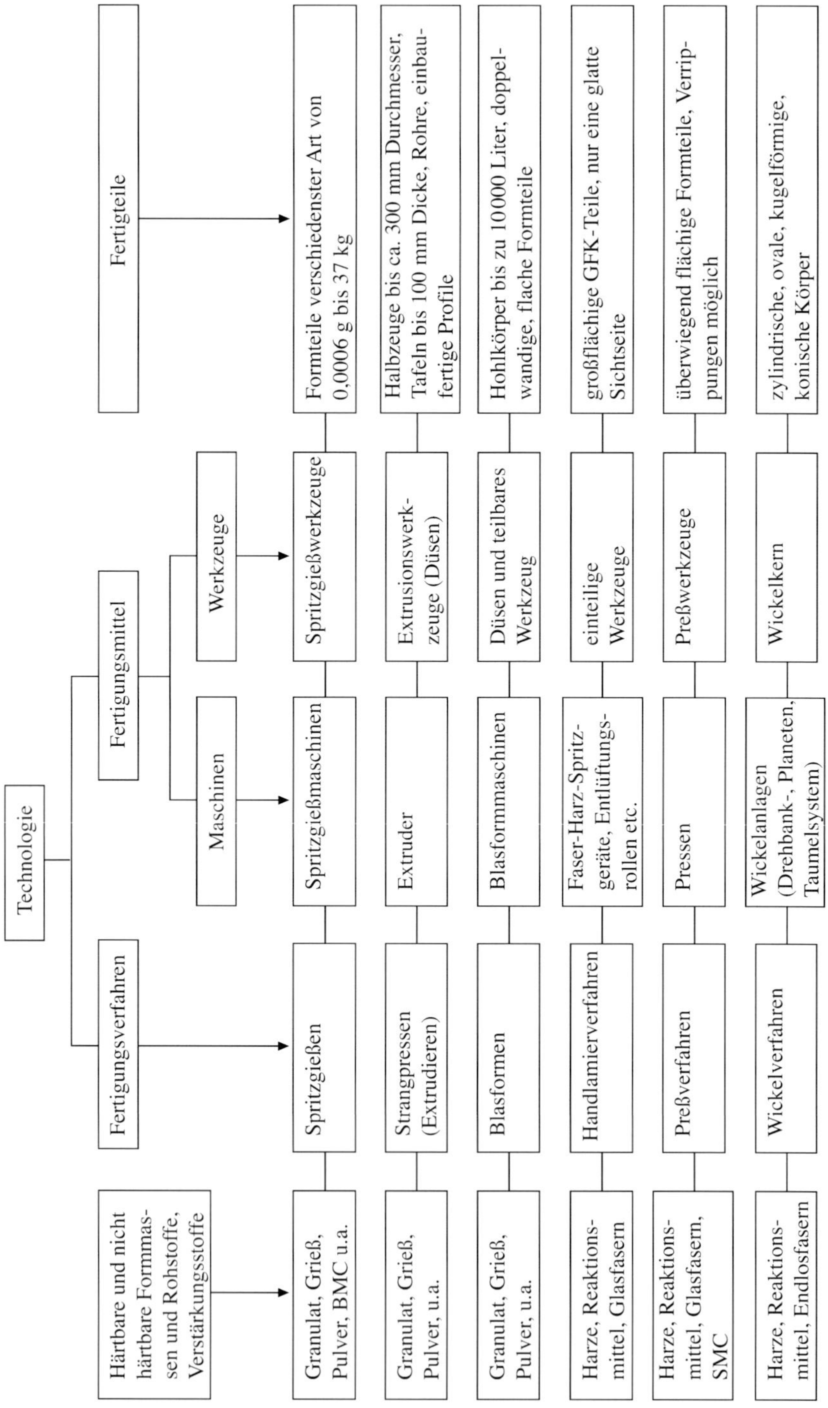

Bild 7.1 Die wichtigsten Fertigungsverfahren und Fertigungsmittel zur Herstellung technischer Bauteile aus Polymerwerkstoffen

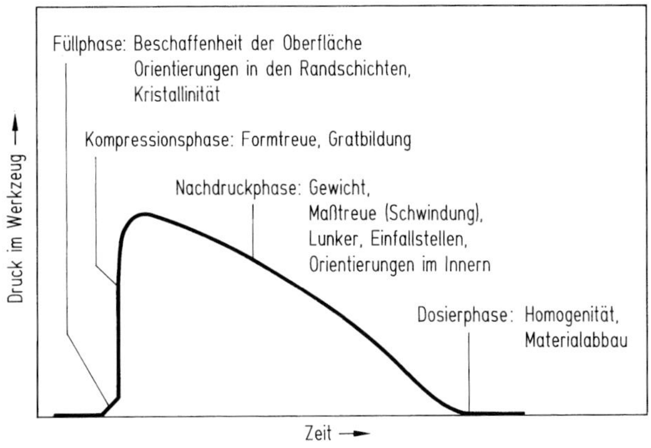

Bild 7.2 Druckverlauf im Werkzeug und Zuordnung von Qualitätsmerkmalen zu den Prozessphasen

7.1.1 Simulation des Füllvorgangs

Während der Schmelzefluss in die Werkzeugkavität bei geometrisch einfachen Bauteilen noch leicht vorstellbar sein mag, bedarf es bei komplexeren Geometrien zur Simulation der Werkzeugfüllung eines gewissen Zeichen- oder Rechenaufwandes.

Die grafische Methode, den Füllvorgang mit Hilfe von Zirkel und Lineal auf der Abwicklung des Formteils abzubilden (Füllbildmethode [7.12]) gibt eine erste Auskunft über die Ausbreitung der Fließfront, die Lage von Bindenähten und eventuelle Lufteinschlüsse. Heute wird diese Methode allerdings nur noch in Ausnahmefällen angewendet.

Es wird dabei von der Voraussetzung einer isothermen, newtonschen Strömung ausgegangen, so dass die von den Strömungsbedingungen abhängigen Materialeigenschaften vernachlässigt werden können. Die Fließfront breitet sich vom Angusspunkt zunächst kreisförmig aus, wobei sich die in einem Zeitintervall zurückgelegten Fließweglängen proportional zur aktuellen Wanddicke verhalten:

$$\frac{\Delta l}{s} = \frac{\Delta l'}{s'} \tag{7.1}$$

Das Prinzip dieser Methode ist aus Bild 7.3 zu ersehen.

Eine genauere Analyse des Formfüllvorgangs erhält man auf numerischem Weg. Hierzu stehen eine Reihe von kommerziellen Rechenprogrammen zur Verfügung, die nicht nur den Füllvorgang simulieren, sondern auch Informationen über wichtige Prozessparameter liefern. Für den Formteilkonstrukteur ist jedoch in erster Linie die Füllbildsimulation eine Hilfe, da sie Aufschluss gibt über zu erwartende

- Lage von Fließ- und Bindenähten (mechanische Schwachstellen)
- Lufteinschlüsse (Verbrennungen)
- örtliche Erstarrung der Schmelze (Hinweise auf zu dünnwandige Partien)
- Vektoren der Fließrichtung (Hinweis auf Orientierungen)

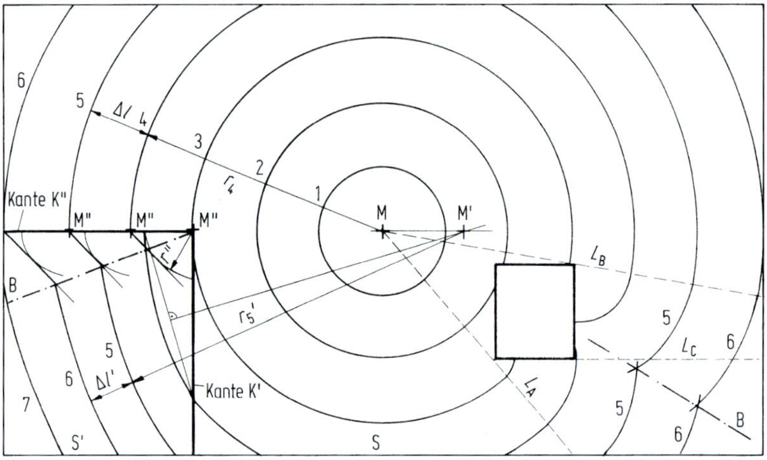

Bild 7.3 Füllbildkonstruktion am Beispiel einer Platte mit Durchbruch und Wanddickenunterschied

M:	Ort des Angusses, Zentrum der ungestörten Quellströmung
M':	theoretisches Zentrum der Quellströmung durch die Kante *K'* im dünneren Wandbereich
M'':	theoretische Zentren der Quellströmung durch die Kante *K''*
1, 2, …:	Fließfronten
Δl:	Zeitschritt
$\Delta l'$:	Zeitschritt im dünneren Bereich (Gl. (7.1))
$r_{1,2,\ldots}$:	Radien der Fließfronten im ungestörten Bereich
$r'_{1,2,\ldots}$:	Radien der Fließfronten im dünneren Bereich
r'':	Radien der Fließfronten durch $K'' = \Delta l'$
s:	Wanddicke
s':	Wanddicke im dünneren Bereich (hier $s' = 0{,}75$ s)
$L_{A\ldots}$:	Leitstrahlen vom Anguss zu den Ecken des Durchbruchs
B:	Bindenaht

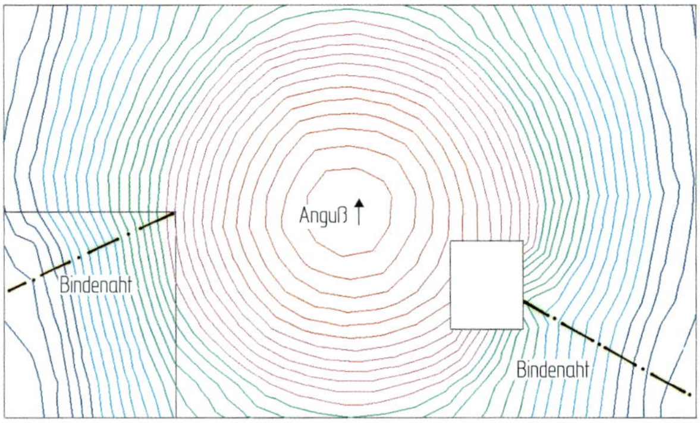

Bild 7.4 Füllbildsimulation der Platte von Bild 7.3 (Rechenprogramm:„Moldflow")

Das Bild 7.4 zeigt das Ergebnis einer numerischen Füllbildsimulation der Platte von Bild 7.3 (Rechenprogramm: „Moldflow").

7.1.2 Ursachen zur Entstehung von Orientierungen

Beim Fließen der Polymerschmelze in die Werkzeugkavität wird die Knäuelstruktur der Makromoleküle in der Schmelze durch Scher- und Dehnkräfte deformiert, so dass sich die Moleküle in die Richtung der Wirkung dieser Kräfte ausrichten und bei rascher Abkühlung in diesem ausgerichteten, deformierten Zustand einfrieren. Man spricht dann von Molekülorientierungen (s. a. Abschnitt 2.5.3.1). Wie viel derartiger Orientierungen in einem Bauteil bestehen bleiben, hängt davon ab, wie viel Zeit den Makromolekülen bei der Abkühlung oberhalb der Glasübergangstemperatur T_g zur Verfügung steht, den energetisch günstigsten Zustand höchster Entropie (orientierungsfreie Knäuelstruktur) wieder anzunehmen, oder zu kristallinen Anordnungen zu finden.

Das Bild 7.5 verdeutlicht sehr anschaulich, wie es am Rand einer Kavität zu Orientierungen *in* Fließrichtung der Schmelze, und in der Mitte aufgrund der dort wirkenden Zugkräfte besonders bei dickwandigen Querschnitten zu Orientierungen *quer* zu Fließrichtung kommt.

Im makroskopischen Festigkeitsverhalten zeigen so orientierte Teile eine Festigkeitsanisotropie in der Art, dass in Orientierungsrichtung eine Festigkeitserhöhung vorliegt, quer dazu eine Schwächung.

Weit dramatischer als die Molekülorientierung wirkt sich jedoch bei heterogenen Polymersystemen, wie bei kurzfaserverstärkten Polymerwerkstoffen, die Ausrichtung der Fasern auf die Eigenschaften aus.

Die Analyse der durch Strömungsvorgänge bedingten Vorzugsorientierungen von insbesondere Kurzglasfasern in Thermoplasten ist Gegenstand vieler Forschungsarbeiten. Eine gute Übersicht wird z. B. in [7.13] gegeben. Teilweise widersprechen sich die Aussagen; die folgenden Zusammenhänge können jedoch als gesicherter Stand der Erkenntnisse gewertet werden:

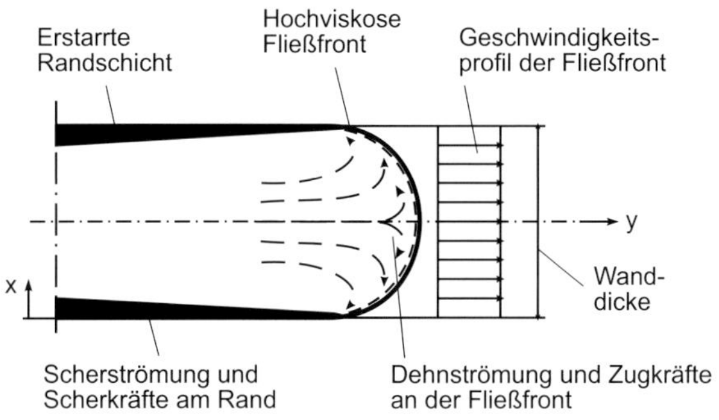

Bild 7.5 Entstehung von Scher- und Dehnkräften bei der Strömung einer Polymerschmelze in eine Kavität

Während das Gebiet um den Anguss keine eindeutige Beschreibung der Faserorientierung zulässt, kommt es danach zu einem charakteristischen Schichtenaufbau unterschiedlicher Faserorientierungen. In flächigen Formteilen mit weitgehend uniaxialer Ausbreitungsströmung kann mit Faserorientierungen gemäß Bild 7.6 gerechnet werden. Dieser Schichtenaufbau konnte in vielen Untersuchungen an Rechteckplatten mit Bandanschnitt bestätigt werden.

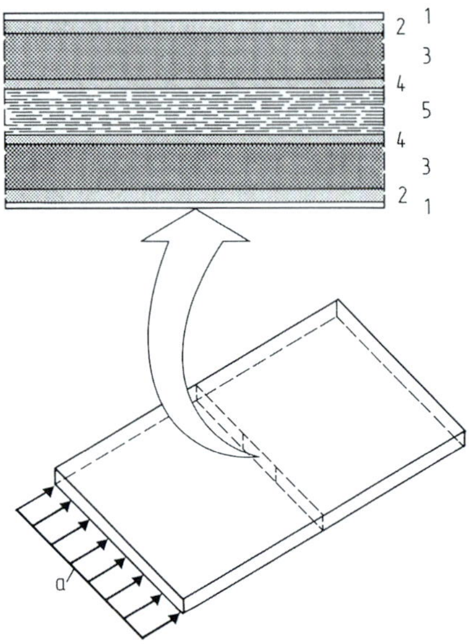

Bild 7.6 Faserorientierung in einer Rechteckplatte mit Bandanguss, schematisch [7.13]
1) faserarmer Randfilm
2), 4) regellose Faserorientierung
3) Fasern überwiegend in Fließrichtung
5) Fasern überwiegend senkrecht zur Fließrichtung
a) Anschnitt

Danach besteht die äußerste Schicht aus einem faserarmen Polymerfilm (1), an den sich eine ebenfalls dünne unorientierte Schicht (2) anschließt. Die dritte Schicht weist eine ausgeprägte Faserorientierung in Fließrichtung auf, was der dort herrschenden Scherströmung zugeschrieben werden kann. Die Fasern in der Kernschicht (5) orientieren sich wegen der dort herrschenden Zugspannungen dagegen überwiegend quer zur Fließrichtung. Zwischen diesen beiden hochorientierten Schichten wird eine Übergangsschicht mit regelloser Orientierung festgestellt.

Relevant für das Bauteilverhalten sind die in Fließrichtung orientierten Schichten (3). Sie bestimmen wegen ihrer Randnähe die Biegesteifigkeit.

Die orthogonal orientierte Schicht (5) schwächt die Festigkeit und in geringerem Maße die Steifigkeit in Fließrichtung, sorgt andererseits aber für einen gewissen Ausgleich der durch die Schichten (3) bedingten Anisotropie.

Der Orientierungsgrad in den einzelnen Schichten, ihre jeweiligen Dickenabmessungen sowie ihre symmetrische Anordnung bezüglich des Querschnitts hängen in sehr komplexer Weise von Stoffparametern, Verfahrensparameter und Geometrieparametern ab.

Stoffparameter

Der in Bild 7.6 skizzierte Schichtenaufbau ist vorzugsweise für PA 66 als Matrixmaterial nachgewiesen und gilt prinzipiell auch für Stoffe mit ähnlichem Fließverhalten z. B. PA 6 oder PBT. Bei PP scheinen dagegen die Randschichten in ihrer Dickenabmessung kleiner und die Mittelschicht größer zu sein, so dass integral gesehen eine Faserorientierung quer zur Strömungsrichtung resultieren kann [7.14]. Die in Bild 7.10 von [7.16] angegebenen Anisotropiefaktoren belegen diese Umkehr der Orientierung jedoch nicht. Allerdings wird bei vergleichbaren Fasergehalten bei PP eine deutlich geringere Anisotropie gegenüber PA gefunden. Auch nimmt der Verstärkungs- und Versteifungseffekt durch die Fasern bei PP-Matrix schneller ab als bei PA-Matrix, wenn zwischen den Werten parallel und senkrecht gemessen wird.

Höhere Faseranteile verstärken die Intensität der Orientierung in Fließrichtung (s. a. Bild 7.11). Der Einfluss der Faserlänge ist von untergeordneter Bedeutung [7.13].

Verfahrensparameter

Von den verfahrenstechnischen Parameter nimmt die Veränderung der Einspritzzeit den signifikantesten Einfluss auf die Faserausrichtung. So kann zumindest bei Polyamid-Matrix durch eine Verlängerung der Einspritzzeit die Ausbildung der Mittelschicht (5) abgeschwächt oder sogar nahezu unterdrückt werden.*

Hoher Nachdruck und lange Nachdruckzeiten schwächen ebenfalls die Mittelschicht zugunsten der Schichten (3), jedenfalls solange der Nachdruck noch ein Fließen im Kern bewirken kann [7.13, 7.15].

Geometrieparameter

Eine Vergrößerung der Wanddicke des Bauteils hat vor allem eine Vergrößerung der Mittelschicht (5) zur Folge [7.14, 7.15].

Bei in Strömungsrichtung divergierender Formteilgeometrie treten als Folge von Dehnströmungen Querorientierungen auf, während Querschnittsverengungen zu stärkerer Längsorientierung führen [z. B. 7.13, 7.15, 7.17].

Bild 7.7 zeigt am Beispiel eines Schulterstabes die ausgeprägte Faserorientierung des Stabquerschnitts in Fließrichtung. Bei derartigen stabförmigen Geometrien wird die Längsorientierung zusätzlich durch den seitlichen Randeinfluss verstärkt.

Ein Fließhindernis – beispielsweise ein Kern, der einen Durchbruch formen soll – teilt den Schmelzestrom auf. Vor dem Hindernis werden die Fasern vermehrt querorientiert, dahinter treffen die beiden Schmelzeströme wieder aufeinander und bilden eine Bindenaht mit strenger Längsorientierung (Bild 7.8) [z. B. 7.13, 7.15, 7.18, 7.19].

Rippen, die zur Versteifung des Bauteils vorgesehen sind, stören die bekannte Ausbildung der Orientierung prinzipiell nicht. Wenn die Rippe quer angeströmt wird (Bild 7.9, links), wird sie nach einer Umlenkung der Fließrichtung von der Grundfläche aus gefüllt, so dass die randnahe Orientierung quer zur Längsachse der Rippe einstellt [7.13, 7.20, 7.21]; wird sie längs durchströmt, ordnen sich die Fasern randnah entsprechend der Fließrichtung ebenfalls längs (Bild 7.9 rechts).

* Eine geringe Einspritzgeschwindigkeit hat meist auch eine schlechtere Oberflächenqualität zur Folge.

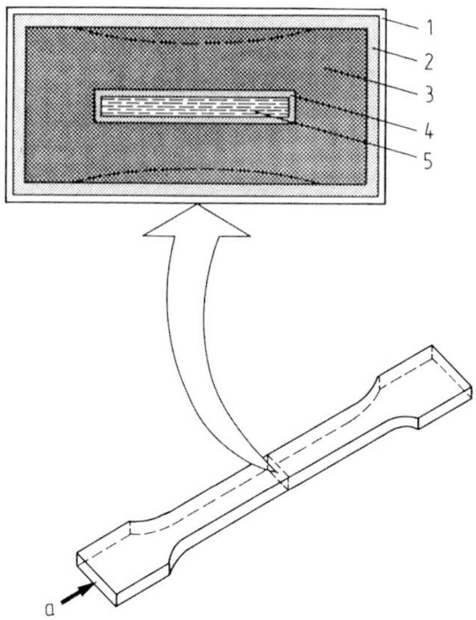

Bild 7.7 Faserorientierung in einem Schulterstab, schematisch [7.13]
1) faserarmer Randfilm
2), 4) regellose Faserorientierung
3) Fasern überwiegend in Fließrichtung
5) Fasern überwiegend senkrecht zur Fließrichtung
a) Anschnitt

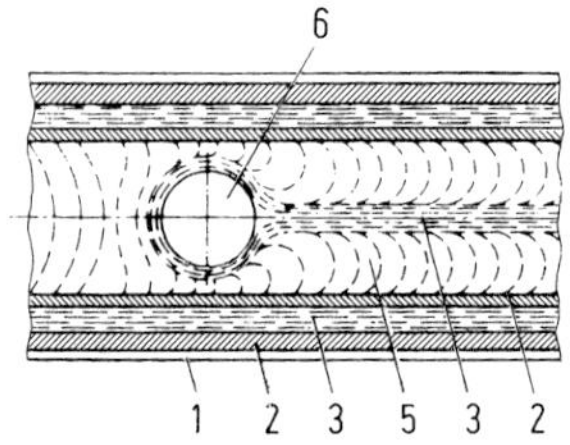

Bild 7.8 Faseranordnung in der Mittelschicht beim Umströmen eines Kerns, schematisch [7.13]
6) Fließhindernis (Kern), sonst Legende wie in Bild 7.6

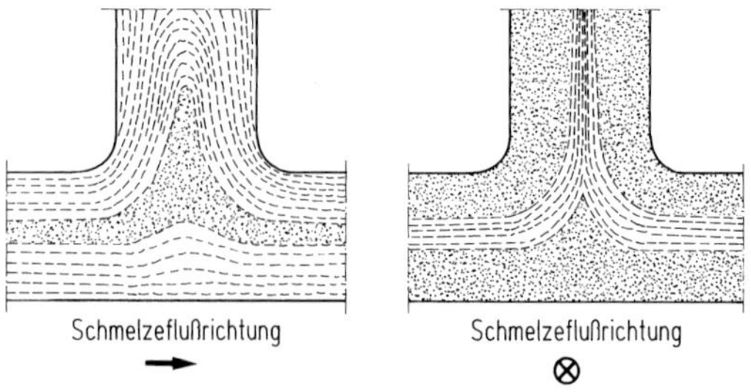

Bild 7.9 Faserorientierung quer (links, ungünstig) und längs (rechts, günstig) zur Rippenlängsachse (Prinzip) [7.20]

Bei den wenigsten verrippten Konstruktionen werden jedoch derart eindeutige Strömungsverhältnisse vorliegen, so dass mit Mischformen dieser idealen Orientierungszustände zu rechnen ist. Da die Rippendicke etwa die Hälfte der Plattendicke betragen sollte (Vermeidung von Masseanhäufung im Rippenfuß), wird die Schmelze auch bei Längsanströmung in der Grundpatte vorauseilen und im Rippenquerschnitt wegen dessen höheren Fließwiderstandes zurückbleiben. Folglich wird die Faserorientierungsrichtung einen Winkel zur Rippenrichtung einnehmen. Auch an Rippenkreuzungspunkten wird sich kein eindeutig vorhersehbarer Orientierungszustand einstellen (s. a. Abschnitt 10.3.3).

7.1.2.1 Auswirkungen von Orientierungen

Besonders aus den strömungsbedingten Faserorientierungen resultieren erhebliche Festigkeits- und Steifigkeitsanisotropien (s. a. Abschnitt 2.5.3.2). Ferner zeigen sich signifikante Unterschiede in der Verarbeitungsschwindung (Wärmeausdehnung) längs und quer zur Orientierungsrichtung (Bild 7.11), was sich am Bauteil als Verwerfung oder Verzug auswirken kann (s. a. Abschnitt 7.2.3).

Wegen der Vielzahl der einflussnehmenden Parameter ist die Übertragung von an geometrisch einfachen Probekörpern gemessenen Kennwerten auf anders gestaltete Bauteile problematisch. Selbst die Messergebnisse, die verschiedene Autoren an Platten ermittelt haben, lassen sich nur bedingt untereinander vergleichen. Es ist jedoch schon hilfreich, die eindeutig festgestellten Tendenzen zu erkennen. Bild 7.10 enthält Anisotropiefaktoren der Festigkeit und des Elastizitätsmoduls (Zug) als Bereiche über der Plattendicke. Daraus ist zu erkennen:

- Mit zunehmender Wanddicke nimmt die Anisotropie in Fließrichtung ab, weil die querorientierte Schicht (5) größer wird.
- Bei Polymerwerkstoffen mit vergleichsweise zu PA ausgeprägtem strukturviskosen Fließverhalten (z. B. PP, SAN) dominiert die Querorientierung schon bei geringen Wanddicken, so dass die Anisotropiefaktoren in Fließrichtung kleiner 1 werden können.

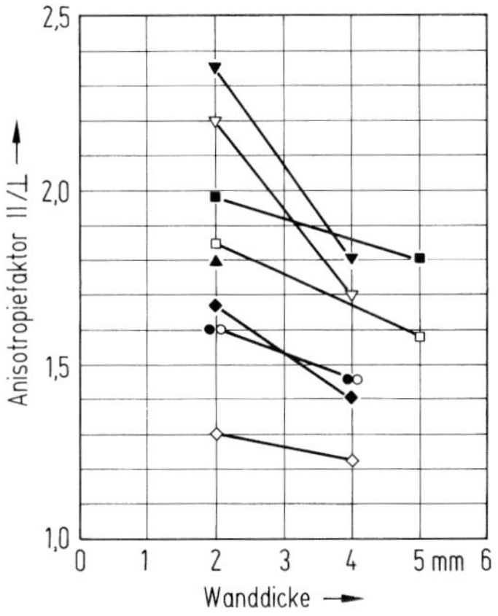

Elastizitätsmodul	Zugfestigkeit	Werkstoff	Quelle
▼	▽	PA66-GF (50 Gew.-%)	[7.16]
■	□	PA6-GF (35 Gew.-%)	[7.15]
▲		PA66-GF (33 Gew.-%)	[7.14]
◆	◇	PA66-GF (15 Gew.-%)	[7.16]
●	○	PP-GF (30 Gew.-%)	[7.16]

Bild 7.10 Anisotropiefaktoren der Festigkeit und Steifigkeit, gemessen an Platten mit Bandanguss längs und quer zur Fließrichtung

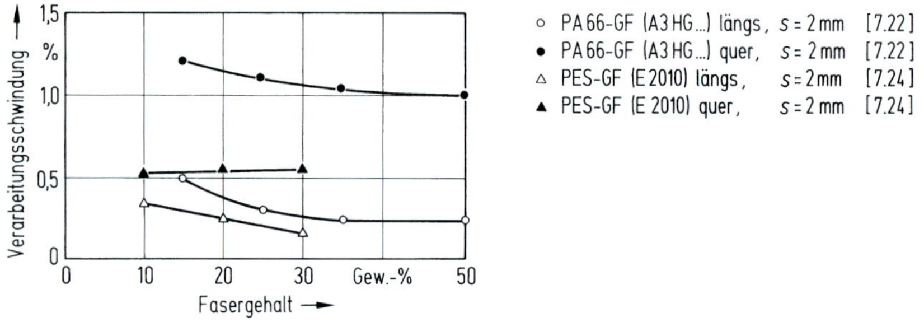

Bild 7.11 Verarbeitungsschwindung von PA 66-GF (A3HG) für unterschiedliche Glasgehalte, gemessen an Platten mit 2 mm Wanddicke [7.22, 7.24]

Tabelle 7.1 Verarbeitungsschwindung von PA mit verschiedenen Füllstoffen, gemessen an Platten mit 2 mm Wanddicke [7.22]. Die geringfügigen Unterschiede bei den globulären Füllstoffen sind durch Messstreuungen erklärt.

PA verstärkt mit 30 Gew.-%	**Schwindung in %**	
	quer	**längs**
Glasfasern	0,3	1,0
Glaskugeln	0,9	1,0
Silikat	0,2	0,3
Kreide	1,3	1,4

Hinsichtlich der Verarbeitungsschwindung sind die Unterschiede längs und quer zur Fließrichtung sowie die Einflüsse vom Glasfasergehalt aus Bild 7.10 tendenziell zu entnehmen. Es handelt sich hierbei um die Schwindung, gemessen an Platten mit Bandanguss.

Eine weitgehend isotrope Schwindung und Verzugsfreiheit wird mit globulären Füllstoffen erreicht (Tabelle 7.1), wenngleich mit diesen Füllstoffen nicht die Verstärkungseffekte erzielt werden wie mit eindimensionalen Fasern.

7.1.2.2 Beeinflussung von Orientierungen

Unter der für die Konstruktionspraxis gerechtfertigten Vereinfachung, dass die in Strömungsrichtung orientierten Schichten (3) letztlich ausschlaggebend für die richtungsabhängigen Eigenschaften sind, gilt als pauschale Konstruktionsregel, dass orientierungskritische Partien so im Werkzeug gefüllt werden sollen, dass eine beanspruchungsgerechte Orientierung resultiert. Die Richtung der Orientierung in den äußeren Schichten (3) kann aus der Füllbildmethode oder besser aus einer numerischen Füllbildsimulation als normal zu den Fließfrontlinien interpretiert werden. In Angussnähe und an Fließwegenden trifft dies nicht zu.

Orientierungsbedingtem Verzug kann man entgegenwirken, indem eine gleichmäßige oder symmetrische Füllung angestrebt wird, damit sich Längs- und Querschwindung nicht behindern. Hierzu einige Beispiele:

Angusslage

Rahmenförmige Bauteile reagieren besonders sensibel mit Verzug, wenn in den einzelnen Gurten infolge unterschiedlicher Wanddicken auch unterschiedliche Fließwiderstände, Fließgeschwindigkeiten und Faserorientierungen entstehen. Hier kann häufig durch geeignete Wahl der Angussorte regulierend eingegriffen werden.

Das Bild 7.12 zeigt einen PKW-Leuchtenrahmen, der am Obergurt an zwei Stellen angespritzt wird. Da der Querschnitt des Obergurts größer ist als der des Untergurts, fließt bei konstantem Volumenstrom die Schmelze im Obergurt zunächst langsamer als im Untergurt. Deswegen werden oben die Glasfasern stärker in Fließrichtung ausgerichtet (s. a. Abschnitt 7.1.2), was zu einer geringeren Schwindung gegenüber der im Untergurt führt. Hieraus folgt zwangsläufig eine Verwerfung des Rahmens.

Die Füllbildsimulation bestätigt diese Situation: Die Isochronen liegen im Obergurt wesentlich dichter als unten, d. h. in der Zeiteinheit wird nur eine kürzere Strecke durchströmt (Bild 7.13 oben).

Werden die Anbindungen auf die Innenseite des Verbindungssteges gelegt, zeigt die Füllbildsimulation, dass die Längsseiten gleichmäßiger gefüllt werden, woraus auf eine gleichartige Faserorientierung und Verzugsfreiheit geschlossen werden kann (Bild 7.13 unten).

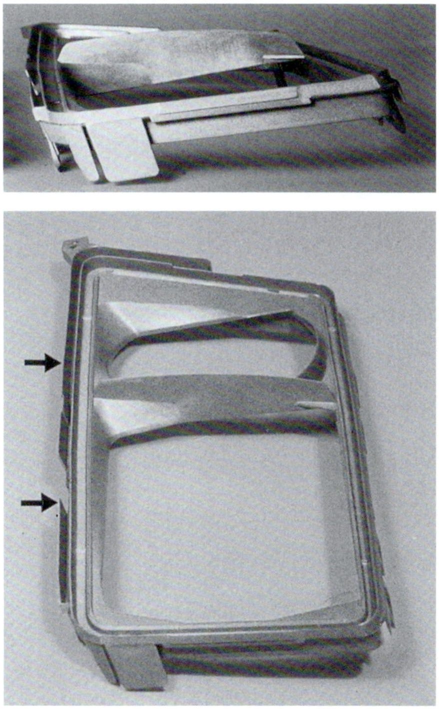

Bild 7.12 Rahmen aus PBT-GF für einen PKW-Scheinwerfer

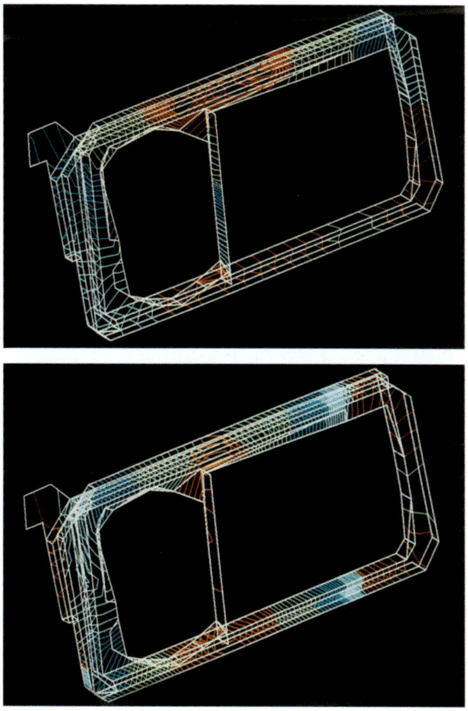

Bild 7.13 Füllbildsimulation bei unterschiedlicher Angusslage [7.23]

Fließhilfe

Ungleichmäßiges Durchströmen von verzugskritischen Formteilpartien kann auch durch Fließhilfen korrigiert werden. Unter einer Fließhilfe wird im allgemeinsten Fall eine Wanddickenerhöhung verstanden oder auch kanalartige Vertiefungen mit größerem Querschnitt und deshalb geringerem Fließwiderstand.

Als Konstruktionshilfe zur Beurteilung des Formfüllvorgangs dient wieder eine rechnerische Formfüllstudie.

In Bild 7.14 sind für ein gabelförmiges Gehäuseteil Füllbildsimulationen gegenübergestellt. Das ungleichmäßige Füllen ist an der unterschiedlichen Liniendichte in den beiden Schenkel (Bild 7.14 oben) zu erkennen. Durch eine Fließhilfe vor dem im Bild oberen Schenkel kann der Füllvorgang in beiden Schenkeln deutlich vergleichmäßigt werden (Bild 7.14 unten). Dies ist eine Voraussetzung für Verzugsfreiheit. Beteiligt ist in diesem Beispiel jedoch auch der thermisch induzierte Verzug, der bei Kanten und u-förmigen Geometrien häufig die entscheidende Rolle spielt (s. a. Abschnitt 7.2.3.2).

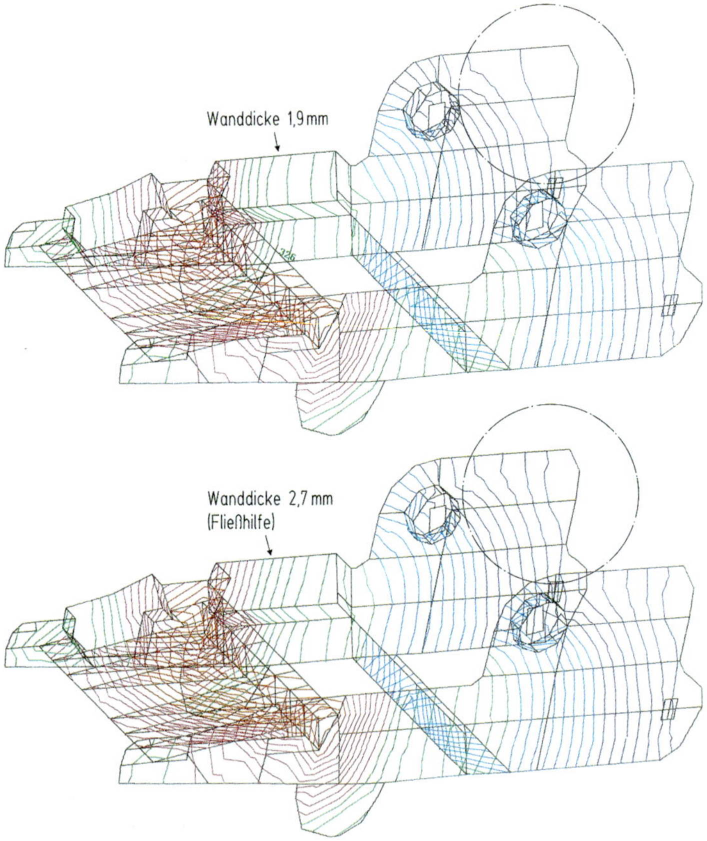

Bild 7.14 Füllbildsimulation ohne (oben) und mit Fließhilfe (unten) an einem gabelförmigen Bauteil aus PA 6-GF

Fließbremse

Im Gegensatz zur Fließhilfe kann durch eine querschnittsverengende Fließbremse der Schmelzestrom gezielt verlangsamt oder umgelenkt werden. Durch eine solche Maßnahme wurde bei dem kastenförmigen Teil aus einem faserverstärkten Thermoplast in Bild 7.15 erreicht, dass die beiden Längsseitenwände kantenparallel durchströmt werden, obwohl der Anguss außermittig an der Unterseite liegt.

Die Fließbremsen sind hier Nuten zwischen Boden und Unterkante der Seitenwände, so dass die Schmelze nicht vom Boden aus schräg in die Seitenwände fließt (Bild 7.16 oben), sondern von der Stirnseite aus verhältnismäßig geradlinig durch die Seitenwände strömt (Bild 7.16 unten). Dadurch werden die Fasern als Voraussetzung für Verzugsfreiheit überwiegend in Längsrichtung ausgerichtet. Außerdem wird die Kühlung an der Innenkante verbessert (s. a. Bild 7.47) und dadurch der Winkelverzug reduziert.

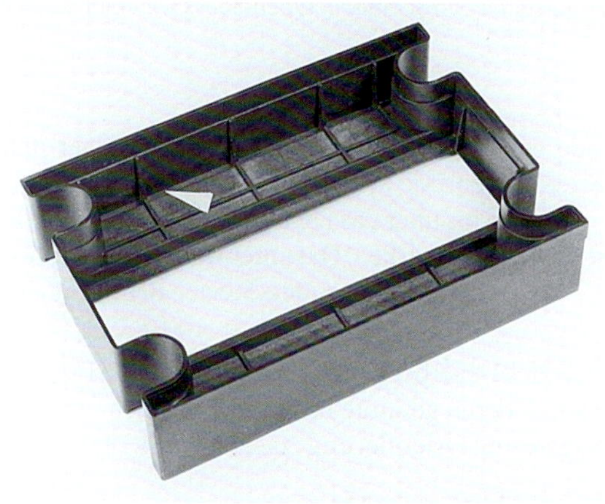

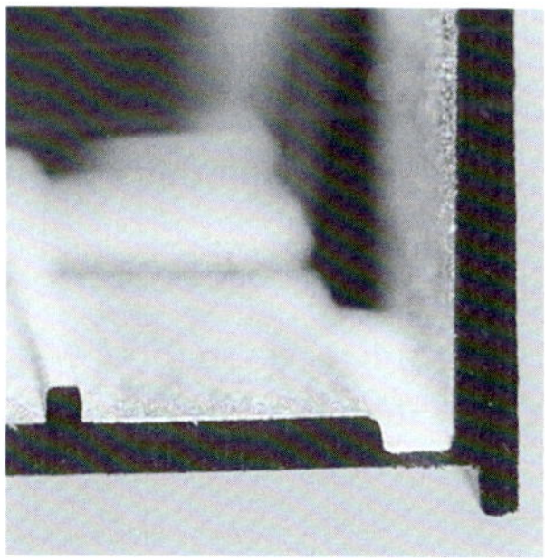

Bild 7.15 Kantenparallele Nuten an den Längsseiten als Fließbremsen (Werkbild: Jantsch)

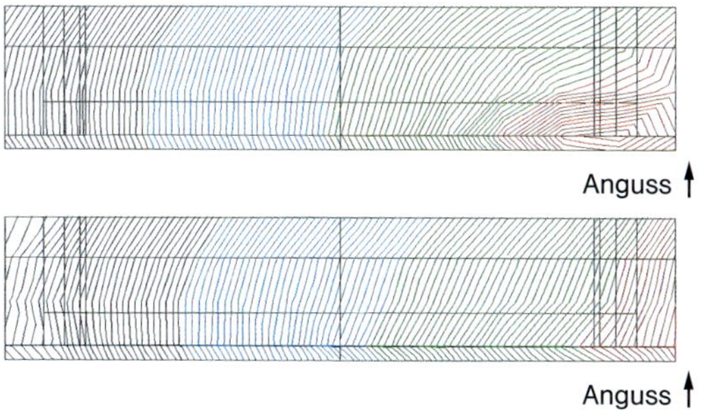

Bild 7.16 Füllbildsimulation der Seitenwand des kastenförmigen Bauteils von Bild 7.15.
Die Schmelze fließt in Angussnähe von unten in die Seitenfläche (oben).
Durch die Fließbremse wird ein gleichmäßigeres Durchströmen erreicht (unten).

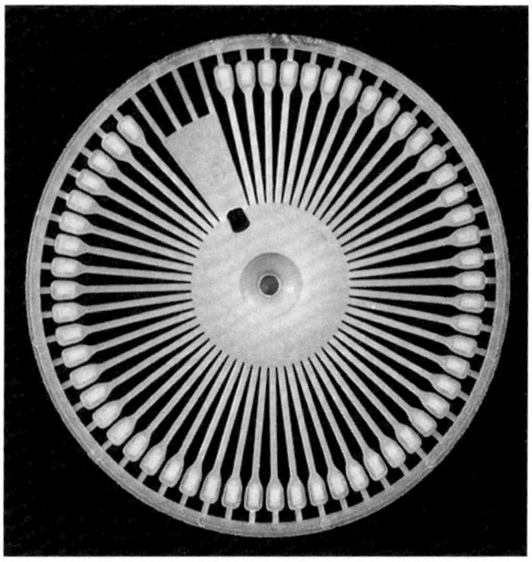

Bild 7.17 Überströmkanal an den Federarmen eines Fernschreiber-Typenrades (Werkbild: Siemens)

Überströmkanal

In Angussnähe sowie am Fließwegende wird der Orientierungszustand weniger definiert sein als in der dazwischen liegenden Strecke, wenn sie ungestört durchströmt wird. Wenn es darauf ankommt, eine bestimmte Orientierung bis über das Fließwegende hinaus zu erhalten, kann dies unter Umständen ein Überströmkanal bewirken. Darunter wird eine Formhöhlung über das eigentliche Formteil hinaus – etwa vergleichbar einem Steiger beim Metallguss – verstanden.

Diese aufwendige Maßnahme wurde beispielsweise bei dem Typenstern (Bild 7.17) ergriffen, um in den langen dünnen Federarmen über deren gesamte Länge sowie in den Typenköpfen am Fließwegende eine beanspruchungsgerechte Orientierung zu erzielen [4.18].

7.1.3 Ursachen zur Entstehung von Bindenähten und Lufteinschlüssen

Bindenähte entstehen, wenn die Fronten zweier oder mehrerer Schmelzeströme im Werkzeug aufeinander treffen. Dies geschieht also zwangsläufig, wenn ein Durchbruch im Formteil (Kern im Werkzeug) umflossen werden muss, oder wenn das Formteil an mehreren Stellen angegossen wird. Aber auch Wanddickenunterschiede, die ein partielles Voreilen oder Zurückbleiben der Schmelzefront bedingen, oder nur unterschiedliche Fließweglängen in einem Formteil können dazu führen, dass es zum Zusammentreffen verschiedener Schmelzeströme kommt* (s. Bild 7.3 und 7.4).

Von einem Lufteinschluss spricht man sinngemäß, wenn die Schmelzefronten einen Hohlraum umschließen, aus dem die eingeschlossene Luft nicht mehr entweichen kann.

* Gelegentlich wird zwischen Bindenaht (frontales Aufeinandertreffen der Schmelzeströme) und Fließnaht (mehr oder weniger paralleles Strömen) unterschieden.

7.1.3.1 Auswirkungen von Bindenähten und Lufteinschlüssen

Bindenähte sind im Prinzip Schweißnähte, die in erster Linie die mechanischen und optischen Eigenschaften des Bauteils beeinträchtigen. Die Ursache für eine Minderung der mechanischen Eigenschaften kann einerseits an einer ungenügenden Verschweißung der Schmelzefronten – eventuell durch eingeschlossene Luft zusätzlich erschwert – liegen. Andererseits stellt sich im Bindenahtbereich eine Orientierung ein, die sich deutlich von der benachbarter Bereiche unterscheidet und besonders bei faserverstärkten Thermoplasten zu richtungsabhängigen Eigenschaftsänderungen führen kann. Insbesondere bei frontal aufeinander treffenden Schmelzeströmen bilden sich im Bindenahtbereich auch schwächende Kerben an den Formteiloberflächen aus [7.25].

Mechanische Bindenahtfaktoren

Analog zum Schweißfaktor* wird ein Bindenahtfaktor definiert als Quotient einer gemessenen Eigenschaft mit Bindenaht zu der ohne Bindenaht. Als Probekörper dient üblicherweise ein Zugstab, der entweder einseitig (ohne Bindenaht) oder von beiden Enden her angespritzt wird (mit Bindenaht). In Tabelle 7.2 sind einige so ermittelte Bindenahtfaktoren zusammengestellt.

Die in den Tabellen 7.2 und 7.3 enthaltenen Bindenahtfaktoren sind an dem kritischen Fall zweier frontal aufeinander stoßender Schmelzeströme ermittelt. Werden im Werkzeug Durchbrüche umströmt, kommt es nach dem Durchbruch allmählich zum Ausheilen der Schwächung. Auch der optisch störende Eindruck lässt nach.

Wenn der Durchbruch angussfern liegt, ist wegen der dann schon eingetretenen Schmelzeabkühlung die Verschweißung im Bindenahtbereich weniger gut.

Bindenähte als sichtbare Oberflächenmarkierungen

Wegen der Orientierungsänderung im Bereich der Bindenähte sind solche auch mehr oder weniger deutlich an der Formteiloberfläche als störende Linien zu erkennen. Insbesondere bei Einfärbungen mit flächigen Pigmenten sind die Bindenähte deutlich zu erkennen (Bild 7.18).

Bei Lufteinschlüssen kommt es leicht durch die starke Kompression zu lokaler thermischer Schädigung und unschönen Brandflecken.

Auch bei einer nachträglichen Oberflächenbehandlung durch Lackieren, Galvanisieren etc. können diese Bereiche noch einen optisch störenden Eindruck hinterlassen.

Eine Zusammenfassung der Einzelbefunde in Tabelle 7.2 führt zu folgender Klassifizierung:

Bindenähte als Sollbruchstelle

Der Schwachstellencharakter einer Bindenaht kann auch als Sollbruchstelle genutzt werden. Hievon wird beispielsweise bei Flaschenverschlüssen Gebrauch gemacht.

* Die beim Wärmekontaktschweißen erzielbaren Schweißfaktoren liegen wesentlich unter denen der Bindenahtfaktoren.

Tabelle 7.2 Bindenahtfaktoren gemessen an Zugproben bzw. Schlagbiegeproben mit und ohne Bindenaht

Werkstoffe	Morphologie	Bindenahtfaktor Beanspruchungsart		Quelle
		zügig	schlagartig	
PA 6 (B3S)	teilkristallin	≈ 1		[7.27]
PA 6-GF (B3WG6; 30 Gew.-%)		0,6		[7.27]
PA 66 (A3K)		≈ 1	0,22	[7.27]
PA 66-GF (A3WG7; 35 Gew.-%)		0,55		[7.27]
PE-HD (A120)		≈ 1	0,2	[7.26]
PP (5520)		0,92		[7.32]
PP (5200)		0,85		[7.26]
PBT (B4500)		0,95		[7.27]
PBT (B1505)		0,96		[7.32]
PBT-GF (B3235; 30 Gew.-%)		0,57		[7.32]
PBT-GF (B4300G6; 30 Gew.-%)		0,6		[7.27]
PS (143E)	amorph	0,4 (T_M = 180 °C)* 0,8 (T_M = 260 °C)*	0,05 (T_M = 180 °C)** 0,4 (T_M = 260 °C)**	[7.28] [7.28]
PS (203)		0,64 (T_M = 210 °C)		[7.32]
SB (333)		0,9		[7.32]
SB (475K)		0,85		[7.27]
ABS (867M)		≈ 1	0,6	[7.28]
ABS***		0,75 bis 0,4		[7.42]
ABS-GF (2803G3; 15 Gew.-%)		0,55	0,3	[7.28]
PC-GF (10 Gew.-%)		0,85		[7.29]
PC-GF (20 Gew.-%)		0,58		[7.29]
PC-GF (40 Gew.-%)		0,47		[7.29]

T_M = Schmelztemperatur

* Ausgangswert ohne Bindenaht fällt von σ_M = 54 MPa (T_M = 180 °C) auf σ_M = 44 MPa (T_M = 260 °C)

** Ausgangswert ohne Bindenaht fällt von a_{cU} = 27 KJ/m^2 (T_M = 180 °C) auf a_{cU} = 12 KJ/m^2 (T_M = 260 °C)

*** Mit steigendem Acrylgehalt nimmt der Bindenahtfaktor deutlich ab.

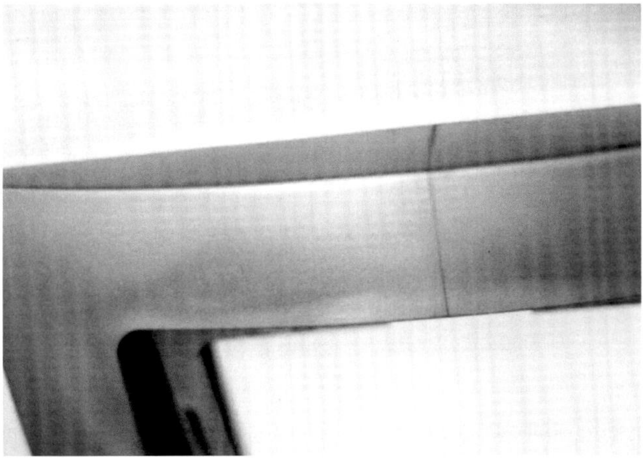

Bild 7.18 Bindenahtmarkierung an einem Rahmen

Tabelle 7.3 Richtwerte für Bindenahtfaktoren

Materialtyp	Bindenahtfaktor	
	zügig (Festigkeit)	schlagartig (Zähigkeit)
amorphes Gefüge	0,4 bis 0,95	0,1 bis 0,6
GF-verstärkt (fasergehaltabhängig)	0,5 bis 0,85	0,3 bis 0,5
teilkristallines Gefüge	0,85 bis 1,0	

7.1.3.2 Beeinflussung von Bindenähten und Lufteinschlüssen

Geometrie- und strömungsbedingte Bindenähte lassen sich grundsätzlich nicht vermeiden; dagegen können ihre Auswirkungen durch geeignete Maßnahmen beeinflusst werden. Diese sind

- Prozessbedingungen
- Werkzeugkonstruktion
- Gestaltungsmaßnahmen

Prozessbedingungen

Massetemperatur T_M, Werkzeugoberflächentemperatur T_W und Einspritzgeschwindigkeit nehmen bei teilkristallinen und auch bei glasfaserverstärkten Thermoplasten in der praxisüblichen Variationsbreite keinen nennenswerten Einfluss auf die Bindenahtfestigkeit.

Signifikant ist lediglich der Einfluss von T_M bei Werkstoffen amorpher Struktur (Tabelle 7.2).

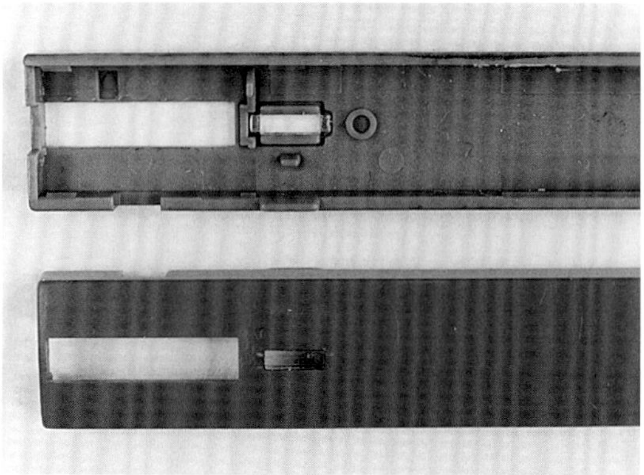

Bild 7.19 Autokassettenabdeckung (C-Box). Durch eine Fließbremse wird die Bindenaht aus der dünnen Stelle hinter dem Durchbruch verlagert (Werkbild: Fischer).

Werkzeugkonstruktion

Mit der *Wahl des Angussortes* wird auch die Lage der Bindenaht festgelegt. Eine Füllbildsimulation gibt Auskunft über die zu erwartende Lage einer Bindenaht, so dass unter Umständen bereits in der Konstruktionsphase des Werkzeugs die Bindenaht durch Variation des Angussortes in unkritische Bereiche verlagert werden kann.

Mit einer *Fließhilfe oder -bremse* als geometrische Maßnahme kann der Schmelzestrom so gesteuert werden, dass die Bindenaht aus der gefährdeten Stelle verlagert wird (Bild 7.19).

Ferner kann der Schmelzestrom auch mit dem *sequentiellen Spritzgießen* gesteuert werden, wenn Mehrfachangüsse nötig sind. Bei dieser Technik, die sich besonders für große, flächige Teile eignet, werden die Nadelverschlussdüsen eines Heißkanalsystems so geöffnet und geschlossen, dass die Bindenähte in unkritische Bereiche verschoben werden [7.52].

Das Kaskadenspritzgießen eignet sich eher für längliche Formteile, bei denen Heißkanalverschlussdüsen in einer Reihe angeordnet sind. Das Einspritzen beginnt gewöhnlich bei der mittleren Düse, und die benachbarten Düsen werden jeweils erst geöffnet, wenn der Schmelzestrom sie erreicht hat. So entsteht trotz Mehrfachangüssen ein äußerlich bindenahtfreies Teil.

Das Bild 7.20 zeigt eine Studie dieser Technik an einem Plattenstreifen $1\,200 \times 300 \times 3$ mm^3. Im Teil A dieses Bildes ist das Füllbild nach dem Standardspritzgießen gleichzeitig über alle Düsen zu sehen; im Diagramm darunter ist der Druck über der Füllzeit an den einzelnen Anschnitten und am Beginn des Verteilerkanals aufgetragen. Zwischen den einzelnen Angussstellen kommt es zu Bindenähten.

Die Teile B und C dieser Darstellung geben die Situation nach der Kaskadentechnik wieder: Begonnen wird mit der Düse in der Mitte* (Knotenpunkt 1), und die restlichen Düsen werden mit Erreichen der Schmelzefront geöffnet. Äußerlich ist keine Bindenaht zu erkennen. In B bleiben alle Düsen für den Nachdruck offen, in C wird die jeweils vorhergehende geschlossen, wenn die nächste geöffnet wird. Diese Nachdruckfahrweise hat einen Einfluss auf das Schwindungs- und Verzugsverhalten und ist abhängig von der Teilegeometrie zu optimieren.

* Aus Symmetriegründen ist nur eine Plattenhälfte gerechnet.

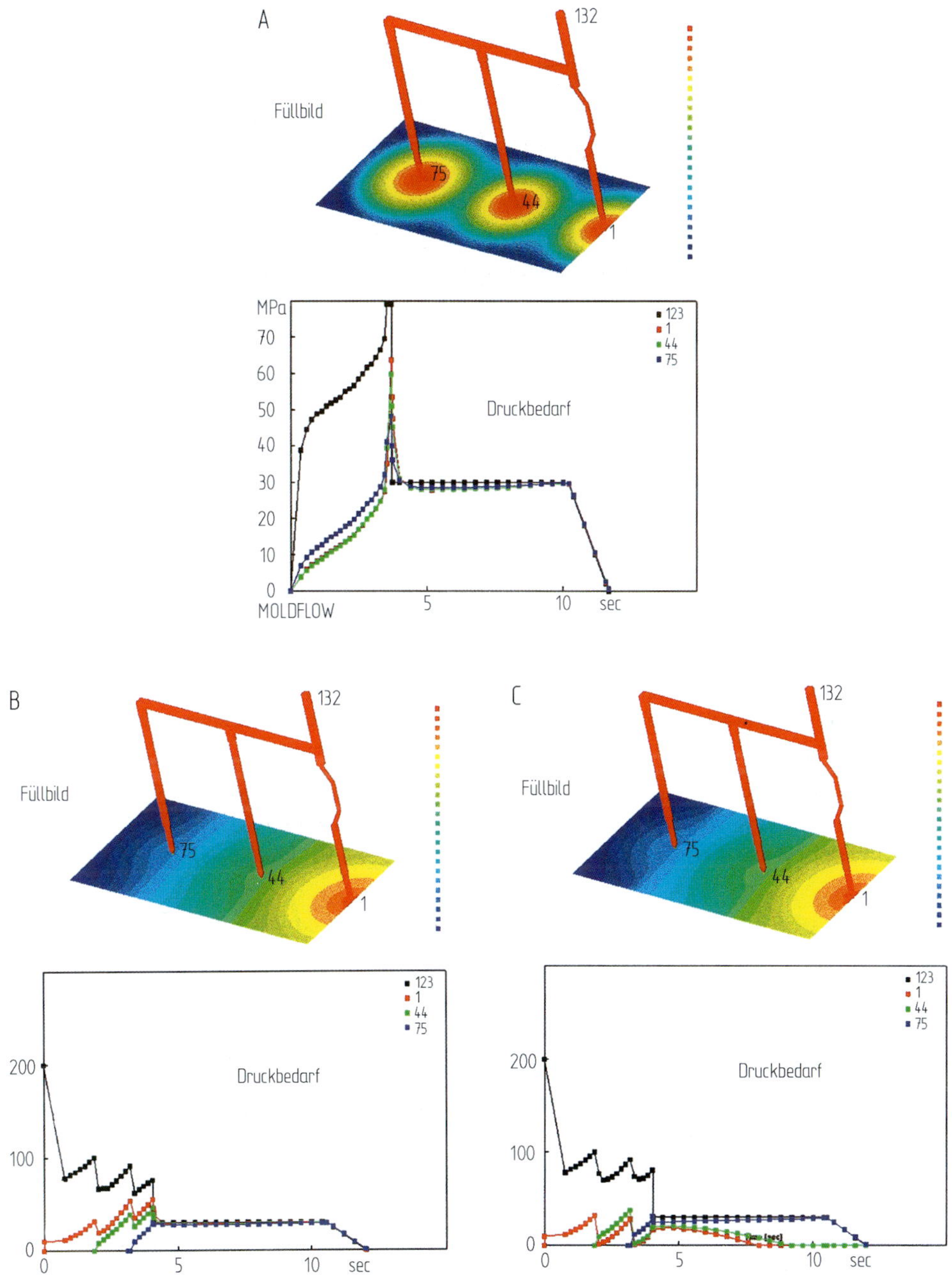

Bild 7.20 Füllbildsimulationen und Druckbedarf am Beispiel einer Platte 1 200 × 300 × 3 mm^3 für das Standardspritzgießen (A) und für die bindenahtfreie Kaskadentechnik (B, C). Für die Druckkurven gilt die Zuordnung:
Knoten 1 (rot), 44 (grün), 75 (blau) und 132 (schwarz) (nach Hopfenspirger).

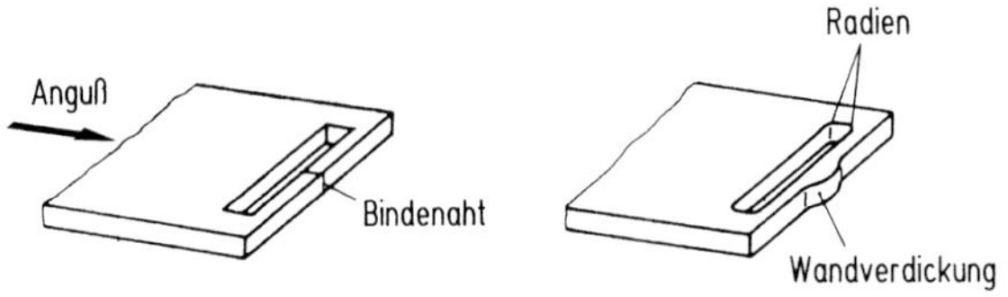

Bild 7.21 Wandverdickung im Bindenahtbereich (und Radien in den Eckbereichen) [7.30]

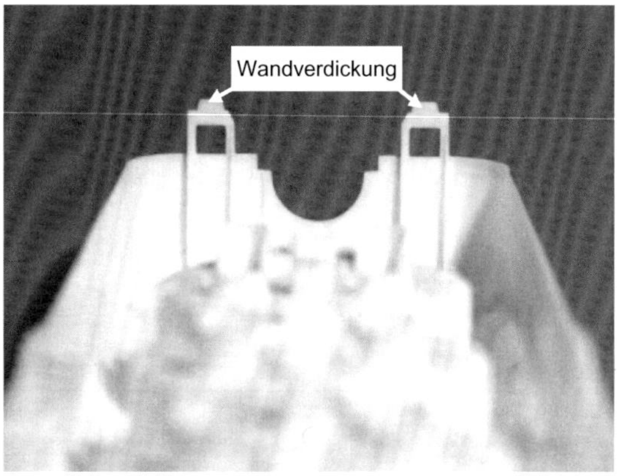

Bild 7.22 Die Verbindungslasche an einem Mehrfachsteckergehäuse ist stärker dimensioniert, um die Schwächung durch die Bindenaht auszugleichen (Hersteller: Kopp AG)

Wenn am Ort einer Bindenaht im Werkzeug eine Ultraschallsonotrode angebracht werden kann, so kann dort durch die eingebrachte US-Energie die Schmelzviskosität erniedrigt werden und somit auch die Bindenahtfestigkeit und der optische Eindruck verbessert werden [7.74].

Eine optisch störende Bindenaht kann durch Oberflächenstrukturierung kaschiert, oder bei Dekorartikeln durch Einlegen einer bedruckten Folie in das Werkzeug überdeckt werden.*

Gestaltungsmaßnahmen

Die einfachste gestalterische Maßnahme, die schwächende Auswirkung einer Bindenaht aufzuheben, ist eine Wanddickenvergrößerung im Bindenahtbereich (Bild 7.19).

In Bild 7.22 ist dies an einem realen Bauteil ausgeführt; die Laschen zur Aufnahme von Schnapphaken am Gegenstück sind dort, wo die Bindenaht zu liegen kommt, deutlich stärker dimensioniert.

Bei dem federnd gelagerten Zahnrädchen (d_k = 11 mm) ist dieses Prinzip an einem komplexen Bauteil realisiert (Bild 7.23). Das Rad muss sowohl an der Nabe als auch am Zahnkranz jeweils an drei Stellen angespritzt werden. Dadurch entstehen zwangsläufig Bindenähte in dem dünnwandigen Federarmen. Der dadurch gefährdete Querschnitt wird in diesen Bereichen durch

* Plastic dekor inmould-Verfahren (pdi).

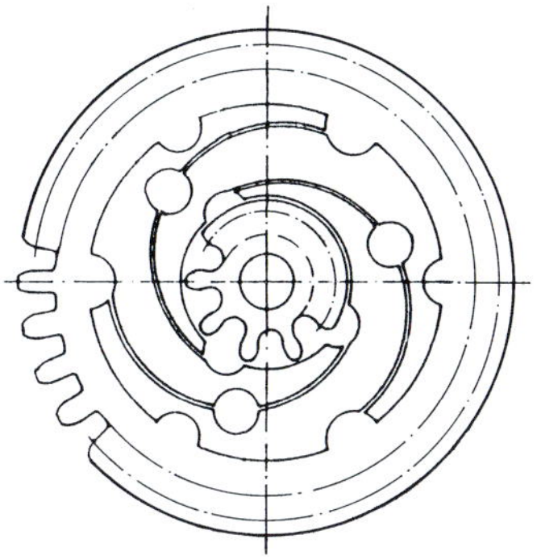

Bild 7.23 Die Verdickungen in den Federarmen dienen gleichermaßen dem Vergrößern des Bindenahtbereichs als auch als Angriffsfläche für die Auswerferstifte [7.30, 7.31]

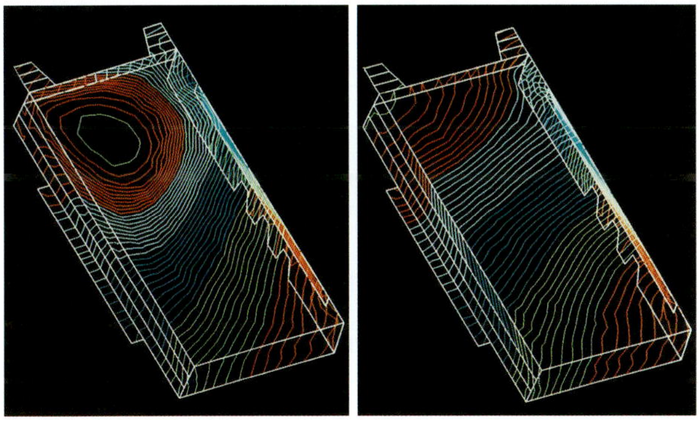

Bild 7.24 Im umlaufenden Rand eilt die Schmelze voraus, so dass ein Lufteinschluss entsteht (links). Durch Vergrößerung der Wanddicke im Innenbereich (Fließhilfe) kann dieser Effekt vermieden werden (rechts).

Verdickungen verstärkt [7.31]; gleichzeitig dienen diese Verdickungen als Angriffsflächen für Auswerfer zum sicheren Entformen der dünnen Federarme (s. a. Bild 8.58 und 8.86).

In Werkzeugkavitäten mit großem Querschnitt eilt die Schmelze beim Füllvorgang gegenüber Bereichen engen Querschnitts voraus (s. a. Abschnitt 7.1.2.2):

Wird ein flächiges Bauteil durch einen umlaufenden, dickeren Rand verstärkt und versteift, besteht die Gefahr, dass dieser Rand zuerst gefüllt wird, und es dann zu einem Lufteinschluss im dünneren Bereich kommt (Bild 7.24).

Bei der Petrischale in Bild 7.25 muss der dünne Bereich optisch einwandfrei sein, d. h. es darf sich hier kein Lufteinschluss bilden. Bei einem solchen Bauteil kann dies auch durch Fließbremsen erreicht werden: Der Rand bei der abgebildeten Petrischale wird rechts und links vom Anguss soweit verengt, bis die Schmelze zuerst den dünnen Sichtbereich füllt, bevor sie diesen umschließen kann. Selbstverständlich gibt es in diesem Fall Bindenähte, die jedoch außerhalb der inneren Sichtfläche liegen.

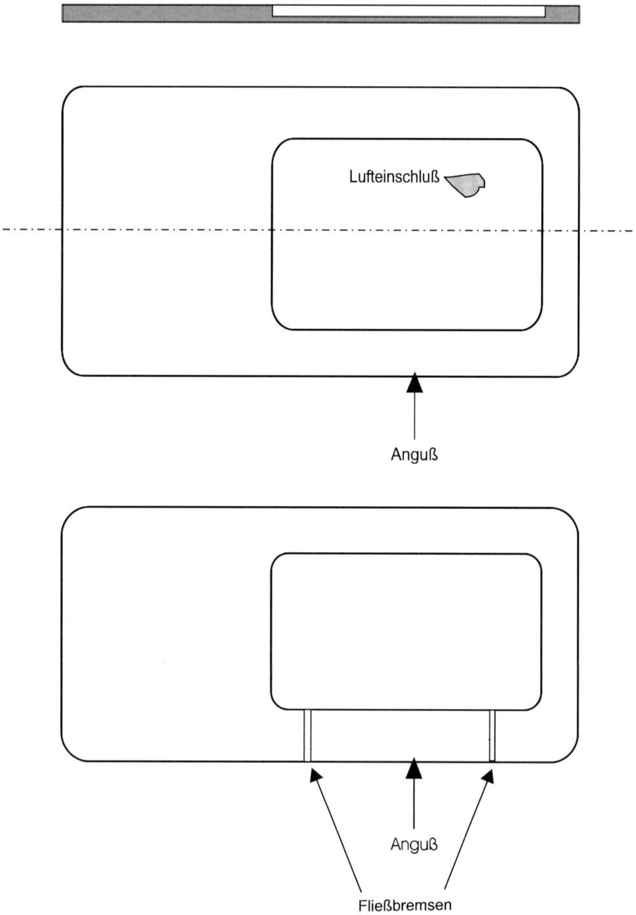

Bild 7.25 Der dünne Sichtbereich der Petrischale muss absolut frei von Bindenähten oder Lufteinschlüssen sein. Bei der Gestaltung im oberen Bildteil entsteht ein Lufteinschluss im mittleren, dünnen Bereich, weil die Schmelze zuerst den dickeren Rand füllt. Die Fließbremsen (Dünnstellen) verhindern dies.

Eine rechnerische Füllbildsimulation leistet bei der Abstimmung der Wanddicken wertvolle Hilfe.

Oft sind Gesichtspunkte des Design mit der beanspruchungsgerechten oder werkzeugtechnischen Konstruktion zu vereinbaren:

Eine Verschlusskappe mit hexagonaler Außenkontur und mit zylindrischer Innenkontur (wegen der einfachen Fertigung des Werkzeugkerns) bietet der Schmelze Querschnitte mit unterschiedlichem Fließwiderstand (Bild 7.26). Deswegen bilden sich Bindenähte (Fließnähte) längs der dünneren Bereiche aus, die einerseits den optischen Eindruck stören, andererseits beim Aufpressen zum Bruch führen können. Der Innenquerschnitt darf deshalb nicht rund sein, sondern wie die Außenkontur sechseckig mit abgerundeten Kanten.

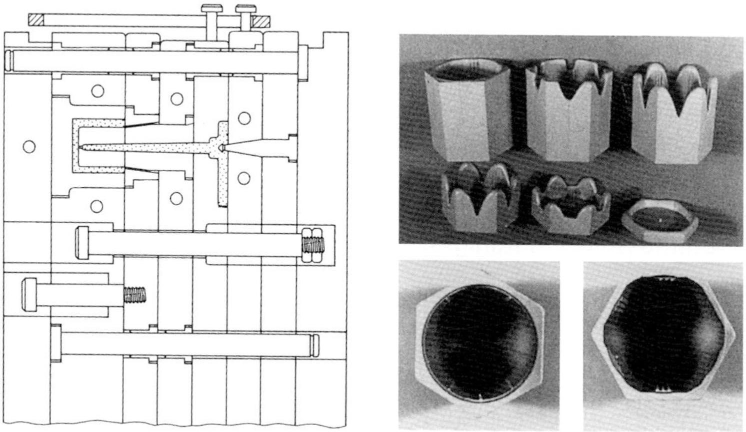

Bild 7.26 Verschlusskappe aus ABS, Lage im Werkzeug Experimentelle Füllstudie mit rundem Kern (oben). Rechts unten günstigere Ausführung mit sechseckigem Kern [7.33].

7.2 Abkühlung und Erstarrung

Beim Kontakt mit der Werkzeugwand gibt die Polymerschmelze ihre Wärme an diese ab und erstarrt. Mit diesem Vorgang ist eine Volumenkontraktion (Schwindung) verbunden.

7.2.1 Abkühlgeschwindigkeit

Im Hinblick auf einen schnellen Fertigungszyklus wird eine rasche Erstarrung angestrebt.*

7.2.1.1 Auswirkungen der Abkühlgeschwindigkeit

Die Erstarrungszeit t_E ist nach Gl. (7.2) eine Funktion der thermischen Eigenschaften des Polymerwerkstoffs, der Prozessparameter und der Formteilgeometrie

$$t_E = \frac{d^2}{\pi^2 \cdot a} \cdot \ln\left[\frac{8}{\pi^2} \cdot \frac{T_{MW} - T_W}{T_E - T_W}\right] \tag{7.2}$$

d = Formteildicke
a = Temperaturleitfähigkeit
T_{MW} = mittl. Massetemperatur im Werkzeug
T_W = mittl. Werkzeugoberflächentemperatur
T_E = mittl. Entformungstemperatur $\approx$ Erstarrungstemperatur

* In den handelsüblichen Sortimenten werden schnellerstarrende und feinkörnig kristallisierende sowie leicht fließende Typen angeboten (s. a. Abschnitt 2.5.2).

Kühlt die Schmelze an der Werkzeugwand so schnell ab, dass den Molekülen keine Zeit zum Relaxieren oder Kristallisieren bleibt, so wird sich in den Randschichten ein hoher Orientierungsgrad einstellen (s. a. Abschnitt 7.1.2); bei partiell kristallisierenden Polymerwerkstoffen wird die Ausbildung von kristallinen Gefügebereichen (Sphärolithen) in den Randzonen teilweise oder ganz unterdrückt (s. a. Abschnitt 2.5.2, Bild 2.20), was im Allgemeinen eine geringere Festigkeit und Härte und insbesondere eine geringere Verschleißfestigkeit zur Folge hat.

7.2.1.2 Beeinflussung der Kühlgeschwindigkeit

Konstruktiv kann die Verkürzung der Kühlzeit nur durch eine möglichst gleichmäßig geringe Wanddicke unterstützt werden, wodurch auch gleichzeitig der Werkstoffbedarf reduziert wird.

Da die Wanddicke die Kühlzeit in der zweiten Potenz verlängert, müssen Wanddickenunterschiede vermieden werden:

Die dickste Stelle eines Bauteils bestimmt die Zykluszeit.

Außerdem verursachen Wanddickenunterschiede Eigenspannungen (Verzug), Lunker und/oder Einfallstellen. Einige Gestaltungsbeispiele sind in Bild 7.27 zusammengestellt.

Die technologisch erreichbare Mindestwanddicke ist werkstoffseitig eine Funktion der Viskosität der Schmelze und steht damit im Zusammenhang mit der Länge des Fließweges. Bild 7.28 legt diesen Zusammenhang am Beispiel verschiedener POM-Typen nahe.

Die sogenannte Dünnwandtechnik, die charakterisiert ist durch ein Fließweg/Wanddicken-Verhältnis größer 100 bei Wanddicken kleiner 1 mm, findet vornehmlich dort Eingang, wo der Materialkostenanteil hoch liegt (z. B. bei der Verpackung) oder in technischen Bereichen, wo es bei noch ausreichender Steifigkeit auf kleinste Abmessungen und Gewichtsersparnis ankommt.

Beispiele aus dem Verpackungsbereich sind allgemein Behältnisse wie Becher, Dosen oder Tablettenröhrchen. Als technische Anwendungen sind beispielsweise Gehäuse von Mobiltelefonen zu nennen. In den letzten 10 Jahren konnte die Wanddicke solcher Geräte von 1,8 auf 0,8 mm reduziert werden [7.66]. Dies sogar mit den nicht gerade zu den leichtfließenden zählenden PC + ABS-Blends. Neben der Gewichtsersparnis kommt auch eine Reduzierung der Kühlzeit als wirtschaftlicher Vorteil hinzu (Bild 7.29).

Zu den extremen Beispielen hinsichtlich des Spritzgießens kleinster Wanddicken bei großen Fließwegen zählen auch die sogenannte Shutter für Disketten (Bild 7.30). Der maximale Fließweg dieser nur 0,35 mm dicken Teile beträgt 38 mm, was jedoch nur mit speziellen, extrem leichtfließenden Polymerwerkstoffen machbar ist.

Voraussetzung für eine erfolgreiche Praktizierung der Dünnwandtechnik ist werkstoffseitig die Verwendung möglichst leicht fließender Polymerwerkstofftypen. Da die dünnwandigen Bauteile im Werkzeug nur mit hohen Einspritzgeschwindigkeiten bis zu 1 000 mm/s und Einspritzdrücken bis zu 3 000 bar befriedigend gefüllt werden können, sind hochpräzise Werkzeuge und Hochleistungsspritzgießmaschinen erforderlich.

Eine Erhöhung des Fließweg/Wanddicken-Verhältnisses kann auch mit dem Schaumspritzguss erreicht werden.

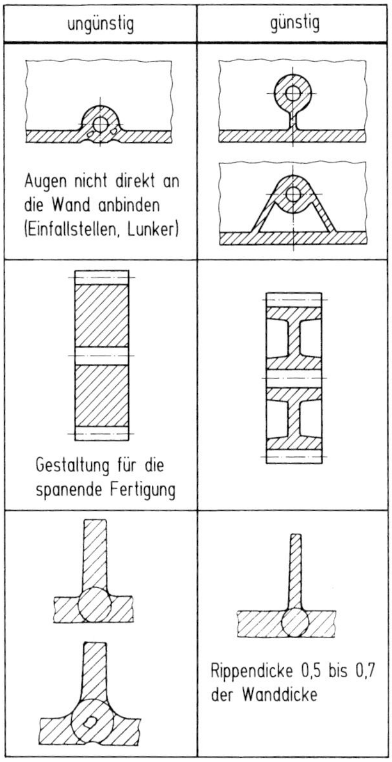

Bild 7.27 Gestaltungsbeispiele zur Vermeidung von Wanddickenunterschieden

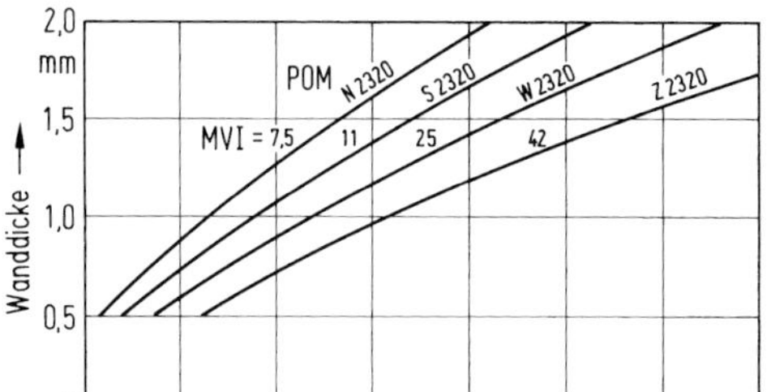

Bild 7.28 Fließweg/Wanddicken-Verhältnis verschiedener POM-Typen (Spiraltest) [7.51]

Beim Thermoplast-Schaumspritzguss wird durch die Zugabe eines Treibmittelsystems im Kern des Formteils eine Schaumstruktur erzeugt. Die Treibmittel werden in physikalische und chemische unterschieden. Physikalische Treibmittel (Gase) werden unter Druck direkt in die Thermoplastschmelze gepresst, chemische Treibmittel sind Verbindungen, die sich unter Wärmeeinwirkung zersetzen und dabei Gase abspalten. Die Gase werden in der Schmelze

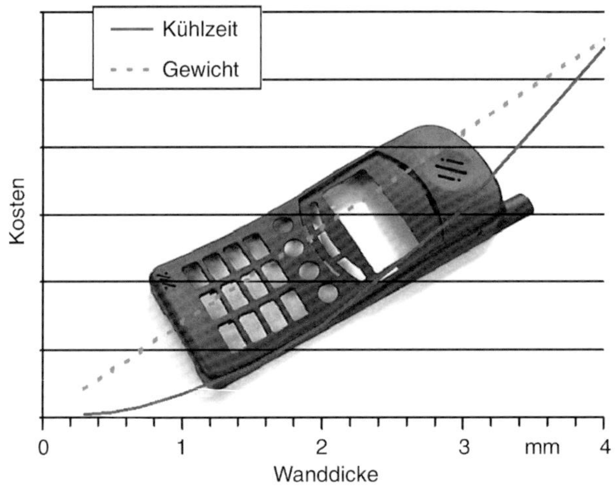

Bild 7.29 Kühlzeit und Gewicht eines Handygehäuses (PC + ABS) in Abhängigkeit der Teilewanddicke (nach Kudlik)

Bild 7.30 Shutter für 3,5"-Diskette (Werkbild: BASF Magnetics)
Werkstoff: POM (Z 2320; MVI = 42)
Wanddicke: 0,35 mm
Fließweg: 38 mm
Gewicht: 1 g

gelöst und erniedrigen deren Viskosität. Damit ist eine Erhöhung des Fließweg/Wanddicken-Verhältnisses verbunden.

Beim Einspritzen entspannt sich die Schmelze und schäumt im Kern zu einer feinen Schaumstruktur auf.

Weitere Vorteile des Verfahrens sind Gewichtsersparnis, weitgehende Vermeidung von Einfallstellen und Reduzierung der Zykluszeit. Als Nachteil steht dem ein Verlust an mechanischen Eigenschaften gegenüber.

Die Spritzgießmaschine und die Verfahrensparameter sollten auf das jeweilige Formteil abgestimmt sein [7.71, 7.72].

7.2.2 Maßänderungen und Toleranzen

7.2.2.1 Schwindung

Die Verarbeitungsschwindung ist nach DIN 16 901 als Differenz zwischen den Maßen des kalten Werkzeugs (23 ± 2 °C) und denen des Formteils nach 16-stündiger Lagerung im Normalklima 23/50, und unmittelbar danach gemessen, definiert.

Aus *pvT*-Diagrammen ist der Zusammenhang zwischen Druck, spezifischem Volumen und Temperatur eines Polymerwerkstoffs im Schmelze- und Feststoffzustand zu ersehen. Überträgt man den im Formnest gemessenen Druckverlauf (Bild 7.2) und die mittlere Formteiltemperatur in ein solches *pvT*-Diagramm, so erhält man u. a. Aussagen über die Schwindung.

Entscheidend für das Maß der Schwindung und somit für die späteren Formteildimensionen ist der Punkt 1, an dem der Werkzeuginnendruck Atmosphärendruck angenommen hat. Bei weiterer Abkühlung löst sich das Formteil von der Werkzeugwand, es schwindet. Entformt wird am Punkt 2 und die Schwindung endet am Punkt 3 (bzw. nach DIN 16 901 16 Stunden danach).

Damit lässt sich die Volumenschwindung folgendermaßen schreiben:

$$S_V = \frac{V_W - V_F}{V_W} = \frac{m \cdot v_1 - m \cdot v_3}{m \cdot v_1} \qquad (7.3)$$

Index W = Werkzeug
Index F = Formteil

Mit m = const gilt

$$S_V = 1 - \frac{v_3}{v_1} \qquad (7.4)$$

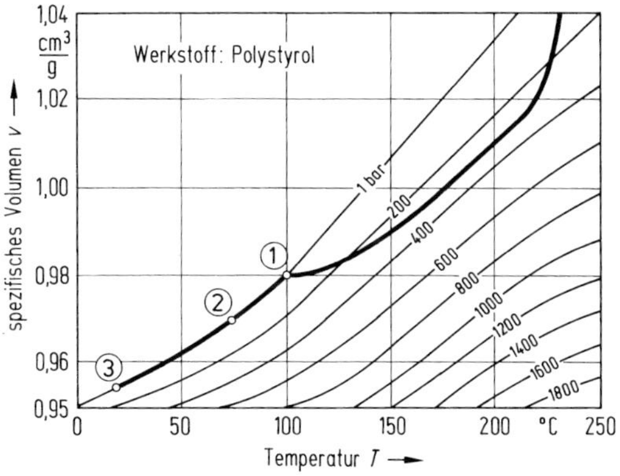

Bild 7.31 *pvT*-Diagramm von Polystyrol (PS) mit Zustandsverlauf während der Abkühlung [7.35]
1) Schmelze erreicht Atmosphärendruck
2) Entformung
3) Formteil erreicht Umgebungstemperatur.

und für die lineare Schwindung bei Annahme von isotroper Schwindung

$$S \approx \frac{1}{3} S_V \tag{7.5}$$

Die lineare Schwindung einzelner Maße eines Formteils ist jedoch gewöhnlich unterschiedlich wegen

- Werkstoffanisotropien (z. B. Schwindungsbehinderung durch Glasfasern)
- Schwindungsbehinderung durch Werkzeuggeometrie (formgebundene Maße)
- Schwindungsbehinderung durch bereits erstarrte Randschichten
- ortsvariable Abkühlverhältnisse.

Im Rahmen der Formteilkonzeption ist insbesondere die ausgeprägte Wanddickenabhängigkeit der Schwindung zu berücksichtigen.

Ein plattenförmiges Teil kann zwar in allen drei Richtungen frei schwinden, trotzdem ist die Schwindung in den Plattenebenen durch die erstarrten Randschichten behindert, während in Dickenrichtung keine Behinderung vorliegt [7.35]. Somit leuchtet ein, dass *die Schwindung mit zunehmender Wanddicke zunehmen wird;* bei partiellen Wanddickenanhäufungen wird die erstarrte Randschicht nach innen gezogen, es entstehen Einfallstellen oder Lunker.

Da bei teilkristallinen Thermoplasten als Folge der Kristallisation eine größere Volumenabnahme beim Abkühlen verbunden ist als bei solchen mit nur amorpher Gefügestruktur, ist deren lineare Schwindung erwartungsgemäß auch wesentlich größer (Tabelle 7.4). Die darin angegebenen großen Streubreiten weisen auf die vielen Einflussfaktoren hin. (Zur Schwindung glasfaserverstärkter Polymerwerkstoffe s. a. Bild 7.11.)

Tabelle 7.4 Richtwerte der Verarbeitungsschwindung nach [7.34]

Polymerwerkstoff	Morphologie	Verarbeitungsschwindung in %
Polystyrol (PS)	amorph	0,3 bis 0,6
Polymethylmetacrylat (PMMA)		0,3 bis 0,7
Acrylnitril-Butadien-Styrol (ABS)		0,4 bis 0,7
Acrylnitril-Butadien-Styrol + Glasfasern (ABS-GF)		0,2 bis 0,4
Polycarbonat (PC)		0,6 bis 0,8
Polycarbonat + Glasfasern (PC-GF)		0,2 bis 0,5
Polyamid (PA)	teilkristallin	0,7 bis 2,0
Polyamid + Glasfasern (PA-GF)		0,2 bis 0,8
Polyoxymethylen (POM)		1,8 bis 3,0
Polyoxymethylen + Glasfasern (POM-GF)		0,2 bis 0,6
Polypropylen (PP)		1,2 bis 2,5

Die Leistungsfähigkeit der modernen Rechner legt es nahe, auch die Schwindung rechnerisch vorausbestimmen zu wollen. Hierzu existieren einige Rechenprogramme: Man geht dabei von einer linearen Superposition der einzelnen Einflussgrößen aus [7.36]:

$$S = S_0 + \int_{P_{N0}}^{P_N} \frac{\delta S}{\delta P_N} \mathrm{d}P_N + \int_{T_{M0}}^{T_M} \frac{\delta S}{\delta T_M} \mathrm{d}T_M + \int_{T_{W0}}^{T_W} \frac{\delta S}{\delta T_W} \mathrm{d}T_W + \ldots \tag{7.6}$$

S_0 = lineare Verarbeitungsschwindung bei definierten Grundparametern
δS = parameterspezifische Änderungen der Schwindung
P_N = lokaler Nachdruck
T_M = Massetemperatur
T_W = Werkzeugoberflächentemperatur

Während der mathematische Aufwand zur Lösung der Gl. (7.6) kein Hindernis darstellt, steht der Aufwand zur experimentellen Identifikation der Schwindungsfunktion in keinem Verhältnis zu den zu erwartenden Ergebnissen.

In anderen Rechenansätzen wird das Formteil schichtweise betrachtet und mit FEM unter Zugrundelegung von *pvT*-Diagrammen eine Berechnung von Schwindung und Verzug vorgenommen. Mit solchen Rechenprogrammen können Ergebnisse erzielt werden, die der Realität gut entsprechen.

7.2.2.2 Nachschwindung

Auch nach der Abkühlung des Formteils auf Raumtemperatur ist noch ein Nachschwinden möglich. Diese Maßveränderungen sind im Allgemeinen Maßverkleinerungen, die durch schnelles Abkühlen begründet sind. Die Schmelze wird unterkühlt und erstarrt bei höherem spezifischen Volumen als es der Kurve $p = 1$ bar im *pvT*-Diagramm entspricht. Besonders bei teilkristallinen Thermoplasten tritt dieser Effekt als Nachkristallisation auf. Auch formgebundene Maße mit behinderter Schwindung neigen dazu, diese Behinderung durch Nachschwinden zumindest teilweise auszugleichen.

Es sind aber auch Maßvergrößerungen möglich, nämlich wenn die Erstarrung unter noch hohem Druck erfolgt. Es werden dann – bevorzugt bei amorphen Thermoplasten – Druckeigenspannungen eingefroren, die später relaxieren.

7.2.2.3 Toleranzen*

Für die Frage der erreichbaren Fertigungstoleranzen ist nicht so sehr die absolute Höhe der Schwindung als vielmehr die prozessbedingt unvermeidbare Schwindungsstreuung relevant. Zulässige Toleranzen und Maßabweichungen gibt die DIN 16 901 an. Die Erfahrung, die in DIN 16 901 eingeflossen ist, hat gezeigt, dass die erreichbaren Maße bei Kunststoffteilen in linearer, prozentualen Abhängigkeit vom Nennmaß stehen:

normaler Spritzguss < 1 %
technischer Spritzguss < 0,6 %
Präzisionsspritzguss < 0,3 %

* Eine umfassende Behandlung dieser Probleme ist in [7.55] gegeben.

Dieser Zusammenhang ist in Bild 7.32 graphisch im Vergleich zu den ISO-Toleranzreihen dargestellt.

Die in DIN 16 901 aufgeführten Toleranzwerte können, wenn der entsprechend höhere Fertigungsaufwand gerechtfertigt ist, auch durchaus unterschritten werden.

Überspitzte, unnötige Toleranzanforderungen führen jedoch nicht zu höherer Qualität, sondern eher zu höheren Ausschussquoten!

Funktionskritische, enge Toleranzen und Passungen sollten deswegen im Einzelfall mit dem Werkzeugmacher und Formteilhersteller vereinbart werden.

Die Bilder 7.33 und 7.34 zeigen Beispiele von Großserienteilen aus amorphen und teilkristallinen Polymerwerkstoffen mit hohen Toleranzanforderungen.

Das Skalenteil aus SAN wird nach dem Spritzgießen partiell lackiert (Bild 7.33 unten) und dazu mit einer Schablone abgedeckt, die bei dem formgebundenen Längenmaß von 254 mm eine Plustoleranz von < 0,1 mm verlangt. Von diesem Teil wurden täglich mehrere 1 000 Stück in verschiedenen Werkzeugen hergestellt und es gelang, die enge Toleranzanforderung zu erfüllen [7.53].

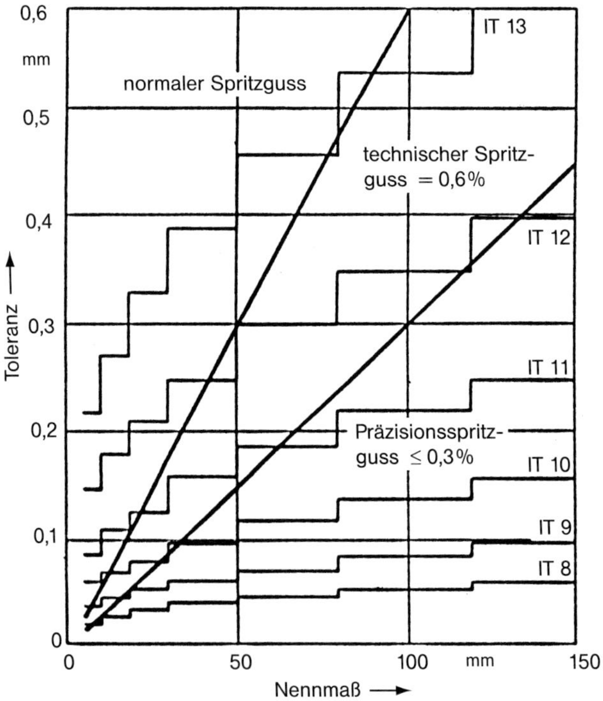

Bild 7.32 Toleranzen für Kunststoffteile (linearer Zusammenhang) im Vergleich zu den für Metalle üblichen ISO-Toleranzreihen

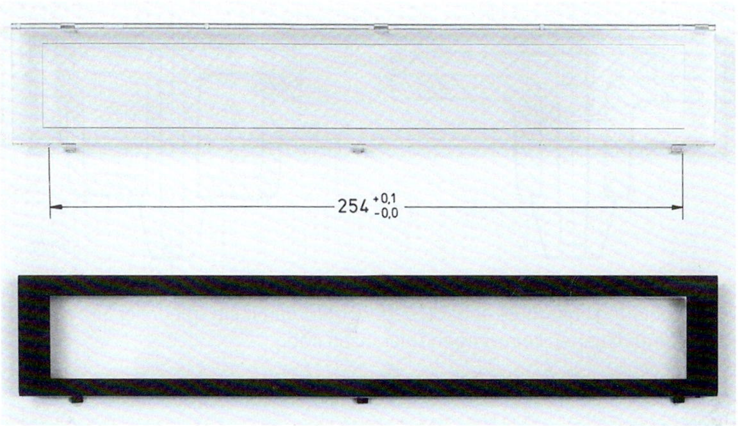

Bild 7.33 Skalenteil aus SAN (368 R) (Werkbild: Philips)

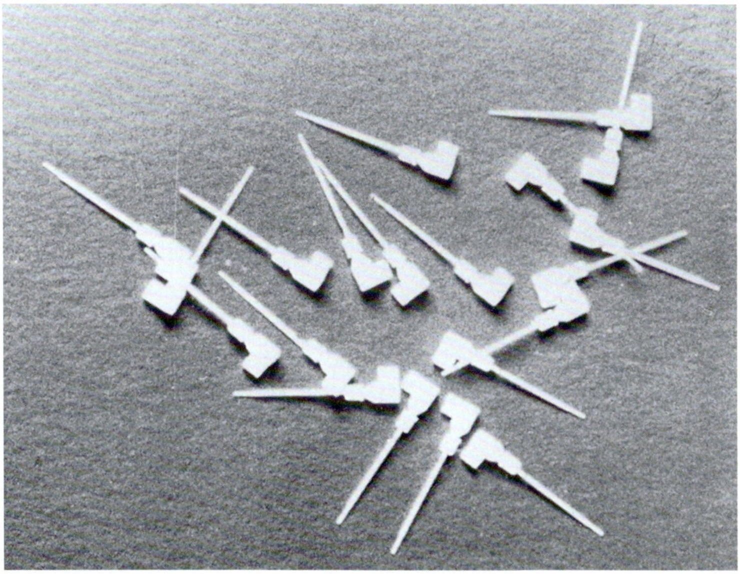

Bild 7.34 Schaltfedern aus POM für Quarzuhren (Hersteller: Breiter; Anwender: Gebr. Staiger)

Ein Beispiel aus der teilkristallinen Werkstoffgruppe ist in Bild 7.34 wiedergegeben. Es handelt sich um Schaltfedern aus POM für Quarzuhren. Das funktionsbedingt einzuhaltende Maß ist 0,15 + 0,005 mm. Die Verdickung am einen Ende der Teile dient lediglich als Griff, der zur Montage angesaugt und anschließend abgebrochen wird [7.54].

Ein weiteres eindrucksvolles Beispiel aus dem Bereich der Phonoindustrie ist eine Schaltschiene aus POM, bei der ein funktionsentscheidendes Maß von 69 + 0,05 mm eingehalten werden muss [7.54].

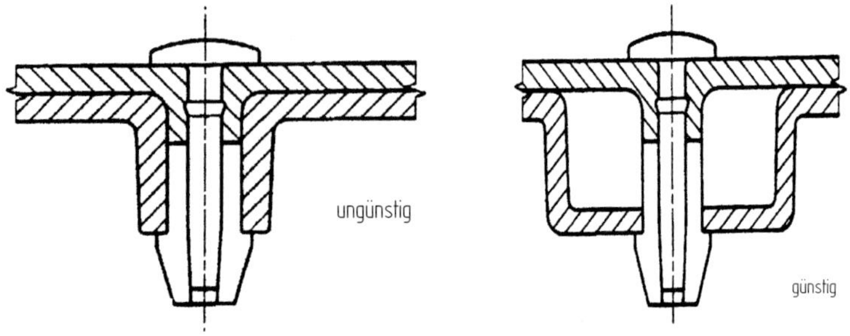

Bild 7.35 Die Verbindung links muss eng toleriert werden, damit ein spielfreier Sitz gewährleistet ist. Rechts sind dagegen keine engen Toleranzen nötig.

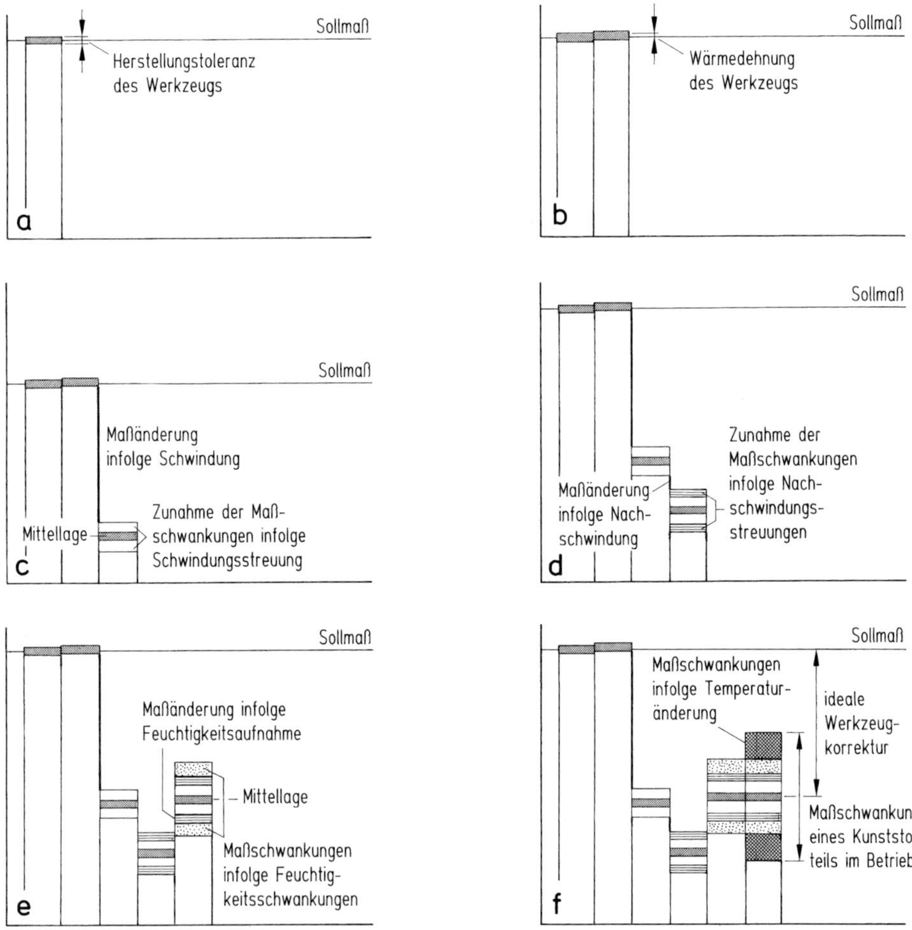

Bild 7.36 Maßänderungen (prinzipiell) an Spritzgussteilen [7.37]

Extreme Toleranzanforderungen bestehen in der Abbildungsoptik. Hier geht es um Maßabweichungen von bis zu 1 µm!

Bestimmte Passungsprobleme lassen sich auch dadurch lösen, dass man beim Zusammenfügen die Verformungsfähigkeit der Polymerwerkstoffe ausnutzt. Die Anwendung von sogenannten Anpassungsrippen ist bereits in Abschnitt 6.10 behandelt; das Bild 7.35 zeigt eine weitere Variante dieses Prinzips (s. a. Abschnitt 8.1).

Beim Festlegen von Maßen und Toleranzfeldern sind neben den eigentlichen Fertigungstoleranzen auch die im Betrieb zu erwartenden Maßänderungen in die Überlegungen mit einzubeziehen. Hierzu gibt die graphische Darstellung in den Bildern 7.36 a–f einen Hinweis, wie sich die verschiedenen Einflüsse auf Maßschwankungen prinzipiell auswirken können.

In [7.37] wurde dieses prinzipielle Verhalten experimentell an dem geometrisch einfachen Teil einer zylindrischen Lagerbuchse verifiziert. Die Befunde sind in Bild 7.37 wiedergegeben.

Die Versuchsmuster wurden aus PA 66 über einen Schirmanguss bei einer Werkzeugtemperatur von 80 °C gefertigt. Erwartungsgemäß ist die behinderte Schwindung des Innendurchmessermaßes mit im Mittel 1,8 % etwas kleiner als die des frei schwindenden Außendurchmessermaßes mit 1,9 %.

Eine nennenswerte Nachschwindung konnte bei Raumtemperatur nicht festgestellt werden. Erst nach 10-minütigem Tempern bei 120 °C verkleinerte sich der Innendurchmesser um 0,37 % und der Außendurchmesser um 0,23 %. Die zunächst behinderte Schwindung wird wieder ausgeglichen.

Für die Feuchteaufnahme wurden Feuchteschwankungen von 1,3 bis 2,3 Gew.-% im Polyamidteil angenommen und als Temperaturdifferenzen in Betrieb 60 K.

Weitere Beispiele von werkstoff- und fertigungsgerechten Lösungen von Toleranz- und Passungsproblemen sind auch den Bildern 1.11, 6.23, 11.52 und 11.53 zu entnehmen.

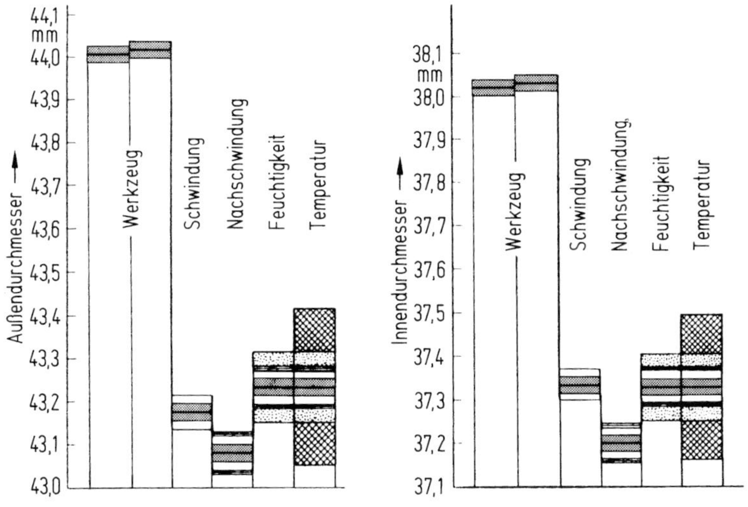

Bild 7.37 Gemessene Maßänderungen am Außendurchmesser (links) und Innendurchmesser (rechts) einer spritzgegossenen Buchse aus PA 66 [7.37]

7.2.3 Verzug

Unter Verzug wird die Abweichung eines Formteils von der Sollgestalt verstanden, wenn sich Flächen verwölben oder verwinden oder wenn sich Winkelmaße verändern.

7.2.3.1 Ursachen für Verzug

Ursächlich für fertigungsbedingten Verzug sind immer Schwindungsunterschiede in einem Formteil, die zurückgeführt werden können auf

- Werkstoffanisotropie
- ortsvariablen Werkzeuginnendruck
- ortsvariable Abkühlverhältnisse

Das anisotrope Werkstoffverhalten und die daraus resultierenden Schwindungsunterschiede längs und quer ist bereits in Abschnitt 7.1.2 behandelt.

Bei Bauteilen mit längeren Fließwegen treten längs des Fließweges Schwindungsunterschiede und damit Verzugsneigung auf, weil der Druckverlust mit zunehmendem Fließweg ansteigt. Angussfern stellen sich größere Schwindungswerte ein als angussnah. Ein langes stabförmiges Bauteil neigt deshalb zum Verbiegen in Stabachse.

Eine ungleichmäßige Abkühlung durch Wanddickenunterschiede oder Temperaturdifferenzen zwischen Gesenk und Kern bedingt thermisch induzierten Verzug, weil die Schwindung auf der wärmeren Seite größer ausfällt als auf der kälteren.

Eine ebene Platte, die auf einer Fläche stärker gekühlt wird als auf der anderen, wird sich zur wärmeren Seite konkav verwölben (Bild 7.38).

Ebenso wirken viele dünne Rippen auf einer dicken Platte, da sie schneller und deshalb mit geringerer Längsschwindung abkühlen als der dickere Plattenboden (Bild 7.39 rechts), wenn dem Plattenboden nicht durch entsprechende Kühlung ausreichend Wärme entzogen wird. Umgekehrt ziehen dicke Rippen eine dünnere Platte in die andere Richtung (Bild 7.39 links). Außerdem bilden sich die schon bekannten Einfallstellen aus.

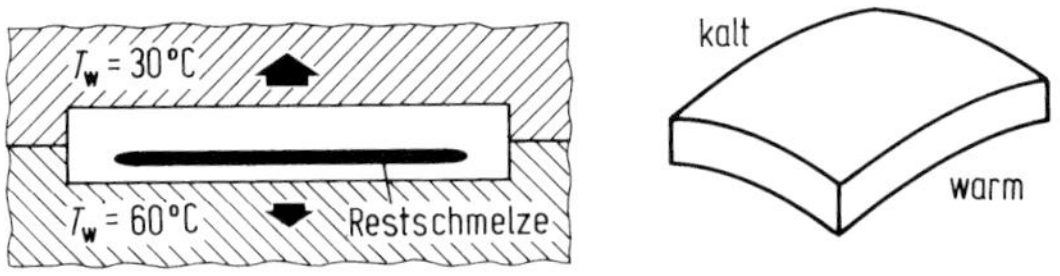

Bild 7.38 Verwölbung einer Platte bei ungleichmäßiger Wärmeabfuhr [7.50]

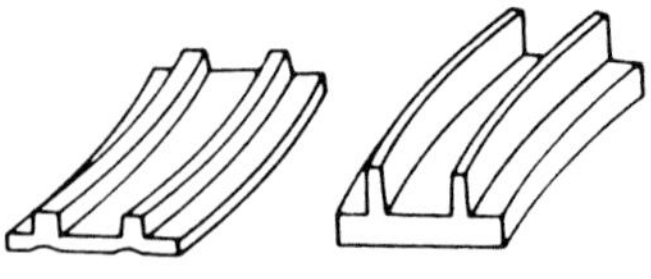

Bild 7.39 Verzug und Einfallstellen an rippenversteiften Flächen [7.50]

Bild 7.40 Tendenz der Verzugsrichtungen bei unterschiedlich verrippten Schalen [7.30]

Entsprechend ziehen dicke Rippen eine versteifte Schale nach innen (Bild 7.40 links), während zu dünne Rippen zwar keine Einfallstellen produzieren, jedoch die Schalenfläche eher nach außen drücken (Bild 7.40 rechts).

Kreissymmetrische Bauelemente mit hohen Ansprüchen an Rundlaufgenauigkeit (z. B. Präzisionszahnräder) sollten nicht durch Rippen versteift werden, da diese den Zahnkranz polygonartig verziehen können (s. a. Abschnitt 11.3.1). Die beste Vorraussetzung für eine genaue Rundheit ist ein gleichmäßiges Füllen der Form über einen Schirmanguss.

Ein gleichmäßiger Füllvorgang eines kreissymmetrischen Bauteils kann auch dadurch erreicht werden, dass – wie aus Bild 7.41 ersichtlich – zunächst ein dickwandiger Kragen über mehrere nachbearbeitungsfreie Punktangüsse gefüllt wird. Dieser Kragen wirkt dann wie ein Schirmanguss, so dass die Scheibe gleichmäßig und bindenahtfrei gefüllt werden kann. Der Kragen bleibt Bestandteil des Bauteils.

Die Rippen, die jeweils auf eine Zahnlücke des Zahnrades zulaufen, dienen als Fließhilfen und gleichzeitig zur Versteifung des Tellers. Im Bereich der Verzahnung ist durch die Rippen auch eine gleichmäßige Wanddicke gegeben, so dass die relativ dickwandigen Zähne keinen Verzug verursachen. Ein weiterer Kragen am Außenumfang nimmt die mechanischen Umfangsspannungen im Betrieb des Rades auf [7.70].

Es ist sinnvoll, die beschriebenen konstruktiven Maßnahmen mit einer rechnerischen Füllsimulation zu überprüfen.

Bei Flächen mit unterschiedlicher Wanddicke (Bild 7.42) verwirft sich die dünnere Fläche, weil die dickere stärker schwindet.

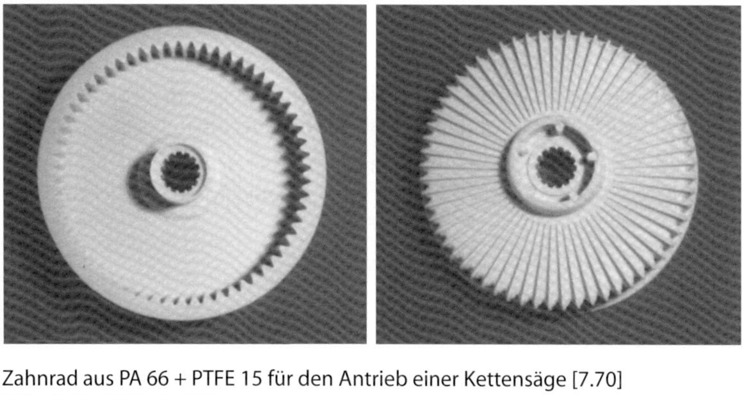

Bild 7.41 Zahnrad aus PA 66 + PTFE 15 für den Antrieb einer Kettensäge [7.70] (Scholz GmbH & Co. KG)
$D \approx 100$ mm
$n = 26\,000$ min^{-1}
$P = 1{,}7$ kW

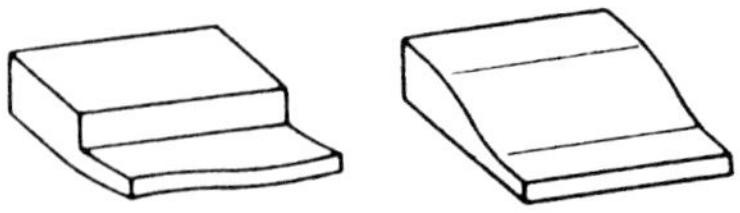

Bild 7.42 Verwerfungen einer Fläche mit unterschiedlicher Wanddicke (links). Bei unvermeidlichen Wanddickenunterschieden sollte ein stetiger Übergang vorgesehen werden (rechts) [7.49].

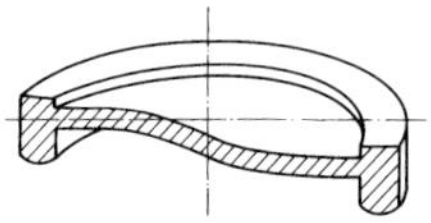

Bild 7.43 Beulen einer dünnen Scheibe mit dickem umlaufenden Rand [7.50]

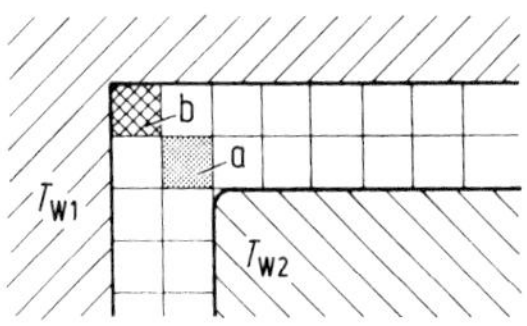

Bild 7.44 Trotz gleicher Werkzeugoberflächentemperaturen ($T_{W1} = T_{W2}$) ist die Abkühlung infolge unterschiedlicher Werkzeugwandkontaktflächen verschieden [7.30]

Eine dünne membranartige Scheibe, die von einem dicken umlaufenden Rand umfasst wird, beult wie in Bild 7.43 dargestellt aus, weil durch die größere Schwindung des dicken Randes radiale Druckspannungen in der Scheibe aufgebaut werden.

Eine besonders häufige Art des thermisch induzierten Verzugs ist der Winkelverzug: An der Außenseite einer Kante wird bei gleicher Wärmestromdichte mehr Wärme abgeführt, weil eine größere Fläche zur Verfügung steht als an der Innenseite. Demzufolge wird die Schwindung auf der Innenseite größer sein; ein Verzug nach innen (Winkelverkleinerung) wird die Folge sein (Bild 7.44).

Das Volumenelement *a* hat keinen Kontakt zur Werkzeugoberfläche. In dieser Umgebung kühlt die Schmelze wesentlich langsamer ab als an der Außenkante, wo das Volumenelement b sogar mit zwei seiner Flächen mit der Gesenkwand in Berührung steht.

Außerdem kann es wegen der Masseanhäufung im Eckbereich zu Lunkern kommen oder zu Lufteinschlüssen und Verbrennungen an der Außenkante, wenn in Richtung der Schenkel gefüllt wird.

7.2.3.2 Beeinflussung von Verzug

Aus dem vorausgegangenen Abschnitt folgt, dass thermisch induzierter Verzug dann vermieden werden kann, wenn im Formteil keine Schwindungsdifferenzen auftreten. Das bedeutet, dass in allen Formteilbereichen das spezifische Volumen beim Erreichen von 1 bar (siehe *pvT*-Diagramm) gleich sein müsste.

Folgende Steuerparameter bieten sich an:

Massetemperatur, Druckverlauf

Die Massetemperatur längs des Fließwegs im Formteil ist praktisch nicht zu beeinflussen. Durch den Nachdruck kann auch nur in Grenzen Einfluss auf den Verzug genommen werden.

Werkzeugoberflächentemperatur (Wärmeübertragung)

Die wirkungsvollste Maßnahme zur Verzugsvermeidung führt über gezielte Änderung der Wärmeübertragungsverhältnisse in verzugskritischen Bereichen. Der Einfluss der Werkzeugoberflächentemperatur wird anschaulich durch Bild 7.45 dokumentiert, wo an einem kastenförmigen Teil durch unterschiedliche Temperierung der Werkzeughälften sowohl negativer als auch positiver Verzug provoziert wurde [7.22, 7.38]. Der Verzug tritt bei diesem Teil hauptsächlich als Kantenverzug in Erscheinung: Wärmere Innenkanten führen zur Verkleinerung des Winkels und kältere zur Vergrößerung (s. a. Bild 7.47).

Dünne Kerne können oft nicht ausreichend gekühlt werden. Gelegentlich ist es jedoch durch akzeptable Gestaltsänderungen am Bauteil zu erreichen, freistehende, schlecht kühlbare Kerne doch an besser kühlbare Werkzeugteile anzubinden. Das Bild 7.46 zeigt einen Konsoleneinsatz für das C-Box Kassettensystem, bei dem im ersten Versuchswerkzeug zunächst aus Stabilitätsgründen innen eine durchgehende Wand vorgesehen war, an die verschiedene Funktionselemente angeformt waren. Dadurch wurde ein schmaler, langer Kern erforderlich, der wegen schlechter Kühlbarkeit zum Verzug des Einsatzes führte. Bei der optimierten Ausführung wurde die durchgehende Wand in einzelne Stege aufgeteilt, so dass der schmale Kern mit dem großen Hauptkern verbunden und besser gekühlt werden konnte.

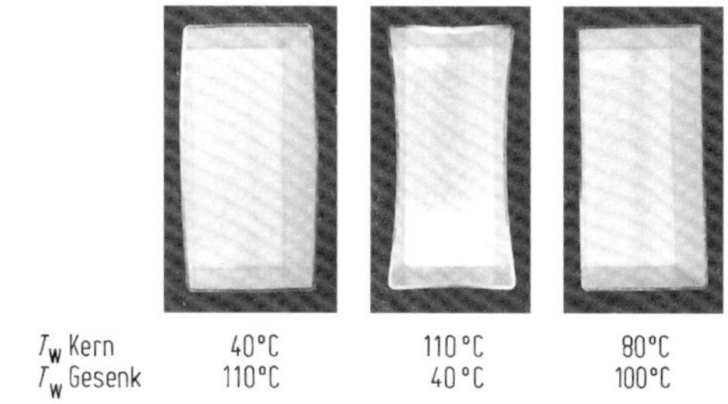

Bild 7.45 Thermisch induzierter Verzug und Verzugsfreiheit durch unterschiedliche Werkzeugoberflächentemperatur T_W an einem kastenförmigen Teil aus POM (N 2320) [7.22]

Bild 7.46 Konsoleneinsatz aus ABS für das C-Box Kassettensystem (Werkbild: Fischer)

Als werkzeugbautechnische Maßnahme hat es sich auch bewährt, mit Kupfer oder Kupferlegierungen für eine bessere Wärmeabfuhr zu sorgen. Hiervon wird z. B. auch Gebrauch gemacht, um die Wärmeabfuhr aus Innenkanten zu verbessern und Winkelverzug zu minimieren (Bild 7.47). In dieser Abbildung sind einige gestalterische Maßnahmen zusammengestellt, mit denen dem Winkelverzug entgegengewirkt werden kann.

Im Allgemeinen geht es darum, Verzug zu *vermeiden*. Lässt man einen relativ schmalen Kern zwischen den Schenkeln eines U-Profils jedoch bewusst heiß, so kann eine Klammer gefertigt werden, deren Schenkel sich nach dem Entformen mit Vorspannung gegeneinander pressen. Die optimale Temperaturdifferenz zwischen Gesenk und Kern wird experimentell ermittelt.

Nach dieser Fertigungstechnik lassen sich beispielsweise Klammern aus POM für Schnellhefter, Befestigungs-Clipse (Bild 7.46) oder andere Klemmelemente (s. a. Bild 7.50) mit Vorspannung herstellen.

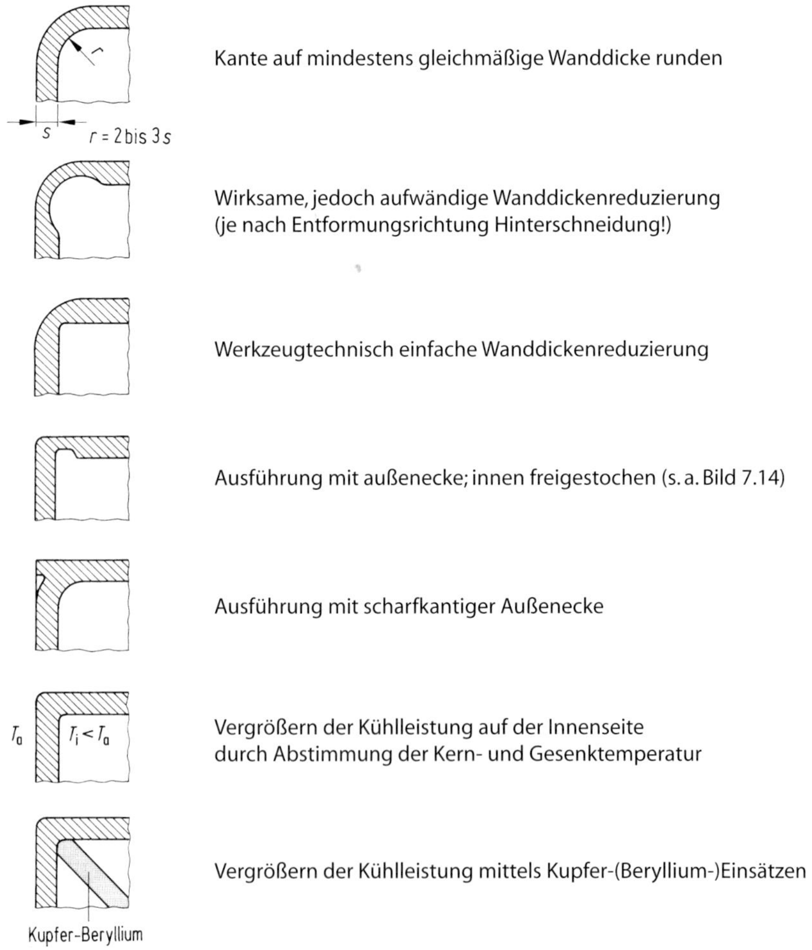

Bild 7.47 Maßnahmen zur Verringerung des Winkelverzugs in Ecken

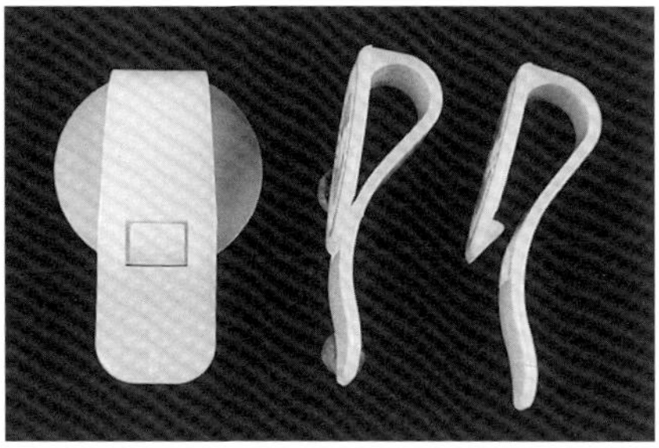

Bild 7.48 Clip mit Vorspannung spritzgegossen aus POM zur Befestigung von Ausweis- oder Namenskarten an der Kleidung. Rechts im Bild ist die Position im Werkzeug dargestellt (Werkbild: Jantsch).

Vorhalten

Aufwendig und mit meist mehreren Korrekturschritten verbunden ist das sogenannte Vorhalten von Gestaltsabweichungen im Werkzeug. Die Werkzeugkavität wird mit einem negativen Verzug hergestellt, der den zu erwartenden Verzug gerade kompensiert.

Abkühlen unter Formzwang

Wenn Schwindungsunterschiede nicht vermieden werden können, hängt das Ausmaß des effektiven Verzugs nicht zuletzt auch von der Gestaltfestigkeit des Bauteils ab. Diese nimmt mit abnehmender Entformungstemperatur zu. Entformt wird also erst nachdem das Teil soweit abgekühlt ist, dass es eine ausreichende Steifigkeit erlangt hat. Die dadurch behinderte Schwindung verursacht allerdings einen Eigenspannungszustand, der beim späteren Einsatz des Bauteils wieder relaxieren und zu Verzug führen kann.

Besonders großflächige, verzugsgefährdete Teile lässt man deswegen auch in gesonderten Spannvorrichtungen langsam abkühlen und relaxieren.

7.3 Entformung

Die letzte Phase des Spritzgusszyklus ist die Entformung des spritzgegossenen Teils. Beim einfachsten Werkzeugaufbau ist die Formteilkavität zwischen zwei Formplatten eingearbeitet. Zum Entformen werden die Werkzeughälften auseinandergefahren und das Formteil mechanisch mit Hilfe von Auswerferstiften oder -hülsen, Abstreifplatten u. Ä. oder pneumatisch ausgeworfen.

Der prinzipiellen Entformbarkeit muss bei der Bauteilgestaltung Beachtung geschenkt werden, um Oberflächenbeschädigungen wie Kratzspuren an Sicht- oder Funktionsflächen zu vermeiden bzw. den Bau von aufwendigen Werkzeugen möglichst zu umgehen.

Zwei Beispiele von einfachen Formteilen sollen zeigen, welcher Werkzeugaufwand oftmals nötig ist:

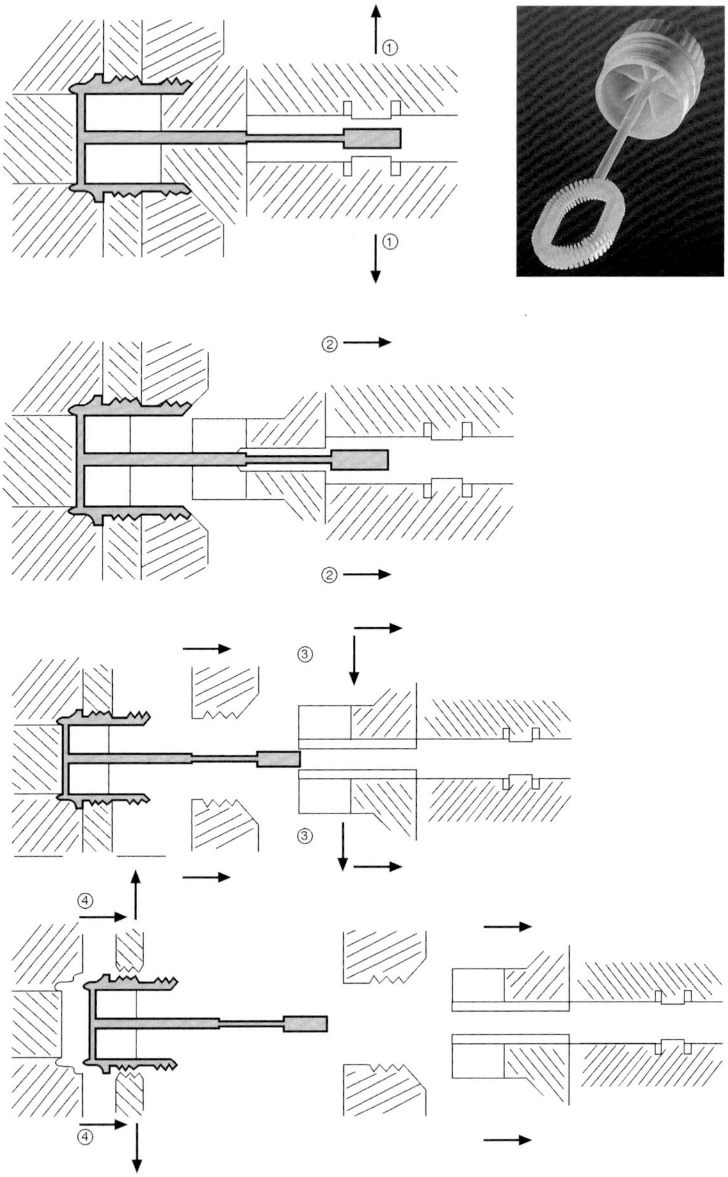

Bild 7.49 Prinzipieller Entformungsablauf des „Pustefix"-Deckels (nach Kabus).
① Im Bereich der Ringöffnung und des oberen Teils des Stiels werden die Werkzeugteile nach oben und unten gefahren, und die Ringöffnung wird entformt.
② Der Stiel und die Rippen werden durch Verfahren der Werkzeugplatte nach rechts freigelegt. Der Stiel ist deswegen zur Ringöffnung hin etwas dünner.
③ Die konzentrischen Dichtringe werden zwangsentformt.
④ Das Außengewinde der Schraubkappe wird nach dem Auseinanderfahren der Backen frei, und das Teil kann ausgestoßen werden.

„Pustefix"

Es handelt sich um ein bekanntes Kinderspielzeug zum Pusten von Seifenblasen. Die Ringöffnung (Bild 7.49, Photoausschnitt), über die sich die Seifenlösung spannt, ist über einen Stiel mit dem Schraubdeckel verbunden, der seinerseits innen am Schraubdeckelboden und zur Versteifung mit Rippen an der Innenwand des Deckels angebunden ist. Den aufwendigen Entformungsablauf in vier Schritten zeigt die Prinzipskizze in Bild 7.49.

Infusionsflaschen-Halter

Das Bild 7.50 zeigt den prinzipiellen Entformungsablauf eines „Tropf"-Halters aus PP für Krankenhausbetten.

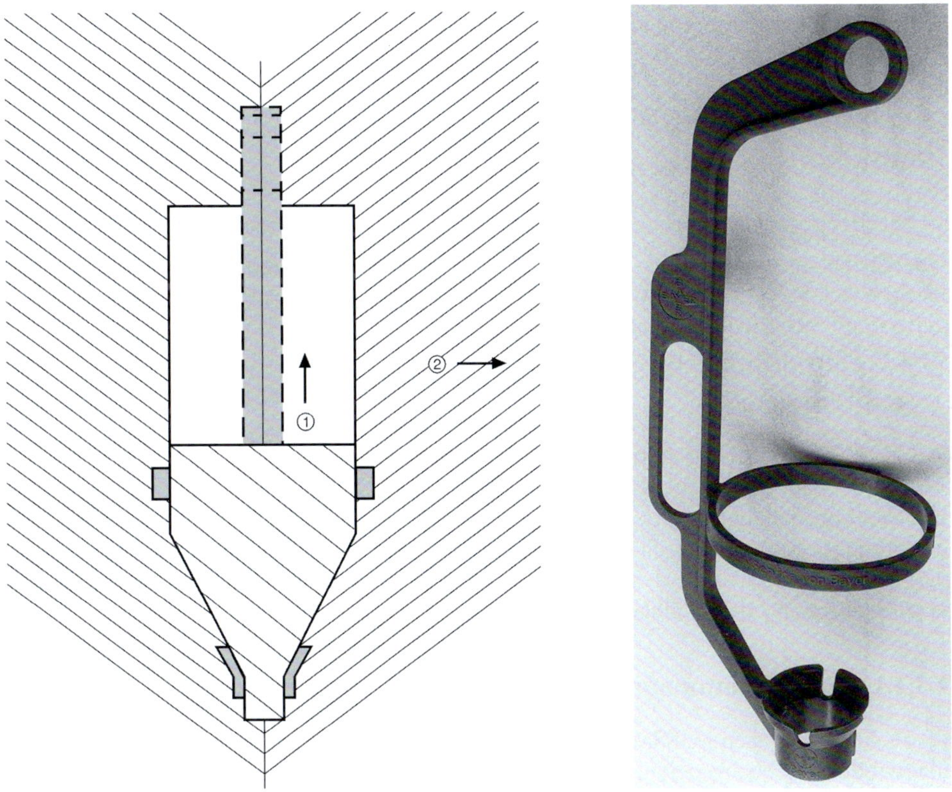

Bild 7.50 Haltevorrichtung für Infusionsflaschen.
Entformungsprinzip:
① Die Innenkontur wird durch einen Kern geformt, der durch den Schlitz an der unteren Flaschenabstützung geführt ist und nach oben in den freien Raum verschoben wird. Die Halteklammern sind im Werkzeug ebenfalls um die Schlitzbreite geöffnet. Wegen des wärmeren Kernes schwindet die Innenseite der Klammern stärker, so dass diese nach dem Entformen übereinander greifen (s. a. Kantenverzug, Bild 7.47 und 7.48).
② Die Schließseite wird weggefahren, und das Teil ausgeworfen.

7.3.1 Entformungsschräge

Als Folge der Verarbeitungsschwindung schrumpft die erstarrte und abgekühlte Schmelze auf die Innenkonturen formenden Werkzeugteile (z. B. auf Kerne) auf.* Das Formteil kann auch mit seinen Außenkonturen an den Formwänden haften. Um also die Entformung zu erleichtern bzw. überhaupt zu ermöglichen, muss an allen Flächen in Entformungsrichtung eine Schräge einkalkuliert werden.

Diese Entformungsschräge ist werkstoffspezifisch; Tabelle 7.5 enthält Anhaltswerte für kurze Entformungswege. Für lange Entformungswege sind insbesondere für die wenig duktilen und kratzempfindlichen Polymerwerkstoffe größere Entformungsschrägen empfehlenswert [7.39]. Ohne Schräge kann bis zu einer gewissen Länge (bei sehr guter Werkzeugoberflächenqualität) entformt werden, wenn die zu entformenden Flächen seitlich nachgeben können.

Tabelle 7.5 Richtwerte für Entformungsschrägen [7.39]

Werkstoff	Winkel in Grad
PA, POM, PE-HD, ABS, PP	0,5
PBT, SB	1
PS, SAN, PC	1,5

Oberflächennarbungen bilden je nach Struktur geringfügige Hinterschneidungen. Genarbte Flächen verlangen deshalb etwas größere Entformungsschrägen, um Oberflächenbeschädigungen mit Sicherheit zu vermeiden. In [7.6] wird als Richtwert für je 1/100 mm Narbtiefe etwa 1° Entformungsschräge empfohlen.

7.3.2 Entformung von Hinterschneidungen

Die vom Konstrukteur anzustrebende Integrationsdichte vieler Funktionen in einem Bauteil hat häufig zur Konsequenz, dass die einfache Entformung durch Hinterschneidungen behindert wird: Im Werkzeug werden mehrere Trennebenen und Öffnungsrichtungen erforderlich, es wird teurer und störanfälliger.

7.3.2.1 Zwangsentformung

Bis zu einem gewissen Maß lassen sich Hinterschneidungen durch eine Zwangsentformung überwinden. Die Größe der auf diese Weise noch entformbaren Hinterschneidungen ist eine Frage der Dehnung, die der betroffenen Formteilpartie bei *Entformungstemperatur* aufgezwungen werden kann, ohne dass bleibende Deformationen zurückbleiben. Bei geometrisch einfachen Gegebenheiten kann diese Dehnung abgeschätzt und anhand eines Spannungs-Dehnungs-Diagramms auf ihre Zulässigkeit beurteilt werden, d. h. die Streckspannung darf nicht überschritten werden.

* Spritzgießbare Duromere werden bei hohen Temperaturen (ca. 170 °C) entformt; ihre Schwindung ist in der Entformungsphase deswegen gering, so dass ein Aufschrumpfen auf Werkzeugkerne im Allgemeinen nicht eintritt.

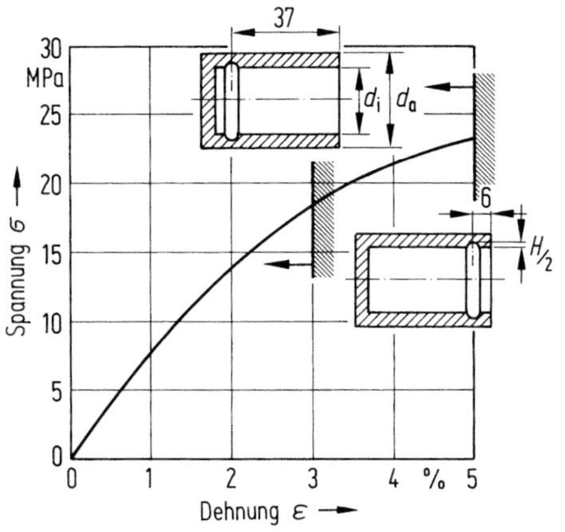

Bild 7.51 Zwangsentformung kreisförmiger Hinterschneidungen in einem dosenförmigen Teil. Die Grenzwerte geben an bis zu welchen Dehnungen eine Zwangsentformung ohne Beschädigung bzw. bleibende Deformation möglich ist.
Polymerwerkstoff: POM (N 2320);
Entformungstemperatur $T_E \approx 100$ °C; $d_a = 43$ mm; $d_i = 29$ mm; $d_m = 36$ mm

Untersuchungen des Entformungsverhaltens an hinterschnittenen zylindrischen Buchsen nach [7.40] geben Hinweise auf die Größe zwangsentformbarer Hinterschneidungen, die sich auch hinreichend einem Spannungs-Dehnungs-Diagramm (bei Entformungstemperatur) zuordnen lassen (Bild 7.51).

Unterschieden wird zwischen günstiger, endnaher Lage des Hinterschnitts und ungünstiger endferner Lage, bei der die Dehnung auch noch durch den Boden behindert wird. In beiden Fällen wurde die Dehnung vereinfacht über $\varepsilon = H/5_m$ abgeschätzt.

7.3.2.2 Werkzeugtechnische Maßnahmen

Muss eine Hinterschneidung funktionsbedingt so groß sein, dass sie nicht mehr zwangsentformt werden kann, müssen die hinterschnittenen Bereiche durch seitlich bewegliche Werkzeugteile freigelegt werden. Man spricht von Schiebern, wenn es sich um einzelne, begrenzte und voneinander unabhängige Konturbereiche handelt; von Backen, wenn es zwei oder mehrere symmetrisch zueinander angeordnete Außenkonturbereiche sind. Die Werkzeuge werden nicht nur teurer, sondern auch störanfälliger und wartungsintensiver. Hinzu kommt, dass die Betriebssicherheit mit zunehmender Einsatzdauer aufgrund von Verschleiß der beweglichen Teile sinkt.

Das Entformen von inneren Hinterschneidungen erfordert meist noch kompliziertere werkzeugtechnische Maßnahmen. Das Konstruktionsprinzip beruht auf schräg geführten, geteilten Kernen, die durch Keilwirkung gespannt oder entspannt werden, oder sogenannte Zusammenfallkerne (von collapsible cores abgeleitet) – auch als Faltkerne bezeichnet –, die im eingezogenen Zustand kleinere Außenabmessungen als im gespreizten Zustand aufweisen (s. a. Bild 8.36). In Bild 7.52 ist der Werkzeugaufbau mit einem sehr kleinen Zusammenfallkern zur Herstellung eines Innengewindes skizziert.

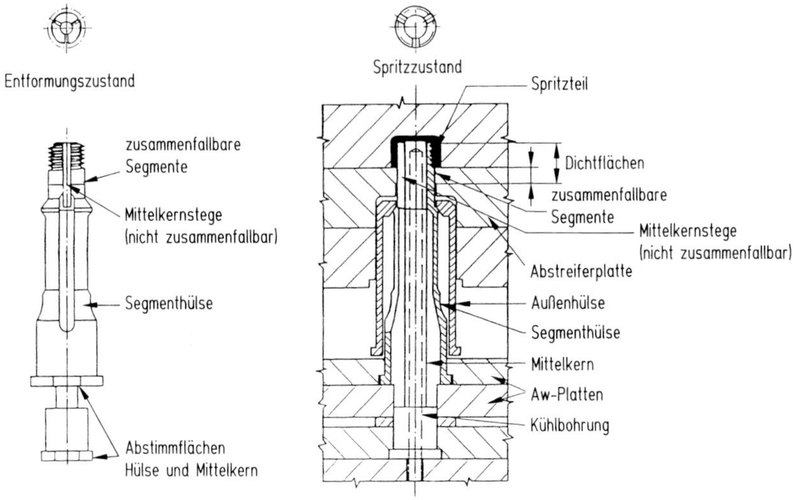

Bild 7.52 Zusammenfallbarer Mini-Kern (d_{min} = 13 mm) zum Entformen kleiner Innengewinde. Durch Zusammenfallen der drei Segmentteile werden Hinterschneidungen $\Delta d/d$ bis zu 20 % entformbar [7.41].

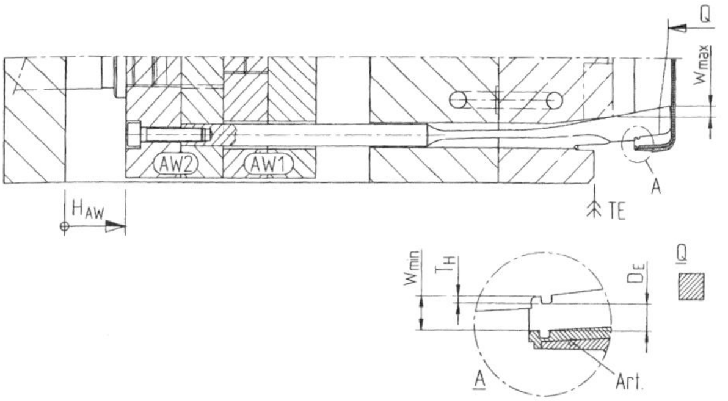

Bild 7.53 Prinzipskizze des Werkzeugausschnittes zur Entformung innerer Hinterschneidungen mittels federnder Auswerfer (Werkbild: EOC Normalien)
T_H = Hinterschneidungstiefe
D_E = Differenzmaß für die Entformungssicherheit
$W_{min} = T_H + D_E$
H_{AW} = Auswerferweg

Auf dem gleichen Bauprinzip beruhen auch die Werkzeugnormalien z. B. von Hasco, mit denen sich Innengewinde oder innen liegende Hinterschneidungen von zylindrischen Bauteilen mit Durchmessern von 12 bis 55 mm entformen lassen [7.69].

Eine kostengünstige Lösung kann auch mit federnden Auswerfern erreicht werden. Diese federn beim Entformungsvorgang etwas zurück und geben so die Hinterschneidung frei. Das Bild 7.53 zeigt einen Werkzeugausschnitt zur Entformung von inneren Hinterschneidungen an einem Tablettenbehältnis, an dem an insgesamt 7 Stellen diese Hinterschneidungen zu entformen sind [7.67].

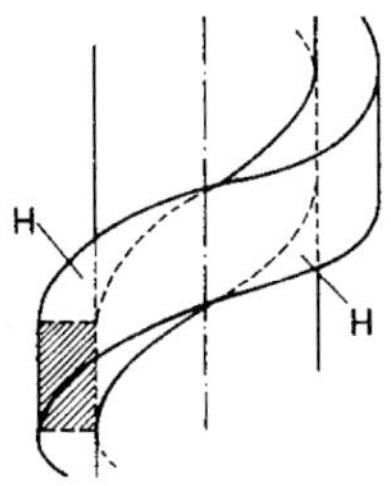

Bild 7.54 Hinterschneidungen *H* eines Gewindes mit rechteckigem Gewindeprofil bei Entformung mit einem Zweibackenwerkzeug [7.6]

Außengewinde stellen je nach Gewindeprofil und Gewindesteigung ebenfalls Hinterschneidungen dar (Bild 7.54).

Die Hinterschneidungen fallen umso kleiner aus, je größer der Flankenwinkel gewählt werden kann. Die Untersuchung der geometrischen Hinterschneidungsverhältnisse und die Bestimmung der notwendigen Backenanzahl muss im Einzelfall geprüft werden (s. a. Abschnitt 11.3, Bild 11.39).

Backenwerkzeuge hinterlassen in der Trennebene je nach Werkzeugzustand mehr oder weniger störende Markierungen bis hin zu Schwimmhäuten. Wenn dies nicht toleriert werden kann, müssen Ausschraubwerkzeuge vorgesehen werden: Schraubkerne bzw. -hülsen geben durch Rotation während des Entformungsvorgangs das Gewinde frei. Dieser Werkzeugaufwand kann bei Prototypen oder eventuell auch bei kleinen Stückzahlen mit Wechselkernen, die nach dem Entformen außerhalb des Werkzeugs herausgedreht werden, vermieden werden.

7.3.2.3 Schmelzkerne

Bereits im Jahre 1968 wurde das Spritzgießen von Teilen mit konventionell nicht entformbaren Kernen patentiert [7.43]. Das Verfahren hatte jedoch kaum eine Anwendung gefunden. Erst nachdem in den 80er Jahren die Automobilindustrie Interesse für die Herstellung von Luftansaugkrümmern für PKW-Motoren bekundete, kam der Durchbruch für die Schmelzkerntechnologie.

Im ersten Verfahrensschritt wird ein Metallkern gegossen, der die spätere Innenkontur des zu fertigenden Bauteils abbilden soll. Als Metalle kommen vorwiegend Legierungen aus Zinn, Bismut, Blei infrage, deren Schmelzpunkte unterhalb der Schmelztemperaturen der jeweils vorgesehenen Thermoplaste liegen. Für PA 66-GF (T_m = 255 °C) wird beispielsweise eine ZnBi-Legierung mit einem Schmelzpunkt von 138 °C verwendet.

Diese Kerne werden im eigentlichen Fertigungsschritt des Bauteils in das Spritzgießwerkzeug eingelegt und von der Thermoplastschmelze umflossen. Die sehr gute Wärmeleitfähigkeit der Metall-Legierung, die geringe Wärmeleitfähigkeit des Polymerwerkstoffs andererseits sowie eine Mindestmasse des Kerns sorgen dafür, dass die Polymerschmelze an der Oberfläche des Kerns sehr rasch erstarrt und den Kern nicht zum Schmelzen bringt.

Nach dem Erstarren der Schmelze wird das Teil zusammen mit dem Kern entformt.

Im letzten Verfahrensschritt wird der Metallkern in einer Heizbadflüssigkeit (z. B. Lutron ES, BASF) meistens durch induktive Erwärmung unterstützt aus dem Formteil wieder aus-

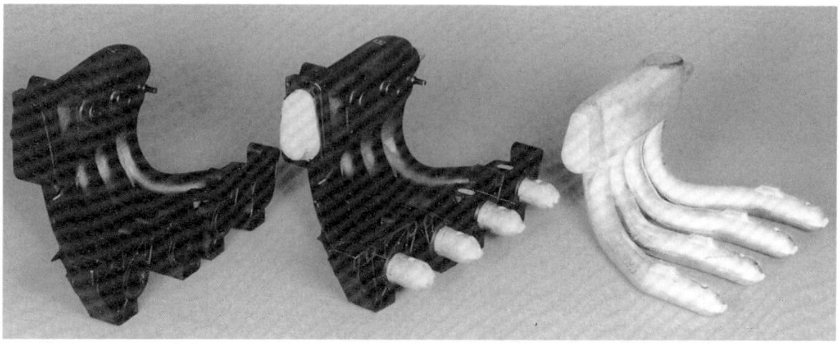

Bild 7.55 Die Verfahrensstadien bei der Herstellung von Ansaugrohren (Hersteller: Montaplast)
rechts: Kern aus Zinn-Bismut-Legierung
Mitte: umspritzer Kern
links: fertiges Saugrohr aus PA 66-GF

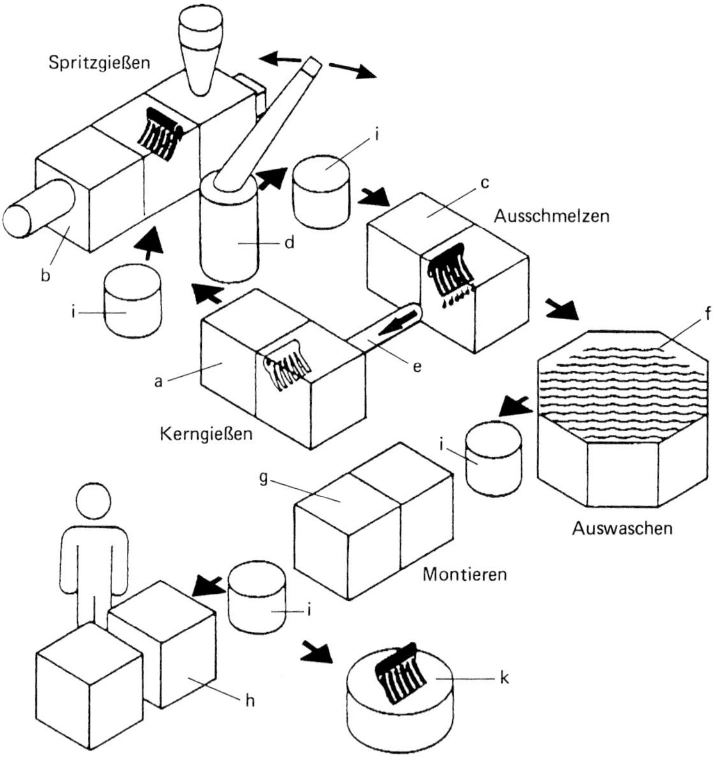

Bild 7.56 Schematische Darstellung einer Fertigungszelle zur Herstellung von Sauganlagen nach der Schmelzkerntechnologie [7.48]
a) Kerngießanlage, b) Spritzgießmaschine, c) Kernausschmelzanlage, d) Roboter, e) Schmelzerückführung, f) Reingungsanlage für die ausgewaschenen Spritzgussteile, g) Montage der Sauganlage (Deckel reibschweißen, Inserts einbringen), h) Verpackung und Versand, i) Prüfstationen im Verlauf der Fertigung, k) Zusatzprüfungen für das Produktaudit

geschmolzen; die Metall-Legierung kann zu neuen Kernen vergossen werden. Das Bild 7.55 zeigt ein Saugrohr in diesen drei Stadien (s. a. Bild 1.14).

Detaillierte Verfahrensbeschreibungen finden sich z. B. in [7.44 bis 7.48].

Die Darstellung in Bild 7.56 gibt einen Eindruck vom Aufbau einer Fertigungszelle, in welcher derartige Luftansaugkrümmer serienmäßig gefertigt werden.

7.3.3 Vermeiden von Hinterschneidungen

Da die Entformung von Hinterschneidungen mit erhöhtem Werkzeugaufwand verbunden ist, muss bereits in der Konzeptionsphase darauf geachtet werden, ob Hinterschneidungen nicht grundsätzlich vermieden werden können. Dies kann durch geschickte Gestaltung oftmals erreicht werden.

7.3.3.1 Änderungen des Designs

Design-Gesichtspunkte stehen oft im Widerspruch zu einfacher technischer Realisierbarkeit. Als typisches Beispiel hierfür steht die Schraubkappe in Bild 7.57.

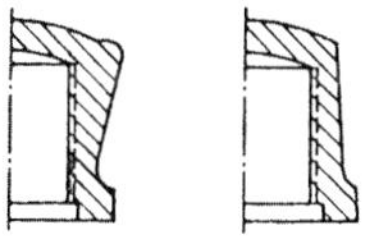

Bild 7.57 Schraubkappe mit Hinterschneidung (links) und in einfacher Ausführung ohne Hinterschneidung (rechts) [7.34]

Die von der Metallbearbeitung übernommene Griffgestaltung mit Kreuzrändel (Bild 7.58, links) erfordert wesentlich höheren Werkzeugaufwand als die hinterschneidungsfreien Ausführungen in Bild 7.58, Mitte und rechts.

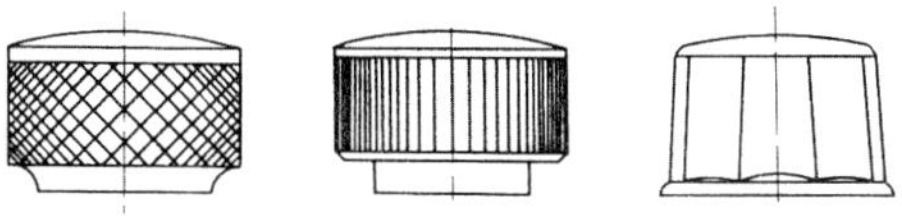

Bild 7.58 Griffgestaltung mit (links) und ohne (Mitte und rechts) Hinterschneidungen [7.39]

7.3.3.2 Durchtauchende Kerne (Durchblocken)

Unter Durchblocken wird im Werkzeugbau verstanden, wenn Gesenk und Kern sich im geschlossenen Zustand partiell berühren, so dass dort am Formteil ein Durchbruch entsteht. Durch eine solche Maßnahme können z. B. Durchbrüche in Seitenwänden hinterschneidungsfrei entformt werden (Bild 7.59).

Gitterdurchbrüche schräg zur Entformungsrichtung lassen sich ohne Hinterschneidung gemäß Bild 7.60 herstellen.

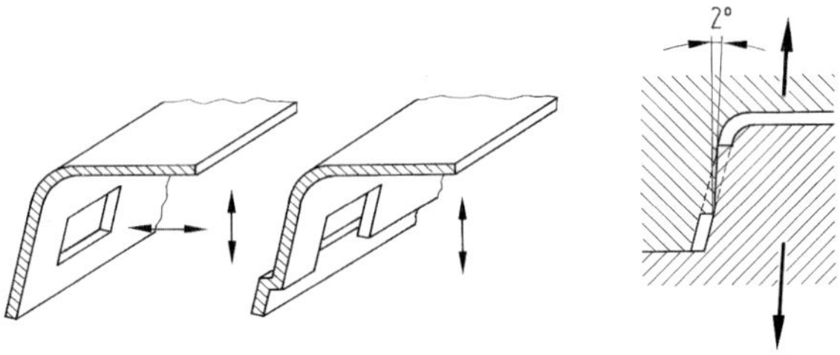

Bild 7.59 Seitlicher Durchbruch an einem Gehäuse [7.49]. Links ist zur Entformung ein zusätzlicher Schieber erforderlich. Die Konzeption Mitte und rechts sind hinterschneidungsfrei. Bei abgestuften Trennebenen (rechts) ist eine Seitenneigung von 2° erforderlich. ↔ Entformungsrichtungen

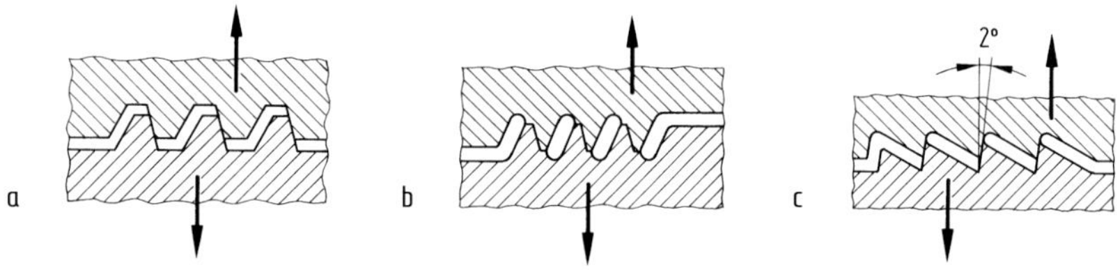

Bild 7.60 Schrägliegende Gitterdurchbrüche [7.34] → Entformungsrichtungen

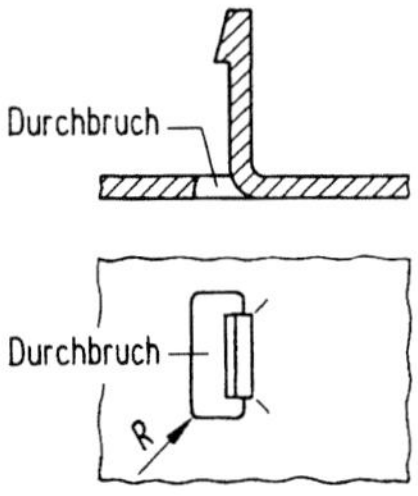

Bild 7.61 Prinzip der hinterschneidungsfreien Entformung eines Schnapphakens

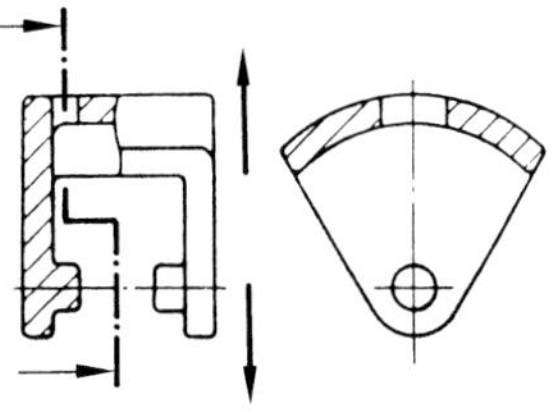

Bild 7.62 Entformung ohne zusätzliche Schieber mit durchtauchenden Kernen hinter den innenliegenden Augen → Entformungsrichtungen

Das Prinzip Hinterschneidungen an Schnapphaken mit durchtauchenden Kernen zu vermeiden, geht aus Bild 7.61 hervor, wenn an der Wand ein Durchbruch möglich ist (s. a. Bild 8.15, 8.18 und 8.19).

An einem gabelförmigen Teil mit innenliegenden Augen (Bild 7.62) kann auf einen Schieber im Werkzeug verzichtet werden, wenn die gekrümmte Wand oberhalb der Augen durchbrochen wird.

Ist bei innenliegenden Hinterschneidungen gestaltsbedingt eine solche Maßnahme nicht möglich, wird die Entformungstechnik aufwendiger. Bei der segmentierten Schnappverbindung mit großen innenliegenden Hinterschneidungen (Bild 7.63) kann der Aufwand dadurch akzeptabel gehalten werden, dass der Raum unter den Haken durch eintauchende Kerne freigehalten wird, die dann allerdings seitlich entformt werden müssen.

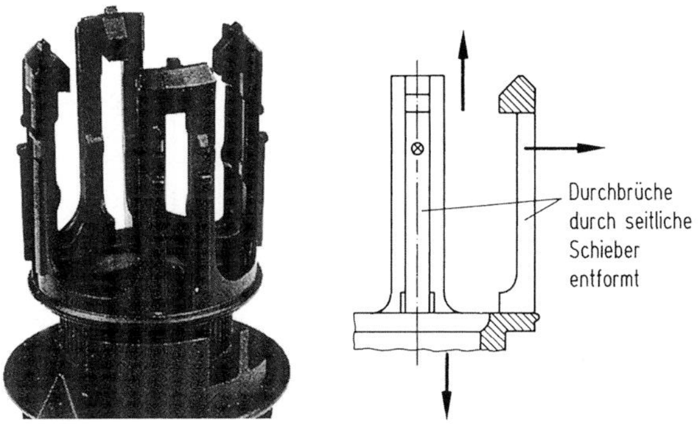

Bild 7.63 Segmentierte Schnappverbindung;
Entformung der Hinterschneidungen durch eintauchende Kerne
→ Entformungsrichtungen

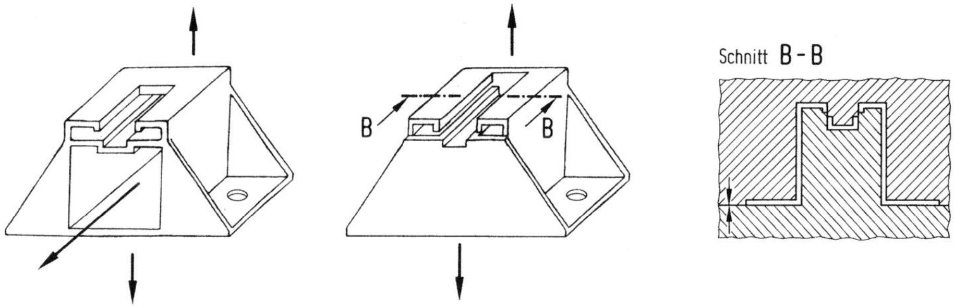

Bild 7.64 Konstruktionsvarianten mit (links) und ohne Schieber (Mitte);
Lage im Werkzeug (rechts)
→ Entformungsrichtungen

Ein weiteres Beispiel für entformungsgerechte Konstruktion ist in Bild 7.64 skizziert. Die Konstruktion im Bildteil links erfordert zur Entformung der durchgehenden Hohlräume Schieber, die seitlich gezogen werden müssen, während das Teil in Bildmitte ohne Schieber entformt werden kann, wenn die vordere und hintere Wand geschlossen und dafür der Boden geöffnet wird. Die seitliche Öffnung längs der Führungsnut wird durch einen von oben durchtauchenden Kern geformt, wie im Bild rechts angedeutet.

7.3.3.3 Mehrteilige Ausführungen

Hinterschneidungen lassen sich auch vermeiden, wenn die Bauteile mehrteilig konzipiert werden können, so dass jedes Teil für sich hinterschneidungsfrei gefertigt werden kann. Der dann erforderliche Fügeprozess darf natürlich als zusätzlicher Kostenfaktor die Gesamtbilanz nicht belasten. Bei dem Beispiel in Bild 7.65 ist dies mit Sicherheit nicht der Fall, da die Schnappverbindungselemente gleich angeformt sind, und jeweils beide Hälften identisch gestaltet sind, so dass beliebige Teile durch Einrasten miteinander kombiniert werden können (s. a. Bild 11.36 und 11.37).

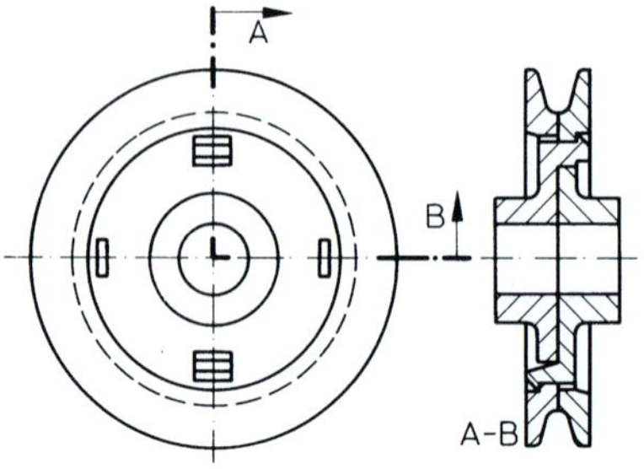

Bild 7.65 Keilriemenscheibe (PA), aus zwei gleichen Teilen durch Schnapphaken zusammengefügt [7.6]

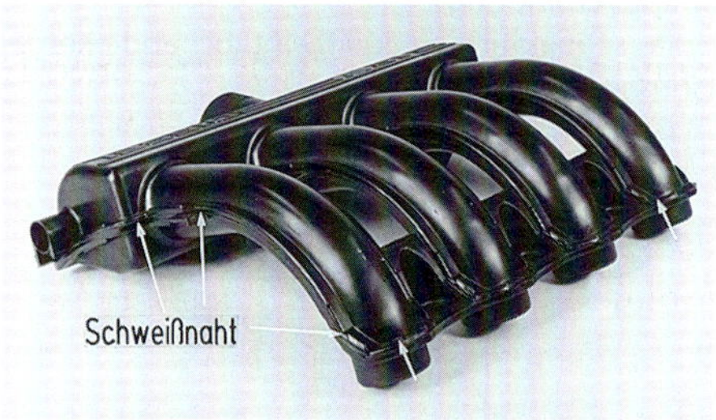

Bild 7.66 Ansaugkrümmer aus PA 66-GF (A3WG7) als Halbschalen spritzgegossen und verschweißt

Bild 7.67 Die beiden Hälften dieses Saugrohrs werden durch Schnappen gefügt (Hersteller: Bosch; Anwender: Opel)

Schwieriger wird eine Wirtschaftlichkeitsbetrachtung bei komplexeren Bauteilen wie beispielsweise den im vorangegangenen Abschnitt erwähnten Luftansaugkrümmern, die wegen des relativ hohen Aufwandes für die Schmelzkerntechnik auch als Halbschalen spritzgegossen und durch Schweißen (Bild 7.66), und neuerdings auch durch Schnappen (Bild 7.67), zusammengefügt werden. Bei der vorliegenden Schnappvariante wird die Verschraubung am Zylinderkopf durch die obere und untere Halbschale geführt. Bei dieser Montageart ist allerdings eine zusätzliche Dichtung zwischen den beiden Hälften erforderlich.

7.4 Mehrkomponenten-Spritzgießen

Mit der Zwei- oder Mehrkomponenten-Spritzgießtechnik können durch Kombination unterschiedlicher Materialien besondere Eigenschaften und Effekte erreicht werden. Nachfolgend sind einige der gebotenen Möglichkeiten aufgezählt:

- *Oberfläche kompakt – Kern geschäumt*
  Dickwandige Formteile ohne Einfallstellen, mit Oberflächen wie kompakt gespritzte Teile
- *Oberfläche verstärkt – Kern unverstärkt*
  Hohe Biegesteifigkeit, bei reduzierten Rohstoffkosten
- *Oberfläche unverstärkt – Kern verstärkt*
  Gute Oberfläche mit erhöhter Festigkeit und Wärmeformbeständigkeit
- *Oberfläche mehrfarbig*
  Abriebfeste Beschriftung von Tastaturen etc.
- *Oberfläche weich – Kern hart*
  Weiche Oberflächen mit steifem harten Kern, angenehmes Griffverhalten, Integration von Funktionen
- *Oberfläche hart – Kern weich*
  Hohe Druck- und Biegefestigkeit. Schwingungsdämpfend
- *Oberfläche verstärkt – Kern elektrisch leitfähig*
  Gute Oberflächen bei gleichzeitiger elektrischer Abschirmung
- *Oberfläche leitfähig – Kern unverstärkt*
  Besonders hohe Abschirmungswerte durch zwei Abschirmschichten
- *Oberfläche Neuware – Kern Recyclingwerkstoff*
  Herstellung von hochwertigen Formteilen unter Verwendung von Recyclingwerkstoffen
- gute *Oberfläche – Kern Barriererohstoff*
  Reduzierung der Permeabilität durch Barrieresperrschicht im Kern.
- *Oberfläche Polymerwerkstoff – Kern Gas*
  Einfallstellenfreie, dickwandige Formteile mit Zyklusverringerung und Gewichtsersparnis

Polymerwerkstoffe, die untereinander gute Haftung ergeben sind der Tabelle 7.6 zu entnehmen.

Tabelle 7.6 Werkstoffkombinationen [7.56 u. a.]

	ABS	ASA	SAN	S/B	PS	PMMA	PC	PSU	PE-HD	PE-LD	PP	EVA	PA 6	PA 66	POM	PBT	PPE + S/B	AB S + PC	PC + PBT
ABS	+	+	+	–	–	+	+	+	–	–	–		+	+		+	–	+	+
ASA	+	+	+	–	–	+	+	+	–	–	–		+	+		+	–	+	+
SAN	+	+	+	–	–	+	+		–	–	–					+	–	+	+
S/B	–	–	–	+	+	–	–		–	–	–				–	–	+	o	o
PS	–	–	–	+	+	–	–		–	–	–	+	–	–	–	–	+	o	o
PMMA	+	+	+	–	–	+	o		o	o	–							+	+
PC	+	+	+	–	–	o	+	+	–	–	–	o				+	o	+	+
PSU	+	+					+	+									o	+	+
PE-HD	–	–	–	–	–	o	–		+	+	+	+	o	o	o	–	o	o	o
PE-LD	–	–	–	–	–	o	–		+	+	+	+	o	o	o	–	o	o	o
PP	–	–	–	–	–	–	–		–	+	+	+	o	o	o	–	o	o	o
EVA				–	+				+	+	+	+					o	o	o
PA 6	+	+		–	–		o		o	o	o		+	+			o	+	+
PA 66	+	+		–	–		o		o	o	o		+	+			o	+	+
POM				–	–				o	o	o				+		o	o	o
PBT	+	+	+	–	–		+		–	–	–					+	–	+	+
PPE + S/B	–	–	–	+	+		o	o	o	o	o	o	o	o	o	–	+	o	o
ABS + PC	+	+	+	o	o	+	+	o	o	o	o	o	+	+	o	+	o	+	+
PC + PBT	+	+	+	o	o	+	+		–	–	–	–	+	+	o	+	–	+	+

+ = gute Haftung o = schlechte Haftung – = keine Haftung

7.4.1 Zweifarbenspritzguss

Mit der Mehrfarbentechnologie werden zwei oder mehrere gleiche Polymerwerkstoffe unterschiedlicher Farbe in einem Arbeitsgang ineinander oder übereinander gespritzt. Ein weites Einsatzgebiet hat diese Technik zur Herstellung von Bedienungselementen wie Tastaturen gefunden (Bild 7.68). Man erhält qualitativ hochwertige Beschriftungen und vor allem eine hohe Abriebfestigkeit der Symbole. Aus wirtschaftlichen Gründen wird der Zweifarbenspritzguss nur noch angewendet, wenn Design und Ästhetik im Vordergrund stehen.

Dagegen gewinnt das Laserbeschriften zunehmend an Bedeutung. Es ist nicht für jeweils jedes Zeichen ein individueller Werkzeugeinsatz erforderlich, da die Zeichen erst auf die fertigen

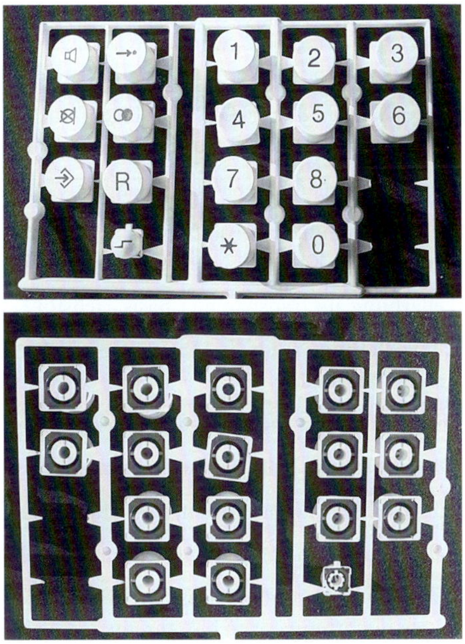

Bild 7.68 Aus zwei Spritzaggregaten werden die Tastaturknöpfe nacheinander aus rotem und weißen ABS gespritzt

Bild 7.69 Laserbeschriftetes Tastenfeld; Tasten und Gehäuse aus PA 66, schwarz LS 23189 (Hersteller: Bang & Olufsen)

Spritzgussteile aufgebracht werden. Hinsichtlich der Werkstoffeignung für die Laserbeschriftung gibt es gewisse Einschränkungen.* Tabelle 7.7 enthält hierzu einige Hinweise.

Das Bild 7.69 zeigt eine Telephon-Tastatur, die nach diesen Verfahren beschriftet wurde.

---

* Die Rohstoffhersteller bieten zum Beschriften optimierte, besonders geeignete Farbeinstellungen an.

Tabelle 7.7 Hinweise auf die Beschriftbarkeit mittels Laser für einige Werkstoffe [7.64]

Werkstoff	Bemerkungen
ABS	Gut beschriftbar, sowohl dunkel bei heller Eigenfarbe als auch hell bei dunkler Eigenfarbe. Laseroptimierte Einfärbungen gut beschriftbar.
ASA	Gute Ergebnisse auf hellen Farbeinstellungen.
PA 66	Gute Hellfärbung bei dunklen Eigenfarben. Bei Naturmaterial kein Kontrast. Laseroptimierte Einfärbungen gut beschriftbar.
PC	Gute Dunkelfärbung auf transparenter Basis. Hell auf Schwarzeinfärbung.
PC + ABS	Sehr gute Dunkelfärbung auf hellen Farbeinstellungen. Beige bei dunkler Eigenfarbe.
PC + PBT	Sowohl dunkel auf hell als auch hell auf dunkel.
PBT	Sehr gute Dunkelfärbung, helle Beschriftung möglich.
PPE	Ungeeignet auf dunklen Einfärbungen, befriedigend auf hellen Einfärbungen.
PPS	Gute Dunkelfärbung auf hellen Farbeinstellungen. Helle Beschriftung möglich.
POM	Kaum Kontrast auf hellen Grundfarben. Laseroptimierte Einfärbungen gut bis sehr gut beschriftbar.
SAN	Befriedigend, teilweise gut beschriftbar auf schwarz, grau, weiß und transparent.

Beim Beschriften mit Laser treten werkstoff- und pigmentabhängig verschiedene Effekte auf (Bild 7.70).

a) Bei Thermoplasten mit geeigneter Dunkeleinfärbung schäumt das Material entlang der bestrahlten Kontur auf. Die Schaumstruktur erreicht eine Tiefe bis zu 100 μm, und steht etwa 50 μm über. Der Farbkontrast ist sehr gut.

b) Bei diesem Effekt wird Material durch Verdampfen abgetragen. Die Schrift ist schwer lesbar.

c) Neben dem Materialabtrag entsteht im Grund des abgetragenen Grabens eine karbonisierte, schwarze Schicht, die bei hellen Einfärbungen einen guten Kontrast ergibt.

d) Durch Farbumschlag erhält man bei speziellen Pigmentierungen eine etwa 100 μm tiefe Beschriftung ohne nennenswerte Beschädigung der Oberfläche. Der erreichbare Kontrast ist etwas geringer als bei a) und c).

e) Hierbei entsteht eine unregelmäßige Dunkelfärbung entlang der Belichtungslinie.

f) Besonders effektvoll ist das Laserbeschriften von transparenten Werkstoffen, die zuvor mit einem speziellen, dunklen Lack überzogen wurden.

Der Laserstrahl brennt den Lack an den belichteten Konturen ab, und es entstehen so mit transparentem Basiswerkstoff hinterleuchtbare Ziffern. Nach diesem Verfahren wird z. B. das „Day & Night-Design“ für die beleuchtbaren Tasten in PKW realisiert. Um den Tagkontrast bei unbeleuchteter Taste zu verstärken, erhält der transparente Kunststoff zuerst unter der dunklen eine dünne, helle Lackschicht, die vom Laser nicht angegriffen wird, oder es wird

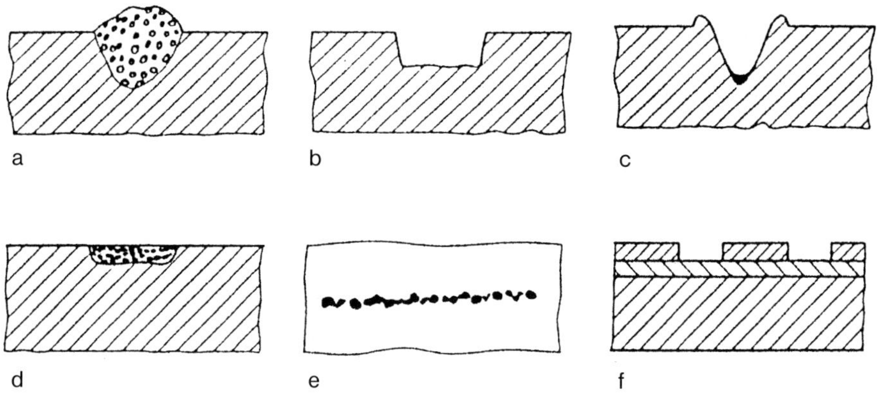

Bild 7.70 Effekte, die beim Laserbeschriften auftreten [7.65]
a) Aufschäumen
b) Gravieren ohne Farbumschlag
c) Gravieren mit Farbumschlag
d) Umfärben, Ausbleichen
e) Perlenstruktur
f) Beschriftung durch Lackabtrag

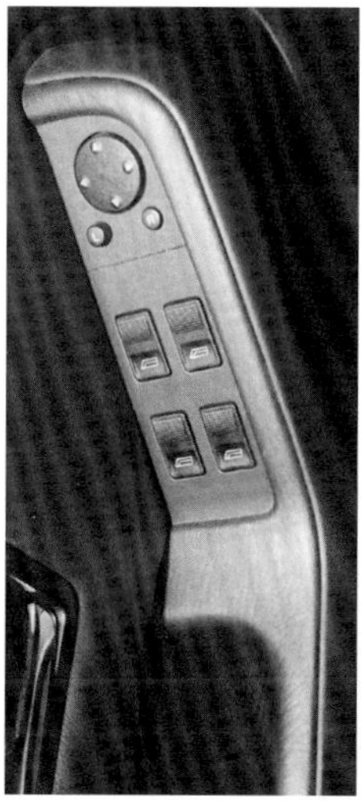

Bild 7.71 Day & Night – Design von Tasten in PKW

ein opaker Basiswerkstoff verwendet. Wenn die dunkle Farbschicht abgetragen ist, ist auch ohne Hinterleuchtung ein guter Kontrast gegeben (Bild 7.71). Als Lacksystem kommt z. B. ein 2K-Laserlack* infrage.

* Zum Beispiel 2K-Laserlack SP 2200 der Fa. Nordwest-Chemie.

7.4.2 Hart-Weich-Kombinationen

Mit der Zwei-Komponenten-Technologie können auch Thermoplaste mit thermoplastischen Elastomeren in einem Arbeitsgang verbunden werden. Damit lässt sich zum einen die Funktionalität der Bauteile erheblich verbessern, zum anderen entfällt Logistik- und Montageaufwand; auch bestehen keine Passungsprobleme, wenn die Nachgiebigkeit der Weichkomponente als Toleranzausgleich genutzt werden kann.

Von den Verfahrensvarianten und den damit verbundenen Werkzeugkonzepten haben sich heute folgende bewährt [7.57]:

- Umsetzverfahren
- Drehtischverfahren
- Indexplattenverfahren
- Schiebertechnik

Beim *Umsetzverfahren* wird der Vorspritzling* mit Handhabungsgeräten in eine zweite, neue Kavität der gleichen oder einer parallel geschalteten Maschine eingelegt. Das Verfahren eignet sich vornehmlich für große Teile.

Beim *Drehtischverfahren* wird nach dem Spritzen des Vorspritzlings die komplette Auswerferseite des Werkzeugs um 180° gedreht, der Vorspritzling bleibt auf dem Kern und wird in eine matrizenseitige, neue Kavität eingesetzt. In dieser Station wird die Weichkomponente gespritzt, während gleichzeitig in der ersten Station der nächste Vorspritzling gefertigt wird.

Größere Gestaltungsfreiheit erreicht man mit dem *Indexplattenverfahren*. Dabei kann die zweite Kavität sowohl kern- als auch matrizenseitig eine andere Kontur haben. Der Vorspritzling wird hierbei über eine Platte ausgehoben, gedreht und in die zweite Kavität eingesetzt.

Besonders wirtschaftlich – allerdings bei eingeschränkter Gestaltungsfreiheit – ist die *Schiebertechnik*. Hierbei bleibt die Kavität für den zweiten Werkstoff zunächst durch einen Schieber geschlossen und wird erst nach dem Einspritzen des ersten Werkstoffs geöffnet. Nach diesem Verfahren werden z. B. Dichtlippen angespritzt.

Werkstoffe

Ein erster Hinweis auf Werkstoffe, die eine gute Haftung zu thermoplastischen Elastomeren aufweisen ist Tabelle 7.8 zu entnehmen, wobei innerhalb der aufgeführten Gruppen von Elastomeren auch Spezialtypen mit jeweils besserer Haftung existieren. Ferner spielt die Oberflächentemperatur der zuerst gespritzten Komponente eine entscheidende Rolle für die Haftfestigkeit des Verbundes [7.58].

Die Haftfestigkeit des Verbundes kann auch durch Anbringen einer Ultraschallsonotrode an der Verbindungsstelle im Werkzeug deutlich verbessert werden, weil dort durch die US-Energie die Schmelzeviskosität erniedrigt wird [7.74].

---

* Unter Vorspritzling wird das aus der ersten Komponente gefertigte Teil verstanden.

Tabelle 7.8 Verbundfestigkeiten von Hart-Weich-Kombinationen [7.56]

		ABS	PS	PC	PE	PP	PA	POM	PBT	PVC
TPE-O	Polyolefin-Elastomere	–	–	–	+	++	+	–	–	–
TPE-U	Polyurethan-Elastomere	+	–	+	–	–	+	+	+	+
TPE-S	Polystyrol-Elastomere	+	+	–	+	+	+	–	–	–
TPE-E	Polyester-Elastomere	+	–	+	–	–	+	–	+	–
TPE-A	Polyamid-Elastomere	–	–	–	–	–	+	–	–	–

+ = gute Haftung – = schlechte oder keine Haftung

Beispiele

Die folgenden Bilder geben einen Eindruck von den vielfältigen Möglichkeiten der Funktionsintegration durch Hart-Weich-Werkstoffverbunde. Es handelt sich um integrierte Dichtfunktionen, Softtouch-Oberflächen, die ein angenehmes Griffgefühl vermitteln, Schalterblenden, Feder- und Dämpfungsfunktionen u. a.

Bild 7.72 Kegel für Rückflussverhinderer-Patrone in der Sanitärinstallation. Zuerst wird der dunkle Kegel aus PP (1022) gespritzt und im zweiten Schritt der Dichtring aus TPE-O (Anwender: Wildfang GmbH).

Bild 7.73 Besonders wirtschaftlich ist es, mehrere Dichtringe an einem Teil in einem Arbeitsschritt aufzuspritzen. Die Dichtringe sind innen durch Stege miteinander verbunden. Ventilkörper: PA-GF; O-Ringdichtungen: TPU.

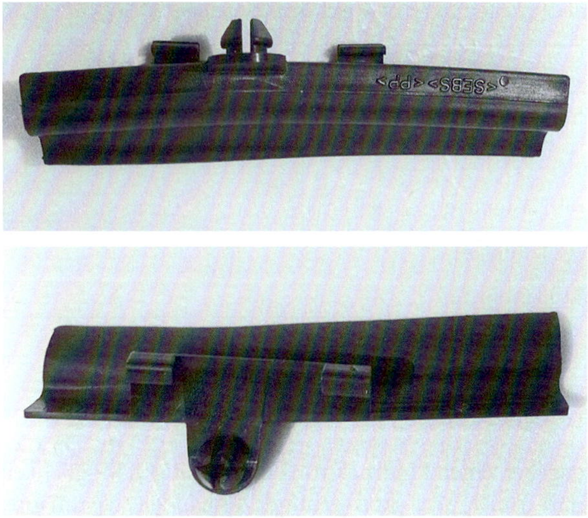

Bild 7.74 Ausschnitt aus einer Dichtungsleiste. Die Hartkomponente aus PP trägt die Befestigungshaken und -clipse, die Dichtlippe ist aus SBS (Hersteller: Weidmann).

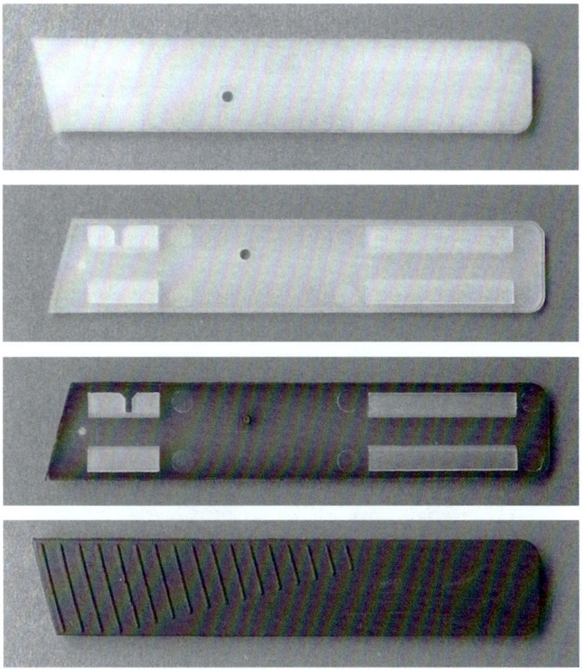

Bild 7.75 Griffleiste aus PA mit einer Grifffläche aus TPU. In der ersten Station wird das steife Gerüst aus PA gespritzt, und in der zweiten Kavität wird durch die Bohrung im PA-Teil die griffige TPU-Komponente gespritzt (Hersteller: Philips).

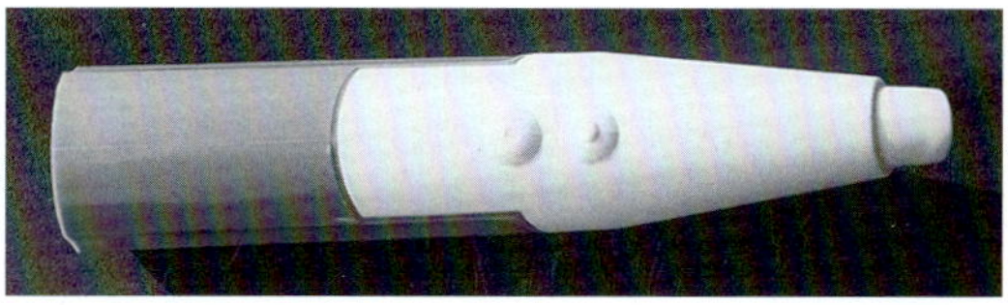

Bild 7.76 Griff für eine elektrische Zahnbürste aus ABS als Hart-Komponente. Die Weich-Komponente übernimmt hier neben der Griffigkeit die Dichtung an der Bürstendurchführung und die Schalterabdeckung (Hersteller: Weidmann).

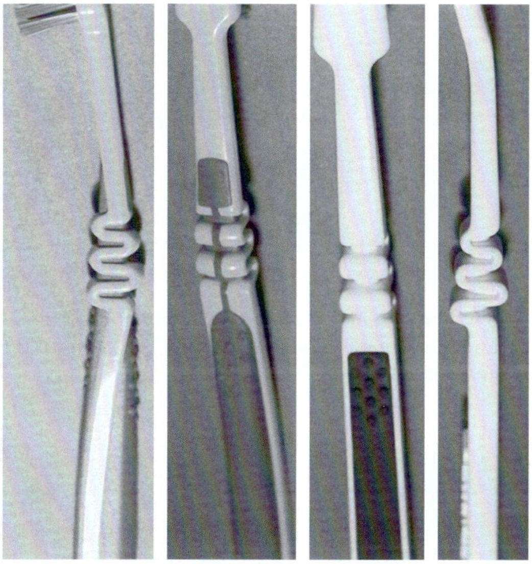

Bild 7.77 Zahnbürsten Modell „Dr. Best". Die Ausführung rechts ist trotz der Wellenform wenig wirkungsvoll, da die biegeweichen Federelemente durch den Kern wieder versteift werden. Bei der verbesserten Ausführung (links) ist der Kern im 2K-Spritzguss aus einem weichen thermoplastischem Elastomer, ebenso der Griff, der sich angenehm anfasst.

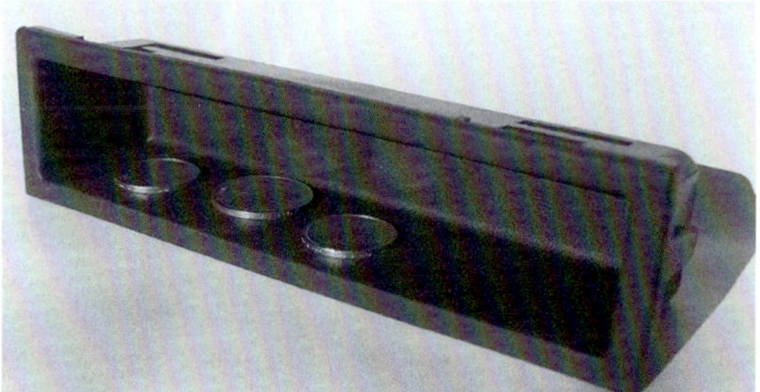

Bild 7.78 Ablegefach in einem Mercedes-Fahrzeug nach der Umsetztechnik aus PP und TPE-O gefertigt. Die Innenfläche aus Elastomer dämpft Klappergeräusche abgelegter Gegenstände (Hersteller: Weidmann).

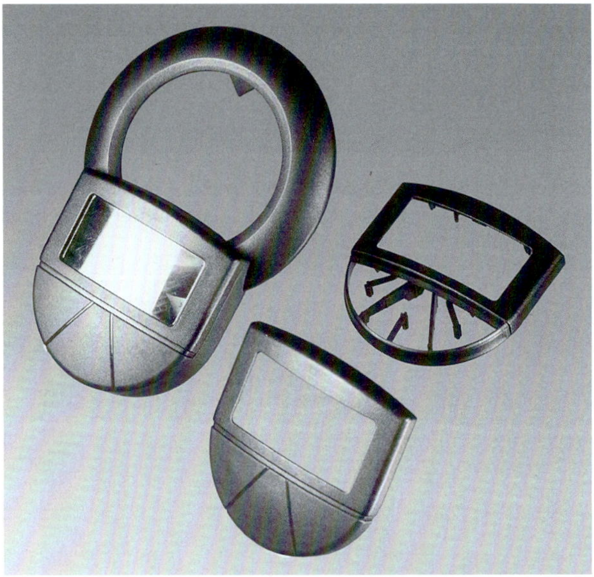

Bild 7.79 Kontrollgerät „visiotherm" an AMC-Kochtöpfen. An dem Trägerteil aus ABS + PC (rechts) sind kleine Federarme angebracht, die über die drei Segmentflächen aus TPU Einstelltaster betätigen (Hersteller: Weidmann).

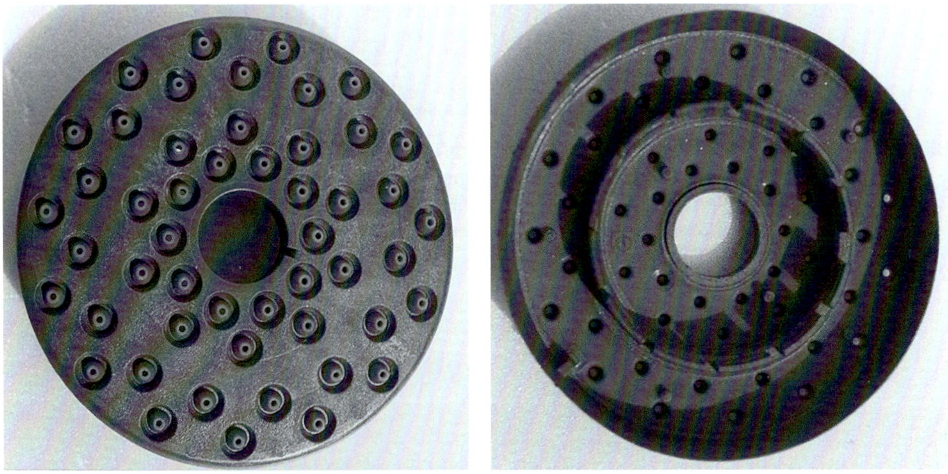

Bild 7.80 Duschkopf aus POM-GF und Düsen aus Silicon. Das Problem des Verkalkens von Duschkopfdüsen ist bekannt. Hier sind die Düsen aus unpolarem Silicon, so dass sich kein Kalk anlagert, und wenn es z. B. nach langer Nichtbenutzung trotzdem geschieht, löst er sich durch den Druckstoß beim Wassereinschalten oder durch leichte Berührung mit der Hand. Die Teile werden durch Umsetzen des thermoplastischen Vorspritzlings in ein zweites, beheiztes Werkzeug einer zweiten Maschine hergestellt, in der der Flüssigsiliconkautschuk überspritzt wird. Die Vulkanisationstemperatur beträgt ca. 170 °C.

7.4.3 Gasinjektionstechnik (GIT)*

Verfahrensablauf

Das Prinzip des *GIT-Standardverfahren* beruht darauf, dass die Kavität zunächst nur zum Teil mit Schmelze gefüllt wird (Bild 7.81 links), und dann durch die Maschinendüse ein Gas (meist Stickstoff) eingeleitet wird (Bild 7.81 Mitte). Dieses injizierte Gas verdrängt die noch plastische Querschnittsmitte bis zum Formteilende (Bild 7.81 rechts), und so entsteht ein Hohlraum in dem Spritzgussteil, das äußerlich einen massiven Eindruck macht. Innen ist die Oberfläche erwartungsgemäß nicht glatt und eben sondern mehr oder weniger narbig, und die Wanddicke ist nicht gleichmäßig (Bild 7.82).

Anwendungen, bei denen der Gaskanal auch als Funktionshohlraum ausgebildet ist, sind prinzipiell möglich [7.68].

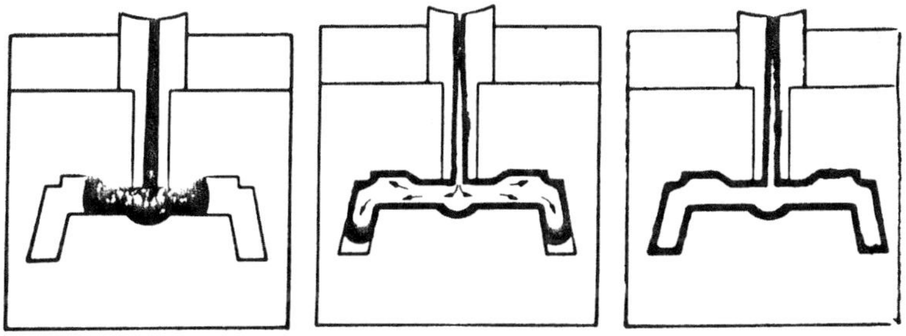

Bild 7.81 Prinzipieller Ablauf beim GIT-Standardverfahren

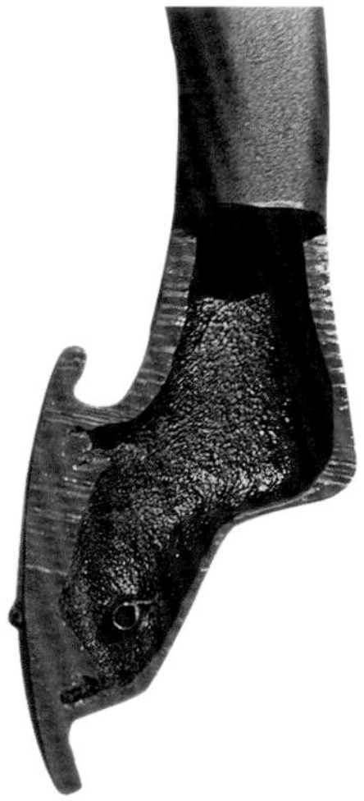

Bild 7.82 Schnitt durch das untere Teil eines Kupplungspedals

* Neben der Bezeichnung GIT ist auch das Kürzel GID von Gasinnendruckverfahren gebräuchlich. Es haben sich eine Reihe von Verfahrensvarianten im Markt eingeführt; der größte Verfahrens-know-how liegt derzeit bei den Maschinenherstellern. Bei der Anwendung der Verfahren ist die Patentsituation zu beachten.

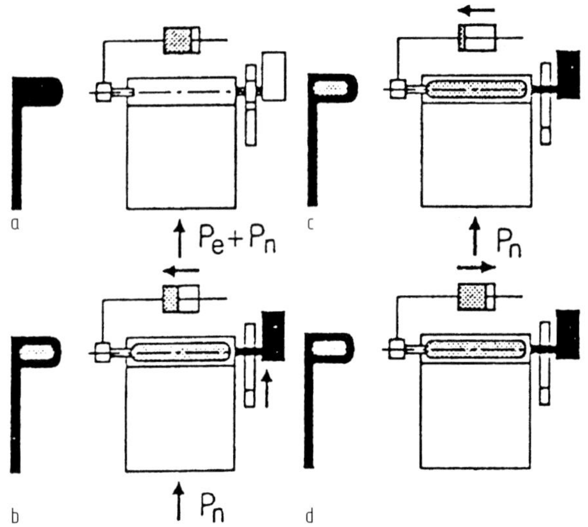

Bild 7.83 Prozessablauf beim GIT-Nebenkavitäten-Verfahren [7.59]
a) Vollständige Füllung und kurzzeitiger Nachdruck
b) Gaseinleitung, Öffnen der Nebenkavität, Nachdruck
c) Kompressionsphase unter Gasnachdruck
d) Druckentlastung und Gasrückführung

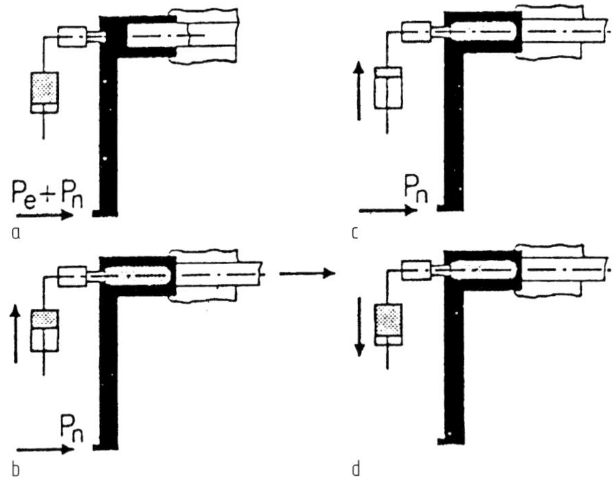

Bild 7.84 Prozessablauf beim GIT-Kernzug-Verfahren [7.59]
a) Vollständige Füllung und kurzzeitiger Nachdruck
b) Gaseinleitung, Kernrückziehen, Nachdruck
c) Kompressionsphase unter Nachdruck und Gasnachdruck
d) Druckentlastung und Gasrückführung

Der von innen wirkende Gasdruck verhindert die Ausbildung von Einfallstellen.

Von den Verfahrensvarianten sind in den Bildern 7.83 und 7.84 zwei dargestellt [7.59].

Die gesamte Kavität wird beim *GIT-Nebenkavitäten-Verfahren* zunächst gefüllt. Dann wird Gas eingeleitet, das die „plastische Seele" in den Dickstellen in eine durch einen Schieber geöffnete Nebenkavität drückt. Das Verfahren ist für flächige Teile mit partiellen Verdickungen geeignet.

Auch beim *Kernzug-Verfahren* wird die Kavität zunächst vollständig gefüllt; sodann werden ein oder mehrere Kerne zurückgezogen, und die frei werdenden Volumina werden mit Gas gefüllt. Das Gas wird nicht durch die Maschinendüse eingeleitet, sondern direkt an den dicken Stellen. Nachteilig ist die aufwendige Werkzeugkonstruktion.

Gestaltungshinweise

Die folgende Tabelle gibt einen Überblick über die grundsätzliche Eignung der GIT-Verfahren zur Herstellung von einigen Bauteilgruppen sowie die Vorteile der Verfahren [7.60].

Das empirische Vorgehen bei der Bauteilgestaltung ist schwierig. Aus diesem Grunde empfiehlt es sich, numerische Füllstudien bereits in der Entwurfsphase durchzuführen.* Trotzdem sind einige prinzipielle Gestaltungsregeln zu beachten, denn neben den Vorteilen gibt es eine Reihe von Einschränkungen.

Die GIT-Verfahren erfordern eine unkonventionelle Bauteilgestaltung: Wo Gashohlräume entstehen sollen, muss die *Wanddicke groß* sein, denn das Gas sucht sich seinen Weg dorthin, wo die Schmelzetemperatur am größten und damit die Viskosität am niedrigsten ist. Geringste Inhomogenitäten lassen das Gas unkontrolliert vordringen.

Tabelle 7.9 Einteilung in Bauteilgruppen und Vorteile, die sich durch die GIT-Technik ergeben (nach ECKARDT)

Bauteilgruppen	**Vorteile**
Stabförmige Bauteile	• Gewichtsreduzierung bis zu 50 % • Verkürzung der Kühlzeit bis zu 50 % • keine Einfallstellen • Verringerung der Verzugsanfälligkeit • Bauteile mit hoher Torsionssteifigkeit (und Biegesteifigkeit)
Bauteile mit partiellen Verdickungen	• keine Einfallstellen in den dickwandigen Bereichen • kein Verzug durch Werkstoffanhäufung • guter optischer Eindruck der Dickstellen gegenüber konventionellem Spritzguss
Plattenförmige Bauteile	• keine Einfallstellen bei Verrippungen, • hohe Steifigkeit durch starke Verrippung • Verringerung der Verzugsanfälligkeit

* Die meisten marktgängigen Simulationsprogramme enthalten Module zur GIT-Prozesssimulation.

Problematisch sind deswegen scharfe Innenkanten, wo es zu einem Gasdurchbruch kommen kann (s. a. Abschnitt 7.2.3.2). Plattenförmige Bauteile gleichmäßiger Wanddicke sind nach den GIT-Verfahren nicht herstellbar; es kommt zur ungleichmäßigen, fingerförmigen Gasausbreitung in der Querschnittsmitte. Für derartige Teile ist das Sandwich-Verfahren geeigneter [7.63].

Das Gas muss eindeutig in „Kanälen" geführt werden!

In diesen dickeren Kanälen ist in deren Querschnittsmitte die Schmelzetemperatur relativ hoch.

Eindeutig bedeutet, dass auch Rippenkreuzungen oder andere Teilungen des Gaswegs (Bild 7.85) nicht möglich sind (s. a. Abschnitt 10.4).

Die Lage des Angusses muss verfahrensgerecht gewählt werden. Hierzu enthält Bild 7.86 einige Beispiele.

Randverstärkungen und umlaufende Wülste können nach dem GIT-Verfahren weit wirkungsvoller und optisch ansprechender ausgeführt werden als nach dem konventionellen Spritzgießen. Außerdem können oft Hinterschneidungen vermieden werden (Bild 7.87).

Weitere Gestaltungsregeln siehe Kapitel 10.

Anwendungsbeispiele

Die folgenden Bilder zeigen einige Bauteile, die nach dem GIT-Verfahren hergestellt sind.

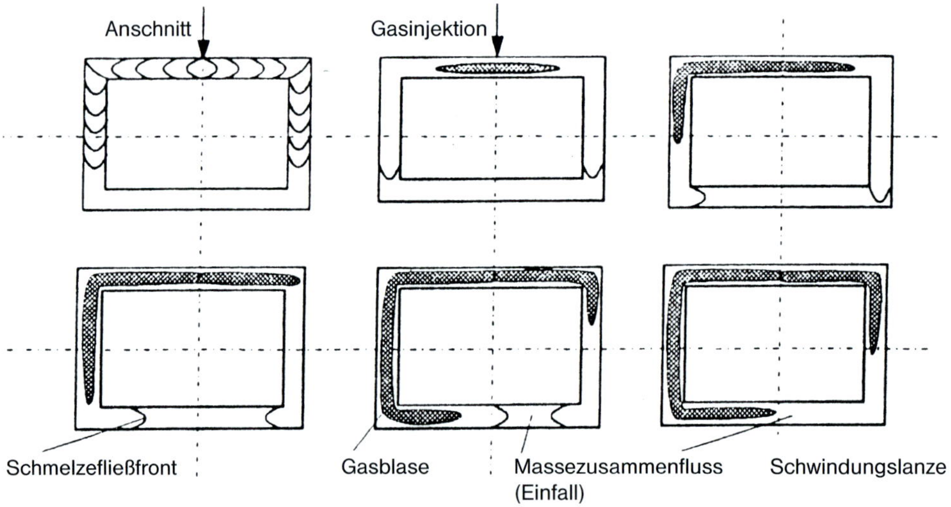

Bild 7.85 Füllstudie für Schmelze und Gas bei einem ringförmigen, geschlossenen Gaskanal (schematisch). Es hängt von geringsten Ungleichmäßigkeiten ab, welchen Weg das Gas nimmt. Am Schmelzezusammenfluss kommt es zu keiner Gasverbindung. Das Teil ist dort massiv und es kommt zu Einfallstellen und Verzug [7.61].

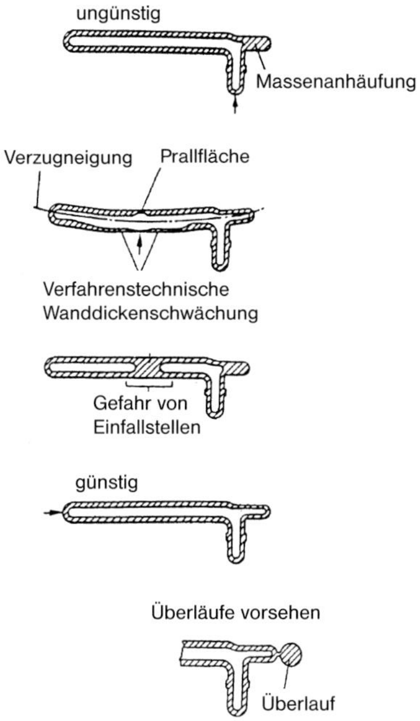

Bild 7.86 Zum Einfluss der Angusslage auf die Gasblasenausbreitung [7.62]

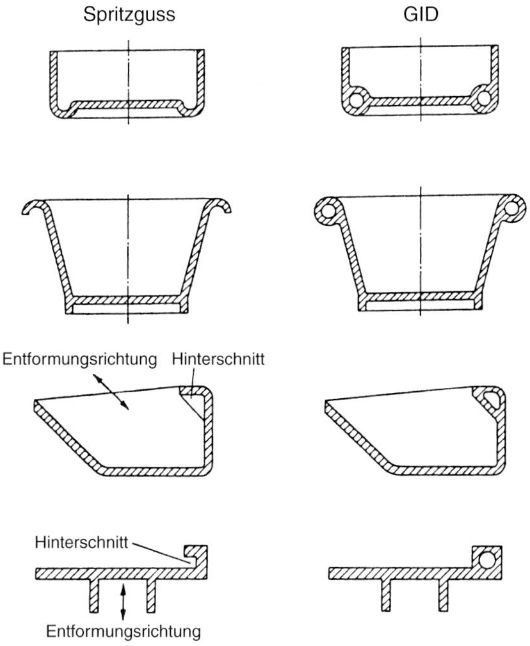

Bild 7.87 Randverstärkungen konventionell und nach dem GIT-Verfahren [7.62]

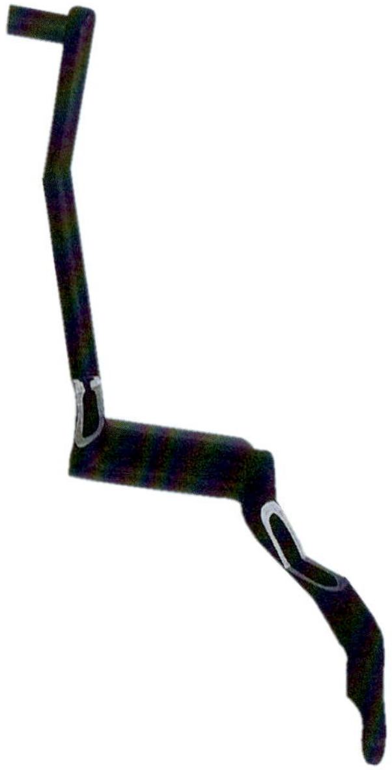

Bild 7.88 Gaspedal aus PA 6-GF 30 mit hoher Torsions- und Biegesteifigkeit durch den ovalen Rohrquerschnitt. Das Pedal ist außerdem deutlich leichter als eine spritzgegossene, verrippte Version (Hersteller: BMW).

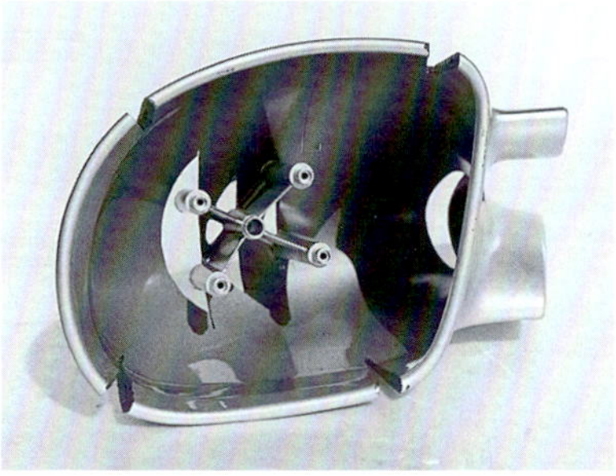

Bild 7.89 Außenspiegel des BMW W3. Die um den Rand geführten Gaskanäle verleihen dem Teil große Stabilität und ein massives Aussehen.

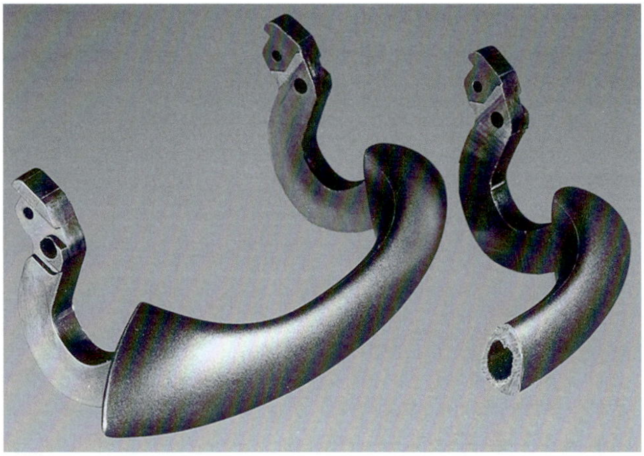

Bild 7.90 Türgriffe sind ideal für die Herstellung nach dem GIT-Verfahren. Der große, hohle Griffquerschnitt weist eine hohe Festigkeit und Steifigkeit auf und vermittelt ein gutes Griffgefühl (Hersteller: BMW).

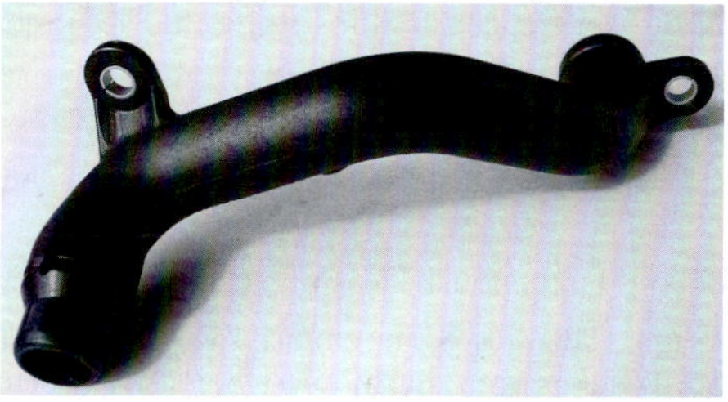

Bild 7.91 Eines der ersten nach der Wasserinjektionstechnik (WIT) gefertigten Kühlwasserrohre aus PA 66 GF30 (Hersteller: HEYCO)

7.4.4 Wasserinjektionstechnik (WIT)

Im Verfahrensablauf ist die Wasserinjektionstechnik grundsätzlich der Gasinjektionstechnik vergleichbar. Die Rolle des Stickstoffs übernimmt bei dieser Variante Wasser, das wegen seiner besseren Kühlwirkung auch kürzere Zykluszeiten (um bis zu 70 %) zur Folge hat und glattere Innenflächen erzeugt, die auch als Funktionshohlräume genutzt werden können. Das Verfahren ist noch nicht so weit verbreitet wie die Gasinjektionstechnik, hat aber als Injektionstechnik große Chancen [7.68, 7.73]. Zu den ersten Großserienanwendungen zählen z. B. Kühlwasserrohre aus PA 66-GF30 im Automobilbau [7.75] (Bild 7.91).

7.4.5 Gasaußendrucktechnik (GAT)

Die Gasaußendrucktechnik zählt derzeit ebenfalls zu den noch nicht weit verbreiteten Verfahren. Hierbei wird das Gas mit einem Druck bis 300 bar nach der Einspritzung der Schmelze durch bündig in die Werkzeugoberfläche eingepasste Düsen außen auf eine Seite des Formteils eingeleitet. Das Gas drückt dann die bereits etwas erstarrte Wand nach innen und verdrängt dort die Restschmelze gleichmäßig in alle Richtungen, so dass auf der Gegenseite keine Einfallstellen entstehen. Selbstverständlich darf die Innenseite keine Sichtoberfläche sein.

Literatur

[7.1] Menges, G.: Einführung in die Kunststoffverarbeitung, 2. Aufl., Hanser-Verlag, München 1979

[7.2] Schwarz, O. u. a.: Kunststoffverarbeitung, 4. Aufl., Vogel-Verlag, Würzburg 1988

[7.3] Mink, W.: Grundzüge der Spritzgießtechnik, 5.Aufl., Zechner & Hüthig Verlag, Speyer 1979

[7.4] Hensen, F., W. Knappe und H. Potente: Handbuch der Kunststoff-Extrusionstechnik, Band 1 und Band 2, Hanser-Verlag, München 1989/1986

[7.5] Michaeli, W. und M. Wegener: Einführung in die Technologie der Faserverbundwerkstoffe, Hanser-Verlag, München 1989

[7.6] Gastrow, H.: Spritzgießwerkzeugbau in 100 Beispielen, 4. Aufl. Hanser-Verlag, München 1990

[7.7] Menges, G. und P. Mohren: Anleitung für den Bau von Spritzgießwerkzeugen, 3. Aufl., Carl Hanser Verlag, München 1990

[7.8] Michaeli, W.: Extrusionswerkzeuge für Kunststoffe und Kautschuk, 2. Aufl., Hanser-Verlag, Müchen 1991

[7.9] Verein Dt. Ingenieure (Hrsg.) Das Blaswerkzeug, VDI-Verlag, Düsseldorf 1984

[7.10] Johannaber, F. und K. Stoeckhert: Kunststoff-Maschinenführer, 2. Aufl., Hanser-Verlag, München 1984

[7.11] Saechtlin, HJ.: Kunststoff-Taschenbuch, 24. Aufl., Hanser-Verlag, München 1989

[7.12] Menges, G., U. Lichius und H. Bangert: Eine einfache Methode zur Vorausbestimmung des Fließfrontverlaufs beim Spritzgießen von Thermoplasten, *Plastverarbeiter* **31** (1980) 11, S. 671/676

[7.13] Hegler, R. P.: Faserorientierung beim Verarbeiten kurzfaserverstärkter Thermoplaste, *Kunststoffe* **74** (1984) 5, S. 271/277

[7.14] Bright, P. F. und M. W. Darlington: Factors influencing fibre orientation and mechanical properties in fibre reinforced thermoplastic injection mouldings, *Plastics and Rubber, Processing and Applications* **1** (1981) 2, S. 139/147

[7.15] Bayer, R. K. und G. W. Ehrenstein: Einfluß der Verarbeitung auf die mechanischen Eigenschaften von spritzgegossenem GF-PA, *Plastverarbeiter* **32** (1981) 10, S. 1387/1392

[7.16] Ebenau, A.: unveröffentlichte Arbeit 1992

[7.17] Hegler, R. P. u. a.: Einfluß stofflicher Parameter auf die Faserorientierung beim Verarbeiten kurzfaserverstärkter Thermoplaste, *Kunststoffe* **76** (1986) 9, S. 766/771

[7.18] Pfefferkorn, W.: Zur Vorausberechnung des Elastizitätsmoduls kurzfaserverstärkter elastischer Stoffe, I: *Plaste und Kautschuk* **21** (1974) 5, S. 368, II: *Plaste und Kautschuk* **23** (1976) 2, S. 115/119

[7.19] Menges, G. und P. Geisbüsch: Die Glasfaserorientierung und ihr Einfluß auf die mechanischen Eigenschaften thermoplastischer Spritzgießteile – Eine Abschätzmethode, *Colloid and Polymer Science* **260** (1982), S. 73/81

[7.20] Menges, G. und U. Wölfel: Die Faserorientierung kurzfaserverstärkter Spritzgießteile, *Kunststoffe – Plastics* (1986) 5, S. 31/34

[7.21] Delpy, U.: 7. Stuttgarter Kunststoff-Kolloquium, TU Stuttgart 1981

[7.22] Friel, P.: Die Schwindung thermoplastischer Kunststoffe, BASF-Firmenschrift 1990

[7.23] Boes, D.: Vorgänge im Formteil und deren Simmulation durch Rechenprogramme, BASF-Firmenschrift 1989

[7.24] NN: Ultrason, BASF-Firmenschrift 1990

[7.25] Wendt, U.: Untersuchungen der Fließnaht in Spritzgußteilen, *Kunststoffe* **78** (1988) 2, S. 123/125

[7.26] Bursian, W.: Die Festigkeitseigenschaften von Fließnähten bei gespritzten thermoplastischen Kunststoffartikeln, *Plastverarbeiter* **16** (1965) 2, S. 68/71

[7.27] Kehr, G.: Die Beeinflussung der Bauteileigenschaften durch Bindenähte, BASF-Firmenschrift 1989

[7.28] Kehr, G.: Persönliche Mitteilung

[7.29] Hamada, H. u. a.: Improvement of Weldline Strength in Injection Molded FRTP Articles Intern. Polymer Processing II (1988) 3/4, S. 131/136

[7.30] NN: Richtlinien für das Gestalten von Formteilen aus technischen Kunststoffen Hoechst-Firmenschrift C.3.4 1991

[7.31] Patentschrift DE 27 14 020 CE

[7.32] Menges, G. und Th. Schacht: Einfluß der Verarbeitungsparameter auf die mechanischen Eigenschaften von Bindenähten Kunststoffberater (1988) 4, S. 54/57

[7.33] Beall, G.: Spritzgußteile neu gestalten, *Kunststoffe* **80** (1990) 8, S. 911/914

[7.34] VDI-Richtlinie 2006 Gestalten von Spritzgußteilen aus thermoplastischen Kunststoffen, VDI-Verlag, Düsseldorf 1979

[7.35] Stitz, S.: Analyse der Formteilbildung beim Spritzgießen von Plastomeren als Grundlage für die Prozeßsteuerung, Diss. RWTH Aachen 1973

[7.36] Hoven-Nievelstein, W. B.: Die Verarbeitungsschwindung thermoplastischer Formmassen, Diss. RWTH Aachen 1984

[7.37] Erhard, G.: Zur Wahl von Toleranzen und Passungen an Kunststoff-Spritzgußteilen, *Konstruktion* **18** (1966) 8, S. 346/350

[7.38] Schürmann, E.: Abschätzmethoden für die Auslegung von Spritzgießwerkzeugen, Diss. RWTH Aachen 1979

[7.39] Wimmer, D.: Kunststoffgerecht Konstruieren Hoppenstedt-Verlag, Darmstadt 1989

[7.40] Friel, P.: Persönliche Mitteilung

[7.41] NN: D-M-E Normalien, D-M-E Firmenschrift, Neuenstadt, Kocher 1991

[7.42] Hagermann, E. M.: Weld-line Fracture in Moldet Parts, *Plastics Engineering* **29** (1973) 10, S. 67/69

[7.43] Patentschrift GB-PS 1250476 1968

[7.44] Rowbotham E. M. und G. D. Suthurst: Achieving the Impossible-Plastic Intake Manifold Reinforced Plastic Congress, London 1980

[7.45] Kamprath, A., R. Binder und T. Langeheineken: Kunststoffsaugrohre – erste Erfahrungen und Versuchsergebnisse, *ATZ* **87** (1985) 10, S. 519/528

[7.46] Haldenwanger, H.-G., P. Mineif, K. Arnegger und S. Schuler: Kunststoff-Motorbauteile in Ausschmelzkerntechnik am Beispiel eines Saugrohrs, *ATZ* **89** (1987) 3, S. 139/144

[7.47] Hauck, Ch, und A: Schneiders: Optimieren der Schmelzkerntechnik für das Thermoplast-Spritzgießen, *Kunststoffe* **77** (1987) 12, S. 1237/1240

[7.48] Altmann, O. und O. Parr: Scmelzkerntechnik im Motorenbau, *Kunststoffe* **81** (1991) 3, S. 179/191

[7.49] Haack, W. und J. Schmitz: Rechnergestütztes Konstruieren von Spritzgießteilen, Vogel-Verlag, Würzburg 1988

[7.50] Schwesig, H.: Schwindung und Verzug, in: VDI-K-Jahrbuch 1984

[7.51] NN: Ultraform, BASF-Firmenschrift 1992

[7.52] Homes, W.: Kaskadenspritzgießen vermeidet Bindenähte, *Kunststoffe* **86** (1996) 9, S. 1268/1272

[7.53] Ehrenstein, G. W. und G. Erhard: Konstruieren mit Polymerwerkstoffen, Hanser-Verlag, München, Wien 1983

[7.54] NN: Technische Kunststoffteile Wettbewerb '79, Fachverband technische Teile im GKV, Frankfurt

[7.55] Starke, L.: Toleranzen, Passungen und Oberflächengüte in der Kunststofftechnik, Carl Hanser Verlag, München, Wien 1996

[7.56] Mettler, R. und P. Steiger: Zweikomponenten-Spritzguß, Literaturauswertung, Semesterarbeit FH Aargau 1996

[7.57] Gattringer, R.: Bahn frei für Designvielfalt bei der Bauteilgestaltung, *Kunststoffe-Synthetics* (1998) 2, S. 16/18

[7.58] Dijkstra, K. et al.: Softtouch-Oberflächen, *Kunststoffe* **88** (1998) 3, S. 348/350

[7.59] Killermann, R.: Sonderverfahren der Gasinnendrucktechnik. Seminar Gasinnendruckverfahren beim Spritzgießen, SKZ Würzburg, 1994

[7.60] Eckardt, H.: Anwendungsbereiche, Möglichkeiten und Grenzen beim Gasinnendruck-Verfahren. Seminar Gasinnendruckverfahren beim Spritzgießen, SKZ Würzburg, 1994

[7.61] Schröder, T.: Optimale Formteilqualität bei der Anwendung der Gasinjektionstechnik (GIT). Seminar Gasinnendruckverfahren beim Spritzgießen, SKZ Würzburg, 1994

[7.62] Theissig, W.: Anwendung des Gasinnendruckverfahrens für Komponeneten im Automobilbau. Seminar Gasinnendruckverfahren beim Spritzgießen, SKZ Würzburg, 1994

[7.63] Jaroschek, Ch.: Sandwich- und Gasinnendruck-Verfahren im Vergleich, *Kunststoffe* **87** (1997) 9, S. 1172/1176

[7.64] NN: Die richtige Partitur macht's, *Kunststoff-Journal* März 1995

[7.65] NN: Laserbeschriften von Thermoplasten, BASF-Firmenschrift 01.1998

[7.66] Kudlik, N.: Dünnwandtechnik, *Kunststoffe* **89** (1999) 9, S. 92/96

[7.67] Emmerichs, H. und D. Giesler: Federnde Auswerfer – Flexibilität macht sich bezahlt, *Kunststoffe* **89** (1999) 5, 61/65

[7.68] Johannaber, F. et al.: Trends beim Spritzgießen, *Kunststoffe* **90** (2000) 10, S. 48/59

[7.69] NN: Faltkerne verkürzen Zykluszeiten, *Kunststoffe* **92** (2002) 7, S. 51

[7.70] Ebert, K-H.: Der virtuelle Prototyp – Auslegung von Zahnrädern, aus Maschinenelemente aus Kunststoffen – Zahnräder und Gleitlager, Springer VDI Verlag, Düsseldorf 2001, S. 36/49

[7.71] Lübke, G.: Dünnwandige Bauteile, *Kunststoffe* **92** (2002) 12, S. 79/82

[7.72] Rief, B. und J. Gundrum: Mikozellulare Bauteile aus der Spritzgießmaschine, *Kunststoffe* **93** (2003) 1, S. 42/45

[7.73] Protte, R. und K. Konejung: Wasser erhöht die Produktivität, *Kunststoffe* **93** (2003) 2, S. 52/57

[7.74] Bloss, P. et al.: Vielseitig anwendbarer Ultraschall, *Kunststoffe* **96** (2006) 6, S. 119/123

[7.75] Joachimi, D. et al.: Rohrsysteme im Motorraum, *Kunststoffe* **97** (2007) 11, S. 126/128

8 Biegeelemente

Bauelemente mit hoher Verformungsfähigkeit sollten in weiten Bereichen ihrer Struktur auf Biegung oder Torsion beansprucht werden (s. a. Abschnitt 6.1). Zwei typische Beispiele derartiger Konstruktionen aus Polymerwerkstoffen sind Schnapp- oder Rastverbindungselemente und Federelemente. Eine andere Voraussetzung für hohe Verformungsfähigkeit ist eine geringe Wanddicke. Bauelemente mit extrem geringer Wanddicke sind Filmscharniere.

8.1 Schnappverbindungen

Definition

Verbindungsarten werden nach [8.1] nach den Wirkungsmechanismen der Schlüsse definiert, die dem Zusammenhalten der Teile zugrunde liegen (Bild 8.1). Demnach handelt es sich bei einer Schnappverbindung um eine kraftformschlüssige Verbindung.

Die konstruktiven Merkmale einer Schnappverbindung sind Haken, Noppen oder Wülste an einem der Fügepartner, die nach der Montage in entsprechende Vertiefungen (Hinterschnitte) oder Ausschnitte des anderen Fügepartners einrasten.

Eine Schnappverbindung ist somit eine äußerst werkstoffgerechte, montage- und demontagefreundliche Verbindungsart. Es ist anzustreben, die Schnappelemente als integrierte Bestandteile der zu verbindenden Bauteile zu konzipieren.

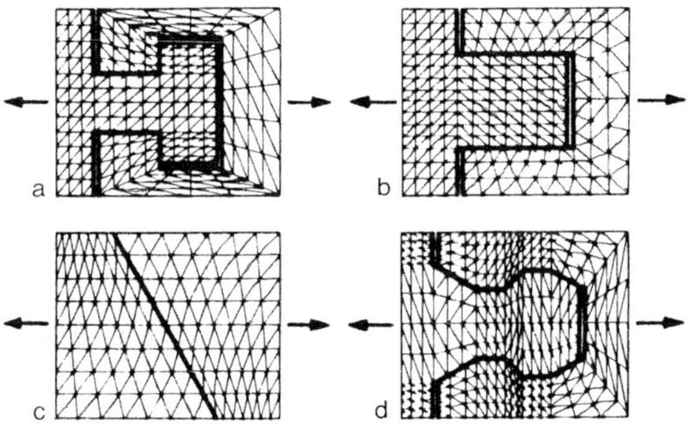

Bild 8.1 Verbindungsarten (schematisch) [8.1]
a) Formschluss
b) Kraftschluss (Reibschluss)
c) Stoffschluss
d) Kraftformschluss
⟵⟶ Kraftwirkungssinn

Differenzierte und integrierte Bauweise

Bei konstruktiven Lösungen mittels differenzierter Bauweise werden bestimmte Funktionen einzelnen Bauelementen zugeordnet mit dem Ziel, die Einzelfunktionen optimal zu erfüllen. Damit steigt zwangsläufig auch die Anzahl der Einzelteile einer Baugruppe. Eine integrierte Bauweise kommt im Sinne reduzierten Montageaufwandes mit weniger Einzelteilen aus, muss jedoch u. U. gewisse Einschränkungen in der Funktion in Kauf nehmen. Das Bild 8.2 zeigt diesen Zusammenhang exemplarisch für einen Bajonettverschluss.

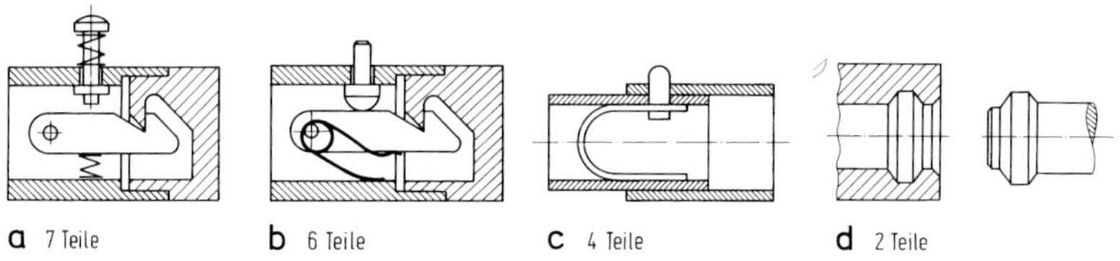

Bild 8.2 Gestaltungsvarianten eines Verschlusses nach [8.12 und 8.16]

Die konsequente Teilereduzierung führt schließlich zur Variante d, einer Schnappverbindung aus Polymerwerkstoff. Als eigenständige Bauelemente – trotzdem meist noch mit weiteren Zusatzfunktionen ausgestattet – werden sie unter dem Begriff „Clipse“ subsumiert. Die Spritzgusstechnik ermöglicht jedoch auch die Integration unmittelbar in die zu verbindenden Bauteile in vielfältigen Formvarianten.

Klassifikation

Schnappverbindungen werden nach den verschiedensten Gesichtspunkten eingeteilt [8.2 bis 8.4, 8.13]. Sinnvoll erscheint eine Klassifikation nach geometrischen Gesichtspunkten (Bild 8.3).

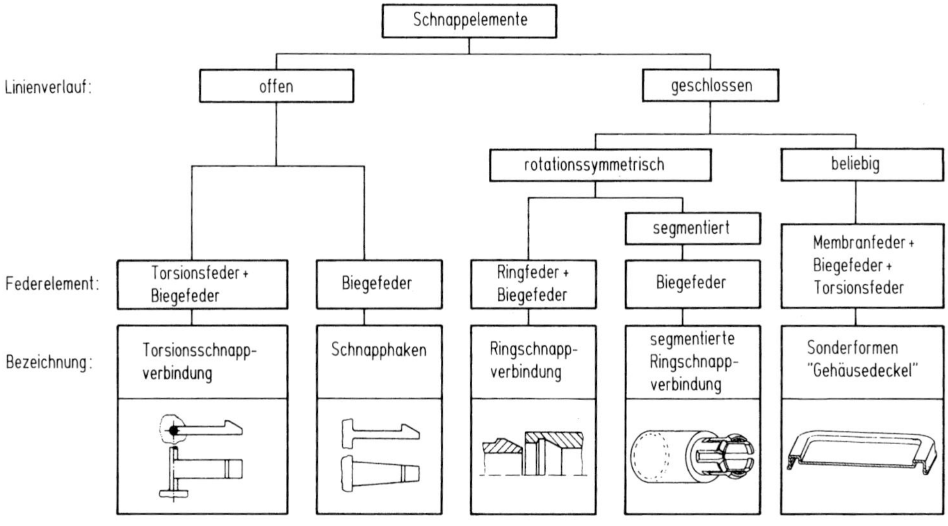

Bild 8.3 Ordnungsschema für Schnappelemente nach geometrischen Gesichtspunkten

Maße und Kräfte

Die für eine Berechnung nötigen Maße und Kräfte werden mit den folgenden Bildern erläutert.

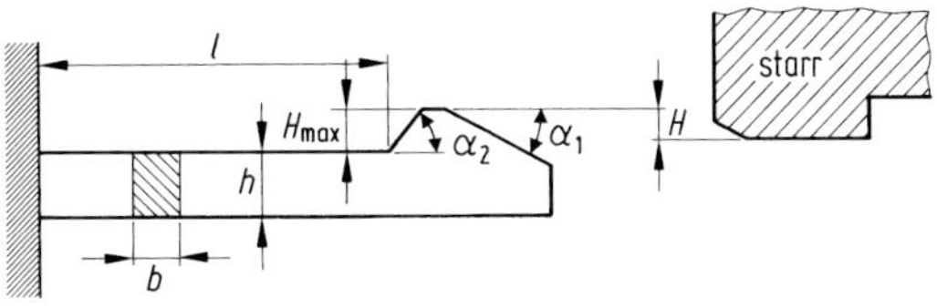

Bild 8.4 Maße und Bezeichnungen am Schnapphaken

- α_1 = Fügewinkel
- α_2 = Haltewinkel
- b = Querschnittsbreite (Hakenbreite)
- h = Querschnittshöhe (Hakenhöhe)
- l = Schnapplänge
- H = Schnapphöhe (Hinterschnitt)

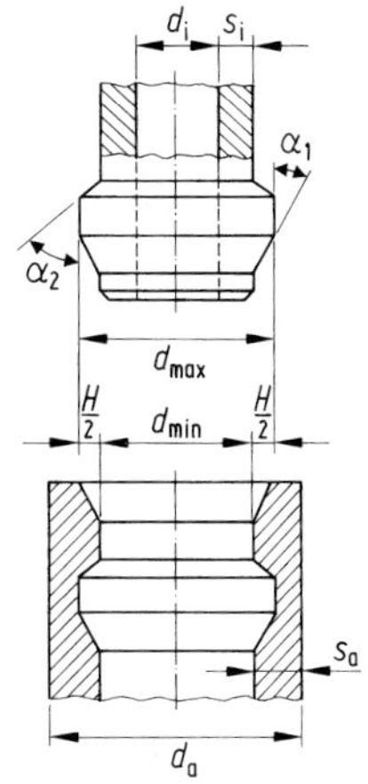

Bild 8.5 Maße und Bezeichnungen an der zylindrischen Ringschnappverbindung

- d_{max} = größter Durchmesser, d_{min} = kleinster Durchmesser } der Schnappverbindung
- d_a = Außendurchmesser, s_a = Wanddicke } des Außenteils
- d_i = Innendurchmesser, s_i = Wanddicke } des Innenteils

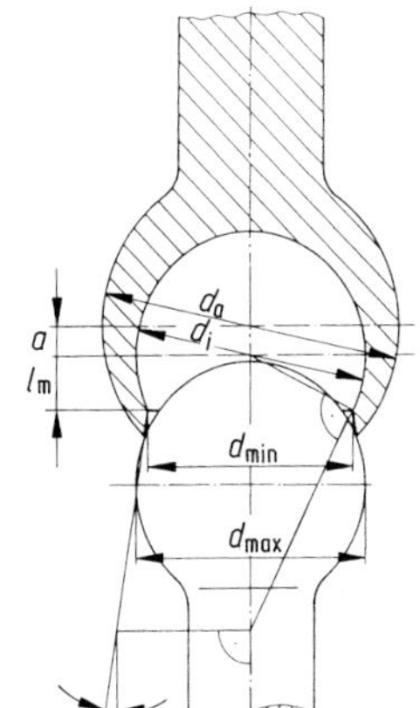

Bild 8.6 Maße und Bezeichnungen an der kugelförmigen Ringschnappverbindung

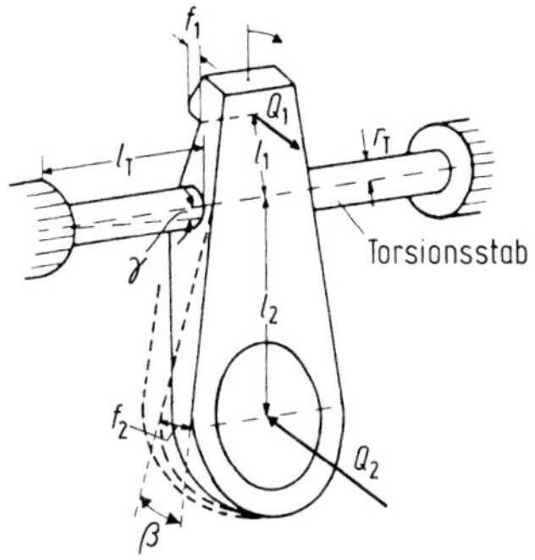

Bild 8.7 Maße und Bezeichnungen an der Torsionsschnappverbindung [8.5]

- l_T = Länge, r_T = Radius } des Torsionsstabes
- β = Torsionswinkel
- γ = Verdrehungswinkel
- $l_{1,2}$ = Hebelarmlängen
- $f_{1,2}$ = Federwege
- $Q_{1,2}$ = Auslenkkräfte

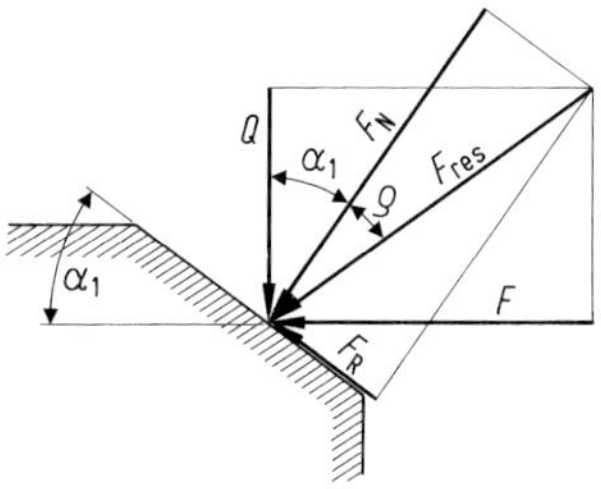

Bild 8.8 Winkel und Kräfte an der Wirkfläche
Q = Auslenkkraft
F = Fügekraft (Montagekraft)
F_N = Normalkraft
F_R = Reibungskraft
F_{res} = resultierende Kraft
α_1 = Fügewinkel
ρ = Reibungswinkel

Die Kräfte und Winkel an der Wirkfläche der Verbindungen (Bild 8.8) gelten analog für alle Verbindungsvarianten.

Fügevorgang

Für ein besseres Verständnis der Funktion sowie der im Folgenden behandelten Berechnungsverfahren ist das Studium des Fügevorgangs hilfreich: Die im Allgemeinen axial wirkende Füge- oder Montagekraft F wird an der Wirkfläche entsprechend den Verhältnissen am Keil (Bild 8.8) zerlegt. Die Querkraft Q bewirkt die zum Fügen der Verbindung nötige Durchbiegung. Dabei bestimmt die Reibung und der Fügewinkel den Umsetzungsfaktor η.

$$\eta = \tan(\alpha_1 + \rho) = \frac{f + \tan\alpha_1}{1 - f \cdot \tan\alpha_1} \tag{8.1}$$

Die Beziehung (8.1) ist in Bild 8.9 über $\alpha_{1,2}$ für übliche η-Werte geplottet.

Über den Haltewinkel α_2 kann die Halte- bzw. Lösekraft der Verbindung beeinflusst werden. $\alpha_2 \geq 90°$ bedeutet geometrisch Formschluss. Dass eine derart ausgeführte Verbindung trotzdem ohne gewaltsames Versagen axial wieder lösbar ist, veranschaulicht Bild 8.10, wenn das Moment aus dem Kräftepaar der Halte- und Reaktionskraft imstande ist, die Reibungskraft in der Wirkfläche zu überwinden.

Die konstruktive Gegenmaßnahme ist, einen Gegenhalter oder Arretierring anzubringen (s. a. Abschnitt 8.1.1.3 und 8.1.3.3).

Über dem Fügeweg nimmt die Montagekraft den in Bild 8.11 registrierten charakteristischen Verlauf, der auch in [8.11 u. 8.23] beschrieben wird. Die Montagekraft erreicht nach steilem Anstieg das Maximum, bleibt entsprechend der Gleitstrecke der Wirkfläche auf niedrigerem Niveau annähernd konstant, um über den Haltewinkel wieder auf Null abzugleiten.

Aufgrund der Verformungen während des Fügevorgangs ändern sich die geometrischen Verhältnisse, z. B. die relative Winkelstellung [8.21, 8.10], was jedoch bei der Berechnung der Montagekräfte in den folgenden Abschnitten ebenso wenig berücksichtigt wird wie die ortsvariable Wirkungsebene der Querkraft während des Fügevorgangs (s. jedoch Abschnitt 5.4).

Haltekraftverlust

Bei Schnappelementen, die mehrmals gefügt und geöffnet werden oder die unter einer Restvorspannung stehen bleiben, ist die Zeitabhängigkeit des Werkstoffverhaltens zu berücksichtigen. Dem viskoelastischen Verhalten entsprechend klingt die beim Fügevorgang

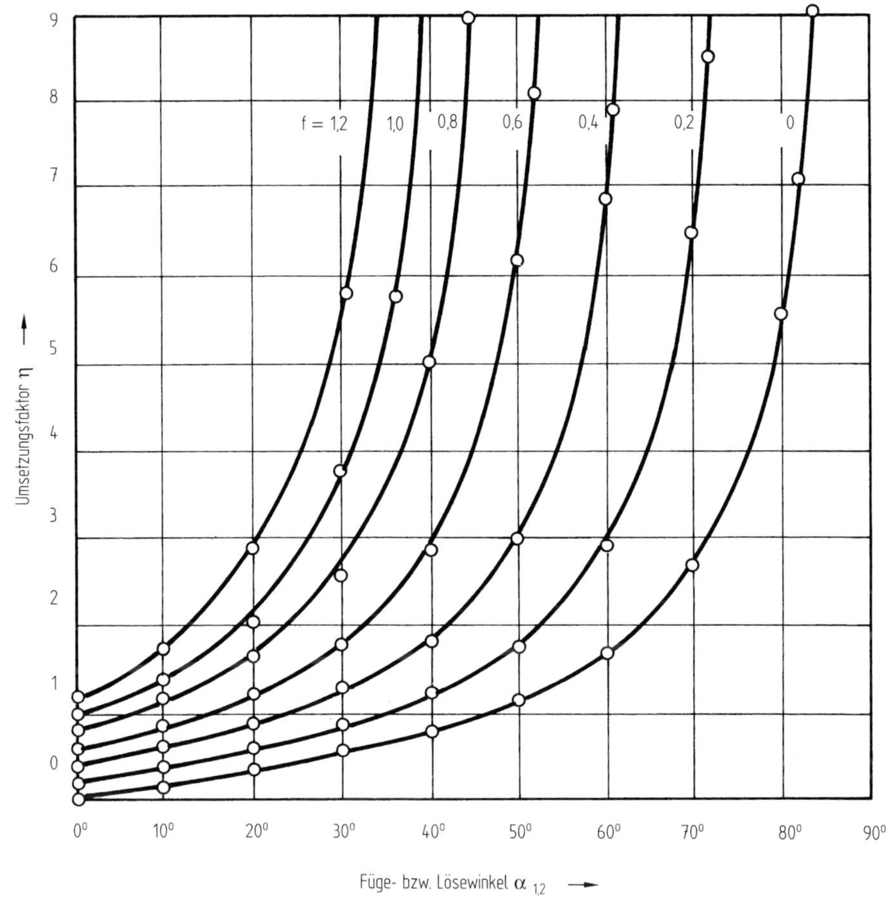

Bild 8.9 Umsetzungsfaktor η für verschiedene Reibungszahlen f in Abhängigkeit vom Füge- bzw. Haltewinkel [8.11]

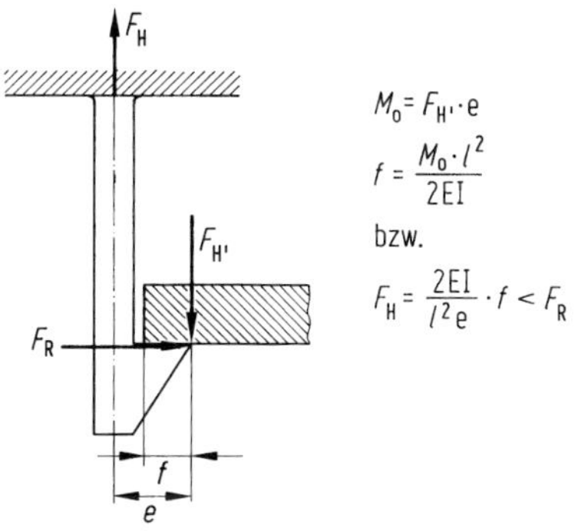

Bild 8.10 Kräfte und Momente an einem Schnapphaken mit 90° Haltewinkel beim Lösen

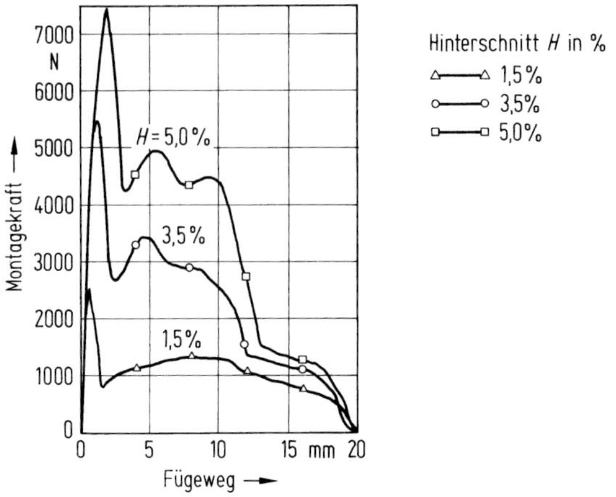

Bild 8.11 Montagekraft über dem Fügeweg von zylindrischen Schnappverbindungen für unterschiedliche Hinterschnittgrößen; Außenteil POM (H 2200) mit d_{min} = 40 mm; Innenteil Stahl [8.18]

erzwungene Dehnung (Verformung) erst allmählich ab. Versuchsergebnisse an offenen [8.21] und an geschlossenen Schnappverbindungen aus POM und PP [8.11] zeigten, dass die Rückverformung nach erfolgter Entlastung erst nach 4 bis 5 Stunden abgeklungen ist. Die dabei festgestellte bleibende Dehnung lag bei vorausgegangenen Dehnungswerten von 8 bis 10 % im Bereich von 1 bis 3 %.

Diese bleibenden Dehnungswerte werden asymptotisch nach 5 bis 10 Füge- bzw. Lösezyklen erreicht. Je geringer die Dehnung beim Fügevorgang ist, desto geringer fällt auch die bleibende Dehnung aus; ein Verlust der Haltekraft wird dann auch nach vielen Fügezyklen nicht mehr registriert.

Bleibt die Schnappverbindung unter einer Restvorspannung, relaxiert diese werkstoffabhängig mit der Zeit. Rechnerisch lässt sich die verbleibende Restspannung bzw. Restfederkraft durch Linearisierung des isochronen Spannungs-Dehnungs-Diagrammes abschätzen (vgl. hierzu Rechenbeispiel Abschnitt 5.3.2).

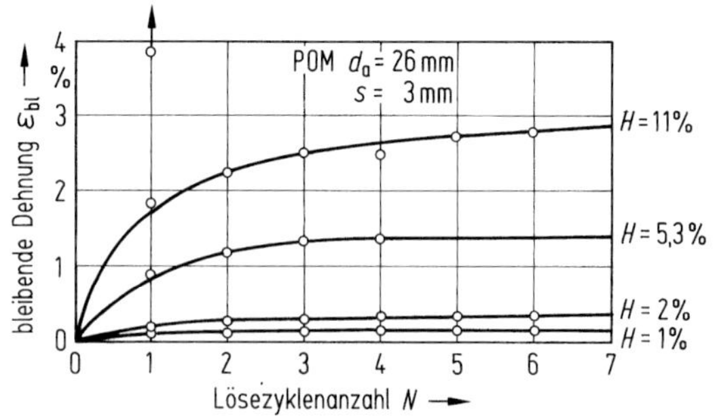

Bild 8.12 Zusammenhang zwischen bleibender Dehnung und Lösezyklenanzahl einer Ringschnappverbindung aus POM mit starrem Innenteil für verschiedene Hinterschnitte [8.11]

8.1.1 Schnapphaken

8.1.1.1 Formvarianten

Das häufigste Konstruktionselement für Schnappverbindungen ist der Biegebalken in Form des Schnapphakens. Seine nutzbare Schnapphöhe lässt sich durch Verändern des Balkenquerschnitts und natürlich durch seine wirksame Schnapplänge beeinflussen.

Eine *gleichmäßige* Werkstoffbeanspruchung und damit optimale Werkstoffausnutzung wird bei konstanter Querschnittshöhe *h* mit einer dreieckförmigen Breitenabnahme bzw. bei konstanter Balkenbreite *b* mit parabelförmigem Dickenverlauf erreicht.

Den Grad der Werkstoffausnutzung kennzeichnen hohe Zahlenwerte von C (Bild 8.13).

	Rechteck-Querschnitt 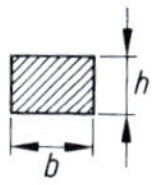	Trapez-Querschnitt 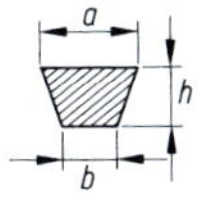
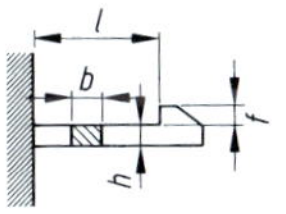	b = const. h = const. C = 0,67	a = const. b = const. h = const. $C = \frac{a+b}{2b+a}$
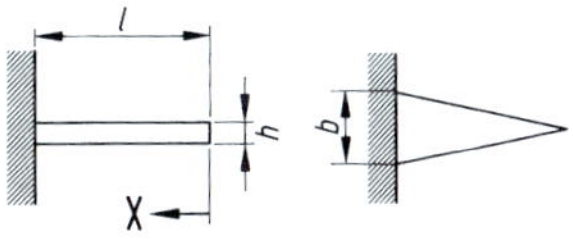	h = const. $b_X = b \frac{X}{l}$ C = 1	
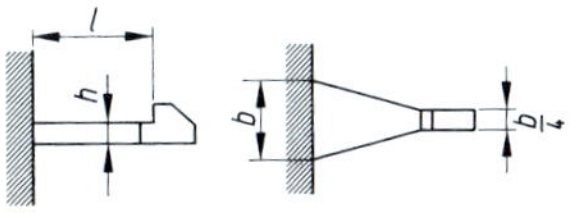	h = const. b → b/4 C = 0,86	h = const. a → a/4 b → b/4 $C = 1{,}28 \frac{a+b}{2b+a}$
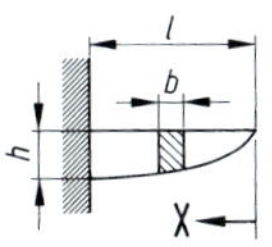	b = const. $h_X = hm \frac{X}{l}$ C = 1,33	
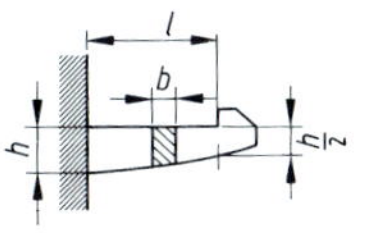	b = const. h → h/2 C = 1,08	a = const. b = const. h → h/2 $C = 1{,}64 \frac{a+b}{2b+a}$

Bild 8.13 Werkstoffausnutzung C von Schnapphaken verschiedener Querschnittsformen nach [8.5]. Die C-Werte für den Trapezquerschnitt gelten für den Fall, dass die Zugspannung in der breiten Fläche des Trapezes wirkt.

Die Bilder 8.14 bis 8.17 weisen auf einige *fertigungsgerechte* Aspekte für die Gestaltung von Schnapphaken hin: Zwei sich gegenüberstehende Haken werden besser mit dem Querschnitt eines Kreisabschnittes als einem Rechteckquerschnitt konzipiert. Die wegen des zylindrischen Mantelprofils einfachere Fertigung ergibt wesentlich geringere Herstellkosten für das Werkzeug. Die Fertigungszeiten für Bohren und Schleifen des Rundquerschnitts verhalten sich zu denen für Funkenerosion und Fräsen des Rechteckquerschnitts wie 1 : 4 [8.7].

Durch geschickte Werkzeugteilung und durchtauchende Kerne (Bild 8.15), lassen sich Schnapphaken auch ohne Schieber im Werkzeug fertigen. Die nötige Entformungskonizität (0,5 bis 1°) ist einzuhalten.

Bei Gehäuseteilen – wie in Bild 8.16 dargestellt – sollten die Hinterschneidungen angeformter Haken nicht innen (unten) sondern außen (oben) liegen.

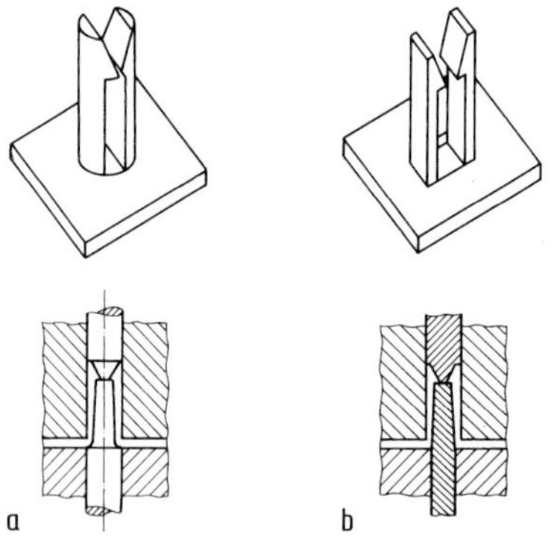

Bild 8.14 Schnapphaken mit kreisförmiger (a) und rechteckiger (b) Mantelfläche und zugehörigen Ausschnitten von den Spritzgießwerkzeugen nach [8.7]

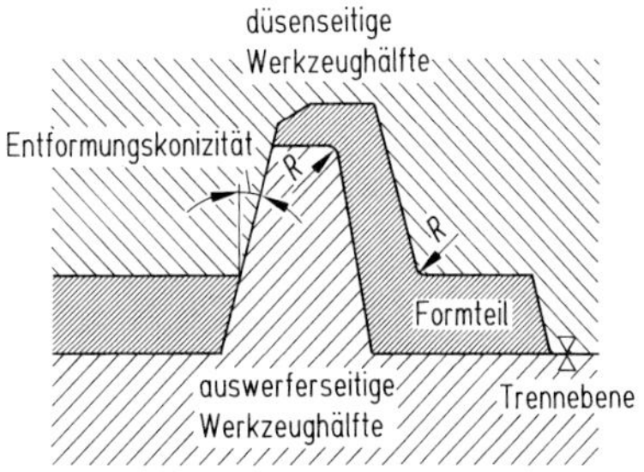

Bild 8.15 Prinzip der Entformung der Hinterschneidung eines Schnapphakens ohne Schieber mit durchtauchenden Kernen [8.20]

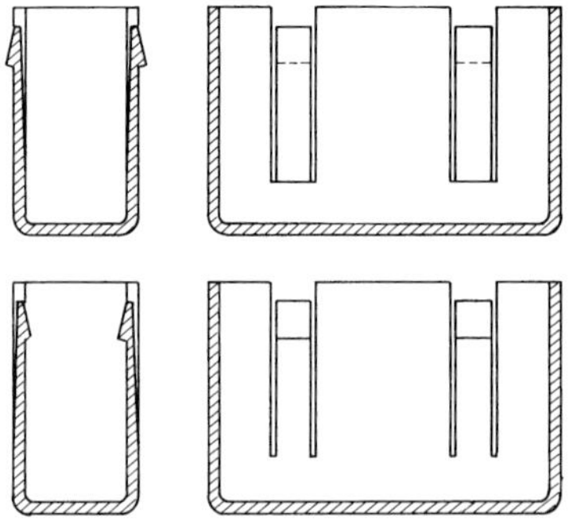

Bild 8.16 Die kernseitigen Hinterschneidungen (unten) bedeuten einen höheren Werkzeugaufwand als die außen liegenden, es sei denn, sie können zwangsentformt werden [8.13]

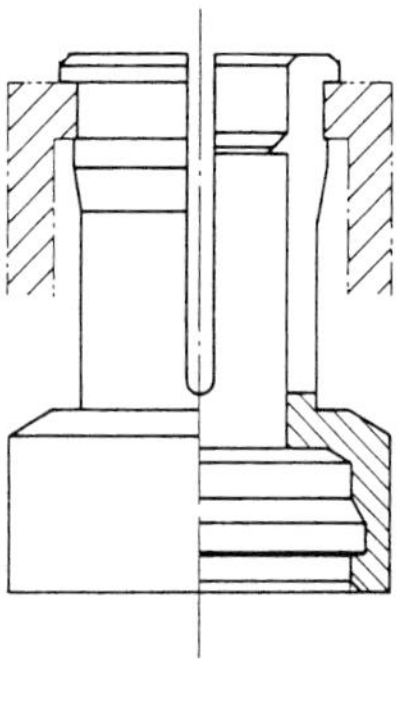

Bild 8.17 Ausrundung des Segmentspaltes an einer Ringschnappverbindung zum Abbau von Spannungsspitzen

Die maximale Spannung liegt üblicherweise am Übergang vom Schnapphaken zum Formteil. *Hier sind Radien vorzusehen,* auch wenn sie werkzeugtechnisch aufwendiger herzustellen sind. Bereits ein Radius von 0,5 mm reduziert die Spannungsspitze am Übergang erheblich (s. a. Bild 8.17 und 10.5). Dies gilt auch für segmentierte Ringschnappverbindungen (Bild 8.17).

Eine ausreichende Schnapphöhe kann durch *Vergrößerung der federnden Länge* erreicht werden (Bild 8.18). Gleichzeitig ist dies ein weiteres Beispiel für die Entformung mit durchtauchenden Kernen.

Bild 8.19 zeigt eine reale Ausführung dieses Prinzips.

Rastverbindungen mit mehreren hintereinandergeschalteten Fügepositionen ermöglichen eine Fixierung in verschiedenen Stellungen. Beispiele hierfür zeigen die Bilder 8.20 bis 8.22.

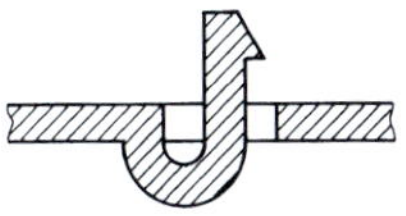

Bild 8.18 Prinzip der Vergrößerung der federnden Länge eines Schnapphakens [8.9]

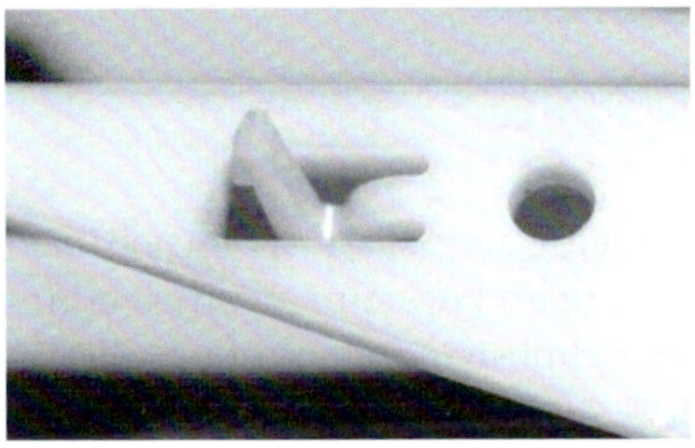

Bild 8.19 Schnapphaken an einer Führungsleiste nach dem Prinzip von Bild 8.18 (Werkbild: LUK GmbH & Co.)

Bild 8.20 Rastverbindung mit „Sägezähnen" und Gegenhalter an einem Klemmring

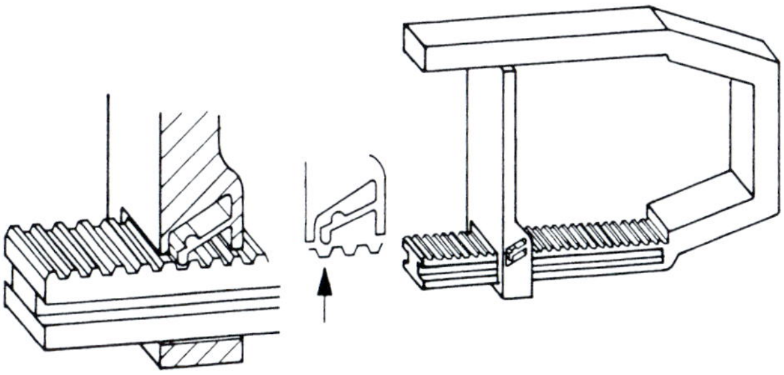

Bild 8.21 Rastverbindung mit Verstellmöglichkeit [8.2]

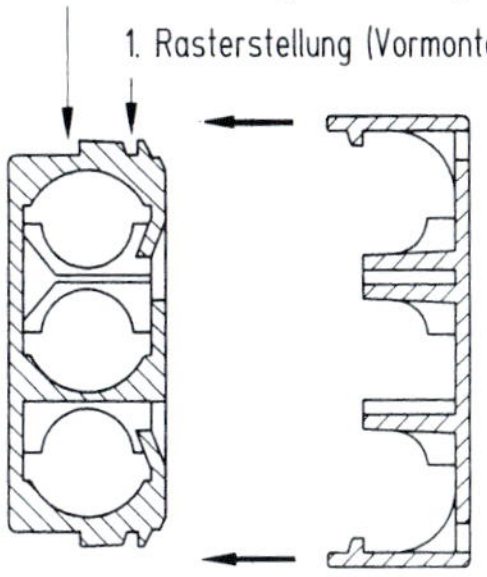

Bild 8.22 Steckergehäuse mit seitlicher Fixierung in zwei Rasterstellungen

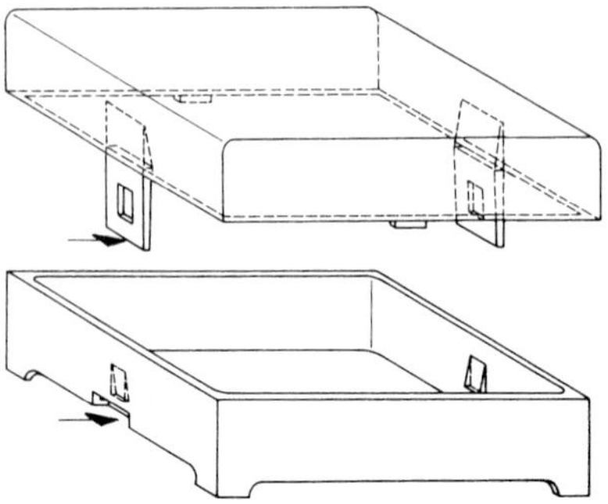

Bild 8.23 Gehäuse-Deckel-Verbindung mit federnder Hinterschneidung [8.5]

Bild 8.24 Verbindung über starren Haken und federnde Lasche

Das Konzept *federnder Schnapphaken/starre Hinterschneidung* lässt sich auch umkehren in die Variante *starrer Haken/federnde Hinterschneidung*. In Bild 8.23 ist dies exemplarisch, und in Bild 8.24 am Beispiel eines Scheinwerfergehäuses gezeigt (s. a. Bild 8.28 und Bild 7.67).

8.1.1.2 Berechnung*

Zulässiger Hinterschnitt

Ein Schnapphaken (Schnapplasche) wird vereinfacht als einseitig eingespannter Biegebalken idealisiert und nach der elementaren Biegetheorie berechnet. Beim Fügevorgang muss er um den Betrag der Hinterschneidung ausgelenkt werden. Der Schubspannungseinfluss infolge der Querkraft kann bei dieser Überschlagsrechnung wegen $l > h$ vernachlässigt werden. Auch die Nachgiebigkeit der Einspannstelle wird wegen des Rechenaufwandes gewöhnlich nur grob qualitativ abgeschätzt.

Aus der Gleichung der elastischen Linie und bei Einführung einer zulässigen Randfaserdehnung ε_{zul} als Dimensionierungskennwert folgt die zulässige Hinterschneidung

$$H_{zul} = C\frac{l^2}{h} \cdot \varepsilon_{zul} \quad (8.2)$$

mit

C = Geometriefaktor (s. Bild 8.13)
ε_{zul} = zulässige Randfaserdehnung als Absolutwert
Richtwerte für einmaliges Fügen:
teilkristalline Thermoplaste $\approx 0{,}9\ \varepsilon_Y$
amorphe Thermoplaste $\approx 0{,}7\ \varepsilon_Y$
verstärkte Thermoplaste $\approx 0{,}5\ \varepsilon_Y$
Richtwerte für häufiges Fügen:
Dehnung bei $\sigma_{0,5\,\%}$ (vgl. Bild 5.2 c)

* Auf der CD, die diesem Buch beigefügt ist, ist ein PC-Programm (SNAPS), mit dem Schnapphaken bequem berechnet werden können. Das Programm wurde freundlicherweise von der BASF Aktiengesellschaft, Ludwigshafen zur Verfügung gestellt. Eine ausführliche Programmbeschreibung findet sich in Kapitel 14.

Andere Hakenformen und -querschnitte als in Bild 8.13 aufgeführt sind analytisch meist nicht mehr auf diese Art berechenbar. Eine Methode dazu ist in Abschnitt 5.4 aufgezeigt, oder es kann mit dem beiliegenden Programm BEAMS gerechnet werden.

Fügekraft, Haltekraft

Die *Fügekraft F* errechnet sich aus der Auslenkkraft Q und dem Umsetzungsfaktor η:

$$F = Q \cdot \eta \tag{8.3}$$

mit η aus Bild 8.9.

Die *Haltekraft* wird analog mit dem Haltewinkel α_2 berechnet (für $\alpha_2 \geq 90°$, s. Bild 8.10).

Beim Fügen können plastische Deformationen auftreten, so dass wegen der Geometrieveränderung die tatsächliche Haltekraft kleiner sein kann als die errechnete [8.11]. Auch bei gleichem Halte- und Fügewinkel ist die Lösekraft etwas geringer als die Fügekraft, weil das Biegemoment zwischen den Wirkungsebenen der Betätigungskräfte und der Wirkungsebene der Reaktionskraft im Werkstoff beim Fügen die Schnappverbindung öffnet und beim Schließen entgegen wirkt.

Die *Auslenkkraft* folgt aus

$$Q = W \frac{E_s \cdot \varepsilon}{l} \tag{8.4}$$

mit

W = Widerstandsmoment in mm^3

Rechteckquerschnitt:

$$W = \frac{b \cdot h^2}{6}$$

Trapezquerschnitt (Zugspannung in breiter Fläche):

$$W = \frac{h^2}{12} \cdot \frac{a^2 \cdot 4\,a\,b + b^2}{2\,b + a}$$

Weitere Querschnitte siehe Hütte, Dubbel etc.

E_S = Sekantenmodul in MPa für die auftretende Dehnung
ε = auftretende Dehnung als Absolutwert

8.1.1.3 Zusatzfunktionen

Überdehnsicherung

Insbesondere dünne, bruchgefährdete Schnapphaken müssen vor Überbeanspruchung ausreichend gesichert werden (Bild 8.25 und 8.26).

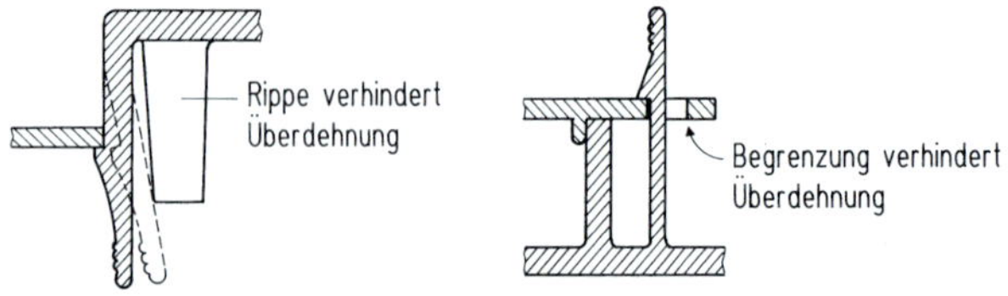

Bild 8.25 Überdehnsicherungen an Schnapphaken [8.19]

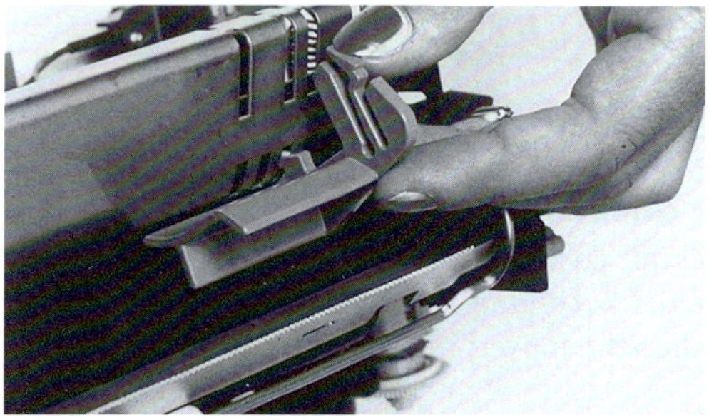

Bild 8.26 Gegen Überdehnen oder Abbrechen kann ein Schnapphaken durch einen Anschlag gesichert werden (Werkbild: Siemens AG)

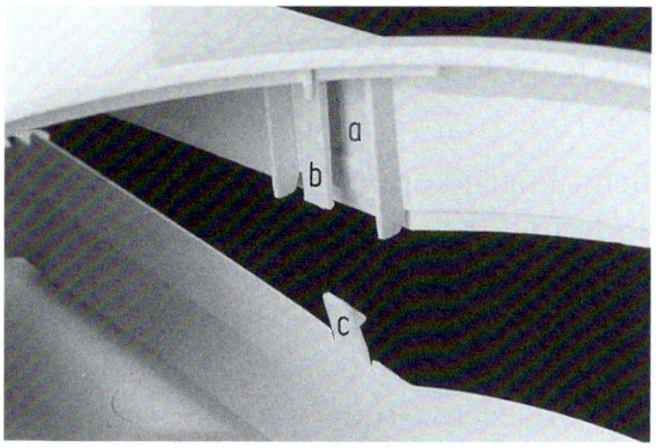

Bild 8.27 Gegenhalter als Haltesicherung, Führungsflächen und Toleranzausgleich
a) Hinterschneidung
b) Fahne
c) Schnapphaken

Haltesicherung (Gegenhalter)

Um unbeabsichtigtes Lösen (s. a. Bild 8.10) einer Verbindung mit Sicherheit zu verhindern, muss der Schnapphaken nach dem Fügen durch ein anderes Bauteil der Montagegruppe gesichert werden. Eine von vielen Möglichkeiten zeigt Bild 8.27 am Beispiel eines Kaffeemaschinenunterteils. In die beiden Gehäuseteile wird die Warmhalteplatte eingelegt, die die Fahne an die Schnapphaken drückt und damit gegen Lösen sichert. Zusätzlich übernehmen diese Fahnen Führungsfunktion bei der Montage der Warmhalteplatte und Toleranzausgleich.

Öffnungshilfe

Eine Verlängerung des Hakens als Griffmulde erlaubt am einfachsten ein leichtes Öffnen der Verbindung von Hand (Bild 8.25). Bewährt haben sich auch Konstruktionen gemäß Bild 8.28. Allerdings ist hierbei zu bedenken, dass beim Öffnungsvorgang die Gesamtbiegung von dem sehr kurzen Steg zwischen Gehäuse und dem eigentlichen Verbindungselement aufgenommen werden muss.

Bei dem Verriegelungsmechanismus in Bild 8.29 ist der Drehpunkt beweglich gelagert und die erforderliche Federkraft wird durch eine angeformte Feder aufgebracht.

Für Öffnungshilfen mittels Werkzeugen müssen geeignete Angriffsmöglichkeiten vorgesehen werden, z. B. Bild 8.30.

Kraftspeicher

Eine zeitunabhängige Vorspannung, wie bei Metallfedern gewohnt, kann werkstoffbedingt mit Schnappverbindungen aus Polymerwerkstoff nicht erwartet werden. Die Verbindung sollte deswegen nach dem Fügen möglichst entlastet sein. Wenn es sich jedoch um nur verhältnismäßig geringe Kraftspeicher, beispielsweise zum Ausgleich von Spiel oder Toleranzen handelt, ist dies durchaus auch mit vorspannungsbeaufschlagten Schnappelementen aus Polymerwerkstoff – bevorzugt aus glasfaserverstärkten Werkstoffen oder wenn unverstärkt aus POM – zu erreichen (Bild 8.29). Die Restvorspannung kann über den Kriechmodul E_c abgeschätzt werden (s. Rechenbeispiel in Abschnitt 5.3.2, oder Rechenprogramm BEAMS auf beil. CD).

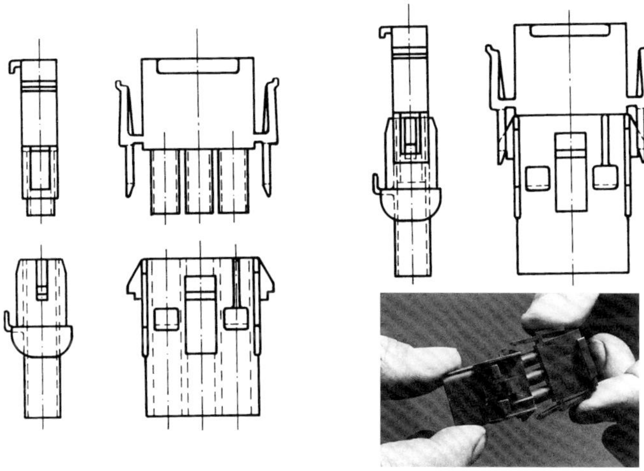

Bild 8.28 Beim Fügen wird im Wesentlichen die Schnapplasche verformt, beim Öffnen jedoch nur der kurze Steg

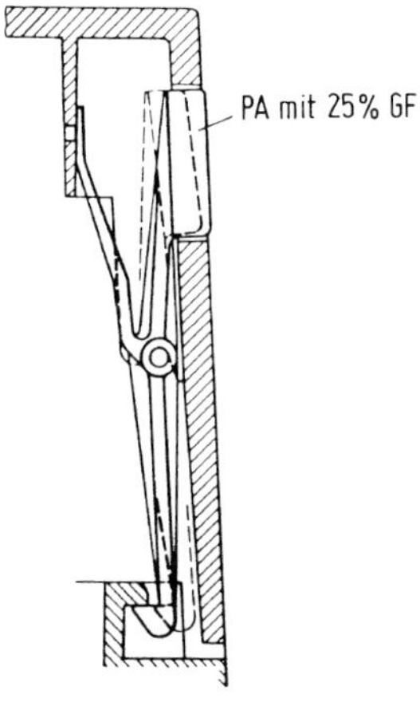

Bild 8.29 Verriegelung eines Gehäusedeckels (Werkbild: Siemens AG)

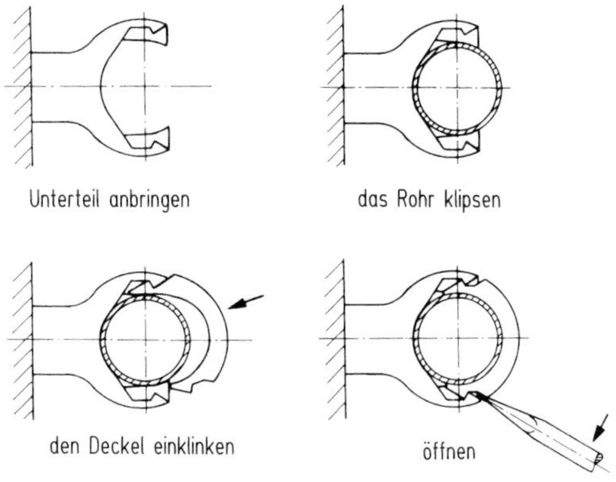

Bild 8.30 Öffnen einer Rohrschelle mittels Schraubendreher

Dichtung

Eine zuverlässige Dichtung zweier durch Schnapphaken verbundener Bauteile kann nur erreicht werden, wenn ausreichend viele Schnapphaken vorgesehen werden und wenn die Pressung der elastischen Dichtung durch Zugspannung (nicht Biegespannung) im Haken bewirkt wird (Bild 8.31).

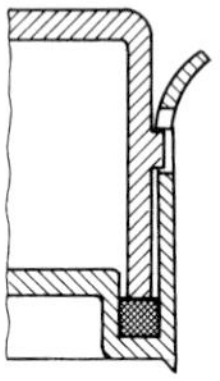

Bild 8.31 Prinzip der Anordnung einer elastischen Dichtung

8.1.2 Torsionsschnappverbindung

Die Beanspruchungsart der Torsion hat wie die der Biegung große Deformation zur Folge (s. Abschnitt 6.1). Aus diesem Grund bietet sich auch die Torsionsfeder als Verformungselement für eine Schnappverbindung an.

8.1.2.1 Formvarianten

Meist wird eine Torsionsschnappverbindung als Doppelwippe ähnlich Bild 8.28, jedoch mit einem Torsionsstab in der Wippachse ausgeführt (Bild 8.32). Diese Variante erlaubt deutlich größere Schnapphöhen bei allerdings höherem Werkzeugaufwand.

Im Beispiel von Bild 8.33 ist Torsion (um die x-Achse) und Biegung kombiniert. Der torsionsbeanspruchte Querschnitt ist fertigungsbedingt rechteckig gestaltet.

Eine interessante Konzeption einer Schnappverbindung ist Bild 8.34 zu entnehmen. Die Doppelwippe ist in der Drehachse an einen Torsionsstab angebunden, der seinerseits in einer allseitig angebundenen biegeweichen Membran liegt.

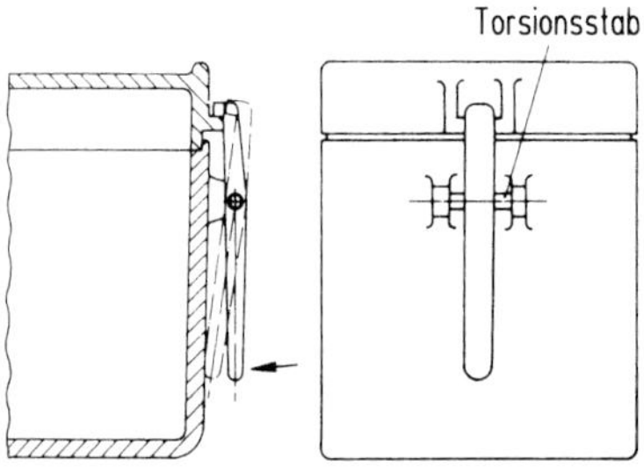

Bild 8.32 Prinzip einer Torsionsschnappverbindung an einem Gehäuse [8.5]

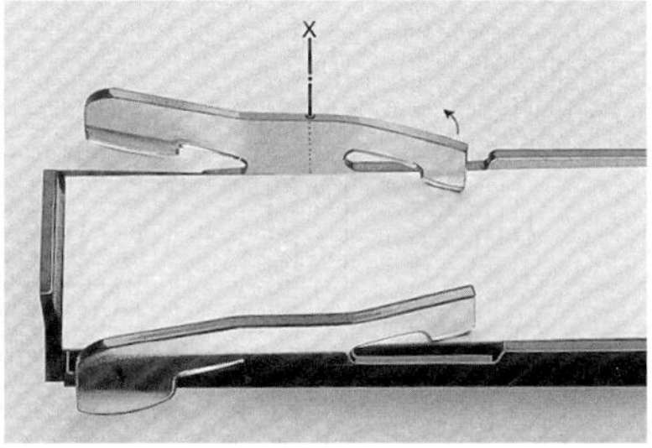

Bild 8.33 Kombinierte Torsions-, Biegeschnappverbindung als Doppelwippe mit Öffnungshilfe [8.5]

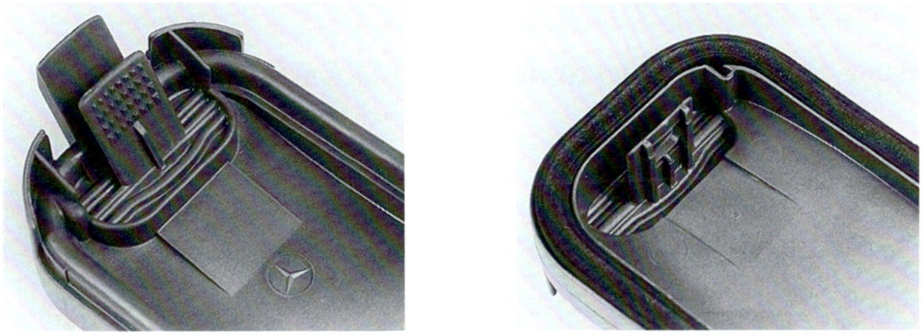

Bild 8.34 Verschlussdeckel mit angeformter Torsions-Membran-Schnappverbindung
oben: Ansicht von oben
unten: Ansicht von unten

8.1.2.2 Berechnung*

Zulässiger Hinterschnitt

Die Gleichungen (8.5) bis (8.8) beschränken sich auf die einfache Form einer Torsionsschnappverbindung mit Kreisquerschnitt gemäß Bild 8.7.

Unter der Annahme, dass die Verformung nur aus der Verdrehung des Torsionsstabes resultiert, gilt

$$H = f_1 = l_1 \cdot \sin\beta \tag{8.5}$$

Zwischen dem Torsionswinkel β und dem Verdrehungswinkel γ (Scherung) besteht die geometrische Beziehung

$$\beta = \frac{180}{\pi} \cdot \frac{\gamma \cdot l_T}{r} \tag{8.6}$$

und werkstoffspezifisch gilt

$$\gamma = (l + \mu) \cdot \varepsilon \tag{8.7}$$

μ = Querkontraktionszahl $\approx$ 0,35 für harte Werkstoffe (Bild 4.4 a), gegen 0,5 für weiche Werkstoffe (Bild 4.4 b, c, d).

Aus Gl. (8.5) bis (8.7) folgt für den zulässigen Hinterschnitt

$$H_{zul} = \sin\left[\frac{180}{\pi}(1+\mu)\,\varepsilon_{zul}\,\frac{l_T}{r}\right] l_1 \tag{8.8}$$

Für beliebige Querschnittsformen des Torsionsstabes ist die Gl. (8.6) der Standardliteratur (Taschenbücher für den Maschinenbau Dubbel, Hütte u. a.) zu entnehmen.

* Auf der CD, die diesem Buch beigefügt ist, ist ein PC-Programm (SNAPS), mit dem Torsionsschnappverbindungen bequem berechnet werden können. Das Programm wurde freundlicherweise von der BASF Aktiengesellschaft, Ludwigshafen zur Verfügung gestellt. Eine ausführliche Programmbeschreibung findet sich in Kapitel 14.

Fügekraft

Zur Auslenkung des Schnapparmes ist ein Moment $Q_1\, l_1 = Q_2\, l_2$ erforderlich.

$$Q_1 \cdot l_1 = Q_2 \cdot l_2 = G \cdot \gamma \cdot W_p \cdot n \qquad (8.9)$$

mit

G = Schubmodul

Näherung:

$$G = \frac{E_S}{2\,(1 + \mu)}$$

W_p = polares Widerstandsmoment
n = Anzahl der Torsionsstäbe
μ = Querkontraktionszahl

8.1.3 Ringschnappverbindung

8.1.3.1 Formvarianten

Die Standardausführungen der geschlossenen Ringschnappverbindungen sind Rohrverbindungen und Deckelverschlüsse. Je nach Lage des Wulstes bzw. des Hinterschnitts spricht man von endnaher oder endferner Schnappverbindung, wobei der Wulst am Innen- oder Außenteil angebracht sein kann (Bild 8.35).

Aus fertigungstechnischer Sicht ist die Erzeugung einer Hinterschneidung an der Innenkontur eines geschlossenen Rohres meist aufwendig. Es bieten sich folgende Möglichkeiten:

- Zerspanen (wegen des zusätzlichen Fertigungsschrittes aufwendig; für Prototypen oder geringe Stückzahlen)
- Zwangsentformen (nur geringer Hinterschnitt möglich)
- Zerfallkern (hoher Werkzeugaufwand, viele bewegliche Werkzeugteile)

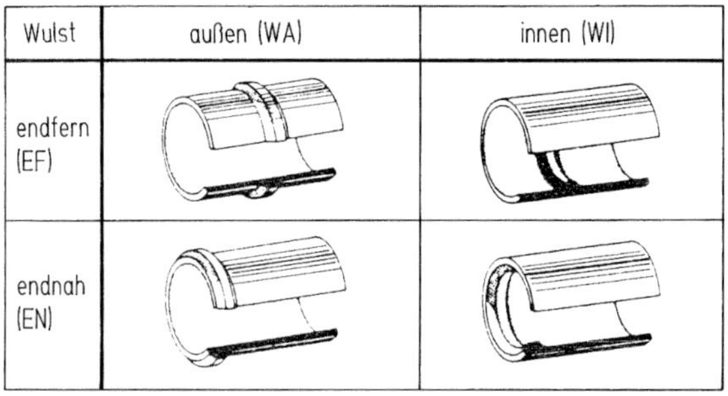

Bild 8.35 Lage des Wulstes bei zylindrischen Schnappelementen nach [8.11]

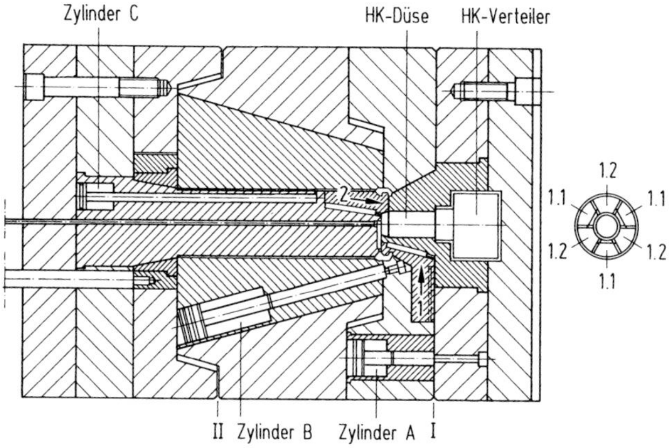

Bild 8.36 Vorschlag für die Entformung eines Hinterschnitts in einem Rohrinnenteil (nach SANDER)

Bild 8.37 Vergrößerung des Federweges (Hinterschnitt) bei Ringschnappverbindungen [8.9]

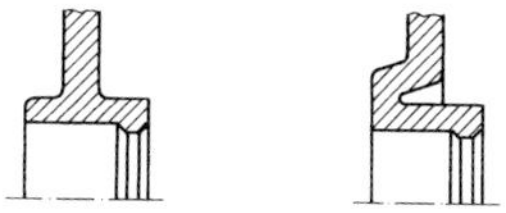

In Bild 8.36 ist ein Werkzeugentwurf skizziert für die Entformung eines angussnahen Hinterschnitts an einem rohrförmigen Teil. Der Entformungsvorgang läuft in folgenden Schritten ab:

1. Das Werkzeug wird durch den Zylinder A bei I geöffnet. Der Schieber 1 läuft nach innen; die Hinterschnitte 1.1 werden freigegeben.
2. Das Werkzeug öffnet bei II. Der Zylinder B läuft synchron mit dieser Bewegung. Die Außenkontur wird freigegeben.
3. Mit dem Abstreifen des Rohres vom Kern wird der Zylinder C vorgerückt; der Schieber 2 gleitet schräg vor und gibt die restlichen Hinterschneidungen 1.2 frei.

Eine größere Hinterschneidung kann zugelassen werden, wenn die Fügestelle gemäß Bild 8.37 rechts gestaltet wird.

Kugelförmige Schnappverbindungen stellen einen Sonderfall der Ringschnappverbindung dar, bei der meistens die Funktion als Kugelgelenk mitgenutzt wird (s. Abschnitt 8.1.3.3).

8.1.3.2 Berechnung*

Zulässiger Hinterschnitt

Für den ungünstigen Fall, dass beim Fügen die Gesamtdeformation nur von einem Fügepartner aufgenommen werden muss, und unter der vereinfachenden Annahme (dünnwandiges Rohr)

* Auf der CD, die diesem Buch beigefügt ist, ist ein PC-Programm (SNAPS), mit dem Ringschnappverbindungen bequem berechnet werden können. Das Programm wurde freundlicherweise von der BASF Aktiengesellschaft, Ludwigshafen zur Verfügung gestellt. Eine ausführliche Programmbeschreibung findet sich in Kapitel 14.

eines einachsigen Spannungszustandes (Tangentialspannung) beim Fügevorgang kann die zulässige Hinterschneidung direkt aus dem Spannungs-Dehnung-Diagramm als ε_{zul} abgelesen werden (siehe Legende zu Gl. (8.2)).

$$H_{zul} = \frac{d_{max} - d_{min}}{d_{min}} = \varepsilon_{zul} \tag{8.10}$$

ε = Dehnung als Absolutwert

Fügekraft, Haltekraft

Für die Berechnung der Fügekraft einer Ringschnappverbindung gilt entsprechend zu Gl. (8.3) und Ergänzung um die geometrischen Bedingungen:

$$F = Q \cdot d_{min} \cdot \pi \cdot \eta \tag{8.11}$$

Die Rohraufweitung als Folge der radial wirkenden Auslenkkraft Q kann über die Betrachtung eines Trägers auf nachgiebiger Unterlage abgeschätzt werden. Eine ausführliche Herleitung wird in [8.22, 8.23] gegeben. Danach erhält man die Fügekraftgleichung für dünnwandige Ringschnappverbindungen:

$$F = K \cdot H \cdot d \cdot \left(\frac{2\,s}{d_m}\right)^{\frac{3}{2}} \cdot \left(\frac{E_{St}}{E_{Sa}}\right)^{\frac{3}{4}} \cdot E_{Sa} \cdot \eta \tag{8.12}$$

Darin ist einzusetzen:

K = Zahlenfaktor = 0,62 für endnahe Lage
= 2,49 für endferne Lage

H = $d_{max} - d_{min}$

E_{St} = Sekantenmodul in tangentialer Richtung mit $\varepsilon_t = \Delta d / d_m$

E_{Sa} = Sekantenmodul in axialer Richtung mit

$$\varepsilon_a = \varepsilon_t \pm \sqrt{\frac{E_{St}}{E_{Sa}} \cdot 3\,(1 - \mu_a \cdot \mu_t)}$$

d_m = mittlerer Durchmesser des Fügepartners aus Polymerwerkstoff

s = Wanddicke im Wulstbereich

Mit $E_{St} = E_{Sa}$ (bei endnaher Wulstlage zulässig) vereinfacht sich Gl. (8.12) zu

$$F = K \cdot H \cdot d \cdot \left(\frac{2\,s}{d_m}\right)^{\frac{3}{2}} \cdot E_{St} \cdot \eta \tag{8.13}$$

Aus der zugrundeliegenden Gleichung der elastischen Linie für ein unendlich langes Rohr lässt sich ableiten, dass sich die Deformation im Rohr im wesentlichen nur bis zum ersten Nulldurchgang der Biegelinie abspielt, d. h. die Gl. (8.13) besitzt hinreichende Gültigkeit für Rohrlängen größer etwa $(d \cdot s)^{1/2}$ [8.23]. Falls das Rohr im fügenahen Bereich eine Versteifung aufweist – beispielsweise durch einen Boden verschlossen ist – wird die tatsächliche Fügekraft erwartungsgemäß größer als die errechnete. Die Haltekraft wird durch Einführen von α_2 in Gl. (8.1) abgeschätzt, wobei darauf hingewiesen sei, dass die Löse- oder Haltekraft – wie auch die Fügekraft – nach mehrmaligem Fügen erheblich kleiner sein kann als die errechnete, falls plastische Formänderungen eingetreten sind.

Zur Fügekraftberechnung zylindrischer Schnappverbindungen wird gelegentlich auch der bei Pressverbindungen übliche Ansatz benutzt und zur Beurteilung bei dickwandigen Rohren herangezogen [8.17, 8.23].

Danach wird die Fügekraft:

$$F = K \cdot H \cdot \frac{\sqrt{\dfrac{2\,(u-1)}{(u+1)}}}{\dfrac{(u^2+1)}{(u^2-1)} \pm \mu} \cdot E_{St} \cdot \eta \qquad (8.14)$$

mit

u = d_a/d_{min} (Außenring); d_{min}/d_i (Innenring)
μ = Querkontraktionszahl ($+\mu$ für Außenring; $-\mu$ für Innenring)

Beim Vergleich von Mess- mit Rechenergebnissen nach Gl. (8.12) bzw. Gl. (8.14) wird allerdings über divergierende Übereinstimmung berichtet [8.23, 8.18]. In Anbetracht der ohnehin großen Unsicherheiten bei der Annahme von Reibungskoeffizient, Querkontraktionszahl, Modulwert, aber auch unter Nichtbeachtung von Fertigungstoleranzen und anderen Maß- und Geometrieabweichungen erscheinen die Gleichungen (8.12) bzw. (8.13) jedoch für praktische Belange durchaus ausreichend.

Für kugelförmige Schnappverbindungen wird in [8.17] eine Berechnung der Fügekraft abgeleitet, die von dem Rechenansatz für Pressverbindungen ausgeht. Danach gilt:

$$F \approx \pi \cdot H \cdot \frac{d_i \cdot l_m}{\dfrac{(u^2+1)}{(u^2-1)} + 1} \cdot E_{St} \cdot \eta \qquad (8.15)$$

mit

$d_{max} \approx d_i$ und $u = d_a/d_i$ (s. Bild 8.6)

8.1.3.3 Zusatzfunktionen

Haltesicherung

Ringschnappverbindungen mit Innenteil aus Polymerwerkstoff können durch einen Füllstift gesichert werden, wenn es – wie beispielsweise bei Clipsen – vonseiten der Abmessungen vertretbar ist. Ein solcher Füllstift kann montagefreundlich nur durch dünne Schwimmhäute verbunden in Verlängerung der Fügeachse direkt an das Bauteil angebunden werden (Bild 8.38, Position a), so dass er nach der Montage nur noch durchgestoßen zu werden braucht (Position b).

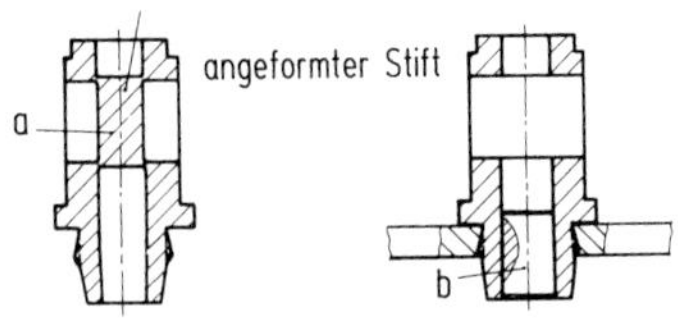

Bild 8.38 Haltesicherung durch Füllstift

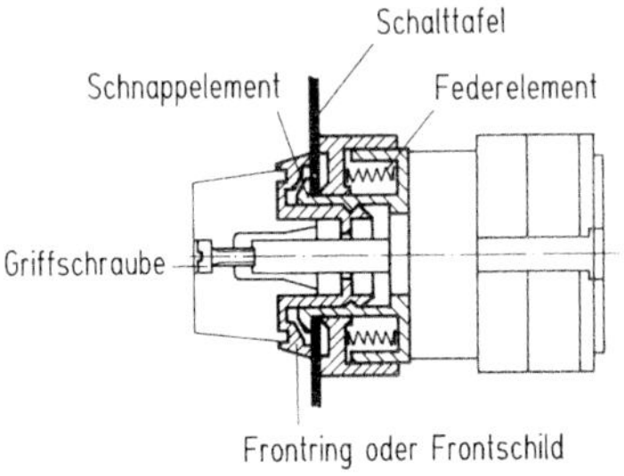

Bild 8.39 Zentralbefestigung eines Schalters mit Lösesicherung durch Frontring (Werkbild: Kraus & Naimer)

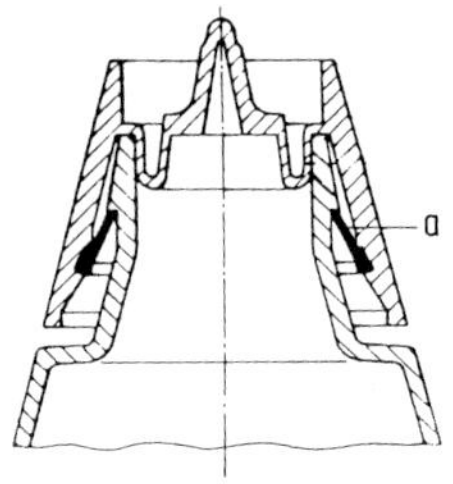

Bild 8.40 Spreiz- und Sicherungsring (a) an der Ringschnappverbindung eines Flaschenverschlusses [8.8]

In Bild 8.39 ist gezeigt, wie die Haltesicherung bei entsprechender Montagefolge durch ein anderes Teil einer Baugruppe erreicht wird.

Im Zusammenhang mit schnappbaren Verschlüssen für blasgeformte Verpackungen werden die unterschiedlichsten Haltesicherungen (auch im Sinne des Originalitätsschutzes) angewendet. Das Sicherungselement der Verschlusskappe in Bild 8.40 wird durch einen separat eingelegten Spreizring (a) aus einem steifen Material gebildet [8.8].

Gleitelement

Die Ringschnappverbindung bietet sich wegen ihrer Rotationssymmetrie auch als Gleitelement an, wenn ein ausreichendes Lagerspiel eingehalten wird. Insbesondere ist hierfür die Kugelschnappverbindung prädestiniert (Bild 8.41).

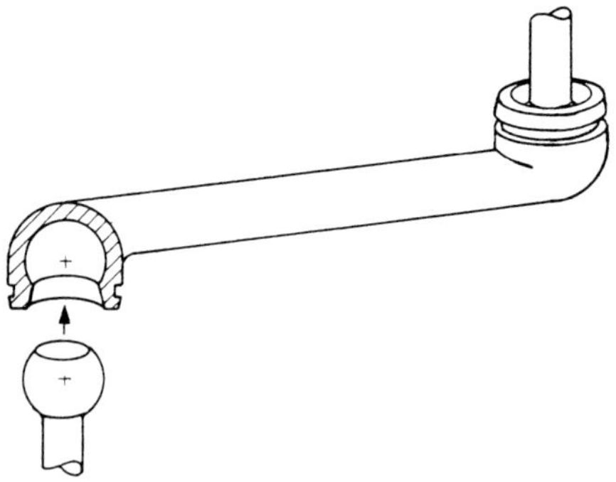

Bild 8.41 Kugelschnappgelenk [8.2]

8.1.4 Segmentierte Ringschnappverbindung

Wird der geschlossene Kreisquerschnitt einer Ringschnappverbindung unterbrochen, ändert sich beim Überwinden des Hinterschnitts die Beanspruchungsart von tangentialen Zugspannungen im Rohrquerschnitt in Biegespannungen in den einzelnen Segmenten. Die Verbindung bleibt geometrisch eine Ringverbindung und wird auf das Prinzip des federnden Hakens zurückgeführt (s. a. Abschnitt 6.1); der zulässige Hinterschnitt kann größer gewählt werden, die Fügekraft aber auch die Haltekraft wird geringer.

8.1.4.1 Formvarianten

Typisch für den Variantenreichtum der Segmentierung des Außenwulstes ist das Beispiel des Clips. Das Bild 8.42 enthält eine Auswahl, die als eigenständige Verbindungselemente verwendet, oder in andere Bauteile integriert werden können.

8.1.4.2 Berechnung*

Zulässiger Hinterschnitt

Die einzelnen Segmente werden formal wie Schnapphaken behandelt (Abschnitt 8.1.1.2). Außer den in Bild 8.13 aufgeführten Hakenquerschnitten ist hier noch das Kreisbogensegment von besonderem Interesse, dessen für eine Berechnung relevanten Werte und Gleichungen aus Bild 8.43 zu entnehmen sind.

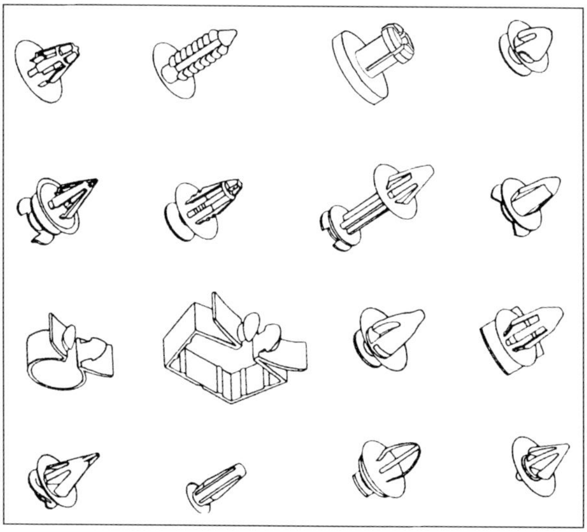

Bild 8.42 Verschiedene Gestaltsvarianten von Clipsen [8.6]

* Auf der CD, die diesem Buch beigefügt ist, ist ein PC-Programm (SNAPS), mit dem segmentierte Ringschnappverbindungen bequem berechnet werden können. Das Programm wurde freundlicherweise von der BASF Aktiengesellschaft, Ludwigshafen zur Verfügung gestellt. Eine ausführliche Programmbeschreibung findet sich in Kapitel 14.

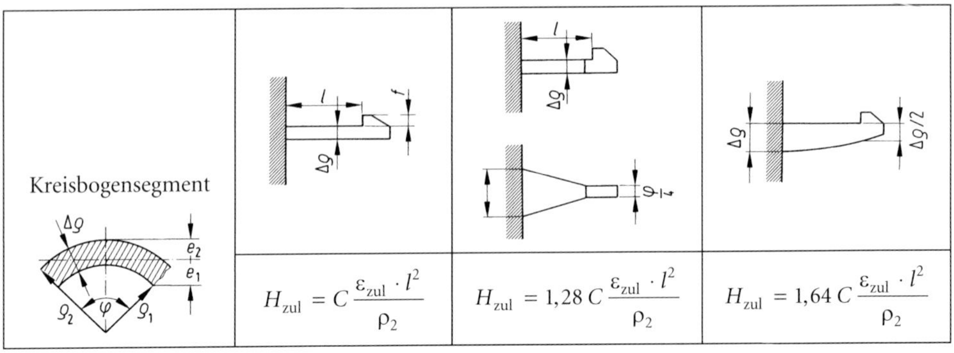

Bild 8.43 Zulässige Hinterschnitte für Haken mit Kreissegmentquerschnitt [8.5]

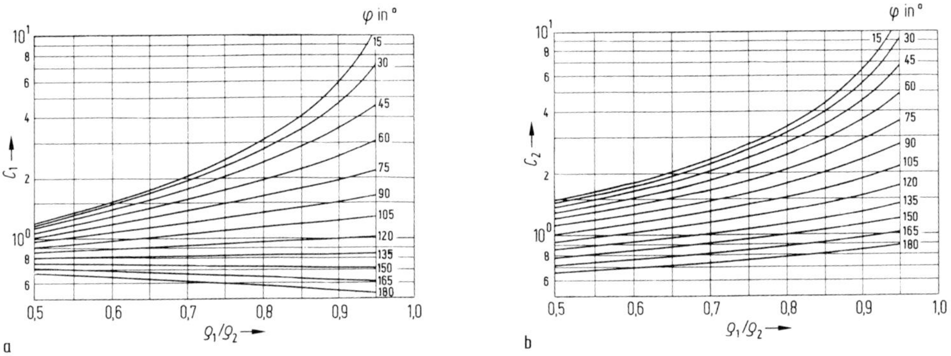

Bild 8.44 Diagramme zur Ermittlung von C_1 bzw. C_2 [8.5]

Der Geometriefaktor C ist über dem Radienverhältnis ρ_1/ρ_2 für übliche Segmentwinkel ε in Bild 8.44 geplottet. Es ist C_1 zu verwenden, wenn der Haken nach außen verformt wird (Zugspannung in der konkaven Oberfläche) und C_2, wenn die Verformung nach innen erfolgt (Zugspannung in der konvexen Oberfläche).

Fügekraft, Haltekraft

Füge- oder Haltekraft werden nach der Vorgehensweise des federnden Hakens für jedes Einzelsegment mit den Gleichungen (8.1), (8.3) und (8.4) berechnet. Die Widerstandsmomente der Segmentquerschnitte sind der Standardliteratur (Hütte, Dubbel o. Ä.) zu entnehmen.

8.1.4.3 Zusatzfunktionen

Haltesicherung

Das leichtere Fügen einer segmentierten Ringschnappverbindung hat zwangsläufig auch ein leichteres Öffnen zur Folge. Als konstruktive Gegenmaßnahmen bieten sich wie bei geschlossenen Ringschnappverbindungen Füllstifte (vgl. Bild 8.38) oder Arretierringe an (Bild 8.45, 8.46 und 6.39).

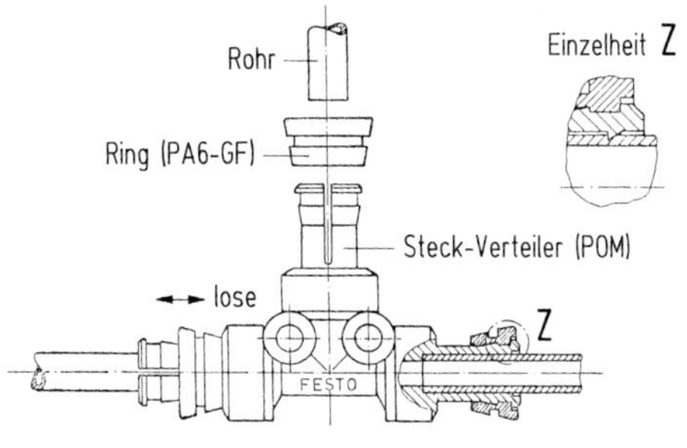

Bild 8.45 Rohrverbindung mittels segmentierter Ringschnappverbindung und Arretierung durch Sicherungsring

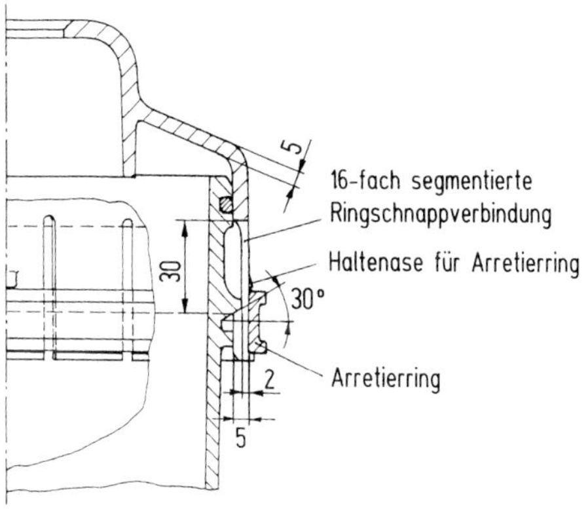

Bild 8.46 Gestaltung eines Behälterdeckels als segmentierte Ringschnappverbindung mit Arretierring, Haltenase und radial wirkender Dichtung

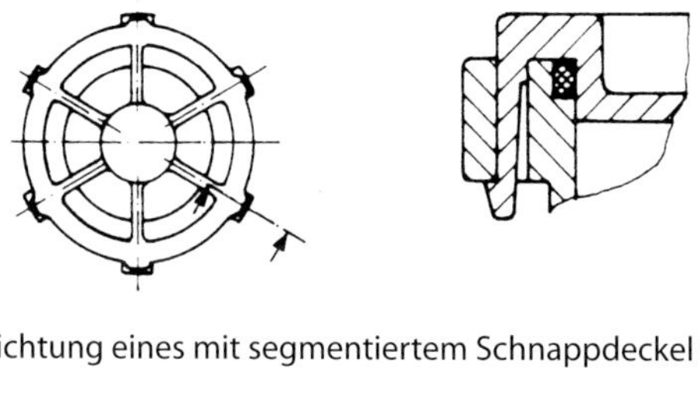

Bild 8.47 Prinzip der Abdichtung eines mit segmentiertem Schnappdeckel verschlossenen Gehäuses [8.2]

Dichtung

Beim Abdichten einer durch Schnappen gefügten Verbindung, z. B. mit einem O-Ring, muss die Wirkungsebene der Dichtung ausreichende Steifigkeit aufweisen. Günstig ist im Allgemeinen die radial wirkende Dichtung (Bild 8.46). Eine ebenfalls gute Lösung zeigt Bild 8.47.

8.2 Federelemente

8.2.1 Federn aus thermoplastischen Polymerwerkstoffen

Das Werkstoffverhalten eines typischen Federwerkstoffs sollte einem linear elastischen Werkstoffgesetz folgen. Da dies bei thermoplastischen Polymerwerkstoffen nicht gegeben ist, gelten grundsätzlich die folgenden Richtlinien [8.14]:

- Das Federelement ist so anzuordnen, dass es in Normalstellung unbelastet ist und nur kurzzeitig in Funktion tritt.
- Im Belastungskollektiv sind zumindest ausreichende lastfreie Zeiten (für zeitabhängige Rückdeformation) vorzusehen.
- Bei Wechsellast ist die Frequenz auf < 20 Hz zu beschränken.

Unter Beachtung dieser werkstoffspezifischen Einschränkungen können jedoch Federelemente insbesondere als integrierte Bestandteile von Bauelementen als Spritzgussteile kostengünstig gefertigt werden.

Fast ausschließlich handelt es sich dabei um biegebeanspruchte Elemente, selten um torsionsbeanspruchte. Durch entsprechende Formgebung kann erreicht werden, dass aus biegebeanspruchten Elementen auch Zug- oder Druckfedern (der Kraftrichtung nach) konzipiert werden können (Bild 8.48). Im Folgenden ist die Einteilung der Federelemente nach der Art der äußeren Kräfte eingehalten.

Bevorzugter Werkstoff für spritzgegossene Federelemente ist POM.

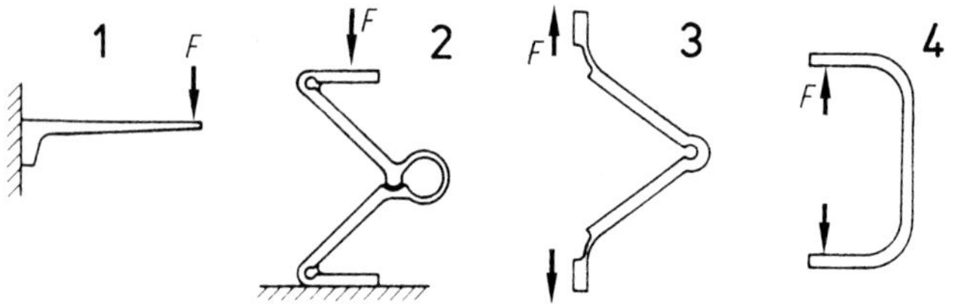

Bild 8.48 Prinzipien der Gestaltung von Biegefedern (1), Druckfedern (2) und Zugfedern (3, 4) (nach [8.25])

8.2.1.1 Biegefeder

Der Biegebalken in Form des Schnapphakens ist als häufigstes Federelement in Abschnitt 8.1.1 ausführlich behandelt. Daneben kann der Biegebalken – eben oder gekrümmt – auch als integriertes Federelement angewendet werden, wie die Bilder 8.49 bis 8.53 anhand einiger typischer Beispiele demonstrieren. In Bild 8.49 handelt es sich um *gerade Biegefedern* an einem Typenrad aus PA 66-GF (35 Gew.-%) für einen Fernschreiber. Die dünnen Biegearme sind besonders im Übergang von der Scheibe gefährdet. Durch die Ausrundung an dieser Stelle wird die Kerbwirkung entschärft, und gleichzeitig beim Spritzgießen das Fließen der Schmelze in der Art unterstützt, dass sich eine beanspruchungsgerechte Orientierung der Kurzglasfasern

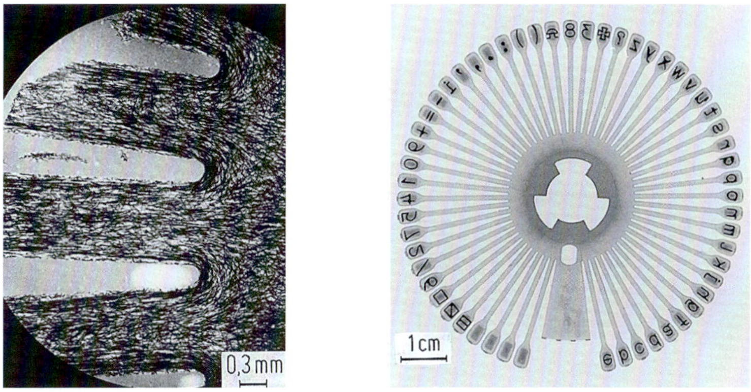

Bild 8.49 Typenrad aus PA 66-GF und Glasfaserorientierung dargestellt mittels der Mikroradiographie [8.26]

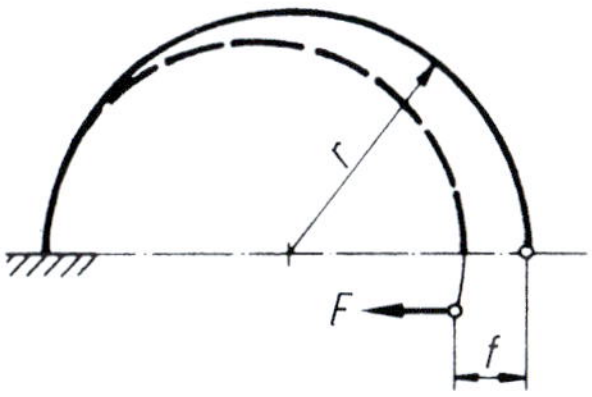

Bild 8.50 Halbkreisförmige Biegefeder, Maße und Bezeichnungen

einstellt. In den langen Federarmen bildet sich ebenfalls fließbedingt in den Außenschichten eine beanspruchungsgerechte Längsorientierung aus. Wenige Fasern orientieren sich aber auch in Umfangsrichtung, so dass es zu keiner gravierenden Schwächung senkrecht zur Längsachse kommt [8.26].

Der Federweg von Federn mit *kreisförmig gebogener Mittellinie* kann aus der Differentialgleichung der elastischen Linie errechnet werden. Sie lautet in allgemeiner Form

$$E \cdot I \cdot \left(\frac{d^2 \cdot f}{d\,\varphi^2} + f \right) = -M \cdot r^2 \tag{8.16}$$

Mit dieser Gleichung ermittelt man im Einzelfall die Gleichung der elastischen Linie und damit den Federweg (s. a. Dubbel, Hütte o. Ä.). Eine übliche Federform ist die *halbkreisförmige* Ausführung gemäß Bild 8.50. Für diese Form heißt die Lösung der Gl. (8.18) nach dem Federweg aufgelöst

$$f = \frac{F \cdot r^3}{2 \cdot E \cdot I} \cdot \pi \tag{8.17}$$

Federn dieser Bauart werden beispielsweise für Sperrgetriebe in der Feinwerktechnik verwendet (Bild 8.51; ferner s. a. Bild 7.20).

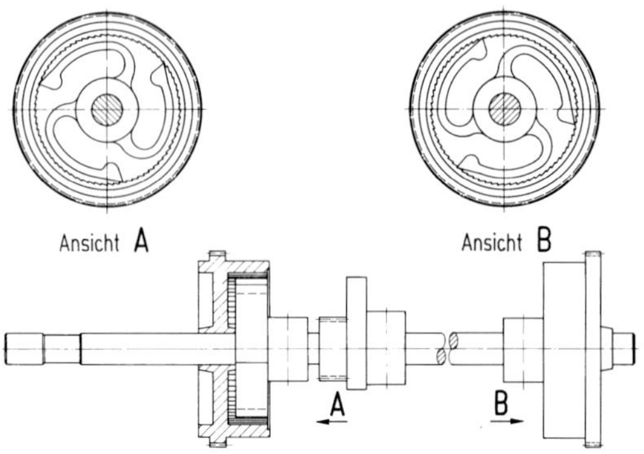

Bild 8.51 Federnde Sperrklinken in einem Überholgetriebe. Federn und Räder aus POM (Werkbild: Kienzle Apparate, Villingen)

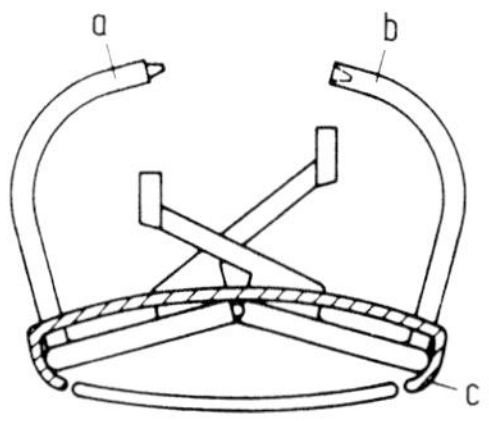

Bild 8.52 Ringbuchhalter (a, b) mit Zugfeder aus Polymerwerkstoff (Teil c) nach [8.25]

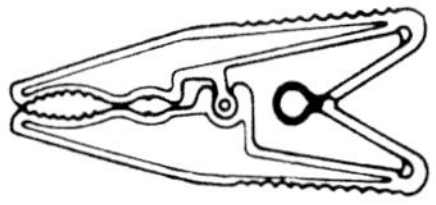

Bild 8.53 Integrierte Konstruktion einer Wäscheklammer mit Kniegelenk und Druckfeder [8.25]

8.2.1.2 Zugfedern

Im Sinne von Bild 8.48 wird ein Federelement als Zugfeder definiert, wenn die am Element wirkenden Kräfte in einer Linie entgegengesetzt wirken. Ein Beispiel hierfür ist in Bild 8.52 wiedergegeben.

8.2.1.3 Druckfedern

Druckfedern sollen definitionsgemäß Druckkräfte abfangen. Konstruktiv ist diese Vorgabe unterschiedlich zu lösen. Beispielsweise wurde das Prinzip 2 von Bild 8.48 bei der bekannten Konstruktion einer Wäscheklammer (Bild 8.53) verwirklicht.

Eine besondere Variante einer Druckfeder ist die *schwach kreisförmig gekrümmte* Biegefeder, die in der Mitte durch eine ebene Druckplatte zusammengedrückt wird (Bild 8.54). Federn dieser Bauart werden gewöhnlich als Blattfedern bezeichnet.

Unter Vernachlässigung der Reibung gilt für die Durchbiegung:

$$f_1 = \frac{F \cdot l^3}{3 \cdot E \cdot I} \tag{8.18}$$

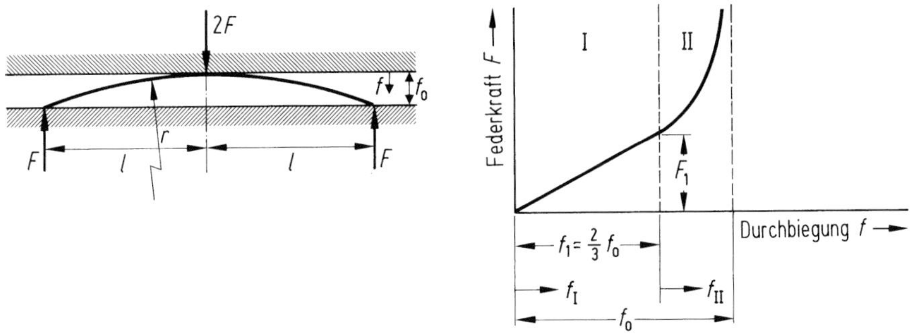

Bild 8.54 Schwach gekrümmte Biegefeder, Maße, Bezeichnungen und Kraft-Weg-Diagramm

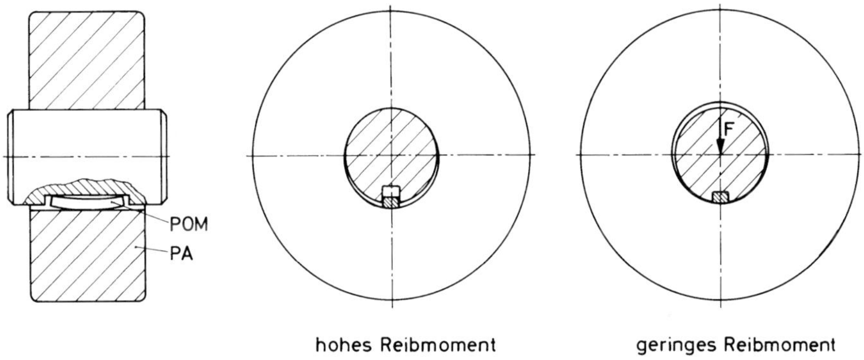

Bild 8.55 Laufrolle für Bürostühle mit belastungsabhängigem Rollwiderstand

Am Ende der linearen Federkennlinie ist:

$$F_1 = \frac{E \cdot I}{l \cdot r} \tag{8.19}$$

Im zweiten Abschnitt wird die Feder einer Hyperbelfunktion folgend zunehmend härter.

Bild 8.55 zeigt eine bemerkenswerte Anwendung dieses Prinzips. Die Feder aus POM liegt in einer Passfedernut einer Welle und sorgt dafür, dass die Rolle aus PA im unbelasteten Zustand mit vergleichsweise hohem Reibmoment (gebremst) gegen die Welle läuft. Eine äußere Last *F* wirkt der Federkraft entgegen, drückt die Feder zusammen und schafft Spiel zwischen derWelle und der Bohrung der PA-Rolle. Die Gleitstelle ist jetzt im wesentlichen an die Außenfläche der POM-Feder verlagert, wo nun POM gegen PA mit niedriger Reibungszahl gleitet.

Weitere Beispiele, in denen das Prinzip von Bild 8.54 konstruktiv umgesetzt ist, sind den Bildern 8.56 bis 8.58 zu entnehmen.

Eine typische Bauart einer Druckfeder ist die *Tellerfeder*. Aus Polymerwerkstoff (POM) sind sie besonders dann sinnvoll, wenn bei niedrigen Kräften größere Federwege erreicht werden sollen [8.27]. Dies gelingt nämlich mit Stahltellerfedern nicht, weil aus Gründen des Durch-

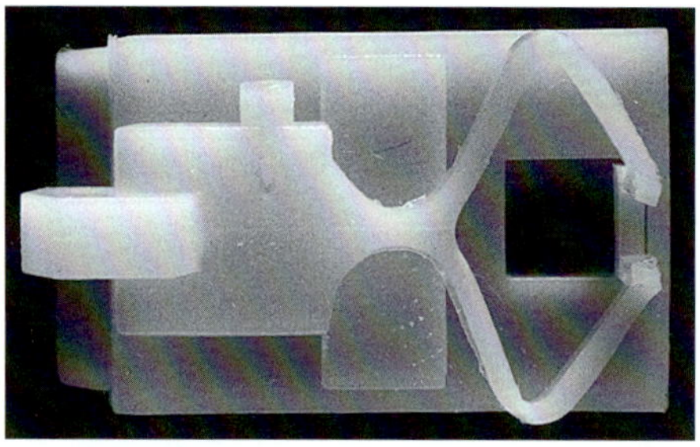

Bild 8.56 Verschlussriegel mit angeformter Druckfeder aus POM [8.24]

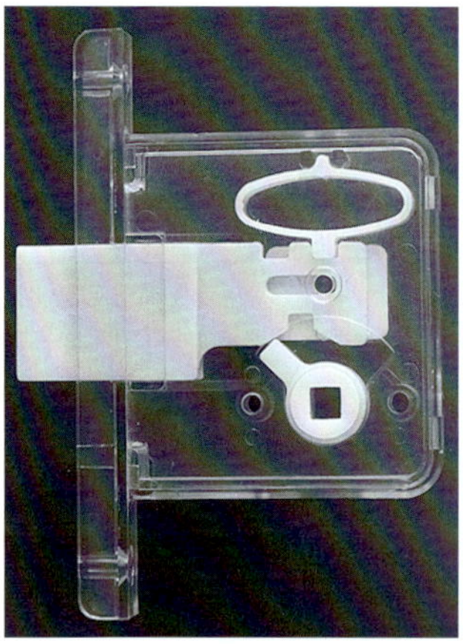

Bild 8.57 Türverschluss mit Druckfeder aus POM als Einzelelement

Bild 8.58 Verschlussdeckel eines Kameraobjektives. Deutlich sind die Markierungen der Auswerferstifte zu erkennen. Kleine Auswerfer auf den dünnen Federn erleichtern die Entformung und vermeiden Deformationen beim Entformen.

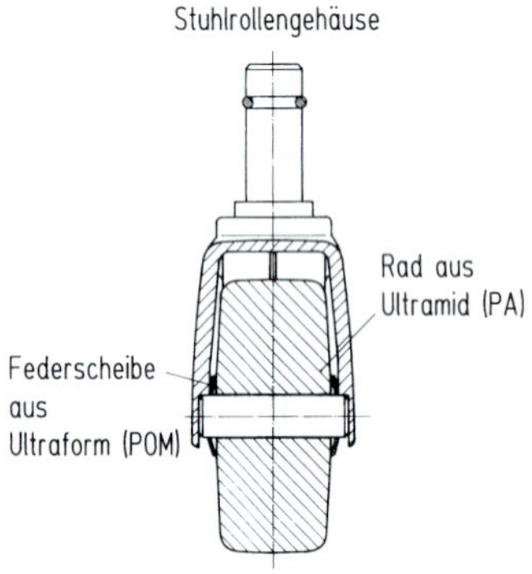

Bild 8.59 Die Federscheiben aus POM sorgen für Spielausgleich und Geräuschdämpfung. Gleichzeitig wirken sie als Dichtung und schützen das Gleitlager vor Staub [8.24].

Tabelle 8.1 Vergleich von Tellerfedern aus Federstahl und POM für geringe Kräfte (nach [8.27])

Tellerdimensionen					**Werkstoff**	**Kennwerte**		
D_a [mm]	D_i [mm]	s [mm]	$h + s$ [mm]	h/s		F_{max} [N]	f_{max} [mm]	σ_{max} [MPa]
14	7,2	0,215	0,495	1,30	Stahl	19,4	0,28	910
14	7,2	0,70	1,30	0,86	POM	18,7	0,60	72
14	7,2	0,195	0,445	1,28	Stahl	12,8	0,25	718
14	7,2	0,60	1,25	1,08	POM	12,7	0,65	71
14	7,2	0,165	0,375	1,27	Stahl	6,7	0,21	533
14	7,2	0,50	1,15	1,30	POM	7,4	0,65	63
14	7,2	0,13	0,30	1,31	Stahl	2,6	0,17	234
14	7,2	0,40	0,90	1,25	POM	2,6	0,50	41

knickens ein bestimmtes Verhältnis von Federhöhe zu Wanddicke nicht überschritten werden darf ($h/s \leq 1{,}35$). Mit den für kleine Federkräfte erforderlichen geringen Wanddicken lassen sich somit keine großen Federwege erzielen.

Die in Tabelle 8.1 angegebenen Kennwerte der Kunststoffedern gelten für kurzzeitige Belastung bei Raumtemperatur. Sie wurden nach DIN 2092 rechnerisch ermittelt, und zwar mit einem Elastizitätsmodul $E = 2\,700$ MPa. Weil bei der Rechnung von [8.27] die Spannungsabhängigkeit des Elastizitätsmoduls, die hier schon eine große Rolle spielt, nicht berücksichtigt wurde, entsprechen die angegebenen Spannungen zwar nicht genau den tatsächlich vorhandenen Spannungen. Trotzdem stellt Tabelle 8.1 die wesentlichen Merkmale und Unterschiede der beiden Federwerkstoffe klar heraus.

Eine Anwendung, bei der solche Federelemente eine Mehrfachfunktion erfüllen, zeigt Bild 8.59. In dem skizzierten Stuhlrollengehäuse übernehmen die Tellerfedern aus POM außer der eigentlichen Federfunktion, die für Spielausgleich und Dämpfung bei Seitenkräften sorgt, gleichzeitig die Aufgabe einer Berührungsdichtung. Die Paarung POM/PA garantiert ein günstiges Gleitverhalten.

Eine weitere, typische Bauform einer Druckfeder ist die *Schraubenfeder*, wobei hier starke Einschränkungen hinsichtlich der Fertigungsmöglichkeiten bestehen. Solche mit Rechteckquerschnitt lassen sich noch spanend herstellen (Bild 8.60); das Spritzgießen ist nur bei besonderer Gestaltung und mit hohem Werkzeugaufwand möglich. Beispielsweise wird die Feder von Bild 8.61 durch Drehen vom Kern entformt.

Druckfedern aus Elastomeren werden auch als Schwingungsdämpfer eingesetzt. Im Fahrzeugbau haben sich derartige Elemente aus PUR mit Zellstruktur bewährt. Sie weisen eine Federkennlinie mit progressivem Verlauf auf (Bild 8.62), da im unteren nahezu linearen Bereich zunächst die in den Zellen eingeschlossene Luft komprimiert wird und nach einer Deformation von ca. 35 % dann der Werkstoff selbst gestaucht wird.

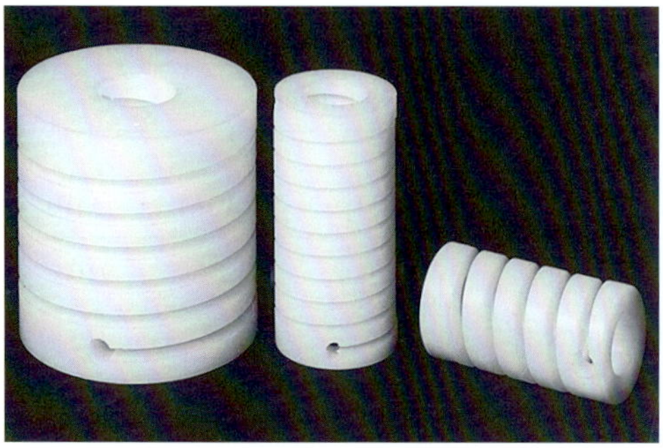

Bild 8.60 Spanend gefertigte Schraubenfedern aus PA mit Rechteckquerschnitt [8.24]

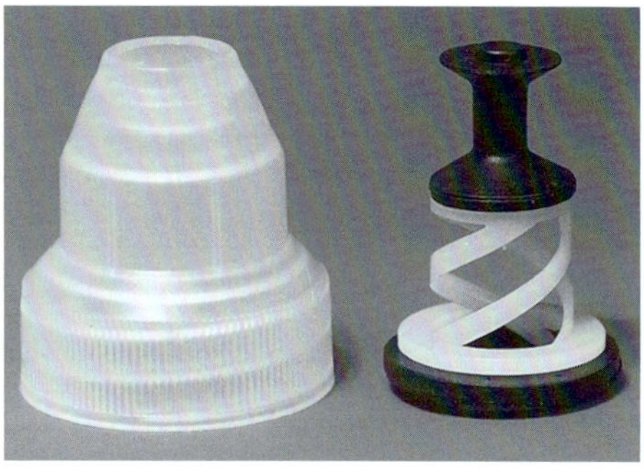

Bild 8.61 Spritzgegossene Schraubenfeder als Druckfeder eines Ventils in einem Flaschenverschluss; Verschlusskappe PE-LD, Gummidichtung und -ventil, Druckfeder POM [8.24]

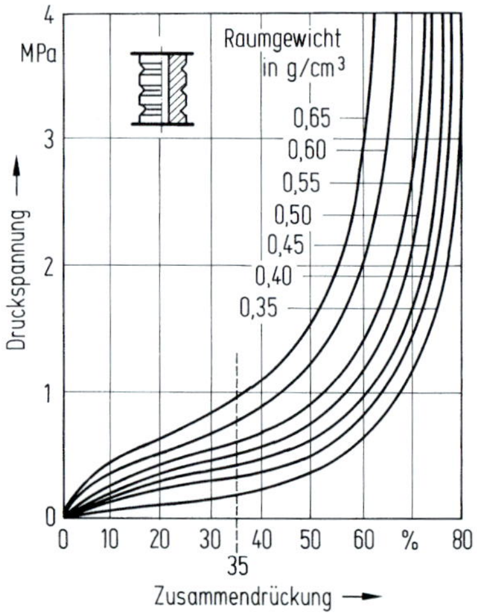

Bild 8.62 Federkennlinie von Feder-/Dämpfungselementen aus PUR (Cellasto) verschiedener Raumgewichte [8.28]

8.2.1.4 Drehfedern

Die Drehfeder als *Torsionsstabfeder* zählt zu den nur selten aus Polymerwerkstoff realisierten Federelementen, obwohl sie relativ raumsparend baut. Um die Schubspannung in zulässigen Grenzen zu halten, sollten die Stäbe jedoch so lang wie möglich konzipiert werden (Bild 8.63; s. a. Bild 6.27).

Die Berechnung des Federweges bzw. des Verdrehwinkels geschieht mit Gl. (8.6) und Gl. (8.7).

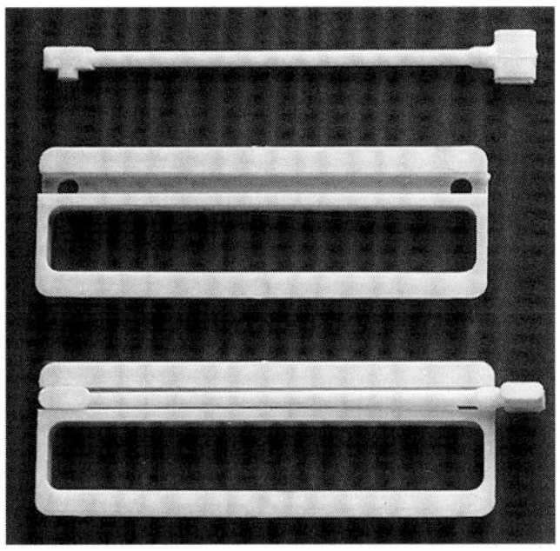

Bild 8.63 Torsionsstabfeder aus POM [8.24]

8.2.2 Federn aus Faser-Kunststoff-Verbunden (GFK, CFK)

Während thermoplastische Polymerwerkstoffe bevorzugt wegen ihrer wirtschaftlichen Formgebung als Federwerkstoffe infrage kommen, können Faserverbundwerkstoffe wie Stahl für die Aufgabe des Energiespeicherns verwendet werden. Besonders mit GFK lassen sich bei vorwiegend paralleler Faseranordnung (60 bis 80 Gew.-% Glas) hohe Schwingfestigkeiten erzielen bei einem vergleichsweise zu Stahl niedrigen Elastizitätsmodul. Unidirektionale Glasfaser-Epoxidharz-Verbunde ertragen Biegeschwellspannungen von 500 bis 800 MPa über 10^5 bis 10^6 Lastspiele [8.30, 8.31]. Interessant erscheint natürlich die mögliche Gewichtsersparnis bei der Substitution von Metallfedern im Hinblick auf Leichtbauaspekte im Fahrzeugbau.

8.2.2.1 Blattfedern

Überlegungen, Faser-Kunststoff-Verbunde für Blattfedern einzusetzen, gehen in die 50er Jahre zurück. Zum ersten Serieneinsatz kam es jedoch erst 1983, als General Motors eine querliegende GFK-Blattfeder in einen Sportwagen einbaute [8.32]. Ein wesentliches Hemmnis für eine Großserienherstellung von GFK-Blattfedern besteht jedoch darin, dass großserientaugliche Herstellverfahren erst entwickelt werden müssen [8.31]. Entwicklungsziele sind Blattfedern im Nutzfahrzeugbau.

Werkstoffe

CFK mit Kohlenstoff-Fasern des Hochfestigkeitstyp verhält sich unter Schwingbeanspruchung noch günstiger als GFK. Außerdem ergeben sich nicht unerhebliche Gewichtsvorteile bei allerdings hohen Materialkosten.

Wegen des hohen Elastizitätsmoduls und der daraus resultierenden hohen Spannungen muss bei einem 1 : 1-Vergleich mit einer GFK-Feder die CFK-Feder wesentlich dünner, jedoch viel breiter ausgeführt werden. Die Tabelle 8.2 zeigt diese Unterschiede.

Aramidfaser-Verbunde kommen wegen ihrer niedrigen faserparallelen Druckfestigkeit nur für Hybridkonstruktionen in Betracht, wenn die Druckzone mit Glasfasern und die Zugzone mit Aramidfasern aufgebaut werden kann. Die Wärmespannungen sind in diesem Falle zu beachten [8.33].

Tabelle 8.2 Charakteristische Werte für Elastizitätsmodul E, zulässige Spannung σ_{zul} und die auf die Breite der Stahlfeder bezogene erforderliche Breite B nach [8.29]

	Stahl	GFK	CFK (HT)
E [MPa]	210 000	48 000	130 000
σ_{zul} [MPa]	1 400	650	1 000
B/B_{Stahl}	1	0,52	1,05

Als Matrixmaterialien werden Polyesterharze, für höhere Temperaturen Bismaleinimidharze und Epoxidharze verwendet. Bei den beiden letztgenannten Matrices kann die Zähigkeit durch dem Verbund zugesetzte Thermoplastanteile erhöht werden.

Federform

Die einfache Rechteckfeder mit konstanter Höhe und Breite nutzt den Werkstoff nur unbefriedigend (s. a. Bild 8.13), obwohl sie wegen des konstanten Querschnitts beim Verlegen von Endlosfäden vorteilhaft wäre. Man wird eine Blattfeder demnach eher als Träger gleicher Biegespannung auslegen. Außer den in Bild 8.13 aufgeführten Geometrien ist die Hyperbelfeder wegen ihres über der Länge ebenfalls konstanten Querschnitts besonders vorteilhaft. Die Hyperbelfeder hat einen linearen Dickenverlauf und einen hyperbolischen Breitenverlauf (Bild 8.64). Sie baut deswegen allerdings auch sehr breit [8.34].

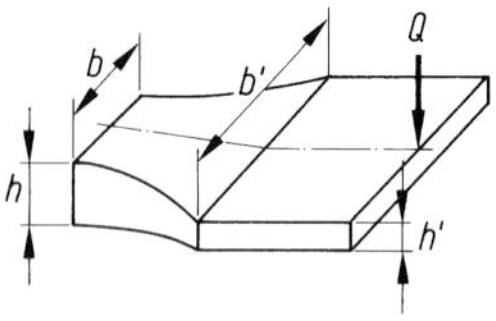

Bild 8.64 Hyperbelfeder

Berechnung

Die Biegefedern sind wegen ihrer einfachen Geometrie im Allgemeinen einer analytischen Berechnung noch zugänglich. Das wesentliche Problem liegt in der Bereitstellung der benötigten Werkstoffkennwerte. Der Faserverbund ist inhomogen und ausgesprochen anisotrop. Trotzdem wird man die Vordimensionierung einer Blattfeder zunächst auf analytischem Weg mit der elementaren Biegetheorie für kleine Verformungen angehen. Da eine Blattfeder im Federbereich weitgehend unidirektional verstärkt ist, kann die Biegung mit den Werkstoffkennwerten in Faserrichtung gerechnet werden (s. Abschnitt 5.6).

Im Folgenden wird der Rechengang zur Vordimensionierung einer einschichtigen Fahrzeugblattfeder bei Überlagerung von Vertikalkraft und Längskraft infolge Brems- bzw. Beschleunigungsmoment skizziert. Die ausführliche Herleitung ist [8.34] zu entnehmen.

Als Festigkeitsbedingung folgt

$$\sigma_{zul} = \frac{3 \cdot Q_V \cdot l}{b \cdot h^2} \cdot \left(1 + \frac{Q_L \cdot a}{Q_V \cdot l}\right) \tag{8.20}$$

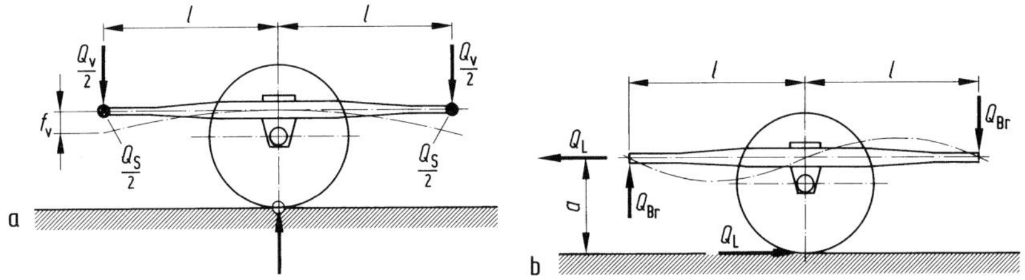

Bild 8.65 Belastung einer symmetrischen Fahrzeugblattfeder nach [8.33]
a) bei vertikaler Einfederung (Q_V) und Seitenkraft (Q_S)
b) beim Bremsvorgang, Längskraft Q_L aus Bremsmoment und dabei auftretende Reaktionskraft Q_{Br} als Auflagerkraft

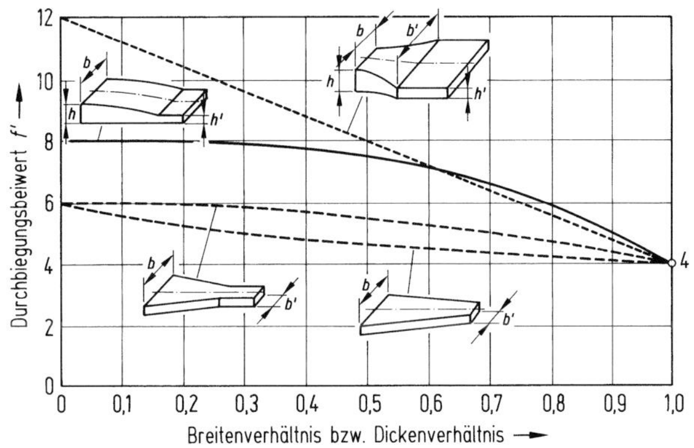

Bild 8.66 Durchbiegungsbeiwert in Abhängigkeit vom Breiten- bzw. Dickenverhältnis nach [8.33]

Ferner muss die Bedingung der Durchbiegung (bei der Federrate $C = Q_V / f_V$) erfüllt werden

$$f_V = f' \cdot \frac{\frac{Q_V}{2} \cdot l^3}{E \cdot b \cdot h^3} \tag{8.21}$$

mit f' aus Bild 8.66.

Aus Gl. (8.18) und Gl. (8.19) folgt für eine vorgegebene Länge l und Abstand a die Hauptabmessung h und b der Feder im Mittenquerschnitt

$$h = \frac{1}{6} \cdot f' \cdot \left(\frac{1}{f_V}\right) \cdot \left(\frac{\sigma_{zul}}{E}\right) \cdot \frac{1}{1 + \frac{Q_L \cdot a}{Q_V \cdot l}} \tag{8.22}$$

$$b = 108 \cdot \frac{Q_V}{f_V \cdot f'^2} \cdot \left(\frac{f_V}{l}\right)^3 \cdot \frac{E^2}{\sigma_{zul}^3} \cdot \left(1 + \frac{Q_L \cdot a}{Q_V \cdot l}\right)^3 \tag{8.23}$$

Die komplette Auslegung einer Fahrzeugfeder als sogenannte Primärstruktur kann natürlich nicht hiermit enden. Der Schubspannungseinfluss muss berücksichtigt werden, letztendlich müssen sich numerische Optimierungsschritte (FEM) und experimentelle Überprüfungen anschließen. Insbesondere sind die Probleme der Krafteinleitung an den Federaugen und der Mitteneinspannung zu lösen.

Bei der Herstellung kann das Federauge als reines GFK-Element durch Umschlingen mit den Endlosfasern angeformt werden. Die Mitteneinspannung darf nicht wie bei Stahlfedern durch festes Einspannen erfolgen, sondern die Kräfte müssen ohne allzu großen Steifigkeitssprung weich eingeleitet werden.

8.3 Filmscharniere und Filmgelenke

Ein Filmgelenk (Filmscharnier) ist eine extrem dünne Verbindung zweier Teile, die gegeneinander bewegt werden sollen. Eine derartige gelenkige Verbindungen stellt also eine biegeweiche Verbindung dar, die aus thermoplastischem Polymerwerkstoff vorteilhaft als integrierte Konstruktion in einem Stück aus demselben Werkstoff hergestellt werden kann.

Ist die Länge einer solchen Gelenkverbindung verhältnismäßig groß, spricht man von einem Bandgelenk. Diese Gelenke haben keine gleitenden Flächen und sind somit bei geringer (innerer) Reibung völlig verschleißfrei.

Entscheidend für eine große Lebensdauer derartiger Gelenkverbindungen ist, dass die Moleküle im Dünnstellenbereich, der nur wenige Zehntel Millimeter dick ist, in der Biegerichtung hoch orientiert sind. Dies geschieht bei der Spritzgussherstellung durch die ausgeprägte Scherströmung der Polymerschmelze in den Randschichten. Die Mittelschicht sollte ein feinsphärolithisches Gefüge mit Sphärolithdurchmessern von nur wenigen Mikrometern aufweisen. Aufgrund dieser Molekülstruktur kann – insbesondere bei Verwendung adaptiver Polymerwerkstoffe – mit einer hohen Lebensdauer gerechnet werden. Gegen Querbeanspruchung sind Filmgelenke allerdings empfindlich.

Eine weitere Bedingung für eine hohe Lebensdauer ist, dass diese Dünnstellen an ihren Übergängen zum dickeren Querschnitt von Kerbeinflüssen weitgehend freigehalten werden (Bild 8.67).

8.3.1 Herstellung

8.3.1.1 Spritzgießen

Nach dem Spritzgießverfahren können Filmgelenke als selbständige Konstruktionselemente hergestellt werden, wobei dann die beiden Hälften in geeigneter Weise mit den zu bewegenden Teilen (Deckel, Gehäuse) verbunden werden müssen.

Besonders wirtschaftlich ist es jedoch, wenn die Gelenke zusammen mit den zu bewegenden Elementteilen in einem Arbeitsgang als „integrierte Filmscharniere“ gefertigt werden.

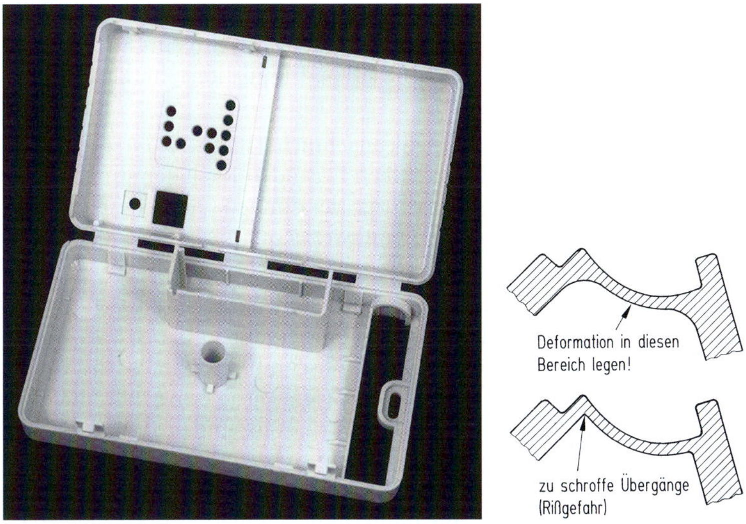

Bild 8.67 Filmscharnier als integrierte Deckel/Gehäuse-Verbindung.
Strömungsgünstige Radien (links oben) begünstigen die beanspruchungsgerechte Orientierung und vermindern schädliche Kerbspannungen.

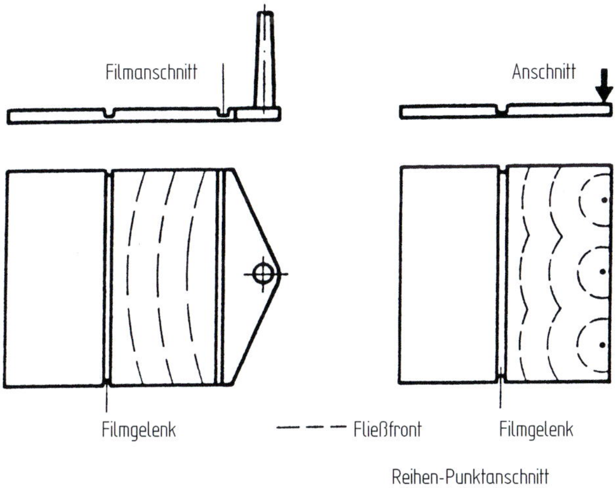

Bild 8.68 Die Schmelzefront soll die Dünnstelle möglichst parallel erreichen und durchströmen [8.34]

Auf die richtige Lage des Angusses muss besonders geachtet werden, da die Dünnstelle beim Spritzgießen von der Schmelze ohne Verzögerung über ihre gesamte Breite gleichmäßig und schnell durchströmt werden muss, damit sich die gewünschte Molekülorientierung im Filmquerschnitt ausbildet. Mit einem Bandanschnitt oder Punktanschnitten in Reihe, so dass die Schmelzefront die Dünnstelle möglichst parallel erreicht, kann dies am besten verwirklicht werden (Bild 8.68).

Keinesfalls darf die Schmelze im Filmquerschnitt zum Stillstand kommen, oder bei Mehrfachangüssen dort zusammenfließen und eine Bindenaht – also eine Schwachstelle – bilden. Zur Beurteilung ist deswegen eine numerische Füllbildsimulation sehr hilfreich und manchmal unerlässlich.

In manchen Fällen ist auch ein Doppelgelenk angebracht (Bild 8.73 unten). Hier müssen zwar die rechts und links von einem Verteilerbalken liegenden Kavitäten durch die Dünnstellen gefüllt werden, dagegen ist die angussnahe Lage des dünnen Querschnitts günstig. In jedem Fall sollten besonders leicht fließende Polymerwerkstofftypen verwendet werden, und die Volumina der Kavitäten dürfen nicht zu groß sein.

Eine zwar aufwendige und nicht in jedem Falle anwendbare, verfahrenstechnische Maßnahme gegen die Ausbildung einer Bindenaht im Filmbereich besteht darin, dass die Angüsse zeitversetzt geöffnet werden (Kaskadenspritzguss, s. Abschnitt 7.1.3.2): Es wird zunächst nur das Angusssystem geöffnet, das die eine Hälfte der Gelenkverbindung füllt, und zwar so lange, bis der dünne Scharniergelenkquerschnitt durchströmt ist, und die Schmelze die jenseits der Dünnstelle platzierten Angüsse erreicht hat. Dann werden diese Angüsse geöffnet und die restliche Kavität gefüllt. Um hierbei die günstigste Lage der Angüsse und den erforderlichen Druckbedarf zu finden, ist ebenfalls eine numerische Simulation zu empfehlen.

Die positive Auswirkung der im Gelenkbereich scherinduzierten Molekülorientierung auf optimale Gelenkeigenschaften und hohe Lebensdauer kann noch dadurch gesteigert werden, dass der orientierte Querschnitt zusätzlich verstreckt wird. Unter Verstrecken versteht man den Verfestigungseffekt bei teilkristallinen Polymerwerkstoffen, der unter mechanischer Krafteinwirkung nach Überschreiten der Streckgrenze durch Umlagerung von kristallinen Faltungsblöcken und Ausrichtung in Verstreckungsrichtung erfolgt.

Dieser die Festigkeit steigernde Effekt wird signifikant bei Polypropylen (PP) (Bild 8.69) und dessen Modifikationen festgestellt, bei Polyethylen (PE), Polyamid (PA) und zähmodifizierten Thermoplasten weniger, während bei Polyoximethylen (POM) und Polybutylenterephthalat (PBT) eher eine Schwächung registriert wird.

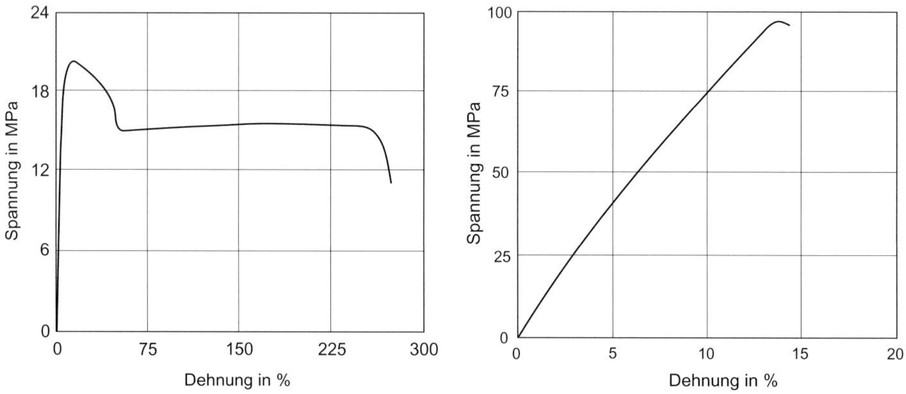

Bild 8.69 Spannungs-Dehnungs-Diagramme von PP.
Die Kurve links ist nach ISO 527 am Probenquerschnitt $10 \times 4\ mm^2$ gemessen, und die Kurve rechts wurde an einer Probe gemessen, die aus dem verstreckten Bereich hinter der Streckgrenze der ersten Probe entnommen wurde (Probenquerschnitt $5 \times 2\ mm^2$).

Diese Verstreckung beim Filmscharnier geschieht gewöhnlich beim ersten Biegen des Gelenkes. Sicherer und empfehlenswert ist es jedoch, wenn das Filmgelenk schon nach dem Entformen – also vor dem eigentlichen Gebrauch – um ± 90 bis ± 180° gebogen wird.

8.3.1.2 Blasformen

Auch nach dem Blasformverfahren lassen sich Filmgelenke herstellen: Die Werkzeughälften werden bis auf etwas mehr als die gewünschte Filmdicke zusammengefahren, denn die Filmdicke wird letztlich wegen einer geringen Rückstellung wieder etwas größer als das Werkzeugmaß. So wird die Dünnstelle durch Quetschen des Vorformlings, ohne ihn jedoch ganz zu durchtrennen, erzeugt. Durch diesen Quetschvorgang, der einem Verstreckungsprozess des Werkstoffs gleichkommt, wird eine Gefügestruktur erreicht, die sogar noch bessere Filmgelenkseigenschaften aufweist als dies beim Spritzgießen und nachträglichem Verstrecken möglich ist: Eine Bindenaht ist bei diesem Formvorgang nicht zu befürchten, und die Querfestigkeit ist höher als bei der spritzgegossenen Ausführung. Außerdem werden verfahrensbedingt hochmolekulare Werkstofftypen verwendet, die als solche eine höhere Ermüdungsfestigkeit besitzen.

Das Bild 8.70 zeigt einen blasgeformten Behälter, bei dem Deckel und Kasten durch ein Filmgelenk verbunden sind. Auch der Verschlussriegel ist auf diese Weise am Deckel angebunden.

Bild 8.70 Deckel und Gehäuse dieser blasgeformten Box aus PP sind durch ein geprägtes Filmgelenk verbunden, ebenso der Verschlussriegel am Deckel (Hersteller: Fischer Söhne AG)

8.3.1.3 Prägen

Auch wenn man die Gelenkrillen nach der eigentlichen Formgebung durch Prägen mit einem kalten oder warmen Prägestempel anbringt, wird der Werkstoff verstreckt, und man erhält Filmgelenke, die eine hohe Lebensdauer erwarten lassen. Dieses Prägen ist beispielsweise bei tiefgezogenen Verpackungsbehältern üblich. Es funktioniert sogar sehr gut mit Schaumpolystyrolfolien (EPS), die als Verpackungsbehältnisse natürlich nicht viele Lastwechsel ertragen müssen.

Auch bei Sandwichplatten aus PP kann auf diese Weise eine Gelenkrille geprägt werden, über die die steife Platte gebogen werden kann (Bild 8.71).

Bild 8.71 Sandwichplatte aus PP mit geprägter Biegekante (Hersteller: Friedola Holzapfel GmbH)

8.3.2 Gestaltung

Je kürzer die Dünnstelle ausgeführt wird – im Extremfall durch einen V-förmigen Einschnitt – desto präziser und passgenauer wird die Führung des Gelenkes, weil dann der Drehpunkt genau festliegt. Die Kerbspannungen können in diesem Falle jedoch so hoch werden, dass es bei wenig duktilen Werkstoffen bereits beim ersten Biegen zum Bruch kommt. Ein adaptiver Werkstoff kann sich jedoch der Beanspruchung beim Biegen anpassen und die Kerbspannungen durch Fließen abbauen: Die ursprünglich linienförmige Gelenkrille wird dann durch den Verstreckungsprozess sowohl länger als auch dünner. Es liegt dann der Drehpunkt der Gelenkverbindung zwar nicht mehr exakt fest, dafür ist aber der Verstreckungsgrad durch den Fließprozess so weit erhöht, dass das Gelenk funktionstauglich bleibt. Trotzdem ist eine solche Ausführung prinzipiell nicht zu empfehlen; sie ist allenfalls mit PP möglich, wenn die ersten Biegewechsel langsam erfolgen.

Grundsätzlich sollte im Kerbgrund der Dünnstelle ein Radius von mindestens 0,5 bis 1 mm vorgesehen werden (Bild 8.72).

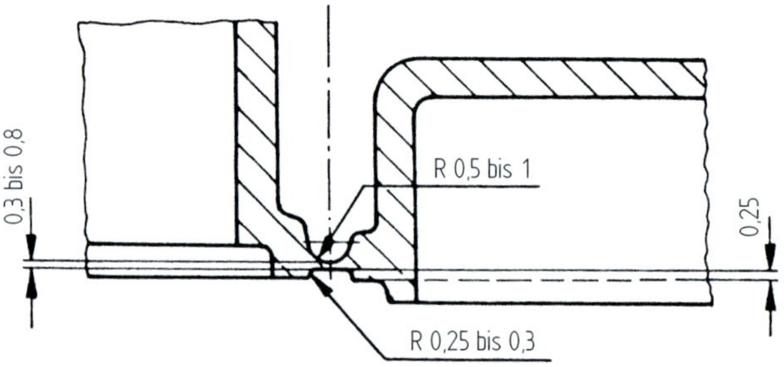

Bild 8.72 Richtwerte für die Gestaltung eines Filmgelenks aus PP mit Gelenkrille

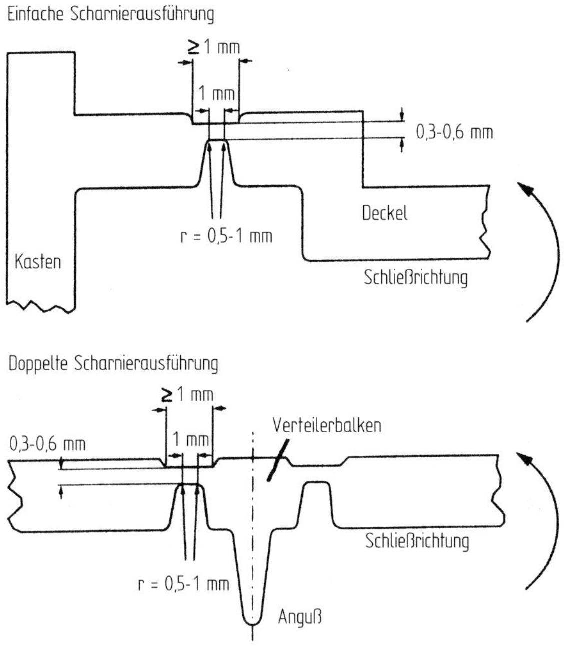

Bild 8.73 Bewährte Ausführungsformen von Gelenkverbindungen [8.35]

Die Übergänge zur Dünnstelle sollen nicht sprunghaft erfolgen, sondern strömungsgünstig stetig oder als Radien ausgebildet.

Das Bild 8.73 zeigt zwei weitere, bewährte Ausführungsformen von Scharniergelenken.

Die Gelenkrille muss nicht unbedingt geradlinig sein; ein abgewinkelter oder gebogener Verlauf ist auch möglich. Dann erfolgt die Gelenkbewegung nicht exakt gleichmäßig sondern sozusagen nacheinander entlang der Krümmung. Diese Funktion setzt elastische, nachgiebige oder verformungsfähige, angrenzende Elemente voraus, die die unsaubere Kinematik ausgleichen können.

8.3.3 Werkstoffe

Generell erreichen Filmgelenke aus teilkristallinen Thermoplasten signifikant höhere Lastwechsel und Lebensdauer als solche aus amorphen Thermoplasten. Dabei verhalten sich hochmolekulare Werkstofftypen mit enger Molekulargewichtsverteilung mechanisch am besten; Probleme kann es damit jedoch wegen der höheren Schmelzeviskosität bei sehr dünnen Gelenkquerschnitten geben. Am besten eignet sich PP, wobei PP-Copolymere noch bessere Gelenkeigenschaften aufweisen als PP-Homopolymere.

Durch Zumischen von Füll- und Verstärkungsstoffen werden die Gelenkeigenschaften grundsätzlich schlechter: Die Steifigkeit nimmt zu, die Verformbarkeit, die Biegewechselfestigkeit und damit die Lebensdauer des Gelenks nimmt ab.

Dabei wirken sich globuläre Füllstoffe wie z. B. Glaskugeln, Kalziumcarbonat etc. oder plättchenförmige wie Talkum weniger nachteilig aus als Glas- oder Kohlefasern. In jedem Fall kann durch eine Zähmodifizierung wieder eine Verbesserung erzielt werden.

8.3.4 Berechnung

Filmgelenke können mit den aus genormten Werkstoffprüfungen gewonnenen Kennwerten nicht berechnet werden, da sich ihre Geometrie durch den Verstreckungsprozess ändert.

Erstens weist beispielsweise PP im nach ISO 527 genormten Zugversuch um 10 % Dehnung eine Streckgrenze auf. Dies ist üblicherweise eine Dimensionierungsgrenze, die nicht überschritten werden darf, weil der Werkstoff hier zu versagen beginnt und der Querschnitt dünner wird. Der nach dieser Streckgrenze im Spannungs-Dehnungs-Diagramm registrierte Spannungsabfall erscheint jedoch nur als solcher, da nach Norm die jeweils aktuelle Kraft auf den Ausgangsquerschnitt der Probe bezogen wird. Bezieht man dagegen die jeweilige Prüfkraft auf den aktuellen, sich verjüngenden Querschnitt, erhält man das „wahre Spannungs-Dehnungs-Diagramm", und man kann erkennen, dass mit dem dünner gewordenen Querschnitt weitaus höhere Dehnungs- und Spannungswerte ertragen werden können (Bild 8.74; s. a. Bild 8.69).

Bei einem Filmgelenk liegen vergleichbare Verhältnisse vor: Als Folge des Verstreckungsprozesses während des ersten Biegevorgangs findet ebenfalls eine Querschnittsverjüngung und eine Verfestigung statt, so dass ein Filmgelenk jenseits der Streckgrenze betrieben wird und wesentlich höhere Dehnungen ertragen kann, als rechnerisch mit der Streckgrenze und dem Ausgangsquerschnitt ermittelt würde.

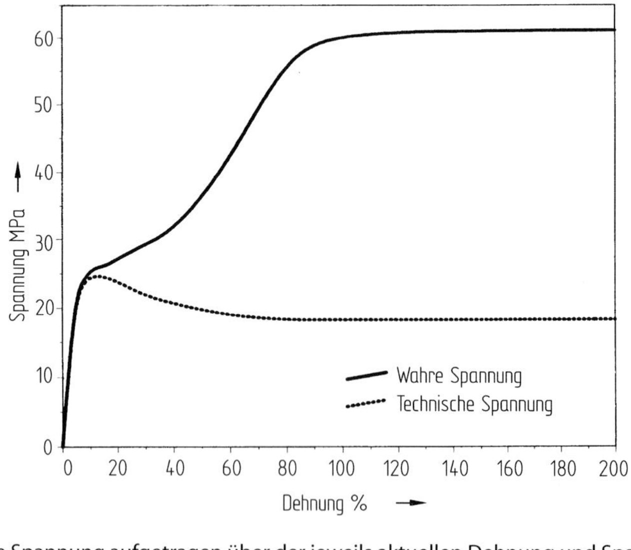

Bild 8.74 Wahre Spannung aufgetragen über der jeweils aktuellen Dehnung und Spannung auf den Ursprungsquerschnitt bezogen (technische Spannung)

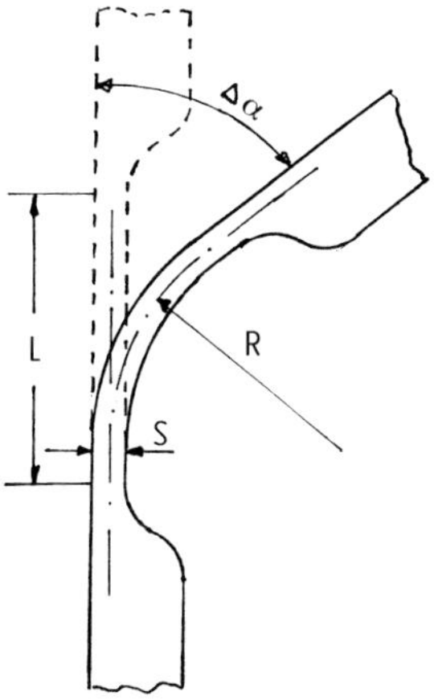

Bild 8.75 Maße und Bezeichnungen für ein Filmgelenk

Zweitens würde bei Scharnieren mit einer sehr scharfen Gelenkrillen die rechnerische Kerbspannung selbst für PP im unzulässigen Bereich liegen, obwohl die Praxis zeigt, dass mit diesem Werkstoff Filmgelenke auch dieser Ausführungsform machbar sind.

Die Kerbe wird im ersten Biegevorgang durch Fließen entschärft.

Wenn das Gelenk jedoch eine gewisse Länge *L* gleicher Dicke *s* (Bild 8.75) aufweist, wird eine einfache rechnerische Auslegung auf folgende Weise möglich:

8.3.4.1 Berechnung der Filmlänge und Filmdicke

Die Randfaserdehnung ε_a lässt sich folgendermaßen abschätzen:

$$\varepsilon_a = \frac{s}{2 \cdot R} \tag{8.24}$$

und mit

$$R = \frac{L}{\Delta\alpha} \tag{8.25}$$

wird

$$\varepsilon_a = \frac{s \cdot \Delta\alpha}{L \cdot 2} \tag{8.26}$$

Der Biegewinkel $\Delta\alpha$ ist im Bogenmaß einzusetzen:

$$\Delta\alpha_{rad} = \frac{\pi}{180} \cdot \Delta\alpha^\circ \tag{8.27}$$

Nach *L* bzw. *s* aufgelöst, lassen sich die erforderliche Länge der Dünnstelle bzw. die Filmdicke abschätzen:

$$L = \frac{s \cdot \Delta\alpha}{2 \cdot \varepsilon} \tag{8.28}$$

$$s = \frac{2 \cdot L \cdot \varepsilon}{\Delta\alpha} \tag{8.29}$$

Entscheidend ist, dass in die Gl. (8.28) und (8.29) ε nicht als Dehnungswert aus dem Zugversuch eingesetzt wird, sondern als bauteilspezifischer Kennwert, der an Filmgelenken ermittelt wurde und somit auch die geometrischen Veränderungen und werkstofflichen Verstreckungseffekte miterfasst. Derartige Dehnungswerte sind für einige Werkstoffe in Tabelle 8.3 zusammengestellt.

Tabelle 8.3 Dehnungskennwerte für einige Polymerwerkstoffe, gemessen nach ISO 527, und als bauteilspezifische Werte gemessen an Filmscharnieren

Werkstoffe	**Streckdehnung** ε_Y **in %**	**Nominelle Dehnung** ε_t **in %**	**Dehnungsausschlag** ε_a **in % nach** 10^4 **LW**	**Dehnungsausschlag** ε_a **in % nach** 10^5 **LW**
PP (1100L)	10	> 50	**60**	**60**
PA 6 (B3K, feucht)	20	> 50	**55**	**45**
PA 66 (A3K, feucht)	20	> 50	**50**	**40**
PA 66-GF 30 zähmodifiziert (A3ZG6)	5 Bruchdehnung	*	**4**	**3**
POM (H2320)	10	35	**35**	**30**
POM-GF15 (N 2200 G3)	3 Bruchdehnung	*	**3**	**2**
PBT (B 4500)	3,5	> 50	**25**	**20**

* Werkstoffkennwert trifft für diesen Werkstoff nicht zu.

Beispiel

Wie groß sollte die Länge eines Filmscharniers (Länge der Dünnstelle) sein, wenn dieses bei einem Biegewinkel von 180° mindestens 10^4 Lastwechsel ertragen soll?

Dicke der Dünnstelle = 0,3 mm
Sicherheitsbeiwert = 1,5

Werkstoffe: POM, alternativ PP

für POM: $L = \frac{s \cdot \Delta\alpha}{2 \cdot \varepsilon} = \frac{0{,}3 \cdot \pi \cdot 100 \cdot 1{,}5}{2 \cdot 35} = 2{,}0\,\text{mm}$

für PP: $L = \frac{s \cdot \Delta\alpha}{2 \cdot \varepsilon} = \frac{0{,}3 \cdot \pi \cdot 100 \cdot 1{,}5}{2 \cdot 60} = 1{,}17\,\text{mm}$

8.3.5 Anwendungsbeispiele

Filmgelenke können unterschiedliche Aufgaben übernehmen wie z. B. die

- einer Deckel/Gehäuse-Verbindung,
- einer vereinfachten Herstellung nach dem Spritzgießverfahren,
- einer Montagehilfe oder unverlierbaren Anbindung eines Elementteils,
- einer dynamisch beanspruchten Gelenkfunktion,
- eines bistabilen Gelenks.

8.3.5.1 Deckel/Gehäuseverbindungen

Deckel/Gehäuseverbindungen mit Filmgelenken sind weit verbreitete und bekannte Anwendungen von Filmgelenken.

Die Bilder 8.67, 8.70 und 8.71 zeigten bereits typische Beispiele von Deckel/Gehäuse-Verbindungen mit Filmscharnieren, teils als Spritzgussausführung teils als blasgeformte Variante.

Bei dem Diarähmchen in Bild 8.76 ist das Prinzip von Bild 8.73 unten realisiert, nämlich dass die beiden Hälften von einem Verteilerbalken aus nach rechts und links durch die Filmscharniere hindurch gefüllt werden. Dieser kleine Balken ist so dimensioniert, dass die beiden Hälften beim Zusammenklappen plan aufeinander zu liegen kommen. Der Werkstoff ist ein schlagzähes Polystyrol (SB), das nur wenige Biegewechsel erlaubt.

Bei dem vierteiligen Vorratskontainer aus PP in Bild 8.77 sind z. B. die Deckel der vier Kammern über Filmgelenke am Gehäuse angebunden. Die Scharnierdicke beträgt 0,4 mm und der Radius an der Gelenkrille 0,5 mm.

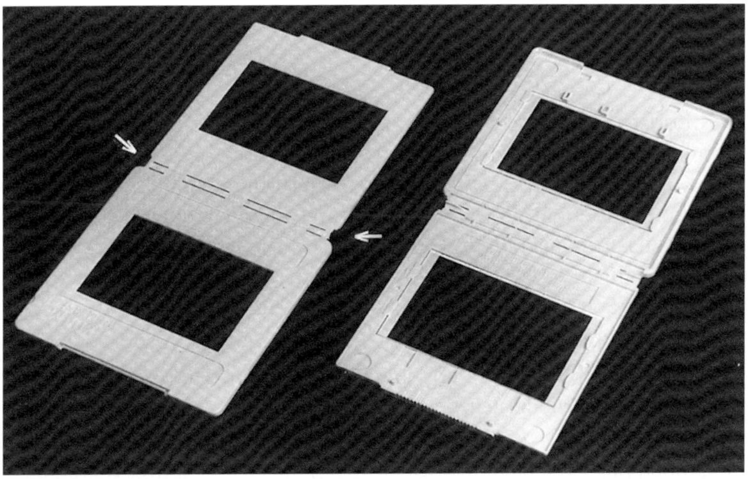

Bild 8.76 Filmscharniere an Diarähmchen aus schlagzähem Polystyrol (SB) (Werkbild: Oechsler)

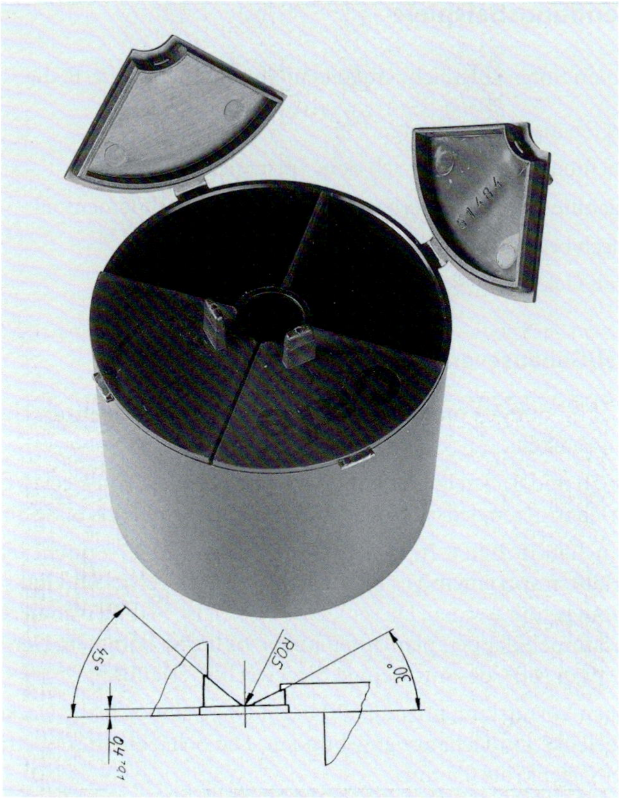

Bild 8.77 Vorratsbehälter aus Polypropylen mit antielektrostatischer Ausrüstung (Hersteller: Krups, Solingen)

8.3.5.2 Vereinfachte Herstellung

Ein bewährtes Konstruktionsprinzip ist es, z. B. kastenförmige oder anderweitig geschlossene Querschnitte, die mit Schiebern entformt werden müssten, als flächig abgewickelte Teile zu spritzgießen und danach über Filmscharniere zusammenzufalten. Dies vereinfacht den Werkzeugbau und eröffnet häufig weitere Gestaltungsmöglichkeiten. Das Bild 8.78 zeigt ein bereits zur Hälfte zusammengefaltetes Gehäuseteil für die Unterbringung der Elektronik in Kühlschränken, das auf diese Weise hergestellt wurde. Durch Falten über die Filmgelenkebenen, Einpassen der Seitenwände in die Nuten und Eindrücken der Stifte in die Bohrungen der beiden Dome entsteht das fertige Teil.

Ein weiteres zwar technisch nicht sehr ergiebiges aber als konstruktives Konzept clever ausgeführtes Teil, ist in Bild 8.79 wiedergegeben. Es handelt sich um ein einfaches Reise-Rasiergerät aus Polypropylen.

Durch Hochklappen der Seitenwände erreicht man eine ausreichende Steifigkeit.

Der Schutzkontaktstecker von Bild 8.80 ist ein anderes Beispiel für diese Technik.

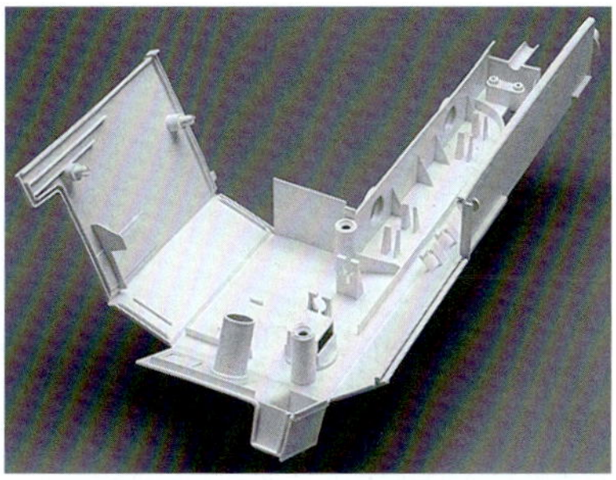

Bild 8.78 Das Teil wird flach abgewickelt hergestellt und anschließend zusammengefaltet

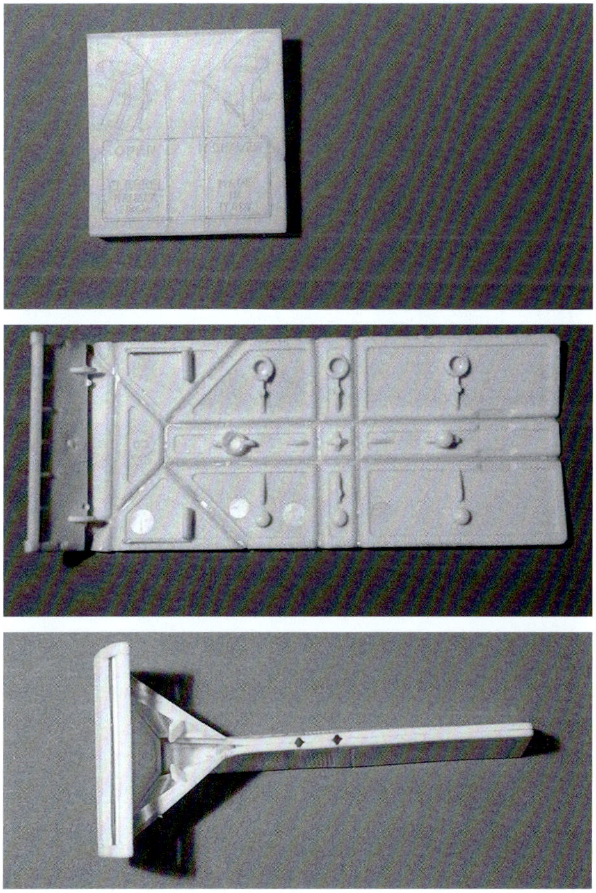

Bild 8.79 Reise-Rasierapparat aus PP mit eingespritzer Klinge
oben: zum Transport über die Scharniere in Querrichtung gefaltet
Mitte: Lage im Spritzgießwerkzeug
unten: durch Falten über die Scharniere in Längsrichtung entsteht der Gebrauchszustand

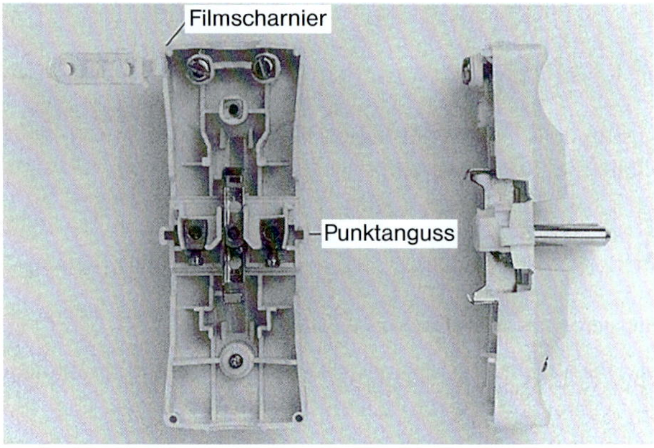

Bild 8.80 Schutzkontaktstecker aus PA in integrierter Bauweise mit Filmgelenken (Hersteller: Kopp AG, Konstrukteur Bohlender)

Bild 8.81 Spielzeugwürfel aus Polypropylen in diagonal geöffneter Lage spritzgegossen und über ein Filmscharnier zusammengeklappt

Bild 8.81 zeigt das einfache Beispiel eines Würfels für ein Kinderspielzeug. Geschickter Weise läuft die Trennebene hier diagonal, und es wird über eine Kante geklappt. Das Teil kann so leichter entformt werden, als wenn z. B. eine Würfelfläche als Deckel konzipiert wäre.

Der Fassadendübel gehört zu den technisch anspruchsvollen Bauteilen aus thermoplastischem Polymerwerkstoff. Eine der Anforderungen besteht darin, dass sich die Schraube leicht eindrehen lässt, dass sie aber andererseits viel Material verdrängt, um eine hohe Pressung an die Mauerwand zu bewirken. Das Bild 8.82 zeigt ein neues Dübelkonzept, bei dem der Pressteil des Dübels nicht als geschlossener Rohrkörper ausgeführt ist, sondern zweigeteilt aus einzelnen

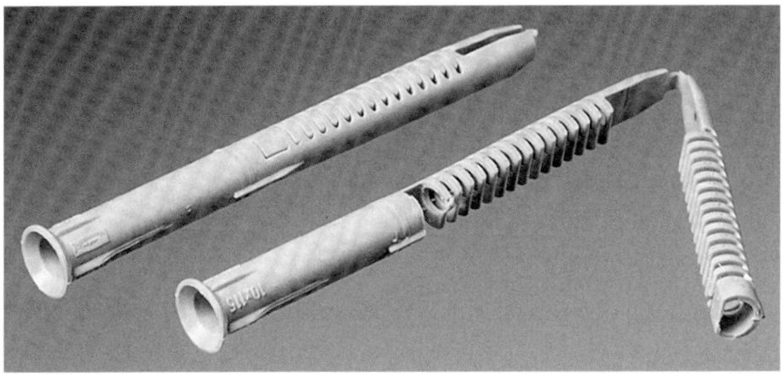

Bild 8.82 Im unteren Pressteil ist der Dübel (PA 6) aus zwei Hälften spritzgegossen, die an der Spitze miteinander durch ein Filmgelenk verbunden sind. Durch Zusammenklappen und Verschweißen entsteht der einbaufertige Dübel (Hersteller: Fischer Werke).

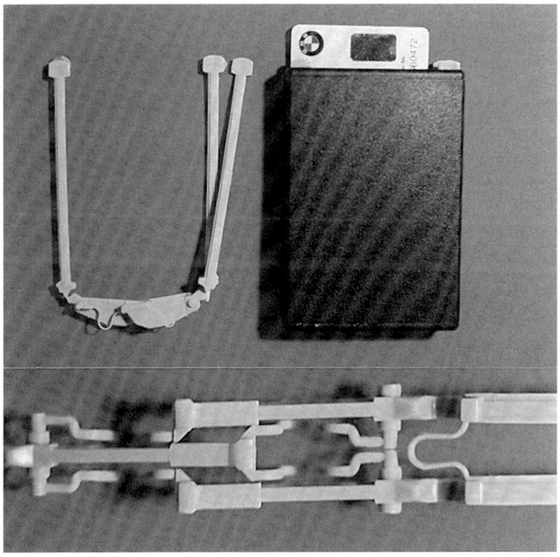

Bild 8.83 Kartenaufbewahrungsbox (Hersteller: Fischer Werke)

asymmetrisch angeordneten Ringsegmenten, die kammartig ineinander greifen, wenn sie über das Filmgelenk an der Dübelspitze zusammengefügt werden.

Auf diese Weise wird der Dübel wesentlich verformungsfähiger, und die Auszugskraft wird gegenüber dem konventionellen Dübel bis zum doppelten Wert angehoben.

Die Box in Bild 8.83 dient zum Aufbewahren von Karten, und kann in Fahrzeugen angebracht werden. Wird auf den grauen Knopf gedrückt, schnellt die Karte vor, und kann entnommen werden. Der komplizierte Freigabemechanismus aus PA ist einteilig spritzgegossen (Bild 8.83 unten), und wird über Filmscharniere in die Einbaulage gebogen (Bild 8.83 links).

Eine konstruktiv interessante Lösung stellt der Kabelhalter in Bild 8.84 dar. Gefertigt wird er in aufgeklappter Stellung. Zur Montage werden zuerst die beiden geschlitzten Ringschnappverbindungen des Unterteils durch die Bohrungen des Montageblechs gesteckt, dann das Oberteil, das unverlierbar mit einem Bandscharnier mit dem Unterteil verbunden ist, geklappt.

Links wird das Oberteil mit seiner Kante in dem Durchbruch und rechts durch den Schnapphaken gehalten. Gleichzeitig mit diesem Kippvorgang werden die beiden Arretierbolzen, die über Filmgelenke beweglich angebunden sind, in die Ringschnappverbindungen eingeführt und verhindern so ein Lösen dieser Befestigung.

Das folgende Bild 8.85 zeigt ein weiteres Beispiel dieser Konstruktions- und Fertigungstechnik.

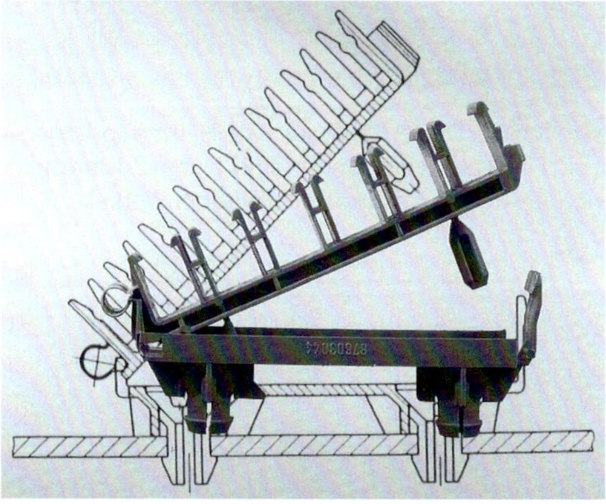

Bild 8.84 Kabelhalter aus PA 6

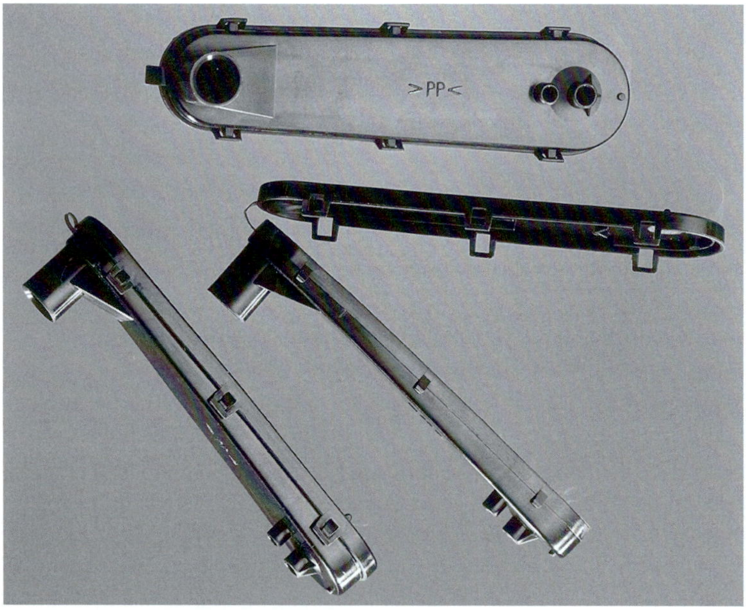

Bild 8.85 Wasserauslauf aus PP für eine Kaffeemaschine (Hersteller: Krups)
oben: Lage im Werkzeug
unten: einbaufertig montiert

8.3.5.3 Montagehilfe oder unverlierbare Anbindung

Einzelteile unverlierbar an ein Bauteil anzubinden, entspricht einer bewährten Konstruktionspraxis. Dies geschieht meistens mit einem Bandscharnier, also einem dünnwandigen, flexiblen Band. Dadurch wird die Montage erleichtert, und es ergeben sich eine Reihe weiterer einleuchtender Vorteile.

Beispiele hierfür sind bereits in zwei der vorausgegangenen Bildern enthalten:

Bei dem Schutzkontaktstecker in Bild 8.80 ist die Zugentlastungsschelle auf diese Weise am Steckergehäuse angebunden, und bei dem Kabelhalter in Bild 8.84 ist das gesamte Oberteil über ein Bandscharnier mit dem Unterteil verbunden.

Die Auslaufkammer einer Kaffeemaschine ist zweiteilig hergestellt. Die beiden Hälften des rohrförmigen Teils sind mit einem Bandscharnier verbunden und werden zur Montage gefügt und durch sechs Schnapphaken zusammengehalten.

8.3.5.4 Dynamisch beanspruchte Filmgelenke

Filmgelenke können auch als dynamisch beanspruchte Gelenke eingesetzt werden. Als Werkstoff sollte man ebenfalls PP wählen, aber auch POM eignet sich hierfür.

Das Bild 8.86 zeigt am Beispiel des Schwingkopfes eines elektrischen Rasiergerätes eine derartige Anwendung. Zu beachten sind hier auch die Auswerferstifte zur problemlosen Entformung der dünnen Gelenke.

In Bild 8.87 ist eine kleines Kupplungsgelenk skizziert, dessen doppelkardanische Wirkung auf je zwei um 90° versetzt angeordneten Filmgelenken beruht. Dieses Gelenk kann eine Winkelverlagerung von etwa 15° ausgleichen, dabei aber nur ein geringes Moment von etwa 5 N cm übertragen.

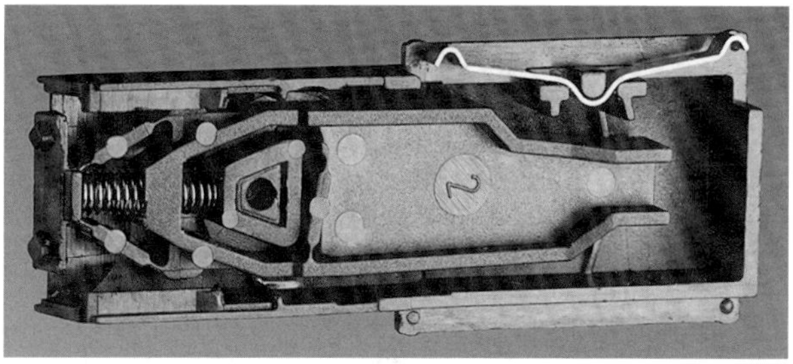

Bild 8.86 Die Führungsgelenke des Schwingkopfes eines Rasiergerätes sind als Filmgelenke ausgeführt; Werkstoff: POM (Hersteller: Philips, Klagenfurt)

Bild 8.87 Kupplungsgelenk nach dem Prinzip zweier um 90° versetzter Filmgelenke zur Übertragung sehr kleiner Momente

8.3.5.5 Bistabile Gelenke

Unter einem bistabilen Gelenk (Schnappscharnier) aus Polymerwerkstoff wird ein Gelenk verstanden, bei dem zwei Elementteile (z. B. Gehäuse und Deckel) um eine Drehachse in zwei stabile Endlagen gebracht werden, wobei die Endlagen (Öffnungs- und Schließstellung) durch bezüglich der Drehachse rechts oder links drehende Momente erreicht werden. Die Drehrichtung dieser Momente ändert sich jeweils nach Überschreiten einer labilen Totpunktlage. Die Momente werden durch Federkräfte aus integrierten Biege- oder Zugfederelementen oder durch federnde Gehäuseteile gebildet, wobei die Federkraft während des kinetischen Ablaufs von den jeweiligen Endlagen bis zur Totpunktlage ansteigt, und nach dem Momentenrichtungswechsel wieder abnimmt. In den Endlagen sind die wirkenden Kräfte innerhalb des Systems ausgeglichen. Die Endlagen sind stabil.

Das Gelenk kann dabei z. B. als Drehgelenk oder sinnvollerweise als Filmgelenk ausgeführt sein.

Bemerkenswerterweise findet man dieses Prinzip auch in der Natur: Mit Bild 8.88 wird das Prinzip anhand des Klickmechanismus beim Flügelschlag einer Fliege erläutert: Die Stellen 1–3 sind gelenkige Anbindungen an den Fliegenkörper bzw. die Flügel. Der Körper stellt eine Biegefeder dar, die durch die Muskeln gespannt werden kann. Liegen die Punkte 1, 2, 3 in einer Ebene, so befindet sich das System in einem labilen Gleichgewicht (Pos. oben), aus dem der Flügelauf- bzw. -abschlag durch Spannen bzw. Entlasten der Biegefeder erreicht wird.

Mit Bild 8.89 wird das Prinzip anhand eines Scharniers mit einer Zugfeder (zwischen A und B) und einer Biegefeder (Nase bei A) als technische Ausführung erläutert.

Diese bistabilen Schnappscharniere mit Filmgelenk zählen fraglos zu den anspruchsvollen Kunststoffkonstruktionen. Für diverse Deckel/Dosen-Verschlüsse existiert heute eine Vielzahl von Konstruktionsvarianten, die in den meisten Fällen patentiert sind.

Aber auch in der Technik lässt sich ein bistabiles Gelenk sinnvoll anwenden. Bild 8.90 zeigt eine solche Anwendung als Mimik für eine Verschlussklappe in einem Rohr.

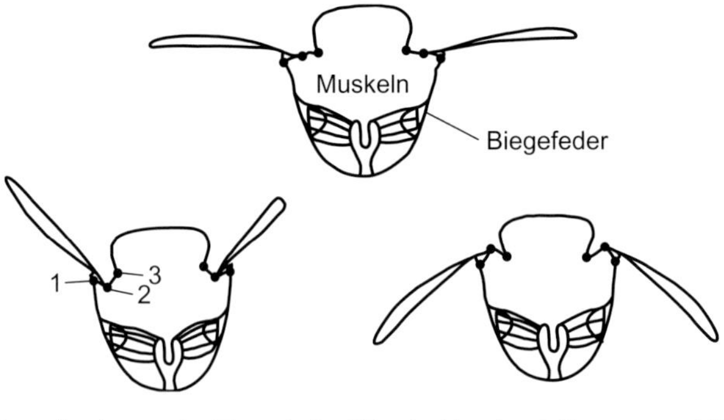

Bild 8.88 Der Klickmechanismus der Fliege beim Flügelschlag (nach Boettiger und Fürsphan)

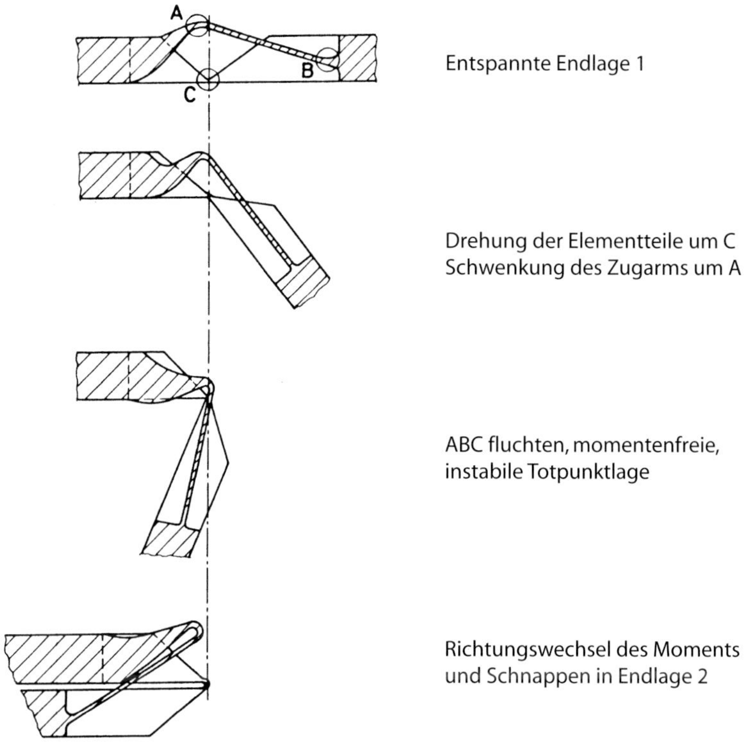

Bild 8.89 Zum kinetischen Ablauf eines Schnappscharniers aus Polymerwerkstoff mit Filmscharnieren [8.36]

Bild 8.90 Modell eines Bewegungsmechanismus für eine Klappe in einem Rohrsystem

Literatur

[8.1] Beitz, W. und K.-H. Küttner: Dubbel, Taschenbuch für den Maschinenbau, 15. Auflage, Springer, Berlin, Heidelberg, New York, Tokyo 1986

[8.2] Delpy, U.: Einführung in Schnappverbindungen, Lehrgangshandbuch Schnappverbindungen aus Kunststoff, TAE, Esslingen 1989

[8.3] Kläger, R.: Entwicklung eines Konzeptes zur Unterstützung der Konstruktion von Schnappverbindungen beim Einsatz, des volumenorientierten CAD-Systems EUCLID, Diplomarbeit Uni Karlsruhe 1986

[8.4] Käufer, H. und M. Jitschin: Katalog schnappbarer Formschlussverbindungen an Kunststoffteilen und beispielhafte Konstruktion linienförmiger Kraftformschlußverbindungen, *Konstruktion* **29** (1977) H. 10, S. 387/397

[8.5] Oberbach, K. und D. Schauf: Schnappverbindungen aus Kunststoff, Teil 1: Gestaltung und Berechnungsgrundlagen, Teil 2: Berechnungs- und Einsatzbeispiele, *Verbindungstechnik* (1977) H. 6, S. 41/46 und H. 7/8, S. 29/33

[8.6] Milberg, J. und K. Riese: Automatische Montage von Klippen durch Industrieroboter, Flexible Automation (V.), Sept. 1986, S. 249/258

[8.7] Anemaat, A.: Das Berechnen konstruktiver und funktioneller Merkmale für Schnappverbindungen mit Ergebnisübertragung in die Praxis, Handbuch der Fachtagung „Verbindungstechnik – vt '80", S. 209/225

[8.8] Holzmann, R. und P. Klüsener: Verschlüsse für blasgeformte Kunststoffverpackungen, VR-INTERPACK 1969, S. 650/656

[8.9] Niederhöfer, K.-H.: Konstruieren mit Kunststoffen, Verl. TÜV Rheinland, Köln 1989

[8.10] Schönewald, H.: Schnappverbindungen in der Anwendung, *Kunststoffe* **79** (1989) H. 8, S. 732/737

[8.11] Siegemund, E.: Untersuchung werkstoffspezifischer Beanspruchungsgrenzen, konstruktionsspezifischer Versagensformen und Berechnungsmöglichkeiten dünnwandiger zylindrischer Verbindungselemente, Fortschritt-Bericht Reihe 1, Nr. 139, VDI-Verlag, Düsseldorf 1986

[8.12] Roth, K.: Konstruieren mit Konstruktionskatalogen, Springer-Verlag, Berlin, Heidelberg, New York 1982

[8.13] Koller, R. und M. Stellberg: Ein Weg zu einer systematischen Konstruktion und Ordnung von Schnappverbindungen, *Konstruktion* **39** (1989) H. 8, S. 315/320

[8.14] Lauscher, H.-J.: Methodisches Konstruieren mit Kunststoffen, Diss. TH Aachen 1977

[8.15] Schmidt, H. und H. Röber: Thermoplaste – Werkstoffe für Federn? *Maschinenmarkt Industriejournal* **78** (1977) Nr. 38, S. 843/846

[8.16] Erhard, G. und E. Strickle: Maschinenelemente aus thermoplastischen Kunststoffen, Band 1: Grundlagen und Verbindungselemente, VDI-Verlag, Düsseldorf 1974, S. 106

[8.17] NN: Berechnen von Schnappverbindungen mit Kunststoffteilen, Firmenschrift B.3.1, Hoechst AG 1982

[8.18] Reisinger, H.-D.: Zylindrische Schnappverbindungen aus thermoplastischen Kunststoffen – praktische und theoretische, Ermittlung der Montagekräfte, nicht veröffentlichte Untersuchung als Praktikum bei BASF 1980

[8.19] Bals, J.: Konstruktive Auslegung von Preß- und Schnappverbindungen, Fügen von Kunststoff-Formteilen, Reihe Ingenieurwissen, VDI-Verlag, Düsseldorf 1977

[8.20] Adelhard, H.-G.: Spritzgußgerechte Gestaltung von Schnappelementen, Lehrgangshandbuch Schnappverbindungen aus Kunststoff, TAE, Esslingen 1989

[8.21] Gertig, J.: Tragfähigkeit von Gestaltsvarianten linienhafter Kraftformschlußverbindungen aus Thermoplasten, Diss., TU Berlin 1981, Schriftreihe Konstruktionstechnik, Hrsg. W. Beitz

[8.22] Delpy, U.: Zylindrische, vom Rohrende abliegende Schnappverbindungen aus Kunststoff, *Konstruktion* **30** (1978) H. 8, S. 307/310

[8.23] Delpy, U.: Zylindrische Schnappverbindungen aus Kunststoff-Berechnungsgrundlagen und Versuchsergebnisse, *Konstruktion* **30** (1978) H. 5, S. 179/184

[8.24] Erhard, G. und E. Strickle: Maschinenelemente aus thermoplastichen Kunststoffen – Lager und Antriebselemente, VDI-Verlag, Düsseldorf 1985, S. 257/281

[8.25] Roth, K.: Anregungen zum Einsatz unkonventioneller Gestaltungsmöglichkeiten bei Kunststoff-Konstruktionen, Konstruktion, Fertigung und Anwendung feinwerktechnischer Kunststoffteile, VDI-Verlag, Düsseldorf 1976

[8.26] Ehrenstein, G. W. und G. Erhard: Konstruieren mit Polymerwerkstoffen, Hanser-Verlag, München, Wien 1983, S. 103/105

[8.27] Walz, K.: Tellerfedern aus Kunststoff, *Konstruktion Elemente Methoden* (1969) Nr. 1, S. 58/63

[8.28] NN: Schwingungsdämpfung mit Cellasto, Firmenschrift Elastogran – Kunststofftechnik, Lemförde

[8.29] Götte, T., R. Jacobi und A. Puck: Zur Entwicklung von Nutzfahrzeug-Blattfedern aus Faser-Kunststoff-Verbunden, *Kunststoffe* **75** (1985) H. 6, S. 355/361

[8.30] Jacobi, R., M. Maier und M. Neitzel: Zum Stand der Entwicklung von Bauteilen aus Verbundwerkstoffen, Vortrag a. d. Tagung „Verstärkte Plaste“, 16./17. Okt. 1990, Dresden

[8.31] Frommann, H. und B. Kirkham: Entwicklung und Serieneinsatz einer Kunststoff-, Blattfeder am Beispiel der Corvette, in: Kunststoffeinsatz im Automobilbau, VDI-Verlag, Düsseldorf 1984

[8.32] Schneider, W.: Wärmeausdehnungskoeffizienten und Wärmespannungen faserverstärkter Kunststoffe, in: Kohlenstoff- und aramidfaserverstärkte Kunststoffe, VDI-Verlag, Düsseldorf 1977

[8.33] Götte, T., R. Jacobi und A. Puck: Grundlagen der Dimensionierung von Nutzfahrzeug-, Blattfedern aus Faser-Kunststoff-Verbunden, *Kunststoffe* **75** (1985) H. 2, S. 100/104

[8.34] NN: Filmgelenke aus techischen Kunststoffen, Firmenschrift, Nr. B.3.5, Hoechst

[8.35] NN: Technische Information für Experten Nr. 02/96, BASF

[8.36] Wiesinger, W.: Patentierte Schnappscharniere aus Kunststoff, *Kunststoffe – Plastics* **19** (1972) Nr. 1, S. 23/24

9 Schraubverbindungen

Die klassische Schraubverbindung mit metallischer Durchsteckschraube und Metallmutter hat beim Verbinden von Polymerwerkstoffteilen eine vergleichsweise geringe Bedeutung. Spezifische Vorteile wie hohe und gleich bleibende Vorspannkraft können nicht genutzt werden, die Verbindung erfordert viele Einzelteile und die Montage ist relativ aufwendig.

Um den Spannungsabbau in einem vorgespannten Teil aus Polymerwerkstoff möglichst gering zu halten, sollten folgende Gesichtspunkte beachtet werden:

Weitgehende Reduzierung der Flächenpressung durch großflächige (gratfreie!) Unterlegscheiben o. Ä.
Reduzierung der Querdehnungsmöglichkeit, um einen weitgehend hydrostatischen Spannungszustand zu erzielen (seitliches Abstützen, Kammern, vorgespannte Wanddicke gering halten).

Am sichersten kann dem Werkstoffkriechen des Polymerwerkstoffs und den maßlichen Differenzen infolge unterschiedlicher Wärmeausdehnung zwischen Schraube und Kunststoffteil bei Durchsteckmontage entgegengewirkt werden, wenn Sonderschrauben (Bild 9.1) oder dazwischengeschaltete Metallhülsen zur direkten Aufnahme der Vorspannung verwendet werden (Bild 9.2).

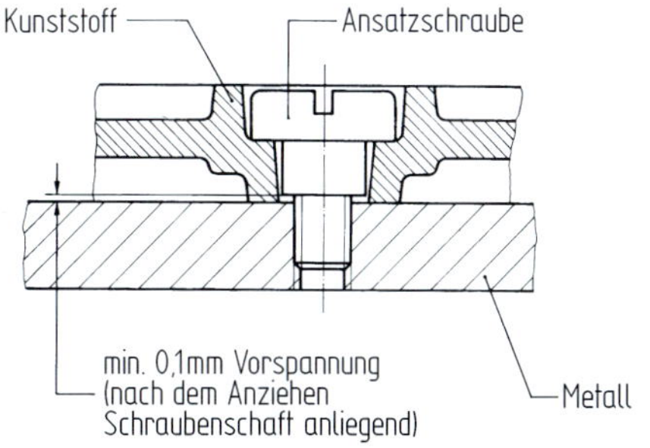

Bild 9.1 Befestigung eines Kunststoffteils mit Ansatzschraube

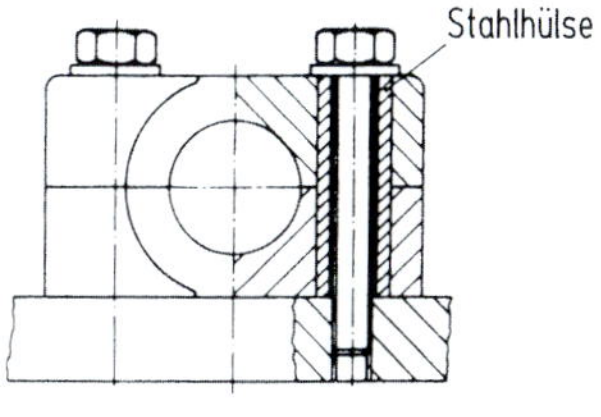

Bild 9.2 Befestigung eines Lagerbockes mit Abstützung der Schraubenkraft über Stahlhülse [9.1]

Bild 9.3 Eine preiswerte und gute Lösung kann mit geschlitzten, federnden Hülsen erzielt werden, die in zylindrische Bohrungen eingesetzt werden und einige Zehntel mm größer als die Kunststoff-Wanddicke sind.

Im Bild 9.3 sind handelsübliche Metallhülsen abgebildet, die zu diesem Zweck in zylindrische Bohrungen eines Kunststoffbauteils eingepresst werden. Sie sind geschlitzt und lassen sich zur Montage leicht zusammendrücken. Sie müssen einige Zehntel mm größer als die Wanddicke des Kunststoffteils sein, so dass der Kraftfluss über diese Metalleinsätze geleitet wird (siehe auch Bild 7.91).

9.1 Geformtes oder spanend gefertigtes Gewinde

9.1.1 Schrauben aus Polymerwerkstoff

Schrauben werden aus Polymerwerkstoffen eher für Sonderfälle verwendet als für die klassischen kraftschlüssigen Verbindungen. Das geringe Festigkeitsniveau, die große Wärmedehnung und die mehr oder weniger ausgeprägte Kriechneigung der Polymerwerkstoffe schränken diese Verwendung deutlich ein.

Einen ersten Anhaltswert für die Tragfähigkeit spritzgegossener Schrauben aus PA 66 trocken und POM bei unterschiedlichen Temperaturen vermitteln die Bilder 9.4 und 9.5. Es handelt sich hierbei um die Bruchlasten unter kurzzeitiger, zügiger Beanspruchung. Erfahrungsgemäß kann man etwa 25 bis 30 % dieser Werte als zulässige Belastung vorsehen.

Bemerkenswert ist auch das Bild 9.6, das den Klemmkraftverlust unterschiedlich vorgespannter Schraubverbindungen veranschaulicht. Die Relaxationsvorgänge setzen unmittelbar nach dem Aufbringen der Vorspannung ein und sind nach relativ kurzer Zeit nahezu auf die Hälfte des Ausgangswertes abgeklungen. Unter höheren Temperaturen ist dieser Abfall noch wesentlich dramatischer.

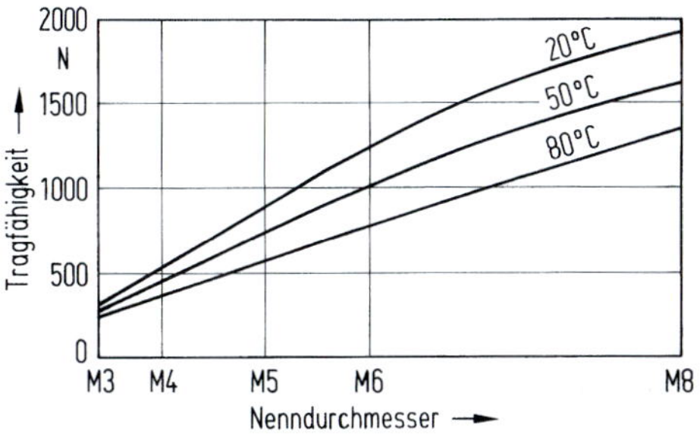

Bild 9.4 Maximale Tragfähigkeit spritzgegossener Schrauben aus PA 66, trocken [9.2]

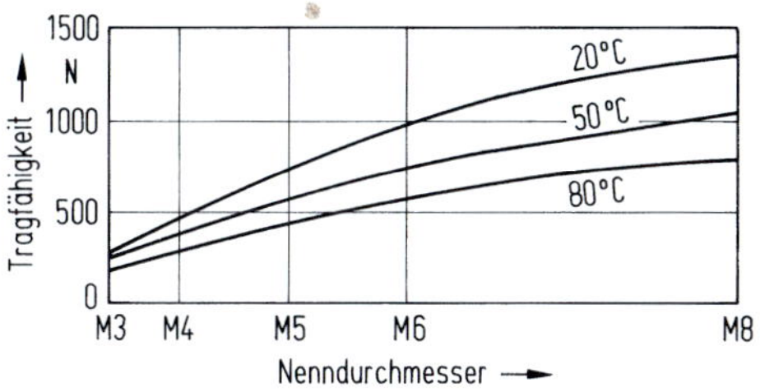

Bild 9.5 Maximale Tragfähigkeit spritzgegossener Schrauben aus POM

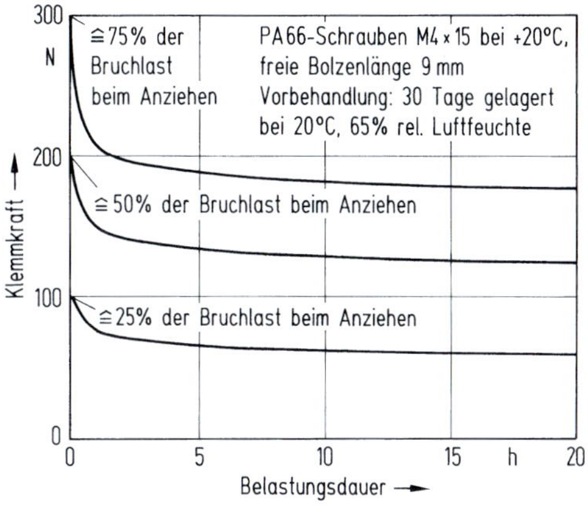

Bild 9.6 Klemmkraftverlauf in unterschiedlich vorgespannten Schraubverbindungen bei Raumtemperatur [9.2]

Zum detaillierten Studium der Leistungsfähigkeit von Verbindungen mit Schrauben aus Polymerwerkstoffen wird auf die Standardliteratur [9.2 und 9.3] verwiesen.

Die erwähnten Sonderfälle der Anwendung von Schrauben sind in den Werkstoffeigenschaften der Polymerwerkstoffe begründet. Damit ergeben sich bevorzugt dort vorteilhafte Einsatzmöglichkeiten, wo

thermische oder elektrische Isolation, Korrosionsbeständigkeit oder farbliche Anpassung oder Kennzeichnung

als Forderungen bestehen.

Ferner bieten sich Schrauben aus Polymerwerkstoffen als feinfühlige Stellelemente an, wobei der feine Grat als Folge der Werkzeugteilung an der Gewindelängsachse die Selbsthemmung unterstützt (s. a. Abschnitt 1.1.2, Bild 1.12).

9.1.2 Spritzgegossene, blasgeformte, spanend gefertigte Gewinde

Das Gewindeschneiden in unverstärkte Polymerwerkstoffe ist unproblematisch, wird jedoch wegen des Aufwandes nur bei Einzelfertigung, z. B. beim Prototypbau aus Halbzeugen praktiziert.

Die Kräfteverhältnisse an der Gewindeflanke gehen aus Bild 9.7 hervor.

Der Teilflankenwinkel β ist für verschiedene Gewindeformen aus der Tabelle 9.1 zu entnehmen.

Für die Dimensionierung von Kunststoffgewinden sind Versagensfälle wie das Abscheren des Gewindes durch Scherspannung oder der Bruch des gefährdeten Querschnitts durch Zugspannung zu überprüfen.

Tabelle 9.1 Übliche Gewindearten

Gewinde	DIN	Teilflankenwinkel β	Gewindetiefe
Metrisches ISO-Gewinde	13	30	0,6 *p*
Metrisches Sägengewinde	513	3	0,75 *p*
Metrisches ISO-Trapezgewinde	103	15	0,5 *p*
Rundgewinde	405	15	0,5 *p*
Whitworth-Gewinde	228	27,5	0,6 *p*
Gewinde für Kunststoffbehältnisse	6063		
• Sägengewinde	Teil 1	10	0,5 *p*
• Trapezgewinde	Teil 2	10	0,5 *p*

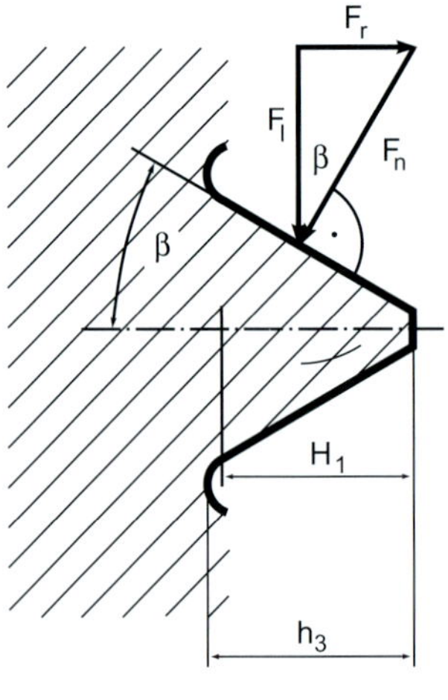

Bild 9.7 Kräfteverhältnisse an der Gewindeflanke

Abscheren des Gewindes

Die maximale Längskraft F_L lässt sich einfach und verhältnismäßig genau mit Gl. (9.1) abschätzen (s. a. Abschnitt 5.2.3.2)

$$F_A = d_a \cdot \pi \cdot l_E \cdot \tau_Y \tag{9.1}$$

mit

d_a = Schraubenaußendurchmesser
l_E = Einschraublänge
τ_Y = Versagensschubspannung $\approx \sigma_Y / \sqrt{3}$ bis $\sigma_Y / 2$

Bruch des gefährdeten Querschnitts

Die aus der Längskraft resultierende Zugspannung muss von den Querschnitten A_1 und A_2, ertragen werden.

$$\sigma_L = \frac{F_L}{A_{1,2}} \tag{9.2}$$

wobei bei zwei verschraubten, rohrförmigen Teilen A_1 für den kleinsten Querschnitt des Innenteils und A_2 für den des Außenteils gilt.

$$A_1 = \frac{\pi}{4}(d_3^2 - d_1^2) \tag{9.3}$$

$$A_2 = \frac{\pi}{4}(D_\alpha^2 - D^2) \tag{9.4}$$

Die Längskraft setzt sich zusammen aus der Betriebskraft F_B und der durch das Anziehdrehmoment resultierenden Vorspannkraft F_V.

$$F_L = F_B + F_V \tag{9.5}$$

Die Vorspannkraft F_V folgt aus:

$$F_V = \frac{2\,M_A}{\frac{p}{\pi} + \frac{d_2 \cdot f_G}{\cos\beta} + d_A \cdot f_A} \tag{9.6}$$

M_A = Anziehdrehmoment in Nmm
p = Gewindesteigung in mm
f_G = Gewindereibungszahl aus Tabelle 9.2
f_A = Reibungszahl an der Auflage aus Tabelle 9.2
d_2 = Flankendurchmesser in mm
d_A = mittlerer Durchmesser der Anlagefläche
β = Teilflankenwinkel aus Tabelle 9.1

Tabelle 9.2 Richtwerte für Reibungszahlen

Werkstoffpaarung	Reibungszahlen f_G und f_A trocken	geschmiert
PE-HD – Stahl	0,2 – 0,3	0,05 – 0,1
PP – Stahl	0,25 – 0,35	
PVC – Stahl	0,5 – 0,6	
PMMA – Stahl	0,5 – 0,6	
PA – Stahl	0,3 – 0,5	
POM – Stahl	0,2 – 0,3	
PBT – Stahl	0,3 – 0,5	
teilkristalline PW – teilkristalline PW (gleiche)	0,3 – 0,5	
teilkristalline PW – teilkristalline PW (verschiedene)	0,15 – 0,25	

Falls die Gewindeform frei gewählt werden kann, ist eine solche mit geringem Flankenwinkel vorzuziehen, weil diese kleine Radialkräfte verursachen. Günstig sind diesbezüglich das Sägengewinde, Trapez- oder Rundgewinde. Derartige Gewindeformen sind auch für Schraubverschlüsse von blasgeformten Kunststoffbehältnissen in DIN 6063 genormt.

9.1.3 Bewegungsgewinde

Für die übertragbare Leistung eines Schraubengetriebes ist letztlich die aus der Reibleistung resultierende Temperatur maßgebend. Vereinfachend kann jedoch ein $p \cdot v$-Wert als grobe Bemessungsgröße verwendet werden (vgl. auch Kapitel 12, Tabelle 12.4).

Für die mittlere Flächenpressung p in MPa (= N/mm^2) gilt:

$$p_m = \frac{F_L}{i \cdot \pi \cdot d_2 \cdot H_1} \tag{9.7}$$

mit

F_L = Längskraft in N
i = Anzahl der tragenden Gewindegänge
d_2 = Flankendurchmesser in mm
H_1 = Gewindetiefe in mm

Die Gleitgeschwindigkeit folgt in m/s aus:

$$v = \frac{\pi \cdot d_2 \cdot n}{60} \tag{9.8}$$

mit

n = Drehzahl in min^{-1}

Erfahrungswerte für zulässige $p \cdot v$-Werte einiger Polymerwerkstoffe gegen Stahl (trocken) enthält die Tabelle 12.4. Geschmiert kann etwa der doppelte Wert angenommen werden. Für Paarungen zweier Polymerwerkstoffe sind die Werte zu halbieren.

9.2 Gewindeeinsätze

9.2.1 Umspritzte Gewindebuchsen

Werden metallische Buchsen (meist Messing, Aluminium) mit Innengewinde und profilierter Außenkontur im Spritzgießwerkzeug positioniert und umspritzt, kann über die Schwindung ein vorgespannter Formschluss zwischen Gewindebuchse und Polymerwerkstoff erzielt werden, so dass ein tragfähiges Gewinde für eine Schraubverbindung zur Verfügung steht.

Die Flanken der Profilierung sollen senkrecht zu den unter Last wirkenden Spannungen stehen; Sechskantprofil ist deswegen nicht optimal (s. a. Abschnitt 11.3.3.3).

Das manuelle Positionieren der Buchsen im Werkzeug ist aufwendig und kann die Zykluszeit verlängern. Besser ist der Einsatz von Handlinggeräten.

In DIN 16 903/1, Blatt 3 sind derartige Buchsen genormt.

9.2.2 Mit Ultraschall eingebettete Gewindebuchsen

Mit Hilfe der Ultraschalltechnik können Metallteile schnell und fest in thermoplastische Polymerwerkstoffe eingebettet werden. An der Berührungsfläche zwischen Polymerwerkstoff und Metalleinsatz plastifiziert die freiwerdende Energie den thermoplastischen Kunststoff und ermöglicht das Eindringen des Metallteils. Die Schmelze fließt um Ränder, Riffelungen und Hinterschnitte und schließt das Metallteil nach dem Wiedererkalten weitgehend spannungsfrei ein.

Damit genug Material zur Verfügung steht, um alle Hohlräume zu füllen, muss das Bohrloch ein entsprechendes Untermaß im Durchmesser aufweisen. Das Prinzip geht aus Bild 9.8 hervor, und Bild 9.9 zeigt typische Gewindeeinsätze zum Einschallen.

Zum Einbetten ist ein Ultraschallgerät erforderlich. Die Ultraschalleinwirkzeit beträgt meist weniger als eine Sekunde.

ABS, PC, PS, PVC eignen sich sehr gut, PA und POM sind geeignet, PE und PP sind nur bedingt zum Ultraschalleinbetten geeignet.

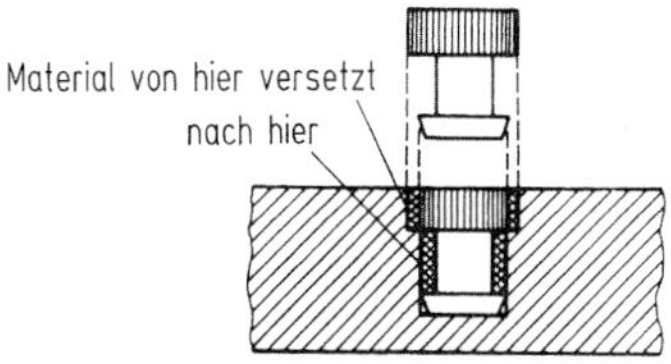

Bild 9.8 Materialverschiebung beim Einbetten eines Einsatzes mittels Ultraschall

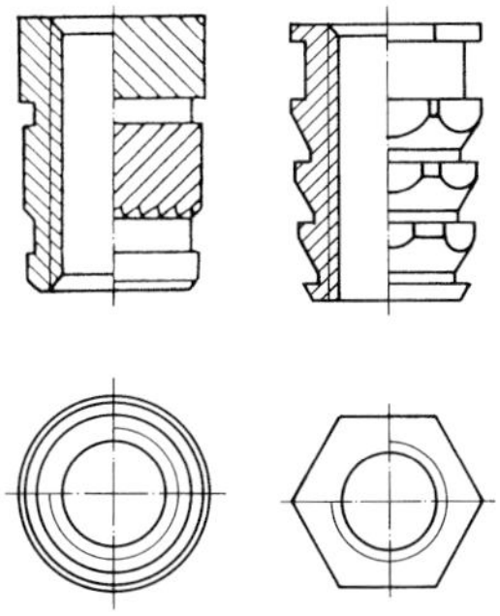

Bild 9.9 Ultraschall-Gewindeeinsätze

9.2.3 Eingepresste Gewindebuchsen

Gewindeeinsätze, die eingepresst werden, sind in der Regel mit einem Längsrändel zur radialen Sicherung und einem Bund zur axialen Sicherung versehen (Bild 9.10). Die Einsätze werden in vorgefertigte Bohrungen mit Untermaß eingesetzt.

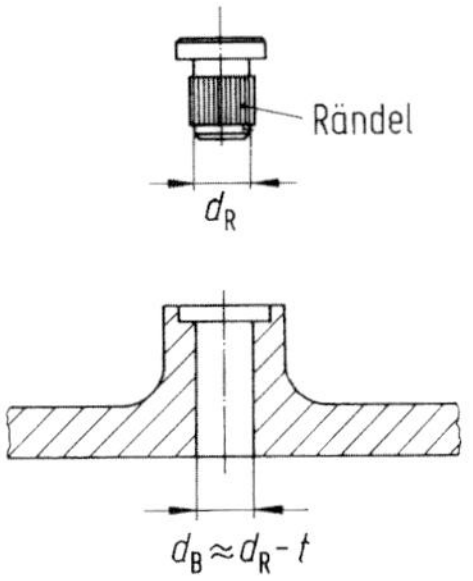

Bild 9.10 Metallische Gewindebuchse mit Bund und Längsrändel (t = Rändelteilung) [9.1]

Zu beachten ist, dass beim Einpressen des Rändels Werkstoff abgeschert wird, der gegebenenfalls entfernt werden muss (Montage in Sackloch!).

Amorphe Werkstoffe, wie Standard-Polystyrol (PS), Styrolacrylnitril (SAN) oder Polycarbonat (PC) eignen sich wegen ihres wenig duktilen Verhaltens und der Spannungsrissanfälligkeit nicht. Dagegen werden mit elastomermodifizierten Polymerwerkstoffen (SB, ABS etc.) und mit teilkristallinen Polymerwerkstoffen, wie PA, PA-GF, POM, PBT, PBT-GF, gute Ergebnisse erzielt. PE-HD ist zwar grundsätzlich geeignet, sein niedriges Festigkeitsniveau lässt jedoch auch nur eine geringe Kraftübertragung zu.

Zur Berechnung des maximalen Anzugsmomentes wird auf die Abschnitte 5.2.3.2 (Bild 5.8) und 11.3.3.3 verwiesen.

9.2.4 Spreizeinsätze (Expansionseinsätze)

Spreiz-Gewindeeinsätze sind axial zwei- oder mehrmals geschlitzt. Beim Einpressen in das vorgefertigte Loch biegen sich die Segmente nach außen. Mit einem Montagebolzen, oder je nach System direkt mit der einzudrehenden Schraube, wird der Einsatz gespreizt, so dass er sich mit seinem Kreuzrändel (Bild 9.11 links) oder mit Schneidringen (Bild 9.11 Mitte und rechts) im Polymerwerkstoff verankert.

Die Montage ist leicht, schnell und ohne apparativen Aufwand möglich.

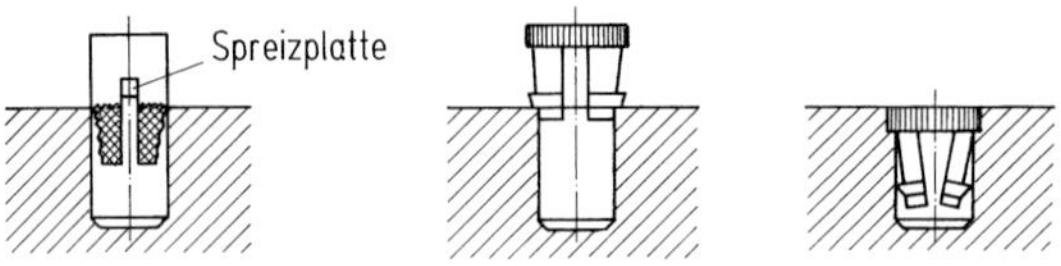

Bild 9.11 Spreiz-Gewindeeinsätze

9.2.5 Eingeschraubte Einsätze

Selbstschneidende Einsätze sind an ihren Enden leicht konisch gehalten und haben Schneidschlitze oder Schneidbohrungen (Bild 9.12). Der Einsatz schneidet sich sein Gewinde im Polymerwerkstoff beim Eindrehvorgang selbst. Zur Montage wird ein Eindrehwerkzeug benötigt.

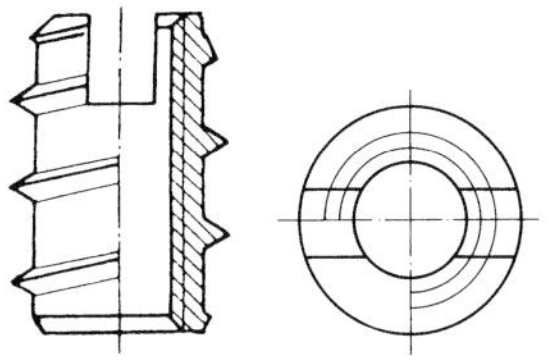

Bild 9.12 Eindreheinsatz mit Schneidkanten

9.2.6 Einsätze aus Polymerwerkstoffen

Einsätze aus glasfaserverstärkten Polymerwerkstoffen sind als besonders recyclingfreudig zu bezeichnen. Sie sind als Einschraubeinsätze oder zum Ultraschall-Einschweißen üblich, und sind auf Basis von PA, PC, PP und aus SB in den Abmessungen M3 bis M8 verfügbar. Das Bild 9.13 zeigt einen Einschall-Einsatz und die erforderliche Sackbohrung. Die erreichbaren Auszugskräfte von Einsätzen aus PA 6-GF liegen etwa auf dem Niveau von warm eingebetteten Messingeinsätzen [9.12].

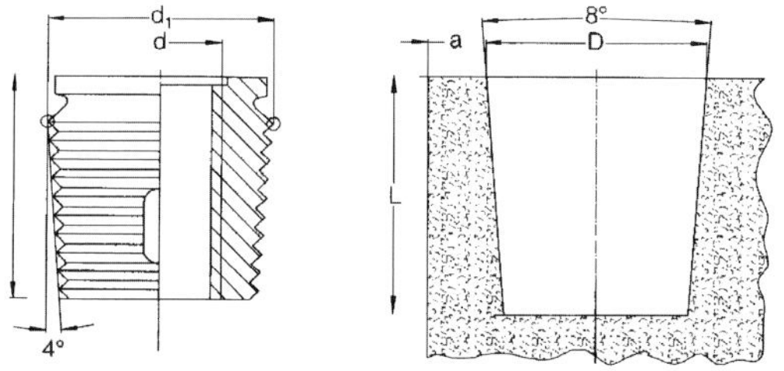

Bild 9.13 Kunststoffeinsatz zum Einschallen (Werkbild: Böllhoff)

9.2.7 Vergleichende Bewertung der verschiedenen Einsätze

Die Vielfalt der Parameter, die einerseits die Wirtschaftlichkeit und andererseits die mechanische Qualität der Verbindung bestimmen, gestaltet einen quantitativen Vergleich äußerst schwierig. Generell gilt, dass ein hohes Festigkeitsniveau im Allgemeinen auch einen hohen apparativen Aufwand bedingt. Mit der Tabelle 9.3 werden Hinweise für eine qualitative Bewertung einiger Gewindeeinsätze gegeben und Angaben zum Kernlochdurchmesser sowie zur Augenwanddicke gemacht [9.5].

Tabelle 9.3 Qualitative Bewertung verschiedener Gewindeeinsätze mit empfohlenen Angaben zum Kernlochdurchmesser und zur Wanddicke (bindenahtfreier) Aufnahmeaugen [9.5]

Einsatz-Typen	Einbringverfahren/ Verankerung	Apparativer Aufwand	Besonderheiten	Geometrische und mechanische Kennzeichen	Empfohlene Lochdurchmesser [mm]			Empfohlene Wanddicke (Auge) [mm]		
					M 4	M 5	M 6	M 4	M 5	M 6
Form R (DIN 16 903)	Umspritzen/Schrumpfspannungen und Hinterschnitte	Spritzgießmaschinen-Einsätze müssen eingelegt werden – nachteilig bei großen Stückzahlen	Sechskantausführung (Gefahr der Spannungsrissbildung) Einsätze geschlossen, dadurch Einschraubtiefe eindeutig begrenzt	mittlere bis hohe Auszugskräfte durch tiefe Hinterschneidung, mittlere Abschermomente; hoher Raumbedarf; größerer Außendurchmesser	– –	–		> 3	> 3,3	> 3,5
Form S (DIN 16 903)	wie Form R	wie Form R	Runde Ausführung mit Längsrändel, sonst wie Form R	niedrige Auszugskräfte, hohe Abschermomente durch Rändelung	– –	–		> 2,5	> 2,8	> 3
®Hit-Sert 1 (Bild 9.9, rechts)	Anschmelzen des Kunststoffs mittels US oder Wärmeübertragung. Eindrücken. Geringe Schrumpfspannungen/umflossene Hinterschnitte	Ultraschallanlage oder Warmeinbettungsgerät	kurze Taktzeiten, Geräusch durch US-Anlage längere Taktzeiten, geräuschloses Arbeiten	Keglige Form mit Sechskantprofil der Außenkontur; wenig empfindlich gegen Kernlochschwankung durch keglige Form		8,1	8,1		> 3	> 3
®Hit-Sert 2 (Bild 9.9, links)	Einbringen wie Hit-Sert 1/ Kordelung Ringnut und Längsrändel; geringe Kerbspannungen	Ultraschallanlage oder Warmeinbettungsgerät,	wie Hit-Sert 1	Keglige Form erleichtert das Einbringen in die Aufnahmebohrung; Außenkontur rund; hohe Abschermomente und hohe Auszugskräfte. Kernlochschwankungen wie Hit-Sert 1	5,5 5,6	6,7 6,8	8,0 8,1	> 2,5 > 2,5	> 2,7 > 2,7	> 3 > 3
®Sonic-Lok	Einbringen wie Hit-Sert 1 und 2, aber zylindrische Aufnahmebohrung/ gegenläufige Zahnkränze	Ultraschallanlage oder Warmeinbettungsgerät	wie Hit-Sert 1	mittlere bis hohe Auszugskräfte und Abschermomente; Außenkontur rund; relativ wenig empfindlich gegen Kernlochschwankungen	5,5 5,6	6,5 6,6	7,9 8,0	2,5 2,5	2,7 2,7	> 3 > 3
®Mubux-A	Kalteinpressen/3 parallellaufende Zahnkränze; Kunststoff über die Streckgrenze beansprucht	Presse oder mit Handhebelgerät	mehrere parallellaufende Zahnkränze	mäßige bis mittlere Auszugskräfte und Abschermomente	5,3			> 2,5		

Tabelle 9.3 (Fortsetzung)

Einsatz-Typen	Einbringverfahren/ Verankerung	Apparativer Aufwand	Besonderheiten	Geometrische und mechanische Kennzeichen	Empfohlene Lochdurchmesser [mm]			Empfohlene Wanddicke (Auge) [mm]		
					M 4	M 5	M 6	M 4	M 5	M 6
®Ensat In 22 b (Bild 9.12)	Einsatz wird eingedreht/ selbstgeschnittenes Gewinde; geringe Radialspannungen	geringe Stückzahlen von Hand mit Eindrehdorn; Großserien mit halb- oder vollautomatischen Werkzeugen	Verankerungsgewinde schneidet sich beim Eindrehen selbst durch Schneidkanten (Schlitze)	hohe Auszugskräfte; geringe Sicherung gegen Rückdrehen für Reparaturen geeignet; höherer Raumbedarf, größerer Außendurchmesser	5,7	7,0	8,7	> 2	3	4
®Dodge-Standard (Bild 9.11, links)	Kalteinpressen/ Spreizplatte und Kordelung (Radialspannungen)	Ein- oder Mehrfachdorn, Presse	Einsatzkörper im Bereich der Kordelung 4-fach geschlitzt; Spreizwirkung durch herunterdrücken der Spreizplatte bis zum Grund mit einem Einbaudorn, Sicherung gegen Herausfallen; Einsatz geschlossen, dadurch Einschraubtiefe eindeutig begrenzt	mittlere Auszugskräfte; hohe Abschermomente; größere Wanddicken erforderlich	5,2	6,3	7,8	> 3	3,5	4
®Mubux E (Bild 9.11, rechts)	Kalteinpressen/Zahnkranz und Rillen, Gewindebuchse wird beim Eindrehen der Schraube gespreizt (Radialspannungen)	Einbaudorn, Presse	geschlitzte Gewindebuchse, Schraube muss bis zum Grund eingedreht werden	mäßige Auszugskräfte und Abschermomente; kann durch Ausführung mit 2 Zahnkränzen verbessert werden	5,7			> 2,5		
®Banc-Lok	Kalteinpressen/5 Schneidringe und Längsrändel als Verdrehsicherung (Radialspannungen)	Einbaudorn, Presse	wie Mubux E	mittlere Auszugskräfte; unterschiedliche Anzahl von Schneidringen möglich			7,8			3,5
®Spred-Sert	Kalteinpressen/Ankerringe und Längsrändelung (Radialspannungen)	Einbaudorn, Presse	wie Mubux E	mäßige bis mittlere Auszugskräfte und Abschermomente	5,3			> 2,5		

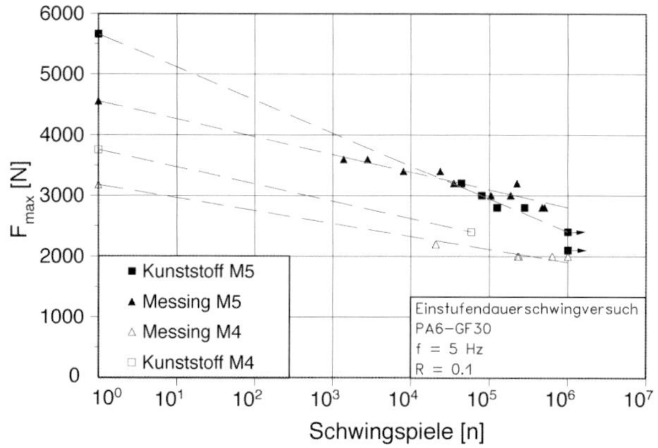

Bild 9.14 Wöhlerlinien aus dynamischen Einstufenversuchen mit warm eingebetteten Messing-Inserts und ultraschalleingebetteten Kunststoff-Inserts für PA 6-GF30 [9.12]

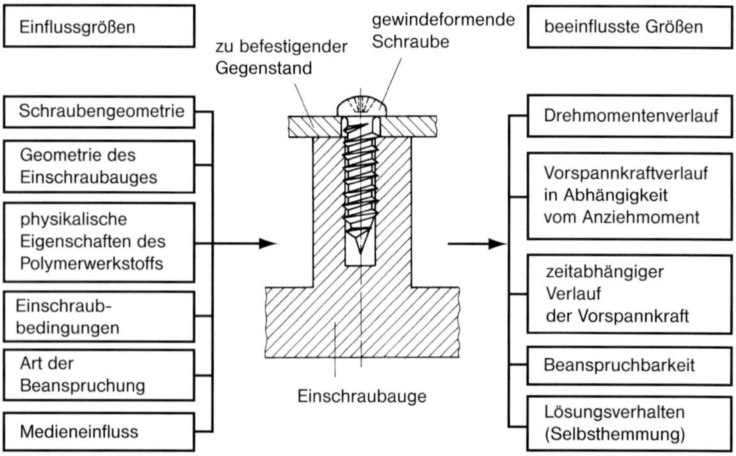

Bild 9.15 Einflussgrößen bei einer Verbindung mit gewindeformender Schraube [9.4]

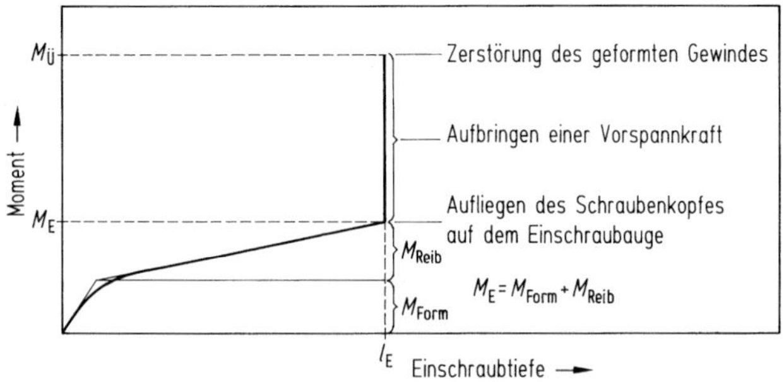

Bild 9.16 Schematische Darstellung des Einschraubvorgangs [9.4]

9.2.8 Verhalten unter dynamischer Belastung

Messergebnisse unter dynamischer Belastung sind wegen des hohen Versuchsaufwandes selten. Das Bild 9.14 zeigt Wöhlerlinien für zwei Einsatztypen. Die Auszugsfestigkeit fällt nach 10^6 Lastwechseln auf etwa den halben Ausgangswert. Dies kann in erster Näherung auch auf andere Einsätze übertragen werden.

9.3 Gewindeformende Schrauben

Das Verbinden von Bauteilen mit gewindeformenden Schrauben ist eine Verbindungsart, die seit langem bekannt ist, jedoch bisher überwiegend für niedrig belastete Verbindungsstellen angewendet wurde. Unter Beachtung einiger gestalterischer Aspekte lassen sich mit dem großen Angebot speziell für Polymerwerkstoffe entwickelter Schraubengeometrien auch höher belastbare Verbindungen erzielen. Eine Übersicht der wichtigsten Einflussgrößen und der hiervon beeinflussten Kenngrößen der Verbindung wird in Bild 9.15 gegeben.

Der Einschraubvorgang setzt sich zusammen aus einem durch die Schraube hervorgerufenen Umformprozess und einem Reibvorgang zwischen thermoplastischem Polymerwerkstoff und Gewinde (Bild 9.16). Durch die große lokale Deformation mit hohem plastischen Deformationsanteil und durch die Reibungsvorgänge wird der Werkstoff im gewindenahenden Bereich zusätzlich thermisch belastet. Während des Anziehens wird eine Vorspannkraft in der Schraube erzielt, die durch zeit- und temperaturabhängige Kriech- und Relaxationsvorgänge im Kunststoff wieder abnimmt.

9.3.1 Schraubenformen und -geometrien

Ein optimales Schraubengewinde sollte folgende Kriterien erfüllen:

- geringe Radialdehnung des Tubus
- niedriges Eindrehmoment, hohes Überdrehmoment
- große Flankenüberdeckung
- geringe Toleranzbereiche

Die zum Verbinden von Blechen gedachte Blechschraube mit Gewinde nach DIN 7970 wird zwar häufig verwendet, erfüllt jedoch diese Bedingungen nicht ausreichend.

Günstiger sind die speziell für Polymerwerkstoffe (oder Holz) entwickelten Typen, die einen kleinen Flankenwinkel von 30 bis 40°, einen geringeren Kerndurchmesser und damit eine größere Flankenhöhe und eine größere Steigung haben. Einige typische Gewindegeometrien sind in Bild 9.18 zusammengestellt.

Schrauben mit Schneidkanten am Schraubenende (z. B. Bild 9.17, Mitte) erleichtern das Eindrehen, lassen jedoch keine sichere Wiederholung der Montage zu, wie sie z. B. 10-fach vom

VDE gefordert wird. Sie sind für sehr spröde und spannungsrissempfindliche oder glasfaserverstärkte thermoplastische Polymerwerkstoffe gedacht, oder für Duromere.

Speziell für Pressmassen (z. B. Typ 31, Typ 181 etc.) wurde eine Schraubengeometrie mit asymmetrischem Gewindeprofil entwickelt (Bild 9.19). Wegen der geringen Duktilität der Duromere sollte auf eine Schneidkante nicht verzichtet werden.

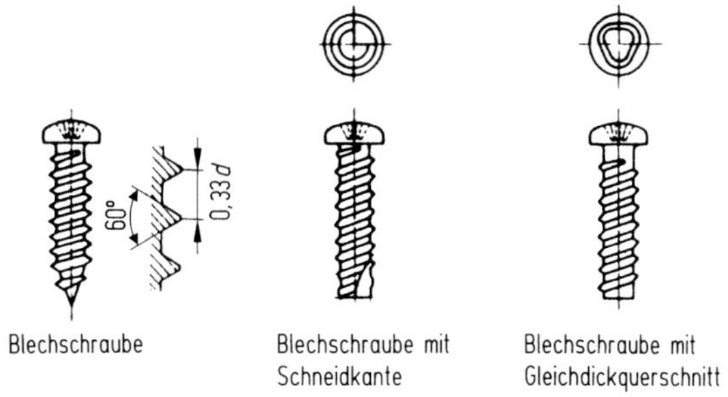

Bild 9.17 Blechschraubengewinde [9.6]

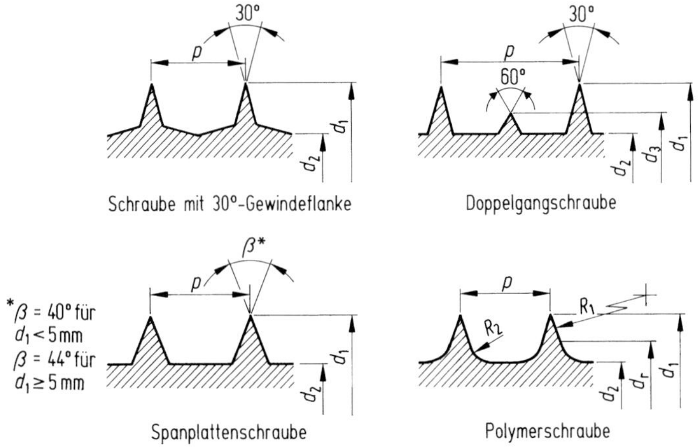

Bild 9.18 Typische Gewindeformen für die Anwendung bei thermoplastischen Polymerwerkstoffen [9.4]

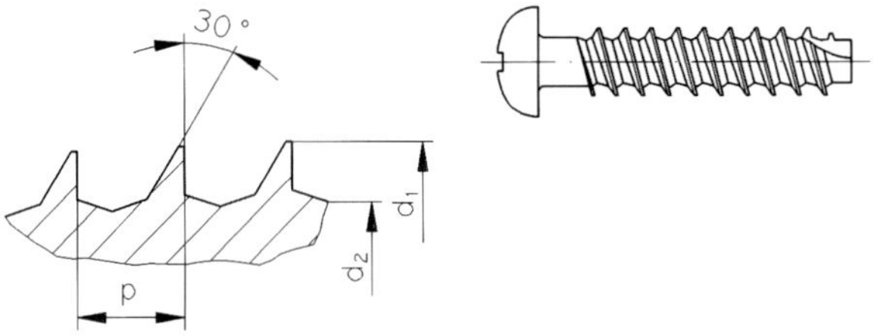

Bild 9.19 Asymmetrisches Gewindeprofil für die Anwendung bei Duromeren [9.7]

9.3.1.1 Flankenwinkel

Durch kleine Flankenwinkel werden sowohl Eindrehmoment als auch Radialkraft reduziert, so dass der Tubusaußendurchmesser und damit die Wanddicke klein gehalten werden kann.

9.3.1.2 Selbsthemmung

Selbsthemmung liegt vor, wenn die Axialkraft kein Drehmoment erzeugt, d. h. wenn der Steigungswinkel kleiner als der Reibungswinkel ist. Nach [9.8] liegt die Grenze bei Gewindesteigungswinkel von 8 bis 10°. Eine Gleitmittelbeschichtung der Schraube wirkt sich zwar positiv auf das Eindrehmoment aus, reduziert andererseits aber die Selbsthemmung. Unterstützt wird das selbsttätige Lösen auch durch Vibrationen.

Mit Spezialschrauben, deren Querschnitt nicht kreisförmig sondern als Gleichdick (Bild 9.17, rechts) ausgebildet ist, wird über die Schraubengeometrie eine erhöhte Selbsthemmung angestrebt.

9.3.2 Gestaltung des Einschraubauges (Tubus)*

Die Verbindungsstelle im Kunststoffbauteil wird aus fertigungs- und werkzeugtechnischen Gesichtspunkten in der Regel als zylindrisches Auge (Tubus) ausgeführt (Bild 9.20), wobei aus Gründen der Entformbarkeit eine Konizität von 0,5 bis 1° vorgesehen werden muss.

An der Anbindung des Auges treten zwangsläufig wie bei Rippen (s. a. Kapitel 7 und 10) Materialanhäufungen auf, die Einfallstellen, Lunker oder Verzug zur Folge haben können. Deshalb sollte der Kern zum Formen des Kernloches etwa ein Drittel in die Bodenwanddicke eintauchen. Eine weitere Verbesserung erreicht man dadurch, dass um den Augenfuß eine ebenso tiefe Aussparung angebracht wird (Bild 9.21), die allerdings durch einen gewissen Werkzeugaufwand erkauft werden muss.

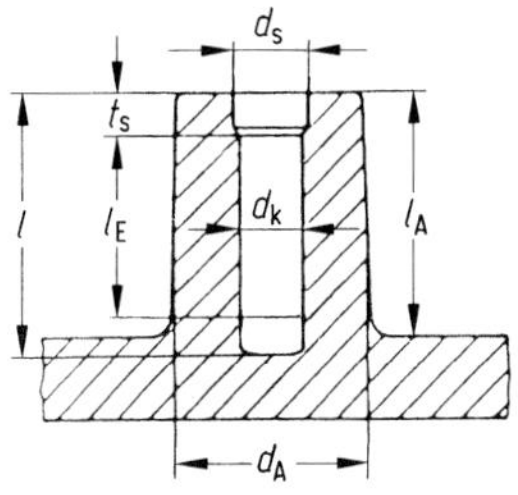

Bild 9.20 Einschraubauge, Maße und Bezeichnungen

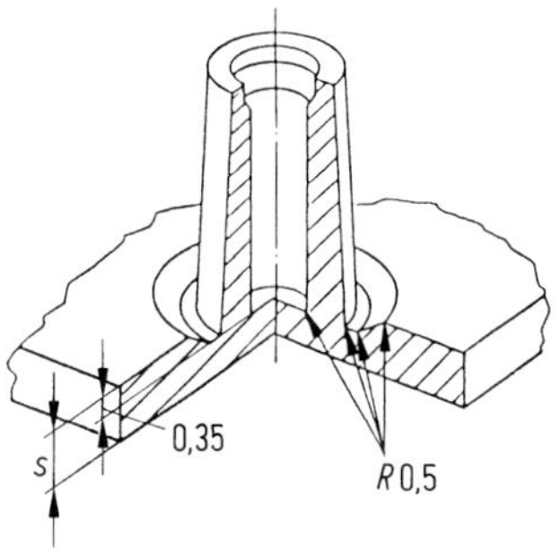

Bild 9.21 Einschraubauge mit verlängertem Kernloch und Aussparung zur Reduzierung von Einfallstellen in der Bodenfläche [9.9]

* Auf der CD, die diesem Buch beigefügt ist, ist ein einfaches PC-Programm (SCREWS), mit dem die wichtigsten Daten einer Schraubverbindung mit gewindeprägenden Schrauben bequem berechnet werden können. Das Programm wurde freundlicherweise von der BASF Aktiengesellschaft, Ludwigshafen zur Verfügung gestellt. Eine ausführliche Programmbeschreibung findet sich in Kapitel 14.

9.3.2.1 Einschraubtiefe

Aus Festigkeitsgründen sollte die Einschraubtiefe möglichst groß gewählt werden. Die obere Grenze wird durch die Festigkeit der Schraube bestimmt. Als Erfahrungswert für die Einschraubtiefe l_E wird von verschiedenen Autoren [9.1, 9.6, 9.8, 9.10] angegeben:

$$l_E = (2 \text{ bis } 2{,}5) \cdot d_1 \tag{9.10}$$

d_1 = Außendurchmesser der Schraube

Diese Erfahrung wird belegt durch Messungen, wie sie beispielsweise in Bild 9.22 dargestellt sind. Während mit zunehmender Einschraubtiefe das Eindrehmoment nur geringfügig zunimmt, steigt das Überdrehmoment und die Auszugskraft deutlich proportional mit der Einschraubtiefe an. Eine große Differenz zwischen diesen beiden Werten kennzeichnet eine hohe Qualität der Verbindung.

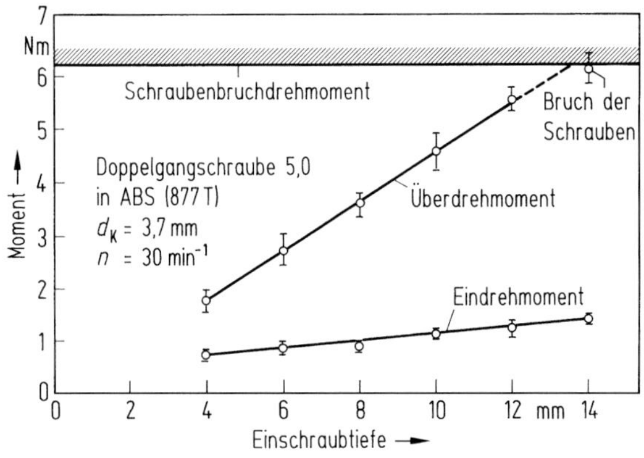

Bild 9.22 Eindrehmoment und Überdrehmoment in Abhängigkeit von der Einschraubtiefe [9.4]

Anders als bei Verschraubungen von Metallschrauben-Metallmuttern tragen auch bei großen Einschraubtiefen alle Gewindegänge eine aufgebrachte Belastung weitestgehend gleichmäßig, was z. B. mit spannungsoptischen Untersuchungen nachgewiesen wurde [9.4].

9.3.2.2 Kernlochdurchmesser

Neben der Frage nach dem optimalen Kernlochdurchmesser im Einschraubauge aus Polymerwerkstoff werden gelegentlich auch verschiedene Kernquerschnitte (rund, quadratisch, dreieckig, sechseckig usw.) diskutiert und angewendet. Um Spannungskonzentrationen zu vermeiden und um eine hohe Belastbarkeit der Verbindung zu gewährleisten, sollten jedoch runde Kernlochquerschnitte vorgezogen werden.

Als Erfahrungsrichtwerte haben sich Kernlochdurchmesser gemäß

$$d_K = 0{,}8 \cdot d_1 \quad \text{bis} \quad 0{,}9 \cdot d_1 \tag{9.11}$$

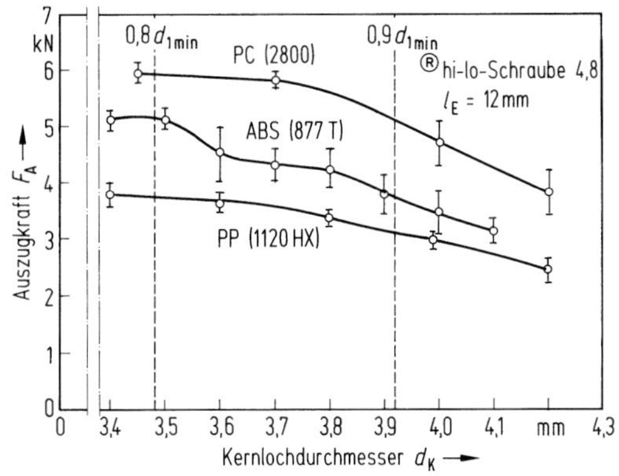

Bild 9.23 Auszugskraft für verschiedene Werkstoffe in Abhängigkeit vom Kernlochdurchmesser [9.4]

bewährt, wobei der kleinere Wert für duktile und der größere Wert für spröde Polymerwerkstoffe gilt. Das Bild 9.23 zeigt, dass in diesem Bereich hohe Auszugskräfte erzielt werden.

Mit diesen Kernlochdurchmessern bleibt die Beanspruchung des Auges auf einem erträglichen Maß. Diese Werte sollten nicht unterschritten werden, auch wenn dadurch eine graduelle Erhöhung der Auszugskraft verbunden ist.

9.3.2.3 Entlastungsbohrung

Außerordentlich wichtig ist, dass der Kernlochdurchmesser am schraubenkopfnahen Ende vergrößert wird (Bild 9.20). Diese sogenannte Entlastungsbohrung ist vorteilhaft zur Einführung der Schraube, insbesondere aber erforderlich, um den oberen Tubusrand, der durch den Schraubenkopf auf Pressung beansprucht wird, von zusätzlichen Spannungen durch den ersten Gewindegang zu entlasten. Zur Bemessung dieser Entlastungsbohrung gelten die Regeln

$$d_s = 1{,}1 \cdot d_1 \tag{9.12}$$

$$t_s = 0{,}5 \cdot d_1 \tag{9.13}$$

d_S, d_1, t_S siehe Bild 9.20.

9.3.2.4 Außendurchmesser

Der Außendurchmesser des Einschraubauges ist zunächst auf gleiche Festigkeit gegen Abreißen des Augenquerschnitts und Abscheren des Gewindes zu dimensionieren:

$$d_{A1} = \sqrt{\frac{4}{\sqrt{3}} \cdot d_1 \cdot l_E + d_1^2} \tag{9.14}$$

Vor allem bei kleinen Einschraubtiefen können sich nach Gl. (9.14) zu geringe Außendurchmesser ergeben.

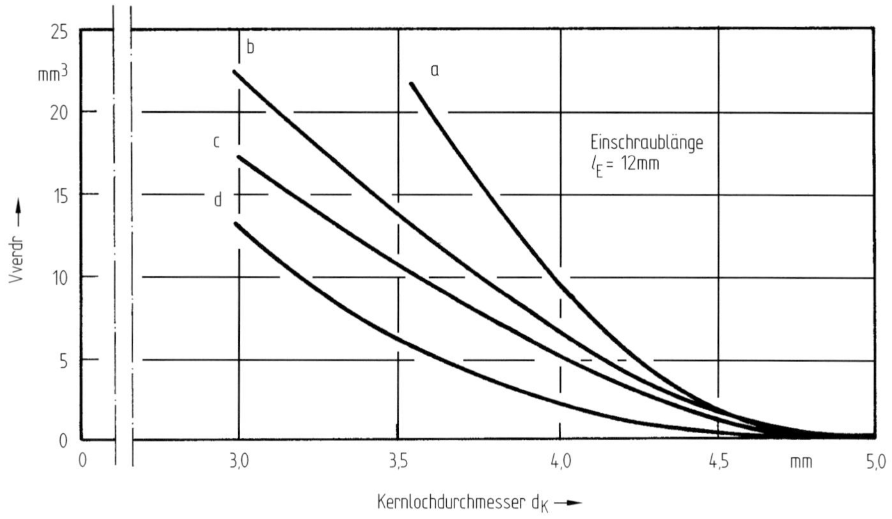

Bild 9.24 Von der Schraube verdrängtes Volumen in Abhängigkeit vom Kernlochdurchmesser [9.4]
a) Blechschraube, $d_1 = 4{,}8$ mm
b) Spanplattenschraube, $d_1 = 5$ mm
c) Schraube mit 30° Flankenwinkel, $d_1 = 5$ mm
d) Doppelgangschraube, $d_1 = 4{,}8$ mm

Zusätzlich ist deshalb der durch die eingedrehte Schraube erzeugte Spannungszustand zu berücksichtigen. Abhängig von der Schraubengeometrie wird beim Eindrehvorgang mehr oder weniger Volumen verdrängt, das teilweise in die freien Zwischenräume des Gewindes fließt, teilweise aber auch den Tubus aufweitet. Das Bild 9.24 macht auch in diesem Zusammenhang den Vorteil der Spezialschrauben gegenüber der Blechschraube deutlich.

Über eine vereinfachte Modellvorstellung* kann die Aufweitung bzw. der erforderliche Außendurchmesser des Einschraubauges bestimmt werden. Danach ergibt sich für den minimal erforderlichen Außendurchmesser schlussendlich:

$$d_{A2} = \sqrt{\frac{1}{3} \cdot \left[\frac{8 \cdot d_K \cdot (r_E - d_K/2)}{\varepsilon}\right]} \tag{9.15}$$

mit

$$r_E = \sqrt{\frac{V_{verdr}}{\pi \cdot l_E} + \left(\frac{d_K}{2}\right)^2} \tag{9.16}$$

* Die Modellvorstellung geht nach [9.4] davon aus, dass der Tubus als beidseitig offener, dickwandiger Hohlzylinder und das verdrängte Volumen durch einen unnachgiebigen Stahlbolzen mit dem Radius r_E (Gl. (9.16)) ersetzt wird, der in die Kernlochbohrung gedrückt wird. Vernachlässigt werden dabei die komplexen Vorgänge des (erwünschten) Fließens des Werkstoffs in die freien Zwischenräume sowie die inhomogene Spannungsverteilung in verschiedenen Richtungen.

V_{verdr} = Verdrängtes Volumen (Bild 9.20)
ε = Umfangsdehnung ($\varepsilon_{\text{zul}} \approx 0{,}3$ bis 0,6 %, abhängig von der Bruchdehnung bzw. Dehnung bei Streckgrenze, der Spannungsrissanfälligkeit des Werkstoffs, der aufgebrachten Vorspannung etc.)

Gleichung (9.14) berücksichtigt den Einfluss einer äußeren Kraft, Gleichung (9.15) die innere Beanspruchung durch die Schraube. Es muss der jeweils größere Außendurchmesser gewählt werden.

9.3.3 Berechnung von Kenngrößen einer Schraubverbindung

9.3.3.1 Eindrehmoment

Das Eindrehmoment M_E setzt sich aus einem Anteil zur Formung des Gewindes und einem Reibungsanteil zusammen (vgl. Bild 9.16), die unter vereinfachenden Annahmen nach Gleichung (9.17) abgeschätzt werden können.

$$M_E = \frac{\sigma_Y \cdot (d_1 - d_k)}{\sqrt{3}} \left[\tan\frac{\beta}{2} + \sqrt{\left(1 + \tan^2\frac{\beta}{2}\right)\left(\frac{d_1 + 2\,d_k}{3} \cdot \pi\right)^2 + p^2} \cdot \left(\frac{d_1 + 2}{6}\right) + \frac{(1+\alpha) \cdot f \cdot l_E \cdot (d_1 - d_K)}{4 \cdot p \cdot \cos\frac{\beta}{2}} \sqrt{\left(\frac{d_1 + d_K}{2} \cdot \pi\right)^2 + p^2} \right] \tag{9.17}$$

Darin ist:

σ_Y = Streckspannung des Polymerwerkstoffs in MPa
β = Flankenwinkel des Gewindes in Grad
α = Fächerwinkel im Bogenmaß [9.4] (für $\beta = 30°$ beträgt $\alpha = 0{,}0983$)
p = Gewindesteigung (vgl. Bild 9.17) in mm
f = Gleitreibungszahl ($f \approx 0{,}2$ bis 0,3)

Die Werkstoffkennwerte in Gl. (9.17) sind mit einer großen Unsicherheit behaftet, schon weil der Polymerwerkstoff bei hohen Eindrehgeschwindigkeiten erweicht oder örtlich bis zum Schmelzen kommen kann.

Beispiel

Eine Schraubverbindung mit einer gewindeprägenden Schraube mit Flankenwinkel 30° soll bei einer Betriebstemperatur von 40 °C eine Auszugskraft von mindestens 3 kN erreichen; Werkstoff: ABS (967 K).

Wie groß müssen sein

1. Schraubendurchmesser
2. Kernlochdurchmesser
3. Tubusaußendurchmesser?

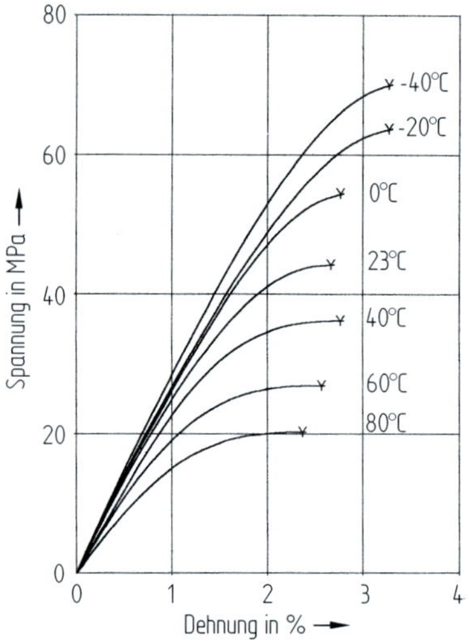

1. Aus CAMPUS, Multipoint (BASF) wird die Versagensspannung für ABS (Terluran 967 K) bei 40 °C mit 36 MPa abgelesen.

   Nach Gleichung 9.10 ist: $l_E \approx 2 \cdot d_1$
   Damit wird Gleichung 9.20 nach d_1 aufgelöst:

$$F_A = \frac{\sigma_Y}{\sqrt{3}} \cdot d_1 \cdot (2 \cdot d_1) \cdot \pi \rightarrow d_1 = \sqrt{\frac{F_A \cdot \sqrt{3}}{\sigma_Y \cdot \pi \cdot 2}} = \sqrt{\frac{3000 \cdot \sqrt{3}}{36 \cdot \pi \cdot 2}} = 4{,}8$$

   Der nächst größere, genormte *Schraubendurchmesser* beträgt 5,0 mm.

2. Der *Kernlochdurchmesser* wird nach Gl. (9.11): $0{,}8 \cdot d_1 = 0{,}8 \cdot 5 = 4{,}0$ mm.

3. Der Tubusaußendurchmesser folgt aus Gleichung 9.14 bzw. 9.15:

$$d_{A1} = \sqrt{\frac{4}{\sqrt{3}} \cdot d_1 \cdot l_E + d_1^2} = \sqrt{\frac{4}{\sqrt{3}} \cdot 5 \cdot 10 + 25} = 11{,}85$$

   Mit V_{vedr} aus Bild 9.24 wird r_E berechnet,

$$r_E = \sqrt{\frac{V_{verdr}}{\pi \cdot l_E} + \left(\frac{d_K}{2}\right)^2} = \sqrt{\frac{6{,}3}{\pi \cdot 10} + \left(\frac{4}{2}\right)^2} = 2{,}05$$

   und Gleichung 9.15 liefert d_{A2}:

$$d_{a2} = \sqrt{\frac{1}{3} \cdot \left[\frac{8 \cdot d_K \cdot (r_E - d_K/2)}{\varepsilon} - d_K^2\right]} = \sqrt{\frac{1}{3} \cdot \left[\frac{8 \cdot 4 \cdot (2{,}05 - 2)}{0{,}006} - 25\right]} = 8{,}97$$

   Für den **Tubusaußendurchmesser** wird der größere Wert gewählt **= 12 mm.**

9.3.3.2 Überdrehmoment

Zur Abschätzung des Überdrehmoments hat sich die Gl. (9.18) als geeignet erwiesen [9.11].

$$M_{\ddot{U}} = \frac{\sigma_Y \cdot \pi \cdot d_1^2 \cdot l_e \cdot (p + \pi \cdot f \cdot d_1)}{2\sqrt{3}\,(\pi \cdot d_1 - f \cdot p)} \tag{9.18}$$

Mit Gl. (9.18) wird das im Gewinde auftretende Moment ermittelt. Zusätzlich ist das Kopfreibmoment zwischen Schraubenkopf und Auflagefläche zu berücksichtigen.

$$M_{KR} = f_A \cdot F_V \cdot \frac{1}{4}(d_{KA} + d_L) \tag{9.19}$$

mit

f_A = Reibungszahl am Schraubenkopf (für Stahlschraube/Polymerwerkstoff $f_A \approx 0{,}2$ bis $0{,}3$)
F_V = Vorspannkraft (Gl. (9.14)) in N
d_{KA} = Kopfaußendurchmesser in mm
d_L = Durchmesser des Kernloches an der Schraubenauflage; im Allgemeinen $d_L = d_s$

Die Gleichungen (9.18) und (9.19) ergeben die Momente in N mm.

9.3.3.3 Auszugkraft

Die Auszugkraft F_A kann mit Gl. (9.20) abgeschätzt werden.

$$F_A = \frac{\sigma_Y}{\sqrt{3}} \cdot d_1 \cdot \pi \cdot l_E \tag{9.20}$$

Bei vorgegebener Belastung und Einschraubtiefe und unter Berücksichtigung von Abminderungsfaktoren (vgl. Abschnitt 5.2.1.3) wird damit der notwendige Schraubendurchmesser d_1 bzw. bei vorgegebener Schraubenabmessung die Einschraubtiefe l_E berechnet.

Wenn andere Kriterien zu erfüllen sind – z. B. VDE Richtlinie 0720 für Elektrowärmegeräte – ist danach zu dimensionieren.

Verhalten unter dynamischer Belastung

Das Bild 9.25 zeigt beispielhaft Befunde aus Zugschwellexperimenten von Schraubverbindungen mit PP als Polymerwerkstoff. Abhängig von der als statische Zeitstandbeanspruchung wirkenden Mittellast stellt sich eine mehr oder weniger starke Neigung der versagensbeschreibenden Wöhlerlinien ein.

Diese Messergebnisse zeigen, dass es gerechtfertigt ist, bei kleinen Lastausschlägen die zulässige Mittellast mit Gl. (9.20) unter Berücksichtigung von Abminderungsfaktoren für statische und dynamische Beanspruchung abzuschätzen. Nach Abschnitt 5.2.1.3 gilt für $A_{Stat} = 2$ und

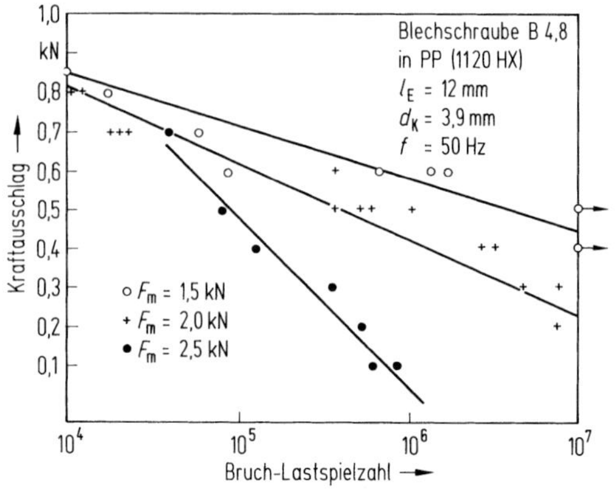

Bild 9.25 Wöhlerlinien von Verbindungen aus Einschraubaugen (PP) mit eingeschraubter Blechschraube und unterschiedlichen Mittelspannungen [9.4]

$A_{dyn} = 1{,}3$, so dass hier mit einem Gesamtabminderungsfaktor $A_{stat} \cdot A_{dyn} = 2{,}6$ gerechnet werden kann.

9.3.3.4 Anziehmoment und Vorspannkraft

Für die üblicherweise auftretenden Beanspruchungen ist das Aufbringen hoher Vorspannkräfte nicht sinnvoll. Einerseits bedeutet eine zunehmende Vorspannkraft auch eine zunehmende Beanspruchung des Einschraubauges, andererseits ergibt sich mit wachsenden Vorspannkräften auch ein zunehmender zeitlicher Abfall der Vorspannkraft. Es wird die Festlegung des Anziehmoments M_A nach Gl. (9.21) empfohlen:

$$M_A = M_E + K \cdot (M_Ü - M_E) \tag{9.21}$$

Der Faktor K sollte zwischen 0,2 und 0,5 liegen. Er hängt vor allem von der Genauigkeit der verwendeten Einschraubgeräte und auch von den zu erwartenden Streuungen der Dreh-

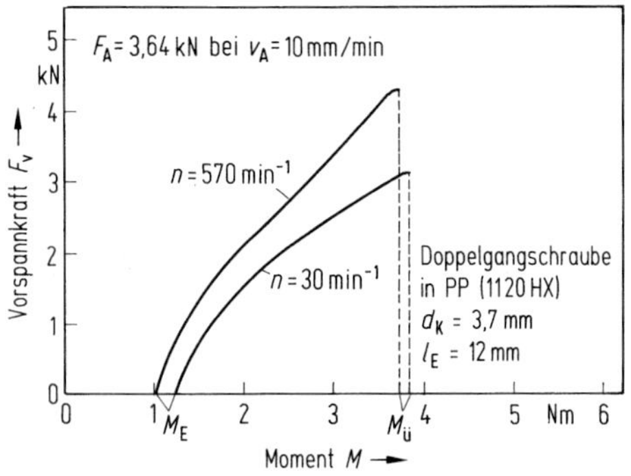

Bild 9.26 Vorspannkraft in Abhängigkeit vom Anziehmoment

momentenverläufe ab. Für genau arbeitende Geräte (Schwankungen von ± 3 %) und geringe Streuungen kann der Faktor 0,2 gesetzt werden. Bei der Zerstörung des Gewindes durch Überdrehen liegt die Vorspannkraft etwa in der Größenordnung der Auszugkraft. Dies ist in Bild 9.26 für das Verschrauben von Polypropylen mit der Doppelgangschraube dargestellt.

Es zeigt sich, dass bei schnellen Einschraubgeschwindigkeiten ($n = 570\ \text{min}^{-1}$) u. U. etwas höhere Vorspannkräfte erzielt werden können. Zur Abschätzung ist es jedoch ausreichend, die nach Gleichung (9.20) berechnete Auszugkraft F_A anzusetzen und einen linearen Zusammenhang zwischen der Vorspannkraft F_V und dem Anziehmoment M_A anzunehmen. Bei der Festlegung des Anziehmomentes nach Gl. (9.21) ergibt sich mit Berücksichtigung der Kopfreibung:

$$F_V = \frac{4\,F_A \cdot K(M_Ü - M_E)}{4\,(M_Ü - M_E) + F_A \cdot f_A \cdot (d_{KA} + d_L)} \tag{9.22}$$

Zeitlicher Verlauf der Vorspannkraft

Die durch das Anziehmoment aufgebrachte Vorspannkraft nimmt durch das Relaxationsverhalten des Polymerwerkstoffs bedingt zeit- und temperaturabhängig ab. Der Abfall ist in Bild 9.27 für mit unterschiedlicher Höhe vorgespannte Verbindungen beispielhaft dargestellt.

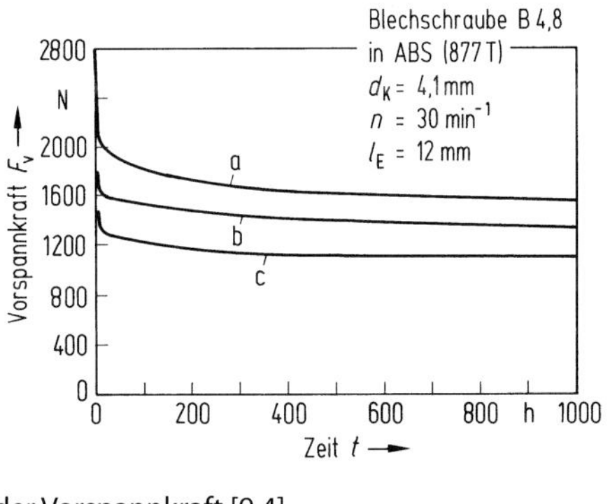

Bild 9.27 Zeitlicher Abfall der Vorspannkraft [9.4]

Es zeigt sich, dass mit zunehmender Vorspannkraft auch ein zunehmender zeitabhängiger Kraftabfall zu verzeichnen ist. So beträgt der Unterschied der Vorspannkräfte bei Beginn des Versuches zur Zeit $t = 0$ zwischen Versuch a und Versuch c $\Delta F_{VO} = 1\,270$ N. Die Vorspannkraft von Versuch c beträgt zur Zeit $t = 0{,}54$ % derjenigen von Versuch a. Nach der Versuchsdauer von 1 000 h beträgt die Differenz nur noch $\Delta F_{V1000} = 500$ N. Die Vorspannkraft von Versuch c beträgt nach 1 000 h noch etwa 70 % derjenigen von Versuch a. Diese Versuchsergebnisse deuten darauf hin, dass das Aufbringen hoher Vorspannkräfte für den normalen Anwendungsfall nicht notwendig ist.

9.3.3.5 Montagebedingungen

In einer Serienfertigung sind Präzisionsschrauber mit hoher Reproduzierbarkeit der Einschraubbedingungen unerlässliche Hilfsmittel. Praxisübliche Drehzahlen liegen dabei zwischen 600 bis 800 min^{-1}, aber auch bis zu 2 000 min^{-1}. In der Tendenz wird mit zunehmender Eindrehgeschwindigkeit ein Abfall des Eindrehmomentes zu verzeichnen sein, und zwar bei amorphen Thermoplasten stärker als bei teilkristallinen. Dieser Abfall wird mit der zunehmenden Wärmeentwicklung und damit verbundener Erweichung des Werkstoffs erklärt.

Da das Überdrehmoment mit hohen Eindrehgeschwindigkeiten nicht stärker als das Eindrehmoment abfällt, gelegentlich sogar ansteigt, und somit die Differenz eher zunimmt, spricht aus dieser Sicht nichts gegen hohe Eindrehgeschwindigkeiten.

Allerdings leuchtet ein, dass sich hohe Eindrehgeschwindigkeiten bei geringen Einschraubtiefen verbieten.

Wichtig ist, dass der Einschraubvorgang präzise beendet wird. Zur Festlegung des Anzugsmomentes wird Gl. (9.21) benutzt.

Literatur

[9.1] Erhard, G. und E. Strickle: Maschinenelemente aus thermoplastischen Kunststoffen, Teil 1, VDI-Verlag, Düsseldorf 1974

[9.2] VDI-Richtlinie 2544, Schrauben aus thermoplastischen Kunststoffen, Beuth-Verlag, Berlin 1973

[9.3] Müller, K.: Stoffliche und konstruktive Gesichtspunkte für die Anwendung von Schrauben und Muttern aus Thermoplasten, *VDI-Z* **111** (1969), S. 349/353, *VDI-Z* **111** (1969), S. 1328/1335

[9.4] Onasch, J.: Zum Verschrauben von Bauteilen aus Polymerwerkstoffen mit gewindeformenden Metallschrauben, Diss. Uni Kassel 1982

[9.5] Ehrenstein, G. W. und H. Mohr: Gewindeeinsätze in Acryl-Butadien-Styrol (ABS), *Verbindungstechnik* **9** (1977) 4, S. 5/9

[9.6] Ehrenstein, G. W. und J. Onasch: Fügen von Kunststoffteilen mit gewindeformenden Metallschrauben, *Verbindungstechnik* **13** (1981) 9, S. 27/30

[9.7] Weitzel, S.: Formteile direkt verschrauben, *Plastverarbeiter* **38** (1987) 12, S. 48/53

[9.8] Grossberndt, H.: Direktschraubverbindungen an thermoplastischen, Werkstoffen, *Kunststoffe* **73** (1983) 11, S. 701/707

[9.9] Recker, H.: Vorteilhafte Gestaltung zum Erreichen optimaler Oberflächen in: Konstruieren mit thermoplastischen Kunststoffen, VDI-Verlag, Düsseldorf 1986

[9.10] Ehrenstein, G. W. und H. Mohr: Gewindeformende Schrauben für Kunststoffbauteile, *Verbindungstechnik* **11** (1978) 11, S. 13/19

[9.11] Knapp, H. und H. Mohr: Verbinden von Kunststoffbauteilen mit gewinde-formenden Schrauben, Firmenschrift BASF, Ludwigshafen, B 600d (889) 1990

[9.12] Tome, A., G. W. Ehrenstein und F. Dratschmidt: Gewindeeinsätze aus Kunststoff, *Kunststoffe* **89** (1999) 5, S. 72/79

10 Rippenkonstruktionen

Rippen sind ein effizientes Gestaltungselement, um die Steifigkeit und Tragfähigkeit biege- oder torsionsbeanspruchter Bauteile zu erhöhen. Wanddicken können gering gehalten, Werkstoff gespart und beim Spritzgießen Fertigungskosten gesenkt werden. Andererseits widersprechen sich gerade bei Rippenkonstruktionen fertigungsgerechte und beanspruchungsgerechte Gesichtspunkte oft diametral.

10.1 Vergleich mit anderen Versteifungsmaßnahmen

Die Biegesteifigkeit einer Platte ist nach Gl. (10.1) einerseits über den Elastizitätsmodul des Werkstoffs andererseits über das Flächenträgheitsmoment des Querschnitts zu beeinflussen.

$$D = \frac{E \cdot s^3}{12\,(1 - \mu^2)} \tag{10.1}$$

Darin ist:

s = Plattendicke
μ = Querkontraktionszahl

Im Einzelnen bieten sich demnach folgende Möglichkeiten zur Steifigkeitserhöhung an (s. a. Abschnitt 6.2):

- Erhöhung des Elastizitätsmoduls
- Vergrößerung der Wanddicke
- Anbringen von Sicken oder Wölbungen
- Aufsetzen von Rippen

10.1.1 Erhöhung des Elastizitätsmoduls

Insbesondere durch anorganische, faserförmige Verstärkungsmaterialien (Glas, Kohlenstoff) lassen sich erhebliche Steigerungen der Werkstoffsteifigkeit erzielen (s. a. Abschn. 2.4.3 u. 3.4).

Trotzdem bleibt die steifigkeitserhöhende Wirkung wegen des nur linearen Werkstoffeinflusses entsprechend gering. Um gleich steife Konstruktionen zu erzielen, könnte die Wanddicke beim Wechsel von einem unverstärkten auf einen glasfaserverstärkten Werkstoff üblichen Füllstoffgehalts gemäß Gl. (10.2) lediglich etwa halbiert werden.

$$\frac{s_{\text{unverst}}}{s_{\text{verst}}} = \sqrt[3]{\frac{E_{\text{verst}}}{E_{\text{unverst}}}} \tag{10.2}$$

10.1.2 Vergrößerung der Wanddicke

Da die Wanddicke in der 3. Potenz in die Steifigkeit eingeht, ist eine Wanddickenvergrößerung zwar wesentlich wirkungsvoller als der Wechsel zu einem steiferen Werkstoff. Beim Spritzgießen thermoplastischer Polymerwerkstoffe spricht allerdings die damit verbundene Verlängerung des Spritzgießzyklus gegen diese Maßnahme. Wanddicken größer etwa 8 mm sind ohnedies nur noch in Sonderfällen nach dem Spritzgießverfahren ausführbar.

Bedeutend größere Wanddicken können dagegen nach dem TSG-Verfahren* realisiert werden. Diese Variante des Spritzgießens arbeitet mit einem Treibmittelzusatz im Granulat, das die Thermoplastschmelze im Werkzeug aufschäumen lässt, so dass der Nachdruck durch den Anguss nicht aufgebracht werden muss, sondern durch den Schäumdruck selbst entsteht. Man erhält damit eine sandwichartige Struktur mit kompakter Außenhaut und geschäumtem Kern. Die geeignetste Polymerbasis ist schlagzähes Polystyrol (SB).

Der Zugewinn an Steifigkeit als Folge der größeren Wanddick wird jedoch dadurch wieder etwas geschmälert, dass mit der Werkstoffdichte der Schaumstruktur (0,7 bis 0,9 g/cm^3) auch die Steifigkeit dieser Struktur gegenüber dem Kompaktwerkstoff abnimmt [10.1].

Weitere Varianten des Spritzgießens, mit denen sich dickwandige Sandwichstrukturen herstellen lassen, sind das 2K-Spritzgießen** und die GID-Verfahren***, bei denen ein Spritzaggregat zuerst den Werkstoff für die Außenschichten liefert, und ein zweites Aggregat den Kernwerkstoff. Im Falle des GID-Verfahrens ist diese zweite Komponente ein Gas.

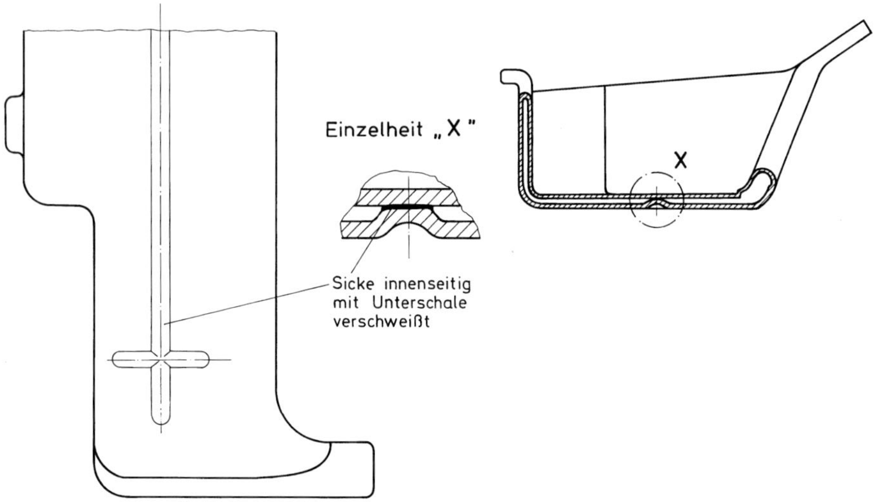

Bild 10.1 Schnitt durch ein blasgeformtes, flächiges Teil mit innenseitiger Verschweißung der eingeprägten Sicken [10.2]

* Thermoplastischer **S**chaum Spritz**g**uss.

** Zwei **K**omponenten Spritzguss.

*** **G**as-**I**nnen**d**ruck-Verfahren.

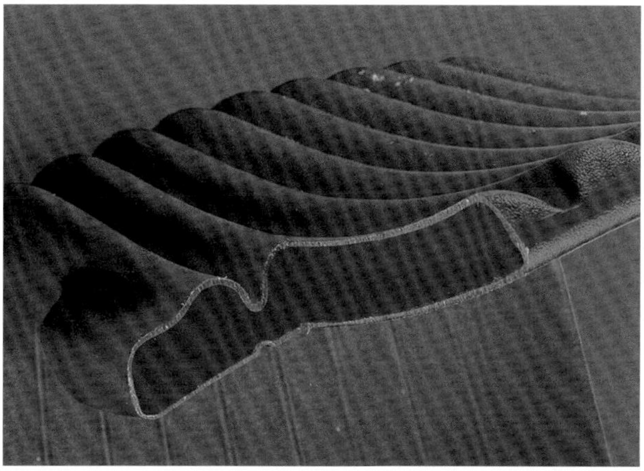

Bild 10.2 Blasgeformte Sitzschale aus PP (1050). Im aufgeschnittenen Segment ist die Versickung und die partielle Verschweißung zu erkennen (Hersteller: Fischer Söhne).

Flächige, doppelwandige Teile lassen sich auch nach dem Blasformverfahren herstellen, indem der Blasvorformling nicht zum Hohlkörper aufgeblasen wird, sondern zu einem schalenförmigen Bauteil, bei dem die beiden Wände zusätzlich partiell miteinander verschweißt werden können. Beispiele hierfür sind Kühlschrankinnenbehälter, Sitzschalen oder die in Bild 10.1 gezeigte Ablageschale in einem PKW. Hinsichtlich des Zähigkeitsverhaltens derartiger Bauteile kann ferner als Vorteil gegenüber einem Spritzgussteil gewertet werden, dass verfahrensbedingt eine Polymerwerkstoff-Type mit hoher relativer Molekülmasse (= hohe Zähigkeit) verwendet werden muss, und das Blasformteil deswegen zäher als ein baugleiches Spritzgussteil ist.

Ein weiteres Beispiel hierfür ist die blasgeformte Sitzschale für einen Kinderstuhl aus PP (Bild 10.2).

10.1.3 Sicken

Eine wesentliche Erhöhung der Bauteilsteifigkeit wird durch Sicken als Versteifungselemente erreicht. Schon eine leichte Bombierung einer Fläche ergibt eine beachtliche Steifigkeitssteigerung; bei aus Plattenhalbzeug thermogeformten Bauteilen oder bei Blasformteilen ist die Versickung ohnedies die einfachste Versteifungsmaßnahme.

Der Steifigkeitsvergleich einer versickten Fläche mit einer verrippten gleicher Abmessung und gleichen Gewichts (Bild 10.3) fällt eindeutig zugunsten der Sickenbauart aus. Ihre Steifigkeit ist um den Faktor 1,8 größer.

Allerdings weist die Sickenbauart gegenüber der Rippenanordnung auch Nachteile auf:

- Die versickte Fläche ist vom Aussehen her wenig ansprechend, es sei denn, die Sicken werden bewusst als Designelement benutzt.
- Beim Spritzgießen ist der Werkzeugaufwand größer; insbesondere nachträgliche Korrekturen der Höhe sind bei der Rippenausführung wesentlich einfacher auszuführen.

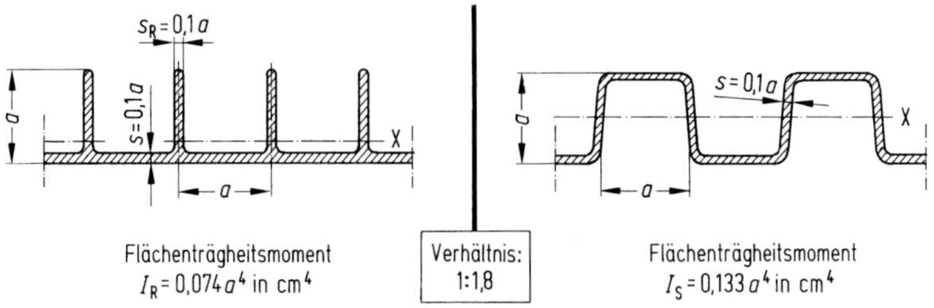

Bild 10.3 Vergleich der Steifigkeiten von verrippter und gesickter Fläche, $I_S = 1{,}8\ I_R$

10.2 Allgemeine Aspekte zur Rippenversteifung

10.2.1 Rippenhöhe

Die versteifende Wirkung einer Rippe wird erst spürbar, wenn die Rippenhöhe h_R ein Mehrfaches der zu versteifenden Wanddicke s beträgt. Generell gilt:

$$h_R = (5 \text{ bis } 10) \cdot s \quad (10.3)$$

Bei zu hohen Rippen besteht die Gefahr des Ausknickens oder Beulens, wie Bild 10.4 bestätigt. Hier sind Versuchsergebnisse an verrippten Plattenstreifen aus schlagzähem Polystyrol mit den Abmessungen 400 × 100 mm^2 und zwei Rippendicken ausgewertet. Die Kurvenverläufe kennzeichnen jeweils den Beulbeginn.

Die Versteifungsrippe kann in ihrem Höhenverlauf über der zu versteifenden Struktur dem Verlauf des Biegemoments angepasst werden, d. h. zu unbelasteten Rändern hin abfallen.

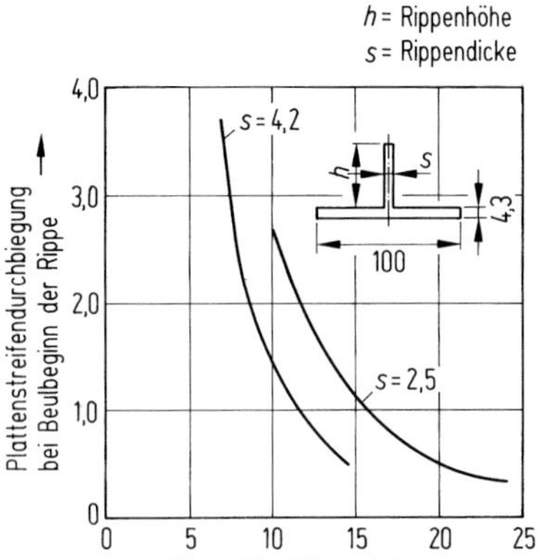

Bild 10.4 Versuchsergebnisse zum Ausbeulen von Rippen unterschiedliche Höhe in Abhängigkeit von der Durchbiegung. Plattenstreifen 400 × 100 mm^2, schlagzähes Polystyrol [10.3].

10.2.2 Rippenlage

Rippen sind auf der auf Zug beanspruchten Seite anzuordnen, und zwar in Richtung des Spannungsvektors.

Quer zur Beanspruchung liegende Rippen sind Querschnittssprünge und wirken als Dehnungsbehinderungen wie Kerben spannungsüberhöhend.

Diese Spannungsüberhöhung kann durch Übergangsradien am Rippenfuß gemildert werden. Das Bild 10.5 zeigt anhand einer FE-Studie den Einfluss des Übergangsradius auf die Spannungsüberhöhung an einem quer zur wirkenden Zugspannung (x-Richtung) laufenden Querschnittssprung, der mit einer quer laufenden Rippe zu vergleichen ist. Dargestellt sind die Mises-Vergleichsspannungen, die bei einem Radius von r = 0,5 mm an der Übergangsstelle den doppelten Wert der anliegenden Spannung annehmen und mit zunehmendem Radius deutlich abklingen.

Bei Spritzgussteilen ist jedoch ein großer Radius am Rippenfuß gleichbedeutend mit einer fertigungstechnisch ungünstige Werkstoffanhäufung (s. a. Abschnitt 10.3).

Auch wenn man unterstellen kann, dass zumindest die duktilen Werkstoffe gefährliche Spannungsüberhöhungen durch lokal begrenzte Fließprozesse abbauen können, sind insbesondere bei dynamisch beanspruchten Bauteilen scharfe Querschnittssprünge tunlichst zu vermeiden.

Bei kompliziert gestalteten Bauteilen ist es ohne Hilfsmittel nahezu unmöglich, die optimale Lage von Rippen vorherzusagen. In der Entwurfsphase bieten sich hierfür numerische Rechenverfahren (z. B. FEM) an, oder optische Messverfahren (z. B. holographische Interferometrie, Moiré-Techniken), wenn bereits ein Modell oder Prototyp vorliegt.

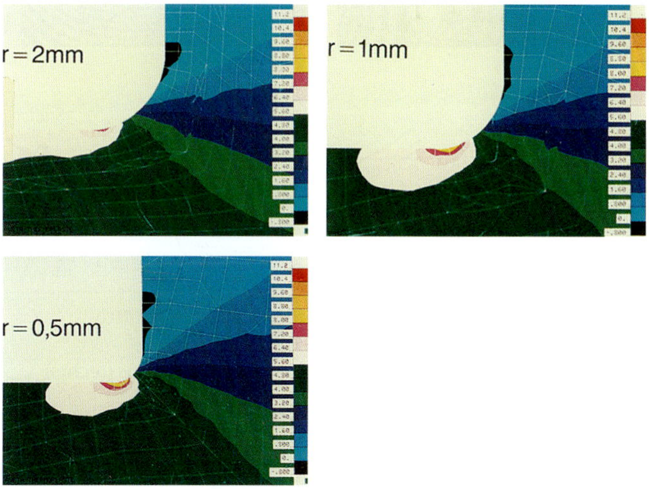

Bild 10.5 Kerbwirkung an einer quer zur Beanspruchungsrichtung laufenden Rippe mit unterschiedlichen Übergangsradien

Für überschaubare Strukturen ist dieser Aufwand nicht nötig: In Bild 10.6 ist ein Ausschnitt eines Gerätedeckels abgebildet, der beim Aufstellen, gegen einen Anschlag gedrückt, im Wesentlichen auf Biegung beansprucht wird. Als versteifende Maßnahme sind über den Anlenkstellen Rippen eingezogen. Zusätzlich sind aber auch zwei Rippen quer dazu angeordnet, wovon insbesondere die erste eine starke Dehnungsbehinderung verursacht, weil sie nahe der Einspannstelle quer zur Biegebeanspruchung verläuft. Kurz oberhalb dieser Rippe beginnt unter Belastung die Rissbildung. Werden die Querrippen entfernt, und der Übergang zum Anlenkauge ausgerundet, ist die spannungsüberhöhende Dehnungsbehinderung beseitigt, wie die holographischen Interferogramme* in Bild 10.7 belegen.

Bild 10.6 Ausschnitt eines an seiner Anlenkstelle verrippten Gerätedeckels

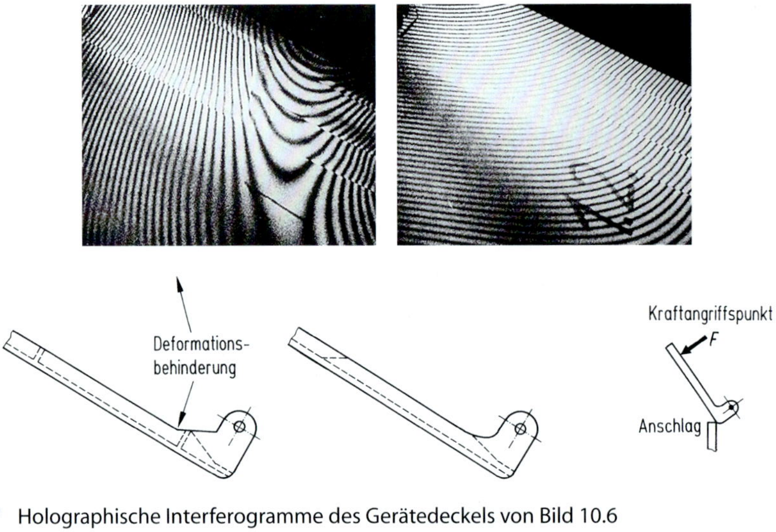

Bild 10.7 Holographische Interferogramme des Gerätedeckels von Bild 10.6 mit Dehnungsbehinderung durch eine Querrippe (links) und nach Entfernen der Rippe und Ausrundung des Übergangs (rechts)

* Mit dem Messverfahren der holographischen Interferometrie können Deformationen im Bereich der halben Wellenlänge des verwendeten Laserlichtes (λ = 514 nm für Argon-Ionen-Laser) sichtbar gemacht werden, indem Interferenzfelder des angestrahlten Objektes in zwei Belastungs- bzw. Verformungszuständen erzeugt werden. Bei einer ersten qualitativen Auswertung deutet ein gleichmäßiges, dichtes Interferenzmuster auf eine gleichmäßige, hohe Deformation hin, während eine plötzliche Vergrößerung der Liniendichte auf eine Dehnungsbehinderung hinweist [10.4 bis 10.6].

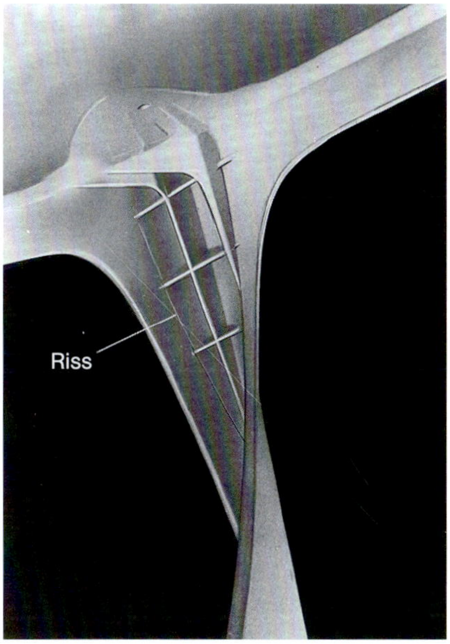

Bild 10.8 Rissbildung an einem Kunststoffstuhl, verursacht durch krasse Übergänge der verrippten Zone zur Wand [10.8]

Verrippte Zonen innerhalb einer größeren Struktur führen als Inseln hoher Steifigkeit an ihren Ufern zu Spannungsspitzen.

An den Rippenenden beginnt gewöhnlich das Versagen durch Rissbildung (Bild 10.8).

10.2.3 Rippenanzahl (Werkstoffaufwand)

Versuchsergebnisse [10.1] und Rechenresultate mit FEM [10.7] bestätigen die Erwartung, dass die Versteifungswirkung etwa linear mit der Rippenanzahl zunimmt. Entscheidend für das Maß der Versteifungswirkung sind neben der Rippenanzahl die Rippenanordnung sowie die Randbedingungen der Einspannung. Die Untersuchungen beziehen sich auf Platten $400 \times 400 \times 4\ mm^3$ und Rippenhöhen von 30 mm bei Rippendicken von 2,7 mm. Als Maß für die Versteifungswirkung wird ein Versteifungsfaktor E'/E definiert, wobei E' für einen fiktiven Modulwert der verrippten Platte steht, der die höhere Bauteilsteifigkeit einer verrippten Platte gegenüber einer unverrippten Platte kennzeichnet.

In Bild 10.9 ist die Versteifungswirkung abzulesen. Über dem Materialaufwand, das ist das Gewichtsverhältnis von verrippter Platte zur Platte ohne Rippen, sind in diesem Bild für verschiedene Rippenanordnungen die erreichbaren Versteifungsfaktoren bei weich aufliegenden* Plattenrändern aufgetragen.

* Bei weicher Auflage liegen die Plattenränder mit Ausnahme der Ecken frei auf einer starren Unterlage.

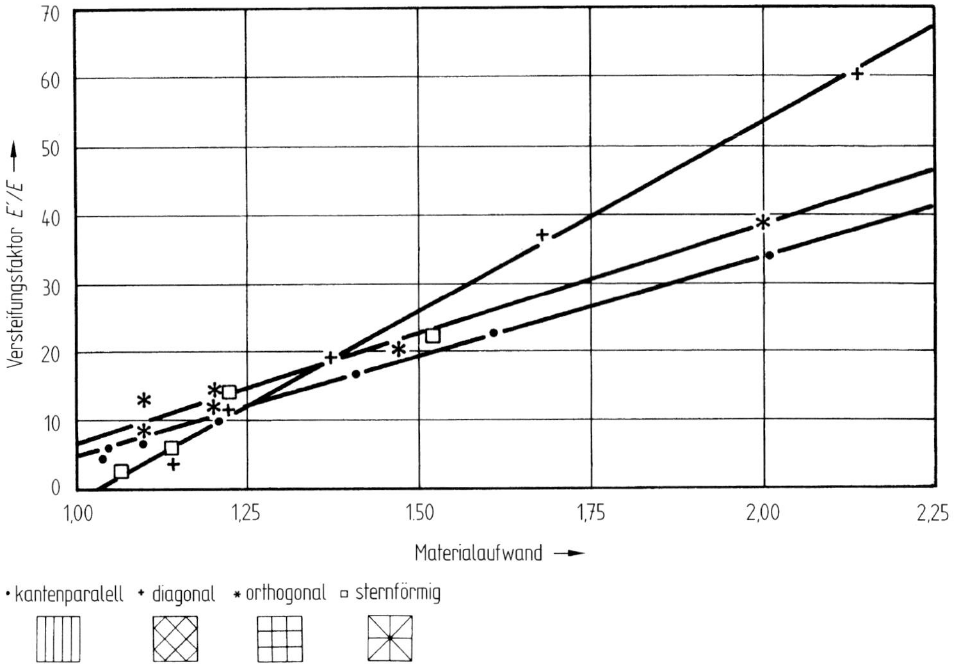

Bild 10.9 Versteifungsfaktor von verrippten Platten unter Flächenlast bei frei aufliegenden Plattenrändern. Die Plattenecken sind als eingespannt angenommen [10.7]. (Bezugsgröße für den Versteifungsfaktor ist die Steifigkeit der unverrippten, weich gelagerten Platte.)

Während bei geringem Materialaufwand d. h. geringer Rippenanzahl kein signifikanter Unterschied der Versteifungswirkung zwischen den Rippenanordnungen besteht, erweist sich bei engmaschiger Verrippung die diagonale Anordnung am vorteilhaftesten.

Anders stellt sich die Versteifungwirkung bei ideal fester Einspannung der Plattenränder dar (Bild 10.10).

Hier verhält sich die kantenparallel verrippte Platte gegenüber der diagonalverrippten günstiger.

Bei einem quantitativen Vergleich der Ergebnisse von Bild 10.9 mit Bild 10.10 ist zu beachten, dass die Durchbiegung der fest eingespannten Platte gegenüber der frei aufliegenden bereits in unverripptem Zustand etwa 3,2 mal geringer ist. Für einen direkten Steifigkeitsvergleich müssen also die Ergebnisse von Bild 10.10 mit dem Faktor 3,2 multipliziert werden.

Da die Versteifungswirkung stetig mit dem Verrippungsaufwand zunimmt, erscheint eine engmaschige Verrippung besonders lohnend.

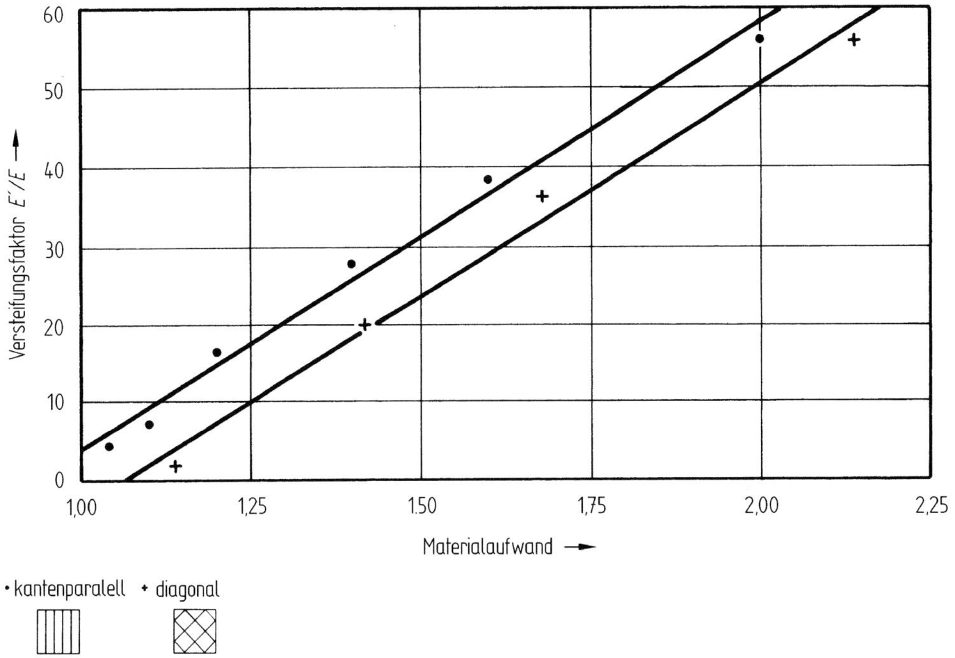

Bild 10.10 Versteifungsfaktor von verrippten Platten unter Flächenlast bei allseitig fest eingespannten Plattenrändern [10.7].
(Bezugsgröße für den Versteifungsfaktor ist die Steifigkeit der unverrippten, fest eingespannten Platte.)

10.2.4 Einspannung

Die Bilder 10.9 und 10.10 kennzeichnen mit der weichen bzw. ideal festen Einspannung die untere bzw. obere Grenze. Bei realen Bauteilen liegen die Verhältnisse meist dazwischen. Außerdem ist die „verrippte Platte“ im Allgemeinen nur ein Bestandteil des gesamten Bauteils und die Einspannbedingungen werden durch dessen Gestalt festgelegt. Hinweise auf den Einfluss verschiedener Einspannbedingungen gibt Bild 10.11. Als „Druckbehälter“ wird hier eine Einspannung zwischen hohen und steifen Wänden bezeichnet, und Tischplatte bedeutet eine feste Auflage nur an den vier Ecken.

Damit die Einspannung überhaupt wirksam werden kann, müssen die Rippen selbstverständlich bis an den Rand geführt und daran angebunden werden. Bild 10.12 zeigt ein schlechtes Beispiel.

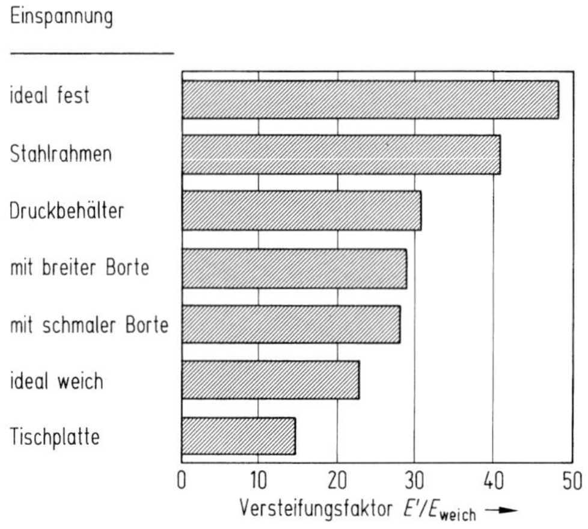

Bild 10.11 Einfluss verschiedener Einspannbedingungen auf die Versteifungswirkung einer diagonal verrippten Platte (Verrippungsaufwand 1,4), bezogen auf die unverrippte, weich eingespannte Platte [10.7]

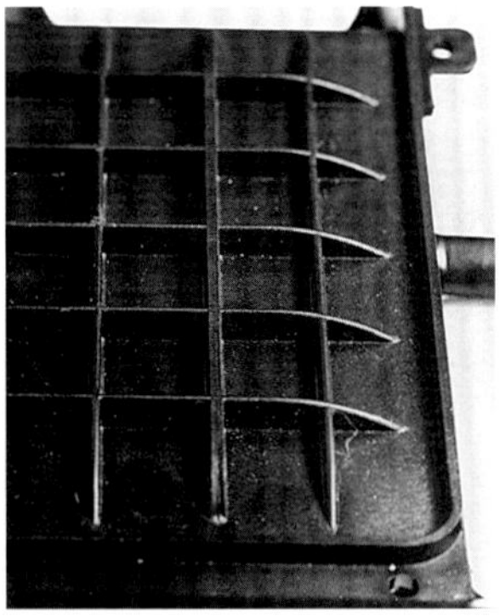

Bild 10.12 Die Rippen sollten an den umlaufenden Rand angebunden werden

10.3 Gestaltungsregeln für spritzgegossene Verrippungen

10.3.1 Rippendicke

Hinsichtlich einer angestrebten Steifigkeitsmaximierung sollten die Rippen möglichst dick und die Wand dünn ausgeführt werden. Dies widerspricht aber der Forderung nach einem guten optischen Eindruck einer glatten Oberfläche ohne Einfallstellen, und es kann zu Füllproblemen beim Spritzgießen führen. Fertigungsgerecht muss deshalb der flächige Bodenteil dicker und die aufgesetzten Rippen dünner ausgeführt werden. Es gilt die gängige Regel:

$$s_R \approx (0{,}5 \text{ bis } 0{,}7) \cdot s \tag{10.4}$$

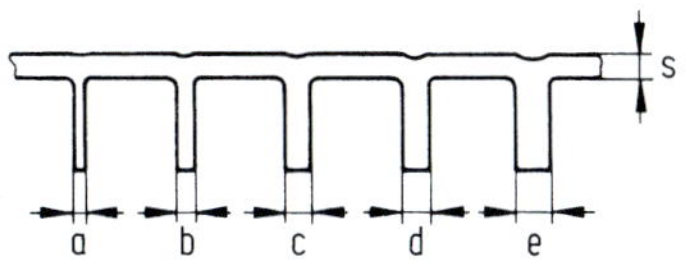

	a	b	c	d	e
Rippendicke in mm	0,5 *s*	0,75 *s*	1 *s*	1,25 *s*	1,5 *s*
Tiefe der Einfallstellen in µm	1,0	1,0	2,0	6,5	7,0

Bild 10.13 Messergebnisse der Einfallstellentiefe bei unterschiedlichem Rippen-/Wanddicken-Verhältnis. Werkstoff: PBT-GK (B 4300 K4).

Dies wird durch die Versuchsergebnisse in Bild 10.13 bestätigt, wo die Tiefe von Einfallstellen bei unterschiedlicher Rippendicke angegeben ist. Die Versuchsteile wurden aus glaskugelgefülltem PBT in einem Testwerkzeug gefertigt. Man erkennt, dass selbst bei $s_R = 0{,}5$ s noch eine geringe Vertiefung registriert wird, die jedoch kaum mehr zu erkennen sein wird.

Polymerwerkstoffe mit hoher Verarbeitungsschwindung (z. B. PP) sind in Bezug auf Einfallstellen erwartungsgemäß noch kritischer.

Weitere Möglichkeiten zur Reduzierung von Einfallstellen sind über Maßnahmen am Spritzgießwerkzeug gegeben (s. Abschnitt 7.2).

Aus dem Gesichtspunkt des guten optischen Eindrucks einer verrippten Fläche sollten eher viele aber dafür dünne Rippen aufgesetzt werden.

10.3.2 Kühlzeit

Auch im Sinne kurzer Kühlzeiten ist eine dünne Rippe anzustreben. Bild 10.14 belegt, wie der Kontrollkreisdurchmesser – als Maß für die maximale Wanddicke – zunimmt, und damit die Kühlzeit erhöht, wenn Rippendicke oder Rundungsradius am Rippenfuß variiert werden.

Ein kerbspannungsmildernder Übergangsradius ist demnach im fertigungsgerechten Sinne nachteilig.

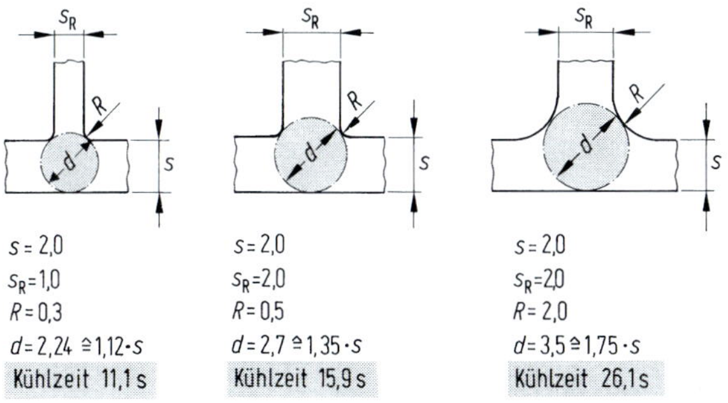

Bild 10.14 Einfluss von Rippendicke und Rundungsradius auf die Abkühlzeit eines verrippten Spritzgussteils. Der Durchmesser des Kontrollkreises gibt die größte abzukühlende Wanddicke an.

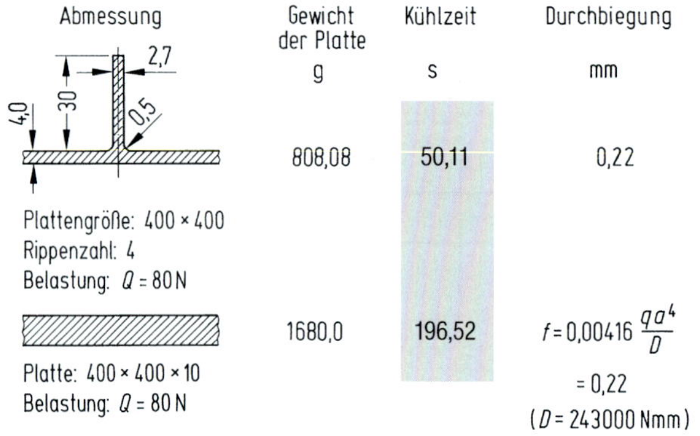

Bild 10.15 Kühlzeiten von Platten gleicher Steifigkeit aus SB (E = 2 450 MPa)

Es ist abzuwägen, ob die jeweils vorliegende Beanspruchung einen Radius erforderlich macht, oder ob die wirtschaftlichere Lösung mit einem kleineren Radius tragbar erscheint.

Wie entscheidend jedoch grundsätzlich eine Verrippung gegenüber einer gleich steifen unverrippten Struktur die wirtschaftliche Herstellung beeinflusst, geht aus Bild 10.15 hervor. Letztere benötigt nahezu die vierfache Kühlzeit!

10.3.3 Anspritzrichtung

Die Festigkeits- und Steifigkeitsanisotropie von glasfaserverstärkten Polymerwerkstoffen bedingt unterschiedliches Verhalten einer verrippten Struktur, je nach Formfüllrichtung und damit nach Orientierungsrichtung der Glasfasern in der Rippe (s. a. Abschnitt 7.1.1).

Selbst im Idealfall der Längsanströmung einer Rippe nimmt die Faserorientierung einen Winkel zur Längsachse der Rippe ein. Dieser Neigungswinkel ist abhängig vom Verhältnis des Fließwiderstandes in der Platte zur Rippe, somit vom Verhältnis von Platten- zu Rippendicke. Je dünner die Rippe im Vergleich zur Platte ist, desto größer ist der Neigungswinkel (Bild 10.16) und umso mehr weicht die Orientierungsrichtung von der beanspruchungsgerechten Richtung ab. Daraus folgt, dass mit abnehmender relativen Rippendicke die Biegefestigkeit und Biegesteifigkeit ebenfalls abnimmt. Mit sehr dünnen Rippen auf einer dicken Fläche kann deswegen der Verstärkungseffekt durch Fasern nicht voll ausgeschöpft werden (s. a. Bild 7.9, Anisotropiefaktoren).

Die experimentellen Befunde von Bild 10.16 werden durch eine numerische Füllbildsimulation (Bild 10.17) bestätigt, die zeigt, dass die Fließfront in einer Rippe mit $s_R = s$ etwa gleichzeitig mit der in der Platte fortschreitet (oben). Die Fasern an der Oberfläche werden also in Rippenrichtung orientiert.

Bei $s_R = 0{,}5\,s$ hingegen hängt die Fließfront in der dünneren Rippe zurück mit der Folge, dass die Faserrichtung einen Winkel zur Rippenlängsachse einnimmt (Mitte).

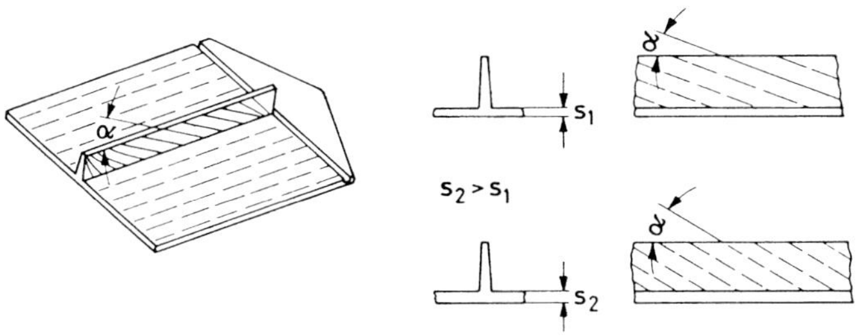

Bild 10.16 Schematische Darstellung der Glasfaserorientierung an der Oberfläche von längs angeströmten Rippen [10.9]

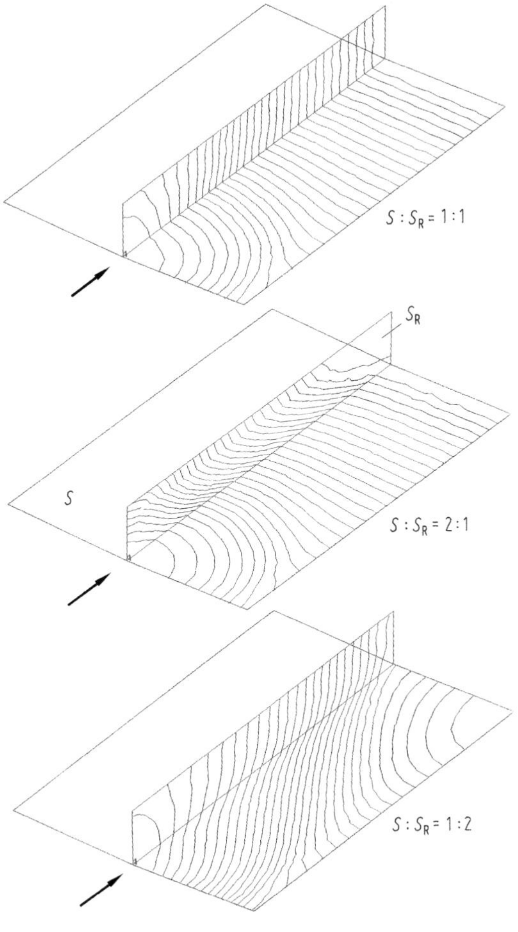

Bild 10.17 Füllstudien an längs angeströmten (Anguss →) Rippen mit unterschiedlichen Wanddicken-/Rippendicken-Verhältnissen. Die Fließfront-Isochronen sind der besseren Übersicht wegen auf der hinteren Plattenseite ausgeblendet.
Die Fasern richten sich an der Oberfläche senkrecht zur Fließfront aus.

10.3.4 Rippenkreuzungspunkte (Knoten)

Auch die Gestaltung von Rippenkreuzungspunkten ist fertigungsgerecht und beanspruchungsgerecht nicht vollständig miteinander vereinbar. Zur Steifigkeitsmaximierung darf der Kraftfluss durch die Knoten nicht unterbrochen werden. Unter diesem Aspekt ist die Ausführung in Bild 10.18 links die günstigste, wenn die in den Knotenpunkten unter Belastung auftretenden Kerbspannungen (Dehnungsbehinderungen) ertragbar gehalten werden. Eine ungünstige Faserorientierung kann auch hier schadensverursachend werden. Die Rippenkreuzungen müssen deswegen zumindest mäßig ausgerundet werden. Mit einem relativen Rundungsradius von $R/s_R = 0{,}5$ kann etwa 90 % einer stoßartigen Belastung, bei $R/s_R = 0{,}2$ etwa 80 % bezogen auf $R/s_R = 1$ ertragen werden [10.11] (s. a. Bild 10.5).

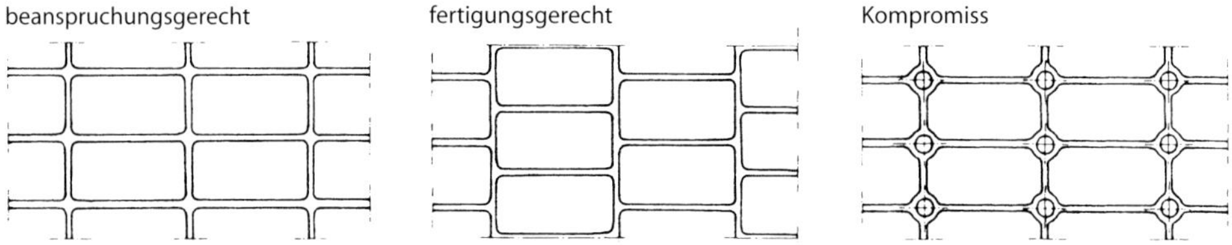

Bild 10.18 Gestaltungsvarianten von Rippenkreuzungen [10.10]
links: beanspruchungsgerecht mit durchgehendem Rippenverlauf
Mitte: fertigungsgerecht mit versetzten Rippen
rechts: Kompromiss mit Ausnehmungen in den Knoten

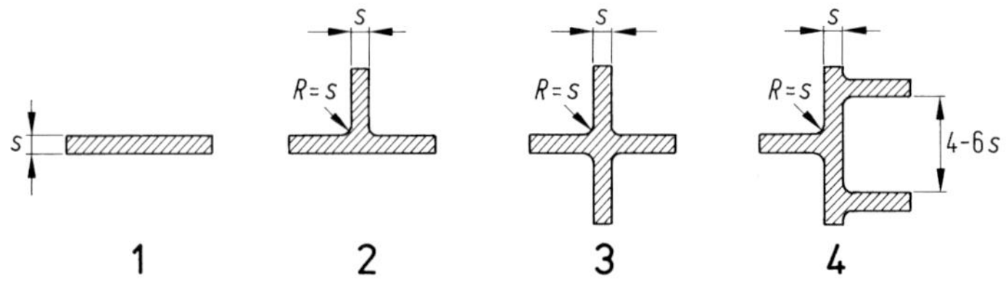

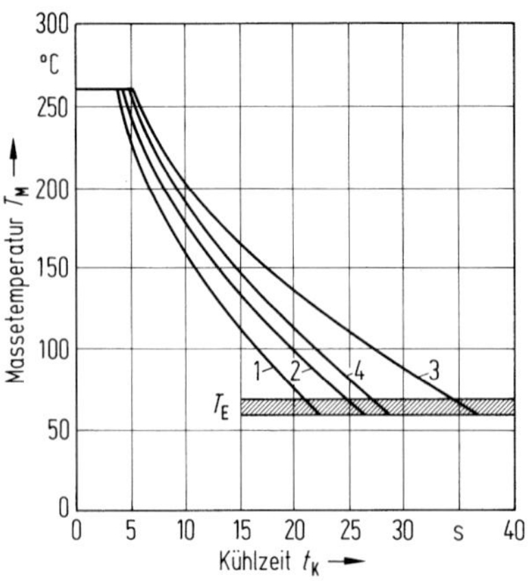

Bild 10.19 Abkühlkurven verschiedener Rippenanbindungen
T_M = Massetemperatur
T_E = Entformungstemperatur

Derartige Knotenpunkte stellen jedoch Werkstoffanhäufungen dar, die die Kühlzeit verlängern, was deutlich aus den Abkühlkurven in Bild 10.19 (3) hervorgeht. Danach verhält sich eine versetzte Rippenanordnung deutlich besser; wegen des unterbrochenen Kraftflusses ist aber deren Versteifungswirkung merklich geringer. Der bewährte Kompromiss ist in Bild 10.18 (rechts) dargestellt. Dabei ist Voraussetzung, dass die die Ausnehmungen bildenden Werkzeugkerne gut gekühlt werden. Ferner sollten diese Kerne etwa um 0,3 · *s* in die Bodenwanddicke s eintauchen (s. a. Abschnitt 9.3.2).

Bei faserverstärkten Polymerwerkstoffen ist wiederum die schwächende Wirkung einer eventuellen Anisotropie zu beachten, die sich abhängig vom Formfüllverlauf einstellt.

10.4 Gestaltungsregeln für Rippen nach den GID-Verfahren

Die GID-Verfahren erfordern eine unkonvetionelle Bauteilgestaltung: Wo Gashohlräume entstehen sollen, muss die *Wanddicke groß* sein, denn das Gas sucht sich seinen Weg dorthin, wo die Schmelzetemperatur am größten und damit die Viskosität am niedrigsten ist. Geringste Inhomogenitäten lassen das Gas unkontrolliert vordringen.

Im Gegensatz zum konventionellen Spritzgießen müssen deswegen beim GID-Spritzgießen die Rippen dick und die Wand dünn gestaltet werden, damit das Gas eindeutig in den Rippen geführt wird. Wenn die Grundwanddicke zu groß ist, breitet sich das Gas seitlich der Rippe auch in der Wand aus (Bild 10.20 rechts).

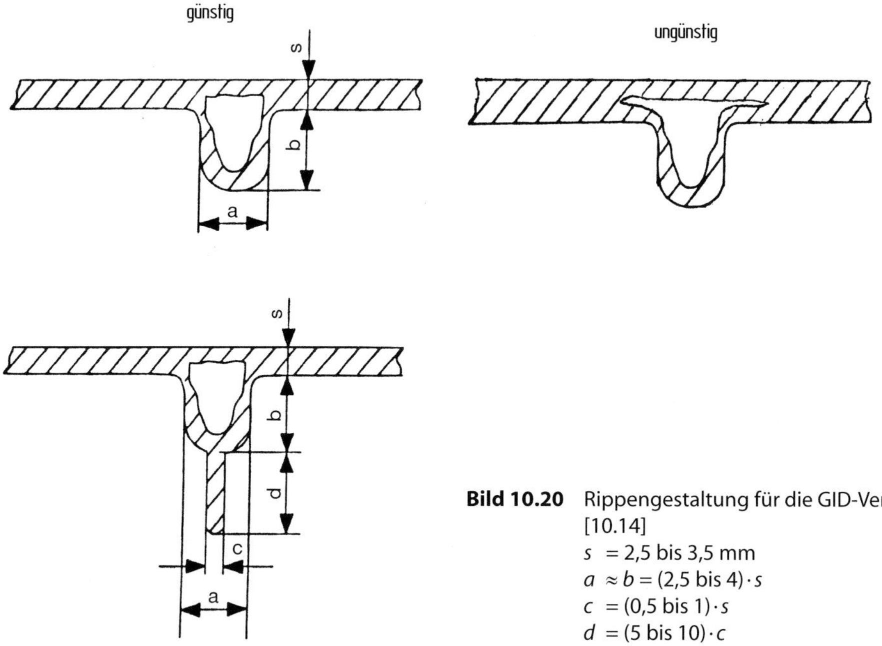

Bild 10.20 Rippengestaltung für die GID-Verfahren [10.14]
s = 2,5 bis 3,5 mm
$a \approx b = (2{,}5 \text{ bis } 4) \cdot s$
$c = (0{,}5 \text{ bis } 1) \cdot s$
$d = (5 \text{ bis } 10) \cdot c$

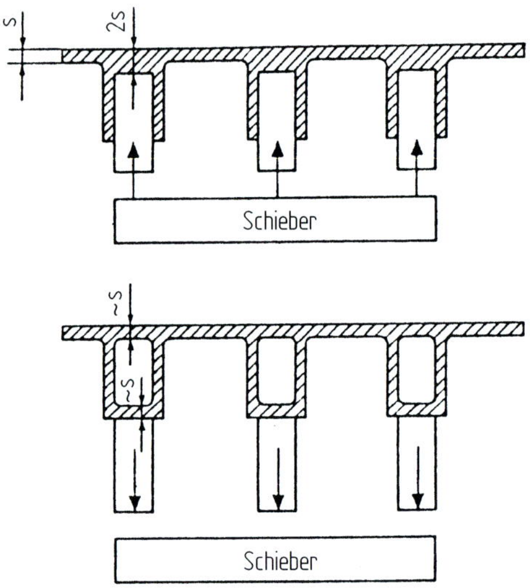

Bild 10.21 Möglichkeit der Rippengestaltung nach dem Kernzug-Verfahren [10.15]

Das Bild 10.20 zeigt zwei bewährte Gestaltungsvarianten, wovon bei der einen auf die GID-Rippe zusätzlich eine konventionelle Rippe aufgesetzt ist, was eine besonders hohe Versteifung ergibt.

Die schematische Darstellung in Bild 10.21 zeigt eine Möglichkeit, Gaskanäle für Rippen nach dem Kernzug-Verfahren herzustellen. Im oberen Bildteil sind die Rippen durch Kerne noch verschlossen; darunter sind die Kerne zurückgezogen, das Gas eingeleitet und die Rippen voll ausgeformt.

Rippenkreuzungen sind nicht möglich, da das Gas an den Kreuzungsstellen nicht eindeutig geführt wird.

10.5 Gestaltungsregeln für blasgeformte Rippen und Sicken

Bei Blasformteilen ist die Gestaltungsfreiheit gegenüber Spritzgussteilen stark eingeschränkt: Der Extruder einer Blasformmaschine liefert einen schlauchförmigen Rohling (Vorformling) mit normalerweise einheitlicher Wanddicke. Dieser Vorformling wird von den beiden sich schließenden Hälften des Blaswerkzeugs umschlossen und in noch plastischem Zustand durch Luftdruck an die Formwand gepresst. So entsteht ein Hohlkörper mit formgetreuer Außenkontur. In Bereichen, in denen der Vorformling beim Aufblasvorgang stärker gedehnt werden muss, wird die Wanddicke des Bauteils entsprechend geringer. Nach dieser Fertigungstechnologie ist deswegen eine Rippenversteifung nur äußerst bedingt möglich; das Ausformen von Sicken ist dagegen in Grenzen machbar.

10.5.1 Blasgeformte Sicken

Erhabene Sicken auf der Formteilaußenwand lassen sich nur in begrenztem Breiten/Tiefen-Verhältnis ausformen, da sonst die Wanddicke beim Dehnen zu dünn wird (Bild 10.22).

Fertigungstechnisch günstiger sind Sicken, die von der Formteilaußenwand nach innen führen.

Während für erstgenannte *Außensicken* ein Grenzwert der Tiefe zur Breite von maximal 1 : 1 gilt, können *Innensicken* im Verhältnis zu ihrer Breite tiefer gestaltet werden. Es ist dann jedoch zu bedenken, dass die Wand infolge des hohen Streckverhältnisses im Übergangsbereich von Sicke zur Wand nicht zu dünn werden darf. Dieser Bereich sollte abgeschrägt (Bild 10.23), mit großem Radius oder parabelförmig ausgebildet sein.

Ebene Flächen werden mit ähnlichen Sickenmustern, wie bei der Blechbearbeitung üblich, versteift. Mit Diagonalsicken wird versucht, eine zweidimensionale Versteifungswirkung zu erzielen; parallele Sicken versteifen dagegen nur einachsig in ihrer Längsausrichtung. Die Versteifungswirkung ist jedoch nicht sonderlich effizient, da bei Diagonalsicken der Knotenpunkt nicht gut ausgeformt werden kann, und Parallelsicken sich quer zu ihrer Ausdehnung biegeweich verhalten (s. a. Abschnitt 6.1). Behälter, die unter Innendruck stehen (z. B. Benzinkanister) werden deswegen besser glattwandig, mit ovalem oder mit flachem Achteckquerschnitt ausgeführt.

Mit einer stufenförmigen Versickung (Bild 10.24) wird eine vergleichsweise wirksame Versteifung in der Ebene erzielt.

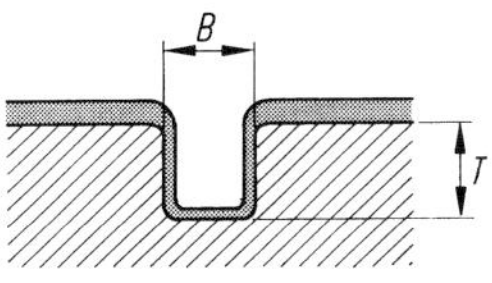

Bild 10.22 Maximales Aufblasverhältnis einer Außensicke und Wanddickenabnahme; $T:B = 1:1$

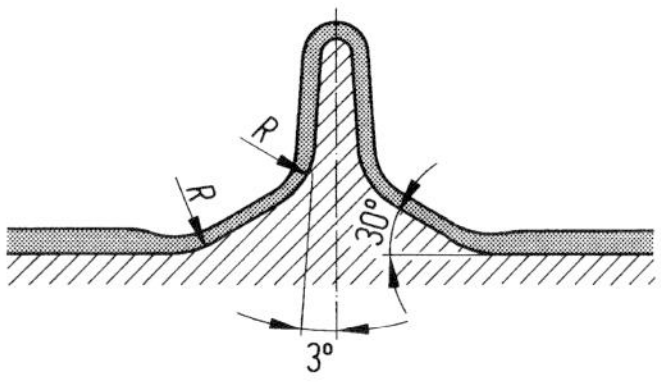

Bild 10.23 Gestaltungsbeispiel für eine Innensicke an einem Blasformteil

Bild 10.24 Stufenförmiges Versickungsmuster zur Versteifung von ebenen Flächen (nach Bührle)

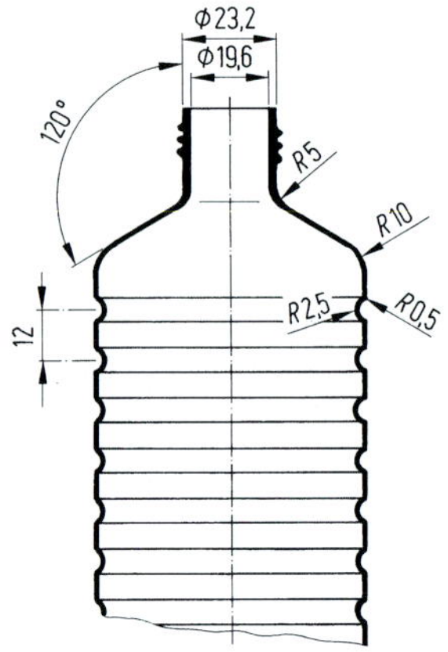

Bild 10.25 Konzentrische Sickenversteifung an einer blasgeformten Flasche mit Rundquerschnitt

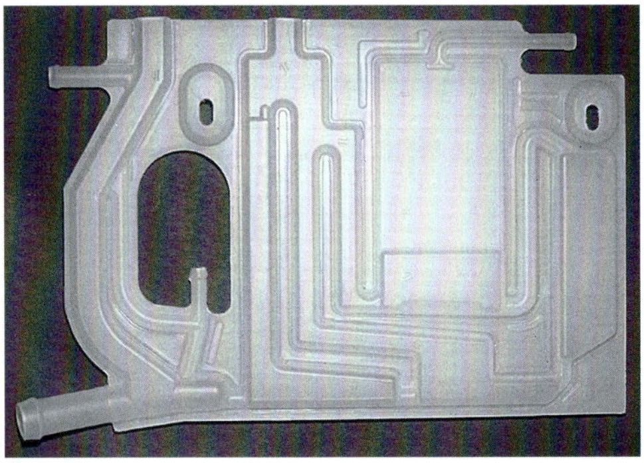

Bild 10.26 Blasgeformtes Röhrensystem aus PP für ein Niveaumessgerät in Waschmaschinen (Hersteller: Fischer Söhne)

Ein *runder Querschnitt* wird, wie dies von Flaschen her bekannt ist (Bild 10.25), durch konzentrische Sicken gegen Innen- und Außendruck versteift.

Bemerkenswert ist auch das Beispiel in Bild 10.26. Es handelt sich um ein blasgeformtes, flaches Teil, das so versickt und stellenweise verschweißt ist, dass nicht nur eine hohe Steifigkeit sondern auch ein Röhrensystem entsteht. Es findet Anwendung als Niveaumessgerät in Waschmaschinen.

10.5.2 Blasgeformte Rippen

Massive Rippen an Blasformteilen können nur über spezielle Formgebung des Vorformlings aufgebracht werden; dies allerdings auch nur an der Formteilinnenseite.

Zum einen kann man die Düsengeometrie so profilieren, dass ein Vorformling mit *innenliegenden Längsrippen* extrudiert wird. Diese Rippen verlieren zwar durch den Blasdruck etwas ihre

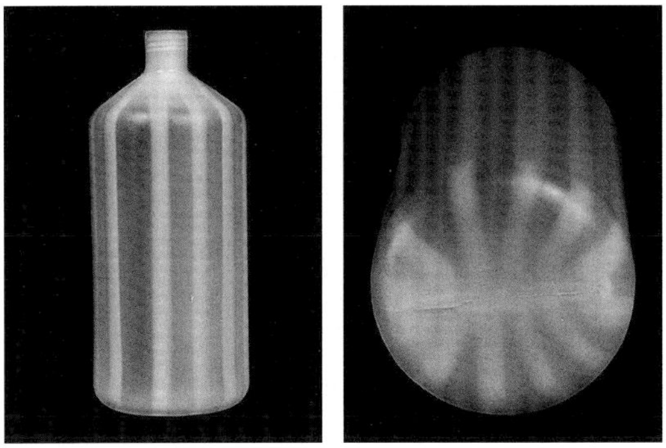

Bild 10.27 Innenliegende Rippen bei einem Blasformteil durch entsprechende Profilierung des Vorformlings [10.12]

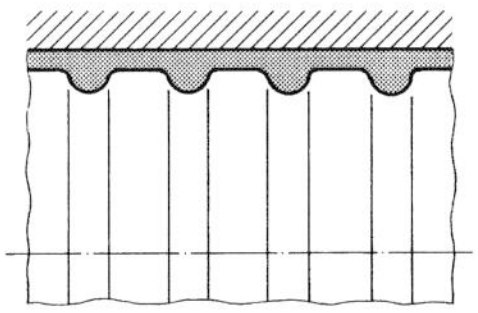

Bild 10.28 Verstärkung des Blasvorformlings durch konzentrische Wanddickenvergrößerung [10.12]

ursprüngliche Kontur, sie bleiben jedoch im Wesentlichen erhalten. Im Bodenbereich ziehen die Quetschkanten des Blaswerkzeugs diese Rippen nach innen zusammen (Bild 10.27). Geht man bei einem derart versteiften Behälter von einer Innendruckbeanspruchung aus, liegen die Rippen allerdings auf der Druckseite.

Andererseits kann man die Wanddicke des Vorformlings auch so steuern, dass durch kurzzeitige, allseitige Vergrößerung des Düsenspaltes *konzentrische Verdickungen* entstehen (Bild 10.28), die zur Versteifung beitragen.*

10.6 Gestaltungsregeln für gepresste Rippen

Die Versteifung flächiger Bauteile aus Duromeren muss sich nach den Verarbeitungstechniken dieser Polymerwerkstoffe ausrichten. Einerseits kann ein Faserverbundwerkstoff bereits durch gezielte Faserorientierung in vorgegebener Richtung verstärkt und versteift werden, andererseits sind den Gestaltungsmöglichkeiten gegenüber dem Thermoplastspritzguss Grenzen gesetzt. Beim Pressen von fließfähigen SMC-Halbzeugen allerdings lassen sich bei quasi isotropen Werkstoffeigenschaften auch erstaunlich dünne und hohe Rippen ausformen.

* Mit der Technik der sogenannten *partiellen Wanddickensteuerung*, wird der Vorformling an diskreten Stellen über eine vorgegebene Strecke hinweg mit einer größeren Wanddicke extrudiert, indem der Düsenspalt entsprechend an dieser Stelle (partiell) vergrößert wird. Man gleicht so Wanddickenunterschiede in Bereichen großer Streckverhältnisse aus.

10.6.1 Handwerkliche Verarbeitung (Handlaminierverfahren)

Zur Versteifung von kleineren Flächen genügt oft schon eine Randgestaltung wie beispielsweise in Bild 10.29 skizziert.

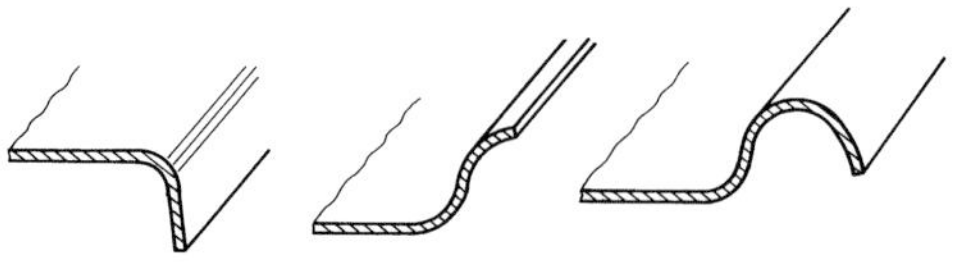

Bild 10.29 Versteifung kleinerer Flächen durch fertigungsgerechte Randgestaltung

Nach den handwerklichen Methoden wird eine Formteilfläche durch Rippen so verstärkt, dass die Fläche zunächst mit einheitlicher Wanddicke laminiert wird und nach der Aushärtung vorgefertigte Rippenprofile z. B. ebenfalls aus GFK, aus Metall, Holz oder Hartschaum aufgelegt werden, die durch Überlaminieren mit der zu versteifenden Fläche fest verbunden werden (Bild 10.30).

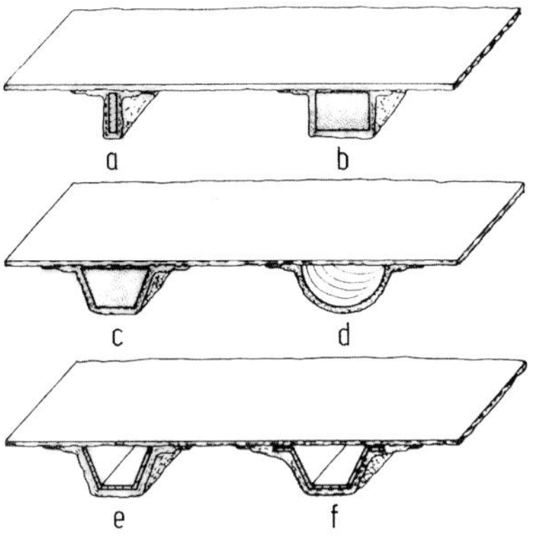

Bild 10.30 Versteifung durch auflaminierte Rippen nach handwerklichen Verfahren [10.13]
a) Holzprofil o. Ä.
b), c) Hartschaumstoffprofil
d) halbiertes Kunststoffrohr
e), f) Metall-, GFK-Profil

10.6.2 Pressverfahren

Beispiele üblicher Randgestaltungen von Pressteilen enthält Bild 10.31.

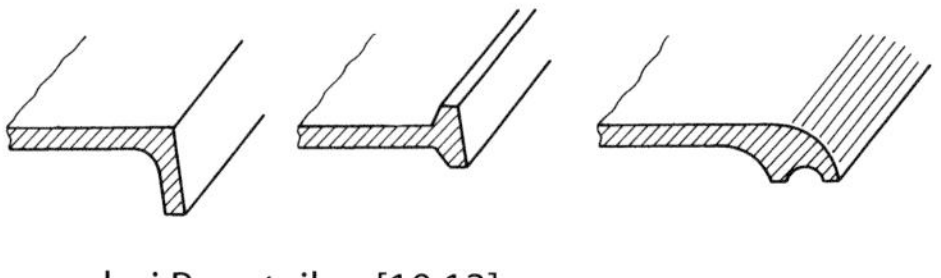

Bild 10.31 Randgestaltungen bei Pressteilen [10.13]

Die mit Glasseidenmatten vorimprägnierten SMC-Halbzeuge (s. Abschnitt 3.3) werden unter den Pressbedingungen im Werkzeug in einem Maße fließfähig, dass rippenbildende Kavitäten mit großen Fließweg/Wanddicken-Verhältnissen ausgepresst werden können.

Bild 10.32 dokumentiert diese gute Fließfähigkeit des SMC am Beispiel der Motorhaube des Citroën BX. Die Rippen mit Wanddicken zwischen 1,5 und 2,1 mm und Höhen um 15 mm sind vollständig gefüllt.

Ein besonderer Vorteil der low profile-Systeme (schrumpfarme bis schrumpffreie Harz-Systeme) liegt darin, dass Materialanhäufungen infolge dicker Rippen so gut wie keine Einfallstellen erzeugen. Ein Wanddickenverhältnis von s_R / s = 1 ist durchaus machbar (Bild 10.33).

Bild 10.32 Verrippung an der Innenseite der Motorhaube aus SMC des Citroën BX

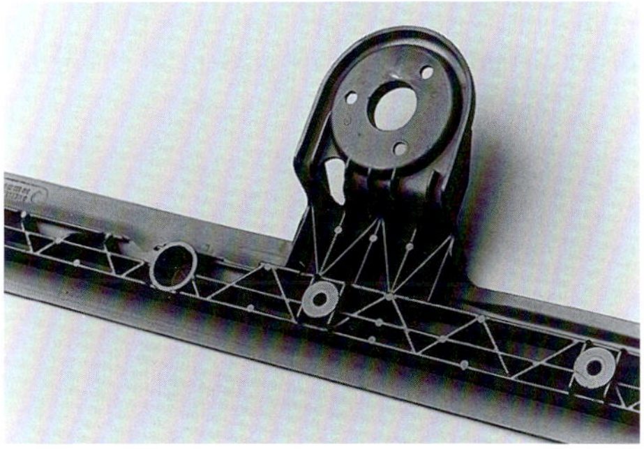

Bild 10.33 Engmaschige, starke Verrippung an einem Scheibenwischerträger aus low profile-SMC für einen DB-LKW (Werkbild: BASF)

Wanddicke:	4,3 bis 4,5 mm
Rippendicke:	4,1 bis 4,3 mm (am Fuß)
Rippenhöhe:	30 mm
Entformungsschräge:	~ 1,2°

Literatur

[10.1] Schmitt, D. und A. Weber: Biegesteife, verrippte Platten sowie Platten mit Schaumstoff-Integralstruktur aus thermoplastischen Kunststoffen aus: Belastungsgrenzen von Kunststoff-Bauteilen, VDI-Verlag, Düsseldorf 1975

[10.2] Ehrenstein, G. W. und G. Erhard: Konstruieren mit Polymerwerkstoffen, Hanser-Verlag, München 1983

[10.3] Mohr, H. und A. Weber: Rippen- und sickenversteifte Kunststoff-Konstruktionen, Konstruktion, Elemente, *Methoden* **11** (1976) 13, S. 79/84

[10.4] Brünings, W.-D., H. Knapp, E. Strickle und D. Müller: Holographische Interferometrie erleichtert das Gestalten beanspruchter Kunststoffteile, *Maschinenmarkt* **88** (1982) 25, S. 457/459

[10.5] Brünings W.-D., H. Knapp, E. Strickle und D. Müller: Optimieren von Bauteilen aus Kunststoffen mit optischen Meßverfahren, *Maschinenmarkt* **88** (1982) 18, S. 307/310

[10.6] Brünings W.-D., H. Knapp, E. Strickle und D. Müller: Optische Meßverfahren zum Untersuchen von Bauteilen aus Kunststoffen, *Maschinenmarkt* **87** (1987) 90, S. 1963/1966

[10.7] Weber, A. und W. Wilhelm: Anisotropie als Prinzip bei der Entwicklung neuer Kunststoffe und bei der Konstruktion von Bauteilen

[10.8] Oehler, G. und A. Weber: Steife Blech- und Kunststoffkonstruktionen, Springer-Verlag, Berlin 1972

[10.9] Delpy, U.: Steifigkeit und Tragfähigkeit spritzgegossener Rippen und rippenversteifter Platten aus glasfaserverstärkten Thermoplasten, *Kunststoffe* **67** (1967) 9, S. 498/502

[10.10] Gemmer, H.: Werkstoffgerechtes Gestalten von Formteilen aus thermoplastischen Kunststoffen, *Plastverarbeiter* **22** (1971) 11, S. 793/799 und *Plastverarbeiter* **23** (1972) 1, S. 12/17

[10.11] Delpy, U.: Zur Tragfähigkeit verrippter Formteile aus glasfaserverstärkten Thermoplasten, *Kunststoffe* **74** (1984) 6, S. 341/344

[10.12] Bührle, H.: Persönliche Mitteilung 1992

[10.13] NN: Gestalten und Konstruieren mit glasfaserverstärktem Leguval, Firmenschrift, Bayer AG 1972

[10.14] Eckardt, H.: Anwendungsbereiche, Möglichkeiten und Grenzen beim Gasinnendruck-Verfahren. Seminar Gasinnendruckverfahren beim Spritzgießen, SKZ Würzburg, 1994

[10.15] Theissig, W.: Anwendung des Gasinnendruckverfahrens für Komponeneten im Automobilbau. Seminar Gasinnendruckverfahren beim Spritzgießen, SKZ Würzburg, 1994

11 Zahnräder

Zahnräder übertragen schlupffrei Bewegungen und Kräfte bzw. Momente. Im Bereich der Feinwerktechnik ist die Übertragung von Bewegungen häufig die wichtigere Aufgabe von Zahntrieben. Dementsprechend kommen auch Sonderverzahnungen, die besonders spielfrei, reibungsarm oder laufruhig arbeiten müssen, zur Anwendung [11.1 bis 11.4]. Der Modul solcher Zahnräder liegt meist unter 1 mm, und die Probleme liegen dann in erster Linie beim Formenbau und bei der maßgenauen Herstellung.* Dieser Problemkreis wird hier weitgehend ausgeklammert. Das derzeit wohl kleinste, konventionell hergestellte Zahnrad** aus Polymerwerkstoff (POM) dient zum Antrieb eines Mittelsekundenzeigers einer Armbanduhr [4.18]. Es wiegt 0,00056 g, hat 8 Zähne und einen Kopfkreisdurchmesser von 1,32 bis 0,01 mm. Das Formnest wurde durch Senkerodieren, und die Elektroden mit Scheibenfräsern hergestellt [11.35].

Dagegen steht bei Zahnrädern im Maschinenbau ($m > 1$ mm) im Allgemeinen die Frage der Kraftübertragung im Vordergrund. Das größte nach der anionischen Polymerisation aus PA 6-Guss einteilig hergestellte Zahnrad mit einer Zähnezahl $z = 76$, einem Modul von $m = 33$ mm misst 2 508 mm im Teilkreis.

Zahnradwerkstoffe

Von den Thermoplasten haben nur solche mit teilkristallinem Gefüge praktische Bedeutung als Zahnradwerkstoffe:

- Polyamide (PA),
- Polyamide, teilaromatisch (PPA),
- Polyoximethylen (POM),
- Polybutylenterephthalat (PBT),
- Hochmolekulares Polyethylen hoher Dichte (PE-HD),
- Polyaryletherketon (PEEK),
- Polyphenylensulfid (PPS),
- Polyurethane (PUR) (thermoplastisch und elastomer).

Die Verstärkung von PA, POM, PBT, PEEK und andere teilkristalline Thermoplaste durch Kurzglas- Aramid- oder Kohlenstoff-Fasern steigert Festigkeit und Elastizitätsmodul dieser Matrixwerkstoffe; Zahnräder aus verstärkten Thermoplasten sind deswegen statisch höher belastbar. Aber auch im dynamischen Betrieb werden höhere Lebensdauern erreicht, insbesondere wenn geschmiert werden kann, oder Matrixwerkstoffe mit reibungsmindernden Zusätzen – das sind im Allgemeinen grob verteilte Partikel aus PE-HD oder PTFE oder

* Das Erudieren ermöglicht auch Werkzeuge für Zahngeometrien herzustellen, die durch mechanische Bearbeitung nicht machbar sind.

** Mit der Microsystemtechnik, der LIGA-Technik oder mit UV-härtenden Photoschichten können heute noch wesentlich kleinere Bauteile hergestellt werden.

feinverteilte niedrigmolekulare Schmierstoffe – verwendet werden. Auch für schnelllaufende Zahnräder oder überwiegend gleitbeanspruchte Zahnradarten (Schrauben-, Schneckenräder) sind sie besser geeignet.

Zahnräder aus Duromeren werden ausschließlich spanend aus Halbzeugen aus Schichtstoffen hergestellt. Infrage kommen vorwiegend:

Hartgewebe, phenolharzgebundene Baumwollgewebelagen, Pressschichtstoffe, phenolharzgebundene Vulkanfiber- oder Buchenholzlagen.

Paarungswerkstoffe

Die höchste Tragfähigkeit und Lebensdauer wird bei Paarung mit Stahlzahnrädern, deren Flanken gehärtet sind, erreicht. Da das treibende Ritzel stets einer höheren Verschleißbeanspruchung ausgesetzt ist, wird Stahl als Ritzelwerkstoff gewählt. Bei Paarung Polymerwerkstoff/Polymerwerkstoff wird für das Ritzel der verschleißfestere Werkstoff verwendet, vgl. Abschnitt 4.7.2.

Schmierung

Grundsätzlich ist ein schmierungsfreier Betrieb von Polymerwerkstoffzahnrädern möglich; durch Schmieren mit *Öl* kann jedoch die Tragfähigkeit und Lebensdauer erheblich erhöht werden, da eine Ölschmierung außer verringerter Reibung und reduziertem Verschleiß auch eine bessere Wärmeabfuhr bewirkt. Die Zahnradwerkstoffe sind mit Schmierölen auf Mineralölbasis gut verträglich. Auch gegen Fette dieser Art bestehen keine Bedenken. Die Tabelle 11.1 enthält Richtwerte für obere Grenzwerte der Öltemperatur.

In feinwerktechnischen Getrieben, wo mit geringsten Ölmengen eine möglichst langzeitige Schmierwirkung erzielt werden soll, werden auch Beeinflussungen des Polymerwerkstoffs auf das Schmiermittel beobachtet. Die Befunde von entsprechenden Beständigkeitsuntersuchungen sind vorzeitiges Verharzen, Gelieren, Änderung des Stabilisatoren-Inhibitoren-Gleichgewichts mancher Öle. Spezielle synthetische Öle haben sich als besonders unempfindlich gezeigt [11.13–11.14].

Fettschmierung bringt bereits als einmalige Schmierung beim Einbau eine Steigerung der Lebensdauer. Die Umfangsgeschwindigkeit eines fettgeschmierten Zahnrades ist auf max. 4 m/s zu beschränken, da darüber das Schmiermittel im Allgemeinen von den Zahnflanken weggeschleudert wird. In [11.15] wird von fettgeschmierten Maschinenelementen berichtet, die in staubhaltiger Umgebung betrieben wurden. Dabei hat sich Fett und Staub zu einer verschleißfördernden „Schmirgelpaste" verbunden.

Tabelle 11.1 Richtwerte für die Temperaturgrenze der Anwendung einiger polymerer Zahnradwerkstoffe in Kontakt mit Öl über 1 000 h nach [11.33]

Grenztemperatur in °C bei Kontakt mit Schmieröl legiert (API-SE)	PA 66 hitzestabilisiert (A4H)	PA 66 wärmestabilisiert (A3W), PBT (B 4550)	PA 66 stabilisiert (A3K), POM (H2320)	PA 66-GF hitzestabilisiert (A3HG5)	PA/PE (A3R), PE-HD (5261Z)
	120	110	100	150	< 60

Wasser oder *Ölemulsionen* können im eigentlichen Sinne nicht als Schmiermittel, sondern eher als Kühlmittel bezeichnet werden. So ist die in [11.5] nachgewiesene Erhöhung der Tragfähigkeit und Lebensdauer von Stirnrädern aus PA und POM, die in Ölemulsionen betrieben wurden, eher auf eine stärkere Kühlung zurückzuführen als auf Schmierung. Allerdings kann ein Schmiereffekt und eine Verschleißreduzierung dann erzielt werden, wenn die Oberflächenrauheit der gepaarten Stahlflanke < 0,3 µm ist (s. a. Bild 4.38). Die Herstellung solcher Zahnräder ist allerdings sehr teuer.

11.1 Berechnung der Zahn- und Flankentemperatur von Stirnrädern

Wenn die funktionsbeeinträchtigende Temperatur dank der Kenntnis der Umgebungsbedingungen bekannt oder leicht einschätzbar ist, kann sie bequem durch Einführen eines entsprechenden temperaturabhängigen Kennwertes in der Festigkeitsrechnung berücksichtigt werden. Schwieriger wird die Beurteilung jedoch, wenn sich die Temperatur des Bauteils während des Betriebs zum Beispiel infolge Reibungswärme oder Werkstoffdämpfung ändert, wie dies bei Zahnrädern, Gleitlagern, Rollen, u. Ä. der Fall ist. Das grundsätzliche Vorgehen bei der Festigkeitsbetrachtung derartiger Maschinenelemente ist Bild 11.1 zu entnehmen.

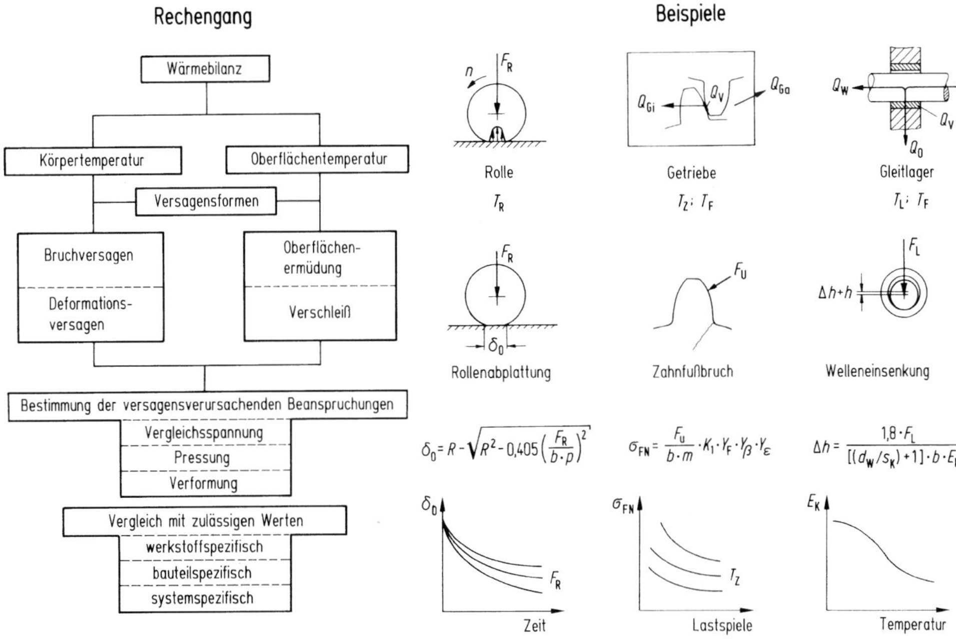

Bild 11.1 Vorgehen bei der Berechnung von Maschinenelementen [5.1]

Zunächst muss eine Wärmebilanz vorangestellt werden, in der die entstehende Verlustwärme mit den Wärmemengen verglichen wird, die aus dem System abgeführt werden können. Unter der Gleichgewichtsbedingung folgt daraus die gesuchte Temperatur. Der Aufwand einer genauen Ermittlung der Temperaturverteilung lohnt in den meisten Fällen nicht, wohl aber muss zwischen einer mittleren Körpertemperatur und einer mittleren Oberflächentemperatur unterschieden werden. Die mittlere Körpertemperatur ist dann für Bruch- und Deformationsversagen zuständig, während die mittlere Oberflächentemperatur für Oberflächenschäden verantwortlich ist. Auf der Basis dieser Temperaturen werden dann die unterschiedlichen Ausfallursachen nacheinander untersucht.

Während des Betriebs einer Zahnradpaarung beruht der Temperaturanstieg auf folgenden Ursachen:

- Bei der dynamischen Belastung der Zähne treten als Folge des viskoelastischen Verformungsverhaltens Hysteresisverluste auf, die größtenteils in Wärme umgewandelt werden.
- Ein Zahnradpaar stellt ein Tribosystem mit Gleit- und Rollreibungsanteilen dar, dessen Reibungsverluste ebenfalls in Wärme umgesetzt werden.

Für die Berechnung der Temperatur eines im Eingriff stehenden Zahnradpaares existieren mehrere theoretische und semiempirische Ansätze unter Zugrundelegung unterschiedlicher physikalischer Modelle.

11.1.1 Blok'sche Blitztemperaturhypothese

Die von Blok vorgeschlagene Berechnung [11.6] beruht auf der Vorstellung, dass sich im Hertz'schen Kontaktbereich eine streifenförmige Wärmequelle als Folge von Reibungsverlusten über die Zahnflanke bewegt. In [11.7] wird auf Basis der Blok'schen Gleichung eine modifizierte Zahlenwertgleichung zur Berechnung von kurzfristigen Temperaturblitzen an Polyamidzahnrädern angegeben. Die jahrelange Erfahrung hat jedoch gezeigt, dass die Anwendung des Blok'schen Verfahrens bei Zahnrädern aus Polymerwerkstoffen nicht besonders geeignet ist. Das Blok'sche Verfahren wird nach DIN 3990 [11.8] zum Berechnen der Fußtragfähigkeit (Warmfressen) von Metallzahnrädern angewendet. Diese typischen Fresserscheinungen werden bei Zahnrädern aus Polymerwerkstoffen jedoch weniger beobachtet.

11.1.2 Temperaturrechnung nach Takanashi

Takanashi berechnet die Verlustwärme aus einem Reibungs- und Verformungsteil [11.9]. Dieses Berechnungsverfahren berücksichtigt die viskoelastische Verformung mit dem Voigt-Modell und berücksichtigt ferner die Reibungszahl als Funktion der Temperatur, der Gleitgeschwindigkeit, der Schmierung und der Werkstoffpaarung. Beide Anteile werden additiv zusammengesetzt:

$$Q_{ges} = Q_R + Q_V \tag{11.1}$$

Der Reibungsanteil wird aus

$$Q_R = \alpha \cdot \frac{1}{427} \cdot f \cdot F_U \cdot \sum_{i=1}^{4} \beta\, i \left|(v_P - v_{St})\right| \cdot t_i \tag{11.2}$$

ermittelt. Darin ist:

$$\alpha = \frac{\sqrt{\lambda_p \cdot \rho_p \cdot c_p \cdot v_p}}{\sqrt{\lambda_p \cdot \rho_p \cdot c_p \cdot v_p} + \sqrt{\lambda_{St} \cdot \rho_{St} \cdot c_{St} \cdot v_{St}}}$$

α kennzeichnet den Wärmeanteil, der auf das Polymerzahnrad übertragen wird.

Es bedeuten ferner:

λ = Wärmeleitfähigkeit in W/mK
ρ = spez. Dichte in kg/m^3
c = spez. Wärmekapazität in kJ/kgK
v = Tangentialgeschwindigkeit in m/s
f = Reibungszahl
F_U = Umfangskraft in N
β = Lastverteilungsfaktor für Zahnräder mit (links) und ohne (rechts) Profilkorrektur [11.8]

ß =

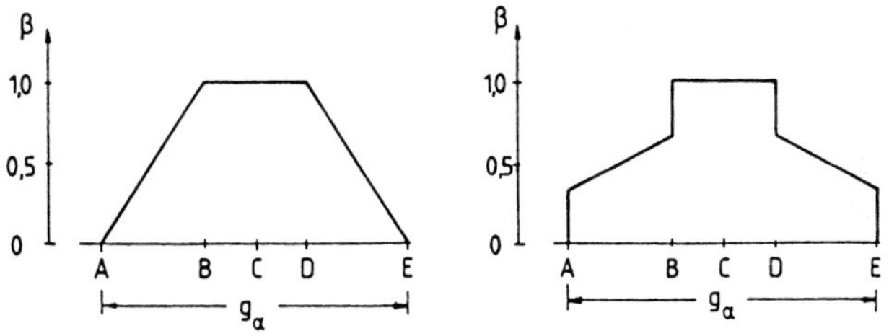

t = Eingriffszeit in s

Indices:
p = Polymerwerkstoff
St = Stahl
i = Teilstrecken A, B, C, D des Lastverteilungsfaktors

Zur Berechnung des Verformungsanteils wird vorgeschlagen, den Zahn als viskoelastisches Feder-Dämpfer-Modell (Voigt-Modell) zu betrachten (Bild 11.2) und Q_V aus der Verlustarbeit zu ermitteln.

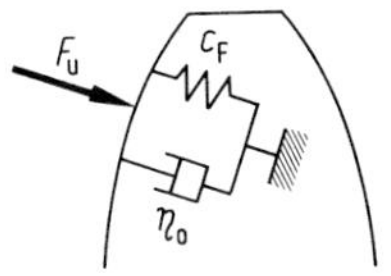

Bild 11.2 Zahn als viskoelastisches Modell [11.9]

$$Q_V = \frac{1}{427} \cdot \frac{F_U^2}{2} \cdot \sum_{i=1}^{4} \cdot \frac{\beta_i^2}{c_{Fi}} \left(1 - e^{-\frac{t_i}{\tau}}\right) \tag{11.3}$$

mit

c_F = Federkennzahl in N/cm
τ = Relaxationszeit in s

Weitere Legende siehe Gl. (11.2).

Die Gleichgewichtstemperatur in den Zähnen kann nun bestimmt werden, wenn neben der im Betrieb entstehenden Wärmemenge Q_{ges} bekannt ist, welche Wärmemenge Q_E von dem rotierenden Zahnrad an die Umgebung abgegeben wird. Diese Wärmemenge kann aus folgender Gleichung (Wärmeübergang nach NEWTON) berechnet werden:

$$Q_E = \alpha_w \cdot A \cdot (T_Z - T_U) \cdot \frac{60}{n} \tag{11.4}$$

Darin ist:

A = die wärmeabgebende Fläche des Zahnrades in cm^2
T_Z = Zahntemperatur in °C
T_U = Umgebungstemperatur in °C
n = Drehzahl in min^{-1}

Zur Bestimmung des Wärmeübergangskoeffizienten α_w wurden Versuche an rotierenden Zahnrädern durchgeführt, deren Ergebnisse in [11.9] wie folgt zusammengefasst werden:

$$\alpha_w = \frac{10 \cdot \lambda_L}{m} \cdot \left(\frac{m}{10 \cdot b}\right)^{0,05} \cdot \left(\frac{m \cdot v}{10 \cdot a}\right)^{0,4} \cdot \left(\frac{1}{\mathrm{Pr}}\right)^{0,4} \tag{11.5}$$

mit

λ_L = Wärmeleitfähigkeit von Luft in cal/cm s K
m = Modul in mm
b = Zahnbreite in mm
v = Umfangsgeschwindigkeit in cm/s
a = Temperaturleitzahl von Luft in cm^2/s
Pr = Prandtl-Kennzahl im Falle von Luft zwischen –50 und 100 °C konstant = 0,71

Aus der Gleichsetzung von Gl. (11.1) und (11.4) folgt schließlich die Zahntemperatur

$$T_z = T_U + \frac{Q_{ges}}{\alpha_w \cdot A} \cdot \frac{n}{60} \tag{11.6}$$

Bei der praktischen Anwendung dieser Beziehung stößt man insbesondere wegen fehlender Werkstoffwerte zur Ermittlung von Q_{ges} auf Schwierigkeiten.

11.1.3 Temperaturrechnung nach Hachmann und Strickle

Die Temperaturberechnung von Hachmann und Strickle basiert ebenfalls auf einer Wärmebilanz [11.10]. Die während des Eingriffs entstehende Wärmemenge Q_1 ist bei stationärem Zustand gleich der Wärmemenge Q_2, die an den Getriebeinnenraum abgegeben wird, und damit gleich der Wärmemenge Q_3, die nach außen durch das Getriebegehäuse abgegeben wird. Die Wärmeabfuhr über die Welle wird nicht berücksichtigt.

Für die entstehende Wärmemenge Q_1 wird die Verlustleistung einer 20°-Nullverzahnung eingeführt. Hierfür wird näherungsweise angesetzt:

$$Q_1 = 3{,}54 \cdot P \cdot f \cdot \frac{i+1}{z_1 + 5\,i} \tag{11.7}$$

P = Leistung in kW
f = Reibungszahl
i = Übersetzungsverhältnis z_1/z_2 = Zähnezahl Ritzel/Zähnezahl Rad

Q_2 ist die Wärmemenge, die vom Zahnrad in den Getriebeinnenraum übergeht:

$$Q_2 = A \cdot \alpha_W \left(T_{z1,z2} - T_i\right) \tag{11.8}$$

mit

A = Wärmeaustauschfläche in m^2
T_z = Zahnradtemperatur in °C
T_i = Temperatur im Getriebeinnern in °C

Da die wärmeaustauschende Oberfläche nicht genau bekannt ist, wird ein experimentell zu bestimmender Faktor k_1 eingeführt:

$$A = k_1 \cdot m \cdot z \cdot b \tag{11.9}$$

und α_w wird über ein Ersatzmodell einer mit der Umfangsgeschwindigkeit v längs angeströmten ebenen Platte von der Länge $m\,\pi$ abgeschätzt:

$$\alpha_W = \frac{1}{20} \cdot \frac{\lambda_L}{m} \left(\frac{v \cdot m}{a}\right)^{0{,}75} \tag{11.10}$$

wobei

λ_L = Wärmeleitzahl von Luft in W/Möglichkeit
m = Modul in mm
v = Umfangsgeschwindigkeit in m/s
a = Temperaturleitzahl von Luft in m^2/s

Die durch das Getriebegehäuse abgeführte Wärmemenge Q_3 wird analog zu Gl. (11.8) berechnet, wobei der Wärmeübergangskoeffizient α_w durch einen experimentell ermittelten Faktor k_3 ersetzt wird.

$$Q_3 = A \cdot k_3 \cdot (T_i - T_U) \tag{11.11}$$

Die Gleichsetzung von Gl. (11.7), (11.8) und (11.11) führt mit $\lambda_L = 0{,}028$ W/mK und $a = 0{,}094$ m²/h zu folgender, leicht handhabbaren Zahlenwertgleichung:

$$T_{z1,z2} = T_U + P \cdot f \cdot 136 \frac{i+1}{z_i + 5\,i}\left(\frac{k_2 \cdot 17\,100}{b \cdot z_{1,2} \cdot (v\,m)^{\frac{3}{4}}} + 7{,}33 \cdot \frac{k_3}{A}\right) \tag{11.12}$$

11.1.4 Vergleich der Temperaturberechnungsverfahren

Der Wärmeübergangskoeffizient α_w des rotierenden Zahnrades an die Umgebung spielt für die Temperaturberechnung eine große Rolle, ist aber eine schwer bestimmbare Größe. Die dafür angegebene Gl. (11.5), die experimentell unterlegt ist, und Gl. (11.10), die auf einer Modellbetrachtung beruht, gleichen sich zwar prinzipiell, unterscheiden sich im Ergebnis aber deutlich (Bild 11.3).

Ein allgemein bewertender Vergleich der angeführten Verfahren wird am besten an einem definierten Zahlenbeispiel durchgeführt, anhand dessen Tendenzen die jeweiligen Ergebnisse verdeutlicht werden.

Hierfür sollen folgende Zahlenwerte gelten:

Stahlritzel	$z_1 = 21$	$x_1 = 0$
PA 6-Rad	$z_2 = 26$	$x_2 = 0$
Modul	$m = 6$ mm	
Eingriffswinkel	$\alpha = 20$ °C	
Zahnbreite	$b = 10$ mm	
	Beispiel 1	Beispiel 2
Reibungszahl	$f = 0{,}2$	$f = 0{,}2$
Umfangskraft	$F_{U1} = 245$ N	$F_{U2} = 134$ N
Drehzahl	$n_1 = 570$ min^{-1}	$n_2 = 1\,040$ min^{-1}

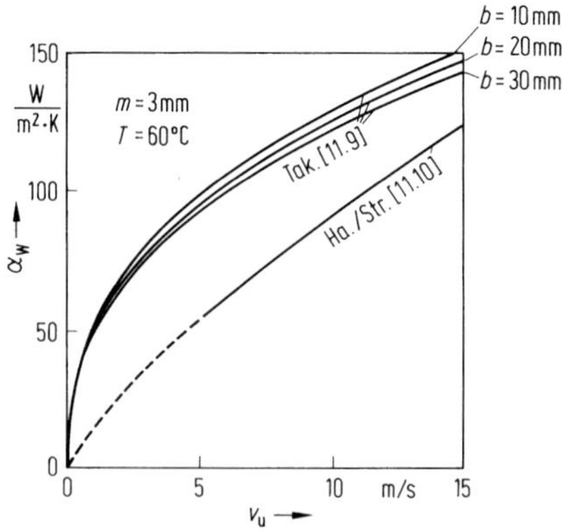

Bild 11.3 Vergleich von nach [11.9] und [11.10] berechneten α_w-Werten

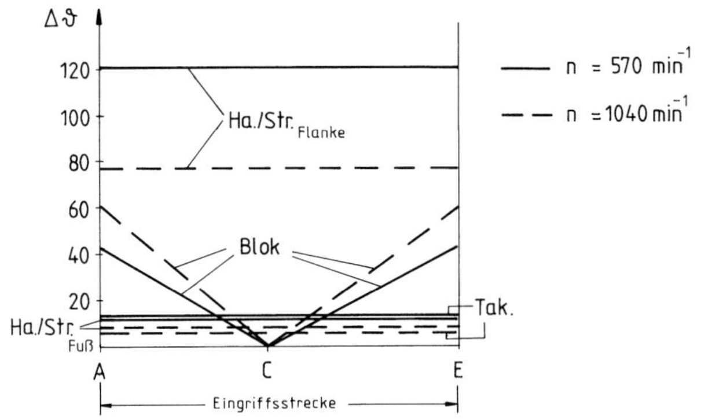

Bild 11.4 Vergleich der verschiedenen Temperatur-Berechnungsverfahren über der Eingriffstrecke [11.12]

Aus der Gegenüberstellung der Rechenergebnisse in Bild 11.4 geht hervor, dass bei dem Berechnungsverfahren nach Blok die Temperaturerhöhung im Wälzpunkt erwartungsgemäß verschwindet, da hier nur Rollreibung auftritt. Es ist jedoch hinlänglich bekannt, dass bei Rädern aus Polymerwerkstoffen gerade in diesem Bereich thermisch induzierte Schäden auftreten.

Bei Übertragung einer konstanten Leistung, jedoch Drehzahlvariation zeigen sowohl die Verfahren von Hachmann und Strickle als auch von Takanashi ein Absinken der Temperatur bei Erhöhung der Drehzahl, wogegen beim Rechengang nach Blok die Temperatur mit zunehmender Drehzahl steigt. Plausibel ist jedoch, dass die Temperatur infolge der geringeren Umfangskraft und des bei höherer Drehzahl vergrößerten Wärmeübergangskoeffizienten absinkt.

Hachmann und Strickle berechnen *sehr hohe Flankentemperaturen.* Häufig ergeben sich Flankentemperaturen, die über dem Schmelzpunkt des Polymerwerkstoffs liegen, obwohl im Prüfstandversuch ein Aufschmelzen nicht beobachtet werden konnte.

11.1.5 Optimierte Temperaturrechnung

Das in der praktischen Konstruktionstechnik bewährte Rechenverfahren nach Hachmann und Strickle wurde in [11.12] und [11.36] hinsichtlich der wichtigsten in Gl. (11.12) einflussnehmenden Parameter experimentell überprüft.

11.1.5.1 Temperaturmessungen an Kunststoff/Stahl-Paarungen nach [11.12]

Mit Temperaturmessungen mittels Thermovisionskamera und Infrarot-Thermometer konnte an Zahnrädern mit $d_0 = 90$ mm der Einfluss von Drehzahl, Getriebeoberfläche, Reibungszahl und Zahnbreite qualitativ und tendenziell gut bestätigt werden.

Darüber hinaus wurden thermische Auswirkungen von Verzahnungs- und Materialfehlern untersucht. Das Bild 11.5 zeigt eindrucksvoll die thermische Auswirkung einer Verzahnungsungenauigkeit. Es konnte bereits nach 5 min Laufzeit eine lokale Temperaturerhöhung

Bild 11.5 Lokale Temperaturerhöhung als Folge einer Verzahnungsungenauigkeit; Temperaturzustand nach 3 h Laufzeit

registriert werden, die als „thermische Unwucht" über die gesamte Lebensdauer des Rades beobachtet wurde. Die Temperaturerhöhung betrug im vorliegenden Fall ca. 10 K. Gleichartige Auswirkungen können von Gefügefehlern, Lunkern etc. ausgehen mit der Folge thermisch induzierten Versagens.

Drehzahl

Der untersuchte Umfangsgeschwindigkeitsbereich lag bei $v = 1$ bis 5 m/s.

Da für Umfangsgeschwindigkeiten von $v \leq 1$ m/s mit Gleichung (11.12) unrealistisch hohe Temperaturen berechnet werden, ist es angezeigt, für $v \leq 1$ m/s den Faktor $k_2 = 0$ zu setzen.

Flankentemperatur

Die quantitative Aussagefähigkeit der Temperaturmessungen ist nach [11.12] einzuschränken. Wegen des begrenzten zeitlich Auflösungsvermögens, der Trägheit der Temperaturmessung am bewegten Objekt und der raschen Abkühlung nach dem Stillstand, kann nicht erwartet werden, dass die wirklichen Zahnfuß- oder gar Zahnflankentemperaturen exakt erfasst werden können. Jedoch stellen die Temperaturmesswerte hilfreiche Relativ-Messzahlen dar. Die Tabelle 11.2 enthält eine repräsentative Auswahl gemessener und berechneter Temperaturwerte. Den Messungen liegen Versuche mit Stahl-Polymerwerkstoff-Paarungen zugrunde.

Die gemessenen Zahnfußtemperaturen liegen zwar stets über den berechneten; eine Korrektur von Gleichung (11.12) liegt jedoch nicht zwingend nahe. Dagegen wird die Zahnflankentemperatur nach Gleichung (11.12) deutlich höher berechnet als gemessen, wobei sich die tatsächliche Flankentemperatur einer exakten Messung entzieht.

Der Rechenwert sollte jedoch allenfalls als *Temperaturkennwert* angesehen werden, da häufig Flankentemperaturen berechnet werden, die über dem Schmelzpunkt des Polymeren liegen, ohne dass im Kontrollversuch ein Anschmelzen der Flanke festgestellt wird. Da die Differenz zwischen Mess- und Rechenwert tendenziell hinreichend linear mit dem Rechenwert zunimmt (Bild 11.6), scheint es gerechtfertigt, den Faktor k_2 zur Berechnung der Flankentemperatur um 30 % zu reduzieren, so dass

$k_2 = 7$ bei der Paarung Stahl/Polymerwerkstoff und
$k_2 = 10$ bei der Paarung Polymerwerkstoff/Polymerwerkstoff

wird.

Tabelle 11.2 Vergleich gemessener mit gerechneten Zahntemperaturen [11.12]

Rechnung n. Gl. (11.12) °C		Messung °C		
$T_{Fuß}$	T_{Flanke}	T_{IR}	$T_{TV\ Fuß}$	$T_{TV\ max}$
33	113	–	40	46
60	380	85	–	–
33	109	–	43	47
43	117	54	–	–
30	70	–	36	40
48	233	70	63	63
47	235	53	53	66
33	110	44	41	46
46	219	62	64	–
46	230	65	60	74
45	232	62	63	70
35	127	–	63	63

T_{IR} = Temperatur mit Infrarot-Thermometer gemessen
$T_{TV\ max}$ = max. Temperatur mit Thermovisionskamera gemessen
$T_{TV\ Fuß}$ = Temperatur am Zahngrund oder Steg mit Thermovisionskamera gemessen

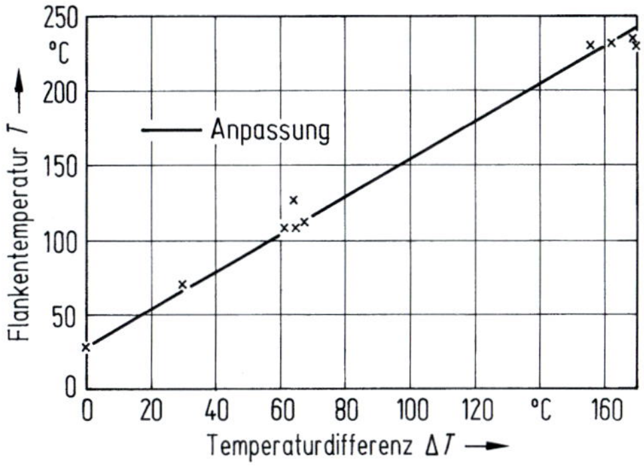

Bild 11.6 Nach Gleichung (11.12) berechnete Flankentemperatur über der Differenz zwischen berechneter und gemessener Temperatur [11.12]

11.1.5.2 Temperaturmessungen an Kunststoff/Kunststoff-Paarungen nach [11.36]

Die Versuche wurden an Zahnrädern mit $d_0 = 17$ mm und 39 mm durchgeführt. Es zeigt sich erstens, dass die Modellannahme der längs angeströmten Platte, Gleichung 11.10, nach der die Temperatur mit steigender Drehzahl abnimmt, ab 6 000 min^{-1} offensichtlich ihre Gültigkeit verliert, und nicht mehr angewendet werden kann. Bei höheren Drehzahlen steigt die Temperatur an. Dies sollte durch eine Änderung des Exponenten 0,75 in Gleichung 11.10 berücksichtigt werden.

Aus den Versuchsergebnissen werden ferner folgende Änderungen vorgeschlagen:

$K_2 = 1{,}5$ bei der Paarung POM/POM
$K_2 = 2{,}2$ bei der Paarung POM/PA
$K_2 = 2{,}3$ bei der Paarung POM/PBT

11.1.5.3 Relative Einschaltdauer

Die relative Einschaltdauer ED wird definiert als

$$\text{ED} = \frac{t}{\tau} \cdot 100 \qquad (11.13)$$

mit

t = Summe der innerhalb der Spieldauer auftretenden Belastungszeiten in min
τ = Spieldauer in min

Um die für die Zahnradpaarung signifikante Spieldauer zu ermitteln, wurde in Analogie zur Gleitlagerberechnung [11.33] die Zeit bis zum einem stationären Temperaturzustand gemessen. Ferner wurde ermittelt, auf wie viel Prozent der stationären Endtemperatur sich ein Zahnrad nach t min. Belastungsdauer erwärmt und daraus ein Faktor gebildet, der den Einfluss der relativen Einschaltdauer bei der Temperaturberechnung erfasst. Dazu wurden Getriebe t_i min lang schrittweise belastet und deren Temperaturverlauf und Endtemperatur registriert. Da zur Auswertung dieses Versuches die Quotienten der Temperaturen bei t und τ min gebildet werden, ist es unbedeutend, ob die gemessenen Temperaturen mit den wirklich auftretenden genau übereinstimmen.

Die Zeit, um in einen annährend thermisch stationären Betriebszustand zu gelangen, wurde in mehreren Versuchen mit ca. 90 min ermittelt. Verkürzt man diese 90 Minuten noch zur sicheren Seite hin, so scheint es gerechtfertigt, als Spieldauer $\tau = 75$ Minuten festzulegen. Jede Belastung, die länger als 75 min dauert, ist demnach als Dauerbetrieb aufzufassen. Bild 11.7 zeigt einige charakteristische Temperaturverläufe bei konstanter Belastung, jedoch unterschiedlich langer Einschaltdauer. Aus der Differenz der jeweils erreichten Endtemperaturen zur Endtemperatur bei stationärem Betrieb (nach 75 min) lässt sich ein Korrekturfaktor f_{ED} formulieren, der die relative Einschaltdauer bei der Temperaturberechnung berücksichtigt (Bild 11.8).

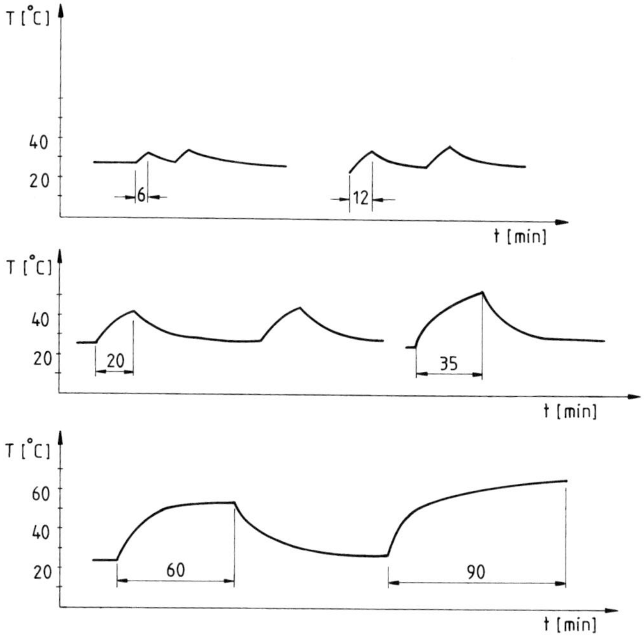

Bild 11.7 Temperaturverläufe in Abhängigkeit der Einschaltdauer [11.12]

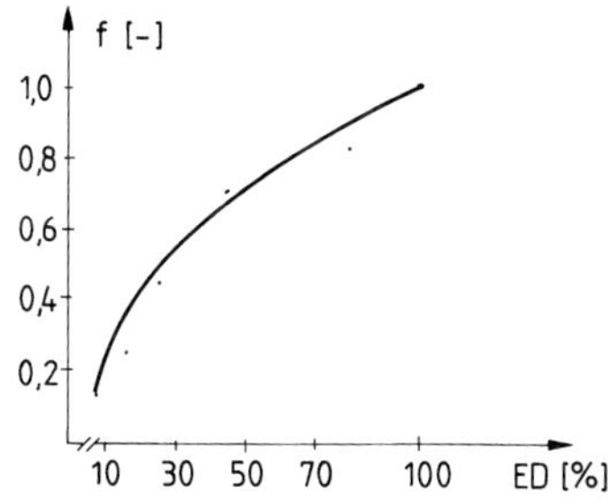

Bild 11.8 Korrekturfaktor in Abhängigkeit der relativen Einschaltdauer zur Ermittlung der Fuß- und Flankentemperatur bei Aussetzbetrieb [11.12]

11.1.5.4 Optimierte Zahlenwertgleichung

Unter Berücksichtigung des bei Aussetzbetrieb die Endtemperatur reduzierenden Einflusses durch den Faktor f_{ED} aus Bild 11.8 und der optimierten Korrekturfaktoren stellt sich die Gleichung zur rechnerischen Abschätzung der Temperaturen bei Stirnradgetrieben mit Rädern aus Polymerwerkstoffen wie folgt dar:

$$T_{z1,\,z2ED} = T_U + f_{ED} \cdot P \cdot f \cdot 136 \frac{i+1}{z_1 + 5\,i} \left(\frac{k_2 \cdot 17\,100}{b \cdot z_{1,2} \cdot (\nu\, m)^{\frac{3}{4}}} + 7{,}33 \cdot \frac{k_3}{A} \right) \tag{11.14}$$

Hierin sind:

T_u = Umgebungstemperatur in °C
P = Leistung in kW
f = Reibungszahl
b = Zahnbreite in mm
i = Übersetzungsverhältnis $i = z_1/z_2$, mit z_1 als Zähnezahl des kleinen Rades
v = Gleitgeschwindigkeit in m/s
m = Modul in mm
A = Oberfläche des Getriebegehäuses in m^2

Mit Gleichung (11.14) kann man – je nach Wahl von k_2 – die Zahnfußtemperatur oder die Flankentemperatur berechnen.

k_2 = 7 für Flankentemperatur bei Paarung St/PA [11.12]
k_2 = 1,0 für Fußtemperatur bei Paarung St/PA [11.10]
k_2 = 2,4 für Fußtemperatur bei Paarung PA/PA [11.10]
k_2 = 1,5 für Flankentemperatur bei Paarung POM/POM und $(v\,m)^{0,4}$ [11.36]
k_2 = 2,2 für Flankentemperatur bei Paarung POM/PA und $(v\,m)^{0,31}$ [11.36]
k_2 = 2,3 für Flankentemperatur bei Paarung POM/PBT und $(v\,m)^{0,56}$ [11.36]
k_2 = 0 bei Ölschmierung [11.10]
k_2 = 0 falls $v \leq 1$ m/s [11.12]

Der Faktor k_3 stellt den Einfluss des Getriebegehäuses dar:

k_3 = 0 völlig offenes Getriebe in m^2 K/W [11.10]
k_3 = 0,043–0,129 für teilweise offenes Getriebe in m^2 K/W [11.10]
k_3 = 0,172 für geschlossenes Getriebe in m^2 K/W [11.10]

Reibungszahlen:

f = 0,04 für Getriebe mit Dauerschmierung [11.10]
f = 0,07 für Getriebe mit Ölnebelschmierung [11.10]
f = 0,09 für einmalige Fettschmierung bei Montage [11.10]
f = 0,2 PA/Stahl [11.10]
f = 0,4 PA/PA [11.10]
f = 0,25 PA/POM [11.10], [11.36]
f = 0,35 PA/PBT [11.10]
f = 0,18 POM/St [11.10]
f = 0,41 POM/POM [11.36]
f = 0,4 POM/PBT [11.36]
f = 0,3 PBT/St [11.10]
f = 0,3 PBT/PBT [11.10]

Die rechnerische Abschätzung der Flankentemperatur ist offensichtlich äußerst problematisch, und die angegebenen Konstanten treffen nur auf die den Versuchen zugrundeliegenden Parameter genau zu.

11.2 Berechnung der Tragfähigkeit

Das Standardschrifttum über die Berechnung von Zahnrädern aus Polymerwerkstoffen [11.10, 11.11, 11.17, 11.33] ist bemüht, sich weitgehend an die DIN 3990 [11.8] anzulehnen, deren Gültigkeit sich auf die Berechnung metallischer Zahnräder bezieht. Dadurch soll eine einheitliche Berechnungsgrundlage geschaffen werden. Das Berechnungsverfahren ist für innen- und außenverzahnte Gerad- und Schrägstirnräder anwendbar.

Die vielfältigen Einflüsse, die auf ein Zahnradgetriebe einwirken können, werden in dieser Norm durch eine Reihe von Einflussfaktoren beschrieben und erfasst, die nach unterschiedlichen Methoden – gekennzeichnet durch A, B, C usw. – bestimmt werden können. Die Methode A ist davon die zutreffendste, aber auch die aufwendigste, da sie mit umfangreichen mathematischen oder messtechnischen Analysen arbeitet.

Die differenzierte Aufspaltung in Einzelfaktoren täuscht aber bei der Berechnung von Zahnrädern aus Polymerwerkstoffen eine nicht erreichbare Genauigkeit vor,

da adäquate Untersuchungen an solchen Zahnrädern zur Feststellung der zulässigen Spannungswerte nicht vorliegen. Es wird deshalb mit der auf die Besonderheiten der Polymerwerkstoffe abgestimmten Methode C gerechnet.

11.2.1 Zahnschäden

Nach Bild 11.1 wird unterschieden zwischen der Berechnung von Volumenschäden (Bruchversagen) und Oberflächenschäden (Ermüdung, Verschleiß). Diese unterschiedlichen Schadenstypen sind auf unterschiedliche Beanspruchungen der Zähne zurückzuführen (Bild 11.9).

Zu Volumenschäden zählen Zahnfußbruch (Bild 11.10), Zahneckbruch und übermäßige Zahndeformation, eine Schadensform, die für die duktilen Werkstoffe typisch ist. Zu den häufigsten Oberflächenermüdungen zählen Grübchen (Pittings) und Ausplatzungen auf der Flanke (Bild 11.11), Verschleiß, angeschmolzene Flanken, Bildung von temperaturinduzierten versprödeten Bezirken und Rissbildung in Wälzkreisnähe mit anschließendem Bruch (Bild 11.12). Während die erstgenannten Schäden bereits von metallischen Zahnrädern bekannt sind, werden insbesondere die beiden letzten Schadensformen nur bei Zahnrädern aus Polymerwerkstoffen beobachtet.

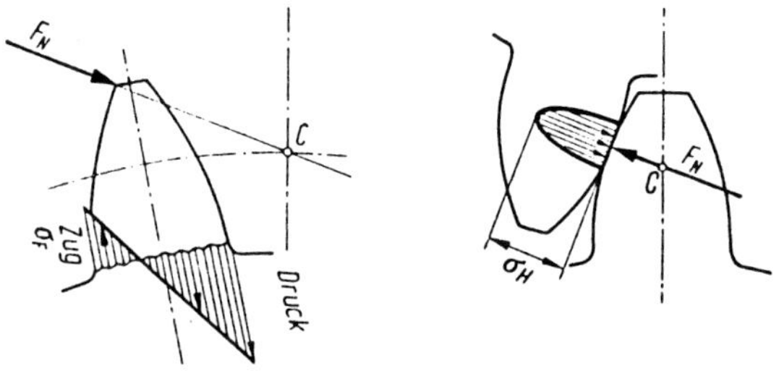

Bild 11.9 Biegebeanspruchung des Zahnfußes (links) und Pressung der Zahnflanken (rechts)

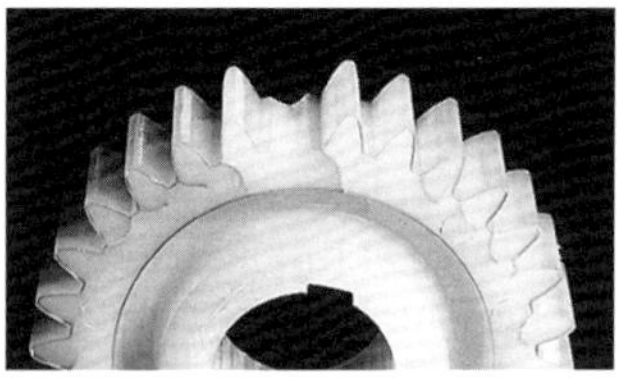

Bild 11.10 Zahnfußbruch

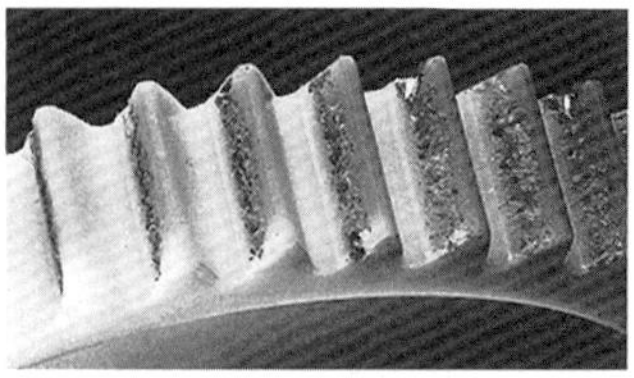

Bild 11.11 Grübchen (Pittings) kurz vor dem Ausfall des Zahnrades [11.20]

Bild 11.12 Von der Zahnflanke ausgehender Riss in Wälzkreisnähe

Tabelle 11.3 Versagensmatrix verschiedener Werkstoffe und Schmierungsarten bei Paarung gegen Stahlzahnräder

Werkstoff	Trocken	Fett	Öl
PA	Flanke, Fuß bei höheren Drehzahlen [11.33]	Flanke	Flanke
$F_t/b = 20$ N/mm $v = 7{,}5$ m/s	Anschmelzen der Zahnflanken [11.34]		
$F_t/b = 15$ N/mm $v = 7{,}5$ m/s	Bruch in Wälzkreisnähe [11.34]		
POM	Flanke [11.33]	Fuß [11.28]	Fuß [11.19]
PBT	Flanke [11.33]	Flanke	Flanke
PEEK	Fuß, Flanke, bei hohen Umgebungstemperaturen Verschleiß		
$F_t/b = 30$ N/mm $v = 7{,}5$ m/s	Anschmelzen der Zahnflanken [11.34]	Flanke	
$F_t/b = 15$ N/mm $v = 5$ m/s $T_U = 140$ °C	Verschleiß [11.34]	Flanke	

Welcher Schadenstyp im Einzelnen auftritt, hängt von den Betriebsbedingungen ab und ist polymerspezifisch. In Tabelle 11.3 wird eine Übersicht gegeben, welcher Schadenstyp bei PA, POM, PBT für verschiedene Schmierungsarten zu erwarten ist.

11.2.2 Allgemeine Kenngrößen

Das *Drehmoment* in Nm wird bestimmt aus

$$M_d = 9550 \cdot \frac{P}{n} \tag{11.15}$$

mit

P = Leistung in KW
n = Drehzahl in min^{-1}

Die *Umfangskraft* in N folgt aus:

$$F_u = 2 \cdot 10^3 \cdot \frac{M_d}{d_0} \tag{11.16}$$

mit

d_0 = Teilkreisdurchmesser in mm

Die *Umfangsgeschwindigkeit* in m/s ist

$$v = \frac{d_0 \cdot \pi \cdot n}{60 \cdot 10^3} \tag{11.17}$$

Der *Anwendungsfaktor* K_A erfasst zeitlich veränderliche Belastungen, die von außen auf das Getriebe einwirken, und die eine gegenüber dem Nenndrehmoment erhöhte Belastung darstellen. Richtwerte enthält [11.8]; ebenso die Rechenanweisung für den Fall, dass ein bestimmtes Lastkollektiv bekannt ist. Bei $K_A = 1{,}0$ wird auf konstante Nennlast berechnet.

Der *Dynamikfaktor* K_V erfasst innere dynamische Kräfte, die durch Schwingungen der Zahnräder selbst hervorgerufen werden. Bei Rädern aus Polymerwerkstoffen sind jedoch wegen ihrer geringen Dichte die Massenträgheitsmomente gering, die Federsteifigkeit ist klein, die auf die Zahnbreite bezogene übertragene Kraft ist um mindestens eine Größenordnung kleiner als bei Stahlzahnrädern und die Werkstoffdämpfung ist hoch, so dass nicht mit einer zusätzlichen Schwingungsbelastung zu rechnen ist. Es gilt demnach im Allgemeinen $K_V = 1{,}0$. Der *Breitenfaktor* $K_{F\beta}$ und der *Stirnfaktor* $K_{F\alpha}$ wird bei Zahnrädern aus Polymerwerkstoffen üblicherweise = 1,0 gesetzt.

11.2.3 Berechnung der Zahnfußtragfähigkeit

Ein Zahnbruch wird vermieden, wenn die maximal am Zahnfuß auftretende Spannung σ_F kleiner als die Zahnfußspannung σ_{FP} bleibt, Gl. (11.22). Die maximale Spannung σ_F ist für Ritzel und Rad getrennt zu berechnen, wenn beide aus Polymerwerkstoff sind. Die Beziehung lautet für beide Räder:

$$\sigma_F = Y_{Fa} \cdot Y_{Sa} \cdot Y_\varepsilon \cdot Y_\beta \cdot K_A \cdot K_V \cdot K_{F\alpha} \cdot K_{F\beta} \cdot \frac{F_u}{b \cdot m_n} \tag{11.18}$$

Auf die mathematischen Formulierungen und die Herleitung der Faktoren wird hier wegen des zu großen Umfangs verzichtet und auf [11.8] verwiesen. Es folgen nur einige kurze Erläuterungen, soweit sie für die praktische Durchführung einer Berechnung erforderlich sind.

Y_{Fa} = *Formfaktor*, der den Einfluss der Zahnform berücksichtigt (Bild 11.13).

Y_{Sa} = *Spannungskorrekturfaktor*, der die spannungsüberhöhende Kerbwirkung in der Zahnfußausrundung berücksichtigt. Dieser Faktor entfällt, da für Zahnräder aus Polymerwerkstoffen hierüber keine Erfahrungen vorliegen, bzw. da der Einfluss einer eventuellen Kerbwirkung bereits in den Werten für die zulässige Spannung enthalten ist. Siehe auch Spannungskorrekturfaktor Y_{SZ} (zulässige Spannungen).

Y_ε = *Überdeckungsfaktor*, der die Lastverteilung auf mehrere Zahnpaare erfasst.

Y_ε = $1/\varepsilon_\alpha$; wobei $\varepsilon_\alpha = \varepsilon_{\alpha 1} + \varepsilon_{\alpha 2}$ aus Tabelle 11.4 für Verzahnungen ohne Profilverschiebung entnommen werden kann.

Für Verzahnungen mit Profilverschiebung gilt:
$\varepsilon_\alpha = z_1 / 2\,\pi\,(\tan\alpha_{E1} - \tan\alpha_{A1})$ sowie
$\tan\alpha_{A1} = \tan\alpha_{tw}\,(1 + z_2/z_1) - z_2/z_1\,\tan\alpha_{A2}$.

Der Wert für tan α_{E1} wird abhängig von dem Hilfswert $D_1 = d_{K1}/d_{G2}$, der Wert für $\tan\alpha_{A2}$ abhängig von $D_2 = d_{K2}/d_{G1}$ aus Bild 11.14 entnommen (d_K = Kopfkreisdurchmesser, d_G = Grundkreisdurchmesser). Der Wälzwinkel α_{tw} im Stirnschnitt ist für Geradstirnräder in Bild 11.15 aufgetragen.

Y_β = *Schrägungsfaktor*, der die Verhältnisse bei Schrägverzahnung erfasst. Für schrägverzahnte Räder aus Polymerwerkstoffen ist $Y_\beta = 1$ mangels vorliegender Erfahrungen.

K_A = *Anwendungsfaktor* (s. Abschnitt 11.2.2)

K_v, $K_{F\alpha}$, $K_{F\beta}$ = 1,0 (s. Abschnitt 11.2.2)

b = *Zahnbreite*.
Bei unterschiedlicher Zahnbreite einer Paarung jedoch maximal: $b = b_{min} + m_n$.

m_n = *Modul* im Normalschnitt.

Tabelle 11.4 Teilprofilüberdeckung für Verzahnungen ohne Profilverschiebung (Null-Verzahnungen) [11.8]

z	14	25	36	47	58	69	80	91
ε_α	0,731	0,805	0,846	0,872	0,889	0,903	0,913	0,920
z	15	26	37	48	59	70	81	92
ε_α	0,740	0,810	0,849	0,873	0,891	0,903	0,913	0,921
z	16	27	38	49	60	71	82	93
ε_α	0,749	0,815	0,851	0,875	0,892	0,904	0,914	0,922
z	17	28	39	50	61	72	83	94
ε_α	0,757	0,819	0,854	0,877	0,893	0,906	0,915	0,922
z	18	29	40	51	62	73	84	95
ε_α	0,765	0,822	0,857	0,879	0,895	0,906	0,916	0,923
z	19	30	41	52	63	74	85	96
ε_α	0,771	0,827	0,859	0,880	0,896	0,907	0,917	0,924
z	20	31	42	53	64	75	86	97
ε_α	0,778	0,830	0,861	0,882	0,897	0,909	0,917	0,924
z	21	32	43	54	65	76	87	98
ε_α	0,784	0,833	0,863	0,883	0,898	0,909	0,918	0,925
z	22	33	44	55	66	77	88	99
ε_α	0,790	0,837	0,866	0,885	0,899	0,910	0,919	0,925
z	23	34	45	56	67	78	89	100
ε_α	0,796	0,840	0,868	0,887	0,900	0,911	0,919	0,926
z	24	35	46	57	68	79	90	101
ε_α	0,801	0,843	0,870	0,888	0,901	0,912	0,920	0,927

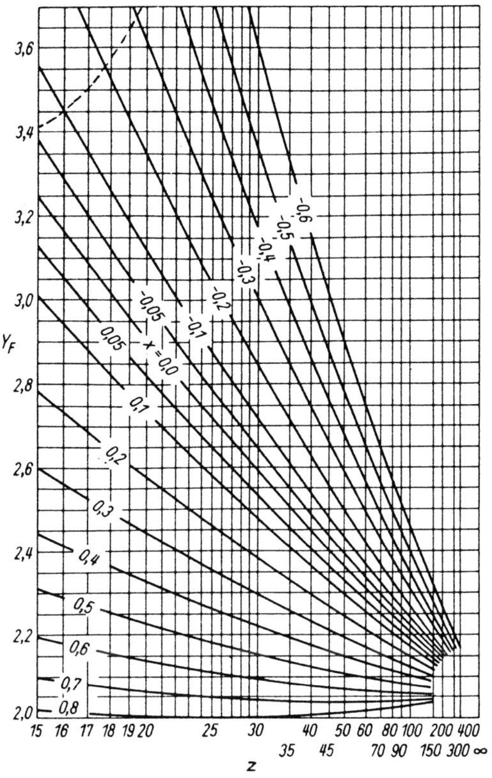

Bild 11.13 Zahnformfaktor für Außenverzahnung [11.8]

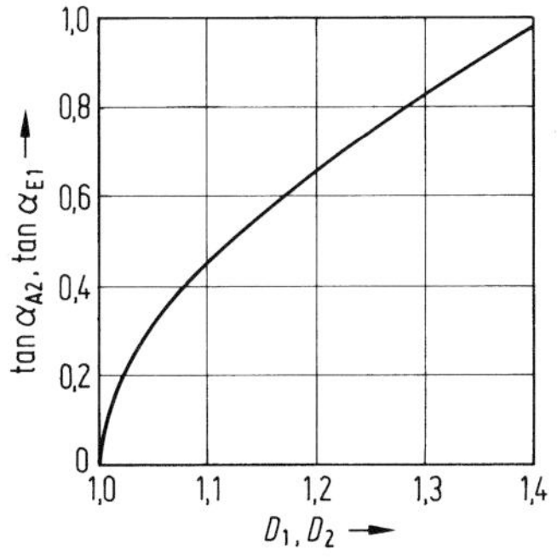

Bild 11.14 Hilfsdiagramm zur Berechnung von ε_α

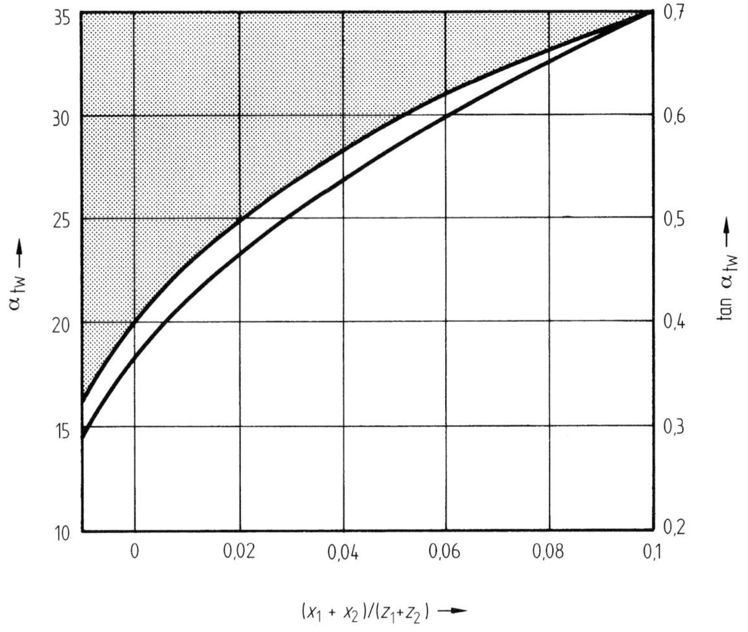

Bild 11.15 Wälzwinkel α_{tw} und tan α_{tw}

Die Berechnung der maximal am Zahnfuß auftretenden Spannung bei Zahnrädern aus Polymerwerkstoff kann also von Gl. (11.18) vereinfacht werden auf

$$\sigma_F = K_A \cdot Y_{Fa} \cdot Y_\varepsilon \cdot \frac{F_u}{b \cdot m_n} \tag{11.19}$$

Die zulässige Zahnfußspannung ist für Ritzel und Rad getrennt aus folgender Gleichung zu ermitteln:

$$\sigma_{FP} = \frac{\sigma_{F\,lim} \cdot Y_{ST} \cdot Y_{NT}}{S_{F\,min}} \cdot Y_{\delta\,rel\,T} \cdot Y_{R\,rel\,T} \cdot Y_X \tag{11.20}$$

$\sigma_{F\,lim}$ = *Zahnfuß-Biegedauerfestigkeit,* die aus Laufversuchen an Prüfrädern oder aus Werkstoff-Schwingversuchen nach $3 \cdot 10^6$ Lastwechseln ermittelt wird. Nach dieser Lastwechselzahl ist bei Zahnrädern aus Polymerwerkstoffen noch keine Dauerfestigkeit erreicht. Der Festigkeitswert wird deshalb lastspielabhängig für die nach Gl. (11.14) errechnete Zahnfußtemperatur aus den Diagrammen $\sigma_{FN} = f(L_w)$ (Bild 11.16 bis 11.19) entnommen. Damit entfällt auch der Faktor Y_{NT}. Inwieweit ein Zusammenhang zwischen an Zahnrädern ermittelter Zahnfuß-Biegewechselfestigkeit und Schwingfestigkeitswerten besteht, die an Probekörpern gemessen werden, ist noch nicht systematisch untersucht worden. Es liegt nahe, dass ein Vergleich nicht zulässig ist, da die Beanspruchungen nicht vergleichbar sind.

Y_{NT} = *Lebensdauerfaktor* = 1,0 (siehe oben)

Y_{ST} = *Spannungskorrekturfaktor.* Y_{ST} entfällt ebenso wie Y_{Sa} (siehe dort). Wenn $Y_{ST} = 2{,}0$, wie in DIN 3990 angegeben, müssten die Ordinatenwerte der $\sigma_{FN} = f(L_w)$-Diagramme verdoppelt werden, was formal möglich wäre. Andererseits würden dann Zahnfußfestigkeiten erscheinen, die höher als die Zugfestigkeit des jeweiligen Polymerwerkstoffs wären. In [11.11] ist so vorgegangen worden. Dann gilt natürlich $Y_{Sa} > 1{,}0$.

$S_{F\,min}$ = *Mindestsicherheitsfaktor* gegen Zahnfußbruch.

$Y_{\delta\,rel\,T}$ = *Relative Stützziffer* = 1,0 (mangels Erfahrung)

$Y_{R\,rel\,T}$ = *Relativer Oberflächenfaktor* = 1,0 (mangels Erfahrung)

Y_X = *Größenfaktor* = 1,0 (mangels Erfahrung)

Die zulässige Zahnfußspannung für Zahnräder aus Polymerwerkstoffen lautet somit:

$$\sigma_{FP} = \frac{\sigma_{FN}}{S_{F\,min}} \tag{11.21}$$

und die Festigkeitsbedingung:

$$\sigma_F = \frac{F_u}{b \cdot m_n} \cdot K_A \cdot Y_{Fa} \cdot Y_\varepsilon \le \frac{\sigma_{FN}}{S_{F\,min}} \tag{11.22}$$

Die lastspielabhängige Zahnfußfestigkeit σ_{FN} wird für die nach Gl. (11.14) berechnete Zahnfußtemperatur $T_{z1,z2}$ und für die jeweilige Schmierungsart aus den Bildern 11.16 bis 11.19 entnommen.

In Bild 11.16 sind beispielhaft die Einzelmesswerte eingetragen, aus denen die Wöhlerkurve gebildet wurde. Die enorme Streuung zeigt, dass die angegebenen Kurvenzüge untere Grenzwerte mit relativ hoher Sicherheit darstellen. In den weiteren Kurven wird der besseren Übersichtlichkeit wegen auf die Angabe von Messwerten verzichtet.

Für die Schmierungsart, für die der Zahnfußbruch nicht lebensdauerbestimmend ist (Tabelle 11.3) entfällt der Nachweis ausreichender Zahnfußfestigkeit.

In [11.21] werden gemessene $\sigma_{FN} = f(L_w)$-Kurven für PA 6 und PA 6-GF unter Ölschmierung angegeben. Sie unterscheiden sich um ± 5 % von denen in Bild 11.17 für PA 66 gültigen, so dass diese mit hinreichender Genauigkeit auch für PA 6 und selbst für PA-GF für Ölschmierung verwendet werden können. Bemerkenswert ist dabei, dass die bei statischer Beanspruchung bestehende festigkeitsmäßige Überlegenheit von PA-GF beim geschmierten Zahnrad verloren geht.

Der Hochtemperatur-Thermoplast PEEK bietet signifikante Überlegenheit gegenüber den Standard-Thermoplasten besonders bei hoher Umgebungstemperatur. Bei 140 °C erträgt PEEK etwa die 10-fache Belastung gegenüber POM [11.34].

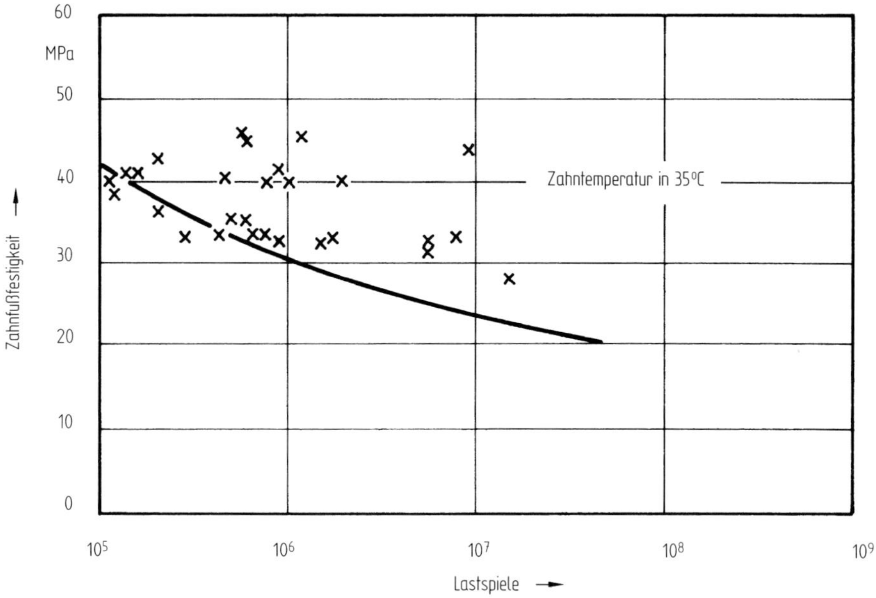

Bild 11.16 Zahnfußfestigkeit σ_{FN} von POM bei Fettschmierung für eine Zahnfußtemperatur von 35 °C. Das Bild macht die enorme Streuung der Einzelmessungen deutlich [11.18].

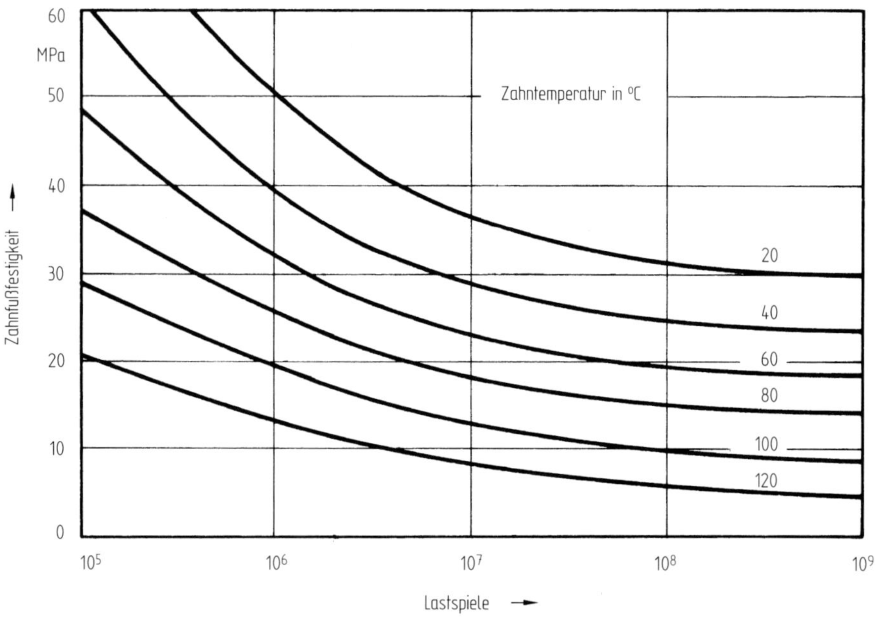

Bild 11.17 Zahnfußfestigkeit σ_{FN} für spanend hergestellte Zahnräder aus PA 66 – Trockenlauf [11.10]

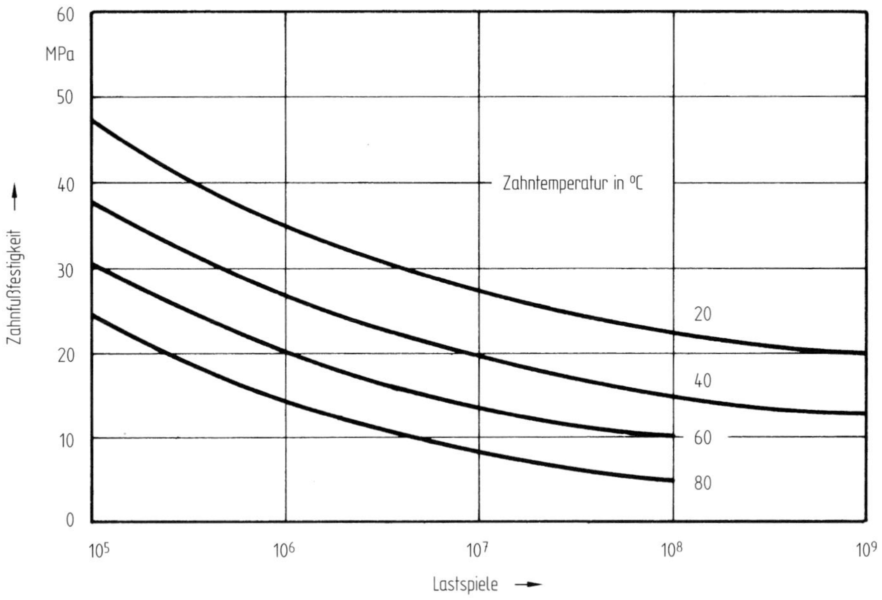

Bild 11.18 Zahnfußfestigkeit σ_{FN} für spanend hergestellte Zahnräder aus POM – Fettschmierung

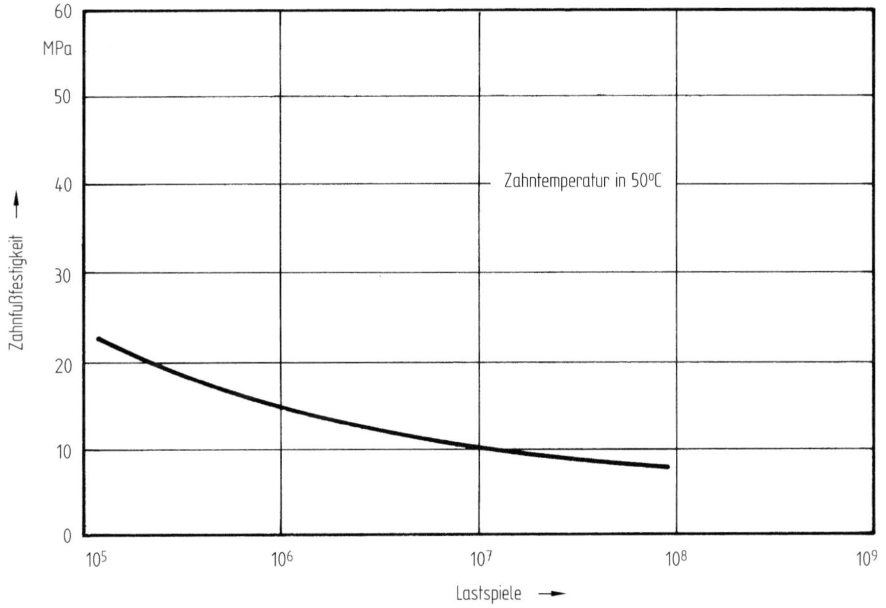

Bild 11.19 Zahnfußfestigkeit σ_{FN} für spanend hergestellte Zahnräder aus PE-HD – Schmierung mit Öl-Wasser-Emulsion [11.33].

11.2.4 Berechnung der Zahnflankentragfähigkeit

Streng genommen haben die Hertzschen Beziehungen für die Pressung gewölbter Oberflächen für Polymerwerkstoffe keine Gültigkeit, schon weil die Voraussetzung der Elastizität nicht erfüllt ist. Trotzdem erfolgt die Berechnung der Flankentragfähigkeit auf Basis der Hertzschen Pressung σ_H. Sie darf nicht größer sein als die zulässige Flankenpressung σ_{HP}. Da diese zulässige Flankenpressung jedoch bauteilspezifisch an Prüfrädern auf die gleiche Weise ermittelt wird, ist die Anwendung der Hertzschen Beziehungen als Arbeitshypothese gerechtfertigt. Korrekter wäre es allerdings dann, von einem Pressungskennwert zu sprechen. Die wirksame Flankenpressung folgt aus Gl. (11.23):

$$\sigma_H = Z_H \cdot Z_E \cdot Z_\varepsilon \cdot Z_\beta \cdot \sqrt{K_A \cdot K_V \cdot K_{H\alpha} \cdot K_{H\beta} \cdot \frac{z_1 + z_2}{z_2} \cdot \frac{F_u}{d_0 \cdot b}} \qquad (11.23)$$

Die Faktoren K_A, K_V, $K_{H\alpha}$, $K_{H\beta}$ wurden bereits in Abschnitt 11.2.2 erläutert.

Ferner bedeuten:

Z_H = *Zonenfaktor,* der die Zahnflankenkrümmung erfasst:

$$Z_H = \frac{1}{\cos\alpha} \cdot \sqrt{\frac{1}{\tan\alpha_{tw}}}$$

$\tan\alpha_{tw}$ wird aus Bild 11.15 entnommen.

Z_E = *Elastizitätsfaktor,* der die Elastizität der Werkstoffpaarung berücksichtigt. Dieser Faktor kann mit ausreichender Genauigkeit abgeschätzt werden zu

$$Z_E = \sqrt{0{,}38 \cdot E'}\ ,$$

wobei $E' = 2\ E_1 \cdot E_2\ /\ E_1 + E_2$ die Modulunterschiede unterschiedlicher Werkstoffe berücksichtigt. Der Wert für den Elastizitätsmodul ist für die nach Gl. (11.14) errechnete Flankentemperatur einzusetzen (Bild 11.20). Für Polymerwerkstoff/Stahl wird $E' \approx 2\ E_{\text{Polymerwerkstoff}}$.

Z_ε = *Überdeckungsfaktor.* Er berücksichtigt den Einfluss der Überdeckung und wird bei Polymerwerkstoffen für Gerad- und Schrägverzahnung sicherheitshalber gleichgesetzt. $\varepsilon_{\alpha z}$ aus Tabelle 11.4.

$$Z_\varepsilon = \sqrt{\frac{4 - (\varepsilon_{\alpha z_1} + \varepsilon_{\alpha z_2})}{3}}$$

Z_β = *Schrägenfaktor,* der eine ungleichmäßige Kraftverteilung erfasst.

$$Z_\beta = 1{,}0$$

Unter diesen Vereinfachungen stellt sich Gleichung (11.23) für Polymerwerkstoffe folgendermaßen dar:

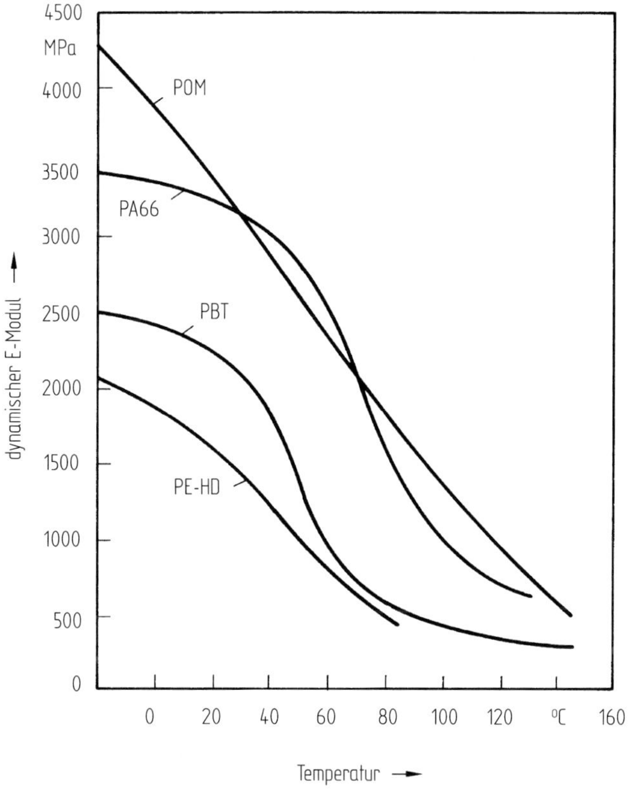

Bild 11.20 Dynmaischer Elastizitätsmodul in Abhängigkeit von der Temperatur [11.17]

$$\sigma_H = Z_H \cdot Z_E \cdot Z_\varepsilon \cdot \sqrt{K_A \cdot \frac{z_1 + z_2}{z_2} \cdot \frac{F_u}{d_0 \cdot b}} \tag{11.24}$$

Die zulässige Zahnflankenpressung ist für Ritzel und Rad getrennt aus folgender Gleichung zu ermitteln:

$$\sigma_{HP} = \frac{\sigma_{H\,lim}}{S_{H\,min}} \cdot Z_N \cdot Z_L \cdot Z_R \cdot Z_V \cdot Z_W \cdot Z_X \tag{11.25}$$

$\sigma_{H\,lim}$ = *Wälzfestigkeit.* $\sigma_{H\,lim}$ wird analog zu $\sigma_{F\,lim}$ bei der Zahnfußfestigkeitsberechnung aus den an Zahnrädern gemessenen lastwechselabhängigen Diagrammen $\sigma_{HN} = f(L_w)$ (Bild 11.21 bis 11.25) für die nach Gl. (11.14) errechnete Zahnflankentemperatur abgelesen.

Damit entfallen auch die Faktoren Z_N, Z_L und Z_W.

Z_N = *Lebensdauerfaktor* = 1,0
Z_L = *Schmierstoffaktor* = 1,0
Z_V = *Geschwindigkeitsfaktor* = 1,0
Z_W = *Werkstoffpaarungsfaktor* = 1,0
Z_X = *Größenfaktor* = 1,0

Die zulässige Zahnflankenpressung für Zahnräder aus Polymerwerkstoffen erhält somit die Form:

$$\sigma_{HP} = \frac{\sigma_{HN}}{S_{H\,lim}} \tag{11.26}$$

Die Festigkeitsbedingung lautet:

$$\sigma_H = Z_H \cdot Z_E \cdot Z_\varepsilon \cdot \sqrt{K_A \cdot \frac{z_1 + z_2}{z_2} \cdot \frac{F_u}{d_0 \cdot b}} \leq \frac{\sigma_{HN}}{S_{H\,lim}} \tag{11.27}$$

Für die Grenzflankenpressung für Zahnräder aus PA 6 kann nach [11.20] mit $\sigma_{HN\,PA\,6} = 0{,}8\ \sigma_{HN\,PA\,66}$ gerechnet werden.

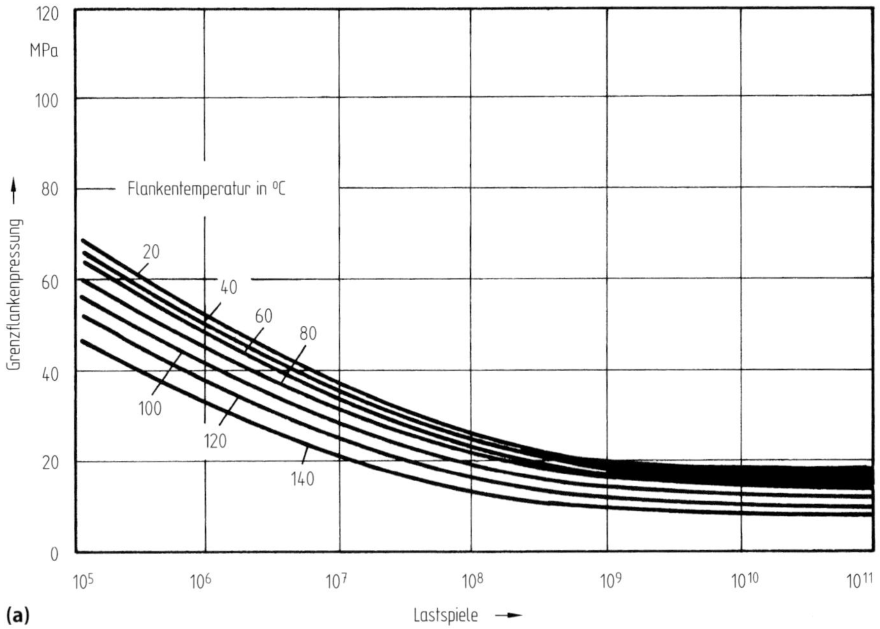

Bild 11.21 Grenzflankenpressung σ_{HN} für spanend hergestellte Zahnräder aus PA 66 gepaart gegen Stahl [11.20]
a) Trockenlauf
b) Fettschmierung
c) Ölschmierung

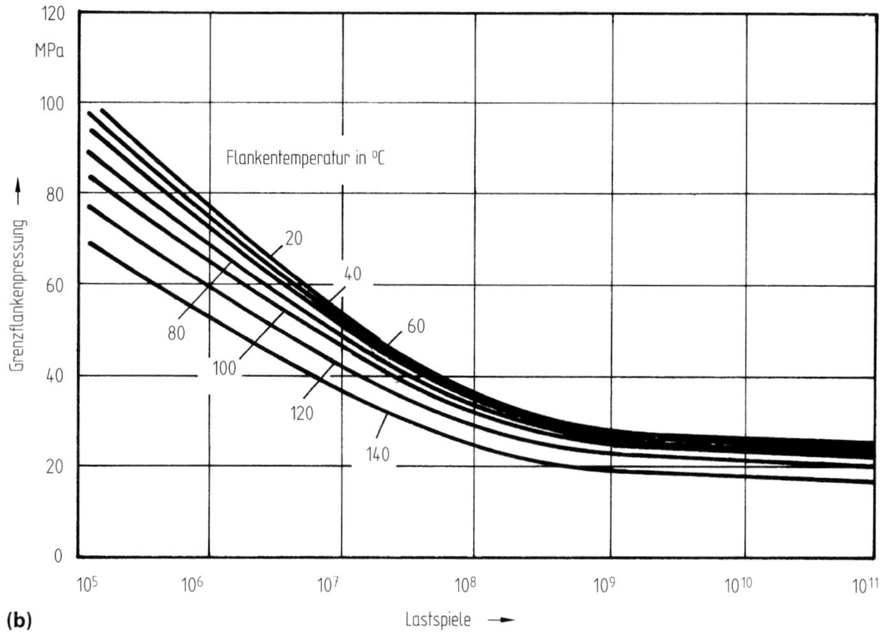

(b)

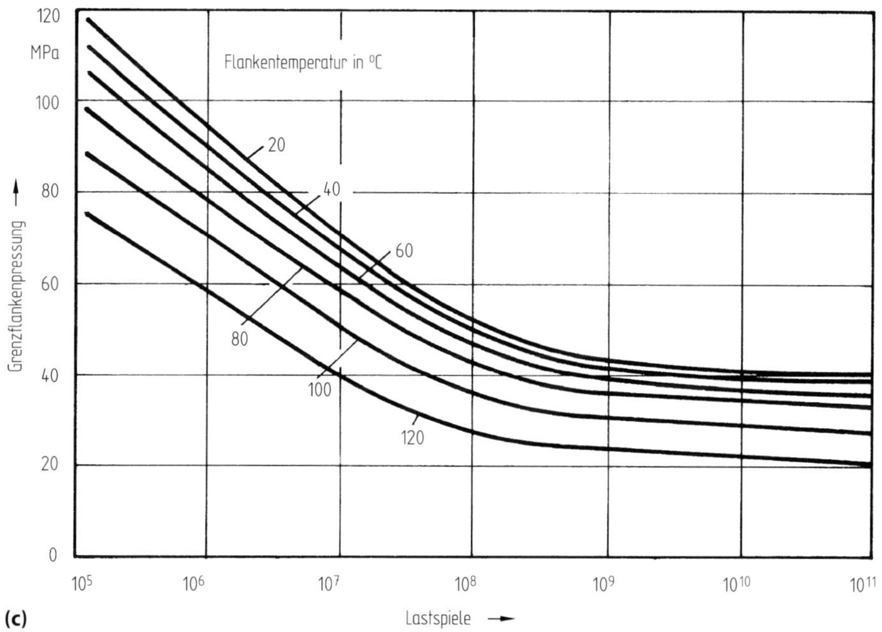

(c)

Bild 11.21 (Fortsetzung)

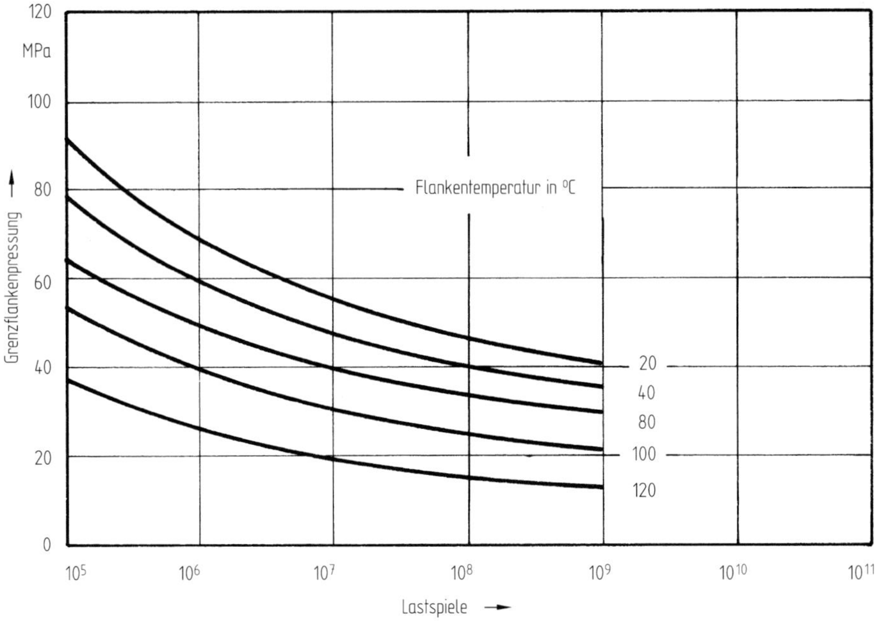

Bild 11.22 Grenzflankenpressung σ_{HN} für spanend hergestellte Zahnräder aus POM gepaart gegen Stahl – Trockenlauf [11.18]

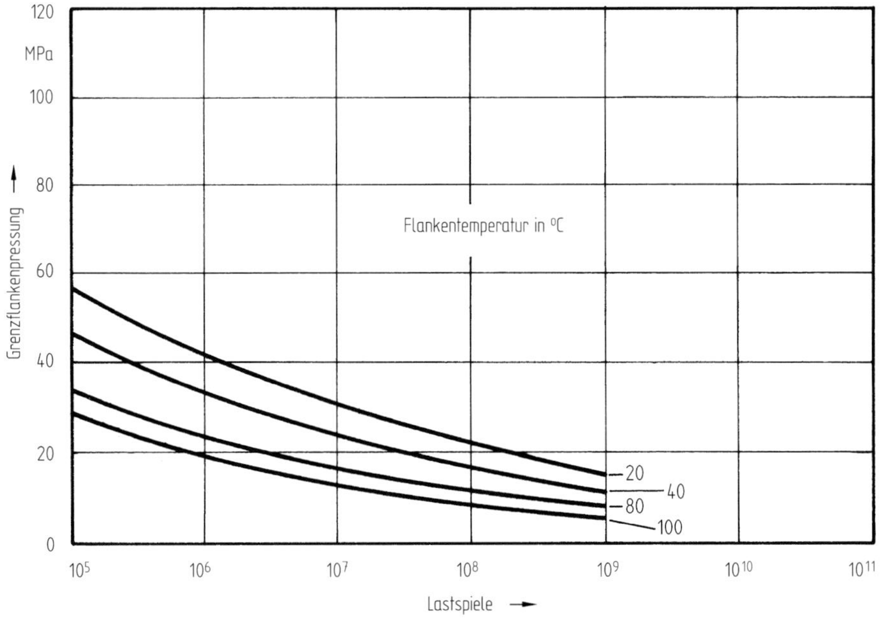

Bild 11.23 Grenzflankenpressung σ_{HN} für spanend hergestellte Zahnräder aus PBT gepaart gegen Stahl – Trockenlauf [11.18]

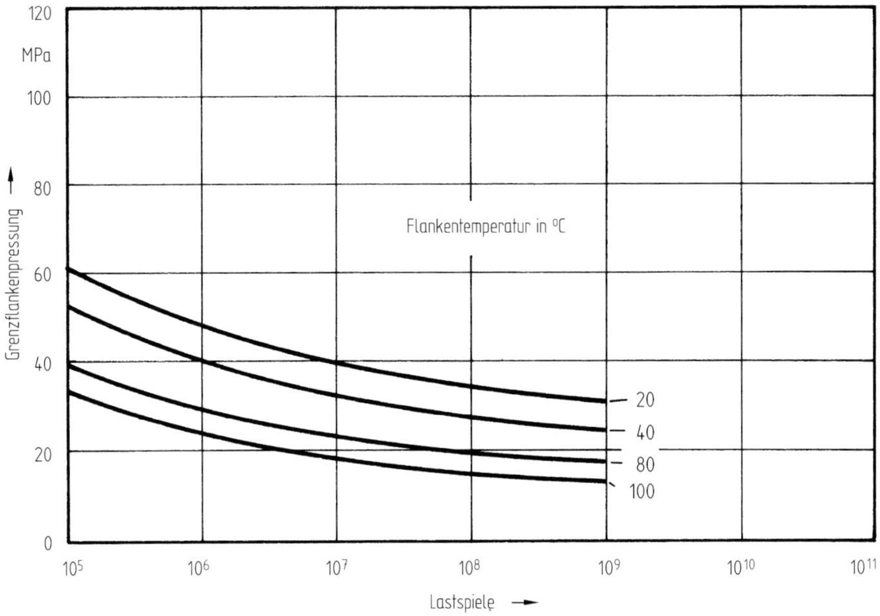

Bild 11.24 Grenzflankenpressung σ_{HN} für spanend hergestellte Zahnräder aus PBT gepaart gegen Stahl – Fettschmierung [11.18]

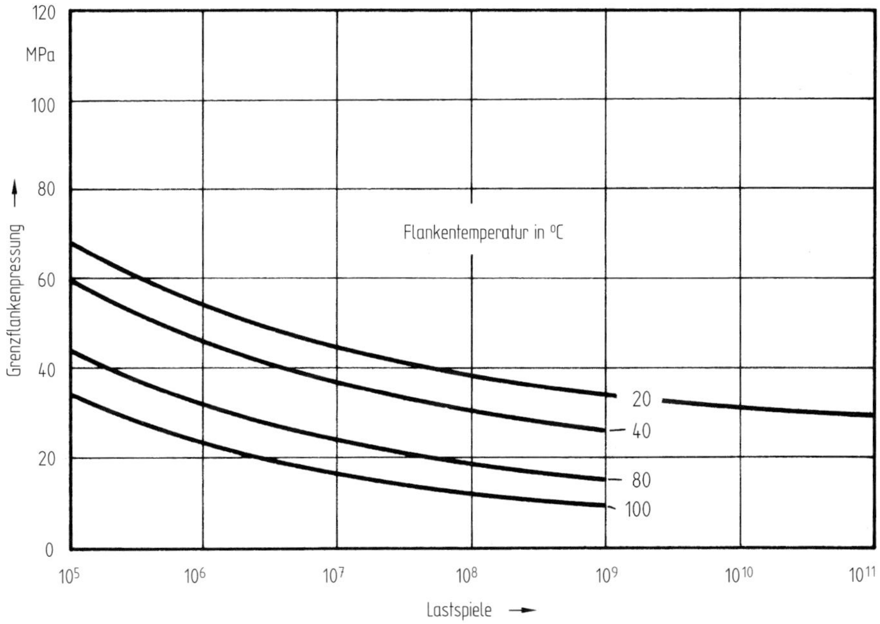

Bild 11.25 Grenzflankenpressung σ_{HN} für spanend hergestellte Zahnräder aus PBT gepaart gegen Stahl – Ölschmierung [11.18]

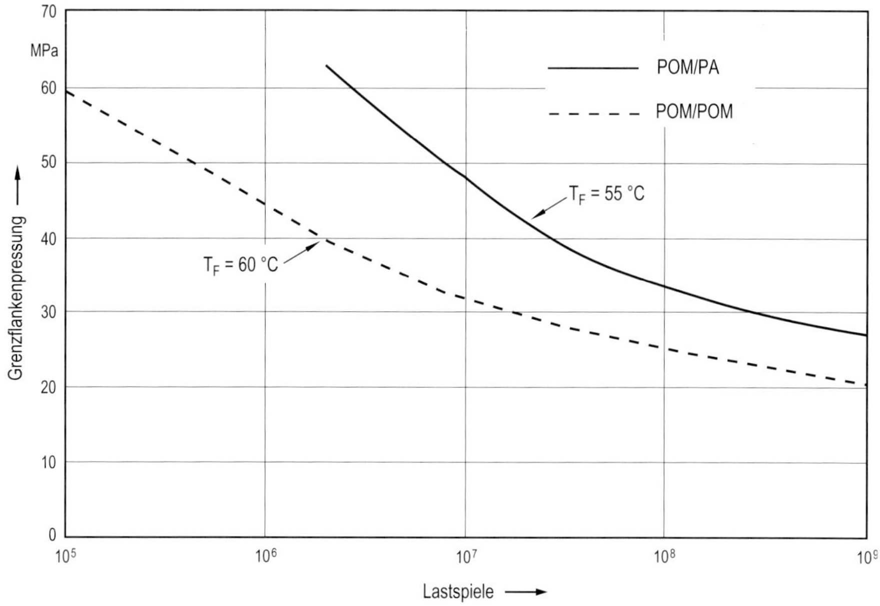

Bild 11.26 Grenzflankenpressung σ_{HN} für die Paarung POM/POM und POM/PA [11.36]

11.2.5 Berechnung der Zahnverformung

Ergänzend zu den DIN-Vorschriften muss für Zahnräder aus Polymerwerkstoffen noch die Zahnverformung als mögliche Schadensform berechnet werden. Die Verformung der Zähne unter Last (auch zeitabhängig im Stillstand unter Last) wirkt beim Übergang vom unbelasteten zum belasteten Zahn wie ein Teilungsfehler. Die Verformung f_K ergibt sich als Verschiebung des Zahnkopfes in Umfangsrichtung aus:

$$f_K = \frac{3 \cdot F_U}{2 \cdot b \cdot \cos\alpha_0} \varphi \left(\frac{\psi_1}{E_1} \right) \tag{11.28}$$

Darin ist:

φ = Beiwert aus Bild 11.27
$\psi_{1,2}$ = Beiwerte aus Bild 11.28
$E_{1,2}$ = Elastizitätsmodul (bei dynamischem Betrieb aus Bild 11.21, unter Langzeitbelastung Kriechmodul)

Bei Paarung Polymerwerkstoff/Stahl wird $\psi_{St} / E_{st} = 0$.

Die zulässige Zahnverformung ist durch die Anforderungen an das Laufgeräusch und die Lebensdauer bestimmt. Durch Messungen [11.10] wurde festgestellt, dass das Laufgeräusch ab $f_K = 0{,}4$ mm deutlich anzusteigen beginnt. Als weitere Grenze wird $f_K \leq 0{,}1$ mal Modul angegeben.

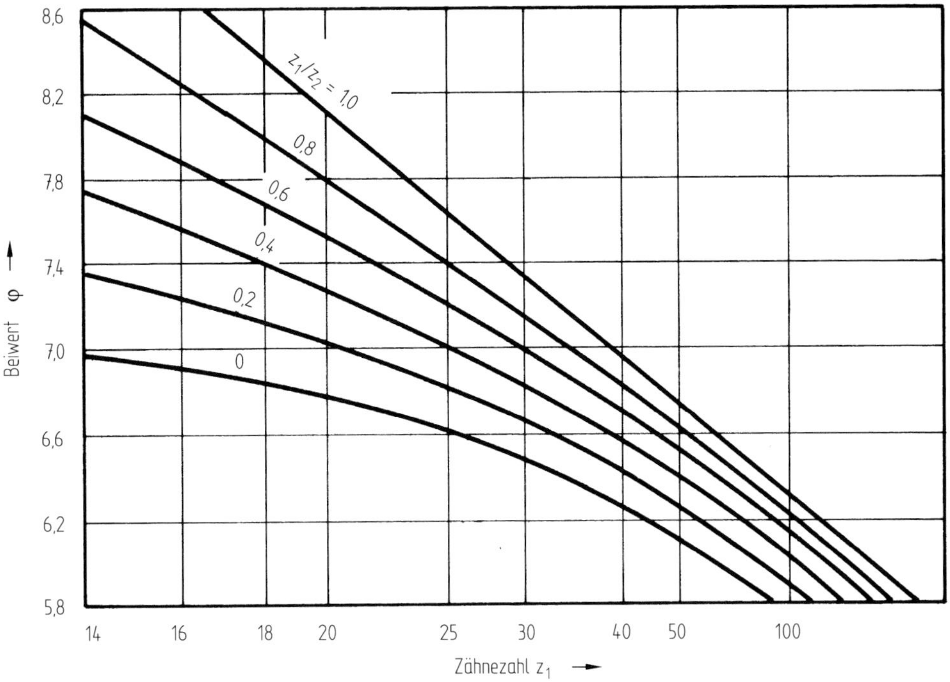

Bild 11.27 Beiwert φ zur Berechnung der Zahnverformung [11.10]

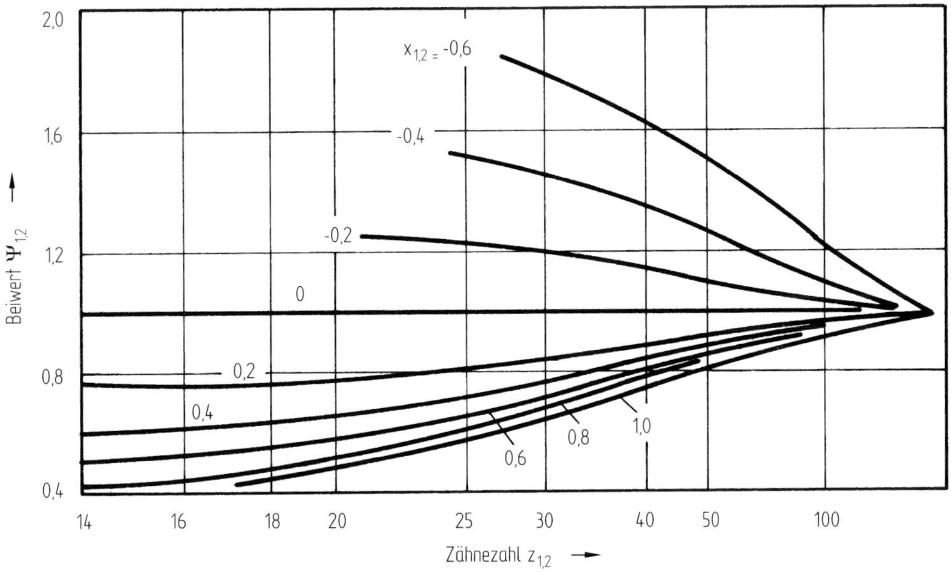

Bild 11.28 Beiwerte $\psi_{1,2}$ zur Berechnung der Zahnverformung [11.10]

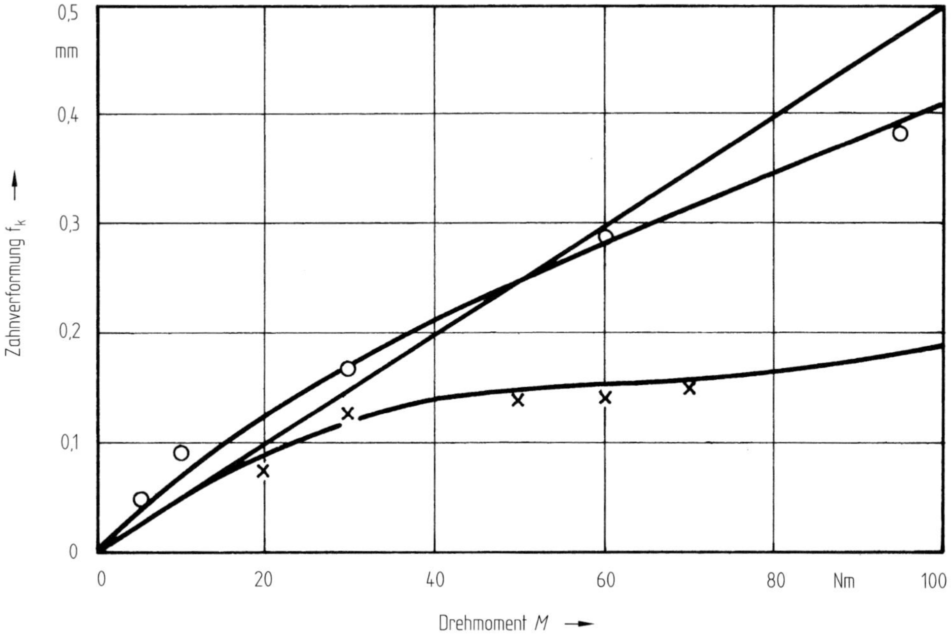

Bild 11.29 Zahnverformung an einem Zahnrad aus PA 66 mit m = 4,5 mm; z = 24; x = 0,18 [11.10]
—— berechnet
—o— gemessen am Einzelzahn
—x— gemessen am Zahnrad

Somit gilt:

$$f_{\mathrm{K\,zul}} \leq 0{,}4 \text{ mm} \tag{11.29}$$

bzw.

$$f_{\mathrm{K\,zul}} \leq 0{,}1 \cdot m \tag{11.30}$$

In Bild 11.29 ist die nach Gl. (11.28) berechnete Verformung den im statischen Versuch gemessenen Werten gegenübergestellt. Erwartungsgemäß ergeben die Messungen am Einzelzahn höhere Werte als am kompletten Zahnrad.

11.3 Gestaltung

11.3.1 Spritzgießen

Die Formgebung über den schmelzflüssigen Zustand des Polymerwerkstoffs nach dem Spritzgießverfahren bedingt bei rotationssymmetrischen Bauteilen mit hohen Genauigkeitsansprüchen ein symmetrisches Füllen des Werkzeugs. Die höchsten Rundlaufgenauigkeiten dürfen deshalb dann erwartet werden, wenn ein Zahnrad über einen Schirmanguss gefüllt wird (Bild 11.30). Der Anguss muss in einem weiteren Arbeitsschritt abgetrennt werden, wenn er nicht als Bestandteil des Zahnrades bleiben kann (s. Bild 7.41).

Bei kleineren Zahnrädern hat sich der 3-fach-Punktanguss auf dem Radkörper (Steg) (Bild 11.31) bewährt. Besonders einfach zu trennen ist ein dezentral angeordneter Punktanguss an der Nabenstirnseite.

Wie aus den Bildern 11.30 und 11.31 zu entnehmen ist, muss die Wanddicke vom Anguss zum Fließwegende abnehmen.

Kleine Zahnräder werden in Mehrfachwerkzeugen hergestellt. Dabei ist darauf zu achten, dass das Angusssystem, d. h. die Verteilerkanäle zu den einzelnen Formnestern, hinsichtlich des Druckverbrauchs (Länge, Durchmesser) so abgestimmt sind, dass jedes Formnest mit gleichem Druck gefüllt wird. Dies ist eine Voraussetzung für gleiche Formteilqualität. Bei sogenannten natürlich abgestimmten Verteilern (Bild 11.32) (1, 2, 3), ist diese Voraussetzung von vornherein erfüllt, andernfalls (Bild 11.32) (4), muss der Abgleich z. B. rechnerisch erfolgen [11.22].

Die Versteifung des Radkörpers durch Rippen lässt sich insbesondere bei größeren Rädern oft nicht vermeiden. Es ist dann aber auch ein Verlust an Rundlaufgenauigkeit zu erwarten. Die Rippen sollten beidseitig strahlenförmig nach außen laufen, um den Gesichtspunkt der Symmetrie noch weitgehend zu erhalten. Bei nur einseitig aufgesetzten Rippen besteht Verzugsgefahr (s. a. Abschnitt 7.2.3).

Ein Beispiel von missverstandener fertigungsgerechter Konstruktion zeigt das Bild 11.33. Um auch Zähne mit großem Modul lunkerfrei und ohne Einfallstellen spritzgießen zu können, wurden sie beidseitig hohl ausgeführt, was letztlich hinsichtlich des Tragfähigkeitsverlustes noch schwerwiegender ist als Lunker. Lediglich für untergeordnete Zwecke mag diese Ausführung noch ausreichen.

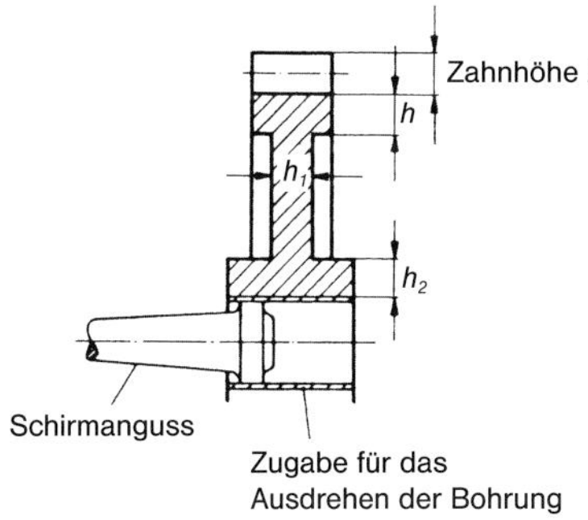

Bild 11.30 Schirmanguss und Wanddickenverhältnis: $h < h_1 < h_2$

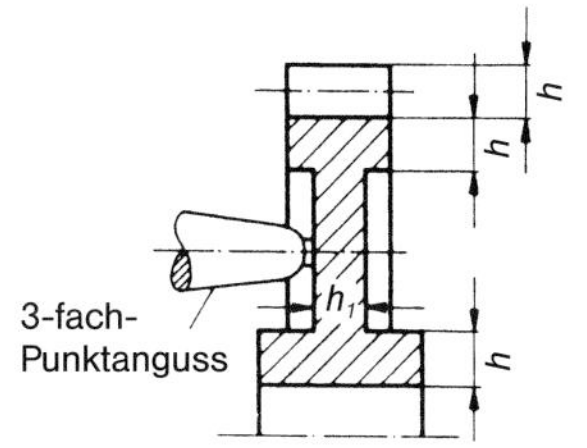

Bild 11.31 3-Punkt-Anguss und Wanddickenverhältnis: $h_1 > 1{,}1\,h$

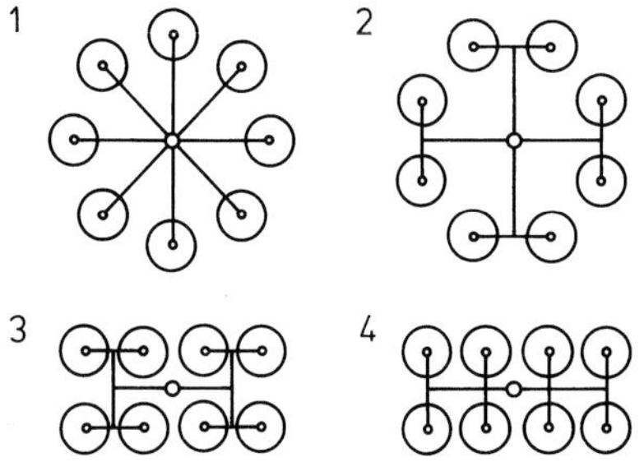

Bild 11.32 Beispiele für natürlich abgestimmte (1, 2, 3) und nicht abgestimmte Verteilersysteme (4) nach [11.32]

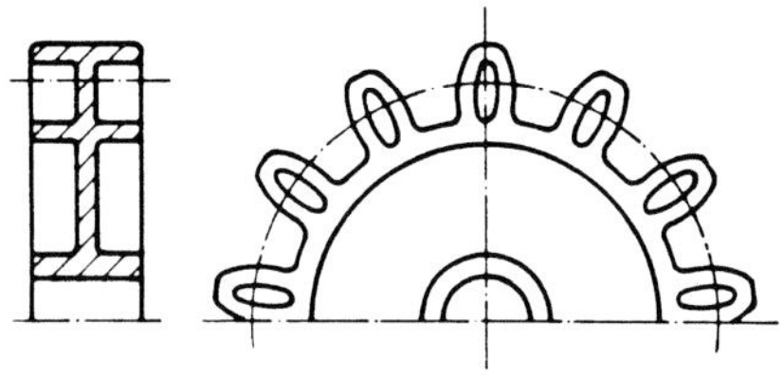

Bild 11.33 Zahnrad mit beidseitigen Ausnehmungen in den Zähnen, um Masseanhäufungen zu vermeiden [11.23]

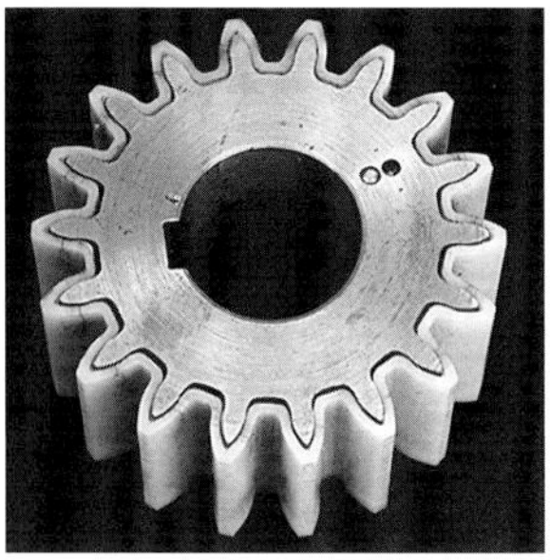

Bild 11.34 Vorverzahnter Metallgrundkörper mit Polymerwerkstoffummantelung. Beispiel einer nicht beanspruchungsgerechten Konstruktion [11.33].

Bild 11.35 Antriebsrad aus PA 6 für einen Rasenmäher als multifunktionales Bauteil [11.33]

Sinnlos ist eine Metall/Verbund-Konstruktion in der Art nach Bild 11.34. Hier führt das Metallelement als grobe Vorverzahnung bis in die Zähne hinein. Als Folge der Zahnflankenpressung fallen solche Zahnräder schon nach kurzer Laufzeit aus [11.33].

Zu den vorteilhaften Gestaltungsmöglichkeiten des Spritzgießverfahrens zählt das Zusammenfassen mehrerer Funktionselemente zu einem einzigen Bauteil. Eine derartige multifunktionale Konstruktion zeigt Bild 11.35, ein Laufrad für einen Rasenmäher. Zahnradantrieb, Lagerstelle und Laufrad sind in einem Teil integriert. Der Laufmantel aus Gummi wird über die Nocken am Umfang geschnappt.

Bild 11.36 zeigt eine spritzgussgerechte Konstruktion eines Zahnradsatzes. Die drei Räder werden als ein Bauteil in einem Arbeitsgang hergestellt. Gleichzeitig sind aus dieser Darstellung Angaben zur Herstellungsgenauigkeit zu entnehmen.

Da für spritzgegossene Zahnräder kein Auslauf für das Verzahnungswerkzeug nötig ist, können die Zähne einseitig angebunden werden (Bild 11.35, Bild 11.36 R_3), was zu einer gewissen Steifigkeitserhöhung führt, andererseits aber auch ein ungleichmäßiges Tragbild über der Zahnbreite zur Folge hat. Die hochgezogene Schulter des Stirnrades eines Schnecken-

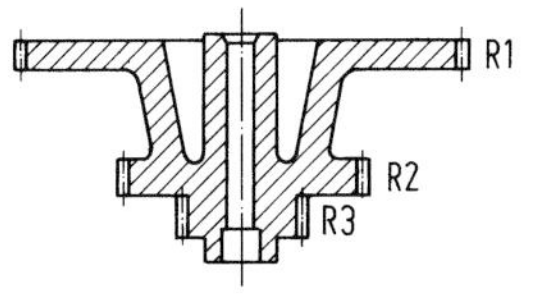

Rad-Nummer	R1	R2	R3
Zähnezahl z	72	42	21
Modul m	0,5	0,5	0,5
Teilkreis d_0	36	21	10,5
Profilverschiebungsfaktor x	- 0,3	-	-
Toleranzfeld (Rad)	10 fd S"	10 fdS"	10fdS"
Wälzfelder Fi''	0,071	0,063	0,056
Wälzsprung fi''	0,025	0,022	0,020

Bild 11.36 Fertigungsgerechte Gestaltung eines Stufenrads [11.24]

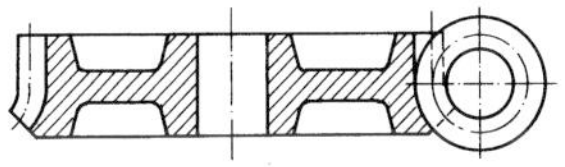

Bild 11.37 Stirnrad mit hochgezogener Schulter als Schneckenrad [11.17]

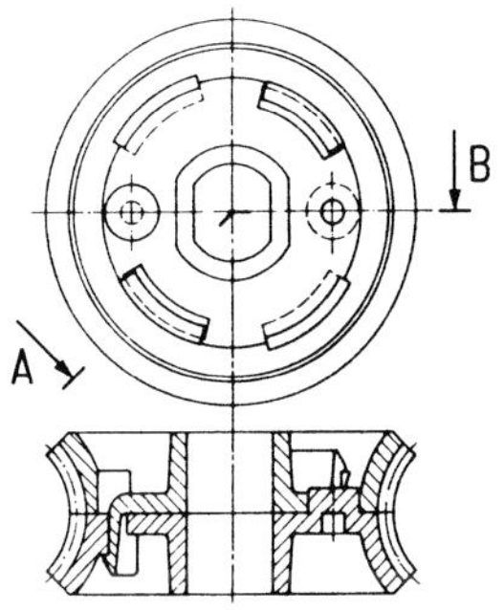

Bild 11.38 Zweiteilige Spritzgussausführung eines Schneckenrades [11.25]

getriebes in Bild 11.37 soll die übertragbare Leistung bzw. die Lebensdauer erhöhen, da durch diese werkzeugtechnisch leicht ausführbare Maßnahme eine größere Berührungsfläche zwischen Schnecke und Schneckenrad geschaffen, und die Pressung dadurch reduziert werden [11.17].

Noch günstiger, aber als einteiliges Rad nicht entformbar, wäre ein Schneckenrad, das sich der Schnecke in einem noch größeren Segment anpasst. Ein solches Schneckenrad kann jedoch aus zwei identischen Hälften gefertigt werden, welche als Einzelelemente jeweils entformbar sind (s. a. Abschnitt 7.3.3). Die beiden Hälften werden dann durch Schnappsitz, Schrauben oder Nieten zusammengefügt und durch Zapfen und entsprechende Bohrungen zentriert (Bild 11.38).

Durch eine zweiseitige Abflachung wird eine Schnecke einfacher entformbar, falls der sich dadurch ergebende Tragfähigkeitsverlust akzeptabel ist (Bild 11.39).

Zahnstangen können bis zu einem gewissen Maß dadurch flexibel gemacht werden, dass man auf der Rückseite Einkerbungen vorsieht, so dass zwischen den Zähnen Gelenke entstehen (Bild 11.40; s. a. Abschnitt 6.1 und 6.2).

Zur Verbesserung des Gleitverhaltens können nach dem 2K-Verfahren z. B. der Radkörper mit einer Vorverzahnung aus POM und die endgültigen Zahnflanken aus einem gleitoptimierten POM + PTFE spritzgegossen werden [11.37].

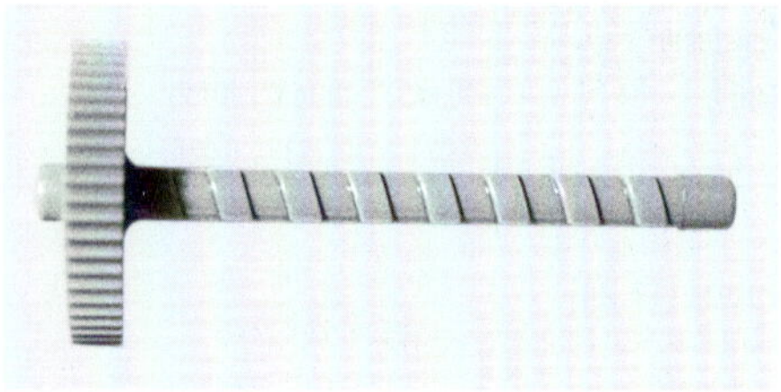

Bild 11.39 Durch Abflachen der Seitenflächen wird die hinterschneidungsfreie Entformung ermöglicht (Hersteller: IMS Morath)

Bild 11.40 Flexible Zahnstange [11.33]

11.3.2 Spanende Herstellung

Die Gestaltungsmöglichkeiten bei der Zerspanung von extrudierten Halbzeugen aus Polymerwerkstoffen sind im Vergleich zum Spritzgießen stark eingeschränkt. Das Herstellungsverfahren bietet sich jedoch für rotationssymmetrische, eng tolerierte oder schwer entformbare Bauteile nicht nur zur Fertigung von Prototypen oder Kleinserien an.

- Bei Rädern mit großem Modul ($m > 3$ mm) wird die Fertigungsgenauigkeit durch Spanen injedem Fall höher; selbst bei Großserien von Rädern mit hohen Genauigkeitsansprüchenwird die Verzahnung spanend nachgearbeitet, wenn der Radkörper spritzgegossen wird.
- Die Tragfähigkeit spanend hergestellter Zahnräder mit massivem Radkörper ist höher gegenüber spritzgegossenen Ausführungen, die verfahrensbedingt mit geringerer Wanddicke und Verrippung gestaltet sein müssen. Der Radkörper wird mit planen Stirnseiten ohne vorspringende Naben gestaltet. Aussparungen zur Reduzierung der Drehmasse sind nicht erforderlich.
- Spanend hergestellte Zahnräder aus glasfaserverstärkten Thermoplasten erreichen eine geringere Lebensdauer als spritzgegossene. Der Grund liegt in der meist ungünstigeren Faserorientierung.
- Zur Extrusion der Halbzeuge wird Polymerwerkstoff mit höherer relativen Molekülmasse verwendet. Das bedeutet geringfügigen Steifigkeitsverlust, jedoch signifikant höhere Verschleißfestigkeit (s. a. Bild 4.37).
- Gegenüber der Zerspanung von Metallen kann bei der Herstellung von Zahnrädern mit großem Modul (d. h. großem Zerspanungsvolumen) wegen der höheren Zerspanungsleistung eine Kostenersparnis von bis zu 40 % erzielt werden. Das Zahnrad in Bild 11.41 gilt hierfür als Beispiel [11.26].
- Die Fräsvorschubgeschwindigkeit nimmt einen differenzierten Einfluss auf das Betriebsverhalten. An den Flanken markiert sich die Größe des Vorschubs durch eine mit zunehmender Vorschubgeschwindigkeit stärker werdende Welligkeit (Bild 11.42).

Bild 11.41 Dämpfungsglied für einen hydraulisch wirkenden Aufzugsapparat für Skilifte. Die Räder der abgebildeten Zahnradbremse werden unter Einhaltung der Toleranzqualität IT 7 aus POM und PBT gefertigt [4.18].

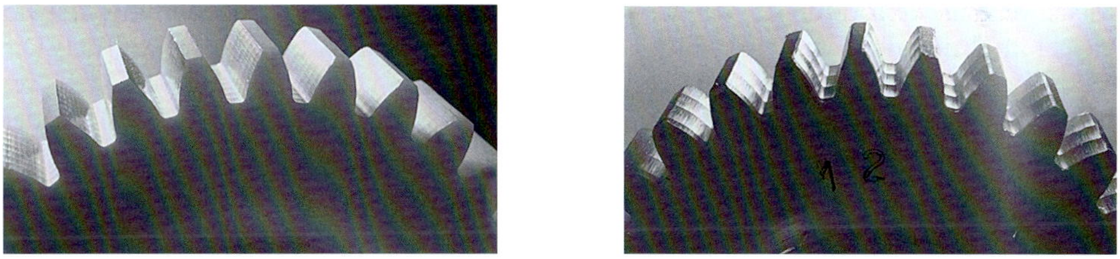

Bild 11.42 Mit einem Vorschub von 0,2 mm (links) und 6,0 mm (rechts) je Schneide und Umdrehung gefräste Zahnflanken [11.33]

Die stark welligen Zahnflanken eines *POM*-Zahnrades werden im *Trockenlauf* nach kurzer Einlaufphase geglättet. Danach ist erwartungsgemäß das Verdrehflankenspiel um einige µm größer. An *geschmierten* POM-Zahnflanken entstehen bedingt durch die örtlich hohe Pressung an den Wellenbergen Grübchen. Trotzdem hat das geschmierte POM-Zahnrad eine höhere Lebensdauer als das trocken laufende. Daraus folgt, dass POM-Zahnräder ohne wesentliche Qualitätsminderung mit höherer Vorschubsgeschwindigkeit gefertigt werden können, was die Fertigungskosten erheblich senkt.

Bei *PA*-Zahnrädern ist wegen der höheren Verschleißfestigkeit weniger mit der Einlaufglättung der Flanken zu rechnen. *Trocken* wie auch *geschmiert* sind wegen graduell stärkerer Grübchenbildung die mit höherem Vorschub gefrästen Räder geringfügig weniger belastbar [11.33].

11.3.3 Wellen-/Naben-Verbindung

Die Wahl der Befestigungsart eines Zahnrads auf einer metallischen Welle richtet sich nach der Höhe des zu übertragenden Drehmoments, nach der Temperatur und nach wirtschaftlichen Fertigungsgesichtspunkten. Zum Übertragen kleinster Drehmomente reichen einfache Reibschlussverbindungen aus (s. a. Abschnitt 1.1.2). In jedem Fall kann aber über die Verzahnung ein größeres Drehmoment übertragen werden als über eine reine Reibschlussverbindung. Treten jedoch Temperaturen über etwa 60 °C auf, muss eine aufwendigere Verbindungsart, wie zum Beispiel ein vorgespannter Formschluss gewählt werden.

11.3.3.1 Reibschlussverbindung

Man unterscheidet Längs- und Querpresssitze. Beim *Längspresssitz* wird das Zahnrad axial auf die Welle gepresst. Voraussetzung für ein einwandfreies Fügen ist das Anfasen der Welle mit einer Fase von 1,5 bis 2 mm und 30°. Bei rauen Metallwellen besteht die Gefahr, dass der Polymerwerkstoff durch die Drehriefen beim Fügen zerspant wird und dass dadurch das wirksame Untermaß reduziert wird. *Querpresssitze* werden durch Warmaufziehen erzielt; sie sind insbesondere bei größeren Abmessungen zweckmäßig, um die Fügekraft in Grenzen zu halten. Bei *Klemmsitzen* wird die Pressung durch Anziehen eines Konus aufgebracht (Bild 11.53 und 11.54).

Berechnung des übertragbaren Drehmoments

Man kann davon ausgehen, dass beim Aufpressen einer Nabe aus Polymerwerkstoff auf eine Metallwelle alle Verformungen von der Nabe aufgenommen werden. Der Spannungszustand gleicht idealisiert dem eines unendlich langen, dickwandigen Rohres unter Innendruck. Die Radialspannungen sind Druckspannungen, die am äußeren Umfang zu null werden. In der Fuge sind sie mit der Pressung identisch. Die Tangentialspannung erreicht ebenfalls an der Fügestelle ihren Höchstwert und nimmt nach außen hin ab. Sie nimmt am Außenumfang jedoch nicht den Wert null an.

Dieser zweiachsige Spannungszustand kann mit Hilfe des HMH-Kriteriums (s. a. Abschnitt 5.2.3.1) auf eine einachsige Vergleichsspannung zurückgeführt werden. Die maximale Materialanstrengung wird dann an der Fügestelle (elastisches Verhalten vorausgesetzt):

$$\sigma_v = p \cdot \frac{\sqrt{3 \cdot a^4 + 1}}{a^2 - 1} \tag{11.31}$$

mit

$$a = \frac{r_a}{r_i}$$

$$p = \frac{\Delta d_w \cdot E}{2\, r_i \cdot \left(\dfrac{a^2 + 1}{a^2 - 1} + \mu \right)} \tag{11.32}$$

Δd_w = wirksames Untermaß (Gl. (11.32) bis (11.36))

Für die Berechnung des Untermaßes Δd zum Fügen wird in [11.33] eine empirische Beziehung angegeben.

$$\Delta = K \cdot \sqrt{d}$$

mit K als einer Werkstoffkonstanten nach Tabelle 11.5.

Das im Betriebszustand mit schwankenden Temperaturen wirksame Untermaß ist:

$$\Delta d_W = \Delta d - \Delta d_T \tag{11.33}$$

Tabelle 11.5 Werkstoffkonstanten K für verschiedene Polymerwerkstoffe zum Abschätzen des Fügeuntermaßes [11.33].

Werkstoff	K
PA 6	0,045
PA 66	0,04
PBT, POM	0,03
PA-GF, PBT-GF	0,02
PE-HD, PA 11	0,06

worin Δd_T die Veränderung der Nabenbohrung infolge Temperaturänderung bezogen auf Raumtemperatur charakterisiert:

$$\Delta d_T = \alpha \cdot \Delta T \tag{11.34}$$

Um Temperaturschwankungen um die Raumtemperatur zu erfassen, ist für ΔT sowohl (T_{max} –20 °C) als auch (T_{min} –20 °C) zu setzen. Für Temperaturen kleiner 20 °C ist dann zu prüfen, ob die Grenzbedingung

$$\Delta d_{gr} = K \cdot d^{0,7} \tag{11.35}$$

nicht überschritten wird. Es muss gelten:

$$0 < \Delta d_W \leq \Delta d_{gr} \tag{11.36}$$

Mit dem wirksamen Untermaß kann nun das über eine Pressverbindung übertragbare Drehmoment abgeschätzt werden:

$$M_d = \frac{\Delta d_W \cdot d \cdot \pi \cdot b \cdot f \cdot E}{2\left(\frac{a^2+1}{a^2-1} + \nu\right)} \tag{11.37}$$

f = Haftreibwert gemäß Tabelle 11.6
μ = Querkontraktionszahl

Die Rechnung wird nur mit den Abmessungen der Nabe durchgeführt, und die Stützwirkung durch den restlichen Radkörper durch einen prozentualen Zuschlag berücksichtigt. Eine Radscheibe mit dem 0,7 bis 0,8-fachen der Nabenwanddicke erhöht das Drehmoment um 10 bis maximal 25 %. Eine Vollscheibe wird, auch wenn sie ein größeres Durchmesserverhältnis hat, so behandelt, als ob $r_a / r_i = 2{,}5$ wäre.

Die Relaxation rechnerisch erfassen zu wollen, indem in Gl. (11.37) ein Kriechmodul eingeführt wird, führt zu unrealistischen Ergebnissen, die nicht der praktischen Erfahrung entsprechen.

Tabelle 11.6 Gemessene Haftreibwerte gegen Stahl mit einer Oberflächenrauheit R_z = 1,5 µm; Gleitrichtung senkrecht zu den Bearbeitungsriefen; ohne Schmierung; Sitzzeit 1 min; Raumtemperatur [11.33]

Polymerwerkstoff gepaart mit Stahl	Haftreibwerte bei einer Flächenpressung von		
	20 MPa	30 MPa	40 MPa
PA 6, PA 66	0,20	0,18	0,17
PBT	0,16	0,16	0,15
PBT-GF	0,13	0,12	0,10
POM	0,10	0,10	0,10
PE-HD	0,11	0,09	0,07

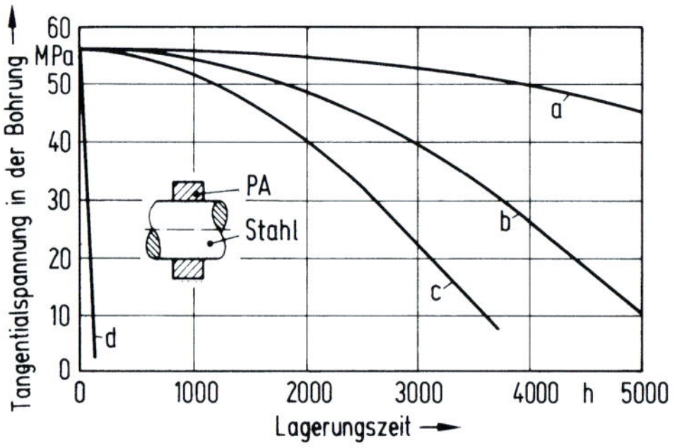

Bild 11.43 Abbau der Schwindspannung von umgossenen Polyamidnaben unter verschiedenen Umgebungseinflüssen
a) T = 20 °C luftgelagert
b) T = 80 °C luftgelagert
c) T = 120 °C ölgelagert
d) T = 100 °C wassergelagert

Von Pressverbindungen mit Werkstoffen, die wie PA infolge Wasseraufnahme ihr Volumen und ihre Eigenschaften ändern, wird dann abgeraten, wenn Unterwasserbetrieb vorgesehen ist. Dies wird durch Messergebnisse belegt, die den Abbau der Schwindspannung von PA-Ringen, die auf glatte Metallwellen gespritzt wurden, unter verschiedenen Lagerbedingungen mit der Zeit darlegen (Bild 11.43).

11.3.3.2 Formschlussverbindung

Die im Maschinenbau übliche Verbindungsart mit Nut und nur einer Passfeder hat bei Zahnrädern aus Polymerwerkstoffen im Grenzbelastungsbereich Nachteile. Bei ungünstiger Stellung der Passfeder zur Wirkungsstelle der Umfangskraft kann sich die Nabe von der Welle abheben, wie Bild 11.44 erkennen lässt.

Günstiger aber auch aufwendiger ist eine Verbindung über ein Vielnutprofil. Das Bild 11.45 zeigt, wie sich die Erhöhung der Nutenanzahl auf die übertragbare Umfangskraft auswirkt.

Bild 11.44 Bei hochbelasteten Stirnrädern verformt sich die Nabe, wenn das Moment mit nur *einer* Passfeder auf die Welle übertragen wird [11.29].

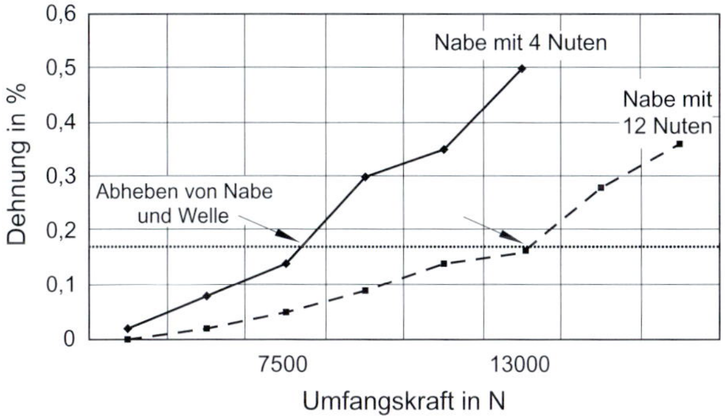

Bild 11.45 Verformung einer Nabe aus PA mit unterschiedlicher Nutenanzahl (nach Keim und Strickle)

Die Flankenpressung folgt aus:

$$p_m = \frac{M_d}{i \cdot r_m \cdot h \cdot b} \cdot 10^3 \tag{11.38}$$

M_d = Drehmoment in Nm
i = Nutenzahl (es kann davon ausgegangen werden, dass bei Polymerwerkstoff alle Nuten gleichmäßig tragen); r_m, h, b in mm (s. Bild 11.47)

Zulässige Werte von p_m werden Bild 11.46 entnommen.

Gestaltungshinweise für die Nut in der Polymerwerkstoffnabe enthält Bild 11.47.

Bei weniger beanspruchten Antrieben kann die Passfeder auch aus Polymerwerkstoff in die Nabe integriert werden (Bild 11.48). Das übertragbare Moment wird dadurch etwa um 50 % gegenüber Gl. (11.38) reduziert.

Durch nachträgliches warm Einpressen von entsprechend profilierten Blechstanzteilen wird wieder eine Verstärkung der angespritzten Passfeder erreicht (Bild 11.49).

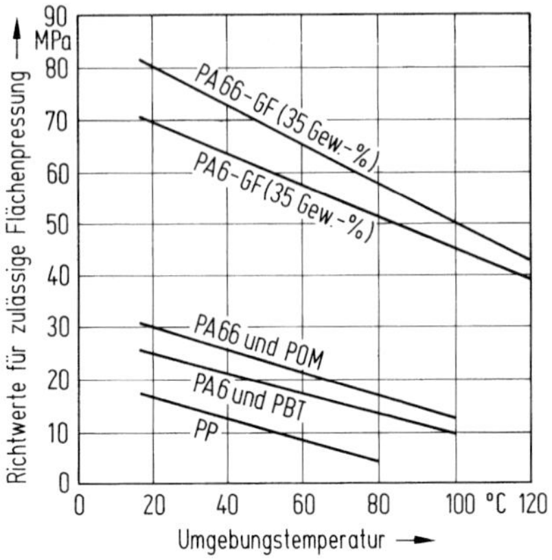

Bild 11.46 Richtwerte für zulässige Flächenpressung an Passfederflanken [11.33]

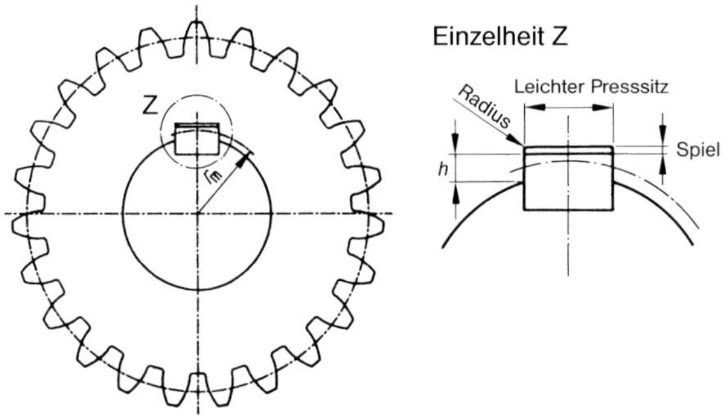

Bild 11.47 Ausführung der Nut für Passfederverbindungen

Bild 11.48 Angeformte Passfeder

Bild 11.49 Warm eingepresste Stanzteile als Nabenverstärkung

11.3.3.3 Vorgespannter Formschluss

Mit den zähelastischen Thermoplasten kann eine zuverlässige Verbindung mit gerändelten Metallwellen (z. B. Längsrändel nach DIN 82) durch bloßes mechanisches Eindrücken geschaffen werden [11.30]. Der optimale Nabendurchmesser d_N liegt bei:

$$d_N \approx d_R - t \qquad (11.39)$$

mit

d_R = Rändelaußendurchmesser in mm
t = Rändelteilung in mm

Das übertragbare Drehmoment kann überraschend gut aus der Beziehung

$$M_d = \frac{d_R^2 \cdot \pi \cdot l}{2} \cdot \tau_S \qquad (11.40)$$

ermittelt werden, s. a. Abschnitt 5.2.3.2 und Bild 5.7.

Darin ist:

τ_s = Versagensschubspannung ($\tau \approx 0{,}5\ \sigma$)

Wesentlich wirkungsvoller kann die Vorspannung bei einer vorgespannten Formschlussverbindung durch die Schwindung des Polymerwerkstoffs beim Spritzgießen aufgebracht werden, wenn das entsprechend profilierte Metallelement in das Spritzgießwerkzeug eingelegt und umspritzt wird.

Das Bild 11.50 zeigt Zahnräder kleinerer Abmessungen mit bewährten Formschlusselementen, die direkt auf eine Achse gespritzt sind.

Hochbelastete, größere Zahnräder erhalten eine Metallarmierung in der Nabe. Diese metallischen Nabenkörper werden ebenfalls bei der Verarbeitung im Spritzgießwerkzeug umgossen. Es ist dies die aufwendigste aber auch betriebssicherste Maßnahme. Das Hauptaugenmerk bei der Gestaltung der Formschlussgeometrie ist auf die symmetrische Anordnung, d. h. gleichmäßige Verteilung des Polymerwerkstoffs, zu legen. Ferner gelten folgende Richtlinien:

- Nur *eine* Axialverankerung vorsehen, mit ungehinderter Schwindungsmöglichkeit zu diesem Festpunkt hin.
- Wenn möglich, soll der Ort der Axialverankerung in Angussnähe liegen.
- Die kraftübertragenden Flanken des Formschlussprofils sollen senkrecht zur Umfangsrichtung stehen und gleichmäßig am Umfang verteilt sein.
- Für die Wanddicke der Polymerwerkstoffnabe gilt $r_a / r_i \approx 1{,}3$ bis 2,0.

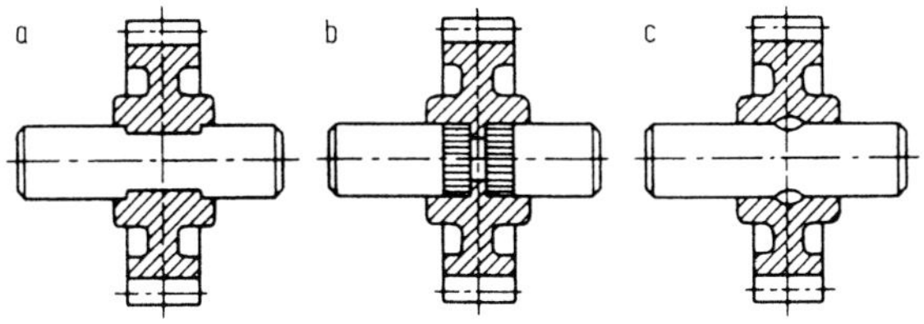

Bild 11.50 Formschlusselemente
a) angefräste ebene Flächen
b) Längsrändel mit Nut zur axialen Sicherung
c) angestauchte Lappen

Eine besonders kostengünstige und technisch einwandfreie Lösung kann beispielsweise durch die Verwendung gezogener Aluminiumprofile gemäß Bild 11.51 erreicht werden. Zur Aufnahme der Axialkräfte erhalten die von der Stange abgestochenen Nabenstücke lediglich noch eine umlaufende Nut.

Insbesondere bei großen Zahnrädern kann deren Wärmeausdehnung zu Betriebsstörungen führen. Dem kann dadurch begegnet werden, dass der gesamte Radkörper aus Metall gefertigt wird, und nur noch die Verzahnung aufgespritzt wird (s. a. Bild 1.14), oder dass der Zahnkranz mit einem Radkörper aus Stahlblech und der Nabe verschraubt wird (Bild 11.52).

Eine werkstoffgerechte Lösung dieses Problems bietet sich bei kleinen Zahnrädern an, wie aus Bild 11.53 hervorgeht. Die beiden Zahnräder feinwerktechnischer Geräte sind ihrerseits in einer Gabel aus dem gleichen Polymerwerkstoff gelagert, der nur mittig durch einen Klemmkonus befestigt die Wärmedehnungen der Räder weitgehend kompensieren kann [11.31].

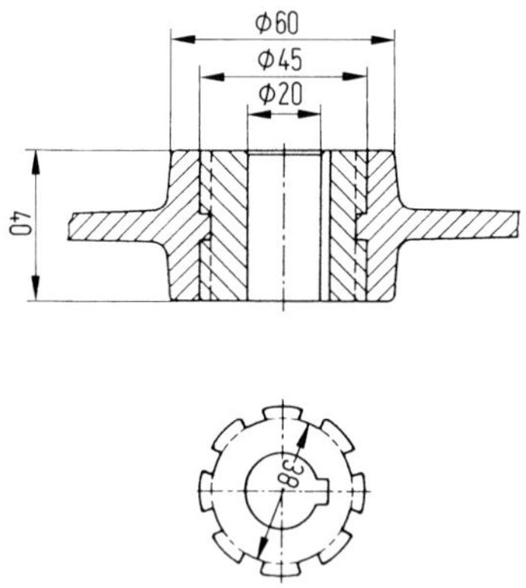

Bild 11.51 Nabe aus gezogenem Aluminiumprofil

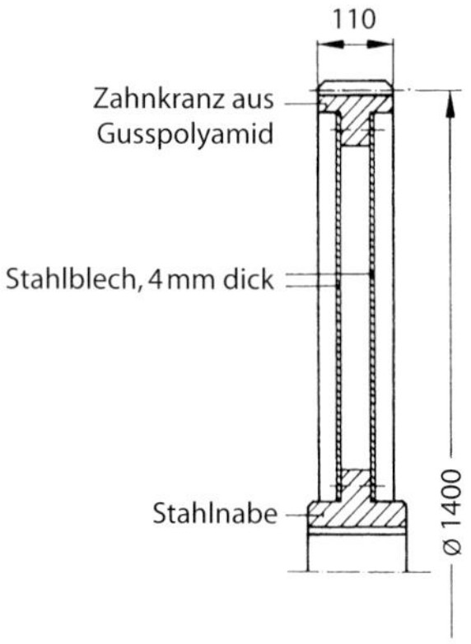

Bild 11.52 Bei Zahnrädern großer Abmessung wird der Zahnkranz mit der Nabe verschraubt [11.33]

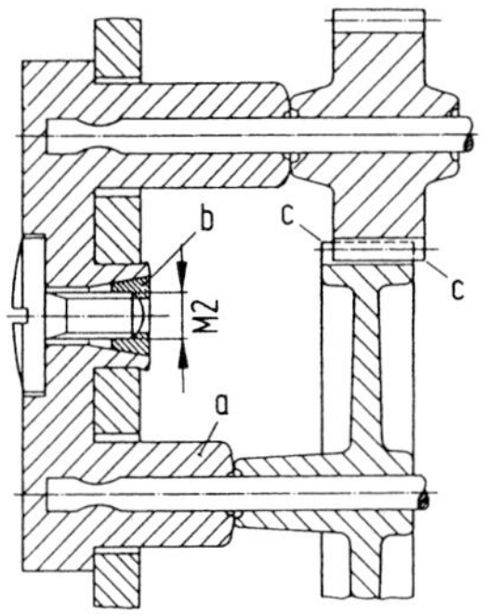

Bild 11.53 Lagerung von Zahnrädern in feinwerktechnischen Geräten mit Kompensation der Wärmedehnung. Die Räder sind gegeneinander versetzt, so dass die durch die Trennebene des Werkzeugs eventuell vorhandenen Schwimmhäute den leichten Lauf nicht stören [11.31].

a) Gabel
b) Klemm-Konus
c) Schwimmhaut

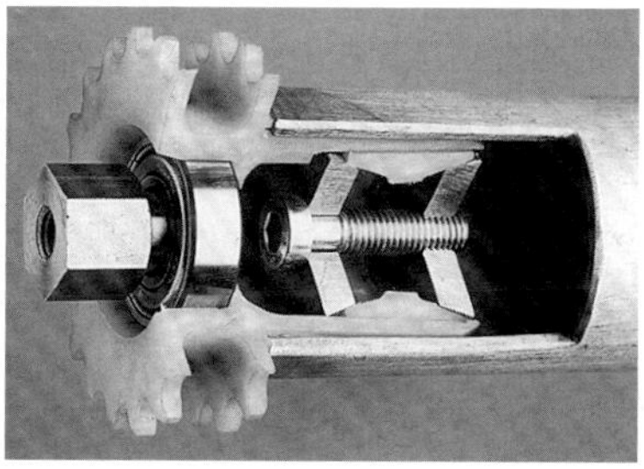

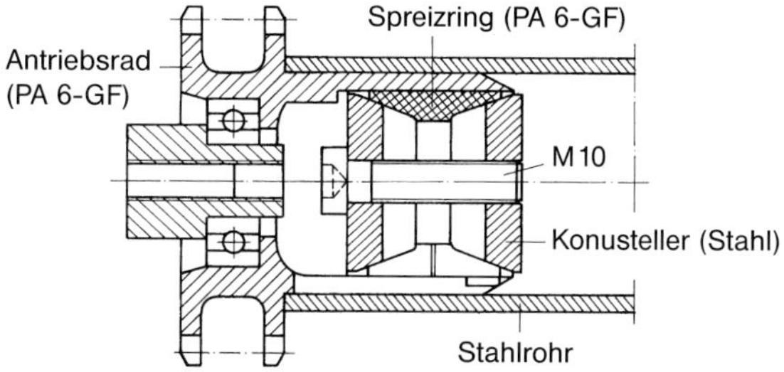

Bild 11.54 Befestigung eines Antriebsrades aus PA 6-GF (B3WG5) im Ende einer Transportrolle. Die Rolle ist ein handelsübliches verzinktes 2"-Rohr mit Fertigungstoleranzen im Innendurchmesser bis zu zwei Millimeter. Der dreifach geschlitzte Spreizteil des Antriebsrades wird durch zwei Konusteller aus Stahl gegen die Rohrinnenwand gepresst. Dadurch wird eine Reibschlussverbindung erreicht, die in der Lage ist, im Temperaturbereich von –15 bis +50 °C ein Wechseldrehmoment von ± 25 Nm mit Sicherheit zu übertragen (Werkbild: Technische Entwicklungen Dr. Becker, Wetter/Mannesmann-Demag).

Literatur

[11.1] Roth, K.-H.: Untersuchungen über die Eignung der Evolvelten-Zahnform für eine allgemein verwendbare feinwerktechnische Normverzahnung, Diss. TH München 1963

[11.2] Kern, E.: Kreisbogenzahnprofile zur konstanten Momentenübertragung bei Übersetzungen ins Schnelle, insbesondere für Uhrenverzahnungen, Diss. Uni Stuttgart 1969

[11.3] Willmann, N.: Computerunterstütztes Optimieren von Verzahnungen, *dima* (1984) 4, S. 21/22

[11.4] Nill, E.: Übertragungsverhalten extrem kleiner Kunststoffzahnräder, Konstruktion, Fertigung und Anwendung feinwerktechnischer Kunststoffteile, VDI-Verlag, Düsseldorf 1976

[11.5] Cornelius, E. A.: Tragfähigkeit und Lebensdauer geradverzahnter Stirnräder aus thermoplastischen Kunststoffen bei einer Paarung Stahl/Kunststoff, *ASUG-Mitt.* **5** (1968) 1, S. 30/32

[11.6] Blok, H.: Measurement of Temperature Flashes on Gear Teeth under E. P.-Conditions, Proc. Gen. Disc. on Lubrication and Wear 1937

[11.7] Siedke, E.: Tragfähigkeitsuntersuchungen an ungeschmierten Zahnrädern aus thermoplastischen Kunststoffen, Diss. TU Berlin 1977

[11.8] DIN 3990 Grundlagen der Tragfähigkeitsberechnung von Gerad- und Schrägstirnräder, Teil 1 – Teil 4, Entwurf 1980, Beuth-Verlag, Berlin

[11.9] Takanashi, S. and A. Shoji: On the Temperature Risc in the Teeth of Plastic Gears, Internat. Power Transmission & Gearing Conference, San Francisco 1980

[11.10] Hachmann, H. und E. Strickle: Polyamide als Zahnradwerkstoffe, *Konstruktion* **18** (1966) 3, S. 81/94

[11.11] Niemann, G. und H. Winter: Maschinenelemente, Bd. 2, Springer-Verlag, Berlin, Göttingen, Heidelberg 1983

[11.12] Erhard, G. und Ch. Weis: Zur Berechnung der Zahn- und Flankentemperatur von Zahnrädern aus Polymerwerkstoffen, *Konstruktion* **39** (1987) 11, S. 423/430

[11.13] Tillwich, M., W. Stehr, W. Dresel und M. Stubenvoll: Schmierstoffe in der Feinwerktechnik, *Schmiertechnik und Tribologie* **29** (1982) 5, S. 200/205

[11.14] Stehr, W.: „Etsyntha" – Spezialuhrenöl für Kunststofflager, *Uhren, Juwelen, Schmuck* (1976) 7, S. 106/108

[11.15] Erhard, G.: Erfahrungen mit Gleitlagern aus Polyamid, *TZ für prakt. Metallbearbeitung* **59** (1965) 7, S. 449/453

[11.16] Kogler, H.-G.: Örtliche und mittlere Betriebstemperaturen an kleinen Kunststoffzahnrädern, Konstruktion, Fertigung und Anwendung feinwerktechnischer Kunststoffteile, VDI-Verlag, Düsseldorf 1976

[11.17] VDI-Richtlinie 2545, Zahnräder aus thermoplastischen Kunststoffen, Beuth-Verlag, Berlin 1981

[11.18] Weis, Ch.: Optimierung des Berechnungsverfahrens zur Abschätzung der Belastbarkeit und Lebensdauer von Zahnrädern aus Polymerwerkstoffen, Studienarbeit Uni Karlsruhe 1986

[11.19] Budich, W.: Beitrag zur Untersuchung öl- und fettgeschmierter geradverzahnter Stirnräder aus Acetalpolymerisat, Diss. TU Berlin 1969

[11.20] Beck, K. und H. Brünings: Grenzflankenpressung bei Stirnrädern aus PA 66 und PA 6, *Konstruktion* **25** (1973) 11, S. 451/454

[11.21] Bogdanzaliew, K. und V. Drechsler: Betriebsverhalten und Berechnung von Polyamidzahnrädern, *Maschinenbautechnik* **29** (1980) 5, S. 226/233

[11.22] Boes, D.: Abstimmung von Verteilersystemen und Beeinflussung des Füllvorgangs durch rheologische Werkzeugauslegung, *Kunststoffe* **74** (1983) 10, S. 568/572

[11.23] Horvarth, L. S.: Zahnräder aus Delrin-Polyacetal und Zytel-66-Polyamid, Du Pont Techn. Mitteilung D/Z 2010-7009

[11.24] Prefocon Firmenschrift Deutsche Star, Schweinfurt

[11.25] NN: Erstes zusammengesetztes Schneckenrad aus Kunststoff, *Technica* (1971) 21, S. 2106

[11.26] Ensinger, W.: Mündliche Mitteilung

[11.27] Erhard, G.: Die Preßverbindung von Kunststoffring und Metallwelle, *Kunststoffe* **58** (1968) 4, S. 315/317

[11.28] Martini, J.: Lebensdaueruntersuchungen an fettgeschmierten Kunststoffzahnrädern, *Konstruktion* **38** (1986) 3, S. 91/96

[11.29] Erhard G. und E. Strickle: Maschinenelemente aus thermoplastischen Kunststoffen Bd. 1 Grundlagen und Verbindungselemente, VDI-Verlag, Düsseldorf 1974

[11.30] Erhard, G. und E. Strickle: Die Preßverbindung von gerändelten Bolzen mit Kunststoffbauteilen, *Konstruktion Elemente Methoden* (1976) 9, S. 58/60

[11.31] Herzig, K.: Konstruktionsbeispiele aus der Feinwerktechnik, *Kunststoff-Berater* **18** (1973) 4, S. 231/38

[11.32] Geyer, H., H. Gemme und H. Strelow: Qualitätsformteile aus thermoplastischen Kunststoffen, VDI-Verlag, Düsseldorf 1974

[11.33] Erhard G. und E. Strickle: Maschinenelemente aus thermoplastischen Kunststoffen, VDI-Verlag, Düsseldorf 1985

[11.34] Heym, B. und W. Beitz: Zur Belastbarkeit von Stirnrädern aus dem Hochtemperatur-Thermoplast PEEK, *Konstruktion* **47** (1995), 11, S. 351/357

[11.35] Wolf, W: Fa. Oechsler AG, Ansbach, persönliche Mitteilung 2002

[11.36] Faatz, P.: Tribologische Eigenschaften von Kunststoffen im Modell- und Bauteilversuch, Diss. Uni. Erlangen-Nürnberg 2002

[11.37] Ehrenstein, G. W.: Mündliche Mitteilung (2008)

12 Gleitlager

Der übergeordnete Begriff „Lager“ umfasst die Lagerung bewegter Maschinenteile. Davon ist das Gleitlager eine spezielle Lagerart, bei der diese Bewegungen gleitend aufgenommen werden. Die Kontaktflächen bewegen sich also relativ zueinander.

Unter dieser Beanspruchungsart zeichnen sich für Polymerwerkstoffe folgende Hauptanwendungsbereiche ab:

- Trockenlauf
- geringe Abmessungen (geringes Gewicht)
- direkte Lagerung (Lagerstelle als integrierter Bestandteil eines Bauteils).

Werkstoffe

Von den Polymerwerkstoffen kommen als Gleitlagerwerkstoffe hauptsächlich Thermoplaste mit teilkristalliner Gefügestruktur infrage (Tabelle 12.1). Darüber hinaus werden diese Basiswerkstoffe durch eine Vielzahl von Zusatzstoffen für spezielle Anforderungen wie Erniedrigung der Gleitreibung, Verbesserung des Verschleißverhaltens, Erhöhung der Druckfestigkeit u. a. modifiziert. In Tabelle 12.2 sind die wichtigsten Zusatzstoffe mit ihren angestrebten Auswirkungen zusammengestellt.

Tabelle 12.1 Übliche thermoplastische Basiswerkstoffe für Gleitlager [12.1]

Gleitlager-werkstoffe	Lagerherstellung	Typische Anwendungsbereiche
PA 66	Spritzgießen (s_L = 0,5 bis 8 mm) oder spanend aus Halbzeugen	Universelle Gleitlager für den Maschinenbau
PA 6		
PA-Guss	Gießen, Schleudern dickwandige (s_L > 10 mm) und große Abmessungen	
PA 11 PA 12	Spritzgießen, aus Halbzeugen oder nach Pulverschmelzverfahren (s_L = 0,1 bis 0,3 mm)	Feinwerktechnik, Lager mit höherer Maßhaltigkeit als PA 66 und PA 6
POM	Spritzgießen oder aus Halbzeugen	
PBT		
PE-HD	Überwiegend spanend aus Halbzeugen	Auskleidungen, Gleitleisten, Gelenkendoprothesen
PTFE	Formpressen oder aus Halbzeugen Polyetherketone auch Spritzgießen	Chemikalien- und temperaturbeständig
Polyimid, PEEK, PPS, PPA		Thermisch hoch belastbar

Tabelle 12.2 Zusatzstoffe und angestrebte Auswirkungen

Zusatzstoffe	Angestrebte Auswirkung	Nachteile
Glas-, Kohlenstoff-, Aramid-Fasern	• Erhöhung der Druckfestigkeit, Verringerung der Kriechneigung; dadurch statisch höher belastbar • Reduzierung der Wärmedehnung • Verbesserung der Verschleißfestigkeit	• durch Glasfasern in polaren Matrices Erhöhung des Verschleißes, besonders am Gleitpartner • anisotrope Schwindung
Graphit, Molybdändisulfid	Wie GF. • geringfügige Verbesserung der Wärmeleitfähigkeit • Verbesserung der Verschleißfestigkeit	• Abnahme der Zähigkeit • keine signifikante Verbesserung der Gleitreibung
Kreide, Glaskugeln, globuläre Füllstoffe	• Erhöhung der Druckfestigkeit • isotrope Schwindung • Verbesserung von Verschleiß, besonders bei unpolaren Matrices	• Abnahme der Zähigkeit
PTFE, PE-HD	• „Feststoffschmierstoff" in polaren (glasfaserverstärkten) Polymerwerkstoffen • Vermeidung von Stick-slip	• wirkt besonders unter adhäsiven Gleitbedingungen, aber auch bei Paarung gegen rauen Stahlpartner
niedermolekulare Schmiermittel	• Erniedrigung der Reibung bei polaren Matrices • Vermeidung von Stick-slip	• wirkt nur unter adhäsiven Gleitbedingungen

Außerdem sind Verbundwerkstoffe zu erwähnen, die als Halbzeuge oder einbaufertige Lager geliefert werden. Ihr Aufbau ist unterschiedlich; im Prinzip handelt es sich jedoch meistens um einen Stützkörper aus Stahl, auf den poröse Schichten aufgesintert sind, deren Poren überwiegend mit PTFE ausgefüllt sind, oder auf denen PTFE-gefülltes Harz (z. B. Epoxidharz) aufgebracht ist.

Bei einer speziellen Variante sind PTFE-Fasern mit Glas- oder Metall-Fasern so verflochten, dass auf der Gleitseite fast nur PTFE-Fasern an der Oberfläche zu liegen kommen. Das gesamte Gewebe wird mit einem Harz getränkt und ebenfalls auf Stahlträger aufgebracht.

Schmierung

Grundsätzlich sind Gleitlager aus Polymerwerkstoffen im Trockenlauf zu betreiben. Geschmierte Lager lassen jedoch je nach Qualität der Schmierung eine höhere Lebensdauer erwarten, da Verschleiß und Lagertemperatur verringert werden. Die Gleitreibungszahl kann im Mischreibungsgebiet durch unpolare Schmiermittel allerdings nur bei polaren Polymerwerkstoffen gesenkt werden, nicht jedoch bei unpolaren (PTFE, PE-HD).

Eine Einlaufschmierung ist dagegen in jedem Fall zweckmäßig (weitere Ausführungen über Schmierung s. Kapitel 11).

Gleitpaarungen

Das günstigste Gleitverhalten und die höchste Belastbarkeit eines trocken laufenden Gleitlagers wird bei Paarung mit einem gehärteten Stahlpartner erzielt.

Der Stahl sorgt für gute Wärmeabfuhr, und die Oberflächenhärte soll Metallabrieb verhindern, der bei weichen Metallen nur bei ausreichender Schmierung auszuschließen ist. Unabdingbar ist das Härten des Stahlpartners bei Paarung gegen glasfaserverstärkte, polare Lagerwerkstoffe (Bild 12.1).

Die Oberflächenrauheit des Stahlpartners ist auf die gewünschten tribologischen Eigenschaften des Polymerwerkstoffes abzustimmen (s. Bild 4.34 bis 4.38), wobei zu beachten ist, ob eine Richtungsabhängigkeit der Rauheit vorliegt, und in welcher Richtung die Gleitbewegung erfolgt. Beispielsweise verlaufen die Bearbeitungsriefen einer geschlichteten Welle etwa tangential, so dass in Achsrichtung eine wesentlich höhere Rauheit wirksam ist als quer dazu.

Sollen Polymerwerkstoffe gegeneinander gepaart werden, ist der höhere Verschleiß bei dem Polymerwerkstoff zu erwarten, dessen intermolekulare Bindungsenergien schwächer sind (s. Abschnitt 4.7.2 und Bild 4.49).

Glasfaserverstärkte, polare Polymerwerkstoffe (z. B. PA-GF, PBT-GF) sollten im Trockenlauf unbedingt mit einem unpolaren Polymerwerkstoff (z. B. PTFE, PE-HD) oder einem Lagerwerkstoff gepaart werden, der diese Stoffe als Mischungskomponente enthält (z. B. PA/PE). Diese unpolaren Werkstoffe wirken generell als „Feststoff-Schmierstoffe" reibungs- und verschleißmindernd.

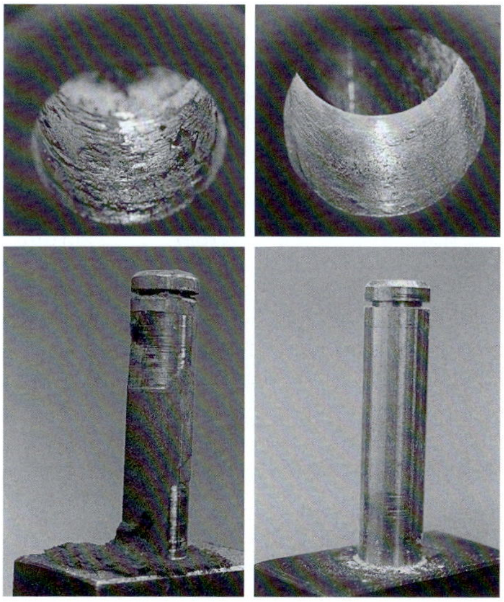

Bild 12.1 Lager unter schwellender Beanspruchung (p_{min} = 0,1 MPa, p_{max} = 2,0 MPa, Schwenkwinkel ± 30°) mit 15 Lastwechseln/min nach 600 000 Lastwechseln. Lagerbuchsen (Bild oben): PA 66-GF (50 Gew.-%); Lagerzapfen: Stahl **200 HV** 10 (links), **800 HV** 10 (rechts)

12.1 Gleitlagerschäden

Schäden an Gleitlagern werden je nach Ursache klassifiziert nach [12.2]:

- Produktschäden (Beanspruchung bei normalem Betrieb)
- Schäden durch Fremdeinwirkung (Beanspruchung bei abnormalem Betrieb)
- Schäden durch Betriebsfehler (Bedienungsfehler)

Die Lagerschäden und ihre Ursachen können wegen der Deckung bei Technischen Versicherungen eine wichtige Bedeutung haben. Hier interessiert unter anderen Gesichtspunkten nur die erste Gruppe der Lagerschäden, also die Schäden, die aufgrund bestimmungsgemäßer Verwendung durch mehr oder weniger vorhersehbare Belastung auftreten. Diese Schäden bilden die Kriterien für die Berechnung derartiger Bauteile.

Unter unzulässig hoher mechanischer Belastung wird die Lagerschale *verformt*, dies umso mehr, je höher die Lagertemperatur ist und je länger die Belastung einwirkt. Diese Verformung führt zur Spielvergrößerung, ferner zur Änderung der Berührungsverhältnisse und dadurch zur Erhöhung des Reibmomentes.

Unzulässig hohe Pressung zusammen mit hoher Gleitgeschwindigkeit oder gestörter Schmiermittelversorgung hat meist innerhalb kurzer Zeit *Aufschmelzen des Lagermaterials* zur Folge. Dieser katastrophale Schaden kann auch durch eine nicht kalkulierte Erhöhung der Umgebungstemperatur direkt oder über eine Spielverringerung infolge Wärmedehnung eintreten.

Wird ein Lager bei hoher Lagertemperatur betrieben, ohne dass es jedoch zum Schmelzen kommt, kann der Polymerwerkstoff im Laufe der Zeit *thermisch geschädigt* werden, was eine drastische Verschleißzunahme bedeutet.

Verschleiß kündigt sich im Allgemeinen durch Spielvergrößerung an, die schließlich zum Ausfall des Lagers führt. Andererseits kann der Abrieb von stark polaren Polymerwerkstoffen (PA) auch zur Reibwerterhöhung führen, wenn er nicht aus der Lagerstelle abgeführt werden kann (s. a. Bild 12.18). Die Konsequenz hiervon ist, dass das Lager letztlich auch wieder durch Aufschmelzen ausfällt.

Verschleißursachen können sein:

- große Rauheit des Metallpartners,
- abrasive Fremdkörper,
- aggressive Umgebungsmedien (evtl. auch Feuchte),
- hohe Flächenpressung,
- hohe Gleitflächentemperatur,
- Verarbeitungsfehler.

Auch der metallische Gleitpartner kann verschleißen, beispielsweise durch:

- Rost,
- abrasive Partikel (Glasfasern, Metallabrieb, Fremdkörper insbesondere bei ungehärtetem Metallpartner),
- Reiboxidation (Schwingungen).

Die bekannte Erscheinung der *Reiboxidation (Tribokorrosion)* wird auch bei Kunststofflagern beobachtet, die mit Stahlwellen gepaart sind, wenn die Oberflächen unter Normalkraft mit kleiner Amplitude aufeinander scheuern oder gegeneinander stoßen.

Dabei stellt man fest, dass die unpolaren Polymerwerkstoffe oder Mischungen mit solchen (z. B. PTFE, PE-HD, POM/PTFE, PA/PE etc.) weniger Tribokorrosion verursachen als polare Polymerwerkstoffe, namentlich die glasfaserverstärkten ohne inkorporierte Schmierstoffe. Wird das Gleitelement mit einem gut nachfließenden Schmiermittel versorgt, kann Verschleiß durch Tribokorrosion weiter herabgesetzt werden.

Unter dem Begriff „*Stick slip*" wird das Schwanken der Reibungszahl und die damit je nach Resonanzfähigkeit des Systems verbundene Geräuschentwicklung (Knarren, Pfeifen) verstanden (s. a. Abschnitt 4.7.6). Obwohl ein Lager auch unter Stick-slip-Erscheinungen im eigentlichen Sinne noch funktionsfähig ist, muss dieser Effekt als Lagerschaden angesehen werden, denn es können derart störende Geräusche auftreten, dass das Lager nicht mehr weiter betrieben werden kann. Außerdem kann die Stick-slip-Bewegung zu verstärktem Verschleiß und zur Temperaturerhöhung beitragen. Maßnahmen dagegen sind neben geeigneter Werkstoffauswahl (unpolare Polymerwerkstoffe) und ausreichendem Lagerspiel:

- Schmieren,
- Vermindern der Belastung,
- Paaren mit rauem Gleitpartner mit möglichst hoher Oberflächenhärte (höherer Verschleiß!).

12.2 Berechnung der Belastbarkeit

Die rechnerische Abschätzung der Tragfähigkeit eines Gleitlagers geschieht in analoger Weise zur Zahnradberechnung (s. Kapitel 11, Bild 11.1).

12.2.1 Berechnung der mittleren Lagertemperatur

Die Lagertemperatur hat einen entscheidenden Einfluss auf die Tragfähigkeit und die Lebensdauer eines Gleitlagers. Rechnerisch lässt sich die Temperatur, die sich in einem Gleitlager als Folge der Reibungswärme und der konstruktiven Gegebenheiten einstellt, durch eine Wärmebilanz abschätzen. Eine solche Rechnung kann jedoch nur eine Näherungslösung sein mit empirisch ermittelten, konstruktionsspezifischen Werten, die die Wärmeableitung beschreiben [12.2]. Außerdem ist die Festlegung einer Reibungszahl mit großen Unsicherheiten behaftet.

Radiallager (Querlager)

Es wird von der Annahme ausgegangen, dass die im Lager in Wärme umgesetzte Reibleistung nur über die Oberfläche der Lagerschale und über die Welle abgeführt wird. Eine eventuelle Kühlung durch ein Schmiermittel wird nicht berücksichtigt.

$$Q_R = Q_O + Q_W \qquad (12.1)$$

Die je Sekunde in Wärme umgesetzte Reibleistung ist

$$Q_R = d_W \cdot b \cdot p_m \cdot v \cdot f \qquad (12.2)$$

mit

d_W = Wellendurchmesser im mm
b = Lagerbreite in mm
p_m = mittlere Flächenpressung in MPa (Gl. (12.10))
v = Gleitgeschwindigkeit in m/s
f = Gleitreibungszahl

Durch die Oberfläche der Lagerschale wird je Sekunde folgende Wärmemenge transportiert:

$$Q_O = \frac{d_W \cdot b \cdot \pi}{s_L \cdot 10^3} \cdot \lambda_P \cdot K_1 \cdot \Delta T \qquad (12.3)$$

und über die Welle

$$Q_W = \frac{d_W \cdot \pi}{2 \cdot 10^3} \cdot \lambda_M \cdot K_2 \cdot \Delta T \qquad (12.4)$$

Darin ist:

s_L = Lagerwanddicke in mm
λ_P = Wärmeleitfähigkeit des Polymerwerkstoffs in W/m K
λ_M = Wärmeleitfähigkeit des Metallpartners in W/m K

K_1, K_2 sind Faktoren, die angeben, in welcher Weise die Wärmeabfuhr von der Lagerkonstruktion beeinflusst wird.

Mit Gl. (12.2) bis (12.4) erhält man Gl. (12.1) in der Form:

$$\Delta T = \frac{p_m \cdot v \cdot f}{\pi \cdot \left(\frac{\lambda_P \cdot K_1}{S_L} + \frac{\lambda_M \cdot K_2}{2 \cdot b} \right)} \cdot 10^3 \qquad (12.5)$$

In Laborversuchen [12.2] an Lagern gemäß Bild 12.2 wurde ein exponentieller Einfluss der Gleitgeschwindigkeit sowie bei PA/PE und PE-HD eine deutliche Temperaturabhängigkeit der Gleitreibungszahl festgestellt. Dies wird durch einen Exponenten κ bzw. durch einen Faktor a berücksichtigt.

Die Konstanten wurden bestimmt zu $K_1 = 3/4$ und $K_2 = 7/120$.

Damit kann die Beziehung zur Abschätzung der mittleren Lagertemperatur eines Radiallagers folgendermaßen formuliert werden:

$$T_{Lq} = \frac{T_U + \dfrac{318{,}3 \cdot p_m \cdot v^{\kappa}}{\left(\dfrac{0{,}18}{S_L} + \dfrac{1{,}36}{b}\right)} \cdot \mu}{1 + \dfrac{318{,}3 \cdot p_m \cdot v^{\kappa}}{\left(\dfrac{0{,}18}{S_L} + \dfrac{1{,}36}{b}\right)} \cdot a} \qquad (12.6)$$

Ihre Gültigkeit ist auf Radiallager etwa entsprechend Bild 12.2 und Umgebungstemperaturen ≤ 80 °C beschränkt.

In Gl. (12.6) ist einzusetzen:

κ = 1,4 für Radiallager mit rotierender Bewegung
κ = 1,3 für Radiallager mit oszillierender Bewegung (Schwenkwinkel $\alpha \geq 45°$)
κ = 1,2 für Radiallager mit oszillierender Bewegung (Schwenkwinkel $25° < \alpha < 45°$)
κ = 1,0 für Radiallager mit oszillierender Bewegung (Schwenkwinkel $\alpha \geq 25°$), und für Axiallager

Die Gleitreibungszahl *f* wird für Trockenlauf und die entsprechenden Randbedingungen aus den Bildern 4.34 bis 4.38 entnommen.

Für geschmierte Betriebszustände kann gesetzt werden:

f = 0,12 für einmalig beim Einbau mit Fett geschmierte Lager,
f = 0,09 für Gleitlager mit Schmierfettdepot oder für in Ölnebel eingesetzte Lager,
f = 0,04 für ölgeschmierte oder wassergeschmierte Lager mit Mischreibung.

Die Temperaturabhängigkeit der Gleitreibungszahl im Gültigkeitsbereich der Gl. (12.6) ist nur für PE-HD und die Werkstoffmischung PA/PE signifikant.

a = 0 für PA, POM, PBT
a = $7 \cdot 10^{-4}$ für PE-HD
a = $33 \cdot 10^{-4}$ für PA/PE

Es kann angenommen werden, dass für andere Polymermischungen mit PE oder PTFE ein ähnlicher a-Wert wie für PA/PE gilt.

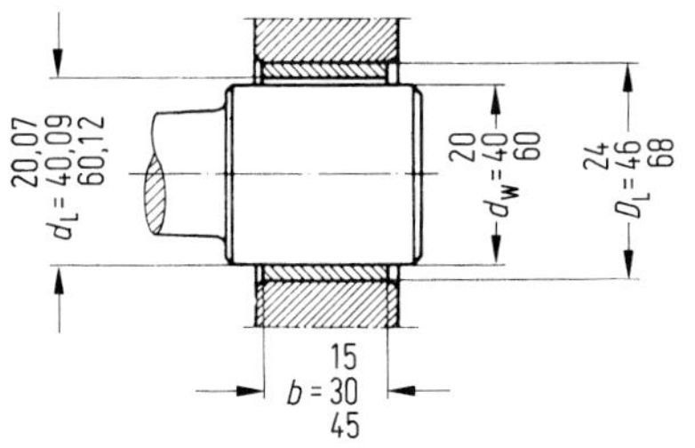

Bild 12.2 Anordnung und Abmessungen der Radiallager im Versuch. Die Gl. (12.6) gilt nur für ähnliche Lager.

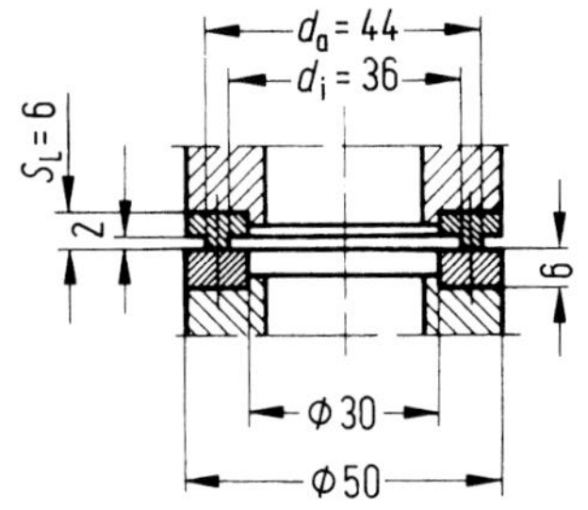

Bild 12.3 Anordnung und Abmessungen der Axiallager im Versuch. Die Gl. (12.7) und (12.8) gelten nur für ähnliche Lager.

Axiallager (Längslager)

Für Axiallager mit der Paarung Stahl/Polymerwerkstoff und geometrischer Anordnung gemäß Bild 12.3 lässt sich die mittlere Lagertemperatur nach einer ähnlichen Beziehung ermitteln*:

$$T_{L1} = T_U + \frac{p_m \cdot v \cdot f}{\left(\frac{2}{s_L} + \frac{d_a^2}{d_a^2 - d_i^2}\right)} \cdot 10^4 \qquad (12.7)$$

Werden Polymerwerkstoffe mit gleicher Wärmeleitfähigkeit und gleicher Wanddicke gepaart, gilt:

$$T_{L1P} = T_U + (p_m \cdot v \cdot f \cdot s_L) \cdot 10^3 \qquad (12.8)$$

12.2.2 Berechnung der Gleitflächentemperatur

Die Temperatur an der Gleitfläche ist beträchtlich höher als die mittlere Lagertemperatur. Dies ist zu beachten, wenn die Vorgänge an der Gleitfläche richtig beurteilt werden sollen.

Unter Zugrundelegung von Gl. (12.6) kann mit dem empirischen Rechenansatz Gl. (12.9) eine mittlere Gleitflächentemperatur abgeschätzt werden:

$$T_F = T_U + \left(1{,}15 + \frac{T_L}{170}\right) \cdot (T_L - T_U) \qquad (12.9)$$

Anhand dieser Berechnung kann beurteilt werden, ob ein Gleitlager unter vorgegebener Belastung durch Aufschmelzen ausfallen wird. Außerdem muss die Gleitflächentemperatur bei der Beurteilung des Verschleißes zugrunde gelegt werden.

* Die Gleichungen für die Lagertemperatur von Axiallagern sind weniger häufig durch praktische Anwendungen abgesichert als die für Radiallager.

12.2.3 Statische Belastbarkeit

Bei der Dimensionierung von Gleitlagern, die im Stillstand oder bei extrem niedriger Gleitgeschwindigkeit mit einer Lagerlast F_L belastet werden, ist zu überprüfen, ob der Lagerwerkstoff überbeansprucht wird oder ob die sich einstellende Verformung noch zulässig ist [12.3].

12.2.3.1 Beanspruchung des Lagerwerkstoffs

Mittlere Flächenpressung

Die Berührungsfläche und damit die Pressung zwischen Lagerbuchse und Welle werden bestimmt von der Lagerbelastung, vom Einbauspiel, dem Verschleiß, der Temperatur sowie der Steifigkeit des Polymerwerkstoffs. Somit führt die mittlere Flächenpressung p_m nur zu einer sehr ungenauen Abschätzung und kann nur zur groben Vordimensionierung herangezogen werden. Da weder der gesamte projizierte Wellendurchmesser trägt, noch sich die Pressung gleichmäßig über dieser Breite verteilt, ist die mittlere Flächenpressung stets kleiner als die tatsächliche Werkstoffbeanspruchung.

$$p_m = \frac{F_L}{d_W \cdot b} \qquad (12.10)$$

Pressung bei kleiner Berührungsflächenbreite

Die theoretischen Lösungen von Hertz und Föppel, mit deren Hilfe sich die Breite der tatsächlich tragenden Flächen und die Werkstoffbeanspruchung von sich berührenden Körpern mit gewölbten Oberflächen berechnen lassen, sind auf Polymerwerkstoffe mit viskoelastischem Verformungsverhalten streng nicht anwendbar (s. a. Kapitel 11 und 13). Auch die geometrischen Voraussetzungen sind bei den meist dünnwandigen Lagerbuchsen bei weitem nicht erfüllt.

Vernachlässigt man diese Umstände, muss zumindest die Bedingung (12.11) genügen, denn die Hertzschen Gleichungen gelten auch nur bis zu einem bestimmten Verhältnis von projizierter Oberfläche des Druckkörpers zur tatsächlichen Berührungsfläche:

$$2\,B \leq \frac{d_W}{6} \qquad (12.11)$$

$2\,B$ ist die Breite der projizierten Berührungsfläche.

Konstruktiv bedeutet dies:

- geringe Lagerlast,
- großes Lagerspiel,
- geringe Verformbarkeit der Lagerschale.

In zugängliche Größen umgeformt lautet Gl. (12.11):

$$F_L \leq 0{,}012 \cdot E_{PR} \cdot b \cdot h_0 \qquad (12.12)$$

E_{PR} = Rechenmodul aus Bild 12.9 in MPa
h_0 = Lagerspiel im mm ($h_0 = d_L - d_W$)
d_L = Lagerdurchmesser (im Betriebszustand) in mm

Wenn die Bedingung (12.12) erfüllt ist, kann die projizierte Breite 2 B der sich ausbildenden Druckfläche nach Gl. (12.13) (s. a. Gl. (13.4)) ermittelt werden:

$$2\,B = 4\sqrt{\frac{F_L \cdot r}{b} \cdot \frac{2\,(1-\mu^2)}{\pi \cdot E_e}} \tag{12.13}$$

Die maximale Hertzsche Pressung in der Mittellinie dieser Berührungsfläche wird mit $\mu = 0{,}4$:

$$\max p_H = \sqrt{0{,}19 \cdot \frac{F_L \cdot E_e}{b \cdot r_e}} \tag{12.14}$$

E_e = Ersatzmodul bei unterschiedlichen Wellen- und Lagerwerkstoffen in MPa

$$E_e = 2 \cdot \frac{E_W \cdot E_L}{E_W + E_L} \tag{12.15}$$

Mit $E_W = E_{Stahl} > E_L = E_{P(olymerwerkstoff)}$ wird $E_e = 2\,E_P$.

r_e = Ersatzradius in mm

$$r_e = \frac{(-r_L) \cdot r_W}{r_W + (-r_L)} \tag{12.16}$$

Wegen gleichsinniger Krümmung ist r_L negativ einzusetzen.
Die Kontrolle, ob p_H noch zulässig ist, wird mit Gl. (12.25) durchgeführt.

Pressung bei großer Berührungsflächenbreite

Für den Fall, dass die Hertzschen Gleichungen nicht angewendet werden dürfen, weil die Berührungsflächenbreite größer ist als nach Gl. (12.11) zugelassen, wird von Detter [12.4] folgender Rechenweg vorgeschlagen:

Ausgehend von einer konstruktiv zulässigen Wellenverlagerung Δh lässt sich auch aus den geometrischen Zusammenhängen (Bild 12.4) die Breite 2 B der Berührungsfläche ableiten, die sich als Folge einer statischen Belastung ergibt:

$$2\,B = d_W \sqrt{\left[1 - \frac{1}{\left(\frac{2 \cdot \Delta h}{h_0} + 1\right)^2}\right] \cdot \left(1 + \frac{h_0}{d_L}\right)} \tag{12.17}$$

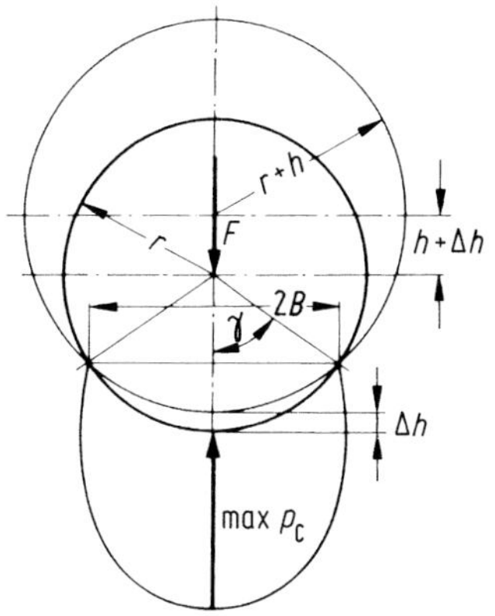

Bild 12.4 Geometrische Verhältnisse und Pressungsverteilung bei Radiallagern mit großer Berührungsflächenbreite [12.4]

Unter der Kontaktfläche kommt es nach Detter zu einer angenähert kosinusförmigen Pressungsverteilung, und die bei einer Lagerlast F_L auftretende größte Pressung max p_C beträgt:

$$\max p_C = \frac{F_L \cdot (n^2 - 1)}{d_W \cdot b \cdot n \cdot \cos\gamma} \tag{12.18}$$

Darin ist:

$$n = \frac{90}{\gamma} \tag{12.19}$$

und

$$\gamma = \arcsin \frac{2\,B}{d_W} \tag{12.20}$$

Die Verknüpfung dieser geometrischen Zusammenhänge mit dem Werkstoffverhalten erfolgt über das Hookesche Gesetz

$$\max p = E_P \cdot \frac{\Delta h}{s_L} \tag{12.21}$$

Die Kontrolle, ob diese Pressung noch zulässig ist, wird mit Gl. (12.25) durchgeführt.

Nach Gleichsetzen von Gl. (12.18) und (12.21) und Auflösen nach F_L erhält man die Lagerlast, die zu dem anfänglich angenommenen Δh führt:

$$F_L = \Delta h \cdot E_p \cdot d_W \cdot b \cdot \frac{n \cdot \cos\gamma}{(n^2 - 1)\, s_L} \tag{12.22}$$

Näherungslösung bei großer Berührungsflächenbreite

Häufig sind die Betriebsbedingungen eines Gleitlagers nicht genau genug bekannt, so dass ein hoher Rechenaufwand mit großen Genauigkeitsansprüchen nicht gerechtfertigt ist. Für solche Fälle wird eine vereinfachte Näherungslösung zur Abschätzung der Werkstoffbeanspruchung vorgeschlagen:

Der Unterschied zu p_m besteht darin, dass als Berührungsflächenbreite $2\,B \approx 0{,}7$ bis $0{,}8\ d_W$ angenommen wird. Die Berechtigung zu dieser Annahme geht aus Bild 12.5 hervor, das zeigt, dass bereits nach geringsten Welleneinsenkungen die Berührungsflächenbreite 3/4 des Wellendurchmessers erreicht.

Die Pressungsverteilung wird sinusförmig angenommen.

Man erhält dann die Pressung in der sehr bequemen Form:

$$\max p_N = \frac{16}{3 \cdot \pi} \cdot \frac{F_L}{d_W \cdot b} \tag{12.23}$$

Die Kontrolle, ob $\max p_N$ noch zulässig ist, wird mit Gl. (12.25) oder wanddickenabhängig mit den Bildern 12.5 und 12.6 durchgeführt. Andererseits lässt sich mit Gl. (12.24) die maximale Lagerlast abschätzen:

$$F_{LN\,max} = \frac{3 \cdot \pi}{16} \cdot \sigma_Y \cdot d_W \cdot b \tag{12.24}$$

Anstelle von σ_Y kann in Gl. (12.24) ebenfalls die wanddickenabhängige, maximale Pressung aus den Bildern 12.6 bzw. 12.7 eingeführt werden.

Diese maximale Lagerlast muss noch um die üblichen Sicherheitsfaktoren (s. Abschnitt 5.2.1.2) verringert werden, um zur zulässigen Lagerlast zu gelangen.

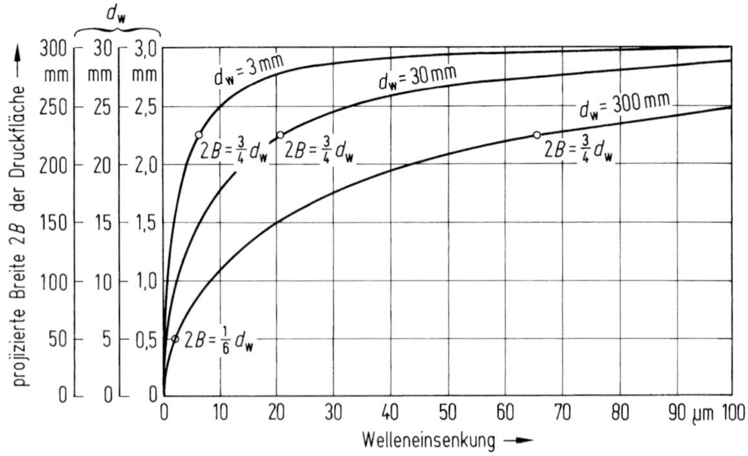

Bild 12.5 Abhängigkeit der projizierten, tatsächlichen Berührungsflächenbreite von der Welleneinsenkung für drei Lagergrößen [12.2]

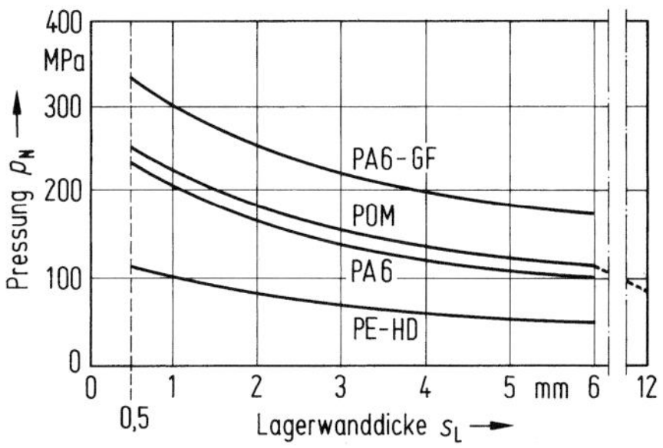

Bild 12.6 Grenzpressung max p_N in Abhängigkeit von der Lagerwanddicke; $T = 23$ °C

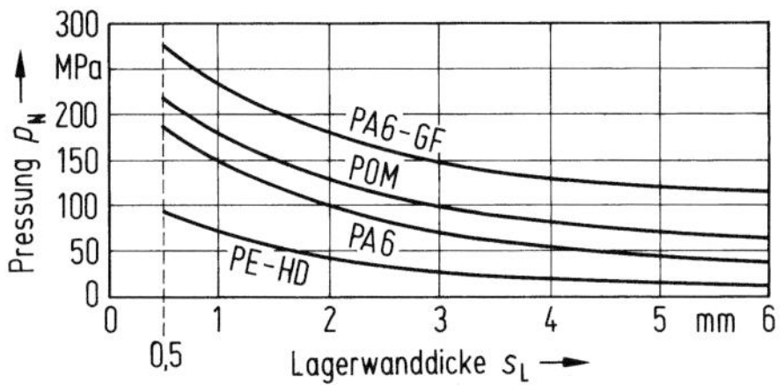

Bild 12.7 Grenzpressung max p_N in Abhängigkeit von der Lagerwanddicke; $T = 80$ °C für PA 6, PA 6-GF, POMT = 50 °C für PE-HD

Zulässige Pressung

Als sehr konservativ kann die Dimensionierungsgleichung [12.2]

$$\max p \leq (0{,}8 \text{ bis } 1) \cdot \sigma_Y \qquad (12.25)$$

angesehen werden, die davon ausgeht, dass die Fließgrenze eines Werkstoffs unter Hertzschem Kontakt – abgesehen von lokal begrenzten Fließprozessen an Rauheitsspitzen – am Ort der größten Schubspannung unter dem Scheitelpunkt der Berührungsfläche etwa mit der Streckspannung σ_Y übereinstimmt.

Der untere Wert in Gl. (12.25) ist bei schwellender Beanspruchung zu wählen.

Messergebnisse über den Einfluss der Lagerwanddicke und die damit verbundene Stützwirkung eines Metallträgers auf die Grenzbelastbarkeit von Lagerbuchsen aus Polymerwerkstoffen erlauben eine wesentlich genauere Dimensionierung [12.5]. Die Bilder 12.6 und 12.7 geben die maximale Pressung max p_N (Gl. (12.23)) in Abhängigkeit von der Lagerwanddicke an, die mit abnehmender Lagerwanddicke deutlich zunimmt. Als Grenzwert ist hierbei das Ende des linearen Kraft/Verformungs-Bereiches (s. Bild 12.8) definiert.

12.2.3.2 Deformation der Lagerschale

Wenn für die Funktionsfähigkeit einer quasi statisch belasteten Lagerschale deren Verformung (Wellenverlagerung) entscheidet, wird die maximale Lagerlast durch dieses Kriterium begrenzt. Dabei scheidet der Fall der kleinen Berührungsflächenbreite meist von vornherein aus (s. Bild 12.5).*

Lagerverformung bei großer Berührungsflächenbreite

Der Rechengang zur Ermittlung der Pressung bietet sich grundsätzlich auch zur Bestimmung der Lagerschalendeformation Δh an. Es muss hierzu in Gl. (12.22) mit verändertem Δh (bereits in Gl. (12.17))solange iteriert werden, bis das errechnete F_L gleich $F_{L\,\text{vorh}}$ wird.

* Falls die Lagerverformung auch bei kleiner Berührungsflächenbreite interessiert, kann 2 B aus Gl. (12.13) und Δh aus Gl. (12.26) berechnet werden.

Näherungslösung bei großer Berührungsflächenbreite

Unter verschiedenen, vereinfachenden Annahmen wird in [12.3] ein leicht praktikabler Rechengang vorgeschlagen:

Danach ist:

$$\Delta h = \frac{F_L}{\left(\frac{2\,B}{s_L} + \sin 45°\right) \cdot b} \cdot \frac{4}{\pi \cdot E_P} \tag{12.26}$$

$2\,B$ wird nach der Aussage von Bild 12.5 belastungsunabhängig mit $2\,B = 0{,}7\; d_w$ eingesetzt, und der Elastizitätsmodul E_P wird als E_{PR} aus Bild 12.9 entnommen.

Damit lautet Gl. (12.26):

$$\Delta h = \frac{18 \cdot F_L}{\left(\frac{d_W}{s_L} + 1\right) \cdot b \cdot E_{PR}} \tag{12.27}$$

Die Modulwerte E_{PR} („Rechenmoduln") sind aus Kraft/Verformungs-Versuchen an Lagerbuchsen im Bereich von Durchmessern von 10 bis 30 mm, Lagerbreiten von 7 bis 21 mm und Wanddicken von 0,5 bis 6 mm mit Gl. (12.27) errechnet. Das Lagerspiel betrug auf den Wellendurchmesser bezogen $(h_0 \,/\, d_W) \cdot 100 = 0{,}6\ \%$ [12.5].

Diese Kraft/Verformungs-Kennlinien nehmen den in Bild 12.8 skizzierten charakteristischen Verlauf an. Setzt man Kraft und Verformung am Ende des linearen (Primär-) Bereichs der gemessenen Kurven in Gl. (12.27) ein, so erhält man die bauteilspezifischen Modulwerte E_{PR} (Bild 12.9).

Das Ende des linearen Bereichs in Bild 12.8 begrenzt auch gleichermaßen die Gültigkeit der Gl. (12.27), wie auch die zulässige Belastbarkeit des Lagers (Bild 12.6 und 12.7).

Einfluss des Lagerspiels

In Gl. (12.27) findet das Lagerspiel keine Berücksichtigung. Wenige Versuche [12.5] bestätigen jedoch die Erwartung, dass die Verformung einer Lagerschale mit größerem Lagerspiel wegen der höheren Werkstoffanstrengung ebenfalls größer wird. So nimmt die Verformung bei einer Vergrößerung des Lagerspiels von 0,6 auf 2 % annähernd den doppelten Wert an. Auch wenn über diesen Einfluss noch keine abschließend gesicherten Ergebnisse vorliegen, ist dieser Trend bei der Anwendung von Gl. (12.27) zu berücksichtigen.

Einfluss der Belastungszeit

Die Rechenergebnisse aus Gl. (12.27) mit den Rechenmoduln aus Bild 12.9 entsprechen der Verformung von Lagerschalen nach etwa einer Minute Belastungszeit. Als Folge der Zeitabhängigkeit des Verformungsverhaltens wird jedoch auch die Welleneinsenkung mit der Zeit zunehmen, und zwar unter gleicher Belastung umso stärker je größer die Lagerwanddicke ist. Dieser Zusammenhang geht deutlich aus dem Verlauf der bauteilspezifischen Kriechkurven in Bild 12.10 hervor, der in seiner Charakteristik mit dem Werkstoffkriechen, wie es an Probekörpern gemessen wird, formal übereinstimmt.

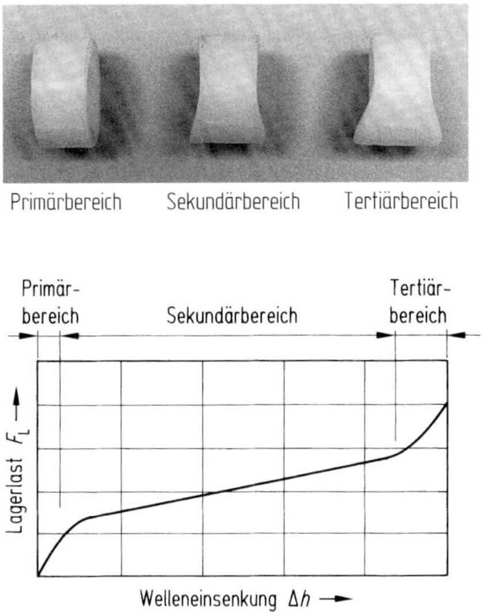

Bild 12.8 Verlauf der belastungsabhängigen Lagerverformung (Welleneinsenkung), schematisch [12.5]

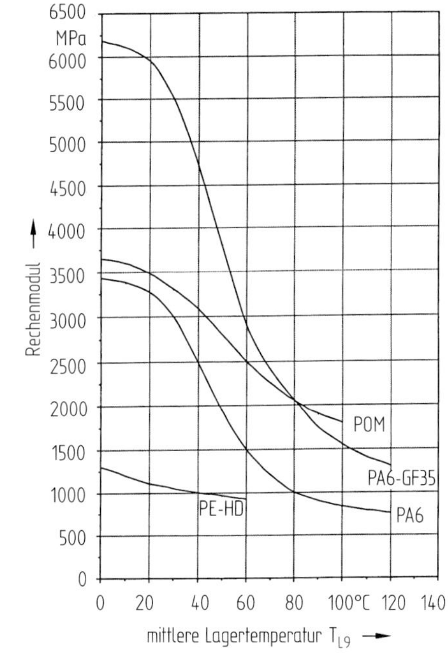

Bild 12.9 Bauteilspezifischer Rechenmodul für kurzzeitige Beanspruchung in Abhängigkeit von der mittleren Lagertemperatur (nach BERINGER)

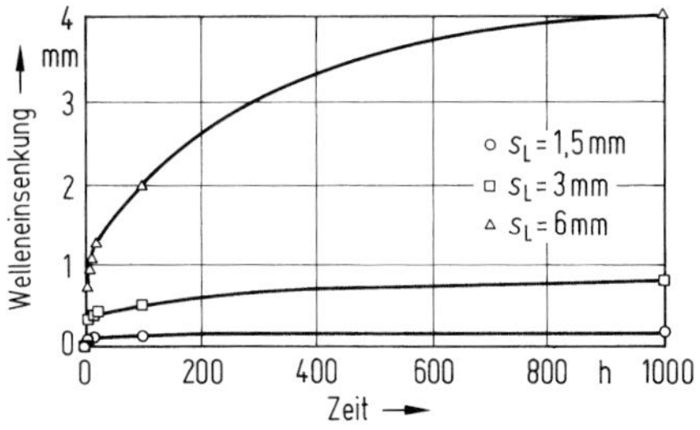

Bild 12.10 Zeitabhängige Lagerdeformation (Welleneinsenkung) für drei verschiedene Wanddicken; Werkstoff POM, d_L = 30 mm, b = 21 mm, F_L = 80 kN, T = 23 °C

Bauteilspezifische, zeit-, temperatur- und wanddickenabhängige Modulwerte gemäß Bild 12.9 liegen wegen des hohen Versuchsaufwands nicht ausreichend vor, um allgemein gültige Aussagen treffen zu können. Aus dem Vergleich mit den wenigen verfügbaren Messergebnissen scheint es jedoch möglich, zumindest eine Abschätzung der Größenordnung der zeitabhängigen Lagerschalendeformation zu erhalten, wenn in Gl. (12.27) der Werkstoffkriechmodul eingesetzt wird, und die Pressung wenigstens auf den halben Wert von Bild 12.6 bzw. 12.7 reduziert wird.

Tabelle 12.3 sind Kriechmodulwerte für 1 % Dehnung einiger typischer Lagerwerkstoffe zu entnehmen.

Tabelle 12.3 Werkstoff-Kriechmodul für 1 % Dehnung nach CAMPUS (BASF)

Werkstoff	Kriechmodul in MPa bei einer Belastungszeit von		
	10^2 h	10^3 h	10^4 h
POM (H 2320)	1 430	1 230	1 000
PA 6 (B 4, luftfeucht)	710	670	620
PA 6-GF25 (B3WG5)	2 800	2 620	2 450
PE-HD (5261 Z)	300	270	230

Beispiel

Ein Radiallager aus PA 6 wird mit einer kurzzeitigen, statischen Last $F_L = 25$ kN belastet.

Wellendurchmesser $d_W = 25$ mm
Lagerbreite $b = 15$ mm
Temperatur $T = 23$ °C

1. Zu ermitteln ist die Welleneinsenkung kurz nach der Lastaufbringung.
   Pressung nach Gleichung 12.23:

$$\max p_N = \frac{16}{3 \cdot \pi} \cdot \frac{25\,000}{25 \cdot 15} = 113\,\text{MPa}$$

   Für $p_N = 113$ MPa folgt aus Bild 12.6: $s_{L\,max} = 4$ mm.
   Gewählt: $s_L = 3$ mm.
   Nach Gleichung 12.27 wird:

$$\Delta h = \frac{1{,}8 \cdot 25\,000}{\left(\frac{25}{3} + 1\right) \cdot 15 \cdot 3100} = 0{,}1\,\text{mm}$$

   Kurz nach der Lastaufbringung beträgt die Welleneinsenkung $\Delta h = 0{,}1$ mm.

2. Wie groß wird Δh nach 10 000 h Belastungszeit?
   Mit $E_c = 1\,000$ MPa aus Tabelle 12.3 wird

$$\Delta h = \frac{1{,}8 \cdot 25\,000}{\left(\frac{25}{3} + 1\right) \cdot 15 \cdot 1000} = 0{,}32\,\text{mm}$$

   Nach 10^4 Stunden vergrößert sich die Welleneinsenkung auf etwa 0,3 mm.

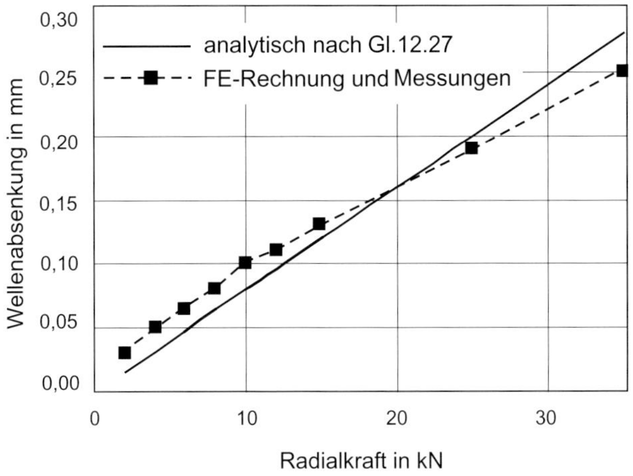

Bild 12.11 Welleneinsenkung über der statischen Radialkraft eines Querlagers [12.7]

Überprüfung der analytischen Näherungslösung mit der FEM

In [12.7] wurde über rechnerische und experimentelle Überprüfung der Näherungs-Methode berichtet. Dabei zeigte sich eine überraschend gute Übereinstimmung der mit FEM (ANSIS) gerechneten und experimentell gefundenen Werten mit den analytisch nach Gl. (12.27) gewonnenen Werten (Bild 12.11), so dass es gerechtfertigt scheint, die Welleneinsenkung bei statischer Beanspruchung mit der einfachen, analytischen Gl. (12.11) zu berechnen.

12.2.4 Dynamische Belastbarkeit

Unter dynamischer Beanspruchung durch eine Pressung p und eine Gleitgeschwindigkeit v treten andere Versagensursachen auf als unter nur statischem Kontakt:

- Temperaturerhöhung,
- Verschleiß (in verschiedenen Erscheinungsformen),
- Stick-Slip.

Entsprechend muss ein Gleitlager gegen diese Ausfallursachen ausgelegt werden.

12.2.4.1 Dauerbetrieb

Eine sehr pauschale Bemessungsgrundlage stellt das Produkt aus mittlerer Flächenpressung und mittlerer Gleitgeschwindigkeit dar. Ein solcher p_v-Wert ist als zulässiger Grenzwert in hohem Maße von den konstruktiven Gegebenheiten und den Betriebsbedingungen abhängig, und kann allenfalls zur Abschätzung der Größenordnung herangezogen werden. Die Tabelle 12.4 enthält Richtwerte von zulässigen p_v-Werten für trockenlaufende Radiallager gemäß Bild 12.2.

Tabelle 12.4 Richtwerte für zulässige p_v-Werte von Radiallagern im Trockenlauf sowie Grenzwerte der Gleitflächentemperatur (nach BERINGER)

Gleitlagerwerkstoffe	Kurzzeichen	p_v-Richtwerte in MPa · m/s	Reibungszahl	Grenzwerte der Gleitflächentemperatur in °C
Polyamid 66	PA 66	0,05	0,38	100
Polyamid 6	PA 6	0,04	0,4	95
Polyamid/Polyethylen	PA/PE	0,25	0,21	150
Polyoxymethylen	POM	0,07 (Verschleiß!)	0,35	120
Polyoxymethylen, modifiziert (N2310 P)	POM	0,1	0,24	130
Polybutylenterephthalat	PBT	0,07	0,33	120
Polyethylen	PE-HD	0,1	0,2	90
Polyaryletherketon, modifiziert	PEEK-CF 15 + 15 PTFE	1,0	0,25	ca. 200

Eine wesentlich sicherere Beurteilungsgröße liefert Gl. (12.9) mit der Gleitflächentemperatur im Zusammenhang mit den zulässigen Erfahrungswerten von Tabelle 12.4.

12.2.4.2 Aussetzbetrieb

Da die dynamische Belastbarkeit in erster Linie eine Frage der tolerierbaren Erwärmung ist, können Gleitlager aus Thermoplasten im Aussetzbetrieb auch umso höher belastet werden, je geringer deren Einschaltdauer ist. Die relative Einschaltdauer ED wird als Verhältnis der Belastungsdauer t zur gesamten Spieldauer τ in Prozent definiert:

$$ED = \frac{t}{\tau} \cdot 100 \tag{12.28}$$

Im Gegensatz zum Elektromotorenbau, wo die Spieldauer τ im Allgemeinen mit 10 min festgelegt ist, muss bei thermoplastischen Gleitlagern eine größere Spieldauer zugrundegelegt werden, da der thermische Beharrungszustand bei Gleitlagern erst nach 100 bis 120 min erreicht wird. Eine Spieldauer von 60 min ist sicher. Die Belastungsdauer ist die maximal innerhalb dieser 60 min auftretende Belastungszeit.

Die maximale Gleitflächentemperatur, die sich bei Aussetzbetrieb einstellt, wird mit Hilfe von Bild 12.12 und Gl. (12.29) errechnet und mit der zulässigen Grenztemperatur in Tabelle 12.4 verglichen.

$$T_{F\,ED} = f \cdot (T_F - T_U) + T_U \tag{12.29}$$

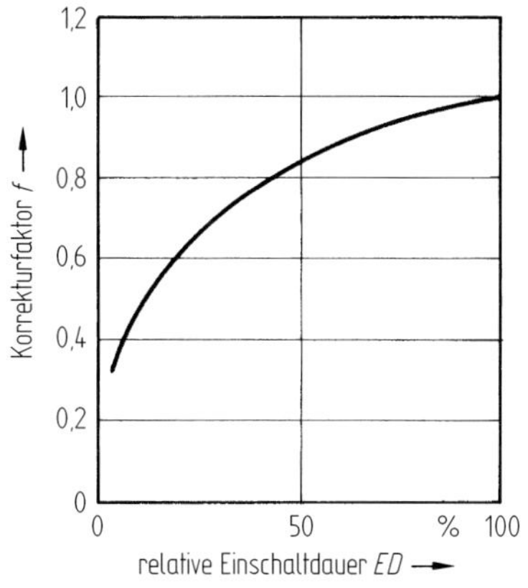

Bild 12.12 Korrekturfaktor *f* in Abhängigkeit von der relativen Einschaltdauer zur Ermittlung der Gleitflächentemperatur bei Aussetzbetrieb

12.2.4.3 Verschleiß

Eine zuverlässige Vorausberechnung des Verschleißes und Vorhersage der zu erwartenden Lebensdauer ist nicht möglich.

Beim Vergleich von Ergebnissen aus Stift/Scheibe-Versuchen (s. Abschnitt 4.7.2) mit solchen aus Lagerbuchsenprüfungen, die bei einer annähernd gleichen Temperatur, Rauheit und Gleitgeschwindigkeit durchgeführt wurden, konnte in [12.6] festgestellt werden, dass der Verschleißkoeffizient* in beiden Tribosystemen weitgehend identisch ist (Tabelle 12.5). Die Reibungszahl des PE-HD im Lagerbuchsensystem liegt jedoch deutlich niedriger als im Stift/Scheibe-System. Dies wird mit dem mengenmäßig beträchtlichen PE-HD-Abrieb erklärt, dessen „Schmierwirkung" bekannt ist.

Es darf jedoch nicht erwartet werden, dass diese Übereinstimmung stets zutrifft; trotzdem können zumindest die an der Stift/Scheibe-Apparatur festgestellten Tendenzen übertragen werden.

Tabelle 12.5 Vergleich von Reibungs- und Verschleißwerten gemessen im Stift/Scheibe-System und im Radiallager-System [12.6]

	PE-HD		PA 66	
	Verschleiß-koeffizient	**Reibungszahl**	**Verschleiß-koeffizient**	**Reibungszahl**
Stift/Scheibe[1)]	71	0,30	9	0,54
Radiallager[2)]	65	0,21	7	0,55

1) $R_Z = 3$ µm, $T_U = 23$ °C, $v = 0{,}3$ m/s, $p_m = 4$ MPa
2) $R_Z = 3$ µm, $T_U = 23$ °C, $v = 0{,}2$ m/s, $p_m = 0{,}5$ MPa

* Der Verschleißkoeffizient ist das volumetrische Verschleiß/Weg-Verhältnis, bezogen auf die Normalkraft in mm^3/N m.

In jedem Fall sollten aber die in Abschnitt 12.1 genannten Hauptursachen für Verschleiß bei der Festlegung der konstruktiven Randbedingungen angemessene Berücksichtigung finden.

Im Folgenden wird das prinzipielle Vorgehen und der Ablauf bei der Berechnung nochmals zusammengefasst:

Wärmebilanz

→ mittlere Lagertemperatur Gl. (12.6) bzw. (12.7)
→ mittlere Gleitflächentemperatur Gl. (12.9)

Statische Belastbarkeit

- Versagensform
  → Welleneinsenkung
- versagensverursachende Beanspruchung
  → mittlere Flächenpressung Gl. (2.10)
  → Pressung bei kleiner Berührungsfläche Gl. (12.14)
  → Pressung bei großer Berührungsfläche Gl. (12.22)
  → Pressung bei Näherungslösung Gl. (12.23)
- zulässige Pressung (überschläglich)
  → zulässige Lagerlast (überschläglich) Gl. (12.24)
- zulässige Pressung (abhängig von der Lagerwanddicke)
  → zulässige Lagerlast (Bild 12.6 und 12.7)
- Welleneinsenkung (Lagerdeformation)
  → Spielvergrößerung Gl. (12.27)

Dynamische Belastbarkeit

- versagensverursachende Beanspruchung
  → Produkt aus Pressung × Gleitgeschwindigkeit (p_v-Wert)
- zulässiger p_v-Wert
  → zulässige Lagerbelastung Tabelle 12.4 oder
- zulässige mittlere Gleitflächentemperatur
  → zulässige Lagerbelastung Tabelle 12.4
- relative Einschaltdauer
  → zulässige Belastbarkeit bei Aussetzbetrieb Bild 12.11

Lagerspiel

→ Betrieblagerspiel Bild 12.13 oder Gl. (12.30)
→ Einbauspiel Gl. (12.31)
→ Fertigungsspiel Gl. (12.32)

12.3 Gestaltung

12.3.1 Lagerspiel

Es muss zwischen Betriebsspiel h_0, Einbauspiel h_e und Fertigungsspiel h_f unterschieden werden (Bild 12.13).

- Das *Betriebsspiel (Grundspiel* oder *Mindestspiel)* h_0 ist das Spiel, das unter ungünstigsten Bedingungen als Minimum noch vorhanden sein muss, damit das Lager nicht klemmt.

Dieses Spiel ist in Bild 12.14 vom Lagerdurchmesser abhängig aufgetragen. Nach [12.4] wird darüber hinaus für Durchmesser um 0,5 mm ein Spiel von 3 % bezogen auf den Innendurchmesser empfohlen.

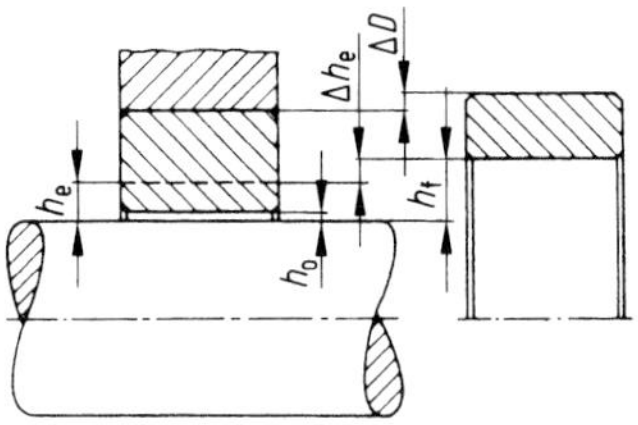

Bild 12.13 Schematische Darstellung der verschiedenen Lagerspiele

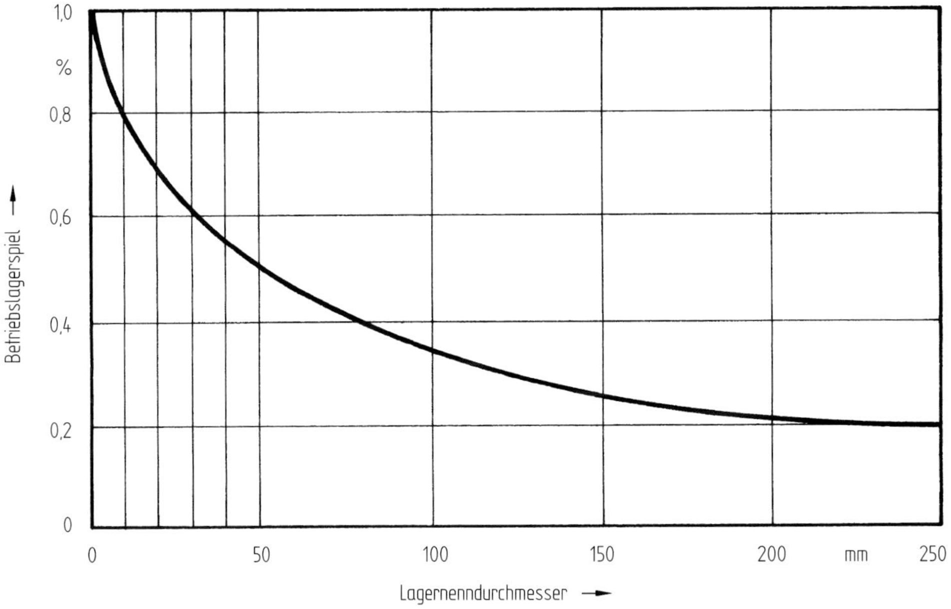

Bild 12.14 Betriebsspiel von Lagerbuchsen aus thermoplastischen Polymerwerkstoffen in Abhängigkeit vom Lagernenndurchmesser [12.1]

Wenn hohe Führungsansprüche an ein Lager gestellt werden, und die Betriebsbedingungen – insbesondere der Temperatureinfluss – genau genug bekannt sind, kann das Betriebsspiel auch nach der empirischen Relation (12.30) gewählt werden:

$$h_0 = 0{,}008 \text{ bis } 0{,}015 \cdot \sqrt{d_W} \tag{12.30}$$

- Das *Einbauspiel* h_e ist das Spiel in eingebautem, jedoch noch nicht betriebswarmem Zustand.

Die Gl. (12.31) erlaubt, die Durchmesserverringerung infolge Einpressens der Lagerschale abzuschätzen:

$$\Delta h_e = \frac{\Delta D}{D_L} \cdot (d_L + 3 \cdot S_L) \tag{12.31}$$

Darin ist:

ΔD = Einpressübermaß in mm
D_L = Lageraußendurchmesser in mm
d_L = Lagerinnendurchmesser in mm $\approx d_W$
s_L = Wanddicke in mm

- Das *Fertigungsspiel* h_f ist das Maß, um das der Lagerinnendurchmesser größer als der Wellendurchmesser gefertigt werden muss, damit unter Betriebsbedingungen das Betriebsspiel gewährleistet ist.

Es berücksichtigt neben der Spielverringerung beim Einpressen die zu erwartenden Maßänderungen infolge Wärmedehnung und Feuchteaufnahme:

$$h_f = h_0 + 3\, S_L \cdot (\varepsilon_f + \alpha \cdot \Delta T) + \Delta h_e \tag{12.32}$$

Darin wird eingesetzt $\Delta T = T_L - 20\ K$, mit T_L als der zu erwartenden, maximalen mittleren Lagertemperatur. Durch den Feuchtefaktor ε_f wird der Einfluss der Feuchteaufnahme bei PA erfasst, falls das Lager in trockenem Zustand eingebaut wird.

Mit den ε_f-Werten von Tabelle 12.6 werden die Maßänderungen berechnet, die sich vom spritzfrischen Zustand bis zur Sättigung unter den angegebenen Feuchtebedingungen einstellen. Die Angaben basieren auf Messungen an Probekörpern, und stimmen mit den bisherigen, praktischen Erfahrungen gut überein.

Tabelle 12.6 Feuchtefaktor ε_f zur Berechnung des Lagerspiels für nicht konditionierte Gleitlagerbuchsen mit Wanddicken zwischen 3 und 6 mm

	PA 66 PA/PE PA-Guss	**PA 6**	**PA-GF (30 bis 35 Gew.-%)**	**POM**	**PBT**
Lager in üblicher Umgebungsfeuchte	0,006	0,0065	0,001 bis 0,003	–	–
Sättigung in 23/50	0,011	0,012	0,0015 bis 0,005	–	–
Wasserschmierung	0,028	0,03	0,005 bis 0,015	0,0035	0,001

Während bei spritzgegossenen Lagerbuchsen zwischen 3 und 6 mm Wanddicke für ε_f kein signifikanter Unterschied festzustellen ist, nimmt der Feuchtefaktor bei Lagern aus PA-Guss mit größerer Wanddicke deutlich ab (Bild 12.15).

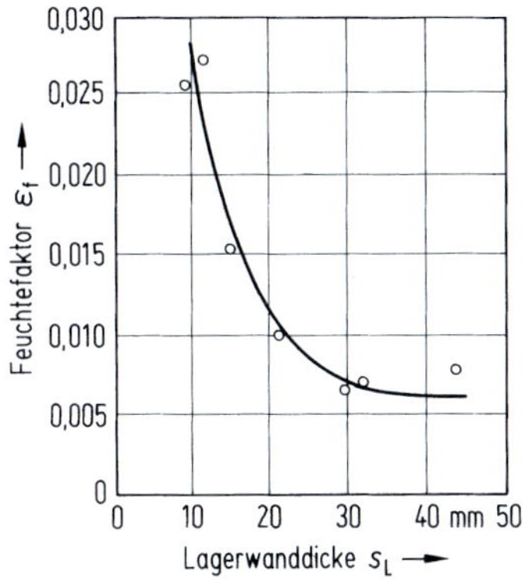

Bild 12.15 Feuchtefaktor ε_f zur Berechnung des Lagerspiels von Unterwasserlagern aus PA-Guss. Messungen an eingepressten Buchsen im Durchmesserbereich von 150 bis 270 mm nach 26-monatiger Wasserlagerung bei ca 20 °C.

Beispiel

Zu berechnen ist das Fertigungsspiel für ein Querlager aus PBT.

d_w = 10 mm
s_L = 1,2 mm
T_U = 50 °C
$\Delta D/D_L$ = 0,5 %

Nach Gleichung 12.32 ist:

$$h_f = h_0 + 3\, s_L \cdot \alpha \cdot \Delta T + \Delta h_e$$

Betriebsspiel nach Gleichung 12.30:

$$h_0 = 0{,}008 \text{ bis } 0{,}015\sqrt{10} = 0{,}025 \text{ bis } 0{,}047 \text{ mm}$$

Betriebsspiel nach Bild 12.13:

$$h_0 = 0{,}08 \text{ mm}$$

Gewählt: $h_0 = 0{,}06$ mm

Wärmedehnung:

$$h_\alpha = 3 \cdot 1{,}2 \cdot 100 \cdot 10^{-6} \cdot 27 = 0{,}01 \text{ mm}$$

Verlust durch Einpressen:

$$\Delta h_e = 0{,}005 \cdot (10 + 3 \cdot 1{,}2) = 0{,}07 \text{ mm}$$

$h_f = 0{,}06 + 0{,}01 + 0{,}07 = 0{,}14$ mm

Das Fertigungsspiel sollte ca. 0,14 mm betragen.

Für glasfaserverstärkte Polyamide gelten die unteren Werte für die Richtung in Faserorientierung, die oberen für Maßänderungen quer zur Orientierungsrichtung.

Die Auswirkungen von veränderlicher Feuchte und unterschiedlicher Temperatur auf das Lagerspiel können bei sehr dünnwandigen, geschlitzten Lagerbuchsen vernachlässigt werden (Bild 12.17).

12.3.2 Wanddicke

Im Hinblick auf eine gute Wärmeableitung und Maßhaltigkeit sollte die Lagerwanddicke gering sein. Einen bewährten Anhaltswert liefert die empirische Relation (12.33):

$$s_L = 0{,}4 \cdot \sqrt{d_W} \tag{12.33}$$

12.3.3 Herstellung

Rotationssymmetrische Lagerbuchsen werden auch in großen Stückzahlen zweckmäßig spanend aus Halbzeug gedreht. Sowohl maßliche Vorteile (hohe Rundlaufgenauigkeit, auch bei breiten Lagern keine Entformungsschräge) wie auch stoffliche Überlegenheit (Verschleißfestigkeit durch hochkristallines Gefüge auch an der Gleitfläche und hohe relative Molekülmasse der Extrusionstype (s. a. Bild 4.37)) sind die wesentlichen Qualitätsmerkmale spanend hergestellter Lagerbuchsen. Das Spritzgießverfahren bietet demgegenüber die Vorteile der Gestaltungsfreiheit und Integrationsfähigkeit.

12.3.4 Gestaltungsbeispiele

Aus der Vielfalt der Gestaltungsmöglichkeiten sollen die Bilder 12.16 bis 12.20 prinzipielle Lösungsbeispiele für einige Anforderungen geben. Darüber hinaus s. a. Bilder 1.9 bis 1.11, 6.21, 7.37, 8.41, 8.59, 9.2, 11.35, 11.53.

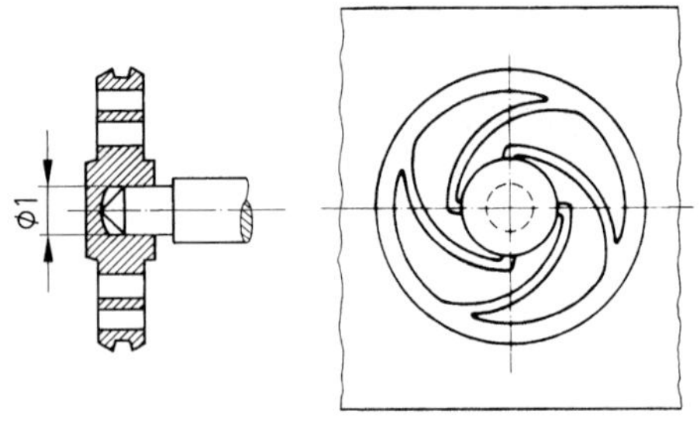

Bild 12.16 Federnd aufgehängtes, selbsteinstellendes Kleinlager

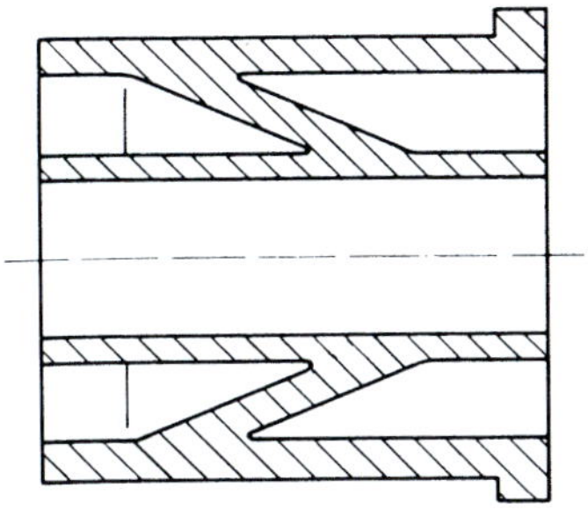

Bild 12.17 Das Lager kann bis zu einem bestimmten Grad Toleranzen der Gehäusebohrung ausgleichen. Durch den Konus zwischen Außen- und Innenschale kann ein großes Verhältnis von Gehäusebohrung zu Wellendurchmesser ohne Materialanhäufung überbrückt werden Darüber hinaus dämpft das Lager besser als ein Massivlager. Die Vorteile gehen jedoch auf Kosten der Tragfähigkeit.

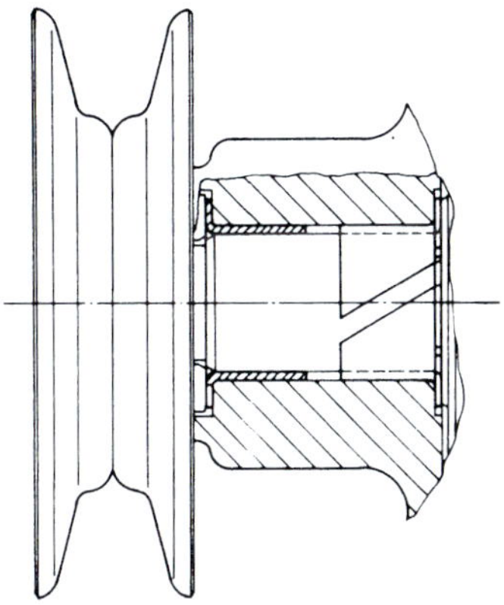

Bild 12.18 Maßänderungen infolge Temperaturschwankungen oder Feuchteaustausch können von geschlitzten Buchsen ohne nennenswerte Spieländerungen aufgefangen werden.

Bild 12.19 Gleitplatte mit schräg zur Gleitrichtung laufenden Nuten. Die Nuten sollen Schmutz, Fremdkörper, Abrieb aufnehmen und aus der Gleitfläche abführen. Solche Nuten bewähren sich auch bei anderen Lagergeometrien (Werkbild: TKG Ensinger).

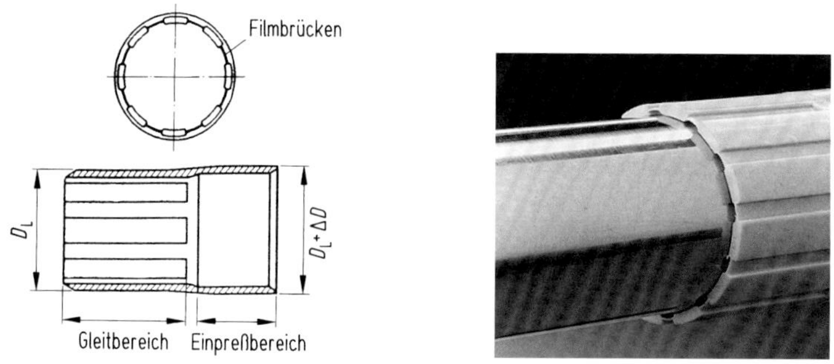

Bild 12.20 Spielarmes Gleitlager für Linearbewegungen. Der eigentliche Gleitbereich ist in Segmente aufgeteilt, die durch 0,2 mm dicke Filmbrücken verbunden sind, so dass thermische Ausdehnungen ausgeglichen werden können. In diesem Bereich ist die Passung zur Aufnahmebohrung als Schiebesitz dimensioniert ($D_L \approx D_B$), während der Buchsenaußendurchmesser im Einpressbereich ein Übermaß von $\Delta D \approx 1{,}5$ % aufweist (Werkbild: igus GmbH; Patent angemeldet).

Literatur

[12.1] VDI-Richtlinie 2541 Gleitlager aus thermoplastischen Kunststoffen, VDI-Verlag, Düsseldorf 1975

[12.2] Erhard, G. und E. Strickle: Maschinenelemente aus thermoplastischen Kunststoffen, VDI-Verlag, Düsseldorf 1984

[12.3] Erhard, G. und E. Strickle: Berechnung der statischen Tragfähigkeit von Querlagern aus thermoplastischen Kunststoffen, *Konstruktion* **29** (1977) 6, S. 237/241

[12.4] Detter, H. und K. Holecek: Der Reibungswiderstand und die Beanspruchung von feinmechanischen Lagern im Trockenlauf bei kleinen Gleitgeschwindigkeiten, *Feinwerktechnik* **74** (1970) 11, S. 461/465

[12.5] Butz, S: Untersuchung der statischen Belastbarkeit von Radiallagern aus Polymerwerkstoffen, Diplomarbeit FH Darmstadt 1992

[12.6] Song, J.: Reibung und Verschleiß eigenverstärkter Polymerwerkstoffe, Diss. Uni (GH) Kassel, 1990

[12.7] Hufenbach W., K. Kunze und J. Jaschinski: Untersuchung und Auslegung von 2K-Gleitlagern. Fachtagung Maschinenelemente aus Kunststoff – Zahnräder und Gleitlager, Erlangen, 2001

13 Laufrollen und Laufräder

Polymerwerkstoffe eignen sich als Laufradwerkstoffe bei niedrigen bis mittleren Radlasten. Aufgrund ihrer werkstoffspezifischen Eigenschaften erweitern sie das Spektrum der klassischen Rollen- und Räderwerkstoffe hinsichtlich der Forderung nach

- Laufruhe (Dämpfung)
- Schonung der Laufbahn (geringe Pressung)
- Verschleißfestigkeit
- geringem Gewicht
- wirtschaftlicher Fertigung (Multifunktionalität)
- hohem Kraftschlussbeiwert

Werkstoffe

Polyamid 6 ist der Standardwerkstoff für Laufrollen. Spritzgegossene oder fließgepresste Stegrollen aus PA 6 sind bis 250 mm Durchmesser handelsüblich. Für höhere technische Ansprüche müssen Werkstofftypen mit höherer relativen Molekülmasse (s. a. Abschnitt 2.1.1) oder PA 66 gewählt werden. Aus *Gusspolyamid** können nach speziellen Gießverfahren auch sehr große und dickwandige Rollenrohlinge oder auch fertige Rollen hergestellt werden. Der hohe kristalline Gefügeanteil von PA 6-Guss hat einen vergleichsweise höheren Modul, eine geringere Kriechneigung und geringere Duktilität zur Folge.

Ähnliche Werkstoffeigenschaften weist *Polyoxymethylen* auf. Der Verschleißwiderstand einer POM-Rolle ist bei rauer Laufbahnoberfläche verglichen mit einer PA-Rolle allerdings deutlich geringer.

Von größerer Bedeutung als Laufradwerkstoffe sind ferner *Polyurethane,* und zwar physikalisch vernetzte (TPU) und chemisch vernetzte (PUR). Erstere zählen zu den Thermoplasten, letztere zu den Elastomeren mit stark ausgeprägtem gummielastischen Verhalten.

Grundformen

Nach [13.1] werden Rollenkörper in vier Grundformen eingeteilt (Bild 13.1).

---

* Gusspolyamid ist ein nach dem Verfahren der aktiviert anionischen Lactampolymerisation (ALP) hergestelltes PA 6, wobei mit Hilfe von Katalysatoren monomeres Lactam schnell polymerisiert werden kann. Das Reaktionsgemisch wird drucklos in beheizte Formen gegossen, wo es nach kurzer Zeit erstarrt. Da die Polymerisation unterhalb des Kristallitschmelzpunktes abläuft, können dickwandigere Teile oder Halbzeuge gegossen werden als dies nach dem üblichen Spritzgießverfahren möglich ist. Gusspolyamid kann in einem Bereich des Elastizitätsmoduls von 1 500 bis 4 000 MPa variiert werden.

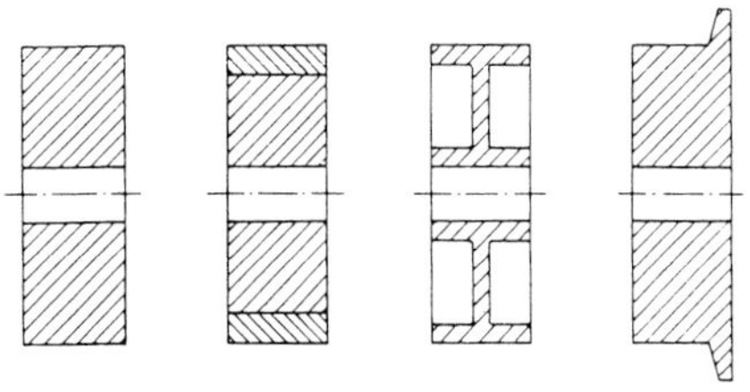

Bild 13.1 Grundformen von Rollenkörpern

13.1 Rollenschäden

Statisch überbeanspruchte Rollen aus thermoplastischen Polymerwerkstoffen werden durch unzulässig große Abplattung der Lauffläche unbrauchbar, während *dynamisch* überlastete Rollen meistens durch Temperaturerhöhung infolge Werkstoffdämpfung unmittelbar oder mittelbar versagen. Ein unmittelbares temperaturinduziertes Versagen tritt dann ein, wenn die Schmelztemperatur des Rollenwerkstoffs erreicht wird, so dass an den Stirnseiten der Rolle schließlich schmelzflüssiges Material austritt (Bild 13.2). Fertigungsbedingte Lunker oder andere Fehlstellen unterhalb der Lauffläche beschleunigen den Aufschmelzvorgang.

Bemerkenswert ist, dass bei Rollen aus PA die Schmelztemperatur sehr schnell erreicht wird, sobald die Temperatur im Radinnern 42 °C erreicht hat [13.2]. Dies kann dadurch erklärt werden, dass die Werkstoffdämpfung ab ca. 40 °C drastisch ansteigt (Bild 13.20). Bei Rollen aus POM ist dieser Effekt entsprechend dessen Dämpfungs-Temperatur-Verlauf erst bei höheren Rollentemperaturen zu erwarten. Bei Rollen aus Werkstoffen, deren Dämpfungs-Temperatur-Kurven im betrachteten Temperaturbereich einen degressiven Verlauf zeigen (z. B. TPU), ist dieser Temperaturanstieg ohne Laststeigerung nicht zu befürchten.

Das mittelbare Versagen tritt ein, wenn sich der Rollenkörper während eines Belastungszyklus zunächst erwärmt und im anschließenden Stillstand unter Last und erhöhter Temperatur unzulässig abplattet.

Aufgespritzte oder aufgepresste Rollenbandagen walken sich los, wenn sie zu dünnwandig sind.

Überlastete Stegrollen fallen meist durch Ermüdungsrisse und nachfolgende Brüche am Übergang vom Steg zur Lauffläche oder bei den Versteifungsrippen aus (Bild 13.3).

Die bekannte Ermüdungserscheinung der Grübchen oder Risse auf der Lauffläche wird – wie bei Zahnrädern – vorzugsweise in Gegenwart von Flüssigkeiten, Öl, Fett auf der Laufbahn beobachtet (Bild 13.4).

Mit Verschleiß ist zu rechnen, wenn neben einer Rollbewegung der Gleitanteil als Folge eines Schlupfes zunimmt oder wenn ein Spurkranz hohe Seitenkräfte aufnehmen soll (s. a. Bild 1.18).

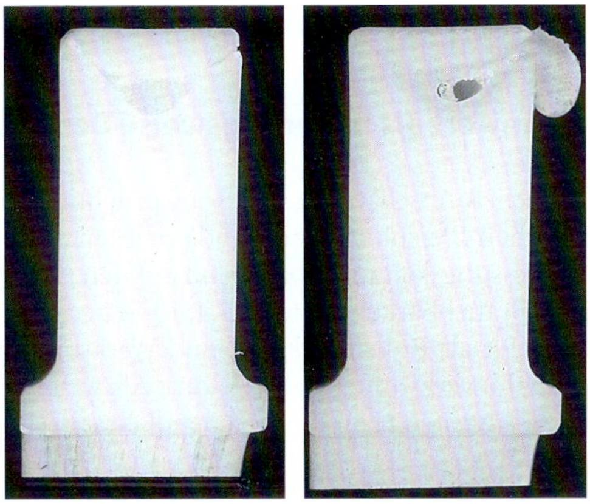

Bild 13.2 Durch dynamische Überlast im Innern aufgeschmolzene Laufrolle, links, rechts seitlicher Schmelzeaustritt.

Bild 13.3 Rissverlauf an überlasteter Stegrolle (d = 125 mm, b = 22 mm, F_N = 7 500 N, v_R = 1,5 m/s) [13.3]

Bild 13.4 Typischer Ermüdungsschaden an einer überlasteten PBT-Rolle

13.2 Berechnung der Tragfähigkeit

13.2.1 Pressungskennwert als näherungsweise Bemessungsgrenze

Es liegt nahe, zur rechnerischen Abschätzung der Beanspruchung von Laufrollen aus Polymerwerkstoffen die Hertzschen Gleichungen zugrunde zu legen. Bereits in [13.3] wird hierzu ein werkstoffspezifischer Pressungskennwert basierend auf den Hertzschen Gleichungen angegeben, dessen praktische Brauchbarkeit später [13.4, 13.5] bestätigt werden konnte. Dieser Pressungskennwert gilt für PA als Rollenwerkstoff und Werkstoffe mit sehr viel größerem Elastizitätsmodul als Laufbahnwerkstoffe (Stahl, Beton). Als weitere Voraussetzung müssen die Krümmungsradien in der zweiten Hauptebene unendlich sein (Rolle und Laufbahn nicht ballig).

$$p'_{\mathrm{pA}} = 25{,}4 \sqrt{\frac{F_{\mathrm{N}}}{b \cdot r}} \leq p'_{\max} \tag{13.1}$$

F_{N} = Rollenlast in N
b = tragende Rollenbreite in mm
r = Rollenradius in mm

Bei gekrümmter Laufbahn ist der Ersatzradius r_{e} einzuführen.

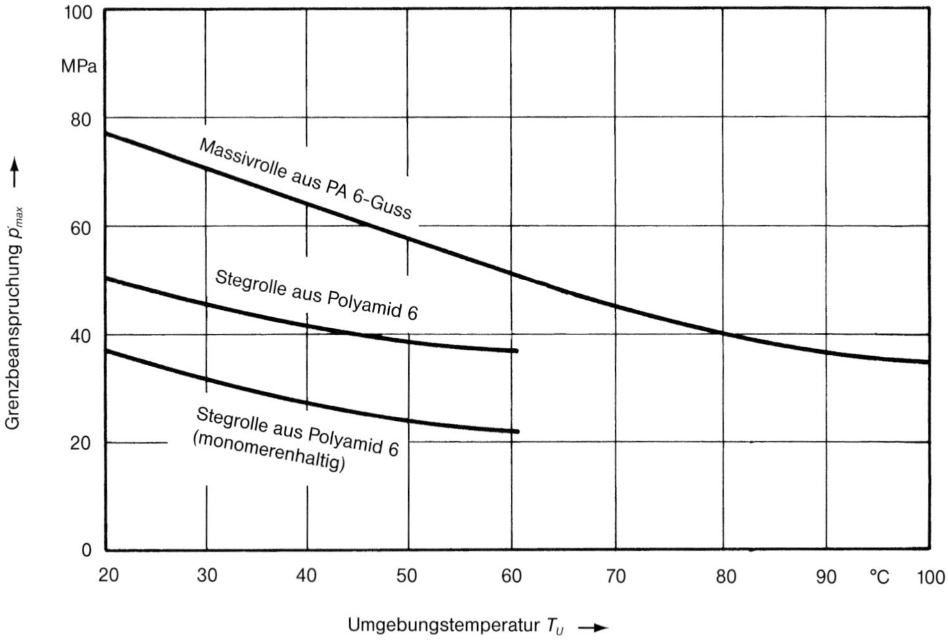

Bild 13.5 Grenzbeanspruchung von Rollen aus PA gegen Stahllaufbahn in Abhängigkeit von der Umgebungstemperatur unter statischer Belastung [13.3]

$$r_e = \frac{r_1 \cdot r_2}{r_1 + r_2} \qquad (13.2)$$

Index 1 = Rolle
Index 2 = Laufbahn

In der Konstanten von Gl. (13.1) ist der Elastizitätsmodul von PA bei Raumtemperatur als Zahlenwert enthalten. Deswegen beschreibt p' auch nicht die tatsächliche Beanspruchung, sondern ist als sogenannter Pressungskennwert nur im Vergleich zu den an Rollen aus PA ermittelten Grenzbeanspruchungen p'_{max} der Bilder 13.5 bis 13.7 zu setzen.

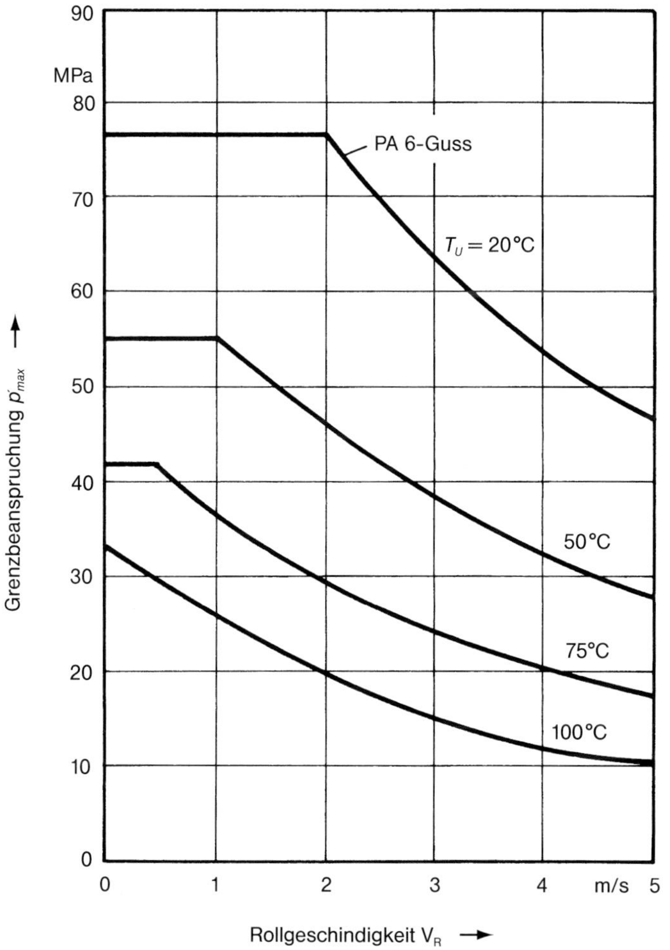

Bild 13.6 Grenzbeanspruchung von kugelgelagerten Massivrollen aus PA 6-Guss gegen Stahllaufbahn in Abhängigkeit von der Rollgeschwindigkeit für verschiedene Umgebungstemperaturen (Dauerbetrieb) [13.3]

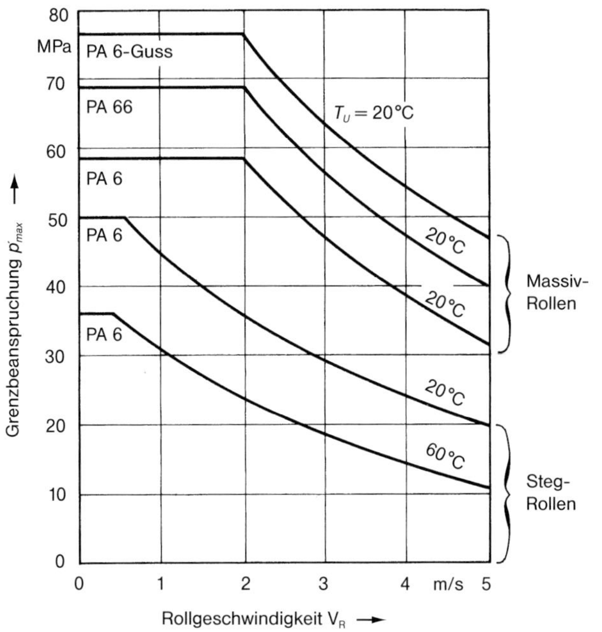

Bild 13.7 Grenzbeanspruchung von kugelgelagerten Rollen verschiedener Polyamide und Bauarten gegen Stahllaufbahn in Abhängigkeit von der Rollgeschwindigkeit (Dauerbetrieb) [13.3]

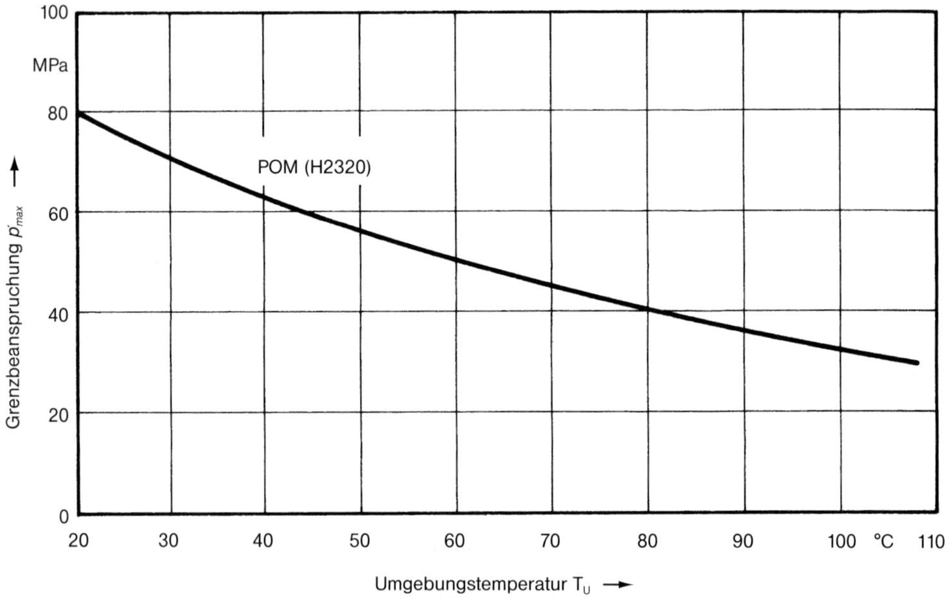

Bild 13.8 Grenzbeanspruchung von Rollen aus POM-Copolymerisat gegen Stahllaufbahn in Abhängigkeit von der Umgebungstemperatur unter statischer Belastung [13.5]

Für den Pressungskennwert von Rollen aus POM-Copolymerisat gilt die analoge Formel

$$p'_{POM} = 33{,}7 \sqrt{\frac{F_N}{b \cdot r}} \leq p'_{max} \tag{13.3}$$

wobei p'_{max} für statische Belastung aus Bild 13.8 und für dynamische Dauerbelastung aus Bild 13.9 entnommen wird.

Die Tragfähigkeit von Rollen aus PUR kann anhand von Bild 13.10 abgeschätzt werden.

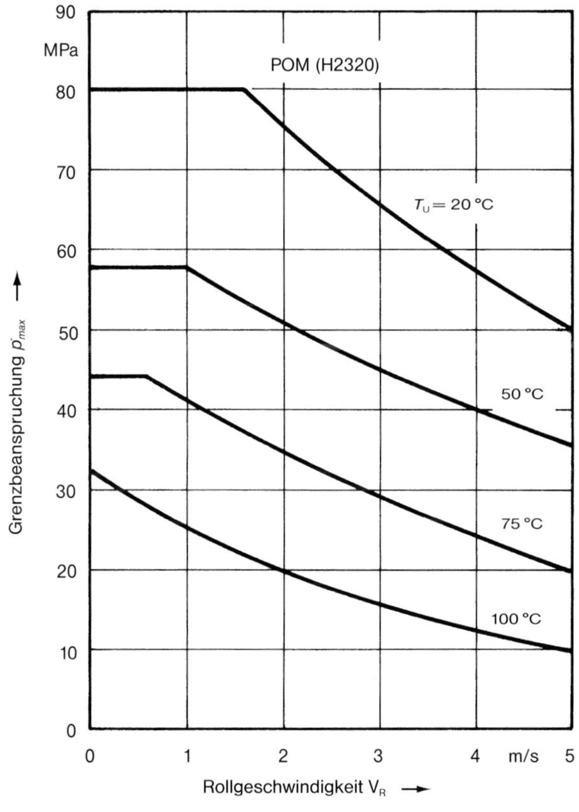

Bild 13.9 Grenzbeanspruchung von kugelgelagerten Massivrollen aus POM-Copolymerisat gegen Stahllaufbahn in Abhängigkeit von der Rollgeschwindigkeit für verschiedene Umgebungstemperaturen (Dauerbetrieb) [13.5]

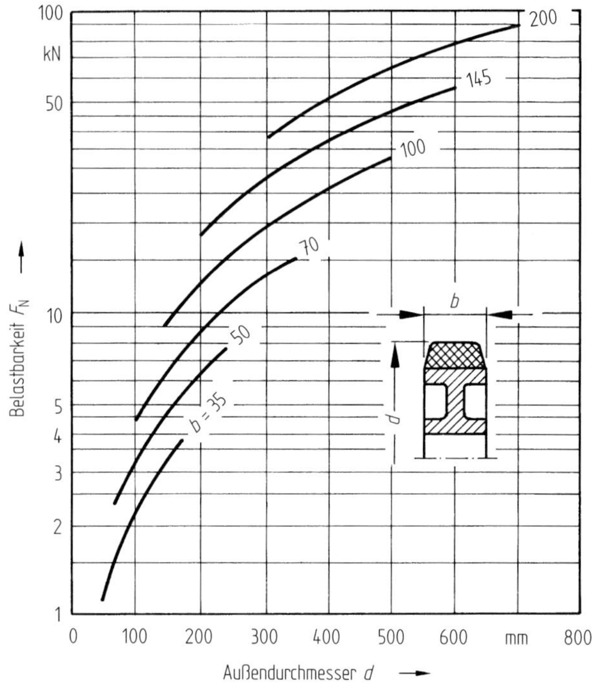

Bild 13.10 Belastbarkeit von Rollen (Reifen) aus PUR als Funktion des Rollenaußendurchmessers, v_R < 1,6 m/s [13.6]

13.2.2 Deformation unter statischer Last

Zum Kontaktproblem sich berührender Körper existieren eine Reihe von Theorien, die von verschiedenen Randbedingungen ausgehen. Eine kurze Übersicht über die derzeit bekannten analytischen Lösungen ist in [13.24] enthalten.

Die Theorie von Hertz über die Berührung fester, elastischer Körper (1881) bestimmt die Normalspannung und die Verformung in der Berührungsfläche zweier Körper mit den Hauptkrümmungsradien r_{11}, r_{12} und r_{21}, r_{22}, die durch eine Normalkraft F_N gegeneinander gepresst werden. Die Hertzsche Theorie setzt homogene isotrope Werkstoffe mit elastischem Verformungsverhalten voraus. Ferner muss die Kontaktfläche im Vergleich zu den Körperoberflächen klein und die Reibungszahl $f = 0$ sein. Für den Fall $E_1 = E_2$ kann die Gültigkeit auch auf in der Kontaktfläche konstante Reibungszahl ausgedehnt werden.

Diese Voraussetzungen werden von Polymerwerkstoffen zwar nicht oder nur mangelhaft erfüllt, trotzdem sind die Hertzschen Gleichungen brauchbar, wenn die erforderlichen Werkstoffkennwerte unter zumindest ähnlichen Bedingungen wie am Bauteil ermittelt werden. In [13.8] ist ein praktikabler Weg aufgezeigt worden, wie mit derartigen bauteilspezifischen Werkstoffkennwerten und idealisierten geometrischen Zusammenhängen die Abplattung von Rollen rechnerisch zugänglich wird:

Breite der Kontaktfläche und Flächenpressung

Nach Hertz ist die Breite 2 B der Kontaktfläche

$$2\,B = 4\sqrt{\frac{F_N \cdot r}{b} \cdot \frac{2\,(1-\mu^2)}{\pi \cdot E_e}} \tag{13.4}$$

μ = Querkontraktionszahl $\approx$ 0,4

und die Pressung

$$p_H = \sqrt{\frac{F_N}{r \cdot b} \cdot \frac{E_e}{2 \cdot \pi \cdot (1-\mu^2)}} \tag{13.5}$$

Für den Ersatzmodul E_e gilt bei unterschiedlichem Rollen- und Laufbahnwerkstoff

$$E_e = 2 \cdot \frac{E_1 \cdot E_2}{E_1 + E_2} \tag{13.6}$$

Wird in Gl. (13.6) für E_1 der Elastizitätsmodul des Rollenwerkstoffs eingesetzt, folgt aus Gl. (13.5) die spontan auftretende Pressung. Dieser Anfangswert nimmt nach den experimentellen Befunden nach [13.8] umso rascher ab, je höher die Anfangspressung ist (Bild 13.11). Bei den Versuchen wurde die Berührungsfläche $A = 2\,B \cdot b$ mit untergelegtem druckempfindlichen Papier gemessen.

Zeitabhängige Abplattung

Aus dem geometrischen Zusammenhang zwischen Berührungsfläche und Abplattung (Bild 13.12), lassen sich für die Abplattung δ Gleichungen ableiten, und zwar für die Kombination Rolle/Ebene:

$$\delta = r_1 - \sqrt{r_1^2 - 0{,}405 \cdot \left(\frac{F_N}{b \cdot p}\right)^2} \tag{13.7}$$

oder Rolle/Rolle:

$$\delta = r_1 + r_2 - \sqrt{r_1^2 - 0{,}405 \cdot \left(\frac{F_N}{b \cdot p}\right)^2} - \sqrt{r_1^2 - 0{,}405 \cdot \left(\frac{F_N}{b \cdot p}\right)^2} \tag{13.8}$$

Die Pressung p wird aus Bild 3.11 abgelesen.

Nach experimentellen Untersuchungen [13.9] ist jedoch *die gemessene Abplattung bis um den Faktor drei größer als die auf der Basis der idealisierten geometrischen Funktionen (Gl. (13.7) und Gl. (13.8)) gerechneten Werte.*

Eine ebenfalls auf Prüfstandversuchen mit Laufrollen aus POM basierende Beziehung zur rechnerischen Abschätzung der Rollendeformation ist in [13.3] angegeben.

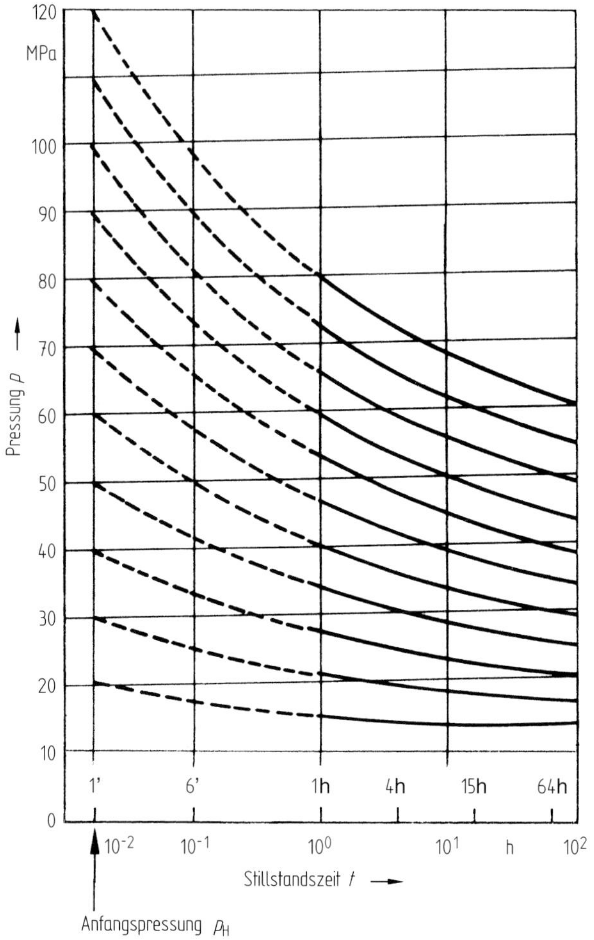

Bild 13.11 Abnahme der Flächenpressung von POM-Laufrollen unter statischer Belastung. Die Kurven sind unabhängig von der Rollentemperatur [13.8].

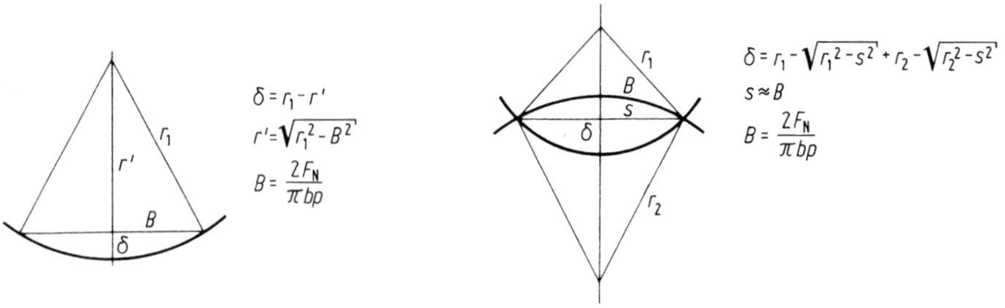

Bild 13.12 Geometrische Beziehungen für die Abplattung: Rolle/Ebene (links), Rolle/Rolle (rechts)

$$\Delta_g = 2{,}45 \cdot \frac{F_N}{b \cdot E_c} \tag{13.9}$$

E_c = Kriechmodul gemäß Bild 13.13

Als Δ_g wird hierin die Gesamtdeformation der Rolle bezeichnet, also die Absenkung des Wellenzentrums. Diese Größe setzt sich zusammen aus der Deformation δ der Lauffläche und der Zapfeneinsenkung Δh (s. Abschnitt 12.3). Deswegen werden mit Gl. (13.9) stets größere Werte als mit Gl. (13.7) gefunden.

Ein weiterer Weg zur Berechnung der zeitabhängigen Rollenabplattung wird unter Berücksichtigung der Rollenbandagenhöhe h in [13.2] aufgezeigt. Danach ist

$$\Delta_g(h) = \frac{2\,F_N \cdot (1-\mu^2)}{E \cdot b \cdot \pi} \cdot \left[\ln\left(\frac{h + \sqrt{h^2 + B^2}}{B^2} \right) - \frac{\mu \cdot h}{(1-\mu) \cdot B^2} \cdot \left(\sqrt{B^2 + h^2} - h\right) \right] \tag{13.10}$$

Die Verformung bei Belastungsbeginn wird mit dem Elastizitätsmodul berechnet, während die zeitabhängige Zunahme der Abplattung mit einem bauteilspezifischen Kriechmodul $E_c(t)$ kalkuliert wird. Diese Modulwerte werden aus Kriechversuchen an Laufrollen ermittelt, wobei diese Modulwerte dann dem Spannungszustand der belasteten Rollen entsprechen (s. a. Bild 11.1).

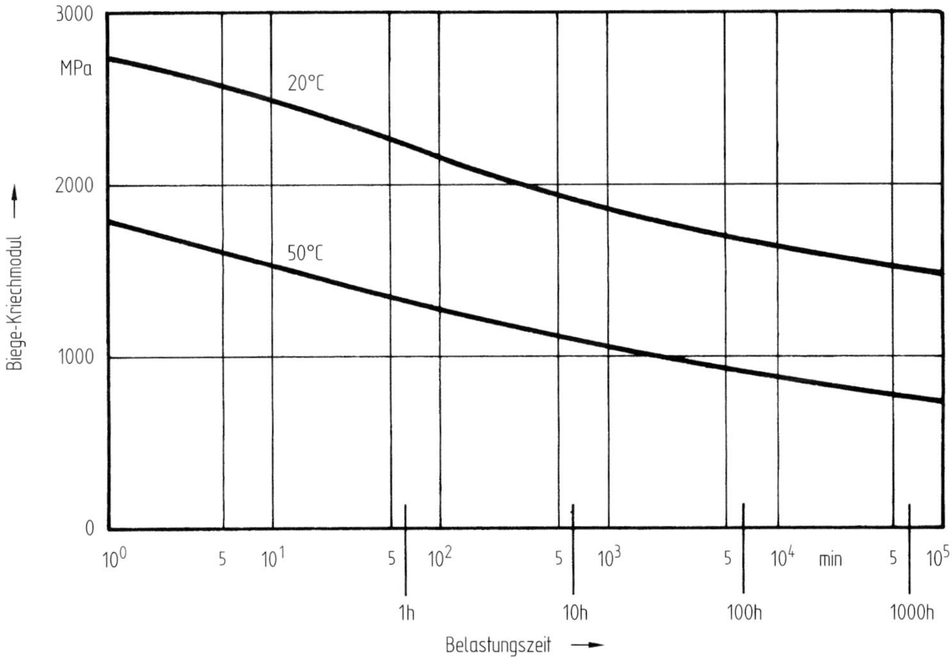

Bild 13.13 Biegekriechmodul E_c von POM-Copolymerisat [13.3]

Relaxation der Abplattung und zulässige Restabplattung

Abhängig von der Rollenlast und der Rollgeschwindigkeit wird sich die Abplattung δ nach der Stillstandszeit während eines nachfolgenden Rollvorgangs wieder mehr oder weniger gemäß einer Exponentialfunktion egalisieren.

$$t = a \cdot e^{q\,\delta} \tag{13.11}$$

t = Rückstellzeit in h
δ = Abplattung nach Gl. (13.7) bis (13.8) in µm
a = experimentell ermittelter Faktor (Bild 13.15)
$q \approx 1{,}4 \cdot 10^{-3}\,(v_R - 10)$
v_R = Rollgeschwindigkeit in m/s

Die Werte für a und q gelten für $T_u = 23\ °C$. Einzelne Versuche deuten darauf hin, dass sich die Abplattung bei höheren Umgebungstemperaturen rascher zurückbildet.

Die Zeit t_{rel}, die für ein Rückverformen einer Abplattung δ bis zu einer Restabplattung δ_{rel} notwendig ist, wird folgendermaßen formuliert:

$$t_{rel} = a \cdot (e^{q\,\delta_{rel}} - e^{q\,\delta}) \tag{13.12}$$

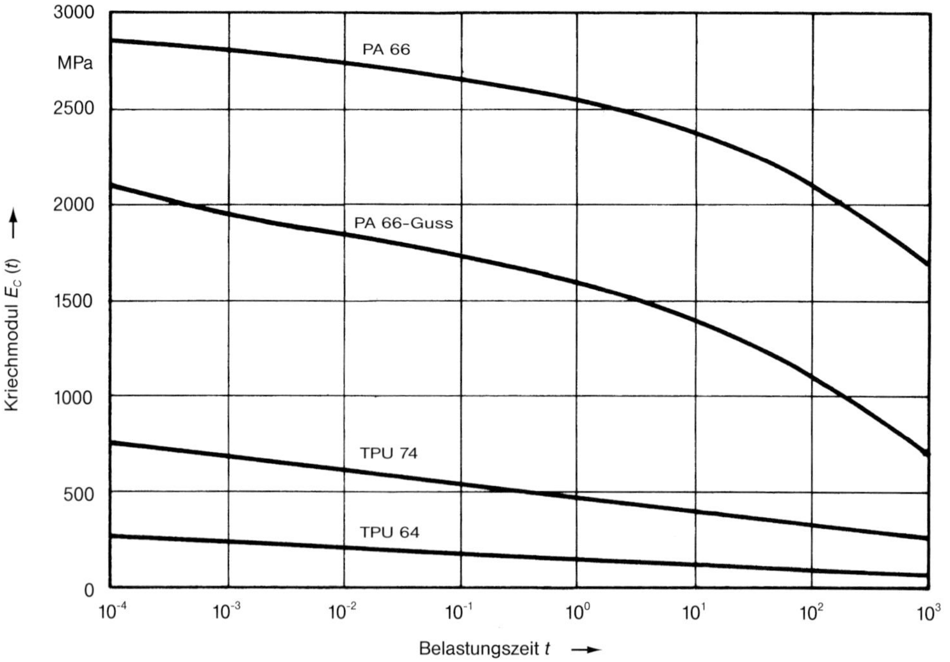

Bild 13.14 Bauteilspezifische Kriechmoduln. Aus Messwerten approximiert nach der Findleyschen Potenzfunktion für PA und nach einer logarithmischen Zeitfunktion für TPU [13.2].

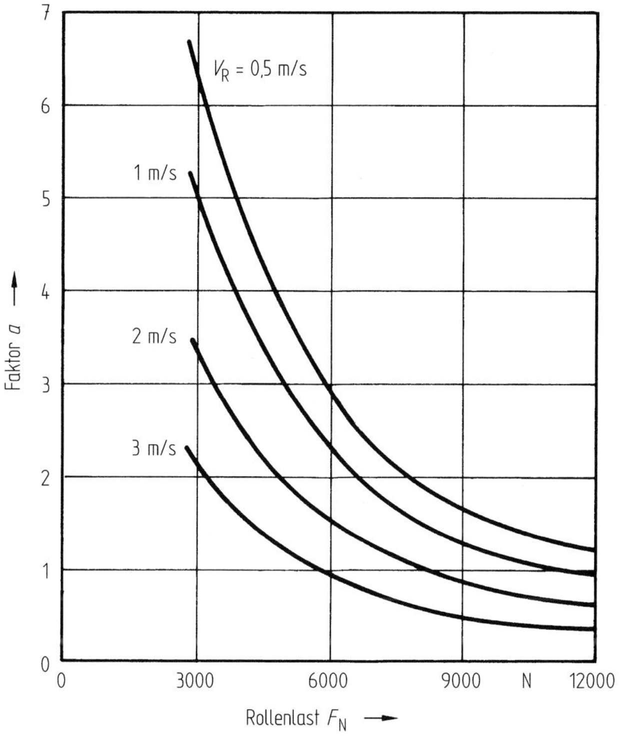

Bild 13.15 Faktor *a*, abhängig von Rollenlast und Rollgeschwindigkeit bei T_u = 23 °C [13.8]

Als Restabplattung δ_{rel} (gültig für den Rechengang nach Gl. (13.7) bis (13.9) und (13.12)) wird die im Hinblick auf eine vertretbare Rückstelldauer und ausreichende Laufruhe noch verbleibende Rollenverformung bezeichnet. Nach Beobachtung von [13.8] darf bei Rollen mit Durchmesser > 30 mm im betrachteten Geschwindigkeitsbereich von v_R = 0,5 bis 3 m/s die Restabplattung δ_{rel} = 30 bis 50 µm betragen. Die hierbei noch vorhandene Ungleichförmigkeit beim Rollen unterscheidet sich nur wenig vom gleichmäßigen Abrollen einer nicht verformten Laufrolle.

Wird die Gesamtdeformation Δ_g nach Gl. (13.10) gerechnet, gilt ein höherer Wert von etwa 0,3 % bezogen auf den Rollendurchmesser *d* ($\Delta_g/d \approx 0{,}003$) als zulässig.

13.2.3 Dynamisch beanspruchte Laufrollen

Das Problem des rollenden Kontakts von zwei Rotationskörpern aus elastischen Werkstoffen ist im wesentlichen gelöst. Für ein vertiefendes Studium dieser Lösungen wird auf [13.10 bis 13.13] verwiesen.

Für viskoelastische Werkstoffe werden die Verhältnisse beim Rollkontakt jedoch wesentlich komplexer. Einige theoretische Lösungsansätze finden sich in [13.14 bis 13.16]. Die Rechenverfahren erfordern teilweise einen erheblichen numerischen Aufwand, insbesondere wenn das Kontaktproblem mit der Methode der Finiten Elemente angegangen wird [13.17].*

Im Folgenden werden einschränkend nur die bisher gebräuchlichen semiempirischen, jedoch leicht handhabbaren Rechenverfahren behandelt. Sie basieren im wesentlichen auf theoretischen Grundlagen, die durch Prüfstandsergebnisse mit Laufrollen angepasst wurden.

13.2.3.1 Frei laufende Rollen (ohne Antrieb)

Zulässige Rollenlast

Laufrollen fallen aufgrund der beim Rollen zu leistenden Verlustarbeit infolge Erweichen oder Aufschmelzen aus (s. Bild 13.2). In Ermangelung eines Rechenverfahrens zur Abschätzung der sich bei vielfachem Überrollen einstellenden stationären Temperaturverteilung wurde in [13.8] die Verlustleistung aus Versuchsreihen mit Laufrollen aus POM experimentell ermittelt. Die Verlustleistung wird durch das verformte Volumen V, die Frequenz f und den Spannungsausschlag p bestimmt und mit einem Kennwert (C-Wert) beschrieben. Diese C-Werte hängen von der Umgebungstemperatur, der Rollgeschwindigkeit und den Betriebsweisen (stoßartig oder weitgehend stoßfrei) ab (Bild 13.16). Mit Hilfe dieser Werte und einem weiteren empirischen Wert k (Bild 13.17) kann dann eine zulässige Rollenlast nach Gl. (13.13) ermittelt werden.

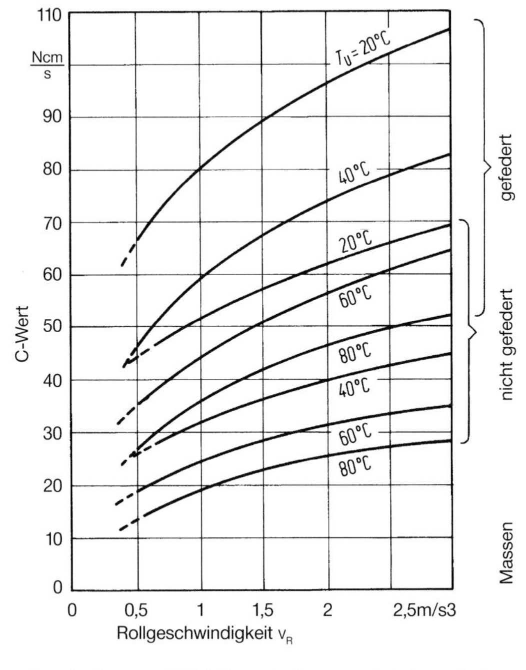

Bild 13.16 C-Werte von Laufrollen aus POM für gefederte und nicht gefederte Massen [13.8]

* Ein Rechenprogramm zur Lösung des Rollkontaktproblems für linear viskoelastische, isotrope Materialien für konstante Rollentemperatur wird beispielsweise in [13.18] angeboten.

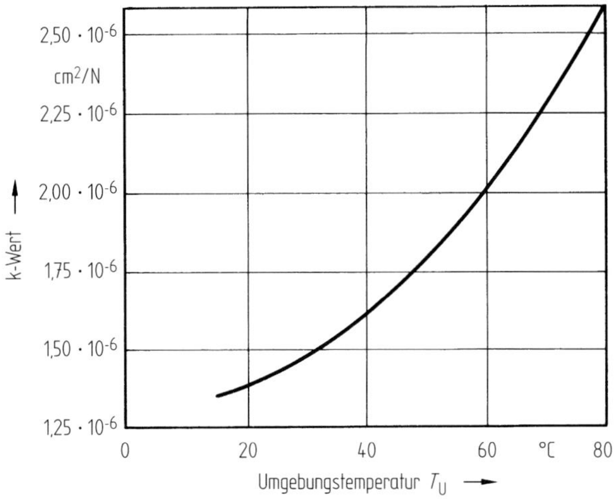

Bild 13.17 *k*-Wert in Abhängigkeit von der Umgebungstemperatur [13.8]

$$F_{\text{zul}} = \sqrt{\frac{C \cdot b}{k \cdot f}} \tag{13.13}$$

f = Frequenz

Aus Prüfbefunden mit Rollen aus Polyamiden und Polyurethanen [13.2] kann ein Zusammenhang zwischen Hertzscher Pressung und Überrollfrequenz hergestellt werden, der die Grenzbelastung kennzeichnet, oberhalb der mit unzulässigem Anstieg der Rollentemperatur (s. a. Abschnitt 13.1) zu rechnen ist. In Bild 13.18 gelten die oberen Pressungsbereiche der Streufelder wegen der besseren Wärmeabfuhr für kleine Raddurchmesser oder geringe Radbreiten und die unteren Bereiche für große Durchmesser oder große Radbreiten.

Bei der Berechnung der Hertzschen Pressung wurden für die Radwerkstoffe folgende Elastizitätsmoduln zugrunde gelegt:

E = 2 900 MPa für PA 66; E = 2 200 MPa für PA 6-Guss;
E = 790 MPa für TPU 74; E = 250 MPa für TUP 64.

Die maximale Rollenbelastung folgt nach entsprechender Umstellung der Gl. (13.5) mit p_H aus Bild 13.18:

$$F_{\text{N max}} = 2 \cdot \pi \cdot (1 - \mu^2) \cdot p_H^2 \cdot \frac{r \cdot b}{E_e} \tag{13.14}$$

μ = Querkontraktionszahl ≈ 0,4

Ein Vergleich der Berechnungsmethoden von $F_{\text{N max}}$ zeigt, dass die überschläglichen Rechnungen mit Gl. (13.1) bzw. (13.2) zu niedrigen Werten und sehr sicheren Ergebnissen führt. Im Gegensatz dazu erhält man mit Gl. (13.13) eher zu hohe zulässige Rollenlasten. Die realistischen Ergebnisse werden offensichtlich mit Gl. (13.14) berechnet.

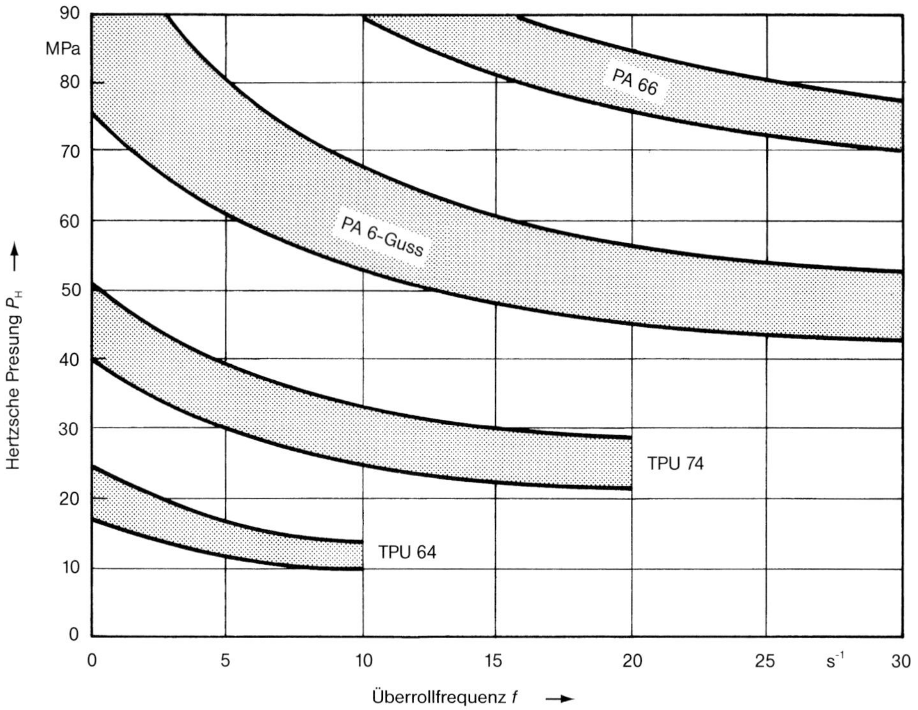

Bild 13.18 Aus experimentell ermittelten Grenzbelastungen berechnete Hertzsche Pressungen von Rädern unterschiedlicher Geometrien (d = 63 bis 125 mm; b = 16 bis 32 mm) in Abhängigkeit von der Überrollfrequenz bei Raumtemperatur [13.2]

Rollreibung

Zur Aufrechterhaltung einer stationären Rollbewegung ist neben den Reibungsverlusten des Lagers und eventuellen anderen Widerständen die Rollreibungskraft F_R zu überwinden. Analog zur Gleitreibungszahl wird die Rollreibungszahl f_R definiert:

$$f_R = \frac{F_R}{F_N} \tag{13.15}$$

Für die Rollreibungskraft ist vor allem die unvollkommene Werkstoffelastizität verantwortlich. Daher ist zu erwarten, dass mit Laufrollen aus Polymerwerkstoffen relativ hohe Rollreibungsverluste zu überwinden sind, was u. U. bei der zu installierenden Antriebsleistung zu berücksichtigen ist.

Das Bild 13.19 verdeutlicht schematisch die unter Rollkontakt bei einem viskoelastischen Materialverhalten zustande kommende Hysteresis von Dehnungs- und Spannungsverteilung und die dadurch bedingte Asymmetrie der Kraftwirkungsebenen.

Für Bild 13.19 gilt die Gleichgewichtsbedingung:

$$F_R \cdot r = F_N \cdot e \tag{13.16}$$

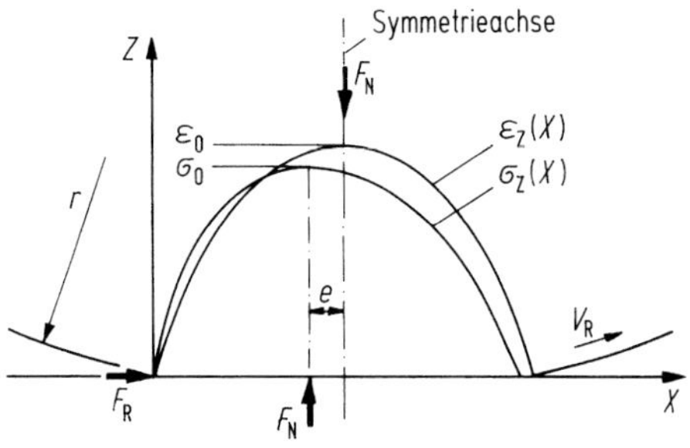

Bild 13.19 Schematischer Normaldehnungs- und Normalspannungsverlauf bei viskoelastischem Materialverhalten im Rollkontakt [13.9]
e = Hebelarm der Rollreibung
ε_0 = Amplitude der Dehnungsfunktion $\varepsilon_Z(x)$
σ_0 = Amplitude der Spannungsfunktion $\sigma_Z(x)$

In [13.9 und 13.19] ist die Unbekannte e unter Zugrundelegung einer sinusförmigen Dehnungsfunktion mit einem Maxwell-Modell (s. Abschnitt 4.2.1) für linear viskoelastisches Materialverhalten berechnet. Hieraus folgt für die Rollreibungskraft schlussendlich:

$$F_R = \frac{2 \cdot F_N}{r_1 \cdot \pi} \cdot d_{(T)} \cdot \sqrt{\frac{F_N \cdot r_e \cdot \pi}{b \cdot E_{(T)} \cdot 2 \cdot (l - \mu)}} \tag{13.17}$$

r_1 = Rollenradius in mm
r_e = Ersatzradius (Gl. (13.2)) in mm
μ = Querkontraktionszahl ≈ 0,4
$E_{(T)}$ = temperaturabhängiger Elastizitätsmodul in MPa (Bild 13.20)
$d_{(T)}$ = temperaturabhängiger Verlustfaktor (Bild 13.20)

In [13.2] wird eine praktikable Näherung zur Abschätzung der Rollreibungskraft angegeben. Der Ansatz geht von der Temperaturdifferenz zwischen Radkörper und Umgebung aus, die an der Beanspruchungsgrenze festgestellt wurde. Sie beträgt bei Polyamid-Rädern ca. 4 K und bei Polyurethan-Rädern ca. 6 K.

Danach ist die Rollreibungskraft:

$$F_R \leq \Delta T \cdot \left[\sqrt{\frac{8 \cdot B}{\pi \cdot v_R}} \cdot b \cdot \beta + 0{,}02725 \cdot \sqrt{\frac{r^3}{v_R}} \right] \tag{13.18}$$

mit

ΔT = 4 K für PA; 6 K für TPU
B = halbe Breite der Kontaktfläche (Gl. (13.4))
β = Wärmeeindringzahl ≈ $\sqrt{\delta \cdot c \cdot \rho}$
PA 66 = 0,793 N/mm K $s^{1/2}$
POM = 0,810 N/mm K $s^{1/2}$
TPU = 0,630 N/mm K $s^{1/2}$

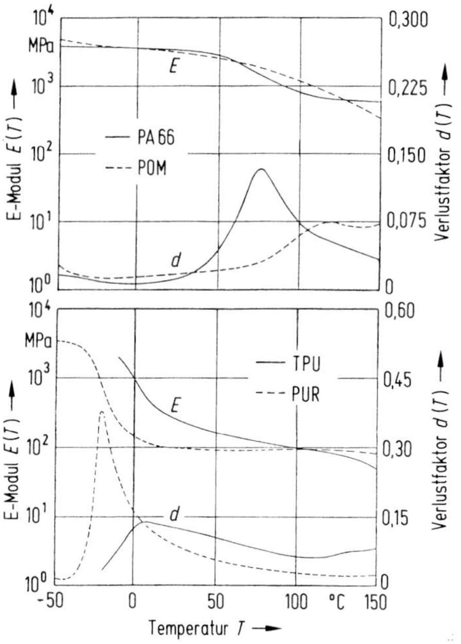

Bild 13.20 Elastizitätsmodul und Verlustfaktor einiger typischer Rollenwerkstoffe zur Abschätzung der Rollreibungskraft nach Gl. (13.17)

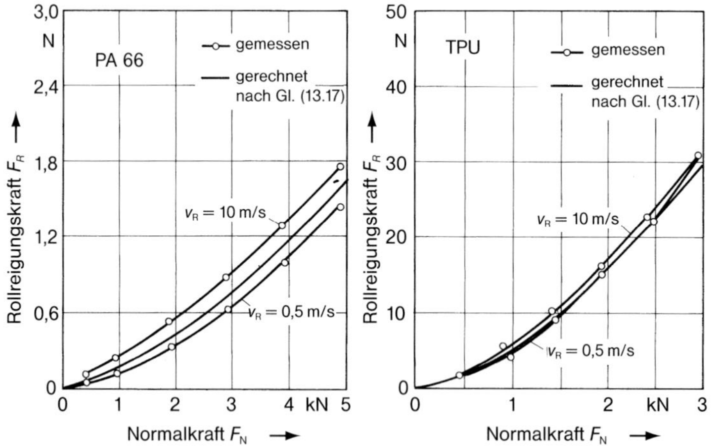

Bild 13.21 Für unterschiedliche Rollgeschwindigkeiten gemessene und nach Gl. (13.17) gerechnete Rollreibungskräfte; Raddurchmesser 150 mm [13.19]

Die Bilder 13.21 und 13.22 legen den Vergleich zwischen gemessenen und nach Gl. (13.17) gerechneten Werten der Rollreibungskraft nahe und verdeutlichen gleichzeitig den Einfluss der Rollgeschwindigkeit und des Raddurchmessers.

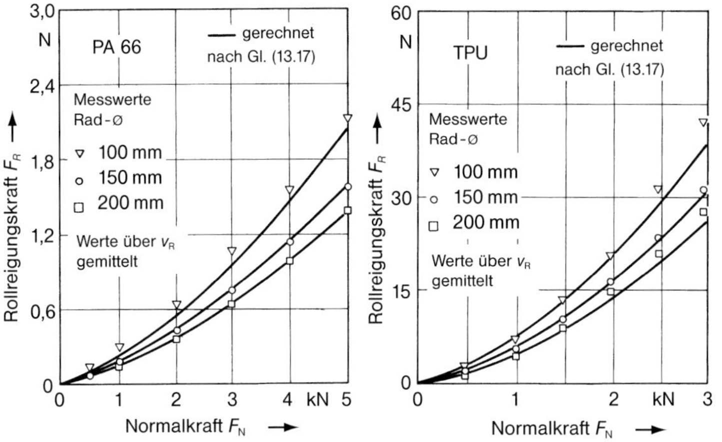

Bild 13.22 Für unterschiedliche Rollendurchmesser gemessene und nach Gl. (13.17) gerechnete Rollreibungskräfte [13.19]

13.2.3.2 Angetriebene Rollen

Schlupf

Soll eine normal belastete Rolle zusätzlich durch ein Drehmoment angetrieben werden, muss zwischen Rolle und Laufbahn eine Tangentialkraft übertragen werden. Als tangentialer Kraftschluss f_t wird das Verhältnis von Rollreibungskraft (Tangentialkraft) und Rollenlast (Normalkraft) bezeichnet.

$$f_t = \frac{F_T}{F_N} \tag{13.19}$$

In diesem Betriebsfall ist der reinen Rollbewegung eine tangentiale Schlupfbewegung überlagert (Wälzreibung). Dabei wird die Kontaktzone in einen Haftbereich an deren einlaufendem Rand und einen Gleitbereich am auslaufenden Rand aufgeteilt. Demgemäß setzt sich der Tangentialschlupf s_t aus einem Formänderungsanteil und einem Gleitanteil zusammen.

Beim Erreichen des Grenzschlupfes s_{to} tritt vollständiges Gleiten ein; die Rollreibungskraft erreicht dann ihr Maximum.

$$F_{R\,max} = f_{t\,max} \cdot F_N \tag{13.20}$$

$f_{t\,max}$ = Kraftschlussbeiwert

Die maximal übertragbare Rollreibungskraft kann demnach grob abgeschätzt werden, wenn bei vollständigem Gleiten $f_{t\,max} = f(R_Z)$ (s. Abschnitt 4.7.2.1) gesetzt wird. In [13.20] werden an Rollensystemen gemessene $f_{t\,max}$-Werte angegeben, die in der Tendenz mit den am Stift/Scheibe-System gemessenen Reibungswerten (Bild 4.35 und 4.36 für eine mittlere Pressung von 8,8 MPa, und einer Rauhtiefe von 1,7 µm) übereinstimmen (Tabelle 13.1).

Tabelle 13.1 Kraftschlussbeiwerte

Rollenwerkstoff	$f_{t\,max}$
PA 66(A4K)	0,31
POM (H 2320)	0,34
TPU (598 U)	0,7
PUR (30)	1,2

Zur genaueren Beurteilung des übertragbaren Drehmoments einer angetriebenen Laufrolle ist die Abhängigkeit des tangentialen Kraftschlusses vom tangentialen Schlupf von Bedeutung. Die bekannten Theorien zur Bestimmung der Tangentialspannung über der Abplattungslänge [13.10, 13.21 bis 13.23] münden schließlich – je mehr Parameter berücksichtigt werden – in der numerischen Behandlung [13.12] des Problems.

Praktisch handhabbar ist die Kraftschluss/Schlupf-Beziehung zwischen normiertem Tangentialkraftschluss f_t / f und normiertem Tangentialschlupf s_t / s_{to} nach Carter und Fromm [13.10, 13.20].

$$\frac{f_t}{f} = 1 - \left(1 - \frac{S_t}{S_{to}}\right)^2 \tag{13.21}$$

mit

$$s_{to} = f \cdot \sqrt{\frac{8 \cdot F_N}{\pi \cdot b \cdot r_e} \cdot \frac{1 - \mu^2}{E}} \tag{13.22}$$

f = Reibungszahl
μ = Querkontraktionszahl ≈ 0,4

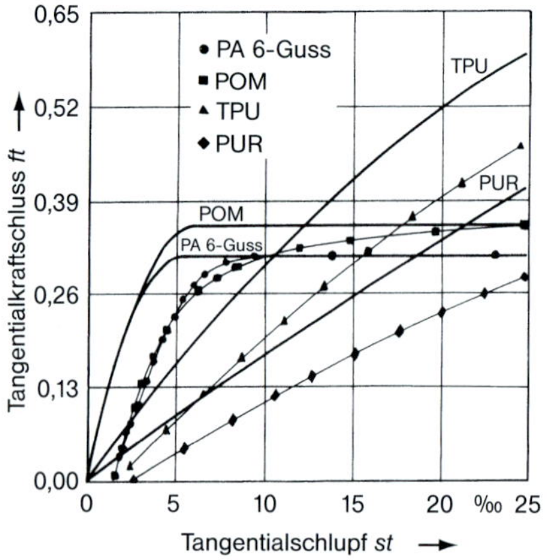

Bild 13.23 Vergleich gemessener (Symbole) und nach der Theorie von Carter und Fromm gerechneter Kraftschluss/Schlupf-Beziehungen (r_1 = 100 mm, F_N = 2 000 N, v_R = 1 m/s) [13.7]

Eine große Fehlerquelle besteht jedoch nach wie vor in der mangelhaften Beschreibbarkeit der Werkstoff- und Systemparameter E, μ und f. Dies wird beispielsweise in [13.7] deutlich, wo Differenzen zwischen so gerechneten Kraftschluss/Schlupf-Kurven mit nicht berücksichtigten Abhängigkeiten dieser Parameter interpretiert werden können. Das tendenzielle Verhalten wird jedoch verhältnismäßig gut getroffen. Als Beispiel hierfür steht das Bild 13.23 mit einem Vergleich gerechneter und gemessener Werte.

Verschleiß, Oberflächenermüdung

Gleitvorgänge in der Kontaktfläche haben zwangsläufig gegenüber reinem Abrollen erhöhten Verschleiß zur Folge. Gezielte Untersuchungen hierüber sind nicht bekannt; es lassen sich jedoch folgende Erfahrungen festhalten:

1. Für einen qualitativen Werkstoffvergleich eignen sich Messwerte des Verschleißes an dem Stift/Scheibe-System (s. Abschnitt 4.7) sehr befriedigend.
2. Werden stählerne Laufbahnen mehrfach oder ständig überrollt, erfolgt eine signifikante Glättung der Stahloberfläche, die zu einer Reduzierung des Rollenverschleißes führt. Auch ein ursprünglich walzraues Profil wird im Laufe der Zeit blank.
3. Verschleißgefährdete Spurkränze sollten durch konstruktiv aufwendigere Spurrollen ersetzt werden (Bild 1.18).

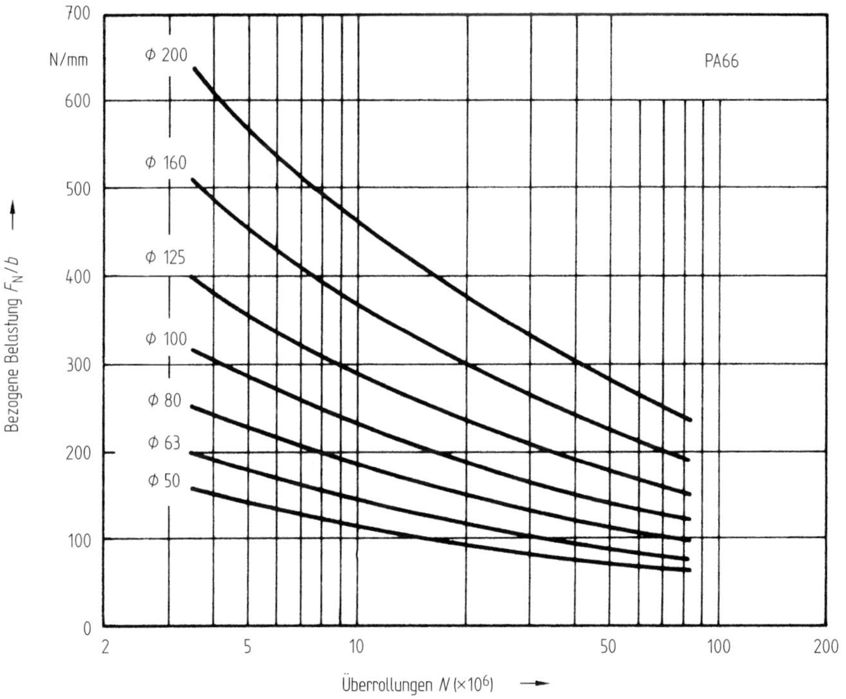

Bild 13.24 Wöhlerkurven zur Charakterisierung erster Oberflächenschäden an Laufrollen aus PA 66 (E = 2 900 MPa) [13.2]

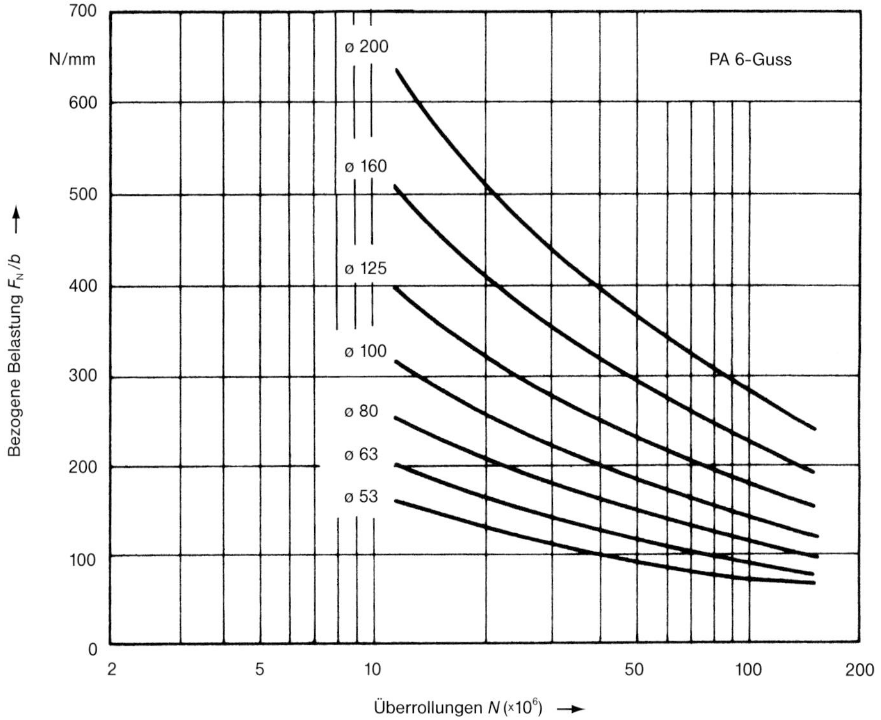

Bild 13.25 Wöhlerkurven zur Charakterisierung erster Oberflächenschäden an Laufrollen aus PA 6-Guss (E = 2 200 MPa) [13.24]

Hinsichtlich einer Laufflächenermüdung mit der Folge von Rissen, Grübchen oder größeren Ausbrüchen geben Prüfstandsergebnisse mit PA-Rollen Hinweise auf eine erreichbare Lebensdauer. In den Bildern 13.24 und 13.25 sind die auf die Breiteneinheit bezogenen ertragbaren Radlasten $F_{N/b}$ für verschiedene Durchmesser in Abhängigkeit von der Überrollzahl aufgetragen. Als Voraussetzung gilt dabei, dass die Radkörpererwärmung < 4 K bleibt (s. Abschnitt 13.2.3.1 – Rollreibung).

Literatur

[13.1] Fein, P. und J. Kunz: Neue Konstruktionsmöglichkeiten mit Kunststoffen, Band 2/12, WEKA-Fachverlage, Kissing 1988

[13.2] Severin, D. und B. Kühlken: Tragfähigkeit von Kunststoffrädern unter Berücksichtigung der Eigenerwärmung; Teil 1: *Konstruktion* **43** (1991) H. 2, S. 65/71; Teil 2: *Konstruktion* **43** (1991) H. 4, S. 153/160

[13.3] Erhard, G. und E. Strickle: Laufrollen aus Polyamid, Werkstoffblatt 541 Gruppe K, Hanser Verlag, München 1971

[13.4] Alicke, G.: Erfahrungen mit Laufrollen und Seilrollen aus Polyamid, *Fördern und Heben* **24** (1974) Nr. 7, S. 709/714

[13.5] TIETZ, J.: Belastbarkeit von Maschinenelementen aus thermoplastischen Kunststoffen, *Maschinenmarkt* **80** (1974) Nr. 33, S. 1362/1366

[13.6] REUFELS, F. J.: Räder, Rollen und Reifen mit Laufbelägen aus Polyurethan-Elastomeren, Werkstattblatt 557 Gruppe K, Hanser Verlag, München 1972

[13.7] SEVERIN, D. und W. HAMMELE: Zur Kraftübertragung zwischen Kunststoffrad und Stahllaufbahn, Teil 1 und Teil 2, *Konstruktion* **41** (1989), S. 123/129 und 163/171

[13.8] BECK, K. und W.-D. BRÜNINGS: Belastungsgrenzen von Laufrollen aus ®Ultraform, *Industrie-Anzeiger* **97** (1975) Nr. 79, S. 1716/1720

[13.9] LÜTKEBOHLE, H.: Roll- und Wälzreibung zylindrischer Räder aus thermoplastischen Kunststoffen, Diss. TU Berlin 1984

[13.10] CARTER, F. W.: On the action of locomotive driving wheel, *Proc. Roy. Soc.* **A112** (1926), No. A760, pp. 151/157

[13.11] BENTALL, R. H. und K. L. JOHNSON: Slip in the rolling contact of two dissimilac elastic rollers, *Int. J. Mech. Sci.* **9** (1967), No. 6, pp. 389/404

[13.12] KALKER, J. J.: On the rolling contact of two elastic bodies in the presence of dry friction, Thesis, Delft Univ. of Technol. 1967

[13.13] BUTLER, H.: Beanspruchung und Schlupf beim Rollen elastischer Walzen, *Forsch. Ing. wes.* **27** (1961) H. 4, S. 121/126

[13.14] *Hunter*, S. C.: The rolling contact of a rigid cylinder with a viscoelastic half space, *J. Appl. Mech.* **28** (1961), No. 4, pp. 611/617

[13.15] SCHMIDT, H.: Rollen aus Hostaform – Verformungsverhalten und Versagenskriterien, *Konstruktion* **25** (1973), S. 211/219

[13.16] GORIOCHEVA, I. G.: Contact problem of rolling of a viscoelastic cylinder on a base of the same material, *PMM* **37** (1973), No. 5, pp. 925/933

[13.17] ODEN, J. T. und T. L. LIU: On the general rolling contact problem for finite deformations of a viscoelastic cylinder, *Comput. Meth. Appl. Mech. Engrg.* **57** (1986), No. 3, pp. 297/367

[13.18] KNOTHE, K. und G. WANG: Zur Theorie der Rollreibung zylindrischer Kunststofflaufräder, *Konstruktion* **41** (1989), S. 193/200

[13.19] SEVERIN, D. und H. LÜTKEBOHLE: Rollreibung zylindrischer Laufräder aus Kunststoff, *Konstruktion* **37** (1985) H. 5, S. 177/184

[13.20] SEVERIN, D. und H. LÜTKEBOHLE: Wälzreibung zylindrischer Räder aus Kunststoff, *Konstruktion* **38** (1986) H. 5, S. 173/179

[13.21] FROMM, H.: Berechnung des Schlupfes beim Rollen deformierbarer Scheiben, *Z. f. angew. Math. u. Mech.* **7** (1927) H. 1, S. 27/58

[13.22] VERMEULEN, P. J. und K. L. JOHNSON: Contact of nonspherical bodies transmitting tangential forces, *J. Appl. Mech.* **31** (1964), No. 6, pp. 338/340

[13.23] HAINES, D. J. und E. OLLERTON: Contact stress distributions on elliptical contact surfaces subjected to radial and tangential forces, *Proc. Instn. Mech. Engrs.* **177** (1963), No. 4, pp. 95/114

[13.24] MORLAND, L. W.: Exact solutions for rolling contact between visco-elastic cylinders, *Q. J. Mech. Appl. Math.* **20** (1967) Part I, pp. 73/106

14 Anleitungen zur Bedienung der Rechenprogramme

14.1 Anleitung zur Berechnung von Biegeelementen mit dem Programm BEAMS

BEAMS ist ein Programm zur Berechnung von Biegebalken. Es dient zur Ermittlung der Spannungen, Dehnungen und Verformungen beliebig gestalteter Biegeträger *im ebenen Belastungsfall.* Die Biegeachse darf in einer Ebene beliebig gekrümmt sein, die Querschnittsform kann beliebig veränderlich sein. Die Berechnung von Flächenträgheitsmomenten, Querschnittsflächen und Randfaserabständen von Standardprofilen wird bereits unterstützt. Für beliebige Balkenquerschnitte müssen diese Daten jedoch zunächst extern bestimmt werden.

14.1.1 Berechnung der Verformung unter kurzzeitiger Lasteinwirkung

Zunächst sind folgende Vorarbeiten zu leisten:

- An einer Stelle, an der unter Last Durchbiegung und Winkeländerung null sind, wird der Ursprung eines kartesischen Koordinatensystems gelegt. Das ist im Allgemeinen die Einspannstelle oder eine Lastsymmetrieebene. Die Richtung von x und y ist frei wählbar.
- Das Biegeelement wird in mindestens 5 Elemente unterteilt. Diese Elemente müssen **klein** gewählt werden, wenn
  - sich der Querschnitt stark ändert,
  - die Mittellinie stark gekrümmt ist oder
  - hohe Spannungen vermutet werden.

Dateneingaben:

0. Obere Menüleiste: → (Bearbeiten)

Geometriedaten:

1. Auswahl: → (Geometrie)
2. Auswahl des Querschnitts:
   Im rechten, mittleren Menüfeld können 8 verschiedene Querschnittsformen ausgewählt, oder eine weitere frei gewählt werden.
3. Eingabe im oberen Tabellenfeld:
   Es werden die x- und y-Koordinaten der neutralen Faser am jeweiligen Element-**Ende** sowie die geometrischen Daten des gewählten Querschnitts eingetragen.
   Die Anfangskoordinaten sind mit 0 – 0 (Koordinatenursprung) bereits vorgegeben.
   Wenn der Querschnitt über mehrere Elemente konstant bleibt, oder wenn er sich linear verändert, müssen die Geometriedaten nur am Anfang und Ende eingegeben werden.

4. Auswahl des Querschnittsverlaufs:
   Im linken, mittleren Menüfeld wird ausgewählt, ob der Querschnitt über der Länge konstant oder linear veränderlich ist.
5. Eingabe der Belastungen:
   Weiter unten im linken, mittleren Menüfeld werden die Belastungen am Balkenende eingegeben. Es stehen zur Auswahl eine Kraft in x-Richtung, eine Kraft in y-Richtung und ein Moment, oder Kombinationen aus diesen.
6. Eingabe der Elementanzahl:
   Die gewählte Elementanzahl kann eingegeben werden, ansonsten wird sie vom Programm erkannt.
7. Eingabe der Lastschritte:
   Mit der Anzahl der Lastschritte kann die Rechengenauigkeit erhöht werden. Bei der vorgegebenen Anzahl von 1 000 Lastschritten wird z. B. in 1 000 nacheinander folgende Rechengänge aufgeteilt, wobei zunächst mit 1/1 000, dann mit 2/1 000, 3/1 000 usw. der Gesamtlast gerechnet wird, und die daraus resultierenden Hebelarmverkürzungen jeweils berücksichtigt werden.
   Eintausend Lastschritte sind im Allgemeinen ausreichend; bei hohen Verformungen sollten mehr Lastschritte gewählt werden.
8. Geometriedateneingabe beendet: → (OK)
0. Obere Menüleiste: → (Bearbeiten)

Werkstoffdaten:

1. Auswahl des Werkstoffs für *kurzzeitige* Belastung:
   „Kurzzeitdaten" auswählen:
   Für kurzzeitige Belastung kann ein Werkstoff aus dem Kunststoffsortiment der BASF ausgewählt werden; dann greift das Programm auf eine interne Datenbank mit Spannungs-Dehnungs-Diagrammen dieser Kunststoffe zurück und errechnet die erforderlichen Sekantenmoduln für jedes Element.
   In das Feld „Werkstofftemperatur" wird die im Gebrauch auftretende Temperatur eingetragen.
   Oder „eingeben" auswählen:
   Es kann der Modul eines beliebigen Werkstoffs eingegeben werden. Dieser muss dann extern bestimmt werden. In diesem Falle wird allerdings die Werkstoffnichtlinearität nicht berücksichtigt.
   So kann auch linear mit Modulwerten bis 210 000 MPa (Stahl) gerechnet werden.
2. Zugelassener Dimensionierungswert:
   In das Feld „zugelassene Spannung" wird der als zulässig erkannte Wert eingetragen (s. Gl. (5.2)).
   Wenn → (Übernehmen)
   gedrückt wird, wird der Versagenskennwert (Bruch- oder Streckspannng) des ausgewählten BASF Kunststoffs angezeigt, und in die Rechnung übernommen.
3. Werkstoffdateneingabe beendet: → (OK)
0. Obere Menüleiste: → (Projektangaben)

Projektangaben:

Die Berechnungen können gespeichert werden und es können Angaben und Notizen zu den einzelnen Berechnungsprojekten mit abgelegt werden.

→ (OK)

Ergebnisse:

0. Obere Menüleiste: → (Ergebnisse)
1. Numerische Ergebnisse:
   Die numerische Darstellung der Ergebnisse kann einige Minuten Zeit beanspruchen; es ist deshalb sinnvoll, zuerst die graphische Darstellung zu wählen.
2. Graphische Darstellungen:
   Zuerst sollte die „Verschiebung" geöffnet werden. Die blaue Balkenstruktur zeigt die eingegebenen Elemente.

   Diese Darstellung dient auch zur Kontrolle, ob die Struktur richtig eingegeben wurde.

   Die rote Kurve zeigt die neutrale Faser des verformten Balkens.
   Zudem wird die Verschiebung des Kraftangriffspunktes in x- und y-Richtung angegeben.
   Die Graphik „Spannung" gibt den Spannungsverlauf über der Balkenlänge wieder. Als Zahlenwerte werden das Spannungs- und Dehnungsmaximum auf der Ober- und Unterseite des Balkens angegeben.
   Mit dieser Darstellung kann die Balkengeometrie optimiert werden, so dass über der Balkenlänge eine möglichst gleich hohe Spannung herrscht.
   Die Graphik „Moment" zeigt den Momentenverlauf über der gestreckten Balkenlänge.

14.1.2 Berechnung der Verformung unter langzeitiger Lasteinwirkung

Wenn die Last längere Zeit einwirkt, wird die Balkenverformung mit der Zeit wegen Werkstoffkriechens zunehmen. Dies kann ebenfalls berücksichtigt werden. Dann greift das Programm auf eine interne Datenbank mit isochronen Spannungs-Dehnungs-Diagrammen dieser Kunststoffe zurück und errechnet die erforderlichen Kriechmoduln für jedes Element. Diese Langzeitdaten liegen nicht für alle Werkstoffe vor. Unter Umständen muss mit einem Werkstoff mit ähnlichem Kriechverhalten gerechnet werden.

0. Obere Menüleiste: → (Bearbeiten)
1. Auswahl: → (Werkstoff)
   „Langzeitdaten" auswählen:
   Sodann wird wie oben beschrieben fortgefahren.

14.1.3 Berechnung der Relaxation unter langzeitiger Lasteinwirkung

Unter langzeitiger Lasteinwirkung bei *konstant* bleibender Verformung (Dehnung) nimmt die Spannung – und damit die am Balkenende wirkende Kraft – mit der Zeit ab.

Dieser Fall muss über eine etwas aufwendigere Prozedur berechnet werden:

1. Aus dem Menüfeld „Spannung" der graphischen Ergebnisdarstellungen wird die maximale Dehnung entnommen, die bei kurzzeitiger Belastung auftritt.
2. Die Rechnung wird mit den „Langzeitdaten" des gleichen Werkstoffs durchgeführt. Es ergibt sich dann natürlich eine wesentlich größere Durchbiegung und Dehnung.
3. Nun muss im Menüfeld „Geometrie" die Kraft am Balkenende iterativ verringert werden, bis die Rechnung mit den „Langzeitdaten" die ursprüngliche maximale Dehnung oder Verformung wieder ergibt.

Auf diesen Wert fällt nach der vorgegebenen Zeit die ursprüngliche Kraft ab.

14.2 Anleitung zur Berechnung von Schnappverbindungen mit dem Programm SNAPS

Das PC-Programm SNAPS ermöglicht eine sehr schnelle und rationelle Berechnung der wichtigsten Schnappverbindungstypen. Die dem Programm zugrunde liegende Theorie ist großteils in dem Buch *Konstruieren mit Kunststoffen* und weiterer Fachliteratur zu finden. SNAPS berücksichtigt darüber hinaus aber auch etliche Erweiterungen.

Aus den Eingabedaten (Geometrie, Werkstoffangaben, Temperatur) werden als wichtigste Ausgabegrößen der zulässige Hinterschnitt sowie die Füge- und die Lösekraft berechnet. Weitere Ergebnisse sind verbindungsspezifisch. In vielen Fällen wird nur eine Aussage über den zulässigen Hinterschnitt benötigt. Dieser hängt, abgesehen von Geometriegrößen, im Wesentlichen von der für den konkreten Einsatzfall zugelassenen Dehnung ab. Bei der Festlegung dieses Wertes muss eine Vielzahl von Einflussgrößen berücksichtigt werden.

Dateneingaben:

0. Obere Menüleiste: → (Bearbeiten)

Geometriedaten:

1. Auswahl: → (Geometrie)
2. Auswahl: → (Verbindungstyp)
   Je nach gewähltem Verbindungstyp werden dessen Geometriedaten eingegeben.
3. Geometriedateneingabe beendet: → (OK)
0. Obere Menüleiste: → (Bearbeiten)

Werkstoffdaten:

1. Auswahl des Werkstoffs:
   Es kann ein Werkstoff aus dem Kunststoffsortiment der BASF ausgewählt werden; dann greift das Programm auf eine interne Datenbank mit Spannungs-Dehnungs-Diagrammen dieser Kunststoffe zurück und errechnet die erforderlichen Sekantenmoduln.
   In das Feld „Füge- und Lösetemperatur" wird die beim Fügen oder Lösen der Verbindung auftretende Temperatur eingetragen.
   Es werden die Versagenskennwerte des ausgewählten Kunststoffs angezeigt.
   Oder es kann der Sekantenmodul eines beliebigen Werkstoffs eingegeben werden. Dieser muss dann extern bestimmt werden.
2. Zu verwendender Dimensionierungswert:
   In das Feld „zugelassene Dehnung" wird der als zulässig erkannte Wert eingetragen (s. Gl. (5.2)).
   Wenn → (Übernehmen)
   gedrückt wird, wird der Versagenskennwert (Bruch- oder Streckdehnung) des ausgewählten BASF Kunststoffs angezeigt, und bis zu diesem Versagenswert (ohne Sicherheit) gerechnet.
3. Reibwert:
   Anhaltswerte für den Reibwert verschiedener Werkstoffpaarungen können der „Hilfe" entnommen werden. Dazu muss zunächst die vorgegeben 0,0 markiert werden.
   Reibwert suchen → (Hilfe)
   → (Kontexthilfe)
4. Werkstoffdateneingabe beendet → (OK)

0. Obere Menüleiste: → (Bearbeiten)

Projektangaben:

Die Berechnungen können gespeichert werden und es können Angaben und Notizen zu den einzelnen Berechnungsprojekten mit abgelegt werden.

→ (OK)

Ergebnisse:

0. Obere Menüleiste: → (Ergebnisse)
1. Numerische Ergebnisse:
   Die numerische Darstellung der Ergebnisse (Schnellansicht bzw. Gesamtansicht) kann einige Minuten Zeit beanspruchen.
2. Graphische Darstellungen:
   In der graphischen Darstellung wird der relative Spannungsverlauf über der Länge angezeigt.

Das Diagramm dient zur geometrischen Optimierung der Schnappverbindung, so dass über der Länge eine möglichst gleich hohe Spannung herrscht.

14.3 Anleitung zur Berechnung von Schraubverbindungen mit dem Programm SCREWS

Das PC-Programm SCREWS ermöglicht eine sehr schnelle und rationelle Berechnung der wichtigsten Daten zur Dimensionierung von Direktverschraubungen in Kunststoff, bei denen gewindeprägende Metallschrauben (eingängig, symmetrische Gewindeflanken) verwendet werden. Aus den Eingabedaten, Schraubengeometrie, Werkstoff und Einsatztemperatur, werden die optimale Tubusgeometrie, die Kräfte (Vorspannkraft, Auszugs- und Abreißkraft) und die Momente (Eindrehmoment, Anziehmoment, Überdrehmoment) ermittelt.

Die dem Programm zugrunde liegende Theorie ist großteils in dem Buch *Konstruieren mit Kunststoffen* und weiterer Fachliteratur zu finden.

Dateneingaben:

0. Obere Menüleiste: → (Bearbeiten)

Geometriedaten:

1. Auswahl: → (Geometrie)
2. Auswahl: → (Schraubenauswahl)
   In einer Liste werden verschiedene handelsübliche Schraubentypen vorgeschlagen. Bei entsprechender Auswahl werden die Geometriedaten der Schraube direkt übernommen. Einzutragen sind noch Einschraublänge und Durchmesser der Durchgangsbohrung. Dieser muss größer sein als der Schraubennenndurchmesser.
3. Geometriedateneingabe beendet → (OK)

0. Obere Menüleiste: → (Bearbeiten)

Werkstoffdaten:

1. Auswahl des Werkstoffs:
   Es kann ein Werkstoff aus dem Kunststoffsortiment der BASF ausgewählt werden; dann greift das Programm auf eine interne Datenbank mit Spannungs-Dehnungs-Diagrammen dieser Kunststoffe zurück und errechnet die erforderlichen Daten.
   In die Felder „Montagetemperatur“, „Montagetemperatur/Gewindeflanken“, „Temperatur im Betriebszustand“ wird die jeweils auftretende Temperatur eingetragen. Relativ unsicher ist die Temperatur an den Gewindeflanken. Beim langsamen Eindrehen von Hand wird sie nur unwesentlich höher sein als die Umgebungstemperatur (Montagetemperatur); bei Verwendung von Schrauberwerkzeugen kann sie bis nahe an die Schmelztemperatur kommen. Das Programm rechnet mit der höchsten der drei angegebenen Temperaturen. Es ist deshalb sinnvoll, die Montagetemperatur an den Gewindeflanken nicht höher als die beiden anderen Temperaturen einzugeben.
   Es werden die Versagenskennwerte des ausgewählten Kunststoffs angezeigt.
2. Zu verwendender Dimensionierungswert:
   In die Felder „zugelassene Spannung“ wird der als zulässig erkannte Wert eingetragen (s. Gl. (5.2)).

Wenn → (Übernehmen)
gedrückt wird, wird der Versagenskennwert (Bruch- oder Streckdehnung) des ausgewählten BASF Kunststoffs angezeigt, und bis zu diesem Versagenswert (ohne Sicherheit) gerechnet.
Das Feld „Kugeldruckhärte" wird markiert und unter
→ (Hilfe)
→ (Kontexthilfe)
der gefundene Wert eingetragen.

3. Werkstoffdateneingabe beendet → (OK)
0. Obere Menüleiste: → (Bearbeiten)

Sonstige Angaben:

1. Reibwerte:
   Anhaltswerte für den Reibwert verschiedener Werkstoffpaarungen können der „Hilfe" entnommen werden. Dazu muss zunächst die vorgegeben 0,0 markiert werden.
   Reibwert suchen → (Hilfe)
   → (Kontexthilfe)
   Der Anzugsfaktor sollte zwischen 0,2 und 0,5 liegen (siehe Kontexthilfe).
2. Sonstige Angaben beendet → (OK)
0. Obere Menüleiste: → (Bearbeiten)

Projektangaben:

Die Berechnungen können gespeichert werden und es können Angaben und Notizen zu den einzelnen Berechnungsprojekten mit abgelegt werden.
→ (OK)

Ergebnisse:

0. Obere Menüleiste: → (Ergebnisse)
1. Numerische Ergebnisse:
   Die numerische Darstellung der Ergebnisse (Schnellansicht bzw. Gesamtansicht) kann einige Minuten Zeit beanspruchen.
2. Graphische Darstellungen:
   In den graphischen Darstellungen werden das Drehmoment über der Einschraubtiefe, Auszugskraft und Drehmoment über der Einschraublänge sowie das Drehmoment über dem Kernlochdurchmesser angezeigt.
   Die Diagramme dienen zur Optimierung der Schraubverbindung.

Anhang

Polymerwerkstoffe und ihre Kurzzeichen

ABS	Acrylnitril-Butadien-Styrol-Copolymerisat
ASA	Acrylnitril-Styrol-Acrylesterelastomer
COC	Cycloolefin-Copolymer
EP	Epoxidharz
LCP	Liquid Crystal Polymer (flüssigkristalline Polymere)
MABS	Methylmethacrylat-Acrylnitril-Butadien-Styrol-Copolymerisat
MF	Melamin-Formaldehyd-Harz
MPF	Melamin-Phenol-Formaldehyd-Harz
PA 11	Polyamid 11
PA 12	Polyamid 12
PA 46	Polyamid 46
PA 6	Polyamid 6
PPA	Teilaromadisches Polyamid
PA 610	Polyamid 610
PA 66	Polyamid 66
PAI	Polyamidimid
PAEK	Polyaryletherketon (Überbegriff)
PEEK	Polyetheretherketon
PEK	Polyetherketon
PBT	Polybutylenterephthalat
PC	Polycarbonat
PE	Polyethylen
PEI	Polyetherimid
PES	Polyethersulfon
PET	Polyethylenterephthalat
PF	Phenol-Formaldehyd-Harz
PI	Polyimid
PMMA	Polymethylmethacrylat
POM	Polyoximethylen; Polyformaldehyd
PP	Polypropylen

PPE	Polyphenylenether
PPS	Polyphenylensulfid
PS	Polystyrol
PSU	Polysulfon
PTFE	Polytetrafluorethylen
PUR	Polyurethan
PVC	Polyvinylchlorid
SAN	Styrol-Acrylnitril-Copolymerisat
SB	Styrol-Butadien (schlagzähes Polystyrol)
TPA	Thermoplastisches Polyamid-Elastomer
TPO	Thermoplastisches Olefin-Elastomer
TPS	Thermoplastisches Styrol-Elastomer
TPU	Thermoplastisches Urethan-Elastomer
UP	Ungesättigtes Polyesterharz

Index